Electric Machines

전기기기

황락훈 조문택 박인덕 저

JINSAEM 진샘미디어

머리말

전기공학 분야에서 전기기기 또는 전기기계는 산업사회에 필요한 동력원을 구성하는 중요한 요소이며, 발생되는 전기의 원리와 변환, 전력계통에서의 수・변전시설, 동력기계분야, 가전제품에 이르기까지 널리 적용되고 있으며, 최근 급속한 산업화로 공장 자동화와 더불어 컴퓨터 및 로봇 등의 동력원을 구성하는 부분적으로써 그 중요도는 더욱 깊이 인식되어가고 있다. 특히, 전기기기는 전기 에너지를 기계 에너지 또는 기계 에너지를 전기 에너지로 변환하는 기기 상호간 전압, 전류, 주파수, 전력 등을 전력 변환하는 중요한 기기와 반도체를 결합한 전력 변환기 부분에서의 응용 변환회로로 불리어지고 각 분야에 많이 응용되고 있다.

전기 및 기계 에너지를 서로 변환하는 기기로서는 회전기 계통과 전자유도 원리를 응용한 정지기 계통으로 나눌 수 있다. 또한 교류를 교류전력으로 변환하는 변압기 계통, 반도체 소자의 발달로 교류를 직류 전력으로 변환하는 전력전자의 전력변환계통 등으로 크게 나눌 수 있다.

본 교재는 저자가 30 여년 이상 강의한 경험으로 전기기기 응용분야와 연결되어지는 분야 등 지금까지 이 분야와 전력전자공학 계통분야와 연관 연구 경험을 바탕으로 2년제 대학 또는 4년제 대학 관련학과 학생들이나 이 분야에 종사하는 엔지니어 등에 적합한 교재로 확신하며, 활용에 많은 도움이 있길 바란다.

본 교재의 내용은 제 1장 직류기, 제 2장 동기기, 제 3장 변압기, 제 4장 유도전동기, 제5장 교류정류자기, 제6장 전력전자를 기술하였고, 각 chapter마다 예제를 들어 내용을 이해하기 쉽게 하여, 당면한 문제들을 손쉽게 풀이할 수 있도록 구성하였다.

저자는 이 책을 활용하는 독자들께 다음의 몇 가지 사항을 제안하고 싶다.

첫째, 각각의 현상보다는 기초적인 창의력을 배양할 수 있도록 한다.
둘째, 최근 기술의 진보와 미래에 대한 경향을 파악할 수 있도록, 그 내용을 가지고 있다.
셋째, 개인의 유익한 지식을 끝까지 갖기 위한 단편적인 면보다 전기 계통의 전반적인 지식을 갖는 것이 중요하다고 생각한다.
넷째, 전기기기 분야에 대한 풍부한 내용을 가지고 있다고 생각 한다.

따라서, 전기공학 관련학과에 적합한 책이라 확신하며 전기기기 분야에 관계하는 학생, 또는 수험생, 전기 기술자들에게도 자료 활용에 많은 도움이 되리라 믿는다. 끝으로 이 책이 출판되기까지 연구년 기간에 물심양면 도움을 주신 세명대학교 관계자와 수고하신 진샘 미디어 출판사 관계자 여러분께 감사를 드립니다.

2020. 3월

저자

Contents

CHAPTER
01 직류기

차 례

Contents

CHAPTER
02 동기기

CHAPTER 03 변압기

Contents

CHAPTER 04 유도전동기

Contents

CHAPTER 05 교류정류자기

CHAPTER 06 전력전자

Contents

CHAPTER

1

직류기

1 전기기기의 기초와 종류

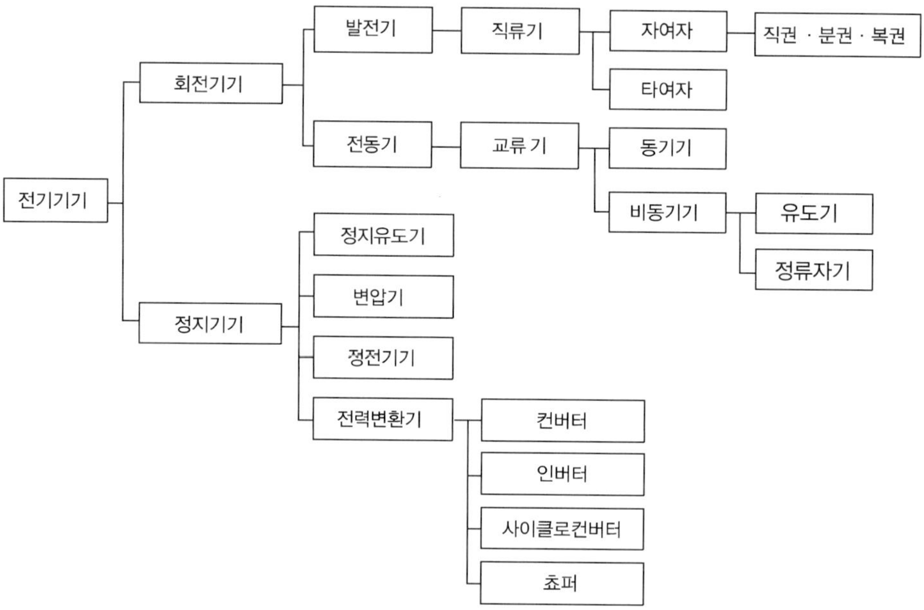

전기기기는 에너지를 변환하는 장치로서 기계적 에너지를 전기적 에너지로 변환하는 장치를 발전기(Generator)라 하며, 그와 반대로 전기적 에너지를 기계적 에너지로 변환하는 장치를 전동기(Motor)라고 한다. 또한, 교류의 전압·전류를 변성하는 장치를 변압기(Transformer)라고 한다. 이와 같은 전기기기는 상호관련이 있는 전기회로 및 자기회로로 구성되고 전기회로는 전류가 흐르고 자기회로를 경로로 자속이 이동하게 된다. 이와 같은 회로와 자기회로의 결합으로 전류와 자속의 상호작용에 의해 전동기나 발전기에서 전기 에너지에서 기계적 에너지 또는 그와 반대의 에너지 변환이 일어난다. 예로써, 변압기는 전기에너지의 변환이 이루어짐으로써 L의 작용이 자기회로의 역할을 하게 된다. 또한, 최근 반도체 소자의 발달로 전력용 반도체 소자인 다이리스터(Thyristor), 트랜지스터(Transistor), GTO 등을 이용한 전력변환기의 개발로 컨버터(Converter, AC-DC), 인버터(Inverter, AC-DC), 쵸퍼(Chopper, DC-DC), 사이클로컨버터(Cycloconverter, AC-AC) 등의 전력변환 및 주파수 변환을 동시에 할 수 있는 전력변환장치로 발달되었다. 따라서, 전기기기는 직류와 교류, 교류에는 단상과 3상으로 구별되며, 동작원리와 사용목적에 따라서 다음과 같이 나눌 수 있다.

1.1 전자력과 전자유도 현상

자석이 있다면 자계가 발생하는데 자석은 같은 극끼리는 서로 반발하고 다른 극끼리는 서로 흡인작용을 하고 있어 서로 두 자석이 접촉하지 않아도 두 자석 사이에는 힘이 작용하게 된다. 이와 같은 전자력 또는 전자유도작용을 이용한 모든 기기들은 '자계의 발생에 의해서 둘러싸여 있다'는 가정이 성립한다는 조건하에서 회전기기나 정지기기의 기본원리를 이해해야한다. 또한, 전류에 의해서 생기는 자계의 방향은 암페어(Ampere's) 오른나사 법칙에 따르고, 오른나사를 전류방향으로 기준할 때, 자계의 방향은 나사가 진행하는 방향과 일치하게 된다. 이와 같은 관계를 암페어의 오른나사 법칙(Ampere's right strew law)이라고 한다.

전류가 흐르고 있는 도체 주위에 자계는 암페어의 주회적분법칙이 성립되며, 자계는 임의의 영역에서 이동전하가 공간영역 내에서 스스로의 운동에 의해 힘을 경험한다면 그 영역 내에서는 '자계가 존재한다' 라고 정의할 수 있다. 또한, 전자의 이동은 전류를 형성하고 그 전류는 자력선을 형성하므로 자계 내에 도체를 놓으면 힘이 발생하게 되고 자력선(Magnetic Lines of Force)은 [그림 1-1]과 [그림 1-2]와 같이 나타낼 수 있다.

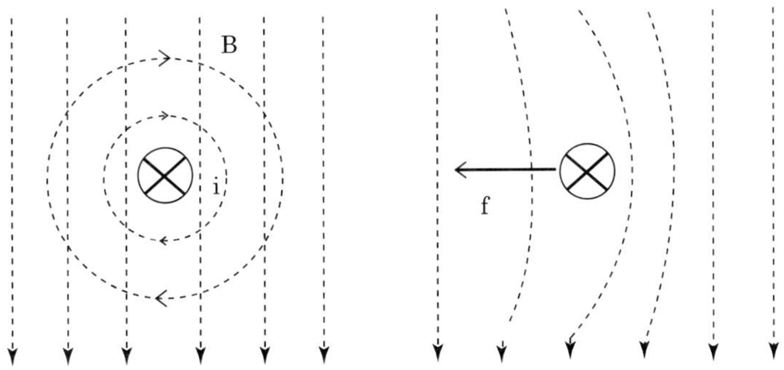

[그림 1-1] 자계 중에 흐르는 전류와 힘 관계

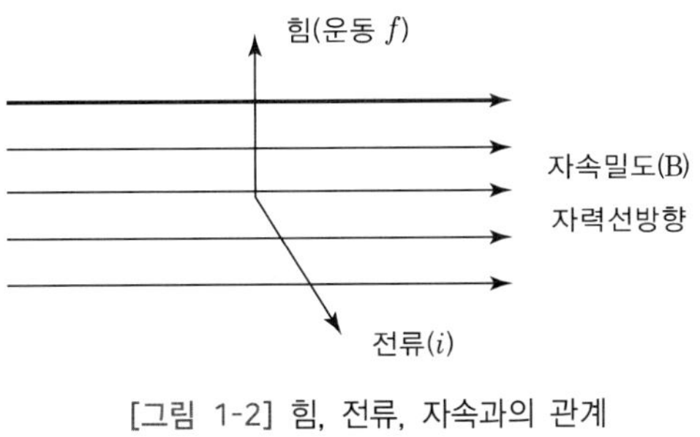

[그림 1-2] 힘, 전류, 자속과의 관계

예제 1-1

자속밀도 B [Wb/m^2]의 방향과 직각으로 전자가 v [m/s] 속도로 운동할 때 그 전자에 미치는 힘 f [N]를 구하여라.

풀이

전자의 부(-)전하를 q로하고, Δt [s] 사이에 Δl [m] 이동한다고 하면

$$i = \frac{-q}{\Delta t} \text{ [A]}$$

$$\Delta l = v \cdot \Delta t$$

따라서, 전자(電子)에 미치는 힘 f [N]는 플레밍의 왼손 법칙을 이용하면 다음과 같은 식으로 나타낼 수 있다.

$$\begin{aligned} f &= i \cdot B \cdot \Delta l \\ &= \left(-\frac{q}{\Delta t}\right) \cdot B \cdot v \cdot \Delta t \\ &= -vBq \text{ [N]} \end{aligned}$$

1.2 전자력

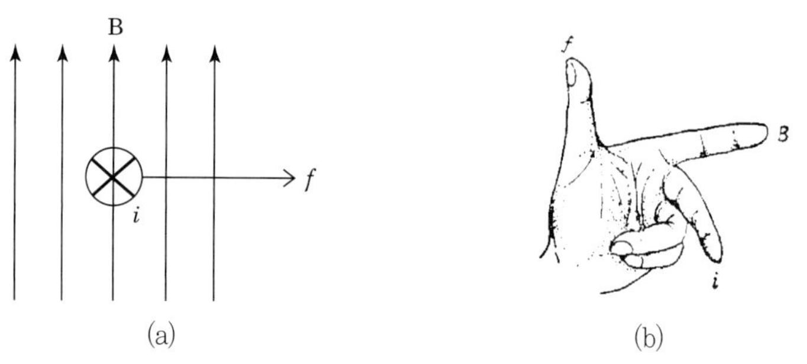

[그림 1-3] 플레밍의 왼손법칙

[그림 1-3]에 나타낸 것과 같이 자속밀도 B [Wb/m^2]와 자계와 직각으로 있는 길이 l [m]의 도체에 i [A]의 전류가 흐를 때 그 도체가 받는 전자력 f [N]는

$$f = Bil \text{ [N]} \tag{1-1}$$

식 (1-1)에서 $f = Bil$ [N]은 [그림 1-3](b)나타낸 것과 같이 플레밍의 왼손 법칙으로 나타낼 수 있다.

[그림 1-4]에 있어서 임의의 영역 내에서 자속밀도 B가 일정하고, 표면 A [m^2]에 수직 방향으로 진행된다면 자속 ϕ는 다음과 같이 나타낼 수 있다.

$$\phi = BA \text{ [Wb]} \tag{1-2}$$

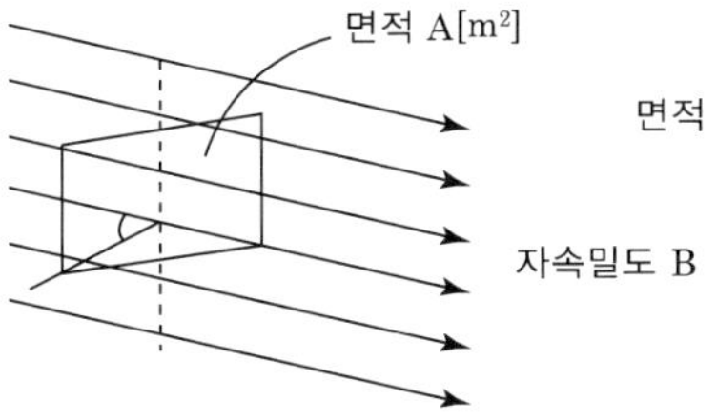

[그림 1-4] 자속밀도

만약 표면과 자속밀도 B가 θ의 각을 이룬다면 자속 ϕ는

$$\phi = BA\sin\theta \text{ [N]} \tag{1-3}$$

1.3 전자유도

자계 속에서 도체를 쇄교(鎖交)하는 자속의 변화에 의하여 도체의 기전력이 유도되는 현상을 전자유도 현상이라 한다. 이와 같은 현상에 의해 회로와 쇄교하는 자속이 시간에 따라 변화하는 원리를 이용한 것이 변압기의 동작의 기본원리가 된다. 또 회로와 자계가 상대적인 운동을 함에 따라 회로를 구성하는 도체가 자속을 끊게 된다면 자계 내에 놓여진 회로에는 기전력이 유기 된다. 이것이 발전기의 기본원리가 되며 단극발전기를 포함한 발전기의 동작원리로 정의 될 수 있다.

만약, 도체가 자속밀도 B와 도체의 길이 l에 대해 오른쪽으로 각도를 이루며 v [m/s]의 속도로 운동할 때 도체가 1초 동안 지나간 면적은 $l \cdot v$가 된다. 이 면적에서 자속의 양은 Blv가 된다. 단위 시간당 쇄교자속은 Blv이며 이 자속으로 인하여 기전력이 된다. 이와 같이 자속밀도 B [Wb/m^2], 도체 길이를 l [m]라 할 때 도체와 자계가 직각으로 놓여 있는 경우 이 도체에 유도되는 기전력 e는 플레밍의 오른손 법칙(Fleming's right hand law)에 의해 식 (1-4)와 같이 된다.

$$e = Blv \text{ [V]} \tag{1-4}$$

기기의 동작시 기전력에 의해 전류가 흐르면 전류에 의한 전자력은 유도 전류 I [A]가 원인이 되어 운동 v 를 방해하는 방향이 되어 역기전력이 발생하여 전력의 균형을 이루어 에너지 보존 법칙에 위배되지 않게 된다.

직선도체에 흐르는 전류로 인하여 발생하는 동심자속선은 오른나사 법칙에 의해 설명된다. 전기기기 동작시 모든 도체에서의 전류 흐름에 대한 자속(자계)방향은 [그림 1-5]와 같이 오른 나사법칙의 형태로 규정되어 있다. [그림 1-6]과 같은 환상 솔레노이드와 같은 형태로 구성하여 자기의 크기를 고려한다면, 전류가 흐르고 권선수가 N 인 코일에서 발생하는 기자력 $\mathfrak{I}$ 는 다음 식과 같이 나타난다.

$$\mathfrak{I} = NI \, [\mathrm{AT}] \tag{1-5}$$

자계의 세기 H 를 단위길이당 기자력으로 정의하면 다음과 같다.

$$H = \frac{NI}{l} \, [\mathrm{AT/m}] \tag{1-6}$$

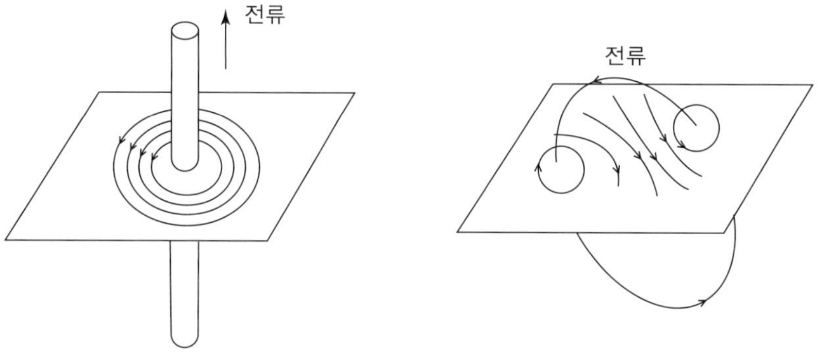

(a) 직선 도체에 의한 자속선 (b) 루프 선도에 의한 자속선

[그림 1-5] 오른나사 법칙

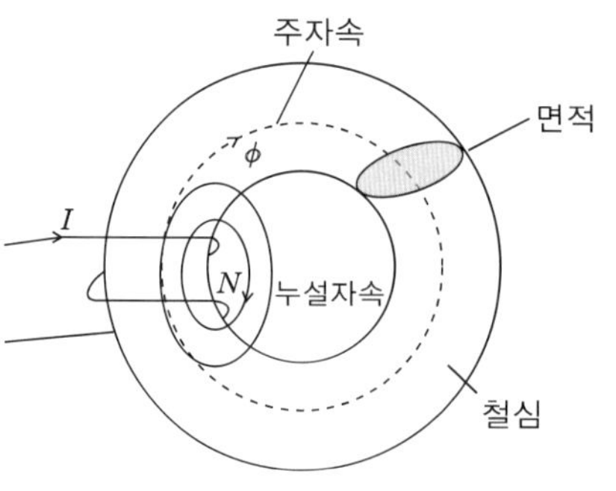

[그림 1-6] 환상솔레이드

1.4 전력과 동력의 변환

발전기는 외부에서 기계적 에너지를 받아 전기에너지로 변환하는 기기장치이며, 기계적인 원동력은 수력, 원자력, 풍력, 태양광 등의 에너지원을 가지고 있으며, 전동기는 외부에서 전기에너지를 받아 기계에너지로 변환하는 장치이며, 회전력은 그 주된 요소가 된다. 먼저 전기에너지 변환의 모체가 되는 발전기의 에너지 변환을 보면 직류발전기가 ω_m[rad/s]의 회전각도로 외부에서 T_L [N・m]로 운전되면 기계적 입력은 다음 식 (1-7)과 같이 된다.

$$P_M = \omega_m T_L \text{ [W]} \tag{1-7}$$

발전기가 전압 V[V]의 전지의 충전으로 사용하고 전기자전류 I_a라 하면 전지에 공급하는 전력은 다음 식으로 나타낼 수 있다.

$$P_E = V I_a \text{ [W]} \tag{1-8}$$

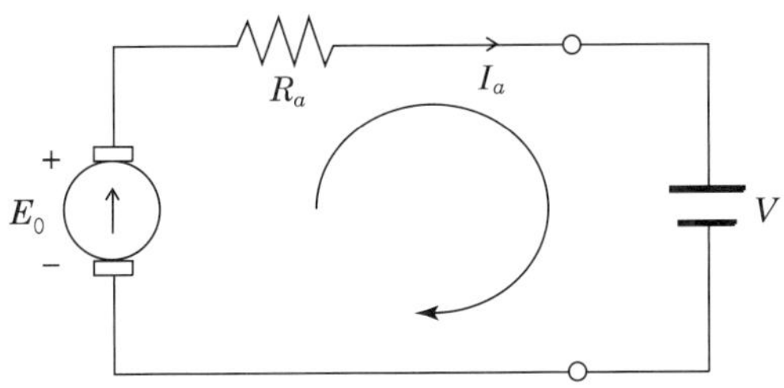

[그림 1-7] 발전기의 등가회로

[그림 1-7]에서 KVL 방정식을 구하면 다음 식으로 나타낼 수 있다.

$$E_0 = R_a I_a + V \tag{1-9}$$

여기서 E_0는 발전기의 유기기전력이 되며 다음 식으로 나타낸다.

$$E_0 = K_E \omega_m \tag{1-10}$$

E_0가 [그림 1-7]과 같은 방향으로 I_a가 흐르면 토크 T가 회전을 방해하는 방향으로 작용하여 다음과 같은 출력을 발생한다.

$$T = K_T I_a = K_E I_a \tag{1-11}$$

회전을 지속하여 I_a을 흘려주기 위해서는 토크 T와 크기가 같고 반대방향 토크 T_L을 외부에서 계속 가하면 다음 식이 성립한다.

$$\omega_m T = \omega_m T_L \tag{1-12}$$

따라서, 기계적인 동적 평형이 유지될 때 이론적인 출력 P_0는 다음과 같은 식으로 된다.

$$\begin{aligned} P_0 &= E_0 I_0 = K_E \omega_n I_a = \omega_m \omega_T I_a = \omega_m T \\ &= \omega_n T_L = P_M \end{aligned} \tag{1-13}$$

$$E_0 I_a = R_a I_a^2 + V I_a = R_a I_a^2 + P_E = P_M \tag{1-14}$$

발전기의 기계적인 입력 P_M에서 저항손을 뺀 나머지가 전기적 출력 P_E가 됨을 알 수 있고, 또한 [그림 1-7]과 같은 경우 무부하시에는 $E_0 = V$가 되면 $I_a = 0$이고 $P_M = P_E$가 되어 에너지 변환이 일어나지 않으며 발전기는 외력 없이 관성으로 인하여 $\omega_n = \dfrac{V}{K_E}$의 속도로 회전하게 된다.

직류발전기를 구동하던 원동기가 정지되면 직류기가 감속되고 유도기전력이 감소하여 $E_0 < V$가 되고, I_0는 반대방향으로 흐르게 되어 $K_T I_a$은 회전을 도와주는 방향으로 작용하여 정지되지 않고 계속 회전하여 전동기상태가 된다.

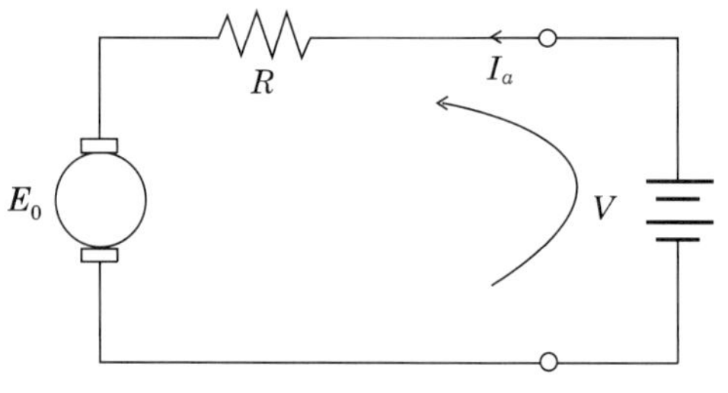

[그림 1-8] 전동기의 등가회로

[그림 1-8]에서와 같이 전동기가 전지에서 공급되는 전기적인 에너지 $VI_a = P_E$ [W]의 일부를 동손으로 소비하고 나머지는 기계적인 에너지 $E_0 I_a = P_M$으로 변환하게 된다. 그러므로 발전기와 전동기의 차이는 발전기에서는 유기기전력 E_0와 동일 방향으로 전기자전류 I_a가 흐르고 이것과 반대방향으로 흐르는 것은 전동기가 되어 $E_0 I_a$가 발전기에서는 기계적 입력이 되고 전동기에서는 기계적 출력이 된다.

연습문제

01 자속밀도 0.8 [T]의 평등자계 속에서 길이 1 [m]의 도체를 자계와 직각으로 놓고 이것을 20 [m/s]의 속도로 운동시킬 때 다음을 구하여라.

(1) 도체에 유기되는 기전력[V]은 얼마인가?

(2) 도체에 부하전류가 흘러서 10 [N]의 힘이 작용되어 계속 같은 속도로 운동하고 있을 때 소요되는 기계동력[W]을 구하여라.

(3) 도체에 흐르는 전류[A]를 구하여라.

02 기계적 입력이 전기적 출력으로 변환되는 관계식을 유도하여라.

03 플레밍의 왼손법칙과 플레밍의 오른손법칙을 비교 설명하여라.

04 전기기기를 분류하고 각각의 특징을 열거하고 특히, 반도체 장치에 의한 전기기기와의 관계를 설명하여라.

05 그림(a)와 같이 턴수가 3회인 코일과 쇄교하는 자속을 그림(b)와 같이 1.0초 동안 변화시켰다. 이때 코일에 유도되는 기전력을 계산하시오.

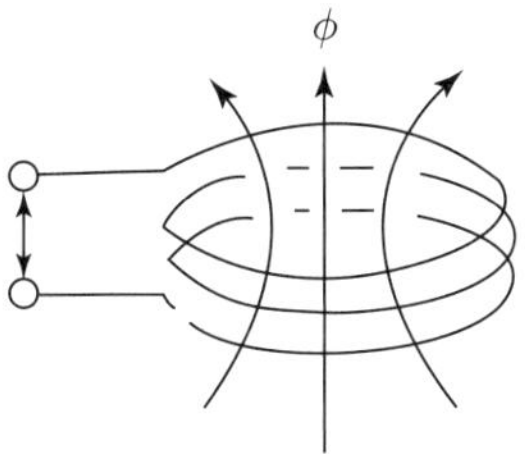

(a)

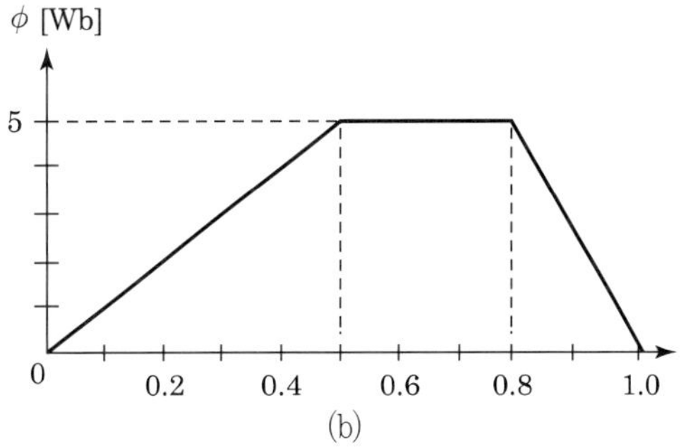

(b)

2 직류발전기

2.1 직류기의 구조

직류기의 주요부분은 전기자(armature), 계자(field magnet) 및 계철(yoke)이다. 계자는 자속을 만드는 부분이고 전기자는 이 자속과 상대적인 운동을 하여 전압을 유도하는 전기자 선륜(armature coil)과 이것을 지지하는 전기자 철심 및 축의 총칭이다. 그리고 계철은 계자와 계자 사이를 연결하여 자기회로를 형성하고 동시에 기기 전체의 골격을 이루는 부분이다.

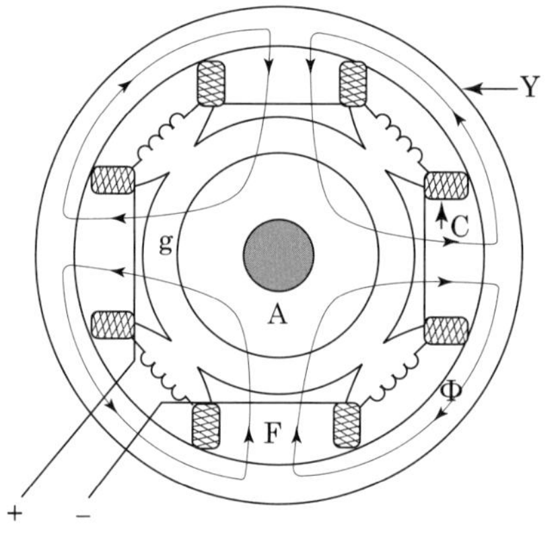

[그림 1-9] 직류기의 구조

[그림 1-9]에서 A는 전기자, g는 공극(air gap), F는 계자철심(field core), Y는 계철, C는 계자선륜(field coil), ϕ는 이들 각부를 통하는 자속(magnetic flux)이다.

(1) 전기자 철심(armature core)

전기자 철심은 자속에 대해서 저항이 작은 자로를 형성하기 위해 철을 사용한다. 그런데 철도 도체이기 때문에 자기장 중에서 회전하면 전기자 철심에 전압이 유도되어 전류가 흐르게 된다. 이 전류를 와전류(eddy current)라 하는데 와전류가 흐르게 되면 철심에 열이 발생하여 전력손실이 발생하며 직류기의 효율을 떨어뜨린다. 이것을 방지하기 위하여 [그림 1-10]과 같은 얇은 전기강판(electrical sheet steel)을 적층(laminate)해서 철심을 만든다.

이렇게 하면 철심 내에 유도되는 전압에 의해 와전류가 흐르더라도 강판 한 장 한 장이 얇은 절연피막으로 덮여 있기 때문에 전기자를 완전히 철로 만들었을 때보다 흐르는 와전류는 대단히 감소하여 직류기의 효율이 높아지고 전기자의 온도상승도 방지할 수 있게 된다. 전기강판은 규소의 포함률에 의해서 B급(1.2%), C급(1.6%), D급(3%), T급(4.3%) 등의 구별이 있다. 소형회전기에는 B급, 대형회전기에는 D급이 주로 사용되고 T급은 변압기에 사용되는데 강판의 규소 함유량이 많아지면 히스테리시스 손실이 감소하게 된다.

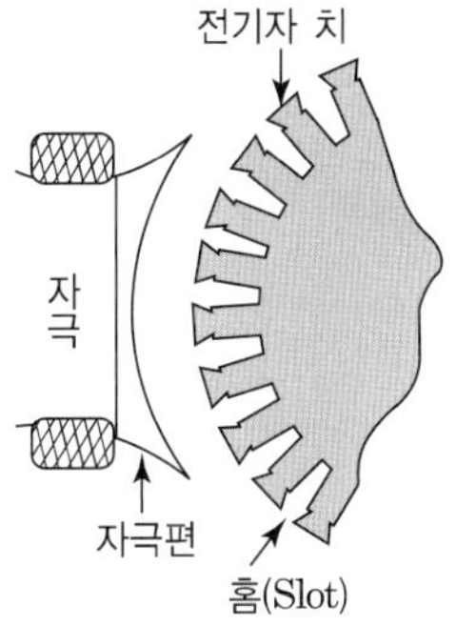

[그림 1-10] 전기자 철심

와류손실과 히스테리시스 손실과의 합을 철손(iron loss)이라고 하며 강판의 규소 함유량이 증가하면 철손을 감소시킬 수 있지만 투자율이 작아지고 재질도 약해지는 단점이 있다. [그림 1-10]에서 홈(slot)에는 전기자 코일이 위치하게 되며 홈과 홈 사이의 돌출된 부분은 전기자 치(armature tooth)라고 한다.

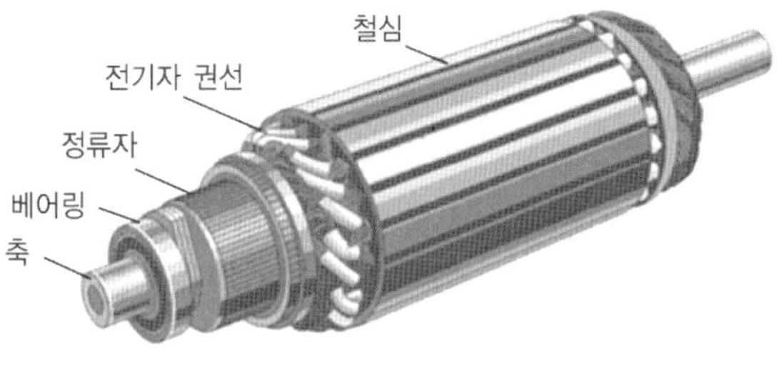

[그림 1-11] 직류전동기의 전기자(회전자)

[그림 1-12]는 직류전동기의 전기자 구조를 나타내는 그림이다. 전기강판을 적층하여 전기자 철심을 만들고 홈에는 전기자권선이 감겨있다. 그리고 브러시와 습동접촉을 하는 정류자가 있으며 전기자권선은 이 정류자에 연결되어 있다. 축의 지지와 회전을 위해 베어링을 장착한다. [그림 1-12]는 직류전동기의 구조를 나타낸다.

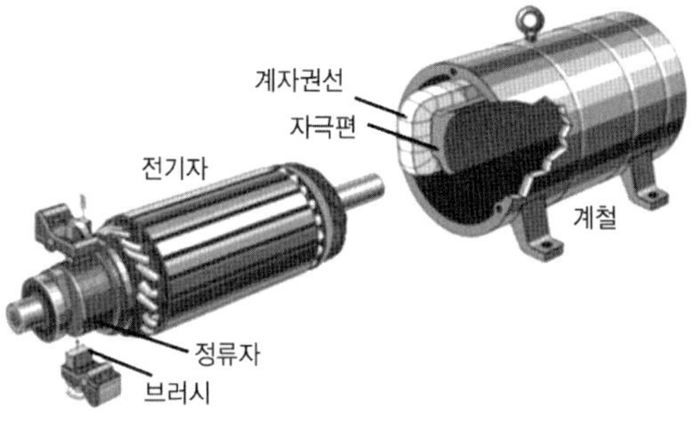

[그림 1-12] 직류선동기의 구조

(2) 계자와 계철

계자는 전기자 도체를 쇄교할 수 있는 자기장을 형성시키는 역할을 하며, 철심(pole core)과 자극편(pole piece) 및 이것을 여자(excitation)시키는 계자권선(field winding)으로 구성되어 있다. 계철(yoke)은 계자 상호간을 자기적으로 연결함과 동시에 기계적으로 직류기의 외형을 형성한다. 그 재료는 주철 또는 주강을 사용하는데 주강은 주철에 비해서 자기적 특성이 우수하기 때문에 계철의 단면적을 작게 할 수 있어 기기의 중량이 감소시킬 수 있다.

계자의 철심으로는 단철괴 또는 적층철심을 사용하는데 적층철심은 강판을 적층하고 리벳(rivet)으로 고정한다. 자계와 계철내의 자속은 그 방향이 항상 일정하므로 철손은 생기지 않는다. 따라서 철심을 적층할 필요는 없으나 이 때는 공작상의 편의 때문에 적층하는 것이다. 그러나 전기자 치와 홈 때문에 공극에서 자속의 분포는 불균일하게 되고 전기자가 회전할 경우 자속이 진동하게 되며, 자극편은 자속을 절단하여 와전류가 흐르게 되므로 이것을 방지하기 위해서 자극편만을 적층하는 경우가 있다.

직류기 내의 자속통로는 [그림 1-13]에서 점선으로 표시한 것과 같으며 그림에서 실선은 그 평균통로를 표시한다. 그림에서 AB 부분은 계철, BC 부분은 계자철심, CD 부분은 자극편, DE 부분은 공극, EF 부분은 치, FG 부분은 전기자철심이다. 이들 중 가장 큰 기자력이 소요되는 부분은 공극이다.

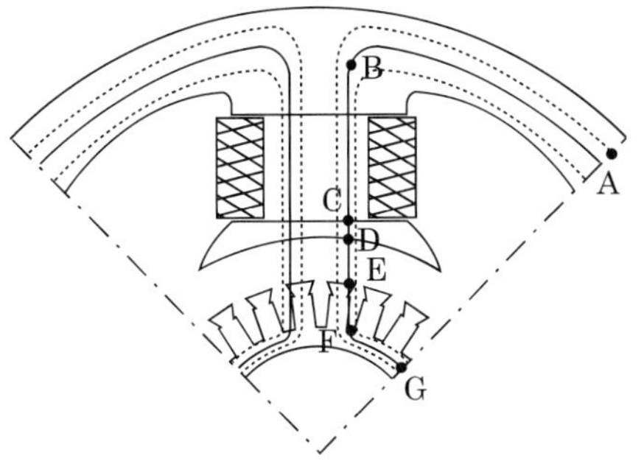

[그림 1-13] 자속통로

(3) 정류자 및 브러시

정류자편은 경도와 도전율이 높은 경동으로 만들고 전기자권선과 동수의 정류자편을 양질의 마이카나이트(micanite)로 서로 절연하여 슬리브(sleeve)에 원통형으로 조립하여 정류자를 제작한다.

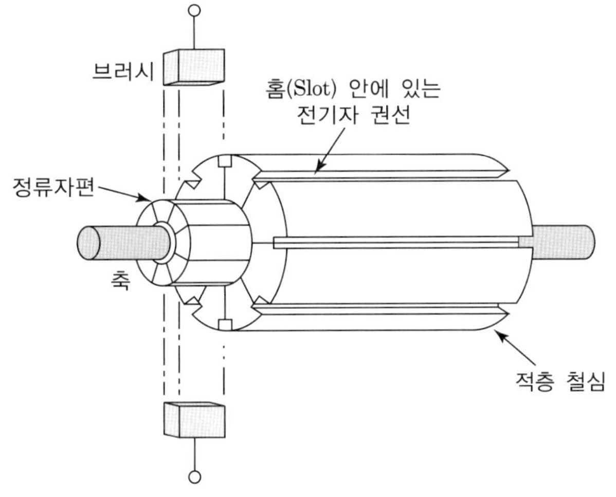

[그림 1-14] 정류자 및 브러시

정류자편 사이의 절연물의 마모가 정류자편의 마모보다 적으면 그 부분이 돌출해서 소위 하이마이카(high mica) 상태가 되어 정류자의 회전에 의해 브러시는 요동하게 되므로 접촉 불량 때문에 심한 불꽃이 생기고 그로인한 열 때문에 정류자와 브러시의 표면은 마모가 심하게 된다. 그러므로 정류자편 사이의 마이카를 정류자 표면보다 약간 낮게 깎아서 하이마이카로 되는 것을 방지하고 브러시와의 접촉을 양호하게 하는데 이것을 정류자의 언더컷(under cut)이라고 한다.

브러시는 정류를 양호하게 하기 위해서 정류자와의 접촉저항이 큰 탄소 브러시(carbon brush) 또는 흑연 브러시(graphite brush)를 사용하여 제작하며 스프링에 의해 적당한 장력으로 정류자 표면에 접촉시킨다.

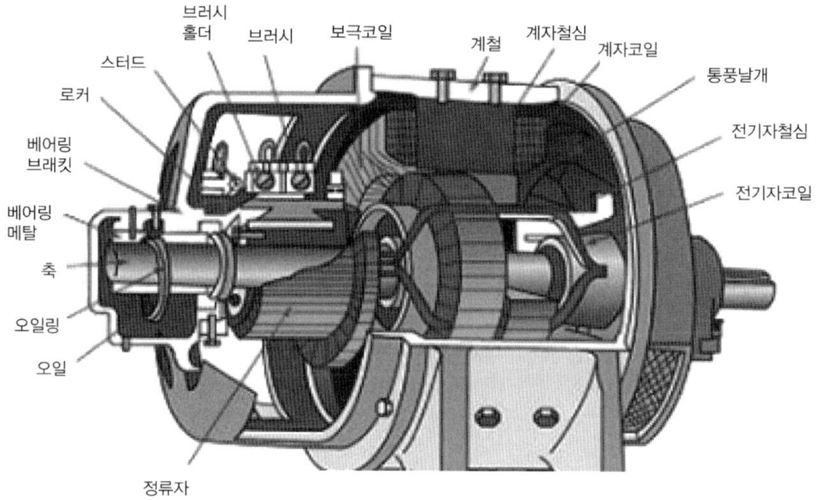

[그림 1-15] 직류기의 전체 구조도

직류기의 실제 구조는 [그림 1-15]에 나타낸 것과 같이 주요부분은 자로를 구성하는 자극철심(pole core), 전기자철심(armature core), 계철(yoke)과 전류가 흐르는 부분인 전기자권선(armature winding), 정류자(commutator), 브러시(brush), 기자력을 만드는 계자권선(field winding) 등이 있다.

계철은 연강판의 원통형으로 둥글게 성층되어 있고 자극철심이나 전기자 철심은 두께 0.35~0.5[mm] 정도의 얇은 규소강판을 성층하여 만든다. 일반적으로 전기기계에서 회전기기는 고정된 부분을 고정자(stator), 회전부분을 회전자(rotor)라 부르며, 직류기도 이 부분에 해당된다. 또한, 직류기는 이러한 부분 외에 교류성분을 직류성분으로 전력변환을 하고 있는 정류자(commutator) 등의 세 부분을 직류기의 3요소라 일컫는다. 즉, 직류기는 회전자(rotor)인 전기자, 자기력을 발생하는 계자, 교류를 직류로 만들어 주는 정류자 이 3가지를 직류기의 3요소라 한다. 한편, 전력을 외부로 도출하기 위한 브러시(brush)가 정류자와 접속하여 전력을 외부로 유출하게 된다.

계자는 전기자를 통과하는 자속을 만드는 부분이며, 전기자는 계자에서 만든 자속을 끊어 기전력을 유도하는 부분이고, 유기된 기전력을 정류자가 전기자권선에서 유도된 교류를 직류로 변환시키는 작용을 하게 된다.

2.2 직류기의 원리

직류발전기는 자계 내에서 도체에 기계적인 운동을 가함으로써 발생하는 교류전압·전류를 정류하여 방향이 변하지 않는 전압·전류, 즉 직류전압, 전류를 얻는 장치이다. 발전기는 기계에너지를 전기에너지로 변환하는 전기기기이며 이것을 그림으로 나타내면 [그림 1-16]과 같이 전동기는 발전기와 정반대의 작용을 한다.

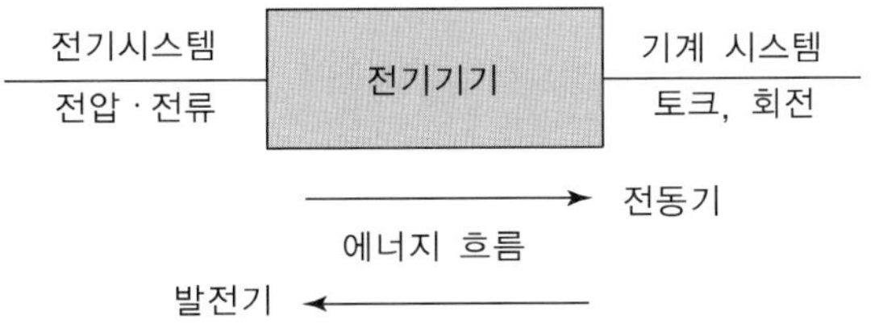

[그림 1-16] 전기시스템과 기계시스템 사이의 변환

자계 내에서 운동할 때는 패러데이의 전자유도법칙에 의해 도체가 단위시간당 쇄교하는 자속 수에 비례하여 도체에 기전력이 유도되며, 따라서 도체에 전류가 흐르게 된다. [그림 1-17]은 자기장 내에서 도체를 운동시켰을 때 도체에 발생하는 유도전압의 방향을 나타내는 그림이며, 이것을 플레밍의 오른손법칙이라고 한다.

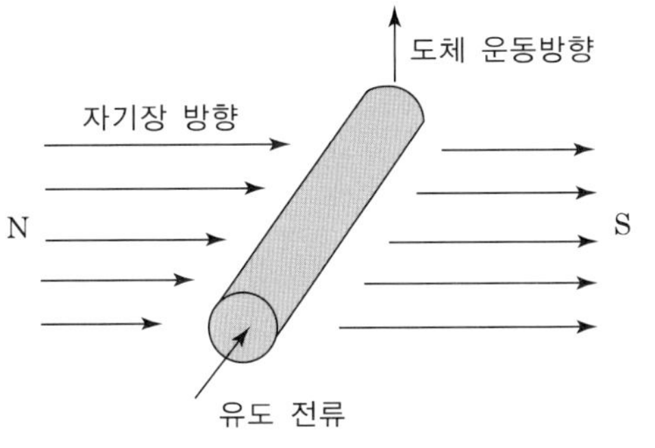

[그림 1-17] 플레밍의 오른손 법칙

[그림 1-18]은 수평방향의 평등 자기장 내에서 도체를 시계방향으로 회전시켰을 때 도체에 유도되는 전압을 나타내는 그림이다. 도선이 자기장의 방향과 일치할 때는 도체가 자기장을 쇄교하지 못하므로 유도되는 전압은 영이 된다. 도선이 회전하면 도선의 자기장 쇄교율은 높아지고 따라서 유도전압도 커지게 되며, 그 크기는 코일이 90° 회전하였을 때 최대가 된다.

도선이 90°를 초과하여 회전하게 되면 유도전압은 감소하며 도선이 180° 회전하면 도선이 자기장을 쇄교하지 못하므로 도선에 발생하는 유도전압은 다시 영이 된다. 도선이 계속 회전하면 도선에 발생하는 유도전압은 다시 증가하여 270°에서 최대의 유도전압이 발생하는데 이때의 유도전압의 방향은 도선이 90° 회전하였을 때와 반대가 된다. 도선이 다시 회전하면 도선의 유도전압은 다시 감소하며 도선이 360° 회전하게 되면 도선에 발생하는 유도전압은 다시 영이 된다.

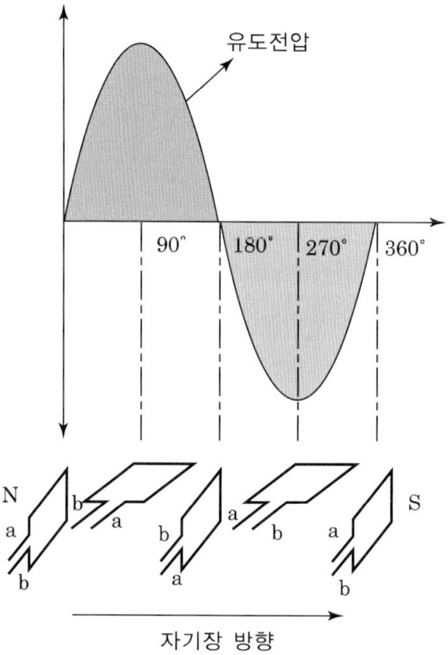

[그림 1-18] 도선의 회전에 의한 유도전압

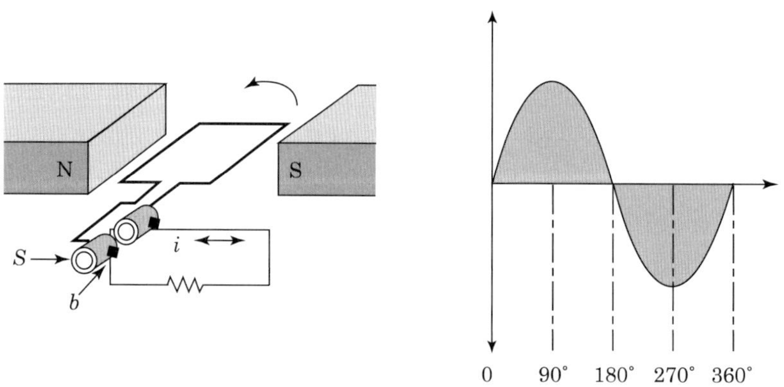

[그림 1-19] 교류발전기의 원리

교류발전기는 2개의 슬립링을 사용하지만 직류발전기는 1개의 슬립링을 사용한다. [그림 1-20]과 같이 1개의 슬립링을 2등분하여 서로 절연시키고 브러시를 연결하면 브러시를 통한 전압의 방향은 항상 일정하게 된다. 2등분된 슬립링은 정류자(commutator)라 하고 2등분된 각 편을 정류자편(commutator segment)이라고 한다. 그리고 자계 내에서 운동하여 전압이 유도되는 코일 및 코일을 지지하는 부분 전체를 전기자(armature)라고 한다.

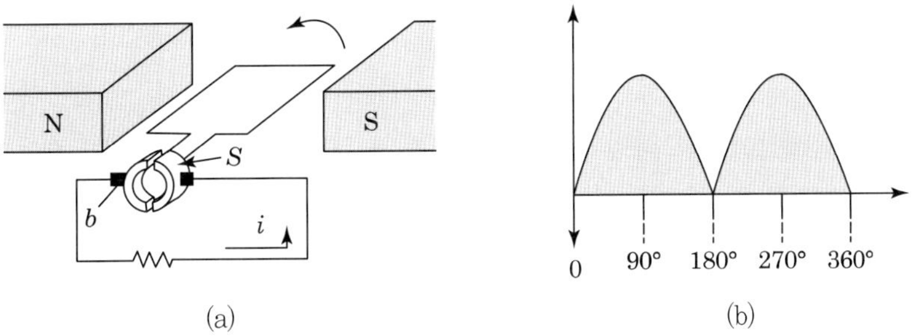

[그림 1-20] 직류발전기의 원리

[그림 1-20]에서 발생한 직류파형을 보면 방향이 일정한 직류는 만들어지지만 그 값이 영에서 최대치까지 변동이 대단히 심한 직류가 된다. 이와 같은 직류파형을 맥류(pulsating current)라고 한다. [그림 1-20]에서는 1개의 코일과 2개의 정류자편을 사용한 직류발전기를 나타내었는데 [그림 1-21]과 같이 4개의 코일과 4개의 정류자편을 사용하면 전기자에는 2개의 코일이 직렬로 연결된 회로가 2개 병렬로 존재하게 되어 발생되는 직류전압파형은 상당히 개선된다.

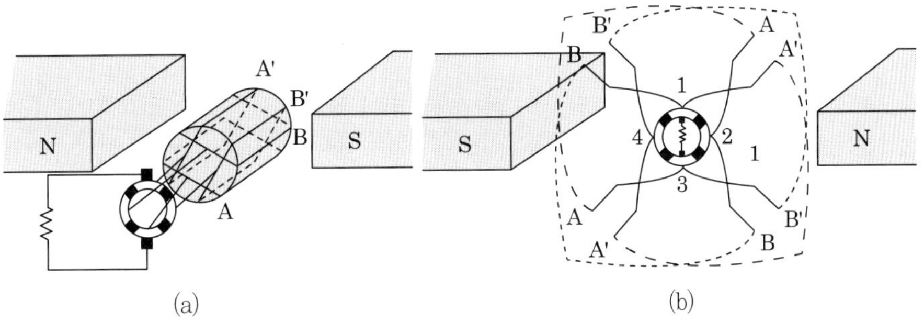

[그림 1-21] 직류발전기의 원리

[그림 1-21](a)는 전기자에 감긴 4개의 코일을 표시하고 있고 [그림 1-21](b)는 이 코일을 전기자의 뒤쪽에서 바라보고 전개한 것이다. [그림 1-21]를 보면 브러시가 정류자편 1과 3에 위치하고 있고, 정류자편 1에서 3에 이르는 회로는 다음과 같이 2개가 병렬로 연결되어 있음을 알 수 있다.

1-BB-2-AA-3　　　　　　1-A′A′-4-B′B′-3

따라서 정·부극 브러시 사이에는 2개의 코일에 유도된 전압의 합성전압이 나타나게 된다. [그림 1-21]에서 곡선 A를 코일 AA 및 A′A′의 유도전압이라 하고, 곡선 B를 코일 BB 및 B′B′의 유도전압이라고 하면 코일 AA, A′A′와 코일 BB, B′B′는 전기자에서 90° 떨어진 위치에 있으므로 전압의 위상도 [그림 1-21]의 곡선 A, B와 같이 90°의 위상차이가 나게 된다.

브러시 단자간에 발생되는 전압은 그림의 곡선 A와 B의 각 순시치를 합한 것이 되므로 그림의 C곡선과 같이 된다. [그림 1-21]을 보면 코일 1개만을 사용했을 때보다 발생 전압파형의 맥동이 감소되었음을 알 수 있다. 만약 코일 및 정류자의 수를 수십 개로 증가하면 발생되는 단자전압의 맥동은 대단히 감소하게 되며 사실상 그 값은 일정한 값이라고 간주할 수 있게 된다. 이와 같은 전압을 직류전압이라 하고 직류전압을 발생하는 발전기를 직류발전기라고 한다.

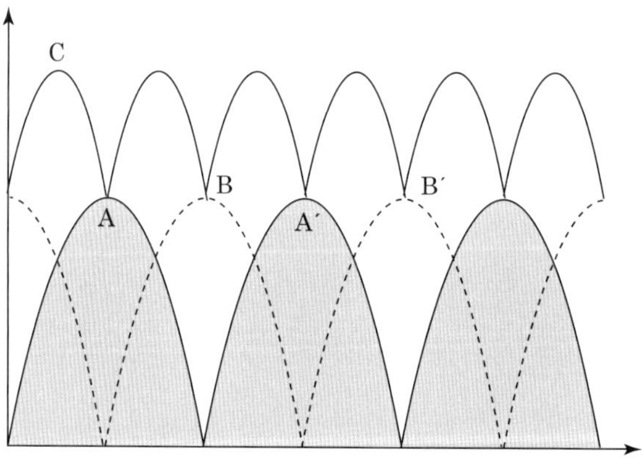

[그림 1-22] 두 코일의 합성전압

2.3 여자방식에 따른 분류

계자권선에 전류를 흘려주는 것을 여자(excitation)라 하며, 어떤 방식으로 즉, 외부에서 전원을 공급하느냐 하지 않느냐에 따라 두 가지 방식으로 구별할 수 있다.

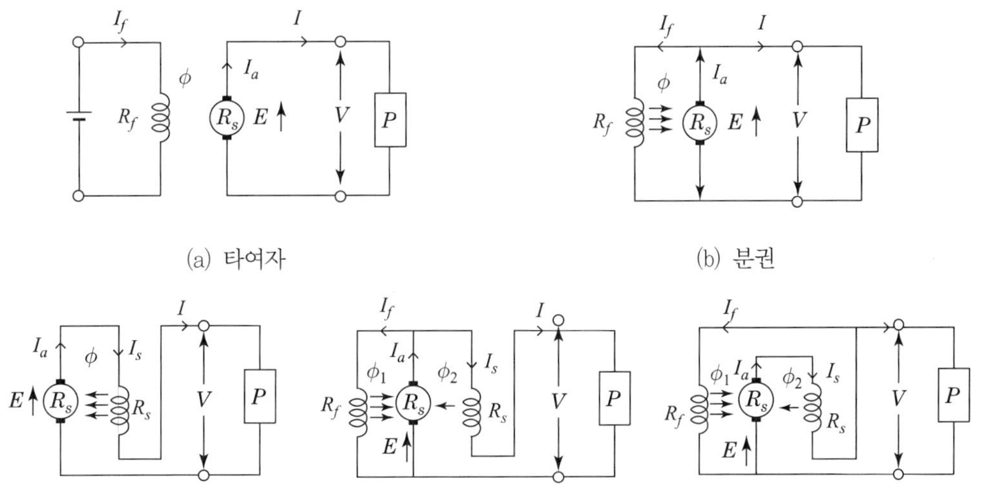

(a) 타여자 (b) 분권

(c) 직권 (d) 차동복권(내분권) (e) 차동복권(외복권)

[그림 1-23] 여자방식에 따른 분류

타여자발전기는 타여자 방식으로 반드시 외부의 전원을 필요하게 되며, 자여자 발전기는 계자에 남아 있는 잔류 자기에 의해서 스스로 전류를 발생시키는 방식을 말한다. 이와 같은 방식에는 타여자 방식과 직권, 분권, 복권방식이 있고, 복권방식에는 내분권, 외분권 방식으로 구분할 수 있으며, [그림 1-23]에 각각 나타내었다.

3 전기자권선법

전기자에는 다수의 도체가 감겨져 있기 때문에 위상과 시간에 따라서 서로 다른 방향의 기전력이 유기되어 이들 기전력이 서로 상쇄됨이 없이 유효하게 가해지도록 도체를 접속하고 정류작용이 손쉽게 이루어지게 되어야 하며, 전압과 전류값에 따라 접속방법을 [그림 1-24](a), [그림 1-24](b)와 같이 여러가지 방법으로 고려할 수 있다.

3.1 환상권(ring winding)과 고상권(drum winding)

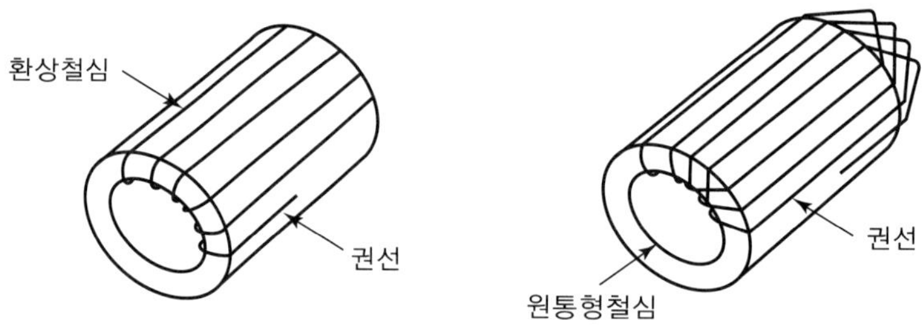

(a) 환상권 (b) 고상권

[그림 1-24] 환상권과 고상권

[그림 1-24](a)의 환상권은 환상철심에 권선을 안팎으로 감은 것이고 철심표면에 있는 도체만이 자속을 끊으므로 이들에만 기전력이 유기되고, 철심내측의 도체에는 기전력이 발생하지 않으며 권선을 감기가 불편하며, 거의 사용 않는 권선법이다.

[그림 1-24](b)의 고상권은 도체를 전기자 표면에만 감을 수 있어 모든 도체에 자속을 끊게하여 기전력을 유기시키며 제작, 수리 등이 편리한 점도 있다. 환상권에서의 철심 안쪽의 코일을 아래의 철심의 바깥쪽으로 옮겨서 도체의 자속을 끊게 하였다.

3.2 개로권과 폐로권

모든 권선이 어떤 한 점으로부터 출발하여 권선 도체를 따라가면 처음 출발한 점으로 되돌아와서 닫혀지게 되는 회로가 [그림 1-25](a)는 폐로권(closed circuit winding)이라고 하고, 여러 개의 열린 독립권선을 철심에 감은것인데 이것이 외부회로에 접속되어야만 폐회로를 가지는 권선을, [그림 1-25](b)에 나타낸 것과 같이 개로권(open circuit winding)이라 한다.

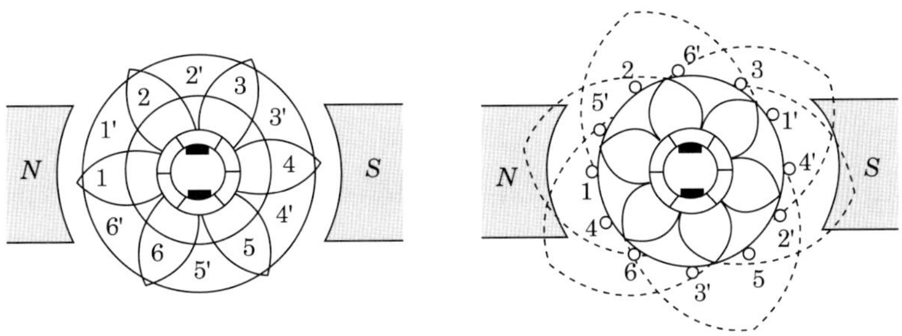

(a) 폐로권 (b) 개로권

[그림 1-25] 폐로권과 개로권

3.3 단층권과 2층권

단층권은 하나의 슬롯에 1개의 코일변을 넣는 방법으로 [그림 1-26](a)와 같이 나타낼 수 있다. 2층권은 하나의 슬롯에 2개의 코일변을 넣는 방법(직류기의 대부분)으로 이층권으로 한 경우 코일의 한쪽 변을 어떤 슬롯의 한 층을 넣으면 다른쪽 변은 거의 다른 자극 간격만큼 떨어진 다른 슬롯의 상층에 넣도록 한다. [그림 1-26](b)에 2층권의 권선법을 나타내었다.

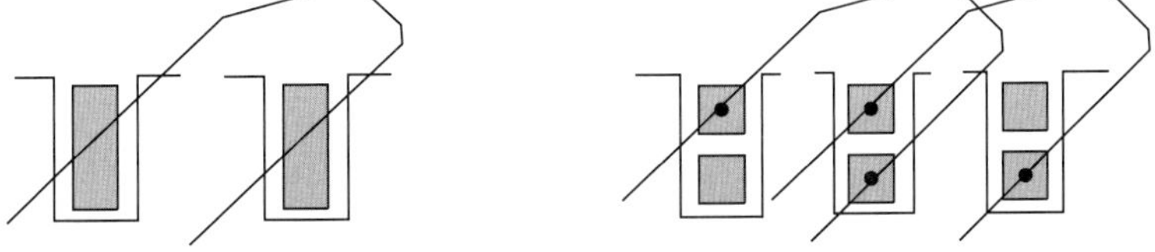

(a) 단층권 (b) 2층권

[그림 1-26] 단층권과 이층권

3.4 전절권과 단절권

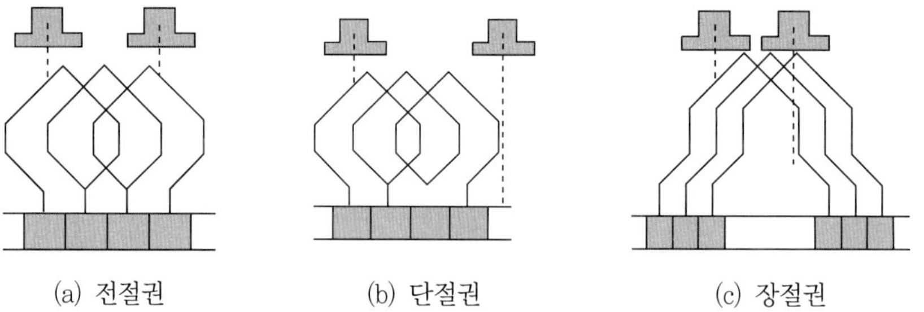

[그림 1-27] 전절권과 단절권

[그림 1-27](a)와 같이 후절의 극 간격이 같은 것을 전절권(full pitch winding)이라고 한다. 또, [그림 1-27](b)와 같이 후절이 극 간격보다 짧은 것을 단절권(short pitch winding)이라고 하며 [그림 1-27](c)와 같이 후절이 극 간격보다 길어진 권선을 장절권(long pitch winding)이라고 한다. 정류가 잘 되려면 전절권에 가까운 단절권을 사용해야 한다.

3.5 중권

어떤 코일의 상층코일변에서 하층 코일변을 따라가면 다음 코일의 상층이 바로 옆에 있게 나열된 권선을 중권(lap winding)이라 하며 [그림 1-28]에 나타내었다.
여기서, Y_b는 후절 (back pitch)이라 하여 정류자의 반대쪽에서 관측한 상태를 말하며,

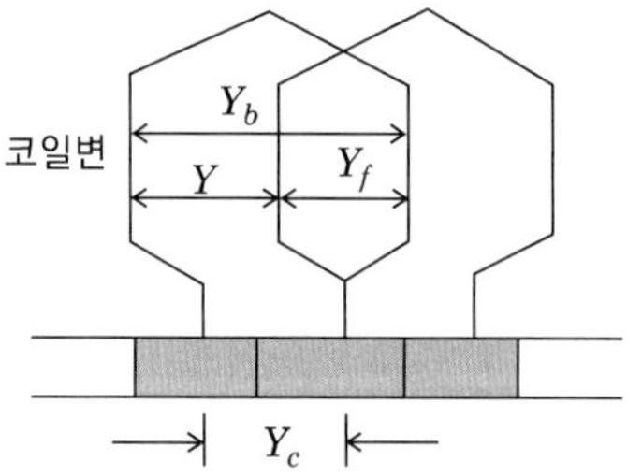

[그림 1-28] 중권

Y_f는 전절(front pitch)이라 하여 정류자 측에서 관측한 상태를 말한다. Y는 합성절(resultant pitch)이라고 하며 코일 변수로 표시한다.
또한 Y_c는 정류자절(commutator pitch)이라 하며 합성절 Y는 다음 식으로 나타낼 수 있다.

$$Y = Y_b - Y_f \tag{1-15}$$

극수 $p = 4$, 정류자편수 $K = 12$, 코일변수 $Z_c = 24$, 슬롯수 $s = 12$ 인 슬롯에 2개의 코일변이 있는 단중중권(simpley lap winding)의 한 예를 들면 다음과 같다.
정류자편 1에서 상층 코일변 1에 연결되고 후 결선을 거쳐 하층 코일변 4′ 에 이르고 이것과 정류자편 2를 연결하고 정류자편 2는 상층 코일변 3에 연결한다. 권선은 차례로 시계방향으로 감겨져 가서 모든 코일변은 정류자편과 연결된다.

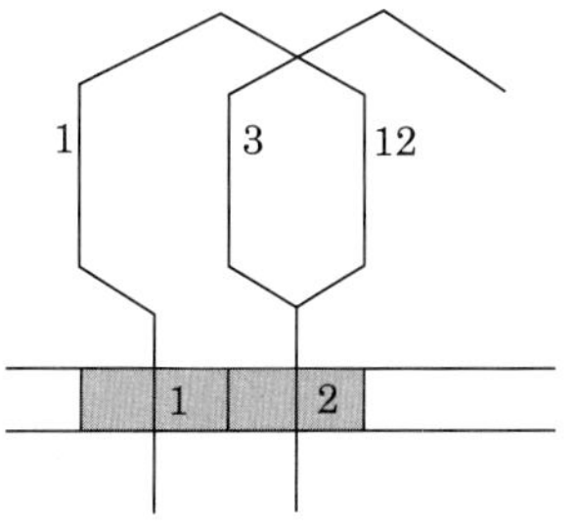

코일의 형태는 (1–4′)→(2–5′)→(3–6′)→(4–7′)→⋯ 이 권선의 경우는 아래의 식으로 쓸 수 있다.

$$Y_b = 12 - 1 = 11, \qquad Y_f = 12 - 3 = 9$$

$$Y = 3 - 1 = 2, \qquad Y_c = 2 - 1 = 1$$

여기서 알 수 있듯이 Y_b와 Y_f 인 후절과 전절은 짝수와 홀수의 차이고 결과는 홀수이며, 이들은 1극당 코일변 $\dfrac{Z_c}{p} = \dfrac{42}{4} = 10.5$에 가까운 값이고, 9와 11의 홀수값이다.
따라서, 단중 중권으로 하려면 Y_b, Y_f 는 다음과 같이 정해야 한다.

$$\frac{Z_c}{p} \text{가 짝수일 때 } Y_b = \frac{Z_c}{p} \pm 1, \quad Y_f = \frac{Z_c}{p} \pm 1 \tag{1-16}$$

$$\frac{Z_c}{p} \text{가 홀수일 때 } Y_b = \frac{Z_c}{p} \text{ or } Y_b = \frac{Z_c}{p} \pm 2 \tag{1-17}$$

$$Y_b = \frac{Z_c}{p} \pm 2 \text{ or } Y_f = \frac{Z_c}{p} \tag{1-18}$$

3.6 단중권과 다중권

단중권은 권선을 따라서 전기자를 일주하면 처음으로 다시 되돌아와 결국 폐회로를 구성하게 되는 권선법을 말하며, 다중권은 전기자를 2~3 바퀴 일주하여 폐회로를 구성하고 다음과 같은 방법에 의해 이루어진다.

$$Y = Y_b - Y_f = \pm m$$
$$(m = 1 \rightarrow \text{단중권},\ m \geq 2 \rightarrow \text{다중권}) \qquad (1\text{–}19)$$

3.7 진권과 누권

$Y_b > Y_f$ 일 때는 진권(progressive winding)이라고 하며 권선이 오른쪽 방향으로 감겨져 가는 형태이고, $Y_b < Y_f$ 일 때는 누권(reprogressive winding)으로 권선이 왼쪽 방향으로 감겨져 가는 상태를 말한다.

[그림 1-28]에서 $p = 4$(극수), $Z = 24$(코일 변수), $n = K = 12$(정류자편수, 슬롯수)일 때 진권과 누권을 나타내면 $Y_b = 4 - 1 = 3 = \dfrac{K}{p}$, $Y_f = 3 - 1 = 2$, $Y = 3 - 2 = 1$ 으로 단중권의 진권을 나타낸다. 또한, 코일변수는 정류자편수×2로 나타낼 수 있다.

또한 브러시와 자극 수의 관계는 전기자에서 외부로 흐르는 전류를 I_a 라 하면 전기자의 각 병렬회로를 흐르는 전류 i_a 는 다음과 같이 나타낼 수 있다.

$$i_a = \frac{I_a}{p}\ [\text{A}] \qquad (1\text{–}20)$$

브러시는 중성축마다 두어야 하므로 중권에서는 브러시수와 자극수는 같아야 한다. 중권 다극기에서 병렬회로의 기전력은 제작상의 오차(내부저항, 공극→손실의 오차) 등에 기전력의 차이가 존재하는 것을 방지하기 위해 등전위가 되는 코일을 저항이 적은 도선으로 접속 국부전류를 흐르게 하여 유기전압의 불평형을 방지하는 것을 균압결선이라고 하며, 이 결선은 전압을 거의 동등하게 만들어 주는 역할을 한다.

예제 1-2

4극 전기자권선이 단중 중권인 직류발전기의 전기자전류가 20 [A]이면 각 전기자권선의 병렬회로에 흐르는 전류는?

풀이

병렬회로에 흐르는 전류 $i_a = I_a/p = 20/4 = 5$ [A]

3.8 파권

[그림 1-29]에서 보듯이 코일변이 (1–6′)→(12–17′)→(2–7′)→⋯ 와 같이 차례로 접속되어 최후에 코일변 16′에서 코일변 1로 되돌아와 하나의 폐회로를 이루고 권선이 완성된다. 이와 같이 파도 모양을 형성하는 권선을 파권이라고 한다.
자극수 p, 정류자편수 K, 전기자 회로수 a, 권선피치 Y, Y_b, Y_f 사이에 일정한 관계가 되어야 하며 다음과 같이 된다.

$$Y = Y_b - Y_f$$
$$Y = \frac{k \pm m}{p/2} = \frac{k \pm a/2}{p/2} \tag{1-21}$$

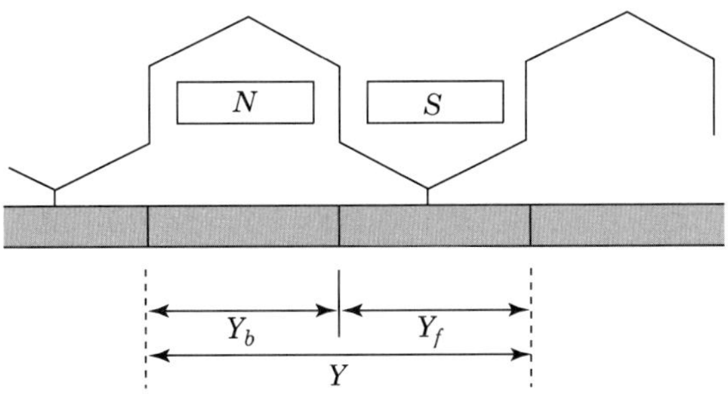

[그림 1-29] 파권

m 은 임의의 정수이고 $-m$ 의 경우는 비교차, $+m$ 인 경우에는 교차로 $m=1$ 단중권, $m \geq 2$ 다중권이며 Y_b 나 Y_f 는 거의 1자극 피치와 같다.
[그림 1-30]에서 보듯이 코일변이 (1–6′)→(12–17′)→(2–7′)→⋯ 와 같이 차례로 접속되어 최후에 코일변 16′에서 코일변 1로 되돌아와 하나의 폐회로를 이루고 권선이 완성된다. 이와 같이 파도모양을 형성하는 권선을 파권이라 한다.

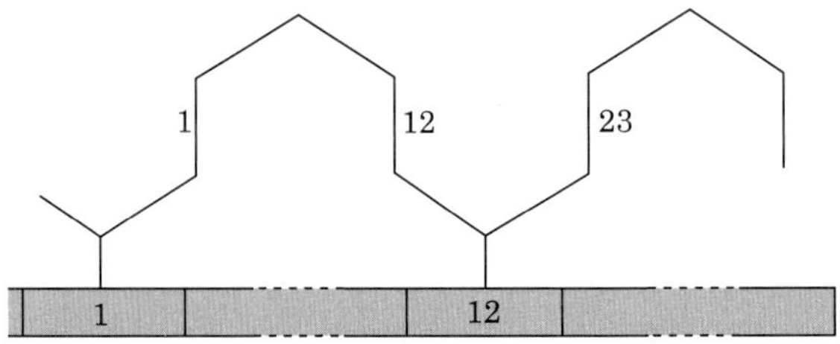

그림 1-30 파권 형상

자극수 p, 정류자편수 K, 전기자 회로수 a, 권선피치 Y, Y_b, Y_f 사이에 일정한 관계가 되어야 하며 다음 식과 같이 된다.

$$Y = Y_b + Y_f \tag{1-22}$$

$p=4$, $K=21$, $Z_c=42$, $s=21$ 슬롯에 2개의 코일변이 있는 단중 파권인 경우의 예이다. $Y_c = 2 \cdot \dfrac{k \pm 1}{p}$ = 정수(+ 진권, − 누권)가 되도록 정류자절 Y_c를 정해야 한다.

$Y_c = 12 - 1 = 11$이므로, $Y_c = 2 \cdot \dfrac{21 \pm 1}{4} = 11$이 되어 같아지므로

$Y_b = 12 - 1 = 11$, $Y_f = 23 - 12 = 11$, $Y = 11 + 11 = 22$로 되어

단중파권이 되려면 다음과 같이 정한다.

$$\begin{aligned} Y &= \frac{Z_c \pm 2}{p} \text{가 짝수일 때 } Y_b = Y \pm 1,\ Y_f = Y \pm 1 \\ Y &= \frac{Z_c \pm 2}{p} \text{가 홀수일 때 } Y_b = Y_f = Y \end{aligned} \tag{1-23}$$

3.9 중권과 파권의 비교

중권의 전기자권선의 전개도를 보면 (+), (−), 브러시 사이에 코일변을 오른쪽으로 따라가는 회로와 왼쪽으로 따라가는 회로에 2개의 병렬회로가 있으므로 (+) 브러시를 묶은 (+) 단자와 (−) 브러시를 묶은 (−) 단자 사이에 극수와 같은 병렬회로가 생긴다. 중권으로 하여 p극인 경우 브러시 수 및 (+), (−) 브러시 사이의 병렬회로수는 다 같이 p개이며, (+), (−) 브러시 사이에 직렬로 연결된 코일 변수는 Z_c / p이다.

파권인 경우 어떤 (+) 브러시에서 출발하면 전부의 코일변을 차례로 직렬로 이어가서 브러시에 이르므로 병렬회로는 극수에 관계없이 늘 왼쪽 및 오른쪽 회로 2개뿐이다. (+),

(−) 각 1개씩의 브러시만 두고 나머지는 빼도 된다. 이것은 (+) 브러시 끼리, (−) 브러시끼리는 서로 중성점에 있는 코일변으로 연결되기 때문에 파권으로 하면 중권의 $p/2$배의 전압을 내므로 고전압에는 파권을 저전압 대전류용에는 중권을 많이 사용한다.

구 분	중 권	파 권
전기자 병렬회로수 a	극수와 같다 (a=p) 단, 다중도 m이면 a=mp	항상 2이다.
브러시수 b	극수와 같다 (b=p)	2이다. 그러나 극수와 같게 해도 된다.
전기자 도체의 굵기, 권수, 극수가 같을 때 전압·전류 관계	저전압 대전류	고전압 소전류
권선 조건	슬롯수 / 극수 = 정수	슬롯수 / 극수 = 정수
균압선	필요	불필요

4 정류(commutation)

4.1 정류곡선

직류발전기 또는 직류전동기에 있어서 전기자권선이 중권으로 되어 있을 때 1개 코일의 양단이 서로 이웃에 있는 2개의 정류자편에 연결되어있는데 전기자가 회전하면 이 정류자편이 브러시에 의해 단락되므로 그 코일도 역시 브러시에 의해서 단락되게 된다. 이와 같이 한 개의 코일이 단락되는 것은 그 코일의 양변이 중성선을 통과할 때 일어나며 이 때 그 코일변은 N극에서 S극으로 또는 S극에서 N극으로 이동하므로 전류의 방향이 반전하게 된다. 이와 같이 코일변이 중성선을 통과할 때 그 코일이 브러시에 의해서 단락된 후 전류방향이 반전하는 것을 정류(commutation)라고 한다.

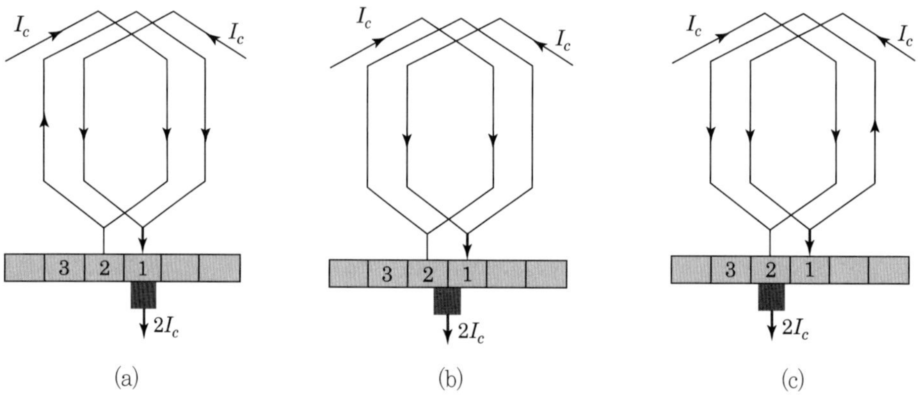

[그림 1-31] 중권의 정류

[그림 1-31]에는 중권의 정류를 나타낸 것인데 브러시는 고정되어 있고 전기자와 정류자가 우측으로 회전할 때 굵은 선으로 표시된 코일은 [그림 1-31](a)위치에서 [그림 1-31](c)위치까지 이동하는 동안 브러시에 의해서 단락되고 그 동안에 코일의 전류가 반전된다. 정류현상은 파권의 경우에도 중권과 동일하게 된다.

한 개의 코일이 브러시에 의해서 단락되어있는 주기를 정류주기(commutating period)라고 하며 정류주기 중 단락 코일의 전류변화는 [그림 1-32]의 a, b, c, d와 같은 곡선으로 표시되며 이와 같은 곡선을 정류곡선(commutation curve)이라 한다.

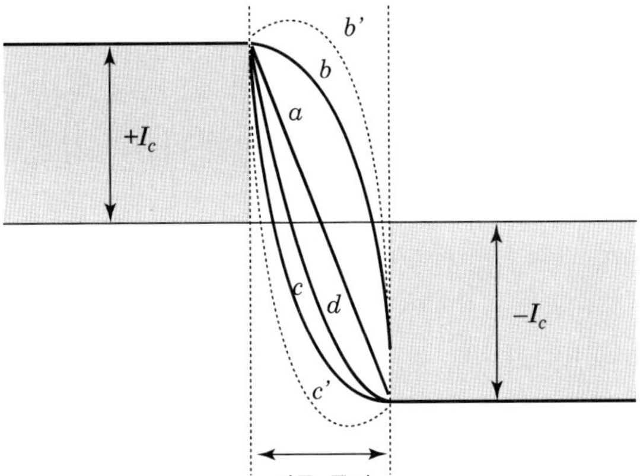

[그림 1-32] 정류곡선

이 곡선 중 a와 같이 직선상으로 전류가 변화할 때를 직선정류(linear commutation)라고 하고 곡선 b와 같이 전류변화가 뒤지는 경우를 부족정류(under commutation)라 하고 곡선 c와 같이 전류변화가 지나치는 경우를 과정류(over commutation)라고 한다. 코일에는 인덕턴스가 있어 이것이 전류의 급변을 방해하는 작용하기 때문에 적당한 수단을 강구하지 않으면 부족정류로 된다.
곡선 b의 경우는 브러시의 후단에서 스파크가 나기 쉽고 곡선 c의 경우는 브러시의 전단에서 스파크가 일어나기 쉽다. 직선정류 a 또는 이보다 약간 전류변화가 앞서는 곡선 d의 경우에 스파크가 일어나지 않는 이상적인 정류가 된다.

4.2 저항정류

단락코일의 저항이나 인덕턴스에 비해서 브러시의 접촉저항이 클 때에는 코일의 저항과 인덕턴스를 무시하고 브러시의 접촉저항을 고려함으로써 정류작용을 단순화시킬 수 있다.

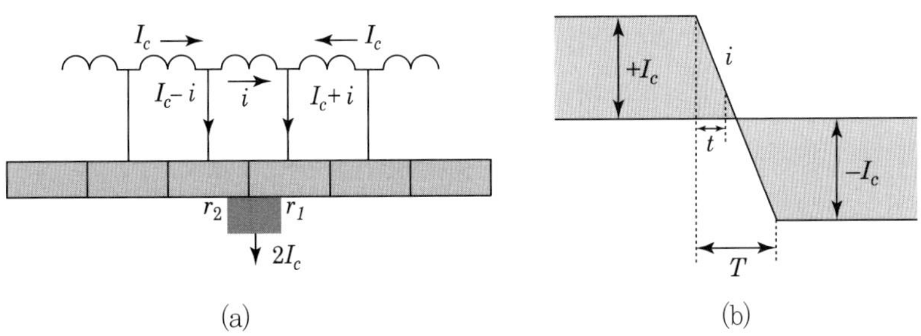

[그림 1-33] 직선 정류 동작

[그림 1-33]에서 브러시와 정류자편의 전접촉 저항을 R_c, 브러시와 정류자편 1과의 접촉저항을 r_1, 브러시와 정류자편 2와의 접촉저항을 r_2라 하고 정류주기를 T, 코일의 정류가 시작한 순간부터 경과한 시간을 t라 하면 다음과 같은 관계가 있다.

$$r_1 = \frac{T}{T-t}R_c,\ r_2 = \frac{T}{t}R_c \tag{1-24}$$

이 저항은 병렬로 연결되어 있으므로 양측의 전압강하는 같다고 생각하면 다음 식으로 표현할 수 있다.

$$(I_c + i)r_1 = (I_c - i)r_2,\ i = \frac{T-2t}{T}I_c \tag{1-25}$$

즉, 정류중인 코일에 통하는 전류는 식 (1-25)와 같으므로 [그림 1-33](b)와 같은 직선적 변화를 하게 된다. 이것은 이상적인 정류의 일종이며 탄소 브러시를 사용하는 것은 탄소가 금속보다 접촉저항이 커서 정류가 용이하기 때문이다. 이와 같이 접촉저항이 큰 브러시를 사용해서 정류를 양호하게 한 것을 저항정류(resistance commutation)라고 한다.

실제의 전기자 코일은 상당한 인덕턴스를 가지고 있으므로 이것을 L이라 하면 단락 코일의 전류 i의 변화에 의해서 $e_r = -L\,di/dt$와 같은 리액턴스 전압이 유도되어 전류의 변화가 뒤지게 되므로 정류곡선은 [그림 1-33](b)와 같이 된다. L이 클수록 이 경향은 심하게 되며 정류의 말기에 전류변화가 크게 되어 브러시의 후단에서 스파크가 발생하게 된다.

4.3 전압정류

정류 중에는 코일의 인덕터로 인한 리액턴스 전압 때문에 정류가 나빠지게 된다. 따라서 리액턴스 전압을 상쇄시키기 위해서 적당한 방법으로 정류중인 코일에 리액턴스 전압과 방향이 반대이고 크기가 같은 전압을 가해줌으로써 직선정류에 가까운 양호한 정류를 할 수가 있다. 이와 같은 정류를 전압정류(voltage commutation)라 하며 이 때 정류를 개선하기 위해서 가해주는 전압을 정류전압(commutating voltage)이라고 한다.

리액턴스 전압의 방향은 원 전류를 지속하려고 하는 방향이므로 정류전압은 이것과 방향이 반대이어야 한다. 이 전압을 일으키는 가장 간단한 방법은 브러시를 발전기에 있어서는 회전방향으로, 전동기에 있어서는 회전과 반대방향으로 약간 이동하여 정류중인 코일이 다음 극의 자속을 절단하게 하는 것이다. 전기자 반작용만을 생각하면 브러시는 부하 중성선상에 옮겨 놓으면 되는데 리액턴스 전압까지 고려하면 그 보다도 약간 더 이동시켜 놓아야 한다.

그러나 이 방법은 부하의 변화에 따라서 브러시의 위치를 변화시켜야 할 필요가 있고 역전하는 기계에 있어서는 특히 불편하다. 그러므로 브러시는 무부하 중성선에 고정해 놓고 보극에 의해서 필요한 자속을 단락코일에 공급하는 방법을 사용한다.

4.4 보극 및 보상권선

정류개선법에서 가장 효과적이고 또 가장 많이 사용되고 있는 방법은 보극(inter pole)을 사용하는 것이다. 보극은 [그림 1-34]와 같이 주 자극 N, S의 중간, 즉 기하학적 중성선에 소 자극 n, s를 설치하고 그 여자권선을 전기자권선과 직렬로 연결하여 전기자 자속 ϕ_a와 반대방향으로 크기가 같은 자속 ϕ_c를 발생하게 한 것이다. 이와 같이 하면 보극의 강도는 항상 전기자 반작용에 비례해서 증감하므로 부하의 대소에 관계없이 언제나 전기자 반작용을 상쇄할 수 있다.

보극의 기자력을 전기자 기자력보다 30~40[%] 크게 해주면 보극은 전기자 반작용을 상쇄시키고 동시에 정류중인 코일에 유도되는 평균 리액턴스 전압을 상쇄할 수도 있게 된다. 보극의 기자력을 증가시키거나 감소시키기 위해서 보극 여자권선에 저항을 연결하여, 이 저항값을 가감함으로써 보극의 기자력도 증가하거나 감소시킬 수 있다.

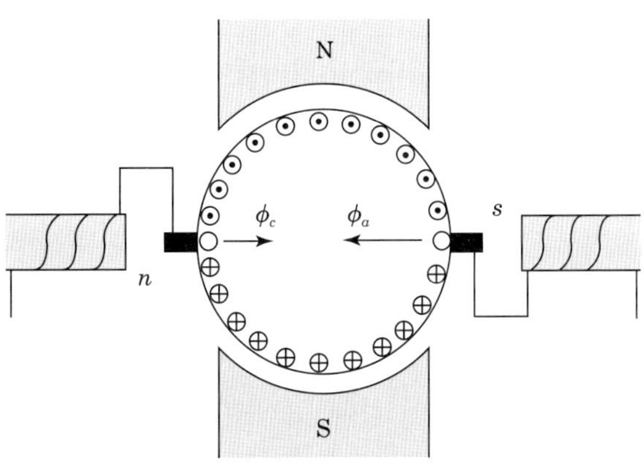

[그림 1-34] 보극의 작용

보극 기자력이 적당할 경우에는 [그림 1-32]의 a곡선과 같은 직선정류가 되고 이 기자력이 부족할 경우에는 b곡선과 같은 부족정류가 되며 기자력이 과대할 경우에는 c곡선과 같은 과정류가 된다. 보극을 다른 용어로 정류극(commutating pole)이라고도 한다.

보극에 의해서 전기자 반작용을 상쇄할 때에는 그 작용이 보극의 바로 아래, 즉 브러시가 있는 장소에만 한정되며 전기자 전 원주에는 미치지 못한다. 그런데 부하의 변화가 급격한 경우에는 자기유도에 의한 전압이 정류중인 코일뿐만 아니라 원주상의 모든 코일에 유도되어 정류자편 사이의 전압이 높아진다. 이 전압이 브러시 부근에 생기는 전도성 가스를 통해서 아크 방전을 발생시키고, 이 아크 방전은 브러시 부근과 정류자의 전 원주에 퍼져서 정·부의 브러시 사이를 단락하게 된다. 이것을 섬락(flash over)이라고 하는데 직류기에 있어서 대단히 해로운 현상이다. 이를 방지하기 위해서는 정류시 이외에는 작용이 미치지 못하는 보극만으로써는 불충분하며 보상권선(compensating winding)을 사용해야 한다.

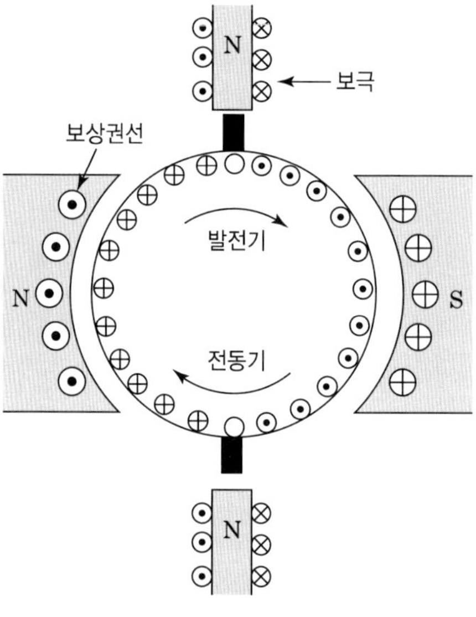

[그림 1-35] 보상권선

보상권선은 [그림 1-35]와 같이 주자극이 전기자에 면하고 있는 극편면에 권선하며, 전기자와 직렬로 연결하고 전기자전류와 반대방향으로 전류를 통하게 한다. 그리고 보상권선의 암페어 턴 수를 전기자와 같게 해 놓으면 부하의 대소에 상관없이 전기자 기자력은 전 원주에 걸쳐서 항상 상쇄된다. 그러므로 전기자는 완전히 무유도성으로 되어 급격한 부하의 변화에 대해서도 자기유도에 의한 유도전압은 없어진다.

위의 정류에 관해서는 발전기를 예를 들어 설명하였는데 전동기에 대해서도 회전방향이 반대일 뿐 그 외에는 다를 것이 없다. 보상권선을 하려면 구조가 복잡하고 가격이 고가로 되므로 보통의 경우에는 보극만을 설치하는데 부하의 변동이 급격하고 사용조건이 가혹한 전동기에 대해서는 보극과 보상권선을 같이 설치해야 한다.

예제 1-3

4극 직류발전기가 있다. 정류자 지름이 15[cm], 정류자 권수 92개, 브러시의 두께 0.96[cm], 중권인 이 발전기가 1760[rpm]으로 운전되고 있을 때 1개 코일의 정류주기[s]를 구하면?

풀이

정류 주기 T_c

$$T_c = \frac{b-\delta}{v_c} = \frac{b-\delta}{\pi D \frac{N}{60}} = \frac{2b - \frac{\pi D}{92}}{\pi D \frac{N}{60}}$$

$$= \frac{(2\times 0.96) - \frac{\pi \times 15}{92}}{\pi \times 15 \times \frac{1760}{60}}$$

$$= 0.0010184 = 1.0184 \times 10^{-3}$$

여기서, b : 브러시 두께, δ : 절연물의 두께, D : 정류자의 지름

$$b+\delta = \frac{2\pi r}{\text{정류자 권수}(=\text{정류자 편수})} = \frac{\pi D}{92}$$

$$\therefore \ \delta = \frac{\pi D}{92} - b$$

예제 1-4

직류기에서 정류코일의 자기 인덕턴스를 L이라 할 때 정류코일의 전류가 정류기간 T_c 사이에 I_c에서 $-I_c$로 변한다면 정류코일의 리액턴스 전압(평균값)은?

풀이

전류의 변화는 $I_c-(-I_c)=2I_c$이므로

$$\therefore \ e_L = L\frac{di}{dt} = L\frac{2I_c}{T_c}[V]$$

5 직류발전기의 이론

5.1 전기자 반작용(armature reaction)

직류기의 전기자에 전류가 흐르게 되면 전기자에는 이 전류로 인한 자장이 생긴다. 그러므로 직류기가 회전하게 되면 계자전류에 의한 주자극의 자기장과 이 전기자전류에 의한 전기자 자기장이 같은 장소에 발생하게 되므로 주자계가 어느 정도 영향을 받게 된다. 이와 같이 전기자 자계가 주자계에 끼치는 영향을 전기자 반작용(armature reaction)이라고 한다.

5.2 주자속과 교차기자력

계자전류만으로 생긴 자속의 분포는 [그림 1-36](a)와 같이 된다. 이것을 전개한 것이 [그림 1-36](b)이다. 전기자 표면상에서 자속분포가 영이 되는 곳, 즉 자속이 들어오는 면과 나가는 면의 경계선을 중성선(Neutral line)이라고 하는데 이 선을 기점으로 전기자 도체에 유도되는 기전력의 방향은 반대로 된다.
전기자전류만에 의한 자속분포는 [그림 1-37](a)와 같게 되며 전기자전류의 크기에 따라 그 강도가 달라진다.

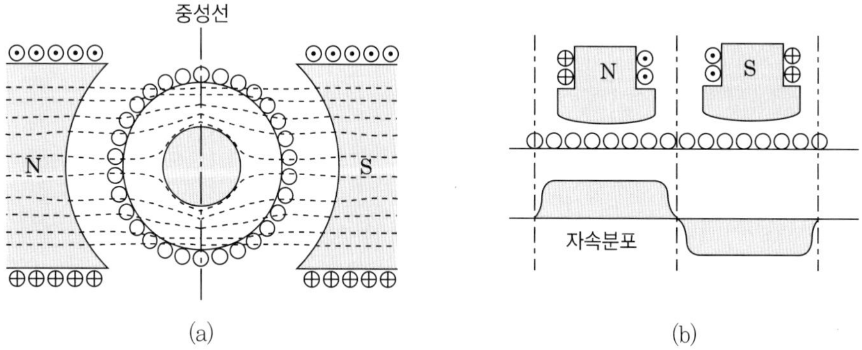

[그림 1-36] 주 자극에 의한 자속과 분포

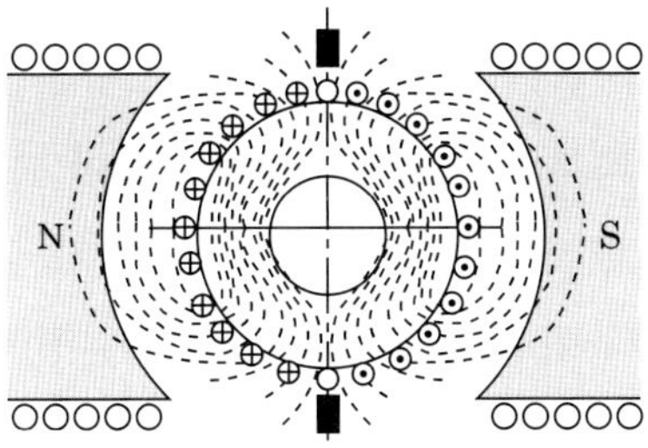

(a)

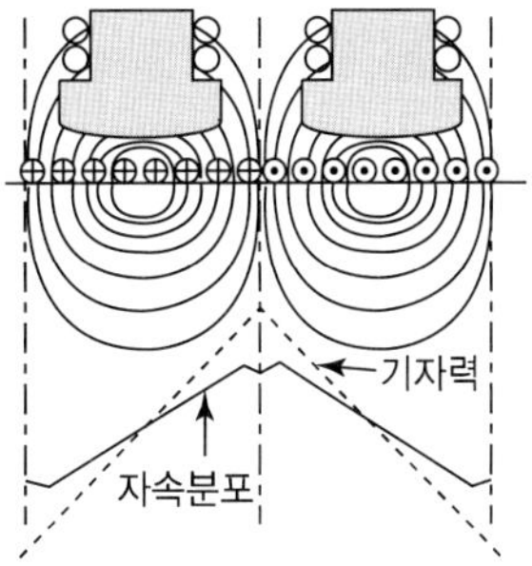

(b)

[그림 1-37] 전기자전류에 의한 자속과 분포

부하상태에 있어서의 직류기는 이 두 종류의 자속이 동시에 존재하므로 이것을 합성하면 [그림 1-38](b)와 같은 분포상태로 된다. 즉 주 자극에 의한 자속분포는 왜곡되고 중 성선은 발전기에 있어서는 전기자의 회전방향으로, 전동기에 있어서는 전기자의 회전방향과 반대방향으로 이동하여 새로운 중성선을 생성한다.

원래의 중성선 ab를 무부하 중성선(no load neutral line) 또는 기하학적 중성선(geometrical neutral line)이라고 하고 새로운 중성선 a′b′를 부하 중성선(load neutral line) 또는 전기적 중성선(electrical neutral line)이라 한다.

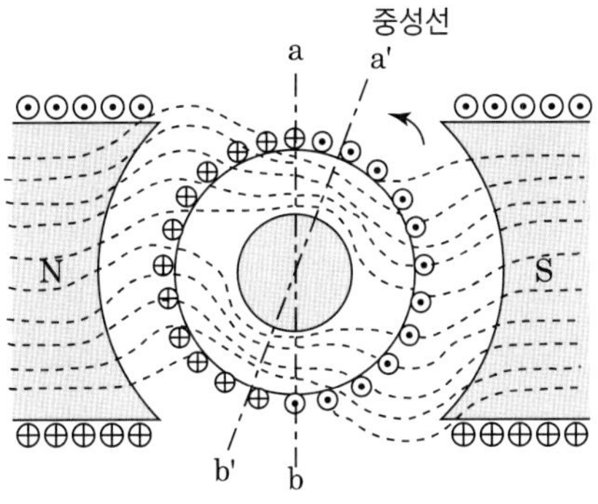

(a)

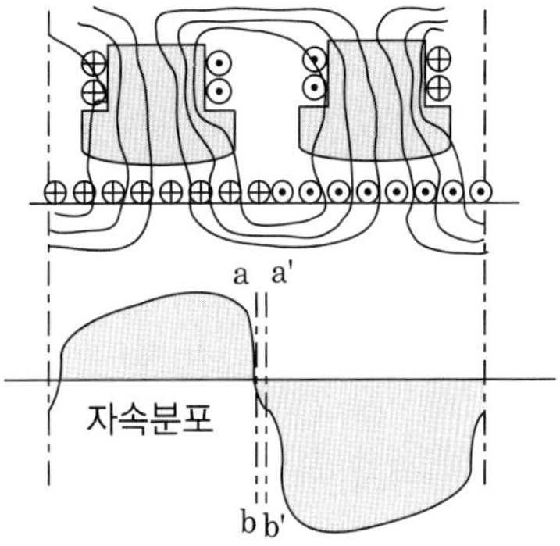

(b)

[그림 1-38] 합성 자속과 분포

5.3 편자 작용

전기적 중성선에 브러시를 위치시키면 전기자 자계는 [그림 1-39](a)와 같이 되고 이것을 벡터로 표시하면 그림 1-39(b)와 같이 브러시 축방향의 벡터 F_A로 된다.

이 벡터 F_A는 주자계에 직각방향의 성분 F_C와 평형방향의 성분 F_D로 분해할 수 있다. F_C는 교차성분이라 하며 이 성분이 [그림 1-39]와 같이 주자계의 분포를 왜곡시키는 것인데 이 작용을 교차자화작용(cross magnetizing action)이라고 한다. F_D는 계자에 의한 주자계와 반대방향이므로 감자성분이라 하며 이것이 계자에 의한 주자계의 강도를 감소시키고 따라서 유도기전력도 감소되므로 이 작용을 감자작용(demagnetizing action)이라고 한다.

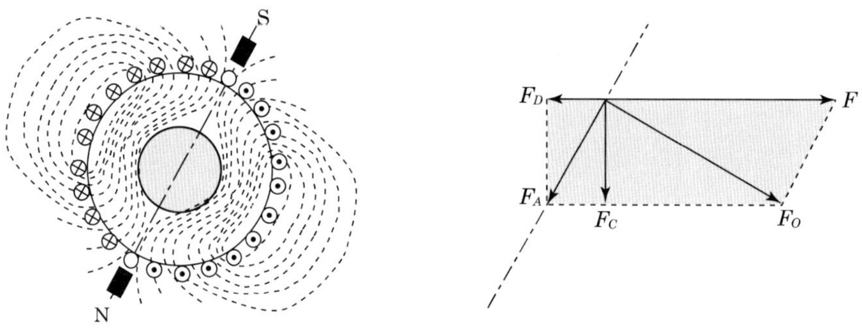

[그림 1-39] 전기자전류에 의한 자속 및 주 자계와의 합성자계

브러시를 무부하 중성선상에 놓으면 공극에 있어서의 자속분포상태는 전기자 반작용 때문에 왜곡되지만 자속량에는 변화가 없다. 즉 교차자화작용은 있어도 감자작용은 없다. 그런데 [그림 1-39]와 같이 브러시를 부하 중성선으로 이동시켜 놓으면 감자작용도 일어나게 된다.

5.4 전기자 반작용에 따른 현상과 대책

전기적 중성축의 이동은 브러시에 접촉하고 있는 코일의 위치로 자계가 이동한 것과 같으므로 브러시에 의해서 단락된 코일은 자속을 끊어서 기전력을 발생하므로 브러시에 큰 단락전류가 흘러서 불꽃이 발생하고 브러시 이동은 발전기는 회전방향, 전동기는 반대방향으로 이동한다. 또한, 전기자전류에 의한 계자기자력은 결국 주 자속의 감소되어 전체 유기기전력이 감소하게 된다. 중성축 이동에 의해서 정류자편 사이의 전압이 고르지 못하게 되어 국부적으로 전압이 높아지며 불꽃발생의 원인이 되기도 한다.

이와 같이 전기자 반작용을 방지하기 위해서는 보극과 보상권선을 설치하는 방법이 있는데 보상권선은 자극편에 슬롯을 만들어 여기에 전기자권선과 같은 권선을 하고 전기자전류와 반대 방향으로 전류를 통하여 전기자의 기자력을 없애도록 한 것이다. 이와 같은 결과로서 중성축 이동방지, 정류작용에 도움을 주며 전기자 회로에 직렬로 접속 전기자 반작용을 없앤다. [그림 1-40]과 같이 보극은 발전기와 전동기에 서로 반대방향으로 N,S극을 설치하여 전기자전류에 의한 자속을 상쇄 시켜주는 방향으로 설치하면 된다.

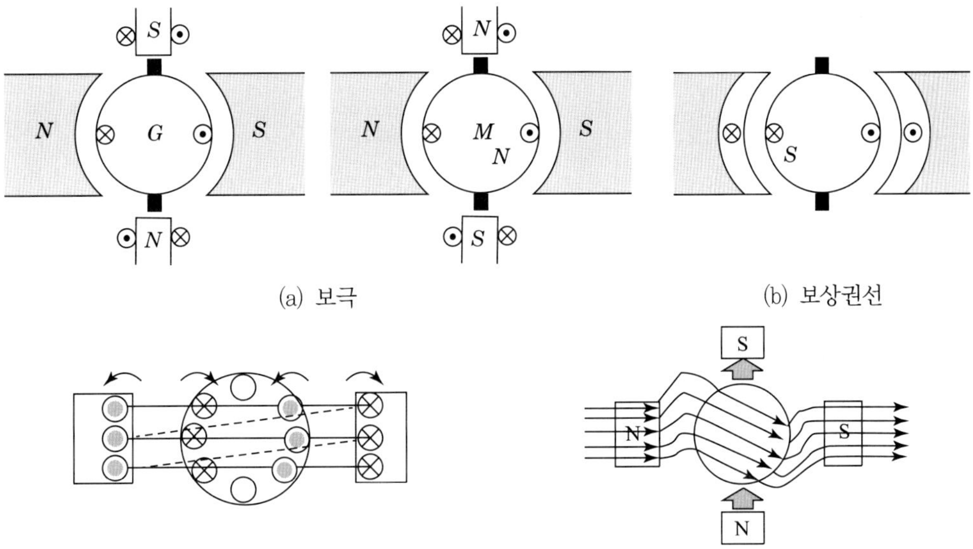

[그림 1-40] 보극과 보상권선

예제 1-5

직류발전기에서 기하학적 중성축과 α[rad]만큼 브러시의 위치가 이동되었을 때 극 당 감자기자력은 몇 [AT]인가? (단, 극수 p, 전기자전류 I_a, 전기자 도체 수 Z, 병렬회로 수 a이다.)

풀이

감자기자력 $\mathrm{AT_d}$

$$\mathrm{AT_d} = \frac{\mathrm{I_a}}{\mathrm{a}} \cdot \frac{\mathrm{Z}}{2\mathrm{p}} \cdot \frac{2\alpha}{180}$$

예제 1-6

전기자 총 도체수 152, 4극 파권인 직류발전기가 전기자전류를 100[A]로 할 때 매극 당 감자기자력[AT/극]은 얼마인가? (단, 브러시의 이동각은 10°이다)

풀이

감자기자력 AT_d

$$AT_d = \frac{I_a}{a} \cdot \frac{Z}{2p} \cdot \frac{2\alpha}{180} = \frac{100}{2} \cdot \frac{152}{2 \times 4} \cdot \frac{2 \times 10}{180} = 105.6[AT/극]$$

예제 1-7

직류기에서 전기자 반작용에 의한 극의 짝수 당 감자기자력[AT/polepair]은 어떻게 표시되는가? (단, α는 브러시 이동각, Z는 전기자 도체수, I_a는 전기자전류, A는 전기자 병렬회로수이다.)

풀이

감자기자력 AT_d

$$AT_d = \frac{I_a}{a} \cdot \frac{Z}{2p} \cdot \frac{2\alpha}{180} = \frac{\alpha}{180} \cdot Z \cdot \frac{I_a}{A}$$

6 직류발전기 유기기전력

6.1 유기기전력

직류발전기에서 전기자권선의 주변 속도를 v [m/s], 공극의 평균 자속밀도를 B [Wb/m^2], 코일 변의 유효길이를 l [m]라 하면 전기자 도체 1개에 발생하는 기전력의 순시값 e [V]는 식 (1-26)과 같이 된다.

$$e = B\,v\,l \text{ [V]} \tag{1-26}$$

또, 전기자의 지름을 D [m], 회전수를 n [r.p.s]이라 하면 $v = r\omega = \pi D n$ [m/s]이므로 다음 식과 같이 된다.

$$e = B\,\pi\,D\,n\,l \text{ [V]} \tag{1-27}$$

자극수를 p, 매극당 자속을 ϕ [Wb]일 때 총자속은 $p\phi$이고 이것은 $B\pi Dl$ 과 같으며, 다음 식과 같이 된다.

$$p\phi = B\,\pi\,D\,l \text{ [Wb]} \tag{1-28}$$

이 관계식을 식 (1-27)에 대입하면 식 (1-28)과 같이 된다.

$$e = p\phi n = p\phi\frac{N}{60} \text{ [V]} \quad \text{단, } N \text{ [rpm]} \tag{1-29}$$

또, 전기자 도체의 총수를 Z (= 2 × 전기자 코일 수 × 한 개의 코일 권수 = 슬롯수 × 슬롯 내부 도체 수), 병렬회로 수를 a 라 하면 정(+), 부(−)의 브러시 사이의 직렬로 접속되는 도체 수는 Z/a 이므로 브러시 사이에서 얻어지는 유기기전력 E [V]는 다음과 같다.

$$E = \frac{Z}{a}e = \frac{Z}{a}p\phi n = \frac{Z}{a}p\phi\frac{N}{60} = k\phi n \text{ [V]} \tag{1-30}$$

여기서, $k = \frac{Z}{a}p$ 이다.

식 (1-30)은 직류기의 유기기전력을 나타내는 기본 식이다. 이웃해 있는 2개의 정류자편 사이에 접속된 코일에 발생하는 전압을 정류자편 전압이라 하며, 브러시 사이의 기전력을 E [V], 정류자편수를 K, 극수를 p 라 하면 정류자편 사이의 평균전압 V_e [V]는 다음과 같다.

$$V_e = \frac{pE}{K} \text{ [V]} \tag{1-31}$$

예제 1-8

6극 직류발전기의 정류자편수가 132, 전압이 220[V], 직렬 도체수가 132개이고 중권이다. 정류자 편간 전압은?

풀이

e_{sa} : 정류자 편간 전압, E : 유기기전력, k : 정류자편수, p : 극수일 때

$$e_{sa} = \frac{pE}{k} = \frac{6 \times 220}{132} = 10\text{ [V]}$$

예제 1-9

4극의 직류발전기가 있다. 축방향의 길이가 0.6 [m], 전기자 지름이 0.4 [m], 전기자 코일수가 24, 한 개의 코일권수가 18, 권선법은 중권, 공극의 평균 자속밀도 0.1 [Wb/m^2], 회전수 1800 [rpm]일 때, 유기기전력[V]은 얼마인가?

풀이

중권 $a = p = 4$, $l = 0.6$ [m], $D = 0.4$ [m], $B = 0.1$ [Wb/m^2], $N = 1800$ [rpm]

$$Z = 2 \times \text{전기자 코일 수} \times \text{한 개의 코일 권수}$$
$$= 2 \times 24 \times 18$$

$$E = \frac{Z}{a} p\phi \frac{N}{60} = \frac{Z}{a}(B\pi Dl)\frac{N}{60}$$
$$= \frac{(2 \times 24 \times 18)}{4}(0.1 \times \pi \times 0.4 \times 0.6) = 488.33 \text{ [V]}$$

6.2 자기회로

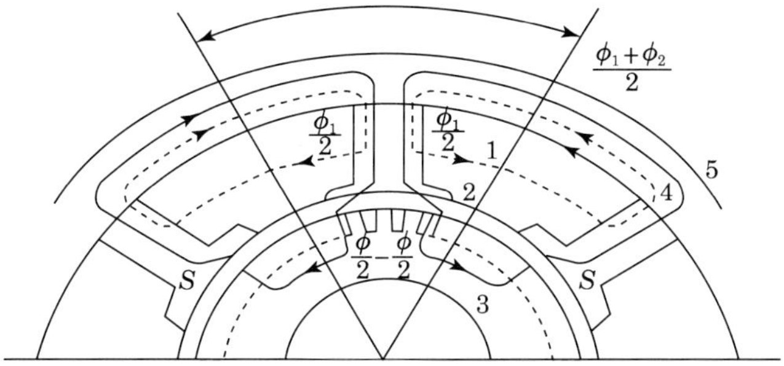

[그림 1-41] 자속의 분포

직류기의 자기회로는 [그림 1-41]에 화살표로 표시한 것과 같으며, 이 자기회로에 자속 ϕ [Wb]를 통하기 위해서 필요한 기자력 AT [AT]를 구하려면 공극 부분의 $(AT)_g$ 와 계자극 및 계철 각 부분의 $(AT)_n$ 의 합이 된다. 또, 자속의 대부분은 전기자 철심을 지나는 주자속(main flux) ϕ 와 기전력과 관계없는 누설자속(leakage flux) ϕ_l 이 통과한다. 여기서 누설계수(漏洩係數)를 σ 라 하면 식 (1-32)과 같이 나타낼 수 있다.

$$\sigma = \frac{\phi + \phi_l}{\phi} \tag{1-32}$$

여기서, 누설계수 $\sigma = 1.1 \sim 1.3$ 정도이다. 그리고 철 부분에 대한 것은 각 부분을 통하는 자속을 단면적으로 나누어 자속밀도를 구한 다음 자화곡선으로부터 이 자속밀도에 필요한 단위 길이당 기자력[AT/m]을 알고 자로의 길이 l [m]를 곱하여 각 부분의 필요한 AT를 구한다.

$$AT = 2(AT)_g + \sum_1^n (AT)_n \tag{1-33}$$

$(AT)_g$ 에 대해서는 공극의 길이를 δ [m]라 하면

$$(AT)_g = 8 \times 10^5 B_g \cdot \delta k_c \tag{1-34}$$

단, B_g 는 공극의 평균자속밀도 [Wb/m^2], k_c 계수(carter's coefficient)는 전기자에 슬롯이 있으므로 공극의 실효 길이가 증가함을 보정하는 카아터 계수이며 1보다 약간 크다.

연 습 문 제

01 계자 및 전기자 철심을 성층하는 이유에 대하여 간단히 설명하여라.

02 직류발전기에 대해서 주자극 중간이나 주자극에 보극 또는 보상권선을 설치하는 목적에 대해서 간단히 설명하여라.

03 전기자권선법 중 중권과 파권의 차이점을 비교 설명하여라.

04 직류발전기에서 전기자 반작용이 발생되는 이유와 기하학적 중성축에서 중성축을 이동시키는 이유를 설명히여라.

05 다음 용어를 설명하시오.

(1) 분포권 계수
(2) 정류자편
(3) 전기각
(4) 계철

06 직류기의 양호한 정류를 얻기 위한 조건에 대해 설명하여라.

07 브러시의 종류와 용도에 대해 설명하여라.

08 자극수 4, 슬롯수 40, 슬롯 내부 코일 변수 4인 단중 중권 직류기의 정류자편수는?

09 매극 유효 자속 0.035 [Wb], 전기자 총도체수 152인 4극 중권발전기를 매분 1200회의 속도로 회전할 때의 기전력[V]을 구하면?

10 직류발전기의 극수가 10이고, 전기자 도체수가 500이며, 단중 파권일 때 매극의 자속수가 0.01 [Wb]이면 600 [rpm]때의 기전력[V]은?

7 직류발전기의 종류와 특성

직류발전기에서 I_f 는 계자전류, I_a 는 전기자전류, I 는 부하전류, E 는 유기기전력[V], V 는 단자전압[V], n 은 회전속도[rps]로 표시하면, 직류발전기의 특성 종류를 들 수 있다.

① 무부하 특성곡선은 정격속도에서 무부하 상태의 계자전류 I_f 와 단자전압 V 와의 관계곡선을 나타낸 것을 말한다

② 부하 포화곡선은 정격속도에서 부하전류 I 를 정격으로 유지하고 계자전류 I_f 와 단자전압 V 와의 관계곡선을 나타내며, 일반적으로 정격값의 3/4, 1/3 등으로 사용한다.

③ 외부 특성곡선은 정격속도에서 부하전류 I 와 단자전압 V 와의 관계곡선을 나타내며 계자전류 I_f 를 정격값으로 조정한 후 측정하여 나타내는 곡선을 말한다.

④ 계자 조정곡선은 속도 n 과 단자전압 V 를 일정히 유지하고, 부하전류 I 와 계자전류 I_f 와의 관계곡선을 나타낸 것이다.

7.1 직류발전기의 특성

(1) 타여자발전기의 특성

① 무부하 특성곡선

회전속도 n 이 일정하고 무부하 상태일 때의 계자전류 I_f 와 유도기전력 E 와의 관계곡선을 무부하 특성곡선 또는 무부하 포화곡선이라고 한다.

$$E = \frac{Z}{a} p \phi n = k \phi n \tag{1-35}$$

[그림 1-42](b)와 같이 무부하일 때는 유도기전력이 그대로 단자전압이 되나, 여자전류를 I_f 를 0에서 증가시키면 처음에는 I_f 에 비례하여 ϕ 가 증가되지만 철심이 포화되면 ϕ 의 증가는 정지된다. 이 때 속도 n 을 일정하게 두고 I_f 를 0에서 증가하면 [그림 1-42]의 $0A$ 와 같은 곡선처럼 유도기전력 E 가 변화한다.

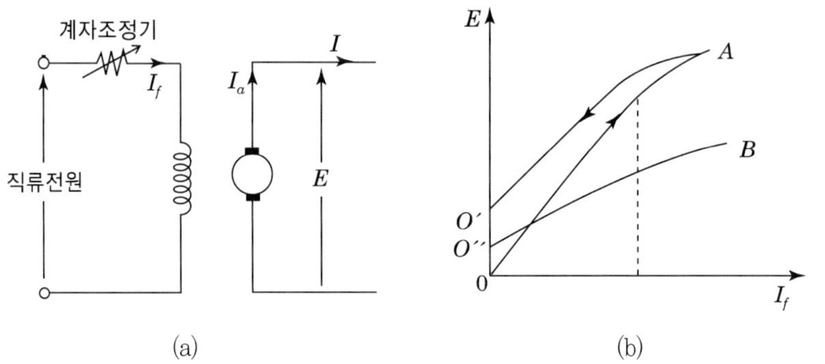

[그림 1-42] 무부하 특성곡선

다음에 계자전류 I_f 가 서서히 감소하여 가면 E 는 AO' 곡선을 따라 감소하는 히스테리시스(Hysteresis)현상이 나타나게 되는데 이와 같은 곡선을 무부하 포화곡선이라 한다.

$0O'$ 은 잔류자기(residual magnetism)의 I_f 가 0이 되어도 E 는 0이 되지 않고 $0O'$ 만큼의 잔류전압이 남아 있게 되며 이 곡선은 $0AO'$ 곡선의 평균값을 취하게 된다.

또한, $O''B$ 곡선은 정격회전속도 n 이 $\frac{n}{2}$ 인 경우의 무부하 특성곡선을 나타내었고, 회전속도를 변화시키면 n 에 비례하여 E 도 변화되고 있는 것을 나타내고 있다.

② 부하 특성곡선

타여자발전기에서는 전기자전류 I_a 와 부하전류 I 는 같게 되므로, 부하전류 I 가 흐르면 전기자 회로의 저항 R_a [Ω]에 의한 전압강하 $R_a I_a$ [V], 브러시의 접촉저항에 의한 전압강하 e_b [V], 전기자 반작용에 의한 전압강하 e_a[V]가 생긴다. 따라서, 단자전압은 식 (1-36)과 같이 나타낼 수 있다.

$$V = E - R_a I_a - e_b - e_a \tag{1-36}$$

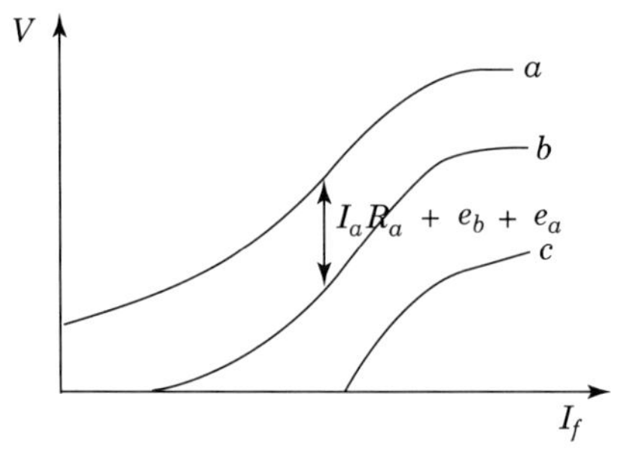

[그림 1-43] 무부하 및 부하 특성곡선

[그림 1-43]에서 발전기의 회전수와 전기자전류 I_a [A]를 일정하게 하고 여자전류 I_f [A]와 단자전압 V [V]와의 관계를 나타낸 곡선 a와 같은 곡선을 무부하 특성곡선이라 하고 곡선 b, 곡선 c와 같이 부하가 증가함에 따라 곡선은 점차 오른쪽으로 이동하게 되는 특성을 부하특성곡선이라 한다. 따라서, 부하가 증가함에 따라 [그림 1-43]에 나타낸 것과 같이 계자전류 I_f 는 증가하고 특성곡선은 오른쪽으로 이동하게 된다.

③ 외부 특성곡선

발전기에 부하가 가해져 생기는 전압강하는 전기자저항을 R_a [Ω]라 하면 $R_a I_a$ 가 되어 단자전압 V 는 $V = E - I_a R_a$ 가 되어 발전기의 속도 n, 계자전류 I_f 가 일정하고 E가 일정하다 하여도 부하전류 I가 증가하면 단자전압 V는 감소한다. 따라서, 이같이 나타낸 관계곡선을 외부 특성곡선이라 한다.

또한, 부하전류 I가 변화해도 E 가 변하지 않는다고 생각되는 경우이나 [그림 1-44]와 같이 전기자 반작용으로 자속이 감소하는 것을 고려하면 [그림 1-44](b)와 같이 된다.

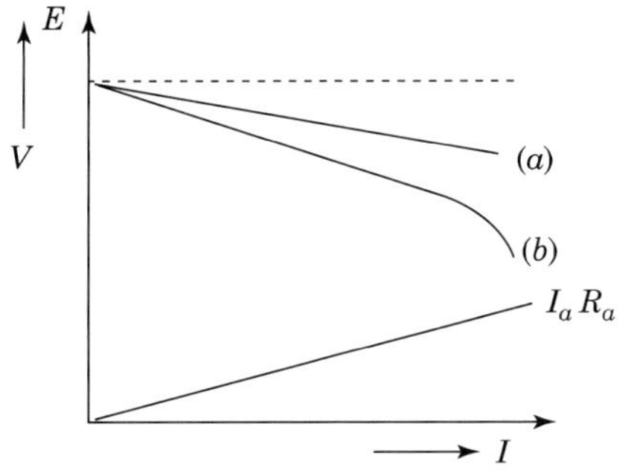

[그림 1-44] 외부 특성곡선

④ 용도

타여자발전기는 계자전류를 일정하게 유지하면 부하에 의한 전압의 변화가 적으므로, 계자권선에 직렬로 저항을 넣고 가감함으로써 넓은 범위에 전압을 얻을 수 있다. 그러므로 일정한 전압이 필요한 경우의 시험기용 직류전원, 교류기의 주여자기 등에 주로 사용된다.

예제 1-10

어떤 타여자발전기가 800 [rpm]으로 회전할 때 120 [V] 기전력을 유도하는데 4 [A]의 여자전류를 필요로 한다고 한다. 이 발전기를 640 [rpm]으로 회전하여 140 [V]의 유도기전력으로 얻으려면 몇 [A]의 여자전류가 필요한가? 단, 자기회로의 포화현상은 무시한다.

풀이

$E = k\phi n = kI_f n$ 에서 $I_f = \dfrac{E}{n}$ 즉, 여자전류 I_f 는 유기기전력 E와 비례하고 속도 n 과는 반비례하므로, 다음과 같이 구할 수 있다.

$I_f = 4 \times \dfrac{800}{640} \times \dfrac{140}{120} = 5.83$ [A]

(2) 분권발전기의 특성

[그림 1-45]와 같이 계자권선은 전기자와 병렬로 연결되어 있으므로 계자전류는 발전기 자신의 유기전압으로 흐르게 되어 자속을 만든다. 따라서 전기자전류 I_a 는 식 (1-37)과 같이 된다.

$$I_a = I_f + I \tag{1-37}$$

부하가 연결되어 있지 않은 무부하일 때는 $I = 0$ 이 되어 $I_a = I_f$ 가 된다.

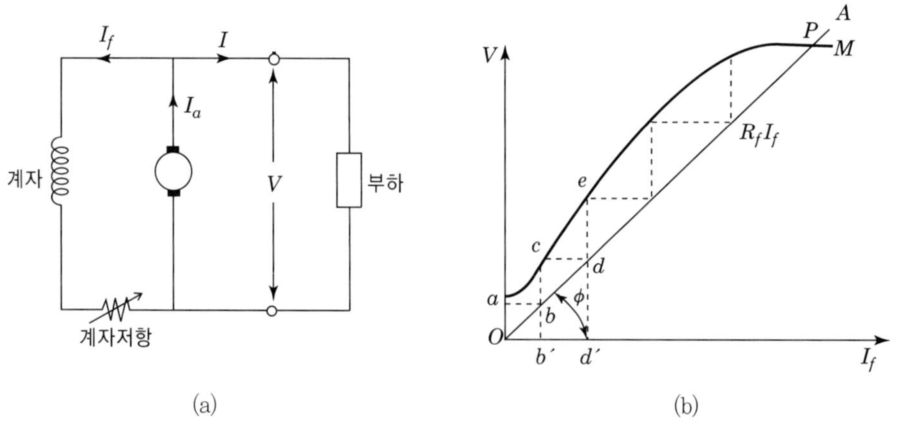

[그림 1-45] 자기여자

또한 계자권선의 저항을 R_f 라 하고 단자전압을 V 라 하면 $I_f = V/R_f$ [A]로 되어 계자저항에 의한 계자전류의 크기를 조절할 수 있게 된다.

① 자기여자에 의한 전압

분권발전기의 잔류자속에 의하여 전기자권선의 전압이 유도되고 전기자와 계자권선으로된 회로에 약간의 전류가 흘러 여자가 되면 여자전류가 잔류 자속을 증가시켜 기전력이 점차로 증가하고 여자전류가 증가하여 단자전압이 상승하게 된다. 따라서 [그림 1-45](b)와 같이 P점과 같이 전압의 확립이 된다. 교점 P 점에 이르면 전압은 더 이상 올라가지 않고 잔류자기가 원인이 되어 전압과 자속이 점차 증가하는 현상을 자기여자(self excitation)라 한다.

곡선 aM은 분권발전기를 타여자발전기로 한 경우의 무부하 곡선에서 I_f 에 의하여 전기자에 생기는 전압강하를 뺀 것이다. OA 를 계자저항선이라 하며 그 계자저항선의 크기는 다음 식과 같이 나타낸다.

$$\tan\theta = \frac{V}{I_f} = \frac{R_f\, I_f}{I_f} = R_f \tag{1-38}$$

가 되어 저항이 증가하면 θ는 점차 증가하게 된다.

따라서, 분권발전기에서 전압이 유기되는 상태를 보면 $0a$ 를 R_f 로 나눈 계자전류 $0b'$가 흐르면, 기자력의 방향이 잔류자속과 같은 방향의 자속을 발생하게 하는 것이면 유기전압은 bc만큼 높아지고 이에 따라 계자전류는 cd 만큼 증가하며 전압은 de 만큼 더 높아진다. 계자전류와 유기기전력이 다 같이 증가하여 무부하 포화곡선과 계자저항선의 교점 P 에 이르면 전압은 더 이상 올라가지 않고 전압이 확립하게 된다.

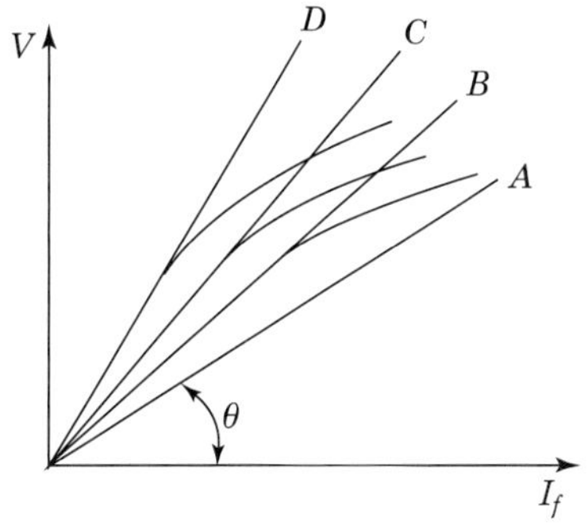

[그림 1-46] 계자 조정곡선

[그림 1-46]과 같이 무부하 특성곡선에서 계자저항이 곡선 A, B, C, D와 같이 변하면 $\tan\theta = \frac{R_f\, I_f}{I_f}$ 가 변하므로 단자전압이 변화하고 계자저항이 적게 되면 기울기 θ가 적게 되어 단자전압이 상승한다. 이와 같이 계자저항이 증가함에 따라 전압의 변동이 심하게 되므로 겹쳐진 저항선을 임계저항(critical resistance)이라 하고 이 저항선보다 항상 작은 값을 취해야 한다.

② 부하 특성곡선

분권발전기에서 속도가 낮아지면 유기전압이 낮아져서 임계전류도 감소하고 자속도 줄어든다. 따라서 전압은 속도에 비례해서 낮아지는 이상으로 더욱 감소하게 된다. 부하저항을 다시 감소하면 부하전류는 점차로 증가하고 부하 포화곡선은 아래로 옮

격져 단자전압은 급격히 저하한다. 이 부하전류를 점차 증가시켜 어느 점에 이르면 저항을 감소시켜도 전류를 증가시킬 수 없게 되는 P_3점을 임계점이라고 한다.

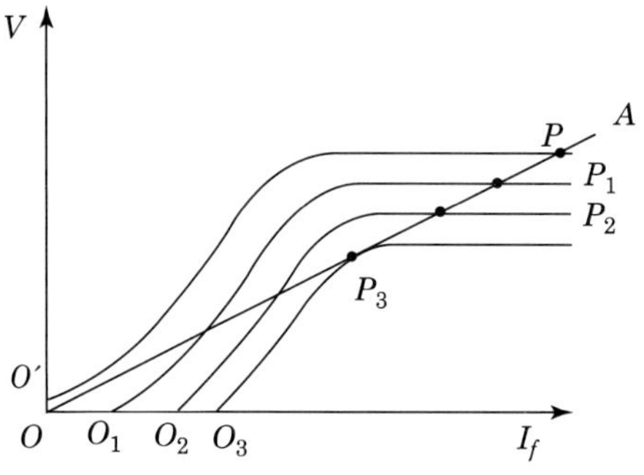

[그림 1-47] 부하 특성곡선

③ 외부 특성곡선

전압강하에서는 전기자저항에 의한 전압강하, 또 단자전압이 강하되면 계자전류가 감소하여 [그림 1-48]과 같이 전압이 더욱 떨어지므로 타여자발전기보다 전압강하가 크게 된다. 그러나, 전부하 부근까지는 타여자발전기와 거의 다를 것이 없으나 과부하가 됨에 따라 전압강하는 급히 증가하고 임계점 m 을 넘으면 극히 불안정하게되고 부하저항을 감소시켜 부하전류를 증가시키려고 하여도 급격히 전압이 떨어져서 전류는 오히려 감소하여 n 점까지 된다. 또한, 운전 중 단락이 생기면 운전시 단락전류는 순간적으로 흐르며 단락전류는 잔류자기에 의한 약간의 유기기전력에 의하여 흐르는 전류이며 곡선이 점선을 따라 감소하고 단락전류=잔류전압/전기자저항의 크기로 결정된다.

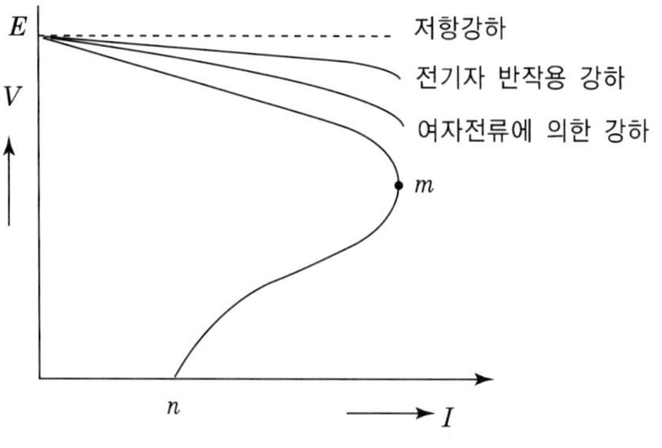

[그림 1-48] 외부 특성곡선

④ 용도

전압변동률이 적어 정전압발전기라 볼 수 있고 자여자이므로 별도의 여자전원이 필요없게 된다. 그래서 전기화학용 전원, 전지의 충전용, 일반 직류발전기에 쓰인다.

예제 1-11

정격속도로 회전하고 있는 무부하의 분권발전기가 있다. 계자권선의 저항이 50 [Ω], 계자전류 2 [A], 전기자저항 1.5 [Ω]일 때 유기기전력[V]은?

풀이

무부하이므로 부하전류 $I = 0$ 이므로, $I_a = I_f$ 이다. 또한 분권에서 단자전압 V는 다음과 같이 구할 수 있다.

$V = R_f I_f = 50 \times 2 = 100$ [V]

따라서, 유기기전력 E는 다음과 같다.

$E = V + R_a I_a = 100 + (1.5 \times 2) = 103$ [V]

예제 1-12

유기기전력 210 [V], 단자전압 200 [V]인 5 [kW] 분권발전기의 계자저항이 500 [Ω]이면 그 전기자저항[Ω]은?

풀이

단자전압 $V = R_f I_f$, 정격출력 $P = VI$, $I_a = I_f + I$의 수식에 의해 계자전류 I_f와 부하전류 I, 전기자전류 I_a를 다음과 같이 구할 수 있다.

$$I_f = \frac{V}{R_f} = \frac{200}{500} = 0.4 \text{ [A]}$$

$$I = \frac{P}{V} = \frac{5000}{200} = 25 \text{ [A]}$$

$$I_a = I_f + I = 0.4 + 25 = 25.4 \text{ [A]}$$

분권발전기의 유기기전력 $E = V + R_a I_a$에서 전기자저항 R_a는 다음과 같이 구할 수 있다.

$$R_a = \frac{E - V}{I_a} = \frac{210 - 200}{25.4} = \frac{10}{25.4} = 0.4 \text{ [Ω]}$$

(3) 직권발전기의 특성

① 자기여자

[그림 1-49]와 같이 직권발전기는 전기자와 계자권선이 직렬로 연결되어 있으며, 다음과 같이 된다.

$$I = I_f = I_a \text{ [A]} \tag{1-39}$$

무부하에서는 계자전류가 0이 되므로 발전할 수 없으며, 무부하 특성곡선이 존재하지 않는다. 따라서, 직권발전기는 부하를 걸면 부하전류가 흘러 이 전류가 계자에 흘러서 만드는 자속이 잔류자속과 같은 방향일 때 비로소 자기여자 되어 전압이 점차 높아지게 된다.

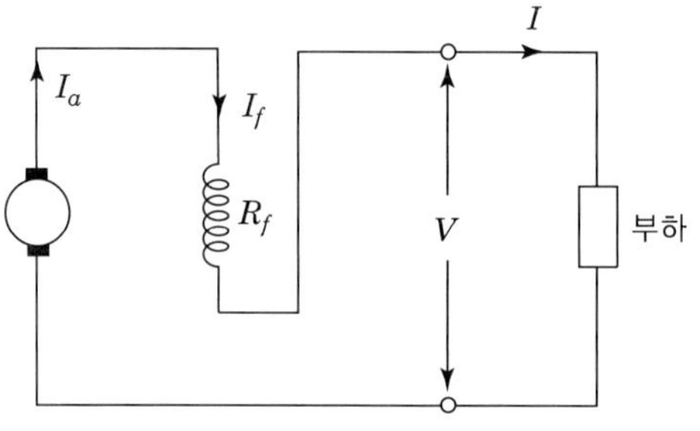

[그림 1-49] 직권발전기

② 외부 특성곡선

직권발전기에서는 계자전류와 전기자전류, 부하전류가 같으므로 [그림 1- 50]과 같이 이 발전기의 계자권선을 분리하여 타여자로 해서 구한 무부하 포화곡선 $O'S$와 같은 곡선을 나타내게 되며 발전기의 단자전압은 식 (1-40)과 같이 된다.

$$V = E - I(R_a + R_s) - e_b - e_a \tag{1-40}$$

R_a : 전기자권선의 저항

R_s : 직렬 계자권선의 저항

e_b : 브러시와 그 접촉저항에 의한 전압강하

e_a : 전기자 반작용에 의한 전압강하

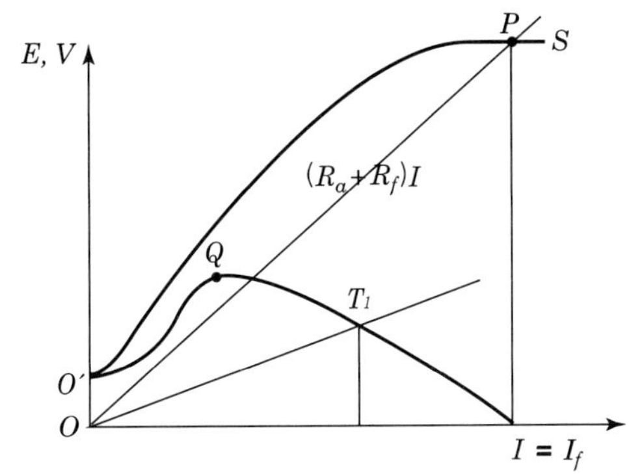

[그림 1-50] 외부 특성곡선

발전기에서 R_a+R_f 가 일정하므로 $I(R_a+R_f)$는 그림 1–50과 같이 OP가 되며 외부 특성곡선은 $E-I(R_a+R_f)$이 되며 O'에서 Q까지는 E의 증가가 $I(R_a+R_f)$의 증가보다 크므로 단자전압은 부하전류의 증가에 따라 높아지지만 Q점을 넘어서면 포화되기 때문에 E의 증가가 둔화되고 $I(R_a+R_f)$는 여전히 증가하므로 V는 차차 감소하여 결국 0이 된다.

③ 용도

직권발전기에서는 위와 같이 부하전압의 변화가 심하여 별로 사용하지는 않지만 $O'QT_1$의 외부 특성곡선이 전압이 높아지는 부분의 전압강하가 큰 선로에서 $O'Q$ 부분을 많이 이용 장거리 선로의 승압기(booster)로 가끔 사용되지만 거의 사용하지 않는다.

예제 1-13

부하전류가 50 [A]일 때 단자전압이 100 [V]인 직류 직권발전기의 부하전류가 70 [A]로 되면 단자전압은 몇 [V]가 되겠는가? 단, 전기자저항 및 직권계자권선의 저항은 각각 0.10 [Ω]이고, 전기자 반작용과 브러시의 접촉 저항 및 자기포화는 모두 무시한다

풀이

직권발전기에서는 $I_a = I = I_f$ 이므로, 유기기전력 E는 다음과 같다.

$E = V + (R_a + R_f)I_a = V + (R_a + R_f)I$

부하전류 $I = 50$ [A]일 때, 유기기전력 E_{50}은

$E_{50} = V + (R_a + R_f)I = 100 + (0.10 + 0.10)50 = 110$ [V]

그런데, 유기기전력 E는 부하전류에 비례하기 때문에($I_a = I = I_f$) 부하전류 $I = 70$ [A]일 때의 유기기전력을 E_{70}라 하면,

$$E_{70} = 110 \times \frac{70}{50} = 154 \text{ [V]}$$

이 때의 단자전압을 V_{70}이라 하면,

$$V_{70} = E_{70} - (R_a + R_s) \times 70$$
$$= 154 - 0.20 \times 70 = 140 \text{ [V]}$$

(4) 복권발전기

① 가동복권발전기

가동복권발전기는 전기자와 직렬로 연결되어있는 직권계자권선에 의한 기전력이 분권계자에 가해져서 유기기전력을 증가시킨다. 따라서, 전기자 반작용에 의한 자속의 감소와 전기자저항에 의한 전압강하를 보상하게 된다.

복권발전기는 가동(화동)복권과 차동복권으로 나누어지며 직권계자와 분권계자의 연결방식에 의해서 평복권, 과복권, 부족복권으로 분류할 수 있다. [그림 1-51]에 나타낸 것과 같이 평복권(flat compound)은 직권계자권선의 기자력을 적당하게 하여 부하의 증감에 관계없이 무부하전압과 전부하 전압을 같게 만드는 상태이며, 과복권(over compound)은 부하시 단자전압을 무부하전압보다 높게 한 상태로 정격전압보다 높게 나타낸다. 부족복권(under compound)은 평복권보다 직권계자의 기자력이 약하여 분권발전기의 특성에 가까운 상태를 갖게 된다.

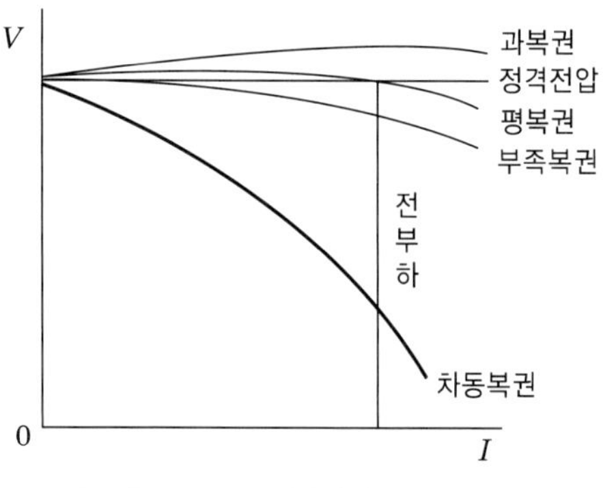

[그림 1-51] 복권발전기 외부 특성곡선

② 차동복권발전기

분권계자권선의 기자력과 직권계자권선의 기자력이 서로 반대가 되며 [그림 1-51]에 나타낸 것과 같이 부하가 증가하고, 자속이 감소하고, 내부저항강하의 증가하면 단자전압이 심하게 떨어지게 된다. 이와 같이 전류가 증가하면 전압이 떨어지고 전압이 증가하면 전류가 떨어지는 현상을 수하특성(drooping characteristic)이라고 한다.

③ 용도

평복권은 부하에 관계없이 거의 일정한 전압을 유지하므로 일반직류전원, 여자기로 사용되고, 과복권은 광산, 전차의 전원으로, 차동복권은 수하특성을 갖고 있으므로 전기 아아크용접용 전원으로 많이 사용된다.

예제 1-14

정격 220 [V], 95 [kW]의 내분권 가동복권발전기가 있다. 정격전압에서 부하전류가 40 [A]일 때의 유기기전력을 구하면? 단, 전기자권선저항 $R_a = 0.1[\Omega]$, 직권계자권선저항 $R_s = 0.05\ [\Omega]$, 분권계자회로의 저항 $R_f = 55.5\ [\Omega]$이고, 전기자 반작용은 무시한다.

풀이

키르히 호프의 전압 법칙에 의해 내분권 가동복권발전기는 다음 식으로 표현할 수 있다.

$R_f I_f = V + R_s I$

또한, 계자전류 I_f 는 다음과 같이 구할 수 있다.

$$I_f = \frac{V + R_s I}{R_f} = \frac{220 + 40 \times 0.05}{55.5} = 4\ [\text{A}]$$

따라서 유기기전력 E는 다음과 같이 된다.

$$E = R_f I_f + R_a I_a = V + R_a I_a + R_s I = V + R_a (I + I_f) + R_s I$$
$$= 220 + 0.1 \times 44 + 40 \times 0.005 = 226.4\ [\text{V}]$$

예제 1-15

전기자권선의 저항 0.08 [Ω], 직권계자권선 및 분권계자 회로의 저항이 각각 0.07 [Ω]과 100 [Ω]인 외분권 가동복권발전기의 부하전류가 18 [A]일 때, 그 단자전압이 $V = 200$ [V]라 하면, 유기기전력[V]은? 단, 전기자 반작용과 브러시 접촉 저항은 무시한다.

풀이

계자전류 I_f 와 전기자전류 I_a 는 다음과 같이 구할 수 있다.

$$I_f = \frac{V}{R_f} = \frac{200}{100} = 2\ [\text{A}]$$

$I_a = I_f + I = 2 + 18 = 20\ [\text{A}]$

따라서, 유기기전력 E는

$$E = V + (R_a + R_s) I_a$$
$$= 200 + (0.08 + 0.07) \times 20 = 203\ [\text{V}]$$

(5) 전압변동률

발전기의 속도를 일정하게 유지하면서 정격부하에서 무부하로 하였을 때의 비율을 전압변동률이라 하여 식 (1-41)과 같이 나타낸다.

$$\epsilon = \frac{V_0 - V_n}{V_n} \times 100\ [\%] \tag{1-41}$$

V_0 : 무부하전압, V_n : 정격전압

따라서, 직류발전기의 전압변동률은 타여자, 분권 및 부족복권발전기에는 (+)이고, 평복권에서는 0이며 과복권에서는 (-)가 된다.

예제 1-16

정격전압 200 [V], 정격출력 10 [kW]의 직류 분권발전기의 전기자 및 분권계자의 각 저항은 0.1 [Ω] 및 100 [Ω]이다. 전압변동률은 몇 [%]인가?

풀이

전기자전류 $I_a = I + I_f = \frac{P}{V} + \frac{V}{R_f} = \frac{10000}{200} + \frac{200}{100} = 52\ [A]$

따라서, 전압변동률 ϵ 는 다음과 같이 구할 수 있다.

$$\epsilon = \frac{V_o - V_n}{V_n} \times 100 = \frac{R_a I_a}{V_n} \times 100\ [\%]$$

$$= \frac{0.1 \times 52}{200} \times 100\ [\%] = 2.6\ [\%]$$

예제 1-17

직류 분권발전기의 정격전압 200 [V], 정격출력 10 [kW], 이 때의 계자전류는 2 [A], 전압변동률 4 [%]라고 한다. 발전기의 무부하전압[V]은?

풀이

전압변동률 수식에 의해 다음과 같이 무부하전압 V_o 를 구할 수 있다.

$$\epsilon = \frac{V_o - V_n}{V_n} \times 100$$

$$\frac{\epsilon}{100} V_n = V_o - V_n$$

$$\therefore\ V_o = V_n + \frac{\epsilon}{100} V_n = \left(1 + \frac{\epsilon}{100}\right) V_n$$

$$= \left(1 + \frac{4}{100}\right) \times 200 = 208\ [V]$$

예제 1-18

무부하에서 119 [V]되는 분권발전기의 전압변동률이 6 [%]이다. 정격 전 부하 전압[V]은?

풀이

전압변동률 수식에 의해 다음과 같이 정격전압 V_n 를 구할 수 있다.

$$\epsilon = \frac{V_o - V_n}{V_n} \times 100$$

$$\frac{\epsilon}{100} V_n = V_o - V_n$$

$$\left(1 + \frac{\epsilon}{100}\right) V_n = V_o$$

$$\therefore\ V_n = \frac{V_o}{\left(1 + \frac{\epsilon}{100}\right)} = \frac{119}{\left(1 + \frac{6}{100}\right)} = 112.3\ [\mathrm{V}]$$

8 직류발전기의 운전

8.1 전압의 조정

직류발전기의 회전수를 일정하게 유지하고 여자전류를 가감하여 조정하면 타여자와 분권발전기의 전압조정에서 타여자 방식과 같이 계자권선과 직렬로 계자저항기를 접속하고 저항을 가감하고 단자전압을 조정하면 부하의 영향을 받지 않고 일정하게 단자전압을 조정할 수 있다. 분권발전기는 자체의 단자전압으로 여자시키면 부하에 따라 단자전압이 변화하고 여자전류도 변화한다. 또한, 직권발전기는 보통은 사용을 하지 않으며 복권발전기는 분권계자 회로의 계자저항기로 단자전압을 조정하지만 미세한 전압조정은 어렵다고 볼 수 있다.

8.2 병렬운전

(1) 운전방식

직류발전기의 운전방식은 단독운전법과 복합운전법이 있는데 전자는 1대의 발전기를 사용하여 운전하는 방식이며, 후자는 직렬운전법과 병렬운전법이 있다.

(2) 병렬운전 목적

1대의 발전기로 용량이 부족한 경우나 부하의 변동이 큰 폭으로 변할 경우에 또한 경부하에 대하여도 효율을 좋게 운전하기 위한 경우(전부하시 2대로 병렬운전하고 경부하시 1대만을 운전한다.)와 예비기로 설치할 경우에 사용한다.

병렬운전에는 같은 용량, 같은 특성의 발전기를 사용하는 것이 좋으며 용량 또는 특성이 다른 발전기를 병렬운전 할 경우 각 기기의 용량에 따른 전류를 분담시키도록 하지 않으면 안된다.

(3) 분권발전기의 병렬운전

분권발전기 G_1은 이미 운전중에 있는데 이것에 똑같은 분권발전기 G_2를 병렬운전시키자면 S_2를 열어 놓고 G_2를 돌려서 정격속도가 되도록 하고 계자전류를 조정해서 단자전압을 모선전압과 같게 한다. 다음에 G_2의 극성을 전압계로 확인한 다음 S_2를 닫도록 한다. 그런데 이러한 상태에서는 G_2는 부하를 분담하지 않으므로 G_2의 계자전류를 증가시키고 G_1의 계자전류를 감소시키면 다음과 같은 식으로 나타낼 수 있다.

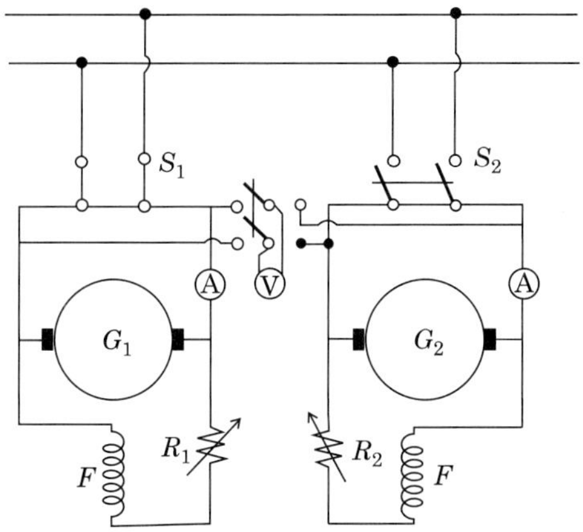

[그림 1-52] 분권발전기 병렬운전

$$V_1 = V_2 = V = E_1 - R_{a1} I_1 = E_2 - R_{a2} I_2 \tag{1-42}$$

$$I_1 = \frac{E_1 - V}{R_{a1}}, \ I_2 = \frac{E_2 - V}{R_{a2}} \tag{1-43}$$

식 (1-43)에서 E_2는 증가하고 E_1은 감소하므로 I_2는 증가하고 I_1은 감소하여 G_1의 부하가 G_2에 옮겨진다. 유기전압이 같으면 전류는 모두 같게 되지만, 예를 들면 G_1의 속도를 올리든가 또는 여자전류를 많이 흐르게 하여 E_1을 크게 하면 I_1은 I_2보다 많아지고 G_1쪽이 더 많은 부하를 분담하게 된다.

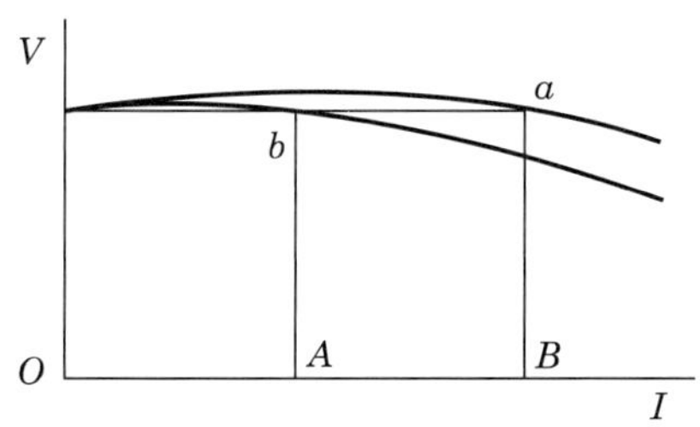

[그림 1-53] 분권발전기의 외부 특성곡선

[그림 1-53]과 같이 두 발전기의 외부 특성곡선이 일치하면 곡선 a와 같이 전류는 모두 같지만 전압변동율이 달라져서 한쪽발전기의 외부 특성곡선이 곡선 a, 다른 발전기

의 외부 특성곡선이 b 와 같을 때, 두 발전기의 분담전류는 $\overline{OB}$ 와 $\overline{OA}$ 로 되어 분담전류는 같지 않게 된다. 즉, 전압변동율이 같지 않으면 유기기전력이 같아도 부하가 평등하게 각 발전기에 나누어지지 않는다는 것을 알 수 있다.

(4) 직권발전기의 병렬운전

직권발전기는 부하전류가 증가하면 단자전압이 상승하게 되므로, 한쪽의 전류가 증가되면 전압도 상승하여 점차전류가 증가하게 되어 분권발전기와 같이 안정한 병렬운전을 할수 없다. 그러므로 안정된 병렬운전을 하기 위해 두 발전기의 직권계자권선이 접속된 전기자측의 끝을 균압모선으로 연결하여 계자를 병렬로 하여 항상 여자전류를 2등분이 되도록 한다. 또, 다른 방법으로 발전기의 계자권선을 서로 교환하여 접속함으로써 전류가 감소한 발전기의 계자에 전류가 증가한 발전기의 전기자전류가 통하도록 하므로서 안정된 병렬운전을 할 수 있다.

(5) 복권발전기의 병렬운전

복권발전기에서는 부족분은 차동복권의 외부특성이 분권발전기와 같으므로 그대로 병렬운전을 할 수 있으나 과복권이나 평복권발전기에서는 전압상승 때문에 균압모선이 없이는 안정한 병렬운전을 할 수 없다. 그러므로 [그림 1-54]와 같이 두 발전기의 부하가 분담되어 병렬운전하고 있을 때 발전기 G_1 이 어떤 원인에 의해 전류가 증가하면 직권권선의 기자력이 증가되어 발전기 G_1 의 기전력은 더욱 증가하게 된다. 이것과 반대로 발전기 G_2 의 전류는 차차 감소하여 부하는 결국 0이 되므로 두 발전기의 직권계자 한 모서리에 도선을 연결하여 두 발전기의 계자권선의 전류는 늘 이등분되어 안전하게 운전된다. 운전중인 두 발전기를 병렬운전하자면 발전기 G_2 를 정격속도까지 올린 후 분권계자권선 전류를 조정 발전기 G_2 의 전압을 모선전압과 같게 한 후 균압선 스위치를 닫는다. 이 때 발전기 G_2 의 직권계자권선에 부하전류가 흐르게 되어 여자되므로 전압은 변화하고 분권계자권선의 전류를 조정하여 두 발전기의 단자전압을 같게 한 다음 모선에 스위치를 닫는다. 따라서, 부하분담은 분권발전기와 같은 상태로 운전되게 된다.

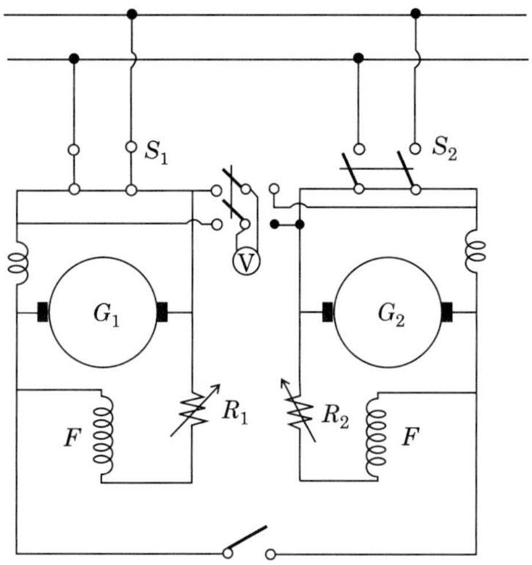

[그림 1-54] 복권발전기의 병렬운전

예제 1-19

2대의 직류발전기를 병렬운전하여 부하에 100 [A]를 공급하고 있다. 각 발전기의 유기기전력과 내부저항이 각각 110 [V], 0.04 [Ω] 및 112 [V], 0.06 [Ω]이다. 각 발전기에 흐르는 전류[A]는?

풀이

발전기의 병렬운전조건에서 단자전압은 같아야 하고, A 발전기와 B 발전기에 흐르는 전류의 합은 부하전류와 같다. 따라서 다음과 같은 수식으로 나타낼 수 있다.

$V_A = V_B = V = E_A - R_A I_A = E_B - R_B I_B$

$I_A + I_B = 100$

$\therefore\ I_A = 100 - I_B$

$110 - 0.04(100 - I_B) = 112 - 0.06\, I_2$

$\therefore I_B = 60$ [A]

$I_A = 100 - I_B = 100 - 60 = 40$ [A]

예제 1-20

종축에 단자전압, 횡축에 정격전류의 [%]로 눈금을 적은 외부 특성곡선이 겹쳐지는 두 대의 분권발전기가 있다. 각각의 정격이 100[kW]와 200[kW]이고, 부하전류가 150[A]일 때 각 발전기의 분담전류[A]는?

풀이

$P_1 = 100\,[\text{kW}]$, $P_2 = 200\,[\text{kW}]$, $I_1 + I_2 = 150\,[\text{A}]$

용량에 비례하는 부하분담을 갖는다

즉, $P_1 : P_2 = I_1 : I_2$

$\therefore\ 100 : 200 = I_1 : I_2 \ \cdots$ (1)

부하전류 $I = 150\,[\text{A}] = I_1 + I_2 \cdots$ (2)

식 (2)에서 $I_2 = 150 - I_1 \ \cdots$ (3)

식 (3)을 식 (1)에 대입하면,

$100 : 200 = I_1 : (150 - I_1)$

$15000 - 100\,I_1 = 200\,I_1$

$300\,I_1 = 15000$

$$\therefore\ I_1 = \frac{15000}{300} = 50\,[\text{A}]\,,\ I_2 = 150 - I_1 = 150 - 50 = 100\,[\text{A}]$$

연 습 문 제

다음 문제 중 맞는 답을 골라라

01 다음 권선법 중에서 직류기에 주로 사용하는 것은?

㈎ 폐로권, 환상권, 이층권 ㈏ 폐로권, 고상권, 이층권
㈐ 개로권, 환상권, 단층권 ㈑ 개로권, 고상권, 이층권

☞ 직류기에는 이층권, 고상권, 폐로권이 사용되고 단층권, 환상권, 개로권은 현재 거의 사용되지 않는다.

	중권	파권
연결	병렬	직렬
병렬회로수	극수와 같다	항상 2
브러시 수	극수와 같다	항상 2
전압	낮다	높다

02 직류기의 전기자권선을 중권으로 하였을 때 해당되지 않는 것은?

㈎ 전기자권선의 병렬회로수는 극수와 같다.
㈏ 브러시 수는 2개 이다.
㈐ 전압이 낮고 비교적 전류가 큰 기기에 적합하다.
㈑ 균압선 접속을 할 필요가 있다.

03 직류기의 권선법에 관한 설명으로 틀린 것은?

㈎ 단중 파권으로 하면 단중 중권의 p/2배인 유기전압이 발생한다.
㈏ 중권으로 하면 균압환이 필요 없다.
㈐ 단중 중권의 병렬회로수는 극수와 같다.
㈑ 중권이나 파권의 권선법에는 모두 진권 및 여권을 할 수 있다.

04 직류 분권발전기의 전기자권선을 단중 중권으로 감으면?

㈎ 병렬회로수는 항상 2이다.
㈏ 높은 전압, 작은 전류에 적당하다.
㈐ 균압선이 필요 없다.
㈑ 브러시 수는 극수와 같아야 한다.

05 직류기의 권선을 단중 파권으로 감으면?

㈎ 내부 병렬회로수가 극수만큼 생긴다.
㈏ 내부 병렬회로수는 극수에 관계없이 언제나 2이다.
㈐ 저압 대전류용 권선이다.
㈑ 균압환을 연결해야 한다.

06 전기자 도체의 굵기, 권수, 극수가 모두 동일할 때 단중 파권은 단중 중권에 비해 전류와 전압의 관계는?

㈎ 소전류 저전압 ㈏ 대전류 저전압
㈐ 소전류 고전압 ㈑ 대전류 고전압

☞ 병렬회로수의 경우 파권은 항상 $a=2$이고 중권은 $a=p$로 극수와 같으므로 파권은 고전압 소전류, 중권은 저전압 대전류에 적합하다.

07 직류기의 다중 중권 권선법에서 전기자 병렬회로수 a와 극수 p는 어떤 관계인? 단, 다중도(multy)는 m이다.

㈎ $a=2$ ㈏ $a=2m$
㈐ $a=p$ ㈑ $a=mp$

☞ 단중 중권일 때 $a=p$, m중 중권이면 $a=mp$

08 직류발전기의 저주파 및 고주파 맥동을 감소시키기 위한 것이 아닌 것은?

㈎ 공극의 길이를 균일하게 한다.
㈏ 자극 간격을 균등히 한다.
㈐ 자기 저항을 전기자 주변에 대하여 균등히 한다.
㈑ 홈을 1홈절 이상의 사구로 하여 정류자 면수를 감소시킨다.

09 자극수 4, 슬롯수 40, 슬롯 내부 코일변수 4인 단중 중권 직류기의 정류자편수는?

㈎ 10 ㈏ 20
㈐ 40 ㈑ 80

☞ k : 정류자편수, u : 슬롯 내부 코일변수, N_s : 슬롯수라 하면

$$k=\frac{u}{2}\cdot N_s=\frac{4}{2}\times 40=80$$

10 극수 p인 전기기계에서 전기 각도 $X_e{}^\circ$ 와 기하학적 각도 X° 사이의 관계는?

(가) $X = \dfrac{X_e}{p}$　　(나) $X = \dfrac{2X_e}{p}$

(다) $X = \dfrac{X_e}{2p}$　　(라) $X = 2pX_e$

☞ 전기각도 = 기하각도 $\times \dfrac{2}{p}$

그러므로 기하각도 = 전기각도 $\times \dfrac{2}{p}$

11 전기자 지름 D[m], 길이 l[m]가 되는 전기자에 권선을 감은 직류발전기가 있다. 자극의 수 p, 각각의 자속수 ϕ[Wb]일 때 전기자표면의 자속밀도[Wb/m^2]는?

(가) $\dfrac{\pi Dp}{60}$　　(나) $\dfrac{p\phi}{\pi Dl}$

(다) $\dfrac{\pi Dl}{p\phi}$　　(라) $\dfrac{\pi Dl}{p}$

12 전기자 지름 0.2[m]의 직류발전기가 1.5[kW]의 출력에서 1800[rpm]으로 회전하고 있을 때 전기자 주변 속도[m/s]는?

(가) 18.84　　(나) 21.96

(다) 32.74　　(라) 42.85

☞ 주변 속도 $v = \dfrac{\pi DN}{60} = \dfrac{\pi \times 0.2 \times 1{,}800}{60} = 18.85[\mathrm{m/s}]$

13 정현 파형의 회전자계 중에서 정류자가 있는 회전자를 놓으면 각 정류자편 사이에 연결되어있는 회전자권선에는 크기가 같고 위상이 다른 전압이 유기된다. 정류자편 수를 K라 하면 정류자편 사이의 위상차는?

(가) $\dfrac{\pi}{K}$　　(나) $\dfrac{2\pi}{K}$

(다) $\dfrac{K}{\pi}$　　(라) $\dfrac{K}{2\pi}$

14 직류발전기의 극수가 10이고 전기자 도체수가 500이며 단중 파권일 때 매극의 자속수가 0.01[Wb]이면 600[rpm]일 때의 기전력[V]은?

(가) 150　　(나) 200

(다) 250　　(라) 300

☞ 파권 이므로 $a = 2$이다. $E = \dfrac{p\phi ZN}{60a} = \dfrac{10 \times 0.01 \times 500 \times 600}{60 \times 2} = 250[V]$

15 자극수 6, 파권, 전기자 도체수 400인 직류발전기를 600[rpm]의 회전속도로 무부하 운전할 때 기전력은 120[V]이다. 1극당의 주자속[Wb]은?

(가) 0.89　　(나) 0.09
(다) 0.47　　(라) 0.01

☞ 파권이므로 $a=2$이다. $E = \frac{p\phi ZN}{60a}[V]$

$$\therefore \phi = \frac{60aE}{pZN} = \frac{60\times2\times120}{6\times400\times600} = 0.01[Wb]$$

16 매극 유효자속 0.035[Wb], 전기자 총도체수 152인 4극 중권발전기를 매분 1200회의 속도로 회전할 때의 기전력[V]을 구하면?

(가) 약 106　　(나) 약 86
(다) 약 66　　(라) 약 53

☞ 중권이므로 $a=p$이다. $E=\frac{p\phi ZN}{60a}=\frac{4\times0.035\times152\times1{,}200}{60\times4}=106.4[V]$

17 직류 분권발전기의 극수 8, 전기자 총도체수 600으로 매분 800회전 할 때 유기기전력이 110[V]라 한다. 전기자권선은 중권일 때 매극의 자속수[Wb]는?

(가) 0.03104　　(나) 0.02375
(다) 0.01014　　(라) 0.01375

☞ 중권이므로 $a=p$이다. $\frac{p\phi ZN}{60a}[V]$

$$\therefore \frac{60aE}{pZN} = \frac{60\times8\times100}{8\times600\times800} = 0.01375[Wb]$$

18 포화되어 있지 않은 직류발전기의 회전수가 $\frac{1}{2}$로 감소되었을 때 기전력을 전과 같은 값으로 하자면 여자(=자화=자속을 만듦)를 속도 변화 전에 비해 얼마로 해야 하는가?

(가) $\frac{1}{2}$배　　(나) 1배
(다) 2배　　(라) 4배

☞ $E = \frac{p\phi ZN}{60a}[V] = k\phi N$

유기기전력은 자속에 비례, 회전수에 비례하므로 일정 전압시 자속과 회전수는 반비례한다.

19 직류기에서 전기자 반작용이란 전기자권선에 흐르는 전류로 인하여 생긴 자속이 무엇에 영향을 주는 현상인가?

(가) 모든 부분에 영향을 주는 현상　　(나) 계자극에 영향을 주는 현상
(다) 감자작용만을 하는 현상　　(라) 편자 작용만을 하는 현상

20 전기자 반작용이 직류발전기에 영향을 주는 것을 설명한 것이다. 틀린 것은?

(가) 전기적 중성축을 이동시킨다.

(나) 자속을 감소시켜 부하시 전압강하의 원인이 된다.

(다) 정류자편간 전압이 불균일하게 되어 섬락의 원인이 된다.

(라) 전류의 파형은 찌그러지나 출력에는 변화가 없다.

☞ 직류기의 전기자 반작용은 편자(편자) 작용이 되기 때문에 자로의 포화로 인한 총자속의 감소(유기전압 즉, 단자전압이 감소한다)와 중성축의 이동 및 정류자편 간의 유기전압 불균형 등이 일어난다. 전기자 반작용의 방지책으로 보상권선이나 보극을 설치한다.

21 직류기의 전기자 반작용 영향이 아닌 것은?

(가) 전기적 중성축이 이동한다.

(나) 주자속이 증가한다.

(다) 정류자편 사이의 전압이 불균일하게 된다.

(라) 정류작용에 악영향을 준다.

☞ 전기자 반작용이 발생하면 자기 포화 현상에 의하여 주자속이 감소하여 유기기전력도 저하하게 된다.

22 직류발전기에서 기하학적 중성축과 α[rad]만큼 브러시의 위치가 이동되었을 때 극당 감자기자력은 몇 [AT]인가? 단, 극수 p, 전기자전류 I_a, 전기자 도체수 Z, 병렬회로수 a이다.

(가) $\frac{I_a Z}{2pa} \cdot \frac{\alpha}{180}$　　(나) $\frac{2pa}{I_a Z} \cdot \frac{\alpha}{180}$

(다) $\frac{I_a Z}{2pa} \cdot \frac{2\alpha}{180}$　　(라) $\frac{2pa}{I_a Z} \cdot \frac{2\alpha}{180}$

23 직류기에서 전기자 반작용에 의한 극의 짝수당 감자기자력 $[AT/pole\,pair]$ 은 어떻게 표시되는가? 단, α는 브러시 이동각, Z는 전기자 도체수, I_a는 전기자전류, A는 전기자 병렬회로수이다.

(가) $\frac{\alpha}{180} \cdot Z \cdot \frac{I_a}{A}$　　(나) $\frac{90-\alpha}{180} \cdot Z \cdot \frac{I_a}{A}$

(다) $\frac{180}{\alpha} \cdot Z \cdot \frac{I_a}{A}$　　(라) $\frac{180}{90-\alpha} \cdot Z \cdot \frac{I_a}{A}$

24 직류기의 전기자 반작용에 관한 사항으로 틀린 것은?

㈎ 보상권선은 계자극면의 자속 분포를 수정할 수 있다.
㈏ 전기자 반작용을 보상하는 효과는 보상권선보다 보극이 유리하다.
㈐ 고속기나 부하 변화가 큰 직류기에는 보상권선이 적당하다.
㈑ 보극은 바로 밑의 전기자권선에 의한 기자력을 상쇄한다.

25 전기자 반작용이 보상되지 않은 것은?

㈎ 계자기자력 증대　　㈏ 보극권선 설치
㈐ 전기자전류 감소　　㈑ 보상권선 설치

26 직류발전기의 전기자 반작용을 설명함에 있어서 그 영향을 없애는데 가장 유효한 것은?

㈎ 균압환　　㈏ 탄소 브러시
㈐ 보상권선　　㈑ 보극

☞ 보극은 중성대 부근의 반작용을 없애는 데는 유효하지만 전기자 전면에 분포되어있는 보상권선에는 비교가 되지 않는다. 균압환은 국부 전류가 브러시를 통하여 흐르지 못하게 하는 작용을 하며 탄소 브러시는 저항 정류시에 사용되는 것이다.

27 직류기에서 전기자 반작용을 방지하기 위한 보상권선의 전류 방향은?

㈎ 계자전류 방향과 같다.　　㈏ 계자전류 방향과 반대이다.
㈐ 전기자전류 방향과 같다.　　㈑ 전기자전류 방향과 반대이다.

☞ 보상권선은 전기자권선과 직렬로 접속하여 전기자전류에 반대 방향으로 전류를 통해서 전기자 기자력을 상쇄시키도록 한다.

28 4극 직류발전기가 있다. 정류자의 지름이 15[cm]이고 정류자편수 92개 브러시의 두께 0.96[cm] 중권인 발전기가 1,760[rpm]으로 운전되고 있을 때 1개의 코일의 정류 주기[s]를 구하면?

㈎ 약 1.018×10^{-3}　　㈏ 약 3.76×10^{-3}
㈐ 약 1.08×10^{-4}　　㈑ 약 3.25×10^{-4}

☞ 브러시의 두께를 $b[m]$, 정류자편 사이의 절연물의 두께를 $\delta[m]$, 정류자의 주변 속도를 $V_c[m/s]$라 하면 정류 주기 T_c는 $T_c = \dfrac{b-\delta}{V_c}[s]$.

V_c는 주변 속도 이지만 전기자의 회전수 $N[rpm]$과 정류자의 지름 D가 주어졌을 때는 $T_c = \dfrac{b-\delta}{\pi DN} \times 60[s]$, 따라서 $d = b+\delta = \dfrac{\pi D}{92}$이므로

$$\therefore\ T_c = \frac{2b - \frac{\pi D}{92}}{\pi DN} \times 60 = \frac{2 \times 0.96 - \frac{15\pi}{92}}{\pi \times 15 \times 1{,}760} \times 60 = 1.018 \times 10^{-3}[s]$$

29 직류기에서 정류코일의 자기 인덕턴스를 L이라 할 때 정류코일의 전류가 정류 기간 T_c 사이에 I_c에서 $-I_c$로 변한다면 정류코일의 리액턴스 전압(평균값)은?

(가) $L\dfrac{2I_c}{T_c}$　　(나) $L\dfrac{I_c}{T_c}$

(다) $L\dfrac{2T_c}{I_c}$　　(라) $L\dfrac{T_c}{I_c}$

☞ 전류의 변화는 $I_c-(-I_c)=2I_c$이므로

$$\therefore\ e_L = L\frac{di}{dt} = L\frac{2I_c}{T_c}[V]$$

30 6극 직류발전기의 정류자편수가 132, 전압이 220$[V]$, 직렬 도체수가 132개이고 중권이다. 정류자 편간 전압은?

(가) 10　　(나) 20

(다) 30　　(라) 40

☞ e_{sa} : 정류자 편간 전압, E : 유기기전력, k : 정류자편수, p : 극수일 때

$$e_{sa} = \frac{pE}{k} = \frac{6\times 220}{132} = 10[V]$$

31 다음은 직류발전기의 정류 곡선이다. 이 중에서 정류 말기에 상태가 좋지 않은 것은?

(가) 1

(나) 2

(다) 3

(라) 4

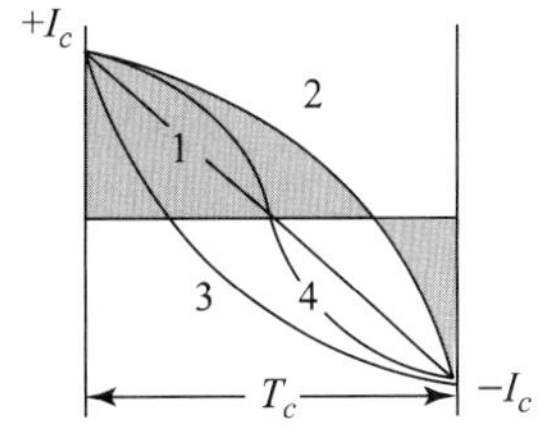

32 그림과 같은 정류 곡선에서 양호한 정류를 얻을 수 있는 곡선은?

(가) a, b

(나) c, d

(다) a, f

(라) d, e

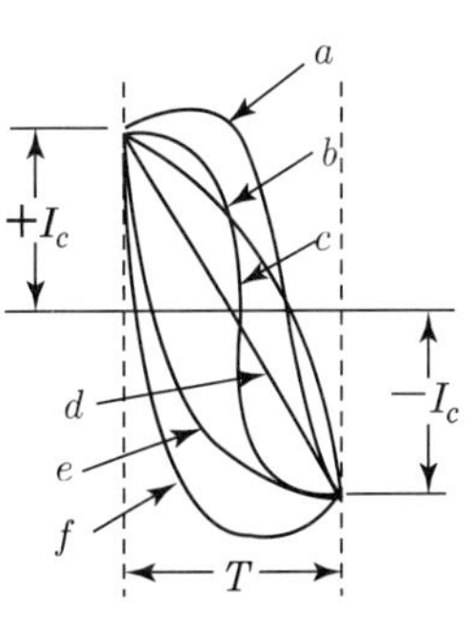

☞ 정류 말기에 정류의 상태가 좋지 않은 부족 정류(곡선 a)은 전류 I의 변화가 정류 말기($t=T_c$) 가까이에서 i가 갑자기 변하므로 단락되는 코일의 인덕턴스에 의하여 큰 전압이 발생하고 브러시의 뒤쪽에서 불꽃이 발생하기 쉽다.

33 직류기에서 정류를 양호하게 하는 조건이 아닌 것은?

㈎ 정류 주기를 길게 한다. ㈏ 전절권으로 한다.
㈐ 회전속도를 적게 한다. ㈑ 리액턴스 전압을 감소시킨다.

☞ ① 정류 주기를 크게 하면 전류의 변화율 즉, $\frac{di}{dt}$가 작아져서 불꽃 발생의 원인이 작아진다.
② L이 작아져도 역시 불꽃 발생의 근본 원인인 역기전력이 작아진다.
③ 브러시의 접촉 저항이 크면 저항 정류가 이루어져서 양호한 정류가 이루어진다.
④ 리액턴스 전압은 $e_L = -L\frac{di}{dt}$로 이것이 정류를 해치는 가장 큰 원인이 되는 것이다.

34 직류기에서 양호한 정류를 얻는 조건이 아닌 것은?

㈎ 정류 주기를 크게 한다.
㈏ 전기자 코일의 인덕턴스를 작게 한다.
㈐ 평균 리액턴스 전압을 브러시 접촉면 전압강하보다 크게 한다.
㈑ 브러시의 접촉 저항을 크게 한다.

35 불꽃없는 정류를 하기위해 평균 리액턴스 전압(A)과 브러시 접촉 전압(B) 사이에 필요한 조건은?

㈎ $A > B$ ㈏ $A < B$
㈐ $A = B$ ㈑ A, B에 관계없다.

36 직류기 정류작용에서 전압 정류의 역할을 하는 것은?

㈎ 탄소 브러시 ㈏ 보상권선
㈐ 전기자 반작용 ㈑ 보극

☞ 저항 정류는 브러시의 접촉 저항을 크게 해서 즉, 탄소 브러시를 사용하여 양호항 정류를 얻는 것이다. 전압 정류는 보극을 설치하여 정류코일 내에 유기되는 리액턴스 전압과 반대 방향으로 정류 전압을 유기시키면 저항 정류의 경우와 같게 되어 직선 정류를 얻을 수 있다.

37 직류발전기의 전기자 반작용을 줄이고 정류를 잘되게 하기 위해서는?

㈎ 리액턴스 전압을 크게 할 것.
㈏ 보극과 보상권선을 설치할 것.
㈐ 브러시를 이동시키고 주기를 크게 할 것.
㈑ 보상권선을 설치하여 리액턴스 전압을 크게 할 것.

38 직류기에 보극을 설치하는 목적이 아닌 것은?

㈎ 정류자의 불꽃 방지 ㈏ 브러시의 이동 방지
㈐ 정류 기전력의 발생 ㈑ 난조의 방지

☞ 각 주자극의 중간에 보극을 설치하고 보극권선으로 전기자권선과 직렬로 접속하면 보극에 의한 자속은 전기자전류에 비례하여 변화하기 때문에 정류로 발생되는 리액턴스 전압을 효과적으로 상쇄시킬 수 있으므로 불꽃이 없는 정류를 할 수 있고 보극 부근의 전기자 반작용도 상쇄되어 전기적 중성축의 이동을 방지할 수 있다.

39 보극이 없는 직류기에서 브러시를 부하에 따라 이동(로커)시키는 이유는?

㈎ 정류작용을 잘 되게 하기 위하여
㈏ 전기자 반작용의 감자 분력을 없애기 위하여
㈐ 유기기전력을 증가시키기 위하여
㈑ 공극자속의 일그러짐을 없애기 위하여

☞ 보극이 없는 직류기에서는 정류를 잘되게 하기 위하여 브러시를 이동시켜야 하는데 발전기의 경우에는 그 회전방향으로 브러시를 이동시키고 전동기에서는 그 회전방향과 반대 방향으로 이동시킨다.

40 보극이 없는 직류발전기의 경우 부하의 증가에 따른 브러시 위치는?

㈎ 그대로 둔다. ㈏ 회전방향과 반대로 이동
㈐ 회전방향으로 이동 ㈑ 극의 중간에 놓는다.

41 직류기에서 정류 불량의 원인이 아닌 것은?

㈎ 브러시의 불량 ㈏ 리액턴스 전압의 과대
㈐ 회전속도의 감소 ㈑ 전기자 공극 길이의 불균일

☞ 회전속도를 적게 하면 정류 주기가 크게 되어 전류의 변화율 $\frac{di}{dt}$가 작아져서 불꽃 발생의 원인이 작아지므로 양호한 정류가 된다.

42 직류기의 정류 불량이 되는 원인은 다음과 같다. 이중 틀린 것은 어느 것인가?

㈎ 리액턴스 전압이 과대하다. ㈏ 보극권선과 전기자권선을 직렬로 한다.
㈐ 보극의 부적당 ㈑ 브러시 위치 및 재질이 나쁘다.

43 직류기에 있어서 불꽃 없는 정류를 얻는데 가장 유효한 방법은?

㈎ 탄소 브러시와 보상권선 ㈏ 보극과 탄소 브러시
㈐ 자기 포화와 브러시의 이동 ㈑ 보극과 보상권선

☞ 자기 포화나 보상권선은 전기자 반작용의 방지에 유효하고 정류와는 무관하다. 또한 보극은 전압 정류, 탄소 브러시는 저항 정류에 유효하다.

44 계자철심에 잔류 자기가 없어도 발전이 되는 직류기는?

(가) 직권기 (나) 타여자기
(다) 분권기 (라) 복권기

☞ 타여자발전기는 자여자 발전기(직권발전기, 분권발전기, 복권발전기)와 달리 다른 직류전원(축전지 또는 다른 직류발전기)으로부터 계자전류를 받아서 계자 자속을 만들기 때문에 계자철심에 잔류 자기가 없어도 발전할 수 있다.

45 직류발전기의 무부하 포화곡선은 다음 중 어느 관계를 표시한 것인가?

(가) 계자전류 대 부하전류 (나) 부하전류 대 단자전압
(다) 계자전류 대 유기기전력 (라) 계자전류 대 회전속도

☞ 정격속도에서 무부하 상태의 계자전류 I_f와 유기기전력 E의 관계를 나타내는 곡선을 무부하 특성곡선 또는 무부하 포화곡선이라 한다.

46 직류발전기의 부하 포화곡선은 다음 중 어느 것의 관계인가?

(가) 단자전압과 부하전류 (나) 출력과 부하전력
(다) 단자전압과 계자전류 (라) 부하전류와 계자전류

☞ 정격속도에서 부하전류 I를 정격값으로 유지했을 때 계자전류 I_f와 단자전압 V의 관계를 나타내는 곡선을 부하 포화곡선이라 한다.

47 그림과 같은 직류발전기의 포화 특성곡선에서 포화율은?

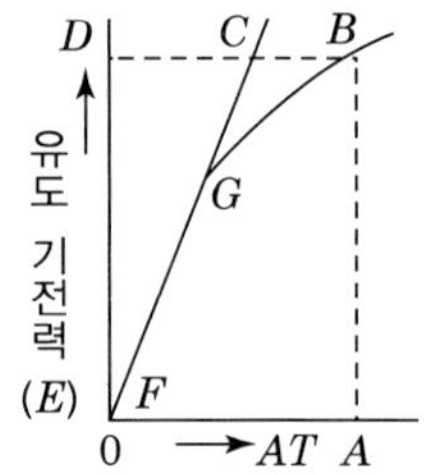

(가) $\overline{OF} / \overline{OG}$
(나) $\overline{OE} / \overline{DE}$
(다) $\overline{BC} / \overline{CD}$
(라) $\overline{CD} / \overline{CO}$

48 타여자발전기가 있다. 여자전류 $2[A]$로 매분 600회전할 때 $120[V]$의 기전력을 유기한다. 여자전류 $2[A]$는 그대로 두고 매분 500회전할 때의 유기기전력$[V]$은 얼마인가?

(가) 100 (나) 110
(다) 120 (라) 140

☞ 타여자발전기이므로 $I_f = \Phi$이다.

$E = k\Phi N = k\,I_f N[V]$에서 전압은 회전수에 비례하므로

$$\therefore\ E' = 120 \times \frac{500}{600} = 100[V]$$

49 25[kW], 125[V], 1,200[rpm]의 타여자발전기가 있다. 전기자저항(브러시 포함)은 0.047[Ω]이다. 정격 상태에서 운전하고 있을 때 속도를 200[rpm]으로 늦추었을 경우 부하전류[A]는 어떻게 변화하는가? 단, 전기자 반작용은 무시하고 전기자 회로 및 부하저항은 변하지 않는다고 한다.

(가) 33.3　　(나) 200
(다) 1200　　(라) 3125

☞ 타여자발전기이므로 $I_f = \Phi$이다.

$E = k\Phi N = kI_f N[V]$에서 전압은 회전수에 비례하므로

$E' = \frac{1}{6}E$, 즉, 속도가 $\frac{1}{6}$이 되면 유기기전력도 $\frac{1}{6}$이 되고

또한 부하전류도 $\frac{1}{6}$이 된다. 따라서 단자전압도 $\frac{1}{6}$이 된다.

$\therefore\ I' = \frac{1}{6}I = \frac{1}{6} \times \frac{25\times10^3}{125} = 33.3[A]$

50 25[kW], 125[V], 1,200[rpm]의 직류 타여자발전기가 있다. 전기자저항(브러시 저항 포함)은 0.4[Ω]이다. 이 발전기를 정격 상태에서 운전하고 있을 때 속도를 200[rpm]으로 저하시켰다면 발전기의 유도기전력은 어떻게 변화하겠는가? 단, 정상 상태에서 유기기전력을 E라 한다.

(가) $\frac{1}{2}E$　　(나) $\frac{1}{4}E$
(다) $\frac{1}{6}E$　　(라) $\frac{1}{8}E$

51 정격이 5[kW], 100[V], 50[A], 1,800[rpm]인 타여자 직류발전기가 있다. 무부하시의 단자전압[V]은 얼마인가? 단, 계자 전압은 50[V], 계자전류 5[A], 전기자저항은 0.2[Ω]이고 브러시의 전압강하는 2[V]이다.

(가) 100　　(나) 112
(다) 115　　(라) 120

☞ $R_f = \frac{V_f}{I_f} = \frac{50}{5} = 10[\Omega]$

$I = I_a = \frac{P}{V} = \frac{5\times10^3}{100} = 50[A]$

$\therefore\ V_0 = E = V + I_a R_a + e_b = 10 + 50\times0.2 + 2 = 112[V]$

52 550[V], 2,090[A], 8극, 7.5[rpm]이고 전기자권선이 다중 중권인 직류발전기의 전기자 도체 총수가 464이다. 정격전류가 흐를 때 단자전압을 550[V]로 유지하는데 필요한 매극 유효 자속은 몇 [Wb]인가? 단, 전기자 회로의 저항은 0.0053[Ω], 브러시의 전압강하는 2[V]이고 전기자 반작용은 무시한다.

(가) 약 0.980 (나) 약 0.0985
(다) 약 0.0990 (라) 약 0.0995

☞ 단중 중권이므로 $a = p$이다.

$$E = V + I_a R_a + e_b = 550 + 2{,}090 \times 0.0053 + 2 = 563[V]$$

$$E = \frac{pZ}{a}\Phi\frac{N}{60}[V]$$

$$\therefore \Phi = \frac{60E_a}{pZN} = \frac{60E}{ZN} = \frac{60 \times 512}{192 \times 6 \times 246} = 0.110[Wb]$$

53 1,000[kW], 500[V]인 중권 직류발전기가 있다. 회전수 246[rpm]이며 슬롯수가 192, 슬롯 내부 도체수 6, 자극수 12일 때 전부하시의 자속수[Wb]는 얼마인가? 단, 전기자저항은 0.006[Ω]이고 단중 중권이다.

(가) 1.85 (나) 0.11
(다) 0.0185 (라) 0.001

54 계자권선이 전기자에 병렬로 연결된 직류기는?

(가) 분권기 (나) 직권기
(다) 복권기 (라) 타여자

55 직류 분권발전기에 대하여 설명한 것 중 옳은 것은?

(가) 단자전압이 강하하면 계자전류가 증가한다.
(나) 타여자발전기의 경우보다 외부 특성곡선이 상향으로 된다.
(다) 분권 권선의 접속 방법에 관계없이 자기 여자로 전압을 올릴 수가 있다.
(라) 부하에 의한 전압의 변동이 타여자발전기에 비하여 크다.

☞ 직류 분권발전기는 단자전압이 저하하면 여자전류도 감소하기 때문에 타여자발전기보다는 전압강하가 심하게 된다.

56 직류 분권발전기의 무부하 특성 시험을 할 때 계자저항기의 저항을 증감하여 무부하 전압을 증감시키면 어느 값에 도달하면 전압을 안정하게 유지할 수 없다. 그 이유는?

(가) 전압계 및 전류계의 고장 (나) 잔류 자기의 부족
(다) 계자저항기의 고장 (라) 임계 저항값으로 되었기 때문에

☞ 계자 회로의 저항이 어느 한도 이상 증가하면 계자저항선은 무부하 특성곡선의 일부와 겹치게 되어 임계 저항이 되므로 이 부근에서는 단자전압이 매우 불안정해서 계자저항이 약간만 변화해도 단자전압은 심하게 변동된다. 이때의 계자저항값을 임계 저항이라 한다.

57 직류 분권발전기의 계자 회로의 개폐기를 운전 중 갑자기 열면?

㈎ 속도가 감소한다.
㈏ 계자권선에 고압을 유발한다.
㈐ 과속도가 된다.
㈑ 정류자에 불꽃을 유발한다.

☞ 분권계자권선은 단수가 많고 자기 인덕턴스가 크므로 계자 회로를 열 때에 고전압을 유도하여 계자 회로의 절연을 파괴할 염려가 많다.

58 직류 분권발전기를 서서히 단락 상태로 하면 다음 중 어떠한 상태로 되는가?

㈎ 과전류로 소손된다.
㈏ 과전압이 된다.
㈐ 소전류가 흐른다.
㈑ 운전이 정지된다.

☞ 분권발전기의 부하전류가 증가하면 전기자저항 강하와 전기자 반작용에 의한 감자현상으로 단자전압이 떨어지고 부하전류가 어느 값 이상으로 증가하게 되면 단자전압은 급격히 저하하여 매우 작은 단락전류에 머무르게 된다.

59 직류 분권발전기를 역회전하면?

㈎ 발전되지 않는다.
㈏ 정회전 때와 마찬가지이다.
㈐ 과대 전압이 유기된다.
㈑ 섬락이 일어난다.

60 전기자저항이 0.3[Ω]이며 단자전압이 210[V], 부하전류가 95[A], 계자전류가 5[A]인 직류 분권발전기의 유기기전력[V]은?

㈎ 180
㈏ 230
㈐ 240
㈑ 250

☞ $I_a = I + I_f = 95 + 5 = 100[A]$

$\therefore\ E = V + I_a R_a = 210 + 100 \times 0.3 = 240[V]$

61 유기기전력 210[V], 단자전압 200[V], 5[kW]인 분권발전기의 계자저항이 500[Ω]이면 전기자저항[Ω]은?

㈎ 0.2
㈏ 0.4
㈐ 0.6
㈑ 0.8

☞ $I_f = \dfrac{V}{R_f} = \dfrac{200}{500} = 0.4[A]$,

$I = \dfrac{P}{V} = \dfrac{5 \times 10^3}{200} = 25[A]$

전기자전류 $I_a = I + I_f$에서 $I_a = 25 + 0.4 = 25.4[A]$

또한 $V = E - I_a R_a$식에서

$\therefore\ R_a = \dfrac{E - V}{I_a} = \dfrac{210 - 200}{25.4} \fallingdotseq 0.4[\Omega]$

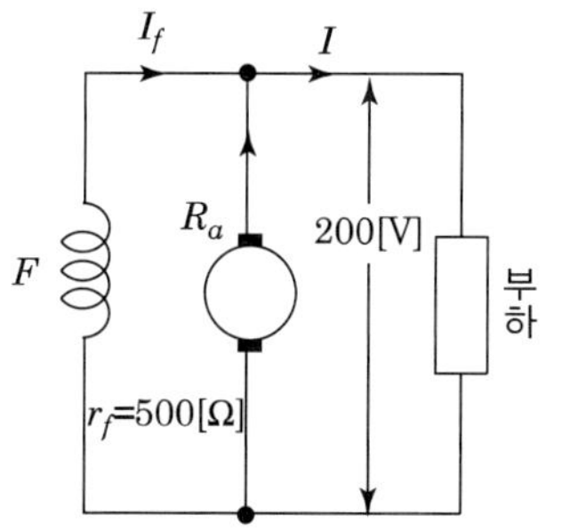

62 무부하 때에 119[V]인 분권발전기가 전압변동률이 6[%]이다. 정격 전부하 전압[V]은?

(가) 11.22 (나) 112.32

(다) 12.5 (라) 125

☞ 전압변동률 $\epsilon = \dfrac{V_0 - V_n}{V_n} \times 100\%$

$0.06 = \dfrac{119 - V_n}{V_n}$, $\therefore\ V_n = 112.26[V]$

63 100[kW], 230[V]인 자여자식 분권발전기에서 전기자 회로 저항이 0.15[Ω]이고 계자 회로 저항이 57.5[Ω]이다. 이 발전기가 정격전압 전부하에서 운전할 때 유기전압[V]을 계산하면?

(가) 232 (나) 242

(다) 252 (라) 262

☞ $I_f = \dfrac{V}{R_f} = \dfrac{230}{57.5} = 4[A]$, $I = \dfrac{P}{V} = \dfrac{100 \times 10^3}{230} = 435[A]$

전기자전류 $I_a = I + I_f$이므로 $I_a = 435 + 4 = 439[A]$

또한 $V = E - I_a R_a = 230 + 439 \times 0.05 = 252[V]$

64 정격속도로 회전하고 있는 무부하의 분권발전기가 있다. 계자권선의 저항이 50[Ω], 계자전류 2[A], 전기자저항 1.5[Ω]일 때 유기기전력[V]은?

(가) 97 (나) 100

(다) 103 (라) 106

☞ 단자전압 V는 계자 회로의 전압강하 $I_f R_f$와 같으므로

$V = I_f R_f = 2 \times 50 = 100[V]$

무부하($\because I = 0$) 이므로 $I_a = I_f$이다.

$\therefore\ E = V + I_a R_a = 100 + 2 \times 1.5 = 103[V]$

65 직류 분권발전기의 무부하 포화곡선이 $V = \dfrac{940 i_f}{33 + i_f}$이고 i_f는 계자전류[A], V는 무부하전압[V]으로 주어질 때 계자 회로의 저항이 20[Ω]이면 몇 [V]의 전압이 유기되는가?

(가) 140 (나) 160

(다) 280 (라) 300

☞ $V = \dfrac{940 I_f}{33 + I_f}$, 계자저항 $R_f = 20[\Omega]$이므로 계자저항선은

$V = R_f I_f = 20 I_f$

$\therefore V = \dfrac{V}{20}$ 이식을 윗 식에 대입하면

$$V = \frac{940 \times \dfrac{V}{20}}{33 + \dfrac{V}{20}}$$

$$V\left(33 + \frac{V}{20}\right) = 940 \times \frac{V}{20}$$

$\therefore V = 280[V]$

66 직류기에서 전압변동률이 (+) 값으로 표시되는 발전기는?

㈎ 과복권발전기　　㈏ 직권발전기
㈐ 평복권발전기　　㈑ 분권발전기

67 무부하에서 자기 여자로 전압을 확립하지 못하는 직류발전기는?

㈎ 타여자발전기　　㈏ 직권발전기
㈐ 분권발전기　　㈑ 차동복권발전기

☞ 직권발전기는 계자권선과 전기자권선이 직렬로 접속되어 있어 부하전류에 의하여 여자되므로 무부하일 때에는 잔류 자기에 의해 아주 작은 유기기전력이 발생되기 때문에 자기 여자에 의한 전압의 확립은 이루어지지 않는다.

68 정격 200[V], 20[kW]인 직권발전기의 유도기전력 [V]은?

㈎ 225　　㈏ 220
㈐ 215　　㈑ 210

☞ $I = I_a = \dfrac{P}{V} = \dfrac{20 \times 10^3}{200} = 100[A]$

$\therefore E = V + I_a(R_a + R_s) = 200 + 100 \times (0.05 + 0.05) = 210[V]$

69 용접용으로 사용되는 직류발전기의 특성 중에서 가장 중요한 것은?

㈎ 과부하에 견딜 것.
㈏ 경부하일 때 효력이 좋을 것.
㈐ 전압변동률이 작을 것.
㈑ 전류에 대한 전압 특성이 수하 특성일 것.

☞ 아크를 안정하게 하기 위해서는 전원의 외부 특성곡선이 수하 특성곡선이어야 한다.

70 가동복권발전기의 내부결선을 바꾸어 분권발전기로 하자면?

(가) 내분권 복권형으로 해야 한다.

(나) 외분권 복권형으로 해야 한다.

(다) 분권계자를 단락시킨다.

(라) 직권계자를 단락시킨다.

☞ 가동복권발전기의 직권계자권선 F_s를 단락시켜 분권발전기로 한다.

71 전기자 권선의 저항 0.08[Ω], 직권계자권선 및 분권계자 회로의 저항이 각각 0.07[Ω],과 100[Ω],인 외분권 가동복권발전기의 부하전류가 18[A]일 때 그 단자전압이 V = 200[V]라면 유기기전력[V]은? 단, 전기자 반작용과 브러시 접촉 저항은 무시한다.

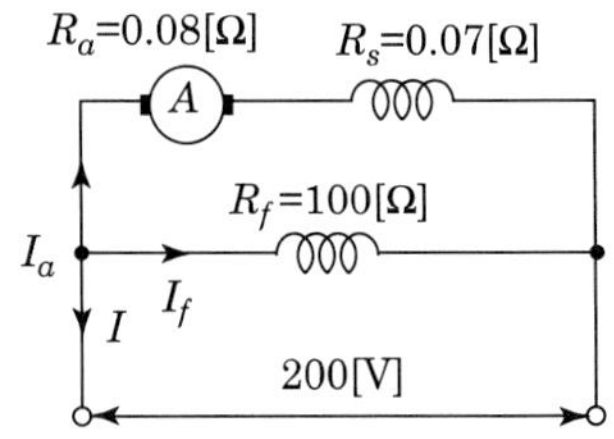

(가) 201.5 (나) 203

(다) 205.4 (라) 207

☞ $I_f = \dfrac{V}{R_f} = \dfrac{200}{100} = 2[A]$

$I_a = I_f + I = 2 + 18 = 20[A]$

$\therefore\ E = V + I_a(R_a + R_s) = 200 + 20 \times (0.08 + 0.07)$

$= 203[V]$

72 8극, 50[kW], 220[V]인 평복권발전기가 있다. 단중 병렬권선을 가지고 있으며 분권 여자 권선 내의 동손의 출력이 2[%]일 때 전부하에서 전기자 도체의 전류는 약 몇 [A]인가?

(가) 232 (나) 222.8

(다) 29 (라) 27.8

☞ $I = \dfrac{P}{V} = \dfrac{50 \times 10^3}{220} = 227.3[A]$

여자전류에 의한 동손이 출력의 2[%]이므로 분권 권선 동손 P_{cf}는

$P_{cf} = {I_f}^2 R_f = VI_f = P \times 0.02 = 50 \times 10^3 = 0.02[W]$

$I_f = \dfrac{P_{cf}}{V} = \dfrac{50 \times 10^3 \times 0.02}{200} = 4.55[A]$

$I_a = I + I_f = 227.3 + 4.55 = 231.9[A]$

단중 중권이므로 전기자 도체의 전류는 $i_a = \dfrac{I_a}{a}$에서 $a = p = 8$이므로

$\therefore\ i_a = \dfrac{I_a}{a} = \dfrac{231.9}{8} \fallingdotseq 29[A]$

73 직류발전기의 병렬운전 조건 중 잘못된 것은?

㈎ 단자전압이 같을 것.
㈏ 외부 특성이 같을 것.
㈐ 극성을 같게 할 것.
㈑ 유도기전력이 같을 것.

74 직류 분권발전기를 병렬운전하기 위해서는 발전기 용량 P와 정격전압 V는?

㈎ P는 임의 V는 같아야 한다.
㈏ P와 V가 임의
㈐ P는 같고 V는 임의
㈑ P와 V가 같아야 한다.

75 직류 복권발전기를 병렬운전할 때 반드시 필요한 것은?

㈎ 과부하 계전기
㈏ 균압선
㈐ 용량이 같을 것.
㈑ 외부 특성곡선이 일치할 것.

76 직류 복권발전기의 병렬운전에 있어 균압선을 붙이는 목적은 무엇인가?

㈎ 운전을 안정하게 한다.
㈏ 손실을 경감한다.
㈐ 전압의 이상 상승을 방지한다.
㈑ 고조파의 발생을 방지한다.

77 직류발전기를 병렬운전할 때 균압선이 필요한 발전기는?

㈎ 분권발전기, 직권발전기
㈏ 분권발전기, 복권발전기
㈐ 직권발전기, 복권발전기
㈑ 분권발전기, 단극발전기

☞ 균압선의 목적은 병렬운전을 안정하게 하기 위해서 설치하는 것으로 일반적으로 직권 및 복권발전기에서는 직권계자권선에 흐르는 전류에 의하여 병렬운전이 불안정하게 되므로 균압선을 설치하여 직권계자권선에 흐르는 전류를 균등하게 분류하도록 한다.

78 직류발전기의 병렬운전에서 계자전류를 변화시키면 부하분담은?

㈎ 계자전류를 감소시키면 분담이 적어진다.
㈏ 계자전류를 증가시키면 분담이 적어진다.
㈐ 계자전류를 감소시키면 분담이 커진다.
㈑ 계자전류와 무관하다.

79 2대의 직류발전기를 병렬운전하여 부하에 100[A]에 공급하고 있다. 각 발전기의 유기기전력과 내부저항이 각각 110[V], 0.04[Ω] 및 112[V], 0.06[Ω]이다. 각 발전기에 흐르는 전류[A]는?

㈎ 10, 90　　㈏ 20, 80

㈐ 30, 70　　㈑ 40, 60

☞ 두 발전기의 유기기전력, 내부저항, 부하전류, 단자전압을 각각

E_1, E_2, R_{a1}, R_{a2}, I_1, I_2, V라 하면

$E_1 = 110[V]$, $E_2 = 112[V]$, $R_{a1} = 0.04[\Omega]$, $R_{a2} = 0.06[\Omega]$

합성 부하전류 $I = 100[A]$ 이므로

$V = E_1 - R_{a1} I_1 = E_2 - R_{a2} I_2$ .... ①

$I_1 + I_2 = 1000$

$\therefore\ I_1 = 100 - I_2$ .... ②

식 ②를 식 ①에 대입하면

$110 - 0.04(100 - I_2) = 112 - 0.06 I_2$

$\therefore\ I_2 = 60[A]$

$\therefore\ I_1 = 100 - I_2 = 100 - 60 = 40[A]$

80 종축에 단자전압, 횡축에 정격전류의 %로 눈금을 적은 외부 특성곡선이 겹쳐지는 두 대의 분권발전기가 있다. 각각의 정격이 100[kW]와 200[kW]이고 부하전류가 150[A]일 때 각 발전기의 분담전류는?

㈎ $I_1 = 77$, $I_2 = 75$　　㈏ $I_1 = 50$, $I_2 = 50$

㈐ $I_1 = 100$, $I_2 = 50$　　㈑ $I_1 = 70$, $I_2 = 80$

☞ 두 발전기는 외부 특성곡선이 같으므로 용량에 비례하는 부하를 분담한다.

100[kW] 발전기 전류를 I_1, 200[kW] 발전기 전류를 I_2라 하면

$I_1 + I_2 = 150[A]$

$\therefore\ I_2 = 150 - I_1[A]$

$100 : 200 = I_1 : I_2 = I_1 : (150 - I_1)$

$200 I_1 = 100(150 - I_1)$

$\therefore\ I_1 = 150 \times \frac{1}{3} = 50[A]$

$\therefore\ I_2 = 150 - I_1 = 150 - 50 = 100[A]$

다음 문제를 풀어라

01 분권발전기의 임계저항에 대해 설명하여라.

02 타여자발전기가 있다. 부하전류 10 [A]때 단자전압 100 [V]이었다. 전기자저항 0.2 [Ω], 전기자 반작용에 의한 전압강하가 2 [V], 브러시의 접촉에 의한 전압강하가 1 [V]였다고 하면 이 발전기의 유기기전력[V]은?

03 타여자발전기가 있다. 여자전류 2 [A], 매분 600회전할 때 120 [V]의 기전력을 유기한다. 여자전류 2 [A]는 그대로 두고 매분 500회전할 때의 유기기전력은 얼마인가?

04 직류 분권발전기의 무부하 포화곡선이 $V=\dfrac{940\,I_f}{33+I_f}$ 이고, I_f 는 계자전류[A], V는 무부하전압[V]으로 주어질 때 계자 회로의 저항이 20 [Ω]이면 몇 [V]의 전압이 유기되는가?

05 무부하전압 213 [V], 정격전압 200 [V], 정격출력 80 [kW]인 분권발전기가 있다. 계자저항이 20 [Ω], 전부하 때의 전기자 반작용에 의한 전압강하가 4.8 [V]라면 그 전기자 회로의 저항[Ω]은?

06 전기자권선의 저항 0.06 [Ω], 직권계자권선 및 분권계자 회로의 저항이 각각 0.05 [Ω]과 100 [Ω]인 외분권 가동복권발전기의 부하전류가 18 [A]일 때, 그 단자전압이 $V=200$ [V]라 하면 유기기전력[V]은? 단, 전기자 반작용과 브러시 접촉 저항은 무시한다.

07 정격전압 100 [V], 정격전류 200 [A], 전압변동률 6 [%]인 직류 분권발전기의 부하전류가 150 [A]일 때의 단자전압[V]은?

9 직류전동기

9.1 직류전동기의 원리

자기장 가운데 놓여있는 도체에 전류가 흐르면 이 도체는 자기장의 세기와 전류와의 곱에 비례하는 힘을 받는데 이때, 힘의 방향은 자기장의 방향과 직각을 이룬다. 자속밀도가 B[T]인 자기장 내에서 이 자기장과 직각방향으로 놓여있는 길이 l[m]의 도체에 i[A]의 전류가 흐르고 있다면 이 도체에는 다음 식과 같은 힘이 발생한다.

$$F = B\,i\,l\,[\mathrm{N}] \tag{1-44}$$

식 (1-44)에서 힘의 방향은 플레밍의 왼손법칙으로 설명할 수 있고 이것을 그림으로 나타내면 [그림 1-55]와 같다.

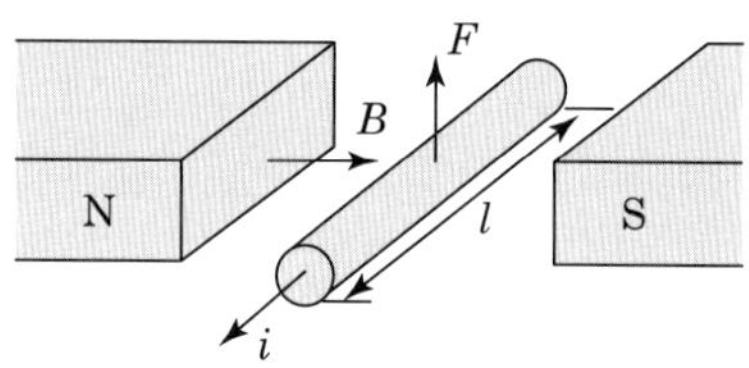

[그림 1-55] 플레밍의 왼손법칙

자기장 내에 직류전류가 흐르는 도선을 [그림 1-56]과 같이 위치시키면 전류가 흐르는 도선에는 위에서 설명한 힘이 발생하게 되며, 자기장 내로 전류가 들어가는 도선과 자기장에서 전류가 나오는 도선에는 전류의 흐름이 반대가 되어 이 도선에는 회전력이 발생하게 된다.

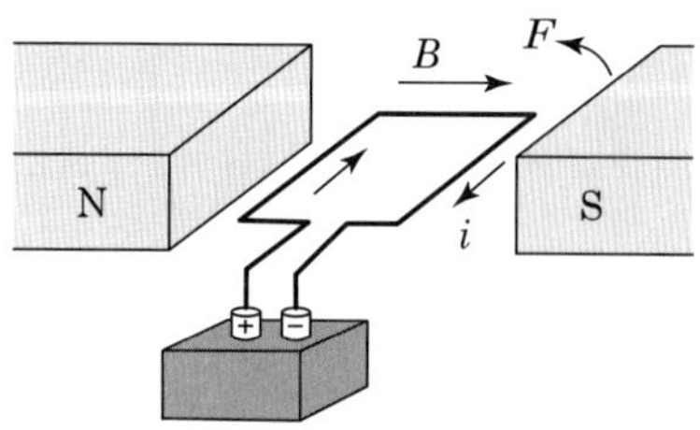

[그림 1-56] 직류전동기 회전원리(1)

[그림 1-56]의 도선에는 회전력은 발생하지만 도선이 고정되어 있어 회전하지 못한다. 도선을 회전시키고 또 연속적인 회전력을 얻기 위하여 [그림 1-57]과 같은 방법으로 직류전류를 흘려주면 도선에 흐르는 전류는 주기적으로 바뀌게 되며, 도선에는 연속적인 회전력이 발생하게 된다.

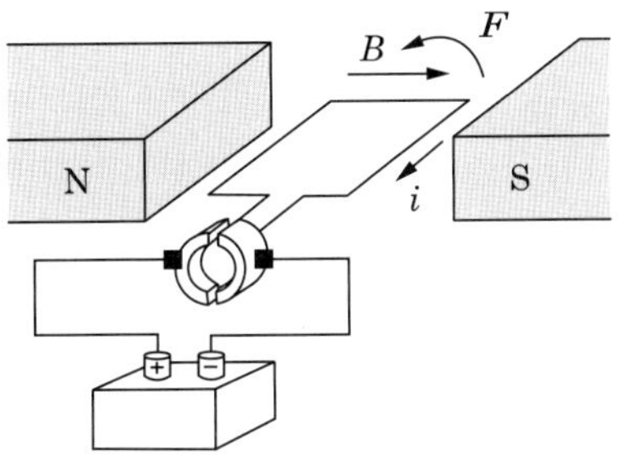

[그림 1-57] 직류전동기 회전원리(2)

직류전류가 양극에서 시작하여 음극으로 흐른다고 가정하면(관습적인 전류의 흐름방향) [그림 1-58]에서 전기자는 힘 F가 작용하여 반시계방향으로 회전한다(플레밍의 왼손법칙). 힘 F에 의하여 전기자권선이 180° 회전했을 때 브러시와 정류자의 작용에 의해 전기자에 흐르는 전류의 방향이 반대로 되며 따라서 전기자권선에는 동일한 방향의 힘 F가 계속해서 작용하게 되어 전기자권선은 같은 방향으로 회전을 계속하게 된다. 전기자권선이 180° 회전할 때마다 전기자에 흐르는 전류의 방향을 반전시키는 것을 정류(commutation)라고 한다.

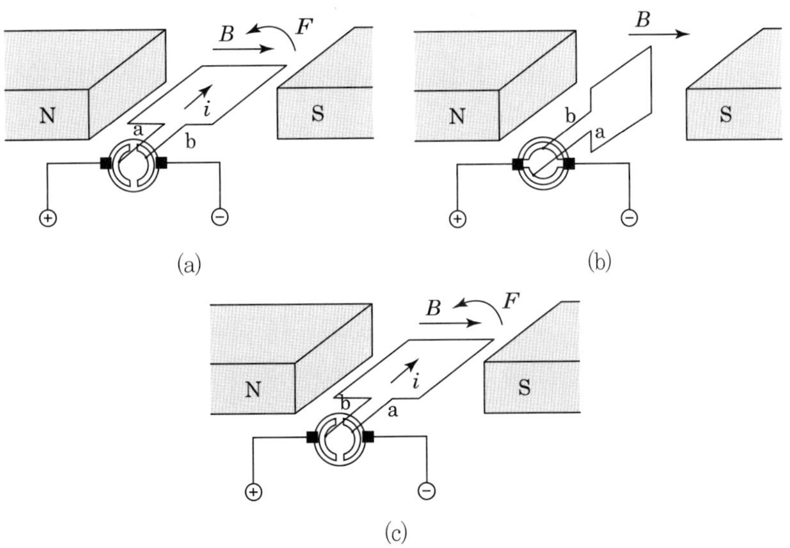

[그림 1-58] 직류전동기의 회전

직류전동기는 앞에서 설명한 원리로 회전하며 또한, 전력을 공급받아 기계적 에너지로 변환하는 장치라고 정의할 수 있다. 직류발전기와 직류전동기는 그 구조가 똑같으며 직류발전기를 직류전동기로 사용할 수도 있고 반대로 직류전동기를 직류발전기로도 사용할 수 있다.

9.2 역기전력과 부하전류

(1) 역기전력과 부하전류

도체가 자계 내에서 운동하여 자력선을 절단하면 도체에는 기전력이 유도된다. 전동기가 전원으로부터 전류를 공급받아 회전하면 전기자 도체는 자계 중에서 운동하게 되므로 전기자 도체 자신에 기전력이 유도되는데 그 방향은 공급전압과 반대 방향이 된다. 그러므로 이것을 역기전력(counter electromotive force)이라고 한다.

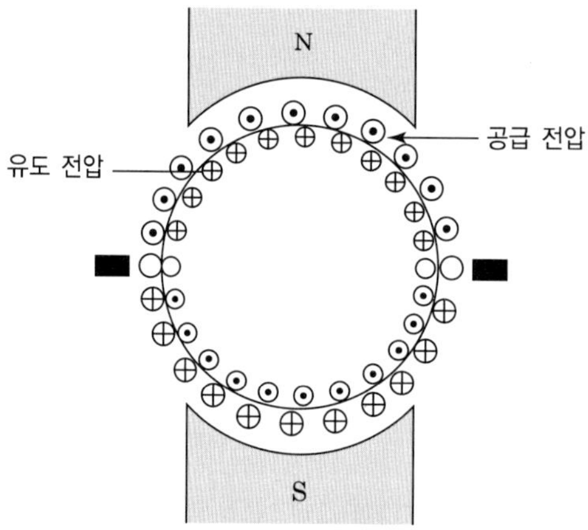

[그림 1-59] 전동기의 역기전력

[그림 1-59]에서 공급전압과 유도전압을 별개의 도체에 표시하였으나 실제로 양 전압은 같은 도체 내에 존재하게 된다.

전동기는 플레밍의 오른손 법칙에 의해 단자전압 V와 반대방향으로 전기자전류 I_a를 방해하는 역기전력 E가 발생하게 된다. 이 때 순시기전력 e는 식 (1-45)과 같이 된다.

$$E = \frac{Z}{a} p \phi n \text{ [V]} \tag{1-45}$$

전동기의 단자전압 V는 다음과 같이 유도할 수 있다.

$$V = E + R_a I_a \text{ [V]}$$
$$I_a = \frac{V - E}{R_a} \text{ [A]} \quad (1-46)$$

이와 같이 역기전력 E가 증가하면 속도에 비례하고 또한, 기계적 부하 증가하게 되면, 속도가 저하하여 E는 감소하게 된다.
한편, 부하전류 I [A]가 증가하여 전동기입력전류가 증가하면 기계적 부하에 대응하여 역으로 부하가 감소하고, 속도가 상승하여 역기전력 E 가 증가하며 I_a 가 감소하게 된다.

9.3 속도, 토크, 출력

(1) 속도

식 (1-45) 및 식 (1-46)에서 전동기의 속도 n [rps]는 식 (1-47)과 같이 된다.

$$V = \frac{Z}{a} p \phi n + R_a I_a$$
$$n = \frac{a}{Zp} \cdot \frac{V - R_a I_a}{\phi} = k' \frac{V - R_a I_a}{\phi} \text{ [rps]} \quad (1-47)$$
$$\text{단, } k' = \frac{a}{Zp}$$

따라서, 속도 n 은 매극당 자속 ϕ [Wb]에 반비례한다.

(2) 토크

전기자 도체에 발생하는 토크는 공극의 자속밀도 B [Wb/m^2] 전기자 도체에 흐르는 전류 i [A], 전기자 도체의 길이 l [m]일 때 1개의 도체에 가해지는 힘 $F = Bil$ [N], 전기자의 반지름을 r [m]라 하면 전기자 전체에 작용하는 토크 τ [N·m]는 [그림 1-60]에 나타낸 것으로부터 다음 식을 유도할 수 있다.

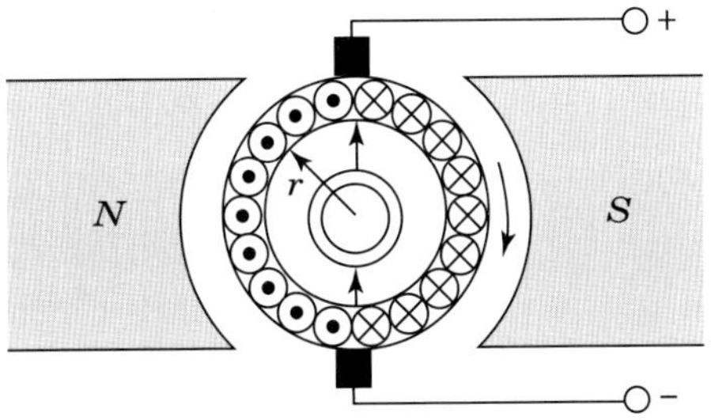

[그림 1-60] 직류기의 토크 발생

$$\tau = F_1 r + F_2 r \cdots (F_Z r = F_1 + F_2 + F_Z) r \tag{1-48}$$

전기자 전 도체수는 Z, 코일변의 유효길이 l [m], 전기자 도체의 전류는 $I_a{}'$, 각 도체의 공극자속밀도를 B_1, B_2, ⋯, B_Z라 하면 전자력 F_1, F_2, ⋯, F_Z는 다음과 같다.

$$F_1 = B_1 I_a{}' l, \ldots\ldots F_z = B_z I_a{}' l \tag{1-49}$$

식 (1-48)을 식 (1-49)에 대입하면,

$$\tau = (B_1 + B_2 + \cdots + B_Z) I_a{}' l r = B' I_a{}' l r Z \tag{1-50}$$

$$B' = \frac{B_1 + B_2 + \cdots + B_Z}{zZ} = \frac{p\phi}{2\pi r l} \tag{1-51}$$

여기서, $I_a{}' = \dfrac{I_a}{a}$ 이므로

$$\begin{aligned} \tau &= \frac{p\phi}{2\pi r l} \cdot Z \cdot \frac{I_a}{a} \cdot l r \\ &= \frac{pZ}{2\pi a} \cdot \phi I_a = k_2 \phi I_a \text{ [N・m]} \end{aligned} \tag{1-52}$$

$E = \dfrac{Z}{a} p\phi n$ 에서 $\dfrac{Z}{a} p\phi = \dfrac{E}{n}$ 이므로, 토크는 식 (1-53)과 같이 쓸 수 있다.

$$\begin{aligned} \tau &= \frac{pZ}{2\pi a} \phi I_a \text{ [N・m]} = \frac{EI_a}{2\pi n} \text{ [N・m]} \\ &= \frac{1}{9.8} \cdot \frac{EI_a}{2\pi \frac{N}{60}} \text{ [kg・m]} \\ &= 0.975 \frac{P_m}{N} \text{ [kg・m]} \end{aligned} \tag{1-53}$$

단, N : [rpm], $P_m = EI_a$ [W] (전동기 출력)

따라서, 전동기의 토크는 1극당 자속 ϕ와 전기자전류 I_a의 곱에 비례하고 회전속도 n와는 무관한 관계를 갖는다.

예제 1-17

직류 분권전동기의 전체 도체수는 100, 단중 중권이며 자극수는 4, 자속수는 극당 0.628 [Wb]이다. 부하를 걸어 전기자에 5 [A]가 흐르고 있을 때의 토크[N·m]는?

풀이

중권에서 병렬회로수 $a = p = 4$ 이므로,

$$\tau = \frac{pZ}{2\pi a}\phi I_a \text{ [N·m]}$$
$$= \frac{4 \times 100}{2 \times 3.14 \times 4} \times 0.628 \times 5 = 50 \text{ [N·m]}$$

예제 1-18

직류 분권전동기가 있다, 단자전압이 215 [V], 전기자전류가 50 [A], 전기자 전저항이 0.1 [Ω], 회전속도 1500 [rpm]일 때 발생 토크[kg·m]를 구하여라.

풀이

$$\tau = 0.975\frac{P_m}{N} = 0.975\frac{E \cdot I_a}{N} = 0.975\frac{(V - R_a I_a) \cdot I_a}{N}$$
$$= 0.975 \times \frac{(215 - 50 \times 0.1) \times 50}{1500} = 6.82 \text{ [kg·m]}$$

(3) 출력

전동기의 기계적동력(mechanical power) P_m 은 토크 τ와 회전 각속도 ω를 곱한 것이므로 다음 식과 같이 된다.

$$\omega = 2\pi n = 2\pi\frac{N}{60}$$
$$P_m = \frac{1}{0.975}N\tau \text{ [W]} = 1.026N\tau \text{ [W]} \tag{1-54}$$

단, n : [rps], N : [rpm], τ : [kg·m]

전력을 구하기 위해 식 (1-54)의 양변에 I_a를 곱하면 다음 식과 같이 된다.

$$VI_a = EI_a + R_a I_a^2 \tag{1-55}$$

VI_a 는 전기자 회로의 입력, $R_a I_a^2$ 은 전기자 회로의 동손, EI_a 는 전동기에서 기계적동력으로 변환되는 전력이다

한편, 전동기의 기계적 출력은 P에서 철손과 기계손을 뺀 나머지 값이 다음과 같은 수식으로 나타낼 수 있다.

$$P = P_m - (\text{철손} + \text{기계적 손실}) \tag{1-56}$$

9.4 전기자 반작용

전기자전류에 의한 것이므로 전동기 극성, 단자의 극성, 회전방향을 발전기 때와 같도록 할 때 전기자전류의 방향만이 반대로 된다. 전동기의 자속분포가 발전기와 반대로 전동기의 회전방향에 대하여 반대방향으로 중성점이 이동되며 교차 자화작용, 감자작용이 일어나게 된다. 전동기에서 정류코일의 전류변화의 방향이 발전기와는 반대이므로 리액턴스 전압의 방향도 반대가 된다. 따라서, 전동기 일 때 보극과 보상권선의 극성이 발전기와 반대가 되지 않으면 안된다.

9.5 직류전동기의 특성과 용도

전동기의 부하변화에 의해 회전수나 토크가 변화되는 것을 이해하는 데는 전동기를 이용함에 있어서 중요한 부분이며, 전동기의 특성은 속도특성과 토크특성을 가지고 있다. 전자는 단자전압 V [V]와 계자저항 R_f 를 일정하게 유지하였을 때 부하전류와 속도의 관계를 나타내고, 후자는 단자전압 V [V]와 R_f 를 일정하게 하고 부하전류와 토크와의 관계를 나타낸 특성이다.

(1) 타여자전동기의 특성

① 속도특성

직류전동기의 속도 n 은 식 (1-57)에서 다음과 같이 나타낼 수 있다.

$$n = k_1 \frac{V - R_a I_a}{\phi} \text{ [rps]} \tag{1-57}$$

타여자전동기에서는 여자전류, 즉 자속이 거의 일정하므로 $V - R_a I_a$ 에 비례하게 되며 속도는 전류의 증가에 따라 감소하게 된다. 부하전류가 상당히 커지면 전기자 반작용이 커져 감자작용이 일어나게 되며 ϕ 가 감소하여 오히려 n 은 증가하게 되며 계자전류가 0이 되면 속도가 상승하여 위험한 상태에 이르게 된다. 따라서, 계자회로에 퓨즈를 절대로 설치해서는 안된다.

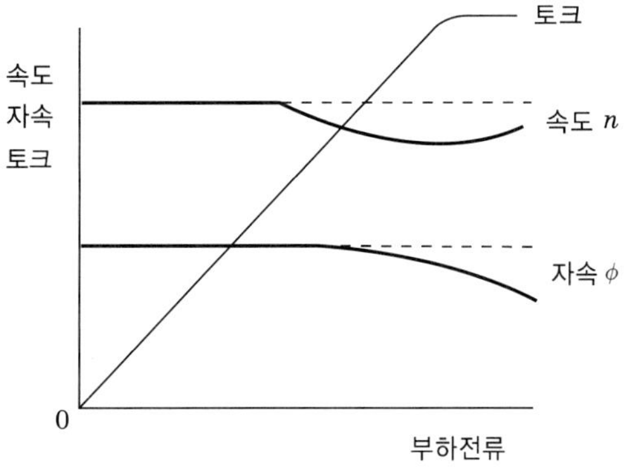

[그림 1-61] 타여자전동기의 속도특성곡선

② 토크특성

$$\tau = k_2 \phi I_a \text{ [N·m]} \qquad (1\text{–}58)$$

[그림 1-61]의 곡선 n 은 타여자전동기의 부하전류와 속도관계를 나타낸 속도특성곡선이라고 한다. 부하전류 I 가 작으면 토크 τ 는 거의 부하전류에 비례하게 되나 전류가 크면 자속 ϕ 가 감소하여 토크 τ 가 다소 아래로 구부러진다. 이와 같은 이유는 부하전류가 증가함에 따라 전기자반작용이 더욱 심하게 나타나게 되며 이와 같은 곡선을 토크특성곡선이라고 한다.

③ 용도

타여자전동기는 넓은 속도범위로 세밀한 속도조정을 할 수 있어 대형 압연기, 엘리베이터 또는 일그너(ilgner), 워드레나드(wardleonard) 방식 등의 주 전동기로 많이 사용된다.

(2) 분권전동기의 특성

분권전동기는 전기자권선과 계자권선이 병렬로 접속되어 있으므로 전압이 일정하면 계자전류 I_f 가 일정하여 I_a 에 관계없이 계자전류 $I_f = \dfrac{V}{R_f}$ = 일정하다. 따라서, ϕ 는 일정하고 전원의 전 전류를 I 라고 하면 다음 식과 같이 된다.

$$I = I_a + I_f \qquad (1\text{–}59)$$

여기서, I_f 는 매우 적으므로 $I \fallingdotseq I_a$ 로 고려해도 무방하다.

① 속도특성

분권전동기의 계자저항 R_f 를 일정하게 유지하고 부하전류를 변화시키면 속도 n 에 대한 특성곡선을 나타낸 곡선이다. 분권전동기의 속도식 역시 식 (1-47)에 의해 다음과 같이 나타낼 수 있다.

$$n = k_1 \frac{V - I_a R_a}{\phi} \text{ [rps]}$$

R_f 를 일정하게 하면 ϕ 도 일정하게 되어 $\frac{k_1}{\phi} = k_2$ 라 놓으면 다음 식과 같이 된다.

$$n = k_2 (V - I_a R_a) \tag{1-60}$$

식 (1-60)에 의해서 ϕ 가 일정하게 유지되면 V, R_f 가 일정한 경우 속도는 전류가 증가함에 따라 직선적으로 감소하게 되고 전기자전류 $I_a = \frac{V}{R_a}$ 가 되면 속도는 0이 된다.

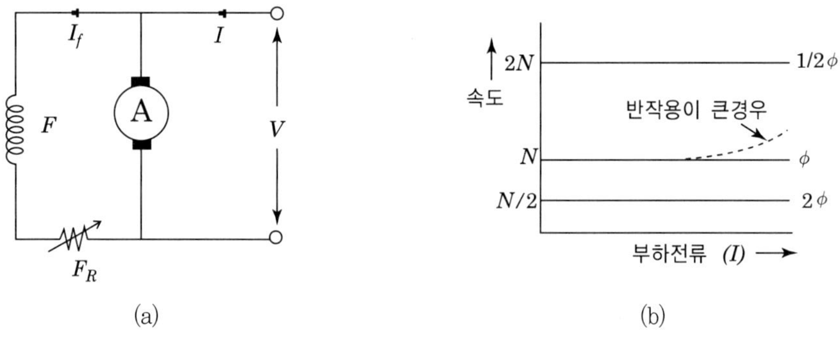

[그림 1-62] 분권전동기의 속도특성

분권전동기는 감자작용을 고려할 때 부하전류 I 가 증가하면 ϕ 가 줄어 분모 분자가 다 같이 감소하여 n 이 낮아지는 정도가 적게 된다. 역시 계자전류 I_f 를 감소시켜 0에 가깝게 하면 ϕ 가 0에 가까워져 속도 n 이 높아진다. 따라서 자속 ϕ 가 감소하게 되면 경부하시 원심력에 의해 기계가 파괴될 정도의 과속도에 달하여 단선이 되지 않도록 주의를 요한다.

② 토크특성

[그림 1-63]은 부하전류의 증가에 따라 토크가 변화되는 상태를 나타낸 곡선인데 분권전동기도 타여자전동기와 같이 자속 ϕ가 일정하므로 식 (1-61)과 같이 나타낼 수 있다.

$$\tau = k_2 \phi I_a = k_3 I_a \tag{1-61}$$

[그림 1-63]과 같이 토크 τ와 전기자전류 I_a는 직선적으로 비례하는데 분권전동기가 전기자 반작용으로 부하전류가 증가하게 되면 자속 ϕ가 감소하며 토크 τ는 다소 점선의 아래쪽 실선과 같이 구부러지게 된다. 이것은 전기자 반작용에 의해서 자속 ϕ가 감소되므로 토크 역시 감소되기 때문이다.

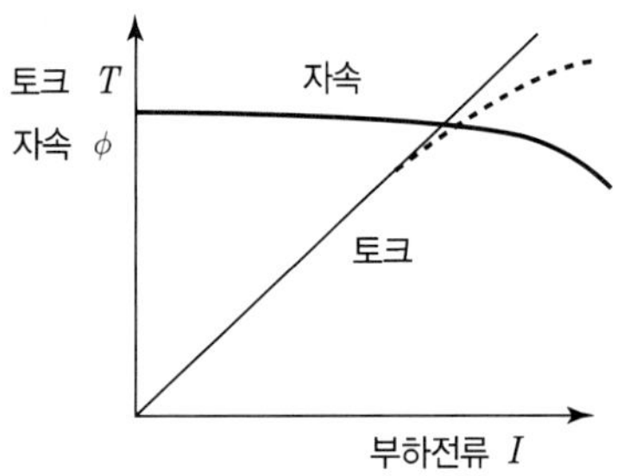

[그림 1-63] 분권전동기의 토크특성

③ 속도변동률

정격전압, 정격부하에서 정격속도 n이 되도록 계자저항기를 조정해 놓고, 무부하시 속도를 N_o라 하면, 속도변동률 ϵ은 다음 식과 같다.

$$\epsilon = \frac{N_o - N_n}{N_n} \times 100\ [\%] \tag{1-62}$$

④ 용도

분권전동기의 회전속도는 부하가 증가하면 약간 감소하지만 일반적으로 일정속도를 유지하고 있는 정속도전동기라고 일컬을 수 있으며, 계자 조정기로 넓은 속도의 범위를 제어할 수 있으므로 권선기, 철강압연기, 제지공장 제지기 등에 많이 이용된다.

예제 1-19

어느 분권전동기의 정격 회전수가 1500 [rpm]이다. 속도변동률이 5 [%]이면 공급 전압과 계자저항의 값을 변화시키지 않고 이것을 무부하로 하였을 때의 회전수[rpm]는?

풀이

전압변동률 $\epsilon = \dfrac{N_o - N_n}{N_n} \times 100$ [%]에서 수식을 정리하여 무부하 속도 N_o를 구하면,

$$\frac{\epsilon}{100} N_n = N_o - N_n$$

$$\therefore N_o = \left(1 + \frac{\epsilon}{100}\right) N_n = \left(1 + \frac{5}{100}\right) 1500 = 1575 \text{ [rpm]}$$

예제 1-20

직류 분권전동기에서 단자전압이 일정할 때, 부하토크가 $\dfrac{1}{2}$이 되면 부하전류는 몇 배가 되는가?

풀이

단자전압이 일정하므로 자속 ϕ는 일정하며, 토크 $\tau = k\phi I_a$ 이므로, 토크와 전기자전류는 비례하며 계자전류는 거의 0이므로 전기자전류 I_a 는 부하전류 I와 같다.
따라서 토크가 1/2이 되면 부하전류는 비례하므로 1/2이 된다.

(3) 직권전동기의 특성

[그림 1-64]에 나타낸 것과 같이 전기자권선과 계자권선이 직렬로 접속되어 있으므로 다음 수식과 같이 나타낼 수 있다.

$$I = I_f = I_a \tag{1-63}$$

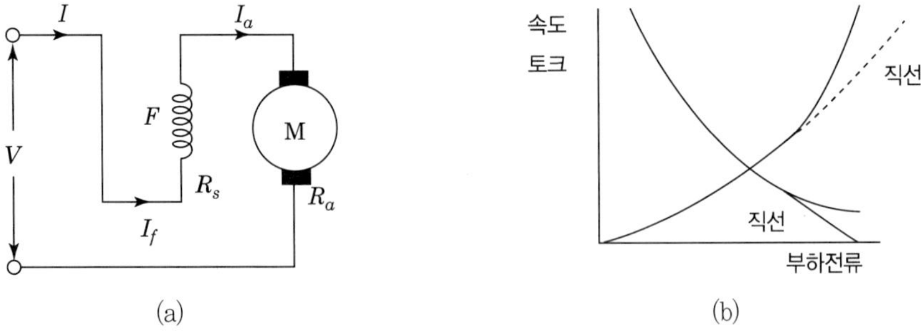

[그림 1-64] 직권전동기 토크특성

① 속도특성

직권전동기의 부하전류 I가 증감하면 자속 ϕ도 증감하게 되며 직렬로 연결된 계자권선 및 직렬저항 성분에 의해 다음 식과 같이 된다.

$$n = k_1 \frac{V - I_a(R_a + R_s)}{\phi} \tag{1-64}$$

부하전류가 적게 흐를 때는 자기포화가 일어나지 않으므로 자속 ϕ는 전기자전류 I_a에 비례하여 다음과 같은 식으로 나타낼 수 있다.

$$n = k_1 \frac{V - I_a(R_a + R_s)}{I_a} \text{ [rps]} \tag{1-65}$$

$I_a(R_a + R_s)$는 단자전압 V에 비해 매우 작기 때문에 무시할 수 있어 다음 식으로 나타낼 수 있다.

$$n = k_2 \frac{V}{I_a} \text{ [rps]} \tag{1-66}$$

단자전압 V가 일정하면 속도 n과 전기자전류 I_a는 [그림 1-45]와 같이 반비례하게 되지만 부하전류 I가 증가하면 여자 기자력이 증가하여 자기회로가 포화하게 되면 자속 ϕ가 일정하게 유지되고 이 때에는 다음과 같은 식으로 나타낼 수 있다.

$$n = k_3 (V - I_a R_a) \text{ [rps]} \tag{1-67}$$

[그림 1-64](b)에서와 같이 포물선에서 직선에 가깝게 되며, 식 (1-64)에서처럼 $I_a = I = 0$에 가깝게 되면 속도가 매우 높아지게 된다.

만일 계자에 잔류자기가 없으면 속도는 ∞로 되어 원심력 때문에 기계가 파괴될 정도의 높은 속도를 가지게 되며, 이 때의 속도를 무구속 속도(run away speed)라 하여 안정하게 하려면 항상 최소한의 부하가 걸려 있어야만 한다.

② 토크특성

$$\tau = k_2 \phi I_a^2 \text{ [N·m]} \tag{1-68}$$

전기자전류가 적은 범위에서 ϕ는 I_a에 비례하므로 전동기토크는 I_a^2에 비례하게 되어 다음 식과 같이 된다.

$$\tau = k_3 I_a^2 \text{ [N·m]} \tag{1-69}$$

[그림 1-64](b)의 실선으로 나타낸 부분이 식 (1-69)에 해당하는 곡선부분이고, 부하전류가 증가하여 자기회로가 포화하면 자속 ϕ는 증가하지 못하고 거의 일정하게 되어 [그림 1-64](b)에 나타낸 점선과 같이 비례하는 직선이 된다. 따라서, 이 직선 부분은 다음 식과 같이 나타낼 수 있다.

$$\tau = k_4 I_a \ [\mathrm{N \cdot m}] \qquad (1\text{-}70)$$

③ 용도

직권전동기는 토크 τ가 증가하면 속도 n이 저하하므로 회전속도 n와 토크 τ와의 곱에 비례하는 출력도 대체로 일정하여 부하변동이 심하고 기동토크가 큰 기기에 사용되며 기중기, 전동차 등에 주로 사용된다.

예제 1-21

전기자저항 0.3 [Ω], 직권계자권선의 저항 0.7 [Ω]의 직권전동기에 110 [V]를 가하였더니 부하전류가 10 [A]이었다. 이 때 전동기의 속도[rpm]는? 단, 기계 정수는 2이다.

풀이

직권전동기의 속도 n은 다음과 같이 구할 수 있다.

$$n = k_1 \frac{V - I_a(R_a + R_s)}{I_a} \ [\mathrm{rps}]$$

$$= 2 \times \frac{110 - 10(0.3 + 0.7)}{10} = 20 \ [\mathrm{rps}]$$

$$\therefore N = 20 \times 60 = 1200 \ [\mathrm{rpm}]$$

예제 1-22

직류 직권전동기를 정격전압에서 전부하전류 50 [A]로 운전할 때, 부하토크가 1/2로 감소하면 그 부하전류는 약 몇 [A]로 되겠는가? 단, 자기 포화는 무시한다.

풀이

토크 $\tau \propto I^2$이므로 $I \propto \sqrt{T}$ 가 된다.

따라서, $I = 50 \times \sqrt{\frac{1}{2}} = 35.3$ [A]

예제 1-23

부하전류가 100 [A]일 때 1000 [rpm]으로 15 [kg · m]의 토크를 발생하는 직류 직권전동기가 80 [A]의 부하전류로 감소되었을 때의 토크는 몇 [kg · m]인가?

풀이

토크 $\tau \propto I^2 = 15 \times \left(\frac{80}{100}\right)^2 = 9.6$ [kg · m]

예제 1-24

정격속도 1732 [rpm]의 직류 직권전동기의 부하토크가 3/4으로 되었을 때의 속도[rpm]는 대략 얼마로 되는가? 단, 자기 포화는 무시한다.

풀이

토크 $\tau \propto I^2 = \frac{1}{N^2}$, 따라서 속도 N은 다음과 같이 구할 수 있다.

$$N \propto \frac{1}{\sqrt{\tau}} = 1732 \times \sqrt{\frac{1}{\frac{3}{4}}} = 1732 \times \sqrt{\frac{4}{3}} = 2000 \text{ [rpm]}$$

(4) 복권전동기의 특성

① 가동, 차동 복권전동기의 속도특성과 토크특성

분권전동기와 직권전동기의 중간정도의 특성이 되며, 크기에 따라서 분권 및 직권 전동기의 특성에 가깝게 운전된다. 가동복권은 분권계자권선이 있기 때문에 부하를 걸지 않아도 계자 자속이 존재하게 되며 직권전동기와 같은 무구속 속도가 될 염려가 없다. 직권계자가 있기 때문에 기동토크가 큰 장점이 있다. 차동복권은 직권계자 기자력이 분권계자기자력을 상쇄하므로 부하전류가 증가함에 따라 자속이 감소하여 토크는 저하되며, 속도를 상승시키는 작용을 하여 속도저하를 보상하는 부하 계통에 사용될 수 있다.

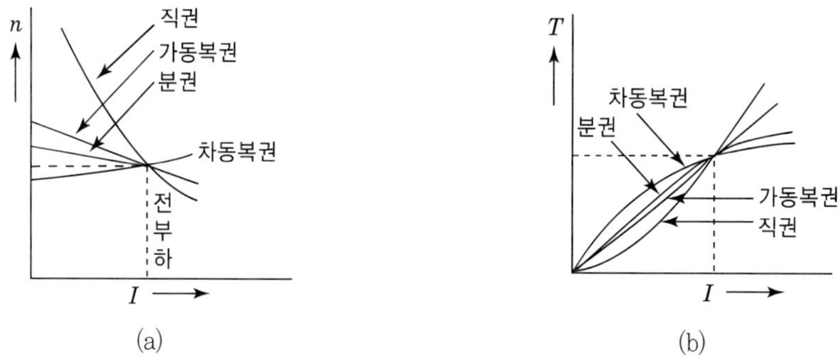

[그림 1-65] 복권전동기의 속도와 토크특성곡선

예제 1-25

전기자저항이 0.02 [Ω]인 직류 분권발전기가 있다. 회전수가 1000 [rpm]이고 단자전압이 220 [V]일 때 전기자전류가 100 [A]를 나타내었다. 지금 이것을 전동기로서 사용하여 그 단자전압과 전기자전류를 위의 값과 같을 때의 회전수는? 단, 전기자 반작용은 무시한다.

풀이

발전기의 경우 유기기전력 $E_{발전기}$ 는

$E_{발전기} = V + R_a I_a = 220 + (100 \times 0.02) = 222$ [V]

전동기의 경우 역기전력 $E_{전동기}$ 는

$E_{전동기} = V - R_a I_a = 220 - (100 \times 0.02) = 218$ [V]

$E \propto \phi n$, 즉 유기기전력 E와 속도는 비례하므로 다음과 같이 구할 수 있다.

$$N_{전동기} = N_{발전기} \times \frac{E_{전동기}}{E_{발전기}} = 1000 \times \frac{218}{222} = 981.9 \text{ [V]}$$

예제 1-26

정격전압 100 [V], 전기자전류 50 [A]일 때 1500 [rpm]인 직류 분권전동기의 무부하 속도는 몇 [rpm]인가? 전기자저항은 0.1 [Ω]이고 전기자 반작용은 무시한다.

풀이

전동기 역기전력 E는 다음 식과 같으며, 이 때의 속도 $N = 1500$ [rpm]

$E = V - R_a I_a = 100 - 0.1 \times 50 = 95$ [V]

무부하시 역기전력은 단자전압과 같다. 즉,

$E_{무부하} = V = 100$ [V]

따라서 무부하시 속도 $N_{무부하}$ 는 다음과 같이 구할 수 있다.

$$N_{무부하} = N \times \frac{E_{무부하}}{E} = 1500 \times \frac{100}{95} = 1579 \text{ [rpm]}$$

10 직류전동기의 운전

10.1 기 동

회전기계를 정지상태에서 운전상태로 가속하는 것을 기동이라고 한다. 직류전동기의 기동방법은 전전압기동(starting), 저항기동 및 감압기동의 3가지로 분류할 수 있다.

(1) 전전압기동

전전압기동(full-voltage starting)은 기동을 위한 특별한 장치를 사용하지 않고 전동기를 직접 전원에 연결하여 기동시키는 방법을 전전압기동이라고 한다. 전기자전류는 일반적으로 다음 식과 같다.

$$I_a = \frac{V - E_c}{R_a} \tag{1-71}$$

전동기 기동 초기에는 $E_c = 0$이므로 $I_a = V/R_a$로 되어 전전압기동시에는 I_a가 대단히 크게 된다. 그 값은 출력 1[kW]인 전동기에 있어서 정격전류의 약 10배가 되고 용량의 큰 전동기의 경우 정격전류의 약 60배가 된다. 이와 같은 대전류가 흐르면 전기자권선 및 브러시가 손상을 입고 전원에 큰 충격을 주며 대단히 큰 토크가 발생하므로 전동기 및 전동기에 연결된 작업기계가 파손될 우려가 있다. 이와 같은 이유로 직류전동기의 전전압기동은 0.5[kW] 이하의 분권전동기 또는 1[kW] 이하의 직권전동기에 한해서만 사용된다.

(2) 저항기동

직류전동기의 가장 일반적인 기동방법으로서 과대한 기동전류를 억제하기 위해 [그림 1-66](a)와 같이 전기자와 직렬로 가변저항기를 설치하고 그 저항값을 최대로 하여 전동기를 기동시킨 후 전기자가 가속됨에 따라서 저항을 점차 감소시켜 최후에 저항을 모두 단락시키면 정상 운전상태가 된다. 이와 같은 저항기를 기동저항기(starting rheostat)라고 한다. 분권전동기 및 복권전동기의 경우에 기동저항을 [그림 1-66](b)와 같이 분권계자권선과 전원과의 사이에 연결해서는 안 된다. 왜냐하면 기동저항을 그림과 같이 연결하였을 때 분권계자권선의 단자전압이 낮아져서 계자전류가 감소하고 따라서 발생 토크가 작아서 기동이 곤란하게 되거나 또는 기동시간이 길어지기 때문이다.

[그림 1-66] 기동저항의 연결위치

전동기의 속도증가에 따라서 기동조작이 전자접촉기(electromagnetic contactor)에 의해 자동적으로 수행되는 자동가속 방법에는 3가지가 있다.

① 역기전력법

역기전력법(counter e.m.f method)은 전동기의 속도상승에 따라서 역기전력도 상승하는 것을 이용하여 차례로 전자접촉기를 동작시켜 기동저항을 감소시켜 기동하는 방법이다.

② 한류법

한류법(current limit method)은 전동기의 속도상승에 따라 기동전류가 소정의 값으로 감소할 때마다 전자접촉기를 조작하여 기동저항을 감소시켜주는 방법이다.

③ 한시법

한시법(time limit method)은 기동전류와는 관계없이 일정시간 후에 전자접촉기가 차례로 닫혀서 기동저항을 감소시켜주는 기동방법이다.

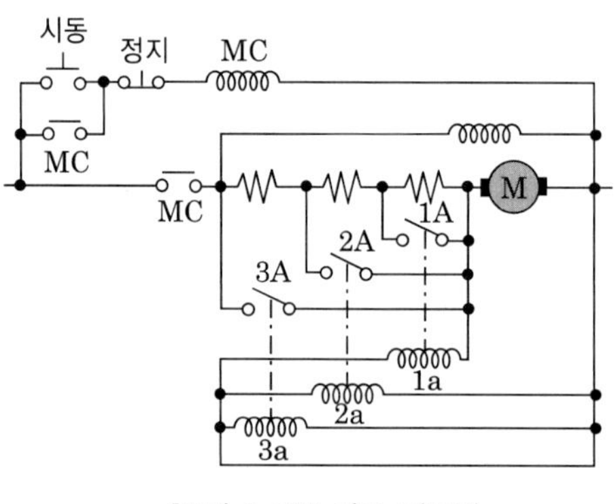

[그림 1-67] 자동 기동기

[그림 1-67]에는 역기전력법의 예를 보여주는데 가속용 전자접촉기의 동작 코일은 전기자의 양단에 연결되어 그 역기전력에 의해서 여자되도록 되어 있고 1a, 2a, 3a의 흡인전압은 단자전압의 50, 80, 90[%]로 동작되도록 조정해 놓는다. 전동기의

시동용 스위치를 누르면 코일 MC에 전류가 통하여 주접촉기 MC 및 보조접점이 닫히고 기동저항을 직렬로 모두 거쳐 전동기는 기동된다. 전동기가 가속되어 역기전력이 증가함에 따라서 1A, 2A, 3A가 순서대로 동작하면 기동저항은 차례로 단락되어 기동이 완료하게 된다.

(3) 감압기동

기동시의 전원전압을 낮추어서 기동전류를 제한하는 방법인데 다음에 설명하는 워드레너드 방식과 같이 전압을 영으로부터 점점 높여서 전동기를 기동시키는 방법으로 기동저항은 필요하지 않게 된다. 또 전기철도에서 사용되고 있는 직병렬제어(series parallel control)는 기동의 전반은 2대의 전동기를 직렬로 전원에 연결하고 후반은 각 전동기를 병렬로 연결하여 전전압을 가하는 방법이다. 이 방법은 기동 초기 전동기 1대당의 전압이 전전압의 반이므로 감압기동(reduced voltage starting)의 일종이며 기동저항도 병용한다. 기동 초기에 전원으로부터 취하는 전류가 처음부터 병렬로 기동시킬 때의 반이 되고 또 기동시의 전력손실도 약 반이 되는 이점이 있다.

예제 1-27

정격전압 225 [V], 전부하 전기자전류 30 [A], 전기자저항 0.2 [Ω]되는 질뮤 분권전동기가 있다. 이 전동기에 정격전압을 걸어서 기동시킬 때 전기자 회로에 몇 [Ω]의 저항을 넣어야 하는가? 단, 기동전류는 전부하전류의 1.5배로 제한하는 것으로 하고 계자전류는 무시한다.

풀이

기동전류는 정격전류의 1.5배이므로

$I_a \times 1.5\text{ 배} = 30 \times 1.5 = 45\ [\text{A}]$

전기자저항 R_a와 직렬로 연결된 저항을 R_s라 하면, 단자전압 V는 다음과 같이 쓸 수 있다.

$$V = E + (R_a + R_s) I_a$$

$$R_a + R_s = \frac{V - E}{I_a} = \frac{225 - 0}{45} = 5\ [\Omega]$$

$$\therefore R_s = 5\ [\Omega] - R_a = 4.8\ [\Omega]$$

10.2 직류전동기의 속도제어

전동기의 운전에서 속도를 희망하는 값으로 조정하는 것을 속도제어(speed control)라고 한다. 전동기의 속도는 타려전동기와 분권전동기에서 $N=(V-I_aR_a)/K_1\phi$로 표시되고, 직권전동기와 복권전동기에서는 $N=(V-I_a(R_a+R_{se}))/K_1\phi$로 표시된다.
전동기의 속도를 변화시키려면 자속 ϕ, 전기자 공급전압 V, 전기자저항 R_a 등을 변화시키면 되므로 속도제어방법은 다음과 같은 3가지로 대별할 수 있다.
① 계자자속제어법
② 전압제어법
③ 전기자저항제어법

(1) 계자자속제어법

극당 자속 ϕ를 변화시켜서 속도를 제어하는 방법이며 이를 위해서는 분권계자의 계자저항기 또는 직권계자의 병렬가감 저항기를 조정함으로써 계자전류를 변화시킨다.
계자제어법(field control)은 속도를 상승시킬 때 사용하는 방법으로서 전류가 작은 계자회로 저항에 의해 용이하게 속도를 변화시킬 수 있고 또 저항에 의한 전력손실이 크지 않다는 것이 장점이다. 그러나 속도를 증가시키기 위해 어느 정도 이상 주자속을 감소시키면 전기자 반작용의 영향이 커져서 정류가 곤란하게 된다. 즉, 속도의 증가와 주자속의 감소는 정류를 곤란하게 하는 원인이 되기 때문에 일반 전동기에 있어서 이 방법으로 속도를 변화시킬 수 있는 범위는 별로 크지 않다. 그러나 보극 또는 보상권선을 가지고 있는 전동기에 있어서는 3~4배까지 속도를 상승시킬 수 있다.

예제 1-28

어느 직류 분권전동기를 120[V]의 전원에 연결하였을 때 전기자전류는 25[A], 회전수는 1600[rpm]이었다. 계자를 10[%] 증가시켰더니 전기자전류는 60[A]였다. 전동기의 회전수를 구하여라. 단, 전기자저항은 0.1[Ω]이다.

풀이

회전수가 1600[rpm]일 때의 자속을 Φ[Wb]라 하고 구하는 회전수를 N[rpm]이라 하면, 다음과 같이 구할 수 있다.

$$\frac{N}{1600}=\frac{\dfrac{120-60\times0.1}{K_1\phi\times1.1}}{\dfrac{120-25\times0.1}{K_1\phi I}}=\frac{114}{117.5}\times\frac{1}{1.1}$$

$$\therefore\ N=1600\times\frac{114}{117.5}\times\frac{1}{1.1}=1411[\text{rpm}]$$

(2) 전압제어법

전압제어법(voltage control)은 전기자에 공급하는 전압 V 를 변화시켜서 속도를 제어하는 방법으로 주로 속도를 강하시킬 때 사용한다. 이 방법은 다음과 같이 4가지 방법이 있다.

① 다전압 방식

다전압 방식(multi-voltage system)은 직류 3선식에서 2~3종의 직류전압을 전기자에 공급함으로써 전동기의 속도를 2~3단으로 조정할 수 있다. 이 때에 계자제어법까지 병용하면 넓은 범위에 걸쳐서 안정된 속도제어를 할 수 있다.

② 워드레너드 방식(Ward Leonard system)

타려전동기의 전기자 전원용으로 전용 전동발전기를 설치하고 이 발전기로부터 가변 직류전압을 공급하여 전동기의 속도제어 및 역전을 행하는 것을 워드레너드 방식(Ward Leonard system)이라고 하며 속도제어시스템은 주전원이 직류일 때 [그림 1-68]과 같이 나타낼 수 있다.

[그림 1-68]에서 주전원의 직류전력에 의해 보조전동기 M′가 보조발전기 G를 구동하고 G의 계자저항 R_f 에 의해 계자전류를 가감하여 G의 유도전압을 조정한다. 이 조정된 전압을 주전동기 M의 전기자에 공급하여 속도를 제어할 수 있다. 또 G의 계자전류는 전환개폐기에 의해 그 방향을 반대로 할 수 있으므로 전동기 M의 속도와 방향이 원활하고 폭넓게 조정되며 운전효율도 대단히 높다.

주전원이 교류인 경우 워드레너드 방식의 결선도는 [그림 1-69]와 같이 나타낼 수 있다. 3상 유도전동기 IM은 보조발전기 G와 여자기 E를 구동하고 여자기 E의 유도전압에 의해 보조발전기 G 및 주전동기 M의 계자에 전류를 공급해 주는 점이 다를 뿐 보조발전기 G의 계자전류 방향과 크기를 조정하여 주전동기 M의 속도를 제어하는 방법은 [그림 1-69]의 방법과 같다.

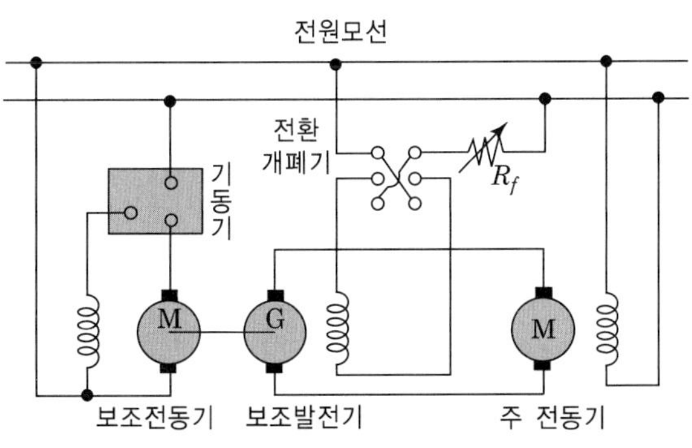

[그림 1-68] 워드레너드 방식(1)

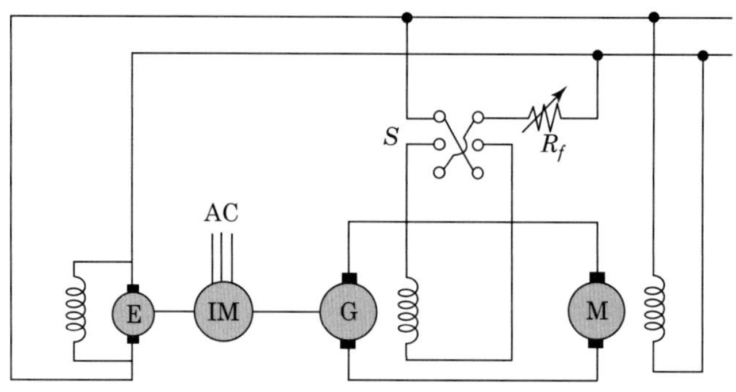

[그림 1-69] 워드레너드 방식(2)

이 방식은 주전동기 M보다 용량이 큰 기기가 2대 필요하여 설치비가 상승하는 결점이 있으나 속도제어 방식으로는 이상적이므로 압연기, 크레인 등의 속도제어에 넓게 응용되고 있다. 디젤기관차도 [그림 1-69]의 유도전동기 IM을 디젤엔진으로 대체한 방식을 사용하고 있다.

[그림 1-69]에서 농형 유도전동기 IM 대신 전동기축에 큰 플라이휠(fly wheel)이 부착된 권선형 유도전동기를 사용할 경우 큰 토크가 걸릴 때에는 전동기에 장치된 슬립 조정기에 의해 슬립을 증대시키면 플라이휠에서 에너지가 방출되고 부하가 감소하면 플라이휠에 에너지가 축적되므로 전원으로부터의 공급 전력변동을 완화시킬 수 있다. [그림 1-70]과 같은 방식을 일그너 방식(ilgner system)이라고 하며 압연기 등에 사용되고 있다.

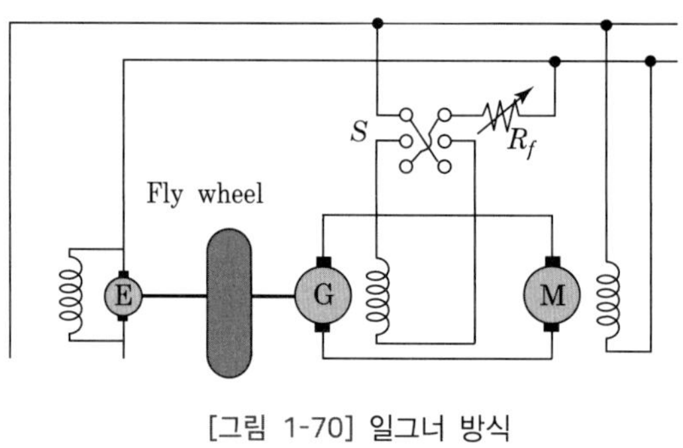

[그림 1-70] 일그너 방식

③ 정지 레너드 방식

워드레너드 방식의 전동발전기를 사이리스터(thyristor) 장치 등의 정지형 기기로 대체한 방식을 정지 레너드 방식이라고 한다. 이 방식의 결선도는 [그림 1-71]과 같으며 사이리스터에 의해 교류전원의 위상을 제어함으로써 가변 직류전압을 얻을 수 있으므로 이 전압을 전동기의 전기자에 공급하여 속도를 광범위하게 제어할 수 있고 또 주회로 전환개폐기에 의해 전기자전류를 반대로 인가하여 역전시킬 수 있다. 그리고 역전 개폐기를 사용하지 않고 또 다른 한 쌍의 사이리스터 브리지 회로를 역병렬로 연결하여 전기자에 공급되는 전압의 극성을 바꿔서 역전시킬 수도 있다.

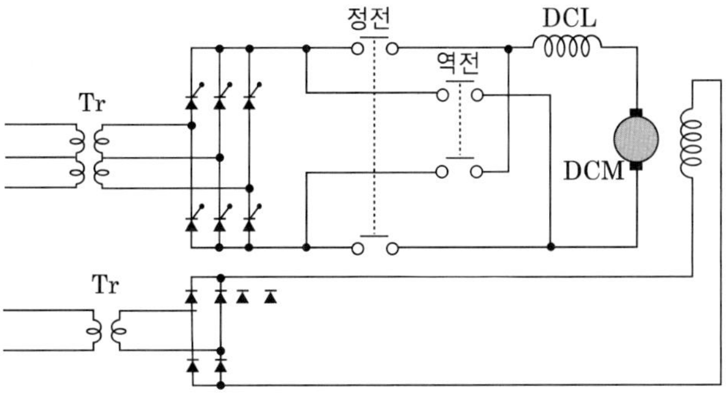

[그림 1-71] 정지 워드레너드 방식

④ 승강압기(가감압기) 방식

[그림 1-72]와 같이 속도제어하려는 주전동기와 직렬로 타려발전기를 연결하여 주전동기의 전기자에 가해지는 전압을 가감하는 방식을 승강압기 또는 가감압기법(booster system)이라고 한다. 발전기 여자전류의 방향과 크기를 변화시켜서 그 기전력 e의 방향과 크기를 변화시키면 전원전압 V에 대해서 전동기에 가해지는 전압은 $V \pm e$가 되고 넓은 범위에 걸쳐 원활하게 속도를 제어할 수 있다.

이와 같이 선로전압을 가감하기 위해서 사용되는 발전기를 가감압기(booster)라고 한다. 이 방식은 워드레너드 방식에 비해서 속도제어 범위가 좁기는 하지만 가감압기와 보조전동기의 용량을 주전동기보다 작게 할 수 있는 장점이 있다.

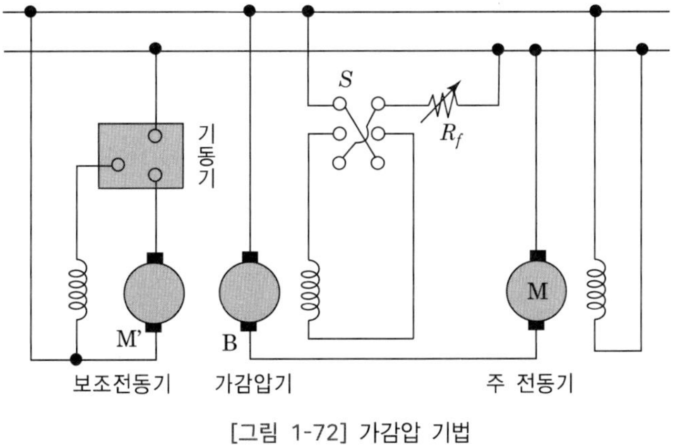

[그림 1-72] 가감압 기법

(3) 전기자저항제어법

전동기의 전기자저항 자체는 변화시킬 수 없지만 전기자 회로에 전류용량이 큰 가변저항 R을 직렬로 설치하면 전기자의 속도 식은 다음과 같다.

$$N = \frac{V - I_a(R_a + R)}{K_1 \phi} \quad (1-72)$$

그러므로 저항 R의 값을 가감함으로써 전동기의 속도를 제어할 수 있으며, 이와 같은 속도제어법을 전기자저항제어(armature rheostatic control)법이라고 한다. 이 방법은 저속도에 이르기까지 넓은 범위에 걸쳐서 속도제어를 할 수 있는 가장 간단한 방법이지만 속도변동률 및 저항 열손실이 증가하여 효율이 나빠지며 또 경부하시에는 제어효과가 감소하는 결점이 있다.

예제 1-29

220[V], 8[HP]의 직류전동기 전기자저항은 0.3[Ω]이고 무부하시의 회전수는 1400[rpm], 전기자전류는 7[A]이다. 이것을 이용하여 다음을 구하여라. 단, 전기자 반작용은 무시한다.

1) 전기자 2) 직렬저항에 발생하는 전력손실
3) 전기자 단자에 공급되는 전력의 전기자 회로전력에 대한 비율
4) 속도변동률전류가 35[A]일 때 회전수를 700[rpm]으로 감소시키기 위하여 전기자에 직렬로 연결해야 할 저항

풀이

1) 무부하시의 역기전력 : $E_1 = 220 - 7 \times 0.3 = 217.9$[V]

700[rpm]일 때의 역기전력 : $E_2 = 217.9 \times \dfrac{700}{1400} = 109$[V]

전기자 회로의 전체 저항 : $R + R_a = \dfrac{220 - 109}{35} = 3.17$[Ω]

직렬저항 : $R = 3.17 - R_a = 3.17 - 0.3 = 2.87$[Ω]

2) 직렬저항 중의 전력손실 : $P_1 = 35^2 \times 2.87 = 3515$[W]

3) 전기자 회로에 공급되는 전력 : $P_2 = 220 \times 35 = 7700$[W]

전기자에 공급되는 전력 : $P_3 = 7700 - 3515 = 4185$[W]

전기자에 공급되는 전력의 비율 : $\dfrac{4185}{7700} = 0.544$ 즉, 54.4[%]

4) 속도변동률 : $\dfrac{1400 - 700}{700} = 100$[%]

11 제동(braking)

11.1 전기제동

전동기는 전력의 공급이 없어도 회전부분에 축적되어있는 에너지가 소비될 때까지는 회전을 계속한다. 급히 전동기를 정지시키려면 회전부분의 운동에너지를 신속하게 방출시키는 수단을 강구해야 한다. 이것을 제동(braking)이라 한다.
예로서, 기계적인 브레이크 편(brake shoe)을 밀어서 마찰에 의하여 운동에너지를 열로 변하게 하는 방법이 있고, 전기회로에서의 저항이나 리액턴스 등에 의한 주울열로서 에너지를 소모하는 방식이 있는데 이들 방식은 다음과 같은 종류로 나눌 수가 있다.

(1) 발전제동(dynamic braking)

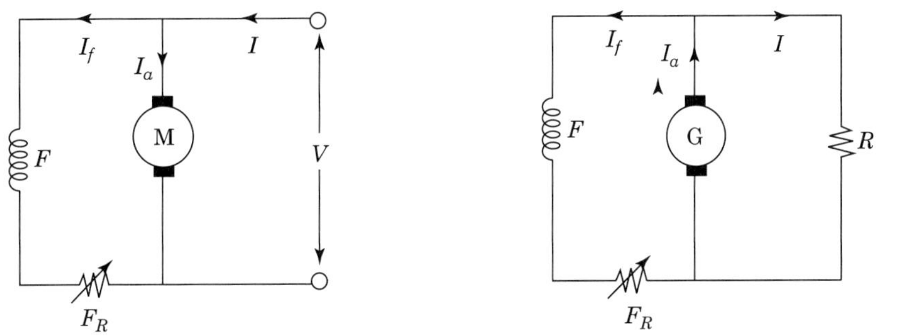

(a) 전동기 (b) 발전기

[그림 1-73] 분권전동기의 발전제동

전동기를 제동하기 위하여 발전기로 동작시켜서 외부의 저항기에 전류를 흐르게 하여 운동에너지를 주울열에 의해 소비시키는 방법으로 분권전동기는 계자를 전원에 접속한 상태에서 전기자 회로만 떼어내어 양단에 저항기를 접속하면 타여자발전기가 되어 제동하게 된다. 직권전동기는 직권계자의 접속을 반대로 하거나 타여자로 동작시킴으로 제동하고, 복권전동기는 직권계자권선은 방향을 반대로 하지 않으면 제동이 완전히 되지 않으므로 제동기의 손잡이를 돌려 간단하게 할 수 있다.

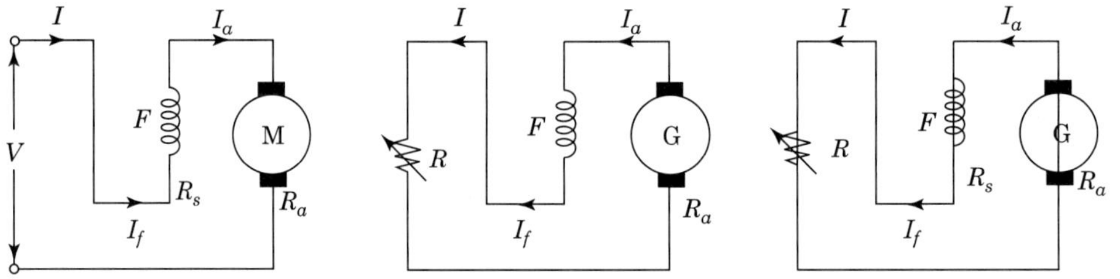

(a) 전동기 (b) 발전기 (c) 발전기

(계자접속 변경 안함) (계자접속 변경)

[그림 1-74] 직권전동기의 발전제동

(2) 회생제동(regenerative braking)

엘리베이터, 기중기, 전기기관차가 언덕을 내려가는 경우에 있어 전동기가 부하에 의해 회전하게 된다. 이 때에 전동기는 발전기로 동작되어 발생된 전력을 전원으로 회생하게 하여 과속도가 됨을 방지하게 하므로 제동할 수 있다.

분권전동기는 발전기로 운전하는 경우 전동기 운전시의 접속상태로 회생제동 하여도 바른 극성으로 발전이 되고 있으며 직권, 복권전동기는 반대로 하여야 제동이 행해지며 전기자에 가해진 전압 이상으로 역기전력이 증가하면 계자저항기의 저항을 줄임으로써 자속을 증가시켜서 회생전류가 얻어질수 있다.

(3) 플러깅(plugging)

전기자의 접속을 역으로 하여 회전방향과 반대방향의 토크(Torque)를 발생하여 급속히 정지 또는 역전시켜 제동하는 것으로 기계적인 무리와 전기자권선의 과열이 최대되므로 잘 사용하지 않는 제동방법으로 되어 있다.

12 효율 및 손실

12.1 효율

직류기의 입력과 출력사이에는 전동기에 공급되는 동력을 입력, 발생한 전력을 출력(출력 < 입력)이라고 할 때 출력과 입력의 비를 효율(efficiency)이라고 한다.

(1) 실측효율

입력과 출력을 직접 측정하여 산출하는 효율을 실측효율이라고 하고 식 (1-79)와 같다.

$$\eta = \frac{\text{출력}}{\text{입력}} \times 100\ [\%] \qquad (1-79)$$

(2) 규약효율

$$\eta = \frac{\text{출력}}{\text{출력} + \text{손실}} \times 100\ [\%] \qquad (1-80)$$

$$\eta = \frac{\text{입력} - \text{손실}}{\text{입력}} \times 100[\%] \qquad (1-81)$$

식 (1-80)는 출력과 손실을 전기적으로 측정할 수 있는 발전기인 경우에 나타낼 수 있는 효율이며, 식 (1-81)은 입력과 손실을 전기적으로 측정할 수 있는 전동기인 경우에 있어서 나타낼 수 있는 효율이다.

직류기의 불변손과 가변손이 같게 되는 전류에서 효율은 최대로 되며 일반적으로 전부하인 경우 효율은 최대, 경부하 또는 과부하로 사용하면 효율은 떨어져서 비경제적으로 된다. 이와 같은 상태를 [그림 1-75]에 나타내었고, 다음과 같은 수식으로 나타낼 수 있다

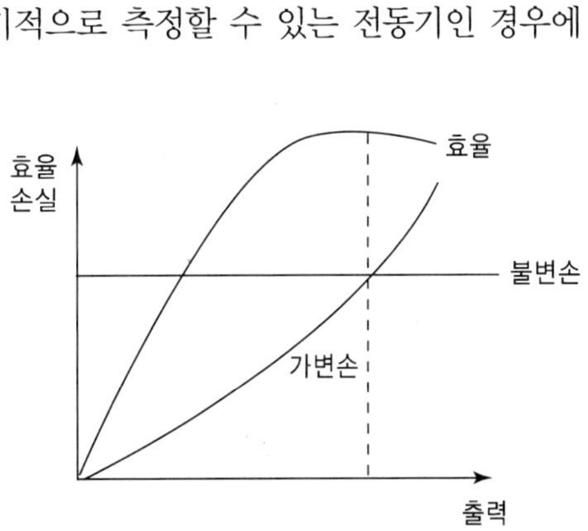

[그림 1-75] 직류기의 효율과 손실

$$\eta_g = \frac{VI}{VI + (kI^2) + (\omega_k)} = \frac{1}{1 + \left(\frac{kI}{V} + \frac{\omega_k}{VI}\right)} \tag{1-82}$$

V : 단자전압, I : 전류, ω_k : 불변손, kI^2 : 가변손이라 하면

$$\eta_M = \frac{VI - (kI^2 + \omega_k)}{VI} = 1 - \left(\frac{kI}{V} + \frac{\omega_k}{VI}\right) \tag{1-83}$$

발전기나 전동기는 $\left(\frac{kI}{V} + \frac{\omega_k}{VI}\right)$가 적으면 효율이 좋다. 따라서 전류 I가 매우 적으면 $\frac{\omega_k}{VI}$가 커지고 I가 매우 커도 $\frac{kI}{V}$ 효율은 나빠지게 된다.

$\frac{kI}{V} + \frac{\omega_k}{VI} = X$라 놓고 최대효율조건을 얻기 위해 $\frac{dX}{dI} = 0$이라 놓으면

$$\frac{dX}{dI} = \frac{1}{V}\left(k - \frac{\omega_k}{I^2}\right) = 0 \tag{1-84}$$

$$kI^2 - \omega_k = 0$$

$$\therefore kI^2 = \omega_k \text{ (불변손 = 가변손)} \tag{1-85}$$

예제 1-30

효율 80 [%], 출력 10 [kW] 직류발전기의 전손실[kW]은?

풀이

$\eta = \frac{\text{출력}}{\text{출력} + \text{전손실}}$에서 전손실을 구하면,

$\eta(\text{출력} + \text{전손실}) = \text{출력}$

$\eta \cdot \text{전손실} = \text{출력} - \eta \cdot \text{출력}$

$\text{전손실} = \frac{\text{출력}}{\eta} - \text{출력}$

$= \frac{10}{0.8} - 10 = 12.5 - 10 = 2.5 \text{ [kW]}$

예제 1-31

200 [V], 10 [kW]의 직류 분권발전기가 있다. 전부하에서 운전하고 있을 때 전 손실이 500 [W]이다. 이 때의 규약효율은?

풀이

발전기의 규약효율 $\eta_G = \dfrac{출력}{출력 + 전손실} \times 100\ [\%]$

전동기의 규약효율 $\eta_M = \dfrac{입력 - 손실}{입력} \times 100\ [\%]$

$\therefore \eta_G = \dfrac{(10 \times 10^3)}{(10 \times 10^3) + 500} \times 100 = 95.23\ [\%]$

12.2 손실

발전기나 전동기에 주어진 기계적 에너지나 전기적 에너지는 전부 전기적 에너지나 기계적 에너지로 바뀌는 것이 아니고 그 중 일부의 에너지는 손실이 된다. 손실의 종류는 무부하손과 부하손으로 나눌 수가 있다. 철손은 자기회로 중에서 자속이 시간적으로 변화하기 때문에 생기는 철의 히스테리시스 및 와류손이 있다. 기계손은 기계적 마찰에 의해 발생하는 베어링, 브러시의 접촉부에 생기는 것과 전기자 회전에 따라 주변 공기를 움직이기 때문에 생기는 기기의 풍손(마찰손, 풍손)이 있다. 동손(저항손)은 전기자, 직권, 분권, 보극, 보상권선, 브러시와 정류자의 접촉부에 생기는 저항손에 의한 손실을 나타내며, 포유 부하손은 와전류, 단락 권선내의 전류, 자속분포의 변화 등으로 인한 손실로 기기 표면에서 측정하기가 매우 어려운 손실이며 무부하손과 부하손은 동손, 철손, 기계손 등 부하에 관계없이 발생하는 손실을 무부하손 이라 하고 동손, 포유부하손 등 부하에 따라 변화하는 손실을 부하손이라고 한다. 따라서, 다음 표와 같이 무부하손과 부하손을 나누어 나타낼 수 있다.

- 무부하손
  - ① 동손 : 저항중에 전류가 흘러 발생하는 주울열
  - ② 철손
    - 히스테리시스손 : $W_h = \eta_k f \cdot B_m^{1.6}\ V$ [W]
    - 와류손 : $W_h = \eta_e (f\ B_m)^2 \cdot V$ [W]
  - ③ 기계손 : 베어링손, 브러시 마찰손, 풍손
- 부하손
  - ④ 표유부하손
  - ⑤ 부하전류에 따른 모든 손실

13 특수직류기

특수직류기는 다음과 같이 여러가지 종류가 있다.

(1) 로젠베르그 발전기(Rosenberg generator)

정전류형과 정전압형이 있으며 ⊕, ⊖ 브러시 이외에 직각 위치에 또 한조의 브러시가 있고 굵은 선으로 단락, 정전압형은 축전지와 병행하여 열차전등에 정전류형은 직류전기 용접기에 사용된다.

(2) 단극발전기

일정방향의 기전력을 발생하고 정류자가 필요 없는 구조의 발전기이다. 전기자 도체는 1개지만 많은 도체를 직렬로 접속하기 위해서는 많은 슬립링이 필요하게 되고 도체 단면적이 크므로 3~15 [V]의 저전압과 수천 [A] 이상의 대전류 발생용으로 화학 공업이나 저항 용접 등에 사용되는 정도이다. 그러나 철손이 없으므로 전기 강판이 필요 없으며 효율이 높은 등의 특징이 있다.

(3) 3선식 발전기

평형 코일의 양 끝에는 교류전압이 가해지지만 그 리액턴스가 크므로 흐르는 교류 전류는 무시할 수 있을 정도로 작다. 그러나 저항은 대단히 적으므로 직류 전류가 흐르는 데는 아무런 지장이 없다. 평행 코일의 중성은 전기자권선의 자계에 대한 어떤 위치에서도 평형코일에 대하여 전기적으로 중간 전위에 있으므로 +, − 양 브러시 사이의 중성점이라 생각할 수가 있지만 중성선에 전류가 흐르면 다소 틀려진다.

이러한 점에서 보면 평형 코일이 많을수록 한 중성점의 전위를 잘 확보할 수 있지만 슬립링의 수가 많아져서 구조가 복잡해지므로 현재로는 평형코일 1개의 단상식이 가장 많이 쓰여져 1000 [kW] 정도의 것까지 제작되고 있다.

이 발전기는 선박의 전원과 같이 동력용(220 [V]) 전원과 점등용(110 [V]) 전원을 하나의 발전기로 겸용시키는 경우에 사용된다.

(4) 앰플리다인(Amplidyne)

브러시는 2쌍이 있고, 고정자 자극도 4개가 있지만 각각의 극이 서로 이웃되어 있으므로 2극이며 N, S극을 각각 2개로 나누어 놓을것과 같은 구조로 되어 있다. 이렇게 한 것은 정류를 시키는 장소를 얻기 위함과 동시에 보극을 설치하기 위해서이다.

(5) 전기동력계(Dynamometer)

전기동력계는 회전기, 내연기관, 펌프, 송풍기, 수차 등의 출력이나 동력 측정을 위한 특수직류기이다. 또한 발전기와 전동기로서도 사용된다. 전력동력계의 구조는 일반 직류기의 타여자와 거의 같으며 전기자가 계자 프레임 내부에서 자유로 회전할 수 있음과 동시에 계자 프레임도 전기자의 둘레에 자유로이 둘 수 있도록 베어링을 2중 구조로 하고 계자 프레임에는 스프링 저울, 회전체 등의 계기가 구비되어있는 점이 보통 기기와 다른 점이다.

연습문제

다음 중 맞는 답을 골라라

01 직류전동기에서 전기자 전도체수 Z, 극수 p, 전기자 병렬회로수 a, 1극당의 자속 ϕ[Wb], 전기자전류가 I_a[A]일 경우 토크[N·m]를 나타내는 것은?

(가) $\dfrac{aZ\phi I_a}{2\pi p}$　　(나) $\dfrac{pZ\phi I_a}{2\pi a}$

(다) $\dfrac{apZI_a}{2\pi\phi}$　　(라) $\dfrac{apZ\phi}{2\pi I_a}$

02 P[kW], n[rpm]인 전동기의 토크[kg·m]는?

(가) $0.1625\dfrac{P}{n}$　　(나) $716\dfrac{P}{n}$

(다) $956\dfrac{P}{n}$　　(라) $975\dfrac{P}{n}$

03 출력 3[kW], 1,500[rpm]인 전동기의 토크[kg·m]는?

(가) 1.5　　(나) 2

(다) 3　　(라) 15

☞ $\tau = 0.975\dfrac{P}{N} = 0.975 \cdot \dfrac{3,000}{1,500} = 1.95[\text{kg}\cdot\text{m}]$

04 출력 10[HP], 600[rpm]인 전동기의 토크(torque)는 약 몇 [kg·m]인가?

(가) 11.8　　(나) 118

(다) 12.1　　(라) 121

☞ 1[HP]=746[W]이므로

$$\tau = 0.975\frac{P}{N} = 0.975\times\frac{7,460}{600} = 12.1[\text{kg}\cdot\text{m}]$$

05 어떤 직류전동기의 역기전력이 210[V], 매분 회전수가 1,200[rpm]으로 토크 16.2[kg · m]를 발생하고 있을 때의 전류 I[A]는?

(가) 약 65　　(나) 약 75

(다) 약 85　　(라) 약 95

☞ $\tau = 0.975\dfrac{P}{N}$에서

$16.2 = 0.975 \cdot \dfrac{P}{1,200}$에서 $P = 19,938[W]$

그러므로 $I = \dfrac{P}{E} = \dfrac{19,938}{210} = 94.94[A]$

06 직류전동기의 공급 전압을 V[V] 자속을 ϕ[Wb], 전기자전류를 I[A], 전기자저항을 $R_a[\Omega]$, 속도를 N[rps]라 할 때 속도식은? 단, k는 상수이다.

(가) $N = k\dfrac{V+R_aI_a}{\phi}$　　(나) $N = k\dfrac{V-R_aI_a}{\phi}$

(다) $N = k\dfrac{\phi}{V+R_aI_a}$　　(라) $N = k\dfrac{\phi}{V-R_aI_a}$

07 직류전동기의 회전속도를 나타내는 것 중 틀린 것은?

(가) 공급 전압이 감소하면 회전속도도 감소한다.

(나) 자속이 감소하면 회전속도는 증가한다.

(다) 전기자저항이 증가하면 회전속도는 감소한다.

(라) 계자전류가 증가하면 회전속도는 증가한다.

☞ $N = K\dfrac{V-I_aR_a}{\Phi}$[rpm] 이므로 계자전류가 증가하면 회전속도는 감소한다.

08 직류전동기의 회전수는 자속이 감소하면 어떻게 되는가?

(가) 불변이다.　　(나) 정지한다.

(다) 저하한다.　　(라) 상승한다.

09 직류 분권전동기의 계자전류를 감소시키면 회전수는 어떻게 변하는가?

(가) 변화 없음　　(나) 감소

(다) 증가　　(라) 관계 없음

☞ $N = K\dfrac{V-I_aR_a}{\Phi}$[rpm] 계자전류 I_f가 감소하면 자속 Φ도 감소하므로 속도는 거의 계자전류에 비례하여 증가한다.

10 직류 분권전동기의 공급 전압 극성을 반대로 하면 회전방향은?

(가) 변하지 않는다. (나) 반대로 된다.
(다) 회전하지 않는다. (라) 발전기로 된다.

☞ 공급 전압의 극성이 반대가 되면 계자전류와 전기자전류의 방향이 동시에 반대로 된다. 따라서 회전방향은 변하지 않는다.

11 직류 분권전동기에서 단자전압이 일정할 때 부하토크가 $\frac{1}{2}$이 되면 전류는 몇 배가 되는가?

(가) 2배 (나) $\frac{1}{2}$배
(다) 4배 (라) $\frac{1}{4}$배

☞ 토크 $\tau = k\Phi I_a$에서 단자전압 V가 일정하므로 자속 Φ는 일정하다.
따라서 부하전류 I가 $\frac{1}{2}$이 된다. $(\tau \propto I_a)$

12 무부하로 운전하고 있는 분권전동기의 계자 회로가 갑자기 끊어졌을 때 전동기의 속도는?

(가) 속도가 갑자기 빨라진다. (나) 속도가 약간 낮아진다.
(다) 속도가 약간 빨라진다. (라) 갑자기 가속하여 고속이 된다.

☞ $N = K\frac{V - I_a R_a}{\Phi}[rpm]$에서 계자 회로가 끊어지면 $\phi = 0$가 되므로 속도가 무한대로 변한다.

13 전기자저항이 0.02[,Ω]인 직류 분권발전기가 있다. 회전수가 1,000[rpm]이고 단자전압이 220[V]일 때 전기자전류는 100[A]를 나타내었다. 지금 이것을 전동기로 사용하여 그 단자전압과 전기자전류가 위의 값과 같을 때의 회전수는? 단, 전기자 반작용은 무시한다.

(가) 956[rpm] (나) 982[rpm]
(다) 1,028[rpm] (라) 1,047[rpm]

☞ 발전기의 경우

$$E = V + I_a R_a = 220 + (100 \times 0.02) = 222[V]$$

$$E = k\Phi N \text{에서 } k\phi = \frac{E}{N} = \frac{222}{1,000}$$

$$N = \frac{V - I_a R_a}{K} = \frac{220 - (100 \times 0.02)}{\frac{222}{1,000}} = 982[rpm]$$

14 직류 분권전동가 있다. 총 도체수 100, 단중 파권으로 자극수는 4, 자속수는 3.14[Wb], 부하를 가하여 전기자에 5[A]가 흐르고 있으며 이 전동기의 토크[N・m]는?

(가) 400　　(나) 450

(다) 500　　(라) 550

☞ 단중 파권이므로 $a=2$

$$\tau = \frac{p\Phi Z I_a}{2\pi a} = \frac{4\times 3.14\times 100\times 5}{2\pi\times 2} = 500[N\cdot m]$$

15 직류 분권전동기가 있다. 단자전압 215[A], 전기자전류 50[A], 전기자의 전저항이 01[Ω], 회전속도 1,500[rpm]일 때 발생 토크[kg・m]를 구하시오.

(가) 6.82　　(나) 6.68

(다) 68.2　　(라) 66.8

☞ $P = EI_a = (V-I_aR_a)\times I_a = (215-50\times 0.1)\times 50 = 10{,}500[W]$

$$\tau = 0.975\frac{P}{N} = 0.975\frac{10{,}500}{1{,}500} = 6.82[kg\cdot m]$$

16 어느 분권전동기의 정격 회전수가 $1{,}500[rpm]$이다. 속도변동률이 $5[\%]$이면 공급 전압과 계자저항의 값을 변화시키지 않고 이것을 무부하로 하였을 경우의 회전수 $[rpm]$는?

(가) 3257　　(나) 2360

(다) 1575　　(라) 1165

☞ $\epsilon = \dfrac{N_0-N}{N}\times 100[\%]$

$$\therefore\ N = N_n\left(1+\frac{\epsilon}{100}\right) = 1{,}500\times\left(1+\frac{5}{100}\right) = 1{,}575[rpm]$$

17 직류 분권전동기의 기동시 계자전류는?

(가) 큰 것이 좋다.　　(나) 정격출력 때와 같은 것이 좋다.

(다) 작은 것이 좋다.　　(라) 0에 가까운 것이 좋다.

18 $120[V]$, 전기자전류 $100[A]$, 전기자저항이 $0.2[\Omega]$인 분권전동기의 발생 동력 $[kW]$은?

(가) 10　　(나) 9

(다) 8　　(라) 7

☞ $P = EI_a = (V-I_aR_a)\times I_a = (120-100\times 0.2)\times 100 = 10{,}000[W] = 10[kW]$

19 정격전압 $100[V]$, 전기자전류 $50[A]$일 때 $1,500[rpm]$인 직류 분권전동기의 무부하 속도는 몇 $[rpm]$인가? 단, 전기자저항은 $0.1[\Omega]$이고 전기자 반작용은 무시한다.

㈎ 약 1,382　　㈏ 약 1,421
㈐ 약 1,579　　㈑ 약 1,623

☞ 역기전력 $E = V - I_a R_a = 100 - (50 \times 0.1) = 95[V]$

$E = k\phi N$에서 자속이 일정할 때 $E \propto N$

그러므로 $N_0 = 1,500 \cdot \frac{100}{95} = 1,579[rpm]$

20 직류 직권전동기토크 T와 회전수 N과의 관계는?

㈎ $T \propto N$　　㈏ $T \propto N^2$
㈐ $T \propto \frac{1}{N}$　　㈑ $T \propto \frac{1}{N^2}$

21 직류 직권전동기의 회전수를 반으로 줄이면 토크는 약 몇 배인가?

㈎ 1/4　　㈏ 1/2
㈐ 4　　㈑ 2

22 직류 직권전동기에서 벨트(belt)를 걸고 운전하면 안되는 이유는?

㈎ 손실이 많아 진다.
㈏ 직결하지 않으면 속도제어가 곤란하다.
㈐ 벨트가 벗겨지면 위험 속도에 도달한다.
㈑ 벨트가 마모하여 보수가 곤란하다.

23 직류 직권전동기에서 운전 중 계자저항이 증가하면 회전속도의 값은?

㈎ 감소한다.　　㈏ 증가한다.
㈐ 일정하다.　　㈑ 관계없다.

24 직권전동기에서 위험 속도가 되는 경우는?

㈎ 저전압, 과여자　　㈏ 정격전압, 무부하
㈐ 정격전압, 과부하　　㈑ 전기자에 저저항 접속

☞ 직류 직권전동기는 부하가 변하면 속도가 현저하게 변하는 특성(직권 특성)을 가지므로 무부하에 가까워지면 속도가 매우 상승하여 원심력으로 파괴될 우려가 있다.

25 직류전동기의 설명 중 바르게 설명한 것은?

(가) 전동차용 전동기는 차동 복권전동기이다.
(나) 직권전동기가 운전 중 무부하가 되면 위험 속도가 된다.
(다) 부하 변동에 대하여 속도 변동이 가장 큰 직류전동기는 분권전동기이다.
(라) 직류 직권전동기는 속도 조정이 어렵다.

26 다음 설명 중 잘못된 것은?

(가) 전동차용 전동기는 저속에서 토크가 큰 직권전동기를 쓴다.
(나) 승용 엘리베이터는 워드레너드 방식이 사용된다.
(다) 기중기용으로 사용되는 전동기는 직류 분권전동기이다.
(라) 압연기는 정속도 가감, 정속도 가역 운전이 필요하다.

☞ 직권전동기는 기동토크가 부하전류 I의 제곱에 비례하고 부하에 따라 속도가 증가되며 중부하에서도 입력이 지나치게 커지지 않기 때문에 전차, 기중기, 권상기 등과 같이 부하 변동이 심하고 큰 기동토크가 요구되는 용도에 사용된다.

27 직류 직권전동기가 전차용에 사용되는 이유는?

(가) 속도가 클 때 토크가 크다.
(나) 토크가 클 때 속도가 작다.
(다) 기동토크가 크고 속도는 불변이다.
(라) 토크는 일정하고 속도는 전류에 비례한다.

☞ 직류 직권전동기의 속도-토크특성은 저속도일 때 큰 토크가 발생하고 속도가 상승하는 데에 따라서 토크가 적게 된다. 전차의 주행 특성은 이것과 유사하여 기동시에는 큰 토크를 필요로 하고 주행시의 토크는 적어도 좋다.

28 직류전동기의 부하전류 100[A]일 때 1,000[rpm]으로 12[kg・m]의 토크를 발생하고 있다. 부하를 감소시켜 60[A]로 되었을 때 토크[kg・m]는 얼마인가? 단, 직류전동기는 직권이다.

(가) 4.3 (나) 7.2
(다) 20 (라) 33.3

☞ 자기 포화 및 전기자 반작용을 무시하므로

$\tau \propto I^2$

$$\therefore \frac{\tau'}{\tau'} = \left(\frac{I'}{I}\right)^2$$

$$\therefore \tau' = \tau\left(\frac{I'}{I}\right)^2 = 12\times\left(\frac{60}{100}\right)^2 = 4.32[\text{kg}\cdot\text{m}]$$

29 부하가 변하면 심하게 속도가 변하는 직류전동기는?

㈎ 직권전동기 ㈏ 분권전동기
㈐ 차동 복권전동기 ㈑ 가동 복권전동기

30 정격속도가 $1,732[rpm]$인 직류 직권전동기의 부하토크가 3/4으로 되었을 때의 속도 $[rpm]$는 대략 얼마인가? 단, 자기 포화는 무시한다.

㈎ 1,155 ㈏ 1,500
㈐ 1,750 ㈑ 2,000

☞ $\tau \propto \frac{1}{N^2}$ 이므로 $\frac{3}{4} = \left(\frac{1,732}{N}\right)^2$ 에서 $N = 1,999.9[rpm]$

31 전기자저항 $0.3[\Omega]$, 직권계자권선저항 $0.7[\Omega]$의 직권전동기에 $110[V]$를 가하였더니 부하전류가 $10[A]$이었다. 이때 전동기의 속도$[rpm]$는 얼마인가?

㈎ 1,200 ㈏ 1,500
㈐ 1,800 ㈑ 3,600

☞ $N = k\frac{V - I_a(R_a + R_s)}{\Phi} = 2 \cdot \frac{110 - 10(0.3 + 0.7)}{10} = 20[rps] = 1,200[rpm]$

직권전동기 $\phi = I_a$

32 직류 가동복권발전기를 전동기로 사용하자면?

㈎ 가동 복권전동기로 사용 가능 ㈏ 차동 복권전동기로 사용 가능
㈐ 속도가 급상승하여 사용 불능 ㈑ 직권 코일의 분리가 필요

33 그림은 여러 직류전동기의 속도특성곡선을 나타낸 것이다. ①부터 ④까지 차례가 맞는 것은?

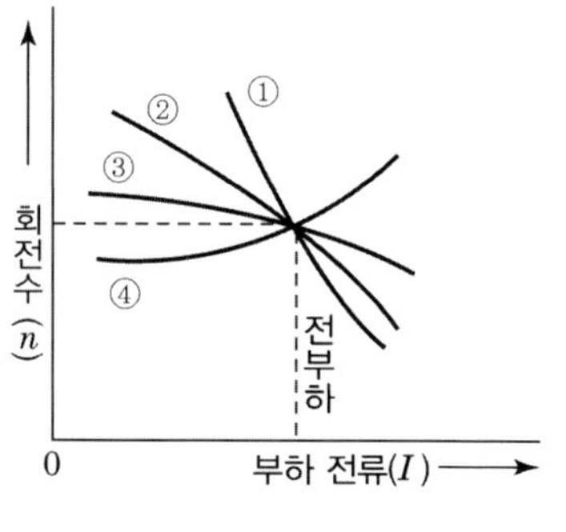

㈎ 차동 복권, 가동 복권, 직권
㈏ 분권, 직권, 가동 복권, 차동 복권
㈐ 가동 복권, 차동 복권, 직권, 복권
㈑ 직권, 가동 복권, 분권, 차동 복권

34 부하 변동에 대하여 속도 변동이 가장 작은 전동기는?

㈎ 차동 복권 ㈏ 가동 복권
㈐ 분권 ㈑ 직권

35 직류전동기의 속도제어 방법 중 광범위한 속도제어가 가능하며 운전 효율이 좋은 방법은?

㈎ 계자제어 ㈏ 직렬 저항제어
㈐ 병렬 저항제어 ㈑ 전압제어

☞ 전동기의 회전수 $N = k\dfrac{V-I_aR_a}{\Phi}[rpm]$ 따라서 N을 바꾸는 방법으로 V, R_a, Φ를 가감하는 방법이 있다.

① 계자제어(Φ를 변화시키는 방법) : 분권계자권선과 직렬로 넣은 계자 조정기를 가감하여 자속을 변화시킨다. 속도를 가감하는 데는 가장 간단하고 효율이 좋다.

② 저항제어(R_a를 변화시키는 방법) : 이 방법은 전기자권선 및 직렬권선의 저항은 일정하여 이것에 직렬로 삽입한 직렬 저항기를 가감하여 속도를 가감하는 방법이다. 취급은 간단하지만 저항기의 전력 손실이 크고 속도가 저하하였을 때에는 부하의 변화에 따라 속도가 심하게 변하여 취급이 곤란하다.

③ 전압제어(V를 변화시키는 방법) : 일정 토크를 내고자 할 때 대용량인 것에 이 방법이 쓰인다. 전용 전원을 설치하여 전압을 가감하여 속도를 제어한다. 고효율로 속도가 저하하여도 가장 큰 토크를 낼 수 있고 역전도 가능하지만 장치가 극히 복잡하며 고가이다. 워드레너드 방식은 이러한 방법의 한 예이다.

36 다음 중에서 직류전동기의 속도제어법이 아닌 것은?

㈎ 계자제어법 ㈏ 전압제어법
㈐ 저항제어법 ㈑ 2차제어법

37 워드레너드 속도제어는?

㈎ 전압제어 ㈏ 직병렬제어
㈐ 저항제어 ㈑ 계자제어

38 워드레너드 방식의 목적은?

㈎ 정류개선 ㈏ 계자자속조정
㈐ 직류기의 속도제어 ㈑ 병렬운전

39 직류전동기의 속도제어법에서 정출력 제어에 속하는 것은?

㈎ 전압제어법 ㈏ 계자제어법
㈐ 워드레너드 제어법 ㈑ 전기자저항제어법

☞ 전동기의 출력 P와 토크 τ, 회전수 N과의 사이에는 $P \propto \tau N$의 관계가 있고 Φ가 변화할 경우 토크 τ는 Φ에 비례하나 회전수 N은 Φ에 반비례하므로 계자제어법은 정출력 제어로 된다. 또한 전압제어법에서는 계자 자속은 거의 일정하고 전기자 공급 전압만을 변화시키므로 정토크 제어법이 된다.

40 직류 분권전동기에서 부하의 변동이 심할 때 광범위하게 또한 안정되게 속도를 제어하는 가장 적당한 방식은?

㈎ 계자제어 방식　　㈏ 직렬 저항제어 방식
㈐ 워드레너드 방식　　㈑ 일그너 방식

☞ 일그너 방식은 워드레너드 방식에 있어서 직류발전기의 구동에 유도전동기를 사용하고 다시 이 전동 발전기에 플라이휠을 부속시켜서 부하가 급증한 경우에는 유도전동기의 2차 측에 저항을 넣어서 속도를 저하시켜 이때 방출되는 플라이휠의 에너지를 이용하는 방법이다. 이 방식은 큰 첨두부하가 걸리는 경우에도 비교적 작은 유도전동기로도 충분하므로 부하가 큰 가역식 압연 설비 등에 쓰인다.

41 전기기계에 있어서 히스테리시스손을 감소시키기 위하여 어떻게 하는 것이 좋은가?

㈎ 성층철심 사용　　㈏ 규소 강판 사용
㈐ 보극 설치　　㈑ 보상권선 설치

42 전기기계의 철심을 성층하는데 가장 적절한 이유는?

㈎ 기계손을 적게 하기 위하여　　㈏ 와류손을 적게 하기 위하여
㈐ 히스테리시스손을 적게 하기 위하여　　㈑ 포유 부하손을 적게 하기 위하여

43 전기기계에 있어 와류손을 감소하기 위해서는?

㈎ 보상권선 설치　　㈏ 교류전원 사용
㈐ 규소 강판 성층철심 사용　　㈑ 냉각 압연을 한다.

44 직류기의 다음 손실 중에서 기계손에 속하는 것은 어느 것인가?

㈎ 풍손　　㈏ 와류손
㈐ 브러시의 전기손　　㈑ 포유 부하손

45 직류기의 손실 중에서 부하의 변화에 따라서 현저하게 변하는 손실은 다음 중 어느 것인가?

㈎ 포유 부하손　　㈏ 철손
㈐ 풍손　　㈑ 기계손

46 일정 전압으로 운전하고 있는 직류발전기의 손실이 $\alpha + \beta I^2$으로 표시될 때 효율이 최대가 되는 전류는? 단, α, β는 정수이다.

㈎ $\dfrac{\alpha}{\beta}$　　㈏ $\dfrac{\beta}{\alpha}$
㈐ $\sqrt{\dfrac{\alpha}{\beta}}$　　㈑ $\sqrt{\dfrac{\beta}{\alpha}}$

47 직류기의 효율이 최대가 되는 경우는 다음 중 어느 것인가?

(가) 와류손 = 히스테리시스손
(나) 기계손 = 전기자 동손
(다) 전부하 동손 = 철손
(라) 고정손 = 부하손

48 효율 $80[\%]$, 출력 $10[kW]$ 직류발전기의 전 손실$[kW]$은?

(가) 1.25
(나) 1.5
(다) 2.0
(라) 2.5

☞ 효율 = $\dfrac{출력}{입력}\times 100[\%]$ 이므로 $0.8 = \dfrac{10}{입력}$ 그러므로 입력은 $12.5[kW]$
손실 = 입력 − 출력 = $2.5[kW]$

49 직류전동기의 규약 효율은 어떤 식으로 표시된 식에 의하여 구하여진 값인가?

(가) $\eta = \dfrac{출력}{입력}\times 100[\%]$

(나) $\eta = \dfrac{출력}{출력+손실}\times 100[\%]$

(다) $\eta = \dfrac{입력-손실}{입력}\times 100[\%]$

(라) $\eta = \dfrac{입력}{출력+손실}\times 100[\%]$

50 직류기의 온도시험에는 실부하법과 반환부하법이 있다. 이 중에서 반환부하법에 해당되지 않는 것은?

(가) 홉킨스법
(나) 프로니 브레이크법
(다) 블론델법
(라) 카프법

☞ 반환부하법에 의한 온도시험에는 카프법, 홉킨스법, 블론델법이 있으며 외부에서 공급하는 전력이 손실분만으로 되기 때문에 실부하법에 의하여 소비 전력이 훨씬 적어도 되며 취급이 간단하다. 프로니 브레이크법은 토크의 측정법이다.

51 대형 직류전동기의 토크를 측정하는데 가장 적당한 방법은?

(가) 와전류 제동기
(나) 프로니 브레이크법
(다) 전기 동력계
(라) 반환부하법

☞ 와전류 제동기와 프로니 브레이크법은 소형의 전동기토크를 측정하는 데 적합하고 반환부하법은 온도시험을 하는 방법이다.

52 E종 절연물의 최고 허용 온도[℃]는?

(가) 105　　(나) 130
(다) 90　　(라) 120

☞ 전기 기기에 사용되는 절연물의 최고 허용 온도는 다음과 같이 분류된다.

절연의 종류	Y	A	E	B	F	H	C
허용 최고 온도[℃]	90	105	120	130	155	180	180초과

53 정속도 운전의 직류발전기로 작은 전력의 변화를 큰 전력의 변화로 증폭하는 발전기가 아닌 것은?

(가) 앰플리다인　　(나) 로토트롤
(다) HT다이나모　　(라) 로젠베르그 발전기

54 증폭 특성을 이용하여 발전기의 전압이나 전동기의 속도를 제어하는 특수직류기는?

(가) 승압기　　(나) 전기 동력계
(다) 앰플리다인　　(라) 전동 발전기

다음 문제를 풀어라

01 직류전동기의 속도제어 종류를 간단히 설명하여라.

02 직류기의 제동종류를 들고 간단히 설명하시오.

03 분권 및 직권전동기의 대하여 기동저항기를 접속한 간단한 회로도를 그려라.

04 여자방식이 자여자인 전동기내에 부하토크가 증가해도 속도는 어느 정도 일정하게 되는 특성을 갖는 이유는 무엇인가 설명하여라.

05 직류기에서 정류불량의 원인을 간단히 설명하여라.

06 100 [HP], 600 [V], 1200 [rpm]의 직류 분권전동기가 있다. 분권계자저항 400[Ω], 전기자저항 0.22 [Ω]이고 정격부하에서의 효율이 90 [%]이면 전부하시의 역기전력은 약 몇 [V]인가?, 단, 1 [HP]은 746 [W]이다.

07 전기자저항 0.2 [Ω], 직권계자권선저항 0.3 [Ω]의 직권전동기에 100 [V]를 가하였더니 부하전류 10 [A]이었다. 이 때 전동기의 속도[rpm]는 약 얼마인가? 단, 기계 정수는 2.61이다.

08 정격출력 3 [kW], 정격전압 100 [V]의 직류 분권전동기를 전기 동력계로 측정하였더니 3.5 [kg]를 나타내었다. 이 때의 전동기의 출력[kW] 및 토크[kg・m]는 약 얼마나 되는가? 단, 전기 동력계의 암의 길이는 0.5 [m], 전동기의 회전수는 1500 [rpm]으로 한다.

09 10 [kW], 200 [V], 전기자저항 0.15 [Ω]의 타여자발전기를 전동기로 사용하여 발전기의 경우와 같은 전류를 흘렸을 때 단자전압은 몇 [V]로 하면 되는가? 단, 여기서 전기자 반작용은 무시하고 회전수는 같도록 한다.

10 100 [V], 2 [kW]의 직류 분권전동기의 단자 유입 전류가 7.5 [A]일 때 4 [N・m]의 토크를 발생하였다. 부하가 증가해서 단자 유입 전류가 22.5 [A]로 되었을 때의 토크는? 단, 전기자저항과 계자저항은 각각 0.2 [Ω]과 40 [Ω]이다.

11 직류 분권전동기가 있다. 총도체수 100, 단중 파권으로 자극수는 4, 자속수 3.14 [Wb], 부하를 가하여 전기자에 5 [A]가 흐르고 있으면 이 전동기의 토크[N・m]는?

12 직류 분권전동기가 있다. 단자전압 215 [V], 전기자전류 100 [A], 1500 [rpm]으로 운전되고 있을 때 발생 토크[N·m]는? 단, 전기자저항 $r_a = 0.1$ [Ω]이다.

13 정격부하를 걸고 16.3 [kg·m]의 토크를 발생하고 600 [rpm]으로 회전하는 어떤 직류 분권전동기의 역기전력이 50 [V]라고 한다. 그 전류[A]는 얼마인가?

14 직류전동기가 부하전류 100 [A]일 때, 1000 [rpm]으로 12 [kg·m]의 토크를 발생하고 있다. 부하를 감소시켜 60 [A]로 되었을 때 토크[kg·m]는 얼마인가? 단, 직류전동기는 직권이다.

15 직류 직권전동기가 있다. 전기자저항 및 계자권선저항은 공히 0.8 [Ω]이고 그 자화곡선은 1분간 회전수 200, 전류 30 [A]에 대해서 전압 300 [V]를 나타낸다. 이 전동기를 500 [V]에서 사용하여 전류가 앞에서와 같이 30 [A]를 취할 때의 속도[rpm]를 계산하여라. 단, 전기자 반작용, 마찰손, 풍손 및 철손은 무시한다.

16 정격속도 1000 [rpm]의 직류 직권전동기의 부하가 ¾으로 감소하면 회전수는 대략 몇 [rpm]인가?

17 직류 직권전동기가 있다. 공급 전압이 525 [V], 전기자전류가 50 [A]일 때 회전속도는 1500 [rpm]이라고 한다. 공급 전압을 400 [V]로 낮추었을 때 같은 전기자전류에 대한 회전속도[rpm]를 구하여라. 단, 전기자권선 및 계자권선의 전저항은 0.5 [Ω]이라 한다.

18 출력 5 [kW], 정격전압 100 [V]의 직류 분권전동기는 전기 동력계를 사용하여 시험하였더니 전기 동력계의 저울이 5 [kg]을 나타내었다. 이 때 전동기의 출력[kW]은 얼마인가? 단, 동력계의 암의 길이는 0.6 [m], 전동기의 회전수는 1500 [rpm]으로 한다.

19 직류 분권전동기의 정격전압이 300 [V], 전부하 전기자전류 50 [A], 전기자저항 0.2 [Ω]이다. 이 전동기의 기동전류를 전부하전류의 120 [%]로 제한시키기 위한 기동 저항값은 몇 [Ω]인가?

20 회전수 1200 [rpm]으로 단자전압 210 [V]일 때 전기자전류가 100 [A]인 직류 분권발전기를 전동기로 사용하여 그 단자전압과 전기자전류를 위와 같은 값으로 유지 할 때의 회전수[rpm]는? 단, 전기자 회로의 저항은 0.05 [Ω]이고, 전기자 반작용은 무시한다.

21 110 [V], 5 [kW], 1250 [rpm]의 분권발전기의 전기자저항이 0.22 [Ω], 계자전류 1 [A], 철손 및 기계손의 합이 350 [W]라면 전 부하 효율[%]은 얼마인가?

22 정격출력 시(부하손/고정손)는 2이고, 효율 0.8인 어느 발전기의 1/2정격출력 시의 효율은?

23 전부하 효율이 88 [%]되는 분권 직류전동기가 있다. 80 [%] 부하에서 최대효율이 된다면 이 전동기의 전부하에 있어서의 고정손과 부하손의 비는?

24 10극 50[kW], 120[V] 단중 중권 직류발전기가 있다. 전기자 도체 수는 640, 회전수는 3600[rpm]일 때 이 발전기가 무부하에서 정격전압을 만드는데 필요한 극당 자속은 얼마인가?

25 타여자 직류발전기가 1200[rpm]으로 회전하면서 부하에 단자전압 125[V], 180[A]의 전력을 공급하고 있다. 자속을 일정하게 유지한 채 회전속도를 1050[rpm]으로 감소시키면 부하전류는 얼마인가? 단, 전기자저항은 0.06[Ω]이다.

26 회전속도 850[rpm], 계자전류 1.8[A], 무부하 단자전압 148[V]인 타려발전기가 있다. 계자전류를 2.4[A]로 증가시켰을 경우 및 계자전류 2.2[A], 회전속도 950[rpm]인 경우의 기전력을 각각 구하여라. 단, 자속과 전류의 관계는 선형적이다.

27 직류전동기에 240[V]의 전압을 가하였더니 전기자전류는 20[A], 회전수는 960[rpm]이다. 전기자저항이 0.2[Ω]이라면 무부하시 회전속도는 얼마인가?
단, 손실은 무시한다.

28 전기자저항 0.4[Ω], 계자저항 120[Ω], 회전손실 240[W]인 직류분권전동기에 120[V]의 전압을 가했을 때 전부하선전류는 19.5[A], 회전속도는 1200[rpm]이었다. 다음 값들을 구하여라.

(1) 발생동력 (2) 출력
(3) 토크 (4) 전부하시 효율

29 분권직류발전기가 회전속도 600[rpm]으로 250[V] 버스에 100[kW]의 전력을 이송하던 중 벨트가 절단되어 전동기로 구동되면서 8[kW]의 전력을 소모하고 있다. 회전속도를 구하여라. 단, 전기자저항은 0.02[Ω], 계자저항은 125[Ω]이다.

CHAPTER

2 동기기

1. 동기발전기(Synchronous Generator)
2. 전기자권선법
3. 유기기전력의 크기
4. 전기자 반작용과 동기임피던스, 누설 리액턴스
5. 동기발전기의 출력
6. 동기발전기의 특성
7. 동기발전기의 병렬운전
8. 동기전동기
9. 동기전동기의 운전
10. 동기기의 손실과 효율
11. 특수동기기

1 동기발전기(Synchronous Generator)

1.1 동기기 개요

전압의 주파수와 회전기계의 극수만으로 결정되는 회전속도 $N_s = 120f/p$을 기속도(synchronous speed)라 하고 동기속도로 회전하는 발전기를 동기발전기(synchronous generator)라고 한다. 대 출력의 수력발전소 및 화력발전소의 발전기 또는 선박에서 사용하는 발전기는 모두 동기발전기이다.

[그림 2-1] 디젤발전기의 외관

동기발전기에 교류전압을 공급하면 동기속도로 회전하는 교류전동기가 되는데 이것이 동기전동기(synchronous motor)이다. 즉, 동기발전기와 동기전동기의 구조는 동일하다. 500[kW] 이상 대형전동기의 경우 동기전동기가 유도전동기보다 경제적인 면 등에서 이점이 많으므로 펌프, 송풍기, 전동발전기 등의 운전에 사용되고 있다. 또, 소형 또는 극소형인 동기전동기도 일정속도가 필요한 곳에 사용된다.

동기속도로 회전하는 교류기계를 총칭하여 동기기(synchronous machine)라고 하며 동기기에는 동기발전기, 동기전동기 외에 동기조상기(synchronous phase modifier or synchronous condenser), 동기주파수변환기(synchronous frequency changer), 동기변류기(synchronous converter) 등이 있다.

1.2 동기발전기의 원리

[그림 2-2](a)와 같이 일정 자계 내에서 코일 $abdc$가 화살표 방향으로 회전하고 있다고 가정하면 코일 변 ab 및 cd에는 코일이 반회전할 때마다 그 방향과 크기가 주기적으로 변화하는 기전력 e가 유도되고 코일의 양단 a, c 사이에는 이 기전력의 합이 전압으로 나타난다. 따라서 코일 a, c를 슬립링(slip ring) s 및 이것에 접촉하고 있는 브러시 b에 의해서 외부부하 R에 연결하면 R에는 크기와 방향이 주기적으로 변화하는 교류전압이 연속적으로 공급되고 이 전압에 의해 R에는 교류전류가 흐르게 된다. 이것이 단상 동기발전기의 원리이다.

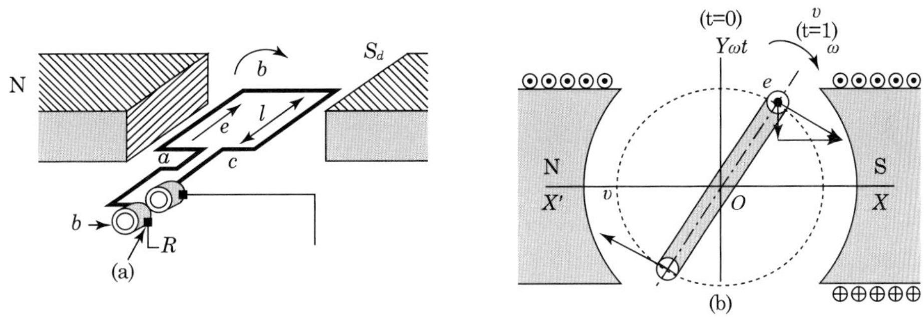

(a) (b)

[그림 2-2] 교류발전기

[그림 2-2](a)와 같은 교류발전기를 단면도로 나타내면 [그림 2-2](b)와 같게 되는데 이 그림에서 N, S 자극 사이의 자속밀도를 B[T], 코일 반경을 r[m], 코일변의 유효길이를 l[m]라 하고 코일이 YOY' 축을 기점($t=0$)으로 하여 일정각속도 ω[rad/s]로 회전하고 있다고 하면 코일이 기점을 지난 t초 후에 있어서의 코일변의 선속도를 v[m/s]라 할 때 자속과 직각방향의 속도성분 $v' = v\sin\omega t$가 되고 또 $v = r\omega$이므로 각 도체에 유도되는 기전력 e는 다음 식과 같다.

$$e = Blv' = Blv\sin\omega t = Blr\omega\sin\omega t\text{[V]} \tag{2-1}$$

코일의 권수가 N일 경우 그림 [그림 2-2](a)의 브러시 사이에는 다음과 같은 전압 e_t가 발생한다.

$$e_t = 2Ne = 2NBlr\omega\sin\omega t = \omega N\phi_m\sin\omega t = E_m\sin\omega t \tag{2-2}$$

단, $\phi_m = 2Blr$은 코일이 기점 YOY' 축에 있을 때 코일을 관통하는 자속수이고 $E_m = \omega N \phi_m$은 코일에 유도되는 기전력의 최대치이다.

식 (2-2)에서 알 수 있듯이 교류발전기가 발생하는 기전력은 E_m을 최대값으로 하는 정현파 기전력이고 시간에 따라서 그 크기와 방향이 주기적으로 변화하며 이 기전력은 자속과 도체와의 상대운동에 의해 유도되므로 [그림 2-3](a)와 같이 전기자 코일이 회전하여 자속을 절단하거나 또는 [그림 2-3](b)와 같이 전기자 코일은 고정되어 있고 그 내부를 자속이 회전하여도 도체가 자속을 절단하는 것에는 하등의 차이가 없다. 전자와 같은 형식의 발전기를 회전전기자형 교류발전기라 하고 후자와 같은 형식의 발전기를 회전계자형 교류발전기라고 하는데 그 유도기전력의 파형은 [그림 2-3](c)와 같이 모두 정현파가 된다.

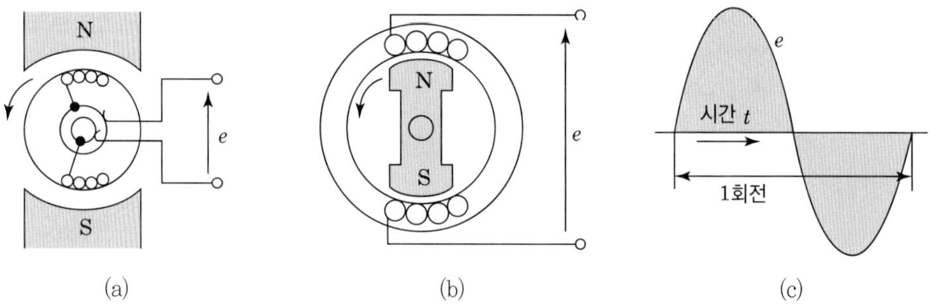

[그림 2-3] 회전전기자형과 회전계자형 교류발전기 및 기전력의 파형

3상교류를 얻기 위해서는 [그림 2-4](a)와 같이 고정자에 공간적으로 120°의 간격을 두고 3개의 코일 a, b, c를 결선하면 되는데 3상의 각 코일에 유도되는 기전력 e_a, e_b, e_c는 [그림 2-4](b)와 같이 된다.

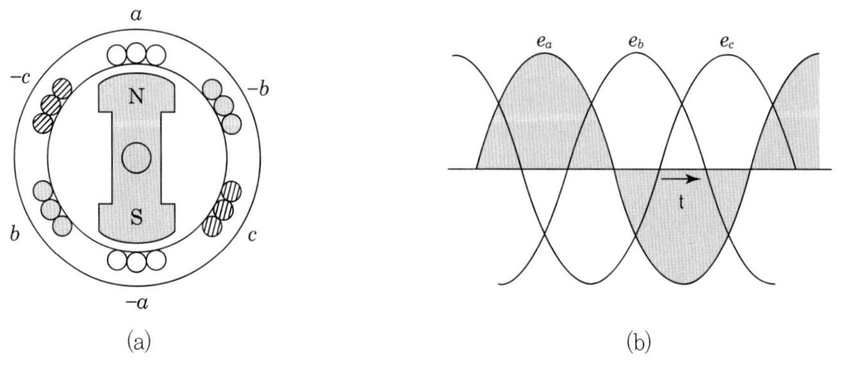

[그림 2-4] 3상교류발전기

1.3 동기속도

[그림 2-5](a)와 같이 2극 발전기의 회전자가 1회전하면 코일 aa'에 유도되는 기전력은 1사이클을 완료하므로 회전속도가 n_s[rps]일 때 주파수는 n_s[Hz]가 된다. 따라서 주파수 60[Hz]의 기전력을 얻기 위해서는 60[rps]의 속도로 발전기의 회전자는 회전해야 한다. [그림 2-5](b)와 같이 발전기가 4극일 때는 회전자의 1/2회전에 의해 기전력은 1사이클을 완료하므로 회전속도가 n_s[rps]일 때 주파수는 $2n_s$[Hz]가 된다. 이와 같이 동기발전기에 있어서는 회전자(자극)의 회전속도와 기전력의 주파수 사이에는 일정한 관계가 있으며 일정주파수의 기전력을 얻기 위해서는 극수와 주파수에 의해 결정되는 일정한 회전속도로 발전기를 운전해야 한다. 동기발전기의 이와 같은 회전속도를 동기속도(synchronous speed)라고 한다.

이상에서 기술한 관계에 의해서 발전기의 극수가 p, 회전속도가 n_s[rps]일 때 기전력의 주파수는 $f = pn_s/2$[Hz]가 되므로 회전자의 매분회전수를 N_s[rpm]으로 하면 기전력의 주파수는 다음과 같이 표현된다.

$$f = \frac{p}{2}n_s = \frac{p}{2} \cdot \frac{N_s}{60} = \frac{pN_s}{120}\,[\text{Hz}] \tag{2-3}$$

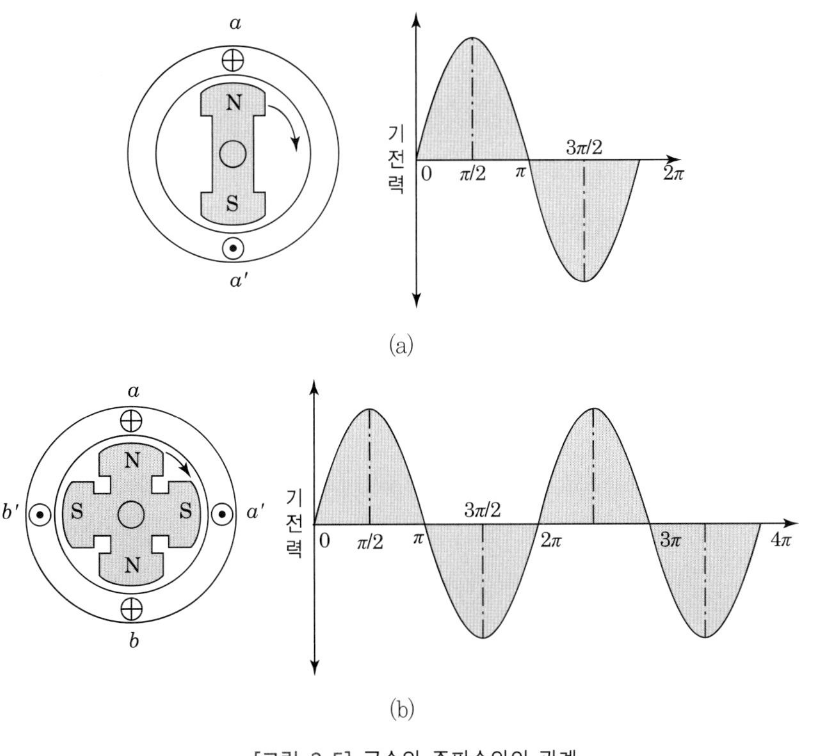

[그림 2-5] 극수와 주파수와의 관계

따라서 동기속도는 다음 식과 같다.

$$N_s = \frac{120}{p} f[\text{rpm}] \tag{2-4}$$

예제 2-1

극수 6, 회전수 1200 [rpm]의 교류발전기와 병행 운전하는 극수 8의 교류발전기의 회전수는 몇 [rpm]이라야 되는가?

풀이

병행운전하므로 주파수 f 는 같다.

$N_s = \dfrac{120f}{p}$ 에서 주파수 f 를 구하면,

$$f = \frac{pN_s}{120} = \frac{6 \times 1200}{120} = 60\ [\text{Hz}]$$

$$\therefore N_s{}' = \frac{120f}{p} = \frac{120 \times 60}{80} = 900\ [\text{rpm}]$$

예제 2-2

60[Hz] 4극 회전자 직경 2[m]의 동기기의 자극면의 주변속도[m/s]는?

풀이

$$v = \pi D n = 3.14 \times 2 \times \frac{120 \times 60}{4 \times 60} = 188.4[m/s]$$

연 습 문 제

01 동기발전기의 교류전압이 발생되는 원리를 간단히 설명하여라.

02 3상 20,000 [kVA]인 동기발전기가 있다. 이 발전기는 60 [c/s]인 때는 200 [rpm], 50 [c/s]인 때는 167 [rpm]으로 회전한다. 이 동기발전기의 극수는?

03 동기속도 1200 [rpm], 극수 4극인 동기발전기의 주파수는 몇 [Hz]인가?

04 4극 동기발전기가 50 [Hz]의 교류전압을 얻으려면 분당 회전수는 몇 [rpm]인가?

1.4 동기발전기의 분류

(1) 회전자형 분류

전기자가 회전하느냐, 계자극이 회전하느냐에 따라 회전자를 분류할 수 있는데 회전계자형과 회전전기자형, 유도자형으로 나뉘게 된다. 회전계자형은 동기기 형태가 주이며, 회전자는 계자극이고, 고정자는 전기자이며, 고전압 대전류형에 많이 사용되는데 전기자권선 전압이 높고 결선이 복잡하며, 대용량 채용시 전류가 크고, 3상권선시 4개의 도선이 필요하며, 계자회로는 직류 저전압회로이고 소요전력이 적고 인출도선 2개만이 필요하게 된다. 또한, 계자극이 기계적으로 튼튼하고 제작이 용이한 특징을 가지고 있다.
회전전기자형은 교류발전기 형태로 소용량 특수형이며, 직류기에서와 같이 계자극이 고정자이고, 전기자가 회전자로서 작용하게 된다. 유도자형은 계자와 전기자가 고정되어 있고, 권선이 없는 유도자라고 하는 회전자를 갖춘 것으로 수백에서 수천 [Hz]의 고주파발전기에 사용된다.

① 회전계자형 교류발전기(revolving field type alternator)

이 형식의 교류발전기는 [그림 2-6](a)와 같이 고정전기자의 안쪽을 계자가 회전하는 형식이며 계자권선의 각 단자는 각각 슬립링에 연결되고 그 위에 접촉되어있는 브러시를 거쳐서 바깥의 직류전원으로부터 계자권선에 여자전류를 공급하도록 되어 있다. 전기자는 고정되어 있으므로 전기자권선은 원심력을 받지 않고 충분한 절연을 할 수 있으며 기계적인 손상을 받지 않으므로 고전압용으로 적합하다.

또, 전기자전류는 슬립링을 거치지 않고 정지하고 있는 전기자 단자로부터 직접 외부회로에 공급할 수 있으므로 대전류용으로도 적합하다. 회전자(계자)는 전기자보다도 구조가 간단하므로 고속도에 대해서도 충분히 견고하게 제작할 수 있고 또한 여자전류를 공급하기 위해서 슬립링이 필요하나 이것은 교류 출력전압에 관계없이 여자전압이 직류 440[V] 이하이므로 절연문제도 생기지 않는다. 그러므로 회전계자형 발전기는 고전압 대용량의 발전기에 널리 사용된다.

(a) 회전계자형 (b) 회전전기자형

[그림 2-6] 발전기의 회전자 형식

② 회전전기자형 교류발전기(revolving armature type alternator)

이 형식의 발전기는 [그림 2-6](b)와 같이 고정계자의 안쪽을 전기자가 회전하는 형식으로써 그 구조가 직류발전기와 거의 같으며 다른 것은 정류자 대신에 슬립링이 있다는 것이다. 이 형식은 10[kVA] 이하의 저압 소용량 발전기에 사용될 뿐 대용량의 발전기에는 사용되지 않는다. 그 이유는 발생전력을 외부로 공급하기 위해 상수와 같은 수의 슬립링을 필요로 하는데 이것은 어느 정도 이상의 고전압, 대전류에는 적합하지 못하기 때문이다.

또 회전자는 고속에서 회전자에 가해지는 원심력을 충분히 견디도록 설계되어야 하는데 계자보다 전기자를 견고하게 제작하는 것이 훨씬 어렵다.

(2) 원동기에 따른 분류

동기발전기를 운전하는 원동기 종류에 의해 다음과 같이 분류할 수 있다.

① 수차발전기는 100~150 [rpm]의 저속이거나, 100~1200[rpm]의 고속도의 종류가 있다.

② 터빈 발전기 또는 증기, 가스 터빈에 의해 운전되는 1500~3600 [rpm]으로 고속에 잘 견딜 수 있도록 원통형, 즉 비돌극기형으로 구성된다.

③ 엔진발전기 또는 내연기관에 의해 운전되는 것으로 회전수는 100~1000 [rpm] 정도이며, 특수 구조를 가지고 있는 경우도 있다.

(3) 상수에 따른 분류

발생되는 교류 전력이나 위상에 따라 분류될 수 있다.

① 단상발전기는 위상차가 없는 단상교류 전력을 발생하는 기기이다.

② 다상발전기는 2상(위상차 90°) 이상 교류전력을 발생할 수 있는 발전기로서 보통 전력용으로 사용되고 있는 대부분이 3상발전기를 나타내고 있다.

(4) 통풍방식에 따른 분류

① 외피모양에 따른 분류

㉠ 개방형은 풍도가 없고, 바닥면적이 좁으며, 실내 소음이 크고 권선 등이 더러워지기 쉬우며 소형기에 사용된다.

㉡ 개방관 통풍형은 흡입구나 흡출구 중 한쪽에만 풍도를 설치하고 소음을 줄이는 방식으로 중형 저속기에 사용된다.

㉢ 전개관 통풍형은 풍도를 통해 기체의 떨어진 외부에서 냉각공기를 취입하고 배출하나 소음은 적고 권선이 손쉽게 소손되므로 중형 및 대형기의 일부에 사용된다.

㉣ 전폐수냉형은 냉각용 공기를 기체와 그 주의에 설치한 폐통로를 통해서 순환시키고 공기 냉각기로 배기온도를 낮추어 사용되며, 소음이 적고 깨끗한 냉각공기를 사용할 수 있어서 보수면에도 용이하고 대형저속기에 많이 사용된다. 대형고속기인 터빈 발전기나 대형동기조상기에서 수소냉각 방식으로 채용하여 사용된다.

한편, 전폐수냉형의 냉각용 매체로 공기대신 수소를 사용하는데 장・단점을 다음과 같이 나타낼 수 있다.

ⓐ 수소는 공기밀도(약 12[%])의 약 7[%]이므로 풍손이 1/10로 감소하여 전손실이 큰 풍손인 대형 고속기에서는 효율이 약 0.75~1[%] 향상된다.

ⓑ 수소의 열전도율은 공기의 약 6.7배, 비열은 약 14배, 표면 방산율은 약 1.5배이므로 냉각효과가 크면 같은 출력의 기계에서 기계의 크기를 약 35 [%] 작게 할 수 있다.

ⓒ 수소는 불활성이므로 공기보다 코일(coil)의 수명을 길게 한다.

ⓓ 전폐형이므로 소음이 적고 불순물 침입이 감소된다.

ⓔ 코로나(corona)발생전압이 높아도 수소 내에서는 절연물에 미치는 해가 적다.

ⓕ 가스냉각기를 소형으로 할 수 있으므로 고정자틀 속에 내장시킬 수 있다.

ⓖ 수소와 공기가 혼합(공기가 30~90[%])되면 폭발할 가능성이 있어서 방폭구조를 위한 부속설비가 필요하다.

ⓗ 압력 및 순도 제어장치의 부속설비가 필요하므로 설비비가 많이 든다.

㉤ 전폐수냉형 및 전폐유냉형은 고정자 및 회전자 도체에 절연물을 끼우지 않고 내부로 물 또는 기름으로 냉각시키며, 최근 단기 용량이 큰 터빈 발전기에 채용된다.

② 냉각방식에 의한 분류

㉠ 공기냉각은 소형기, 중형기, 대형저속기에 사용된다.

㉡ 가스(수소)냉각은 대형 고속기에 사용된다.

㉢ 수냉각은 대형 고속기에 사용된다.

㉣ 유냉각은 대형 고속기에 사용된다.

(5) 여자방식에 의한 분류

① 직류여자기 부착 교류발전기

교류발전기에 여자전류를 공급해 주기 위해 사용되는 소용량의 직류발전기 또는 교류발전기를 여자기(exciter)라고 한다. [그림 2-7](a)는 여자기로서 소용량의 직류발전기를 주발전기축과 직결한 것으로 이것을 직류여자기 부착 교류발전기라고 하는데 이 발전기와 같이 자기자신이 발생한 전력과는 별개의 전원에서 여자전류의 공급을 받고 있는 발전기를 타려발전기라고 한다. 직류여자기 부착 발전기는 발전기의 부하변화에 수반되는 원동기의 속도변동 영향을 직접 받게 되므로 여자전압의 변화로 인해 발전기의 전압변동이 커지고 또 저속 발전기의 경우에는 여자기도 저속이 되어 필요한 여자전압을 얻기 위해서는 한 극당 자속 Φ와 자극수 p를 증가해야 하므로 여자기의 부피가 커져서 철손증가 등에 의한 효율저하를 초래하게 되는 등의 결점이 있다. 또 정류자와 브러시로 인한 수리가 번거롭고 부하변화로 인한 전압변동이 심하며 AVR을 병용하여도 전압조정에 대한 응답속도가 늦는 등 여러가지 단점 때문에 현재 이 발전기는 거의 사용되지 않고 있다.

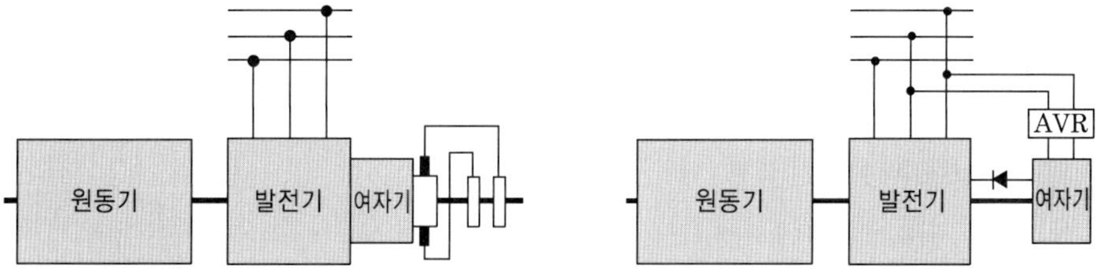

(a) 직류여자기 부착 교류발전기 (b) 브러시리스 교류발전기

[그림 2-7] 교류발전기 여자방식

② 브러시리스 교류발전기

[그림 2-7](b)와 같이 회전전기자형 교류발전기를 여자기로서 주발전기의 축에 직결하고 여자기의 회전자에 발생한 교류전력을 회전축에 설치한 실리콘 정류기(회전정류기) 또는 사이리스터에 의해 정류하여 주발전기의 계자에 공급해주는 발전기는 슬립링이나 브러시 등이 없으므로 브러시리스 교류발전기(brushless AC generator)

라고 한다. 이 발전기는 정류자와 슬립링으로 인해 발생하는 사고가 없어지고 동시에 브러시의 마찰분말에 의해 발전기가 오손되는 일이 없으므로 운전에 대한 신뢰성이 향상되며 또 정류자, 브러시, 슬립링 기타 부속장치가 불필요하기 때문에 경제적이고 보수점검이 용이한 장점이 있다. 이 발전기는 수리가 거의 불필요한 장점이 있기 때문에 현재 널리 사용된다.

③ 자려식 교류발전기

동기발전기 발생전력의 일부를 [그림 2-8]과 같이 반도체 정류기에 의해서 정류하여 이것을 동기발전기의 계자권선에 공급해 주는 발전기를 자려식 교류발전기(self excited AC generator)라고 한다. 이 발전기는 타려 교류발전기에 있어서의 회전여자기를 정지 여자장치로 대체한 것으로 전압변동률이 작은 장점이 있다.

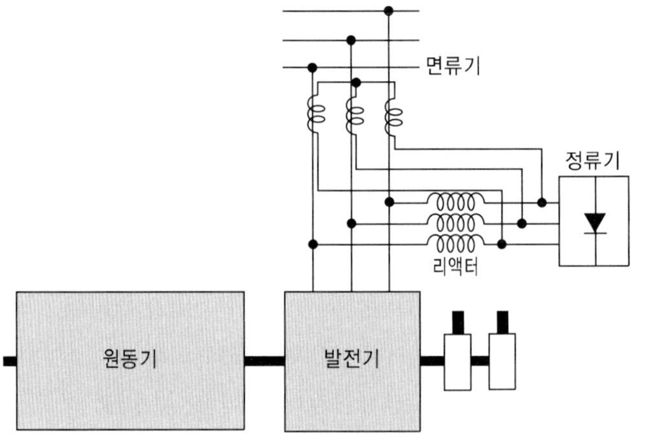

[그림 2-8] 자려발전기

1.5 동기발전기의 구조

(1) 고정자

고정자 프레임(stator frame)은 전기자 철심을 지지하고 기계 전체를 보호하며 자로를 형성하기 때문에 투자율이 높고 강한 재료를 사용할 필요가 있다. 그러므로 프레임은 주철을 사용하거나 또는 연강판을 용접하여 조립하고 그 프레임의 내주에 고정자 철심(stator core)을 끼운다. 고정자 철심은 전기자 철심(armature core)이라고도 하며 와전류 손실을 감소시키기 위해서 0.35[mm] 또는 0.5[mm]의 규소강판을 [그림 2-9]와 같이 부채모양으로 분할하여 펀칭(punching)한 것을 적층하여 조립한다.

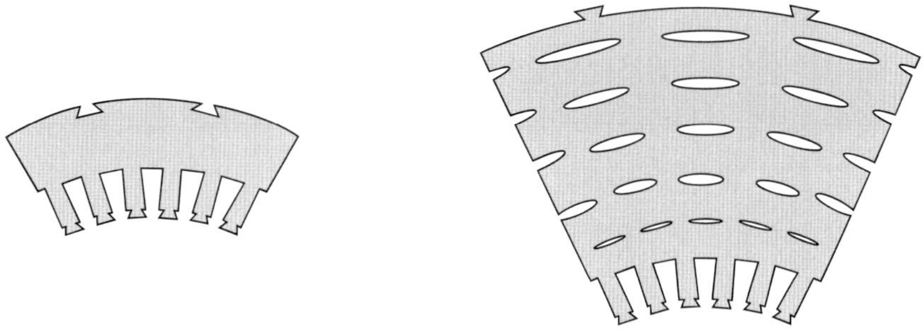

(a) (b)

[그림 2-9] 전기자 철심으로 펀칭된 전기강판

[그림 2-9](a)는 디젤발전기 또는 수차발전기용 전기자 철심이고 [그림 2-9] (b)는 고속 터빈발전기용인데 터빈발전기는 전기자 철심이 축방향으로 길기 때문에 전기자 철심을 냉각시키기 위해서 축방향으로 통풍도가 필요하므로 그림과 같이 강판면에 구멍을 만든다.

고정자 철심의 내주에는 [그림 2-9]에서 볼 수 있듯이 전기자 코일을 설치하는 홈이 있는데 이 홈안에 형권코일을 절연하여 넣고 쐐기로 고정하여 코일이 이탈되는 것을 방지한다. 전기자 코일은 소형 발전기에 있어서는 환동선을 사용하고 중형이상의 발전기에 있어서는 각동선을 사용한다. [그림 2-10]은 발전기의 고정자를 보여주는 그림이다.

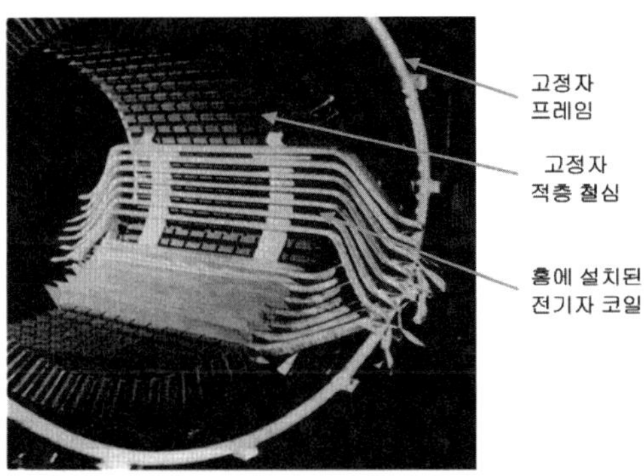

[그림 2-10] 발전기의 고정자

(2) 회전자

회전자(rotor)는 돌극형과 원통형으로 대별되는데 돌극형은 디젤발전기, 수차발전기 등의 저속 발전기에 사용되고 원통형은 고속으로 원심력이 큰 터빈발전기 및 고속 디젤발전기에 사용된다.

① 돌극형 회전자(salient pole rotor)

저속 발전기의 회전자는 단강으로 만든 축에 플라이 휠(fly wheel) 모양의 단강 또는 주강제의 스파이더를 키(key)로 고정시키고 스파이더에 계자환(field ring, 계철)을 끼운다. 계철은 주강으로 만들고 그 외주에 계자철심이 더브테일(dove tail) 또는 볼트에 의해서 견고하게 부착된다.

[그림 2-11] 돌극형 회전자(1)

계자철심은 공극자속의 맥동에 의해 발생하는 와전류를 방지하기 위해 1.6~ 3.2[mm]의 강판을 [그림 2-12]와 같이 펀칭한 것을 적층하여 그 양단에 단강 또는 주철제의 단판을 대고 볼트로 죄어 고정한다. 계자권선은 동선을 절연하여 형권코일을 만들어 계자철심에 끼운다.

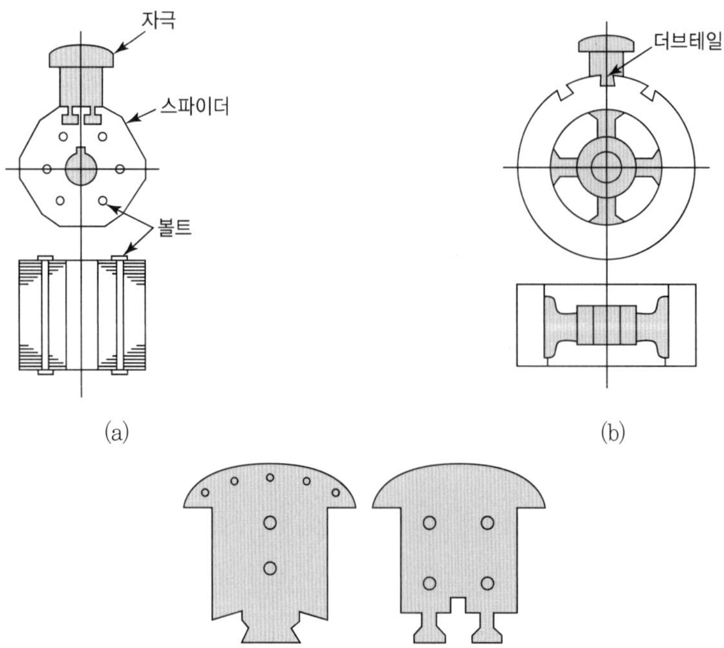

[그림 2-12] 계자철심용 강판(돌극형 회전자용)

② 원통형 회전자

고속 터빈발전기는 원심력과 풍손이 크기 때문에 원통형 회전자가 사용된다. 원통형 회전자의 일반적인 구조는 니켈, 크롬을 단조하여 주축과 계자철심을 단일체로 만들고 그 주위에 방사상으로 홈을 가공하며 이 홈에 계자권선을 설치한다. 홈의 입구에는 계자권선이 원심력에 의해 이탈되는 것을 방지하기 위하여 비자성체 금속으로 만든 쐐기를 끼운다.

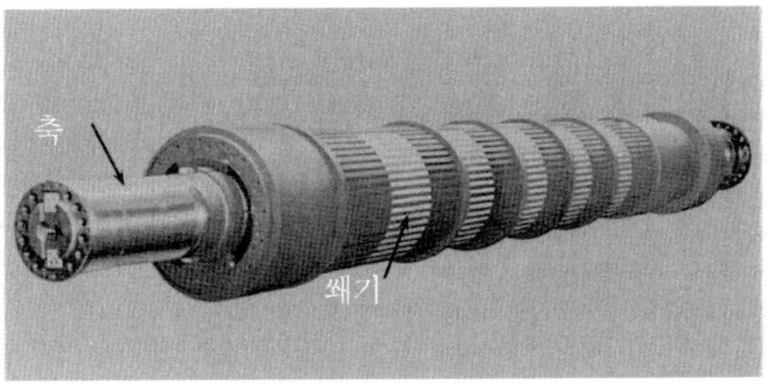

[그림 2-13] 원통형 회전자

③ 디젤발전기용 원통형 회전자

과거에는 디젤발전기의 회전자로 모두 돌극형을 사용하였지만 근래에는 디젤발전기도 고속화됨에 따라 6극에서 16극까지의 고속 또는 중속 발전기의 경우에는 구조가 견고하고 소형 경량인 원통형 회전자(cylindrical rotor)가 많이 사용된다. 원통형 회전자의 철심은 전기강판을 [그림 2-14]와 같이 펀칭한 것을 적층하여 축에 고정시켜 만든다.

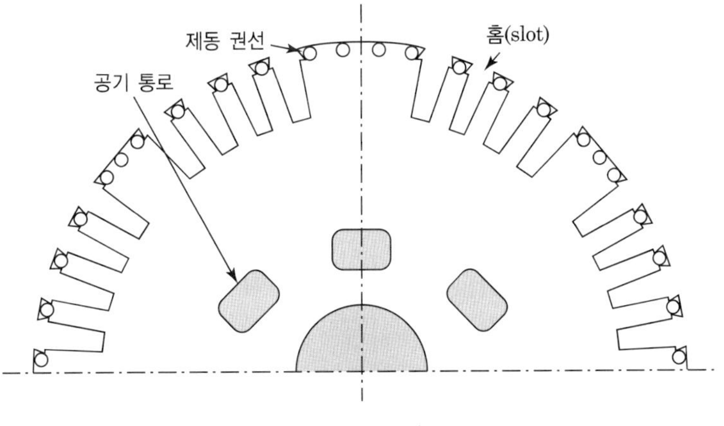

[그림 2-14] 계자철심용으로 펀칭된 강판(원통형 회전자용)

[그림 2-15] 디젤발전기의 원통형 회전자

병렬운전용 발전기에 있어서는 제동권선(damper winding)을 설치하고 계자권선은 특수한 쐐기에 의해 홈안에 견고하게 고정시켜 놓아야 하며 계자코일 끝부분은 원심력에 의해서 움직이지 않도록 피아노줄 또는 특수한 테이프로 주변을 견고하게 감아야 한다.
이와 같은 원통형 회전자의 외관은 [그림 2-15]와 같다. 그림은 브러시리스 발전기용 회전자로서 교류여자기의 회전자(전기자)와 회전정류기가 같은 축에 설치되어 있고 슬립링은 없다.
최근 디젤발전기에 돌극형 회전자 대신 원통형 회전자를 사용하는 이유는 원통형 회전자가 돌극형 회전자에 비해서 기계적으로 견고할 뿐만 아니라 계자의 시정수가 대단히 감소하므로 전압조정시의 과도특성이 향상되는 장점이 있기 때문이다.

(3) 기타 부속장치

발전기축에 사용하는 베어링에는 볼베어링(ball bearing)과 슬리브베어링(sleeve bearing)이 있다. 볼베어링은 소형, 중형 발전기에, 슬리브베어링은 대형발전기에 사용된다.
브러시리스 발전기의 여자기로는 3상 회전전기자형 교류발전기가 사용되는데 이것을 주발전기의 피동측 베어링과 회전자(계자)사이의 축에 설치하고 여자기의 고정자(계자)는 주발전기의 고정자 프레임에 견고하게 고정시킨다. 여자기의 회전자(전기자)권선은 Y결선을 하고 그 단자는 회전정류기(rotating rectifier)에 연결한다. 회전정류기는 전기적으로 절연된 2개의 방열판에 실리콘 다이오드를 3개씩 설치하여 3상 브리지 회로를 형성하도록 접속하고 이 회전정류기의 양, 음 단자를 주발전기의 계자에 연결한다.

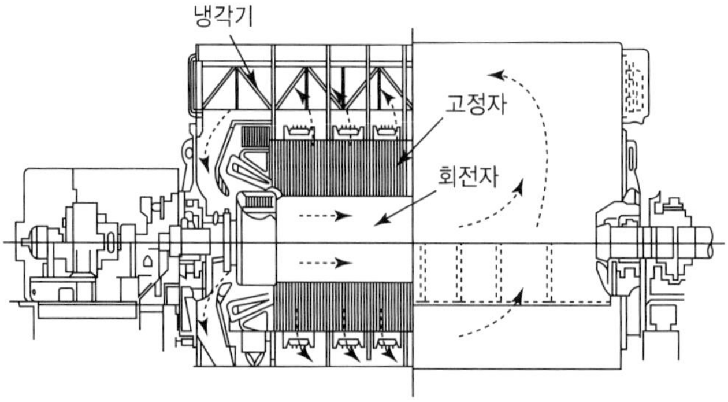

[그림 2-16] 발전기의 냉각(밀폐형)

통풍용 팬(fan)은 발전기의 베어링과 회전자(계자) 사이의 축에 설치되고 발전기 내부의 공기를 순환시킨다. 따라서 공기는 발전기에 있는 공기 입구에서 흡입되어 고정자 철심과 코일 단자의 표면, 그리고 고정자 철심과 계자철심내부의 통풍도(air duct)를 통과하면서 발전기 내부의 열을 흡수하고 출구로 배출된다.
대형 발전기에서는 발전기를 밀폐형으로 하여 냉각공기를 팬에 의해 순환시키고 이 냉각공기는 발전기의 상부에 설치된 냉각기에 의해 냉각된다.

예제 2-3 우산형 발전기의 용도와 장점을 기술하시오

풀이

- 용도 : 저속도 대용량기에 적당
- 장점
  - 구조간단
  - 동일정격에 대해 가볍고 가격이 저렴
  - 조립과 설치가 용이
  - 발전기 건축비 절감
  - 높이가 낮아짐

예제 2-4 터빈발전기의 특징을 기술 하시오.

풀이

- 용도 : 증기, 가스 터빈으로 구동 되는 발전기
- 특징
  - 구조 : 주로 회전계자형, 횡축형, 고속기
  - 회전자지름 작게, 축 방향 길게, 원심력 작게
  - 기계적으로 평형, 진동발생 억제
  - 원통형 회전자, 풍손 작게
  - 규소강판 사용, 철손 작게
- 용도 : 터빈 발전기나 대용량 동기조상기 적용

예제 2-5 동기발전기의 수소냉각방식의 장단점을 기술하시오.

풀이

• 수소냉각 장점
  - 풍 손이 공기냉각에 비해 1/10로 감소
  - 열전도율이 공기의 6.7배, 비열 14배, 크기 25% 축소가능
  - 불활성으로 절연 수명이 김.
  - 불순물 침입이 없어 소음 감소

•단점 : 공기와 혼합 시 폭발, 설비비용 많음.

연 습 문 제

01 동기발전기에서 여자란 무엇인가 설명하여라.

02 동기발전기의 전기자 철심에 규소를 함유한 이유와 철심을 성층하여 사용하는 이유를 간단히 설명하여라.

03 냉각방식에 종류를 분류하고 전폐내냉형에서 공기 냉각 방식과 수소 냉각(gas 냉각)방식의 장·단점을 비교설명 하여라.

04 동기발전기는 회전자 종류에 따라 어떤 특성이 있으며 그 사용범위에 대해 간단히 설명하여라. 또 회자 계자형과 회전전기자형을 비교 설명하여라.

05 동기발전기에서 제동권선이 하는 역할에 대해 간단히 설명하여라.

2 전기자권선법

코일(coil)의 형상 및 권선이 전기자 철심에 어떻게 분포하는냐에 따라 분류 할 수가 있다. 합성 유기기전력이 유효하게 활용되는 정도에 따라 권선법에 따른 제특성과 유기기전력의 파형을 정현파로 발생시키기 위한 방법의 여러가지가 제안되고 있다. 그러나 자속밀도의 분포를 정확하게 정현파형으로 할 수 없기 때문에 기전력의 파형도 다소 왜형되므로 정현파에 가까운 권선을 하기 위한 권선법을 제안할 수 있다.

2.1 권선의 종류 및 결선

(1) 중권, 파권

전기자권선을 감는 방법에 따라 위의 세 가지 방법으로 분류되지만, 동기기에서는 주로 중권이 사용되고, 파권은 특수한 경우에만 사용되며 [그림 2-17](a) 중권, (b) 파권의 권선법을 나타낸다.

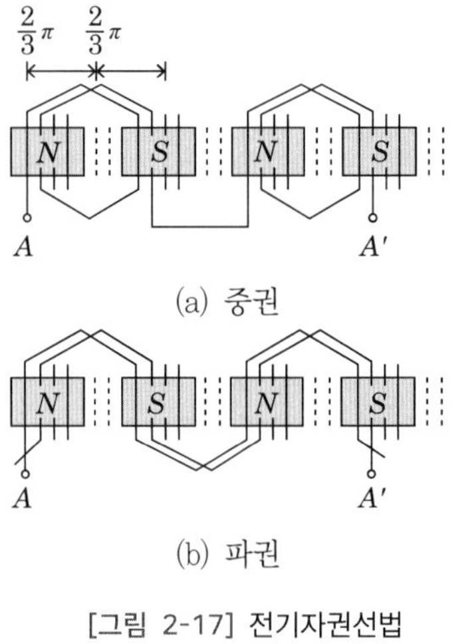

[그림 2-17] 전기자권선법

(2) 단층권, 2층권

전기자 철심 한개의 슬롯에 코일변 한 개를 넣는 것을 단층권이라고 하고, 2개를 포개어 넣는 것을 이층권이라고 한다. 보통 동기기에서는 이층권으로 쓰며, 쇄권인 경우 단층권으로 사용하며 [그림 2-18]에 나타낼 수 있다.

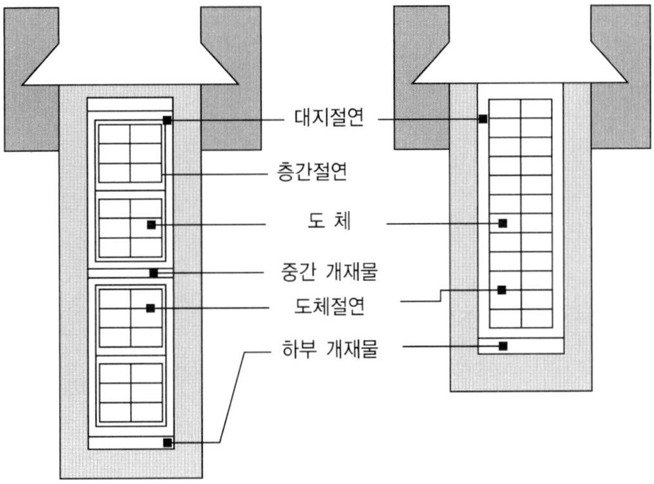

[그림 2-18] 단층권과 2층권

(3) 집중권

집중권은 매극 매상마다 코일변을 형성하는 각 도체의 유기기전력 사이에 상차가 없는 경우의 권선이며, 분포권은 2개 이상 슬롯에 분산되어 감긴 것을 말하며, 분포권으로 하면 기전력 파형이 좋아지고 권선의 누설 리액턴스가 감소되며, 전기자에 발생되는 열을 고르게 분포시켜 과열을 방지할 수 있는 이점이 있으므로 이 권선법을 주로 사용하고 있다.

(4) 전절권

전절권은 코일간격(coil pitch)의 위상은 극간격 만큼 달라지게 되며 단절권은 코일 간격(coil pitch)이 극간격보다 작은 것으로 주로 동기기에서 사용되며, 특정고조파를 제거하고 기전력 파형을 좋게 하며 코일단이 짧게 되어 기계 전체길이가 축소되므로 동(銅)의 양이 적게 드는 이점이 있다.

(5) 단상권

단상전력이 필요할 경우에는 [그림 2-19]과 같이 Y 결선된 3상발전기의 두 단자로부터 단상전력을 취하여 사용하는 것이 일반적으로 현재 교류발전기에서 단상으로 권선을 결선하는 경우는 거의 없으나 전동기에 있어서는 단상권선이 널리 사용되고 있다. 그리고 2상권이나 3상권은 단지 2개 또는 3개의 단상권선이 일정한 기하학적 관계를 가지고 배치된 것이므로 단상권(single phase winding)을 알면 다상권도 쉽게 이해할 수 있다.

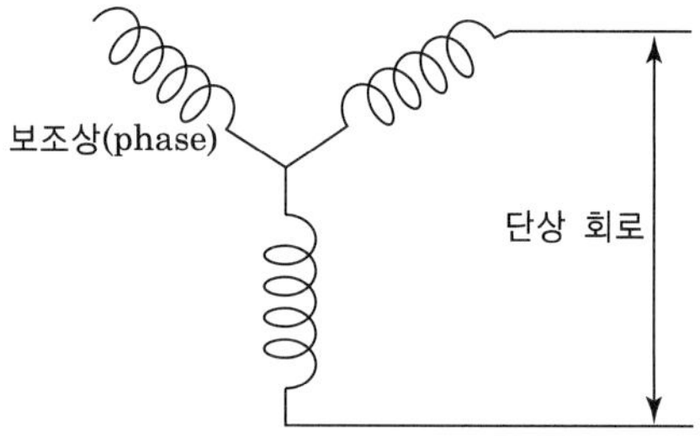

[그림 2-19] 3상발전기에서 단상전력을 얻는 방법

[그림 2-20]은 단상권의 2가지 방법을 나타낸 것이다. 이 권선법은 전기자 표면의 약 2/3만 권선에 이용된다. 나머지 공간에 전기자권선을 하더라도 그 기전력은 합성 기전력과의 위상차가 크기 때문에 전체 기전력에 별로 도움이 되지 못하므로 재료만 낭비하는 것이 된다.

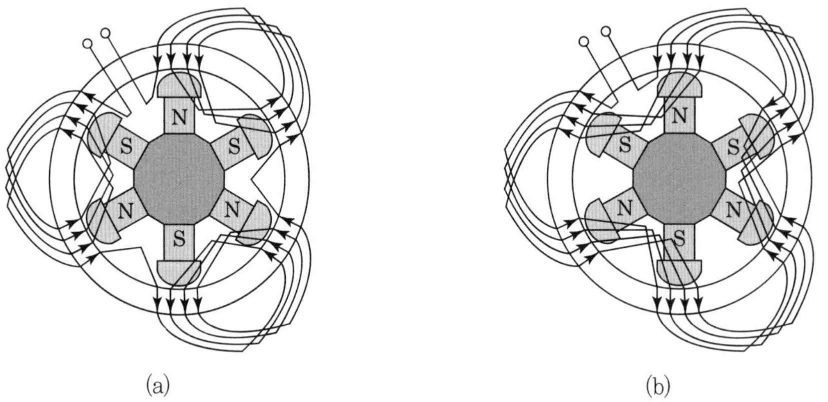

[그림 2-20] 중권(a)과 파권(b)(단상, 단층)

그림의 발전기는 1극당 전기자 홈이 4개씩 있으며 서로 연접해 있는 한 쌍의 N, S극에 걸쳐 분포되어있는 4개의 코일이 한 개의 코일군(coil group)을 형성하므로 6극 발전기 전체에 대해서 3개의 코일군이 존재하고 있다. [그림-2-20](a)는 각 코일군을 구성하는 4개의 코일을 차례로 직렬로 연결하고 다음에 각 코일군을 직렬로 연결한 것이다. 이와 같은 권선법을 중권(lap winding)이라고 한다. [그림 2-20](b)에서는 각 코일군의 첫 번째 코일, 두 번째 코일, 세 번째 코일, 네 번째 코일을 각각 직렬로 연결하고 이것들을 차례로 전부 직렬로 연결한 것이다. 이와 같은 권선법을 파권(wave winding)이라고 한다. 직류발전기에서는 중권과 파권의 경우 유도기전력이 각각 달랐지만 교류발전기에 있어서는 그림에서 알 수 있듯이 직렬로 연결된 도체수가 같기 때문에 유도기전력은 같아지게 된다. 그런데 중권은 코일 연결법이 파권보다 다소 간편하기 때문에 실제 전기자권선은 중권이 주로 이용되고 있다.

[그림 2-20]와 같은 권선법은 전기자의 각 홈에 코일변이 1개씩 권선된 것이므로 단층권(single layer winding)이라 하고 코일군수는 극수 6의 절반인 3개만이 존재하게 되므로 반코일권(half coil winding)이라고 한다.

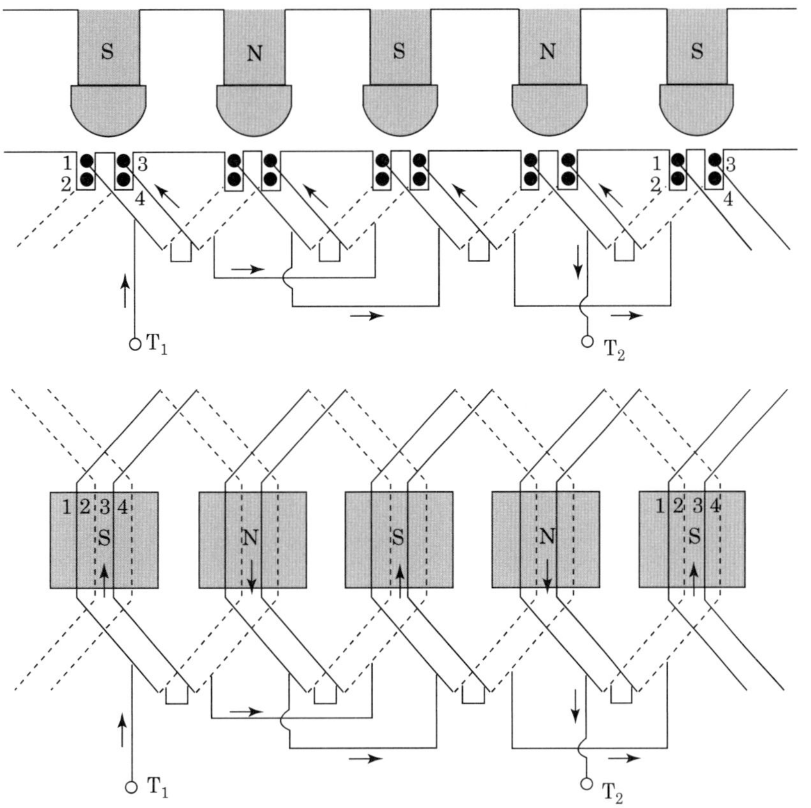

[그림 2-21] 단상 2층 중권(1)

중권과 파권은 보통 [그림 2-21]과 같이 각 홈에 코일변을 2개씩 상하 2층으로 넣어서 권선하는데 이와 같은 권선법을 2층권(double layer winding)이라 하고 이 경우에 있어서는 극수와 같은 수의 코일군이 존재하게 되므로 전코일권(whole coil winding)이라고 한다. 2층권으로 권선하였을 경우의 권선도는 [그림 2-21]과 같은데 전기자 홈의 상층에 넣는 코일변을 실선으로 표시하고 하층에 놓은 코일변은 점선으로 표시하였다. 그림에서 볼 수 있듯이 코일군의 코일 2개를 직렬로 연결하고 다음 코일군을 직렬로 연결할 때에는 각 코일군의 기전력이 상쇄되지 않고 서로 합해지도록 두 번째와 네 번째 코일군은 그 연결을 반대로 해야 한다. 그리고 [그림 2-21]은 중권법의 원리를 나타내기 위해 1극당의 전기자 홈수를 2개만 표시했지만 실제로는 더 많은 수의 홈이 사용되며 [그림 2-20]에서 설명하였듯이 단상발전기에 있어서는 보통 전기자 표면의 2/3에 분포하여 권선한다. 따라서 [그림2-22]와 같이 1극당 6개의 홈이 있을 때 4개의 홈에 권선을 하고 나머지 2개의 홈에는 권선을 하지 않는다.

[그림 2-21] 또는 [그림 2-22]와 같이 1극 1상당의 전기자 홈수가 2 이상인 권선을 분포권(distributed winding)이라 하고 1극 1상당의 전기자 홈수가 1인 권선을 집중권(concentrated winding)이라고 하는데 집중권은 전기자 표면의 이용률이 낮고, 유도기전력의 파형이 양호하지 않기 때문에 거의 사용되지 않는다. [그림 2-22]과 같은 분포권에 있어서 각 코일군을 구성하는 4개의 코일에 유도되는 기전력은 위상이 다르기 때문에 4개의 코일에 유도되는 기전력의 벡터 합이 되고 단자 S, F 사이의 유도전압은 각 코일군의 유도전압의 4배와 같게 된다. 이와 같은 권선법의 각 코일은 전부 같은 모양이므로 형권코일(former wound coil)을 사용하는데 편리하다.

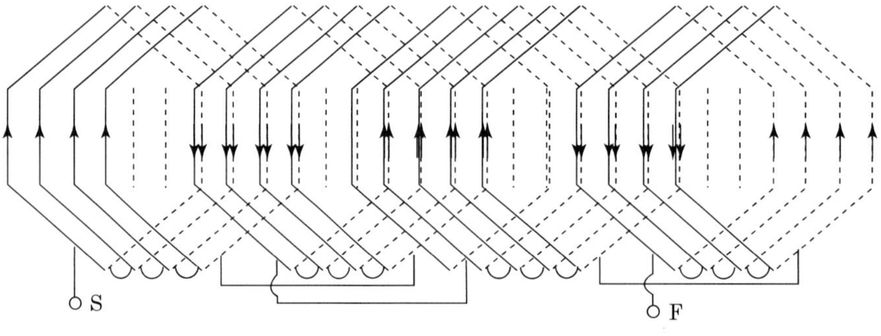

[그림 2-22] 단상 2층 중권(2)

(6) 2상 전절중권(two-phase full-pitch lap winding)

동일 전기자 표면상에 [그림 2-20]과 같은 단상권선 2개를 전기각으로 90° 띄워서 권선하면 2상 중권(two phase lap winding)이 된다. [그림 2-22]에서 1극당 홈수는 8개인데 그 중 4개의 홈에 [그림 2-20]과 같은 요령으로 A상 권선을 하고 나머지 4개의 홈에 같은 요령으로 B상 권선을 하면 2상 중권이 된다. [그림 2-22]는 B상의 권선법이 A상과 같기 때문에 B상은 생략하고 A상의 권선만 표시한 것이다. 이 권선법에서 1극 1상당 홈수는 4(4 slots per pole per phase)가 된다.

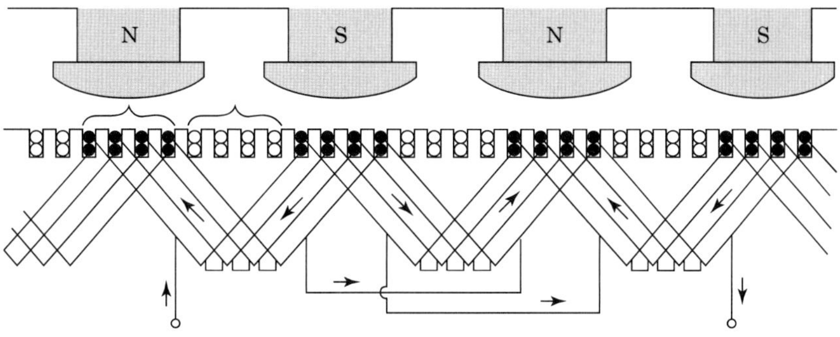

[그림 2-23] 2상 전절 2층 중권

[그림 2-23]에서 1극당 전기자 홈수는 8이므로 극간격(pole pitch)은 홈수로 8이고 각 코일에 있어서 2개의 코일변 사이의 거리, 즉 코일피치(coil pitch or coil span)도 홈수로 8이다. 이와 같이 코일피치가 극간격과 같은 권선을 전절권(full pitch winding)이라 하며 전절권에 있어서는 전기자의 각 홈에 들어있는 2개의 코일변은 항상 같은 상에 속하게 된다.

(7) 3상 전절중권(three–phase full–pitch lap winding)

동일 전기자 표면상에 [그림 2–21]과 같은 단상권선 3개를 전기각 120° 간격으로 권선하면 3상 중권(three phase lap winding)이 된다. [그림 2–24]에서 1극당 홈수는 12이므로 3상권선을 할 때 1극 1상당의 홈수는 4가 된다. 그러므로 1극당 4개의 홈에 [그림 2–24]과 같이 A상 권선을 하고 다음에 A상 권선으로부터 우측으로 8홈(8 slots)의 거리에 있는 홈을 1극당 4개씩 취하여 이 홈에 A상과 같은 권선을 하여 B상 권선으로, 다음에 B상 권선으로부터 우측으로 8홈의 거리에 있는 나머지 홈에 같은 권선을 하여 C상 권선으로 취하여 서로 연결할 경우 3상 전절중권이 된다.

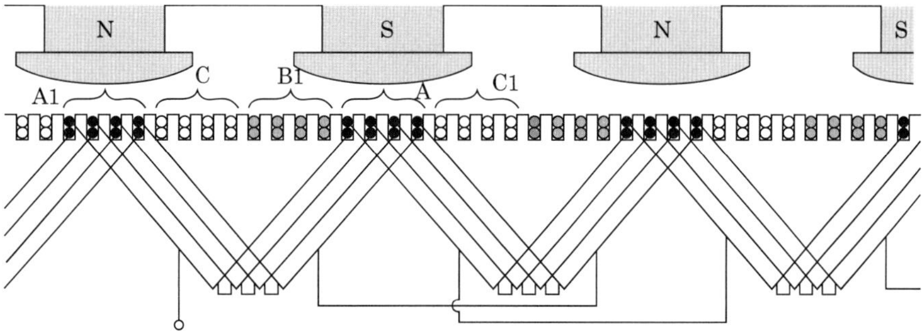

[그림 2-24] 3상 전절중권

이 권선에서 각 코일의 피치는 12홈으로서 극간격과 같기 때문에 전절권이 된 다. 그리고 극간격 12홈은 전기각 180°에 해당하므로 홈간격(slot pitch)은 180°/12=15°가 되며 A상, B상, C상 권선의 상호간격 8홈은 전기각으로 15°×8=120°가 된다.

[그림 2-24]에서 B상과 C상은 그 권선법이 A상과 같기 때문에 A상 권선만 표시하였으며 이 A상 권선은 코일 벨트(coil side belt) A_1에서 시작되었으므로 B상과 C상 권선은 각각 A_1의 상응 코일 벨트 B_1과 C_1에서 시작되어야 한다. 코일 벨트 C는 A_1의 우측으로 60° 거리에 있기 때문에 C상의 각 코일군을 직렬로 연결할 때 C가 A_1보다 240° 뒤지도록 C의 연결을 반대로 해야 한다. 이 권선도 전절권이기 때문에 각 홈에 들어있는 2개의 코일변은 같은 상에 속하게 된다.

(8) 3상 단절중권(three-phase fractional-pitch winding)

[그림 2-25]는 1극당 12홈을 가지고 있는 교류발전기의 극 2개와 전기자의 일부분을 나타낸 것이다.

이 전기자에 전절권을 하려면 모든 코일의 피치는 극간격과 같은 12홈(12 slots)이어야 한다. 그러므로 한 코일의 한쪽 코일변을 1번 홈의 상층에 넣으면 다른 코일변은 13번 홈의 하층에 넣어야 한다. 그런데 이 코일변을 11번 홈의 하층에 넣으면 코일피치는 10홈이 되어 극간격보다 작게 된다.

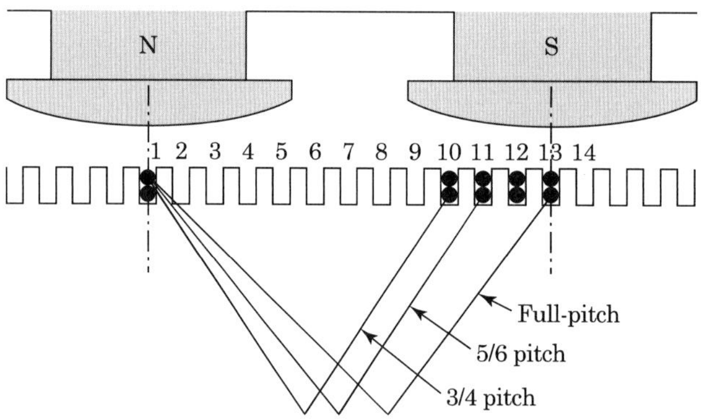

[그림 2-25] 전절코일과 단절코일

이와 같이 코일피치가 극 간격보다 작은 권선법을 단절권(fractional pitch winding or short pitch winding)이라고 하며 코일피치가 10홈일 때를 10/12, 즉 5/6 피치의 단절권이라 하고 코일피치가 9홈일 때를 9/12, 즉 3/4 피치의 단절권이라고 한다.

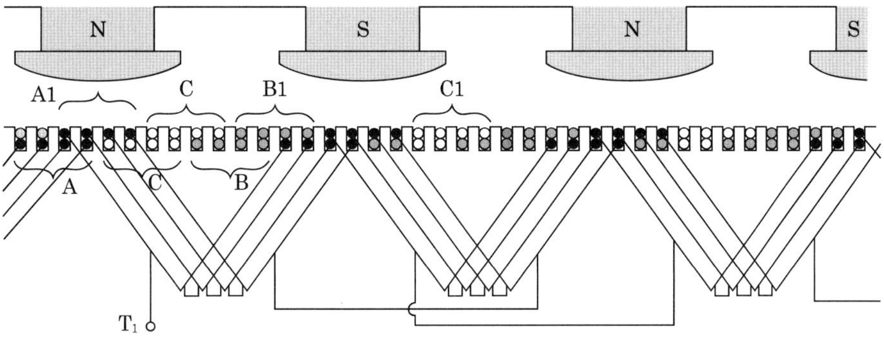

[그림 2-26] 3상 5/6피치 중권

[그림 2-26]에 3상 5/6피치 중권의 예를 나타내었다. 이 권선법은 [그림 2-24]의 전절권에서 전기자 홈의 상층 코일변은 그대로 두고 하층 코일변 만을 좌측으로 2홈 옮겨놓은 것이다. 따라서 극간격 12홈에 대해 코일피치가 10홈이므로 5/6피치의 단절권이다. 이 권선법은 각 상 벨트(phase belt) 중 2개의 홈만이 같은 상의 코일변 2개를 갖게 된다. 예를 들면 1번 홈과 2번 홈에는 B상과 A상의 코일변이 있고 3번 홈과 4번 홈에는 A상의 코일변만 있으며 5번 홈과 6번 홈에는 A상과 C상의 코일변이 삽입되어 있다. 이와 같이 어느 홈에는 각각 다른 상의 코일변이 배치되어 코일변 사이의 상호인덕턴스를 감소시키고 또 코일단(coil end)이 짧아지므로 누설자속이 줄어 권선의 인덕턴스가 감소된다.

교류발전기를 단절권으로 하면 한 코일의 양 코일변에 유도되는 기전력에 위상차가 생기기 때문에 한 코일의 유도전압은 전절권으로 했을 때보다 약간 감소하지만 코일단(coil end)의 동 재료가 절약되고 또 위에서 기술한 것과 같이 권선의 인덕턴스가 감소되며 3.4에서 설명되었듯이 유도전압의 파형이 개선되는 등의 장점이 있으므로 교류발전기는 보통 단절권으로 권선한다.

(9) 와권, 쇄권

중권은 코일단(coil end)이 서로 겹치게 되는데 이 코일단이 서로 겹치지 않도록 [그림 2-27](a)와 같이 전기자권선을 할 수 있다. 이 권선법은 [그림 2-27](b)와 같이 각 코일군을 구성하는 코일들이 나선형태로 연결되기 때문에 나권(spiral winding) 또는 동심권(concentric winding)이라고 한다.

이 권선법은 각 코일의 피치가 극간격보다 작다. 하지만 이 권선법은 단절권이라고 간주되지 않는다. 그 이유는 [그림 2-27](d)와 같이 전절중권으로 권선하였을 경우와 유도전압의 크기, 파형 등 전기적 특성이 똑같게 되기 때문이다. [그림 2-27](a)에서 코일의 안쪽에 비어있는 2개의 홈에도 권선을 할 수는 있지만 피치가 작기 때문에 유도전압에 별로 도움이 되지 못하므로 일반적으로 권선하지 않는다.

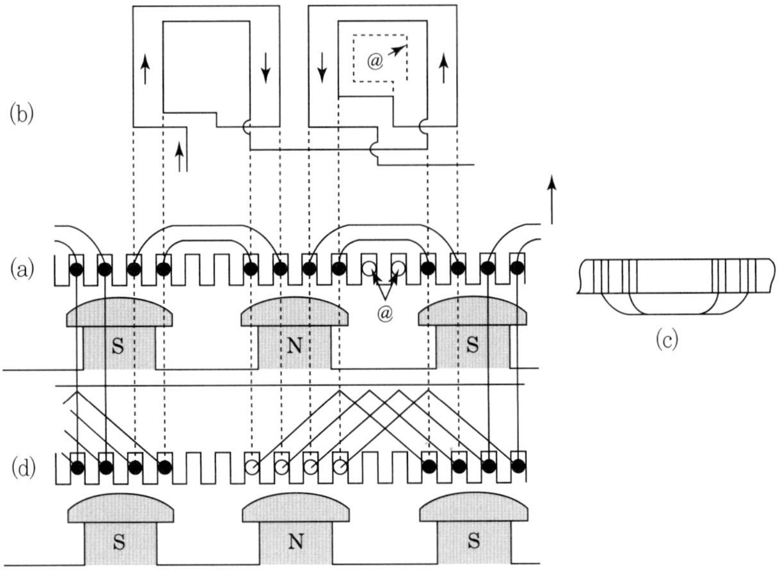

[그림 2-27] 단상와권과 등가인 단상중권

그리고 각 코일의 코일단은 [그림 2-27](c)와 같이 축에 수직인 동일 평면상에 오도록 코일변에 대해서 직각방향으로 굽힌다. 이것을 1단권(single range winding)이라고 한다. [그림 2-27](a), (b)는 단상와권을 나태 낸 것인데 3상의 경우에는 [그림 2-28]과 같이 각 상의 코일군들이 쇠사슬 모양으로 배치되므로 쇄권(chain winding)이라고도 한다.

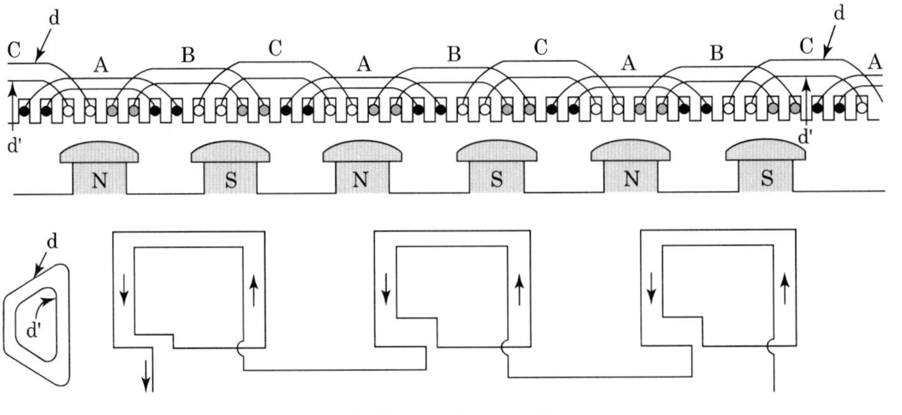

[그림 2-28] 3상 쇄권

[그림 2-28]에서 1극당 홈수는 6이므로 1극 1상당 홈수는 2가 된다. 그리고 권선할 경우에 각 상의 코일단이 서로 방해되지 않도록 코일단을 수직으로 구부려서 두 평면상에 2단으로 배치해야 한다. 이와 같은 권선을 2단 권선(two range winding)이라고 한다. 만약 [그림 2-28]과 같이 극수가 4의 배수가 아닐 경우에는 d, d' 코일과 같이 코일변이 하나는 길고 다른 하나는 짧은 사다리꼴 모양의 코일군이 하나 필요하게 된다. [그림 2-28]의 밑에는 B상의 전개도만 나타내어 있고 A상과 C상의 전개도는 생략되어 있다.

중권에서는 다이아몬드형의 한 가지 형권으로 권선할 수 있지만 쇄권에서는 여러 모양의 형권이 사용되는 결점이 있다. 하지만 권선법이 중권보다 간편하고 또 고장시에 코일의 교체도 대단히 용이하다. 그리고 또 쇄권은 코일단 사이에 상당한 공간이 생기므로 코일단에서 전기적인 파괴가 일어날 염려가 적다는 것이 큰 장점이다. 그러므로 쇄권은 고압발전기에 적합하다. 중권은 미국, 일본에서 많이 사용되고 쇄권은 유럽 특히, 독일에서 많이 사용되고 있다.

(10) 3상 결선법

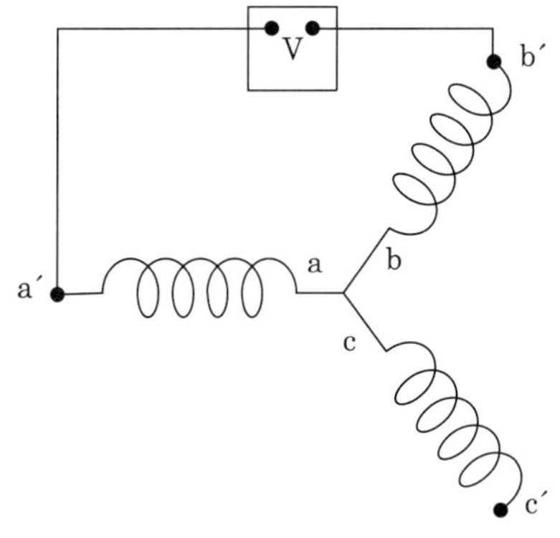

[그림 2-29] Y 결선법

교류발전기의 3상권선은 Y 결선으로 할 수도 있고 Δ 결선으로 할 수도 있다. 그런데 [그림 2-30]에서 볼 수 있듯이 3상기전력 중에 포함되어있는 제 3고조파 및 그 배수 고조파는 위상이 같기 때문에 3상권선을 Δ 결선으로 하면 이들 기전력이 단락되고 또 중성점을 이용할 수 없다.

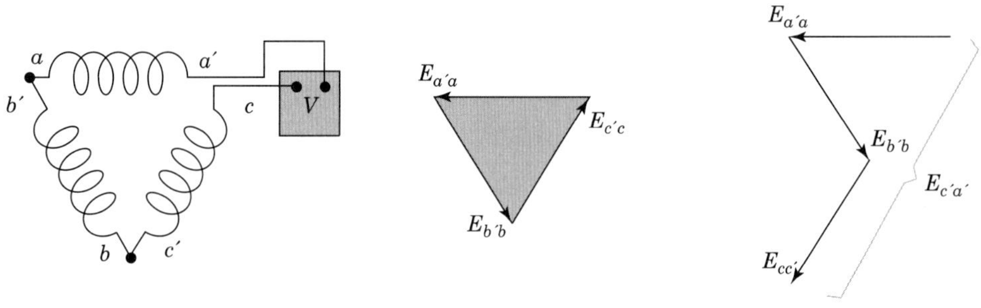

(a) (b) (c)

[그림 2-30] Δ 결선법

그러나 Y 결선으로 하면 제 3고조파 및 그 배수 고조파에 의한 순환전류가 통하지 않고, 선간전압의 파형이 개선되며 또 중성점도 이용할 수 있는 장점이 있기 때문에 3상 교류발전기는 대부분 Y 결선을 사용한다.

교류발전기에서는 각 상의 단자가 6개 나와 있는데 이것을 Y 또는 Δ로 결선할 때 상 관계에 대해서 주의해야 한다. [그림 2-29]에서 aa', bb', cc'를 3상발전기의 3상권선이라 하고 이것을 Y결선할 때에는 권선 aa'와 bb'의 단자 a, b를 먼저 연결하고 타 단자간의 전압 $E_{a'b'}$를 측정했을 경우 이 전압이 각 상전압의 $\sqrt{3}$배가 되어야 한다. 이 전압이 상전압과 같은 경우 aa', bb' 중 어느 한 상의 연결을 반대로 해야 한다. 다음에는 권선 cc'의 단자 c를 ab 점에 연결하고 b', c' 사이의 전압 $E_{b'c'}$와 a', c' 사이의 전압 $E_{a'c'}$를 측정했을 경우 이 전압이 모두 상전압의 $\sqrt{3}$배이어야 한다. 만약 이 전압이 상전압과 크기가 동일하면 권선 cc'를 역방향으로 연결해야 한다.

발전기의 3상권선을 Δ결선으로 하고자 할 때에는 [그림 2-30](a)와 같이 권선 aa'와 bb'의 단자 a, b'를 먼저 연결하고 타 단자 사이의 전압 $E_{a'b}$를 측정할 때 이 전압이 상전압의 크기와 같아야 한다.

만약 이 전압이 상전압의 $\sqrt{3}$배가 되면 aa', bb' 중 어느 한 상의 연결을 반대로 해야 한다. 다음에 권선 cc'의 단자 c'를 b에 연결하고 c, a' 간의 전압 $E_{ca'}$를 측정하였을 때 이 전압은 [그림 2-30](b)의 벡터도에 의해서 영이 되어야 한다. 이 전압이 영이 되면 단자 c와 a'를 연결하면 된다. 단자 c, a' 사이의 전압 $E_{ca'}$가 [그림 3-29](c)의 벡터도처럼 상전압의 2배가 될 수도 있는데 이때에는 권선 cc'를 역방향으로 연결해야 한다.

(11) 상간접속

상간접속은 3상발전기의 각상 권선을 접속하면 성형, 3각형, 지그재그성형, 2중 성형, 2중 3각형, 지그재그 3각형 등 6가지의 권선 방법이 있으며 1상의 권선을 똑같은 2조로 나누어 1조의 권선전압을 E[V], 각 권선의 전류를 I[A]라 하면 각 접속방법에 따른 선간전압, 선전류와 전력은 다음 표와 같다.

결선 \ 구분	선간전압	선전류	피상전력
Y결선	$2\sqrt{3}E$	I	$\sqrt{3}\times 2\sqrt{3}E\times I=6EI$
△결선	$2E$	$\sqrt{3}I$	$\sqrt{3}\times 2E\times\sqrt{3}I=6EI$
지그재그 성형	$3E$	I	$\sqrt{3}\times 3E\times I=3\sqrt{3}EI$
2중성형	$\sqrt{3}E$	$2I$	$\sqrt{3}\times\sqrt{3}E\times 2I=6EI$
2중3각	E	$2\sqrt{3}I$	$\sqrt{3}\times E\times 2\sqrt{3}I=6EI$
지그재그 3각형	$\sqrt{3}E$	$\sqrt{3}I$	$\sqrt{3}\times\sqrt{3}E\times\sqrt{3}I=3\sqrt{3}EI$

2.2 권선계수(winding factor)

유기기전력 유기 코일을 감는 형상과 상태에 따라 달라지므로 이와 같은 정수중 권선계수는 분포계수와 단절계수의 곱으로 나타내어 유기기전력을 나타내는 크기는 달라지게 된다.

(1) 분포계수(distribution factor)

매극매상의 슬롯수가 두 개 이상인 경우에는 슬롯 내부에 들어있는 코일에 유기되는 기전력의 위상이 다르므로 기전력의 산술합이 아닌 벡터합이 된다.

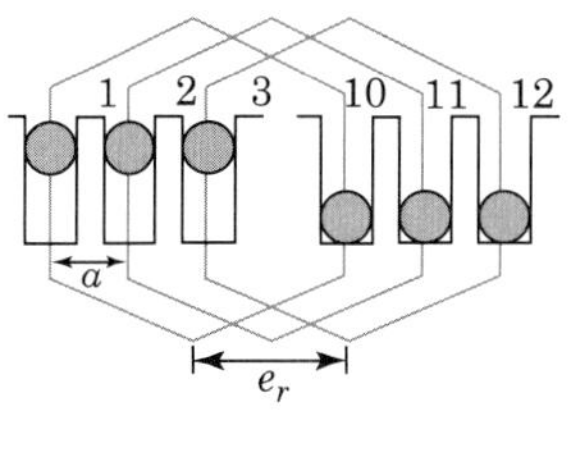

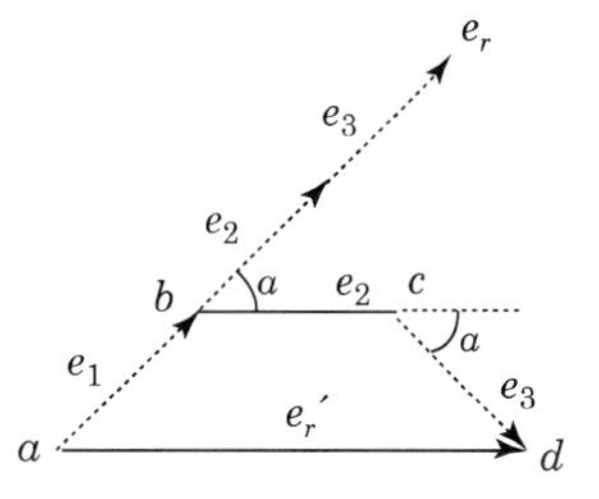

[그림 2-31] 분포계수

[그림 2-31](a)의 코일이 3개의 슬롯(slot)에 분포되어 있을 경우 이 매극 매상의 합성기전력 e_r'는 [그림 2-31](b)에서 $e_1=e_2=e_3=e$라 할 때 $e_r=e_1+e_2+e_3=3e$로 되지 않고 이 3개의 벡터합 $\overline{ad}$로 된다. 따라서, 합성기전력은 1상의 유도기전력 $E=4.44f\omega\phi$[V]의 값에 다음 정수값을 곱하면 된다.

$$k_d = \frac{\overline{ad}}{e_1 + e_2 + e_3} = \frac{e_r{}'}{3e} = \frac{e_r{}'}{e_r} \tag{2-5}$$

여기서, k_d를 분포계수(distribution factor)라고 한다.

만일, 상수 m, 매극 매상의 슬롯수 q, 슬롯 간격을 α라 하면 합성기전력은 각 코일변 유도기전력 e_1, e_2, ⋯, e_q의 벡터합이 되므로, 분포계수 k_d는 다음 식과 같이 된다.

$$k_d = \frac{e_r{}'}{e_1 + e_2 + e_3 + \cdots\cdots e_q} = \frac{e_r{}'}{qe} \tag{2-6}$$

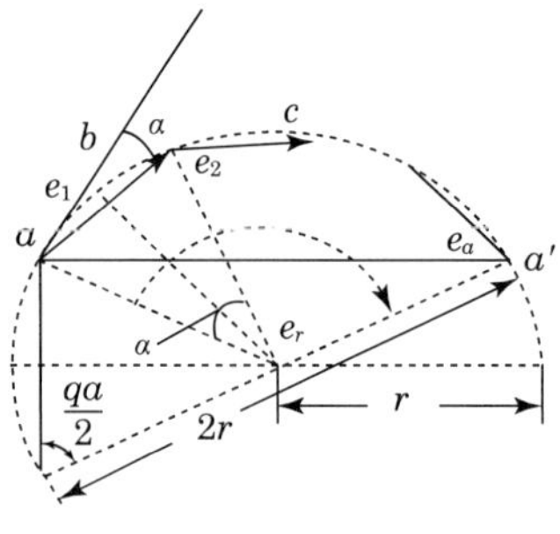

[그림 2-32] q개 슬롯 유기기전력

단, $e_1 = e_2 = \cdots = e_q = e$라 하고 [그림 2-32]에서 외접원 반지름 r, q개의 코일 유기기전력의 합 $e_r{}'$와 산술합 e_r의 크기는 식 (2-7)과 같이 된다.

$$\begin{aligned} e_r &= 2rq\sin\frac{\alpha}{2}\ (q \times \overline{ab}) \\ e_r{}' &= 2r\sin\frac{q\alpha}{2}\ (\overline{aa'}) \end{aligned} \tag{2-7}$$

식 (2-5)에 의해 기본적인 수식 (2-7)에 대입하여 분포계수 k_d를 구하면 다음과 같다.

$$k_d = \frac{2r\sin\frac{q\alpha}{2}}{2rq\sin\frac{\alpha}{2}} = \frac{\sin\frac{\pi}{2m}}{q\sin\frac{\pi}{2mq}} \tag{2-8}$$

여기서, $\alpha = \frac{\pi}{mq}$이며, 분포계수 k_d는 일반적인 수식이며 3상발전기에서 q값은 보통 3~7 정도이다. 또한, 고조파 차수를 m이라 하면 식 (2-9)와 같다.

$$k_d = \frac{\sin\frac{n\pi}{2m}}{q\sin\frac{n\pi}{2mq}} \tag{2-9}$$

분포권에서는 집중권에 비하여 합성 유도기전력은 감소되지만 기전력의 고조파가 감소하여 파형이 양호해지고 권선 누설리액턴스(reactance)가 감소되는 이점이 있고, 이것은 전기자 반작용감소를 의미하고 있다.

(2) 단절계수(short pitch fator)

[그림 2-33](b)에서 유도기전력 e_a 와 e_b 사이에 $(1-\beta)\pi$ 만큼 위상차가 생긴다. 따라서, 코일 양단에 나타나는 합성 유도기전력 e' 는 e_a 와 e_b 의 벡터 합이다.

여기서, $e_a = e_b = e$ 라 하고 $\frac{e_r'}{e_a + e_b} = k_s$ 를 구하면 다음 식 (2-10)과 같이 된다.

$$k_s = \frac{e_r'}{e_a + e_b} = \frac{e_r'}{2e} = \sin\frac{\beta\pi}{2} \tag{2-10}$$

$$e_r' = 2e\sin\frac{\beta\pi}{2}$$

고조파를 생각하면 식 (2-11)이 된다.

$$k_s = \sin\frac{n\beta\pi}{2} \tag{2-11}$$

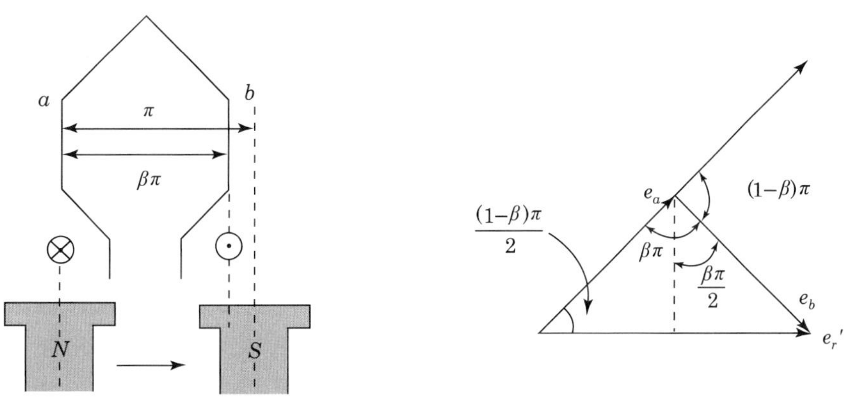

(a) (b)

[그림 2-33] 단절계수

여기서, $\beta = \dfrac{\text{코일피치}(=\text{권선피치})}{\text{극피치}(=\text{자극피치})} < 1$ 가 된다. 따라서, 동기기 전기자권선이 분포권과 단절권인 경우에 유도기전력은 다음 식 (2-12)가 같이 된다.

$$E = 4.44\,k_d\,k_s\,f\,N\phi = 4.44\,k_w\,f\,\omega\,\phi\ [\mathrm{V}] \qquad (2\text{-}12)$$

$k_w = k_d \cdot k_s$: 권선계수

예제 2-6

슬롯수 36의 고정자 철심이 있다. 여기에 3상, 4극의 2층권을 시행할 때 매극 매상의 슬롯수와 총 코일수는?

풀이

$$\text{매극매상 슬롯수} = \frac{\text{총 슬롯수}}{\text{상수}\times\text{극수}} = \frac{36}{3\times 4} = 3$$

$$\text{총 슬롯수} = \frac{\text{총 코일수}\times\text{코일층수}}{2} = \frac{36\times 2}{2} = 36$$

예제 2-7

3상 동기발전기의 매극, 매상의 슬롯수를 3이라 할 때 분포권 계수를 구하면?

풀이

매극매상당 슬롯수 $q=3$, 상수 $m=3$, 고조파 차수 $n=1$일 때 분포권 계수 k_d 는 다음과 같이 구할 수 있다.

$$k_d = \frac{\sin\dfrac{n\pi}{2m}}{q\sin\dfrac{n\pi}{2mq}} = \frac{\sin\dfrac{\pi}{2\times 3}}{3\times\sin\dfrac{\pi}{2\times 3\times 3}} = \frac{\dfrac{1}{2}}{3\sin\dfrac{\pi}{18}} = \frac{1}{6\sin\dfrac{\pi}{18}}$$

예제 2-8

단자전압 6600[V], 주파수 60[Hz]를 필요로 하는 성형결선 발전기의 한극의 발생 자속 0.2[Wb], 분포계수및 단절계수는 0.96, 0.98로 할 때 직렬권의 권선수는 얼마로 해야 하는가?

풀이

$E = 4.44K_w \cdot f \cdot N \cdot \phi$(단절, 분포권) [V]

$$\frac{6600}{\sqrt{3}} = 4.44 \times 0.96 \times 0.98 \times 60 \times w \times 0.2$$

$\therefore w = 76$회

예제 2-9

3상 동기발전기의 각 상의 유기기전력 중에서 제 5고조파를 제거하려면 코일간격/극간격을 어떻게 하면 되는가?

풀이

매고조파 차수가 $n = 5$이므로 단절권 계수 k_s는 다음과 같다.

$$k_s = \sin\frac{n\beta\pi}{2} = \sin\frac{5\beta\pi}{2}$$

그런데, 제 5고조파를 제거하기 위해서는 $\frac{5\beta\pi}{2} = k\pi$ 가 되면 (k = 0, 1, 2, …) sin은 0이 되고 고조파를 제거 할 수 있다. 따라서 β를 구하면,

$k = 0$일 때 $\beta = 0$

$k = 1$일 때 $\beta = \frac{2}{5} = 0.4$

$k = 2$일 때 $\beta = \frac{4}{5} = 0.8$

$k = 3$일 때 $\beta = \frac{6}{5} = 1.2$

따라서, 이 중에서 1보다 작고 가장 가까운 $\beta = 0.8$이 적당하다.

예제 2-10

6극 성형결선의 3상교류발전기가 있다. 1극의 자속수 0.16[Wb], 회전수 1000[rpm], 1상의 권회수 N=186, 권선계수 Kw=0.96이라 하면 단자전압[V]은 얼마인가?

풀이

주파수 $f = \frac{N_s \times P}{120} = \frac{1000 \times 6}{120} = 50\,[Hz]$

단자전압 $V = \sqrt{3}\,E = \sqrt{3}\,4.44\,K_w f N\phi$

$= \sqrt{3} \times 4.44 \times 0.96 \times 50 \times 186 \times 0.16$

$= 10985\,[\text{V}]$

예제 2-11

6극, 슬롯수 54의 동기기가 있다. 전기자코일은 제 1슬롯과 제 9슬롯에 연결된다고 한다. 기본파에 대한 단절계수를 구하라.?

풀이

$$K_p = \sin\frac{\beta\pi}{2} = \sin\frac{\frac{9-1}{54/6}\pi}{2} = \sin 80^\circ = 0.985$$

예제 2-12

6극 3상 60[Hz]의 교류발전기에 90개의 홈이 있을 때의 1극 1상의 홈수는?

풀이

$$q = \frac{\text{홈수}}{\text{극수} \times \text{상수}} = \frac{90}{6 \times 3} = 5[\text{홈}]$$

예제 2-13

10극 성형결선 3상교류발전기가 슬롯수 120, 코일피치 10인 분포권으로 되어 있을 때, 권선계수를 구하시오.?

풀이

$$\text{분포계수}(K_d) = \frac{\sin\frac{\pi}{2m}}{q\sin\frac{\pi}{2mq}} = \frac{\sin\frac{\pi}{2\times 3}}{4\sin\frac{\pi}{2\times 3\times 4}} = 0.958$$

$$q = \frac{s}{mP} = \frac{120}{3\times 10} = 4 \qquad \beta = \frac{\text{코일피치}}{\text{극피치}} = \frac{10}{12} = \frac{5}{6}$$

$$\text{단절계수}(K_P) = \sin\frac{\beta\cdot\pi}{2} = \sin\frac{\frac{5}{6}\cdot\pi}{2} = 0.966$$

$$\therefore \text{ 권선계수}(K_w) = K_d \times K_p = 0.958 \times 0.966 = 0.925$$

2.3 기전력의 파형개선

도체가 자속을 절단할 때 유도되는 기전력은 $e = Blv$로 자속밀도 B에 비례하므로 교류발전기에서 한 개의 전기자 도체에 유도되는 기전력의 파형은 공극의 자속분포 곡선과 같은 모양이 된다. 그런데 교류발전기의 자속분포곡선은 일반적으로 정현파가 아니며 특히 돌극형 발전기는 무부하시의 자속분포가 [그림 2-34]와 같이 상부가 편평한 곡선이므로 전기자 도체에 유도되는 기전력의 파형도 동일한 모양이 된다.

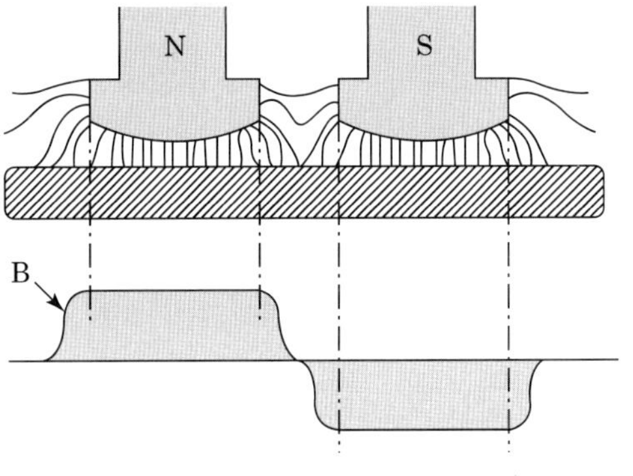

[그림 2-34] 돌극형 발전기의 공극 자속분포곡선

그런데 전기자 홈의 영향을 고려하면 자속분포곡선은 리플(ripple)이 생기게 되고 회전자가 회전할 때 자속의 중심축이 이동하므로 유도기전력 파형에도 리플이 생긴다. 그리고 또 부하시에는 전기자 자계 때문에 공극자속분포곡선이 왜곡되므로 유도기전력 파형도 왜곡(distort)되어 고조파 성분을 포함하게 된다. 그러나 교류발전기는 그 구조상 기전력의 (+)반파와 (−)반파가 상하 대칭이므로 그 기전력은 기수 고조파 성분만을 포함한다.

그러므로 기전력의 파형을 정현파로 개선하기 위해서는 이들 기수 고조파 성분을 제거 또는 감소시켜 주어야 하는데 이를 위해서 분포권과 단절권을 사용하고 또한 3상권선을 Y결선한다. 분포권과 단절권의 효과에 대해서는 이미 서술하였지만, 이것을 다시 다른 관점에서 파형개선 측면만을 고려해 보기로 하고 또한 Y결선의 효과에 대해서도 알아보기로 한다.

(1) 분포권의 효과

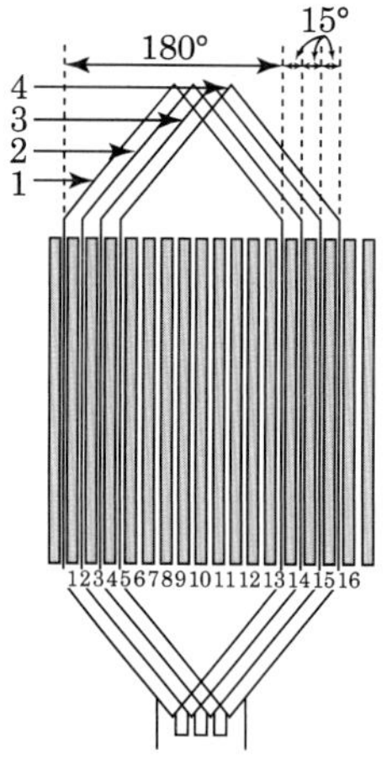

(a)

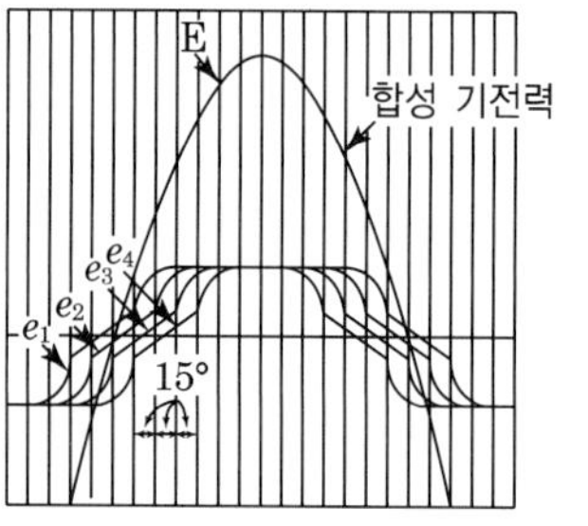

(b)

[그림 2-35] 분포권의 합성기전력

[그림 2-35](a)는 1극 1상당의 홈수가 4개인 3상교류발전기에서 A상 벨트에 속하는 한 개의 코일군을 표시한 것이다. 전절권으로 된 4개의 각 코일에 유도되는 기전력의 파형은 [그림 2-35](b)의 e_1, e_2, e_3, e_4와 같이 [그림 2-34]의 자속분포곡선과 같은 모양으로 된다.

이 때 홈 간격(slot pitch)은 180°/12=15°이므로 e_1, e_2, e_3, e_4는 그 위상이 차례로 15° 뒤지게 된다. 그런데 e_1, e_2, e_3, e_4 각 기전력은 상부가 편평한 파형이지만 이 4개의 코일은 직렬로 연결되어 있으므로 그 합성 기전력은 그림의 곡선 E와 같이 정현파에 대단히 가까운 파형이 된다.

(2) Y 결선의 효과

3상발전기에서 각 상 기전력의 위상차의 $2\pi/3$[rad]이 제 3고조파에 대해서는 $2\pi/3\times3=2\pi$[rad]가 되므로 [그림 2-36]에 나타낸 것과 같이 각 상에 포함되어있는 제3 고조파는 모두 동상이 된다. 따라서 3상권선을 Y결선하면 그 단자전압의 순시값 e_{ab}는 각 상전압의 순시값 e_a, e_b의 차($e_{ab}=e_a-e_b$)가 되어 제 3고조파 및 그 배수의 기수 고조파는 완전히 상쇄되므로 단자 간에는 나타나지 않게 되어 단자전압이 정현파에 가까운 파형으로 개선된다.

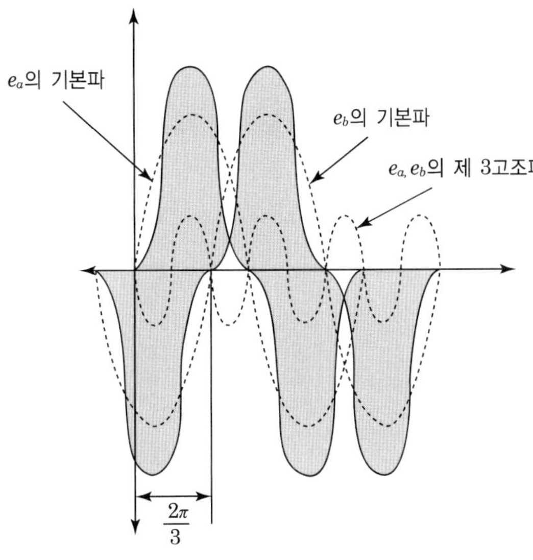

[그림 2-36] 3상기전력의 제 3고조파

(3) 단절권의 효과

[그림 2-37]에서 A를 공극의 자속분포곡선, B를 그 기본파, C를 제 5고조파라 하고 4/5피치의 단절권으로 권선한 전기자 코일의 양변을 a, b라 하면 a, b사이에 포함되는 제 5고조파의 면적은 정, 부의 값이 같으므로 그 합성은 항상 영이다.

즉, 이 코일은 그 위치에 관계없이 제 5고조파 자속과의 쇄교수는 영이 되므로 유도기전력 중에도 제 5고조파는 포함되지 않는다. 이와 같은 현상을 다음과 같이 설명할 수도 있다.

[그림 2-37]에서 그 위상에 관계없이 a, b 양 코일변이 절단하는 제 5고조파 자속은 같으므로 a, b 양 코일변에 유도되는 제 5고조파 기전력도 위상이 같다. 그런데 a, b 코일에 유도되는 합성 기전력은 양 코일변에 유도되는 기전력의 차이므로 제 5고조파 기전력은 서로 상쇄되어 a, b 코일의 단자간에는 나타나지 않는다. 이상과 같은 원리에 의해 전기자권선을 6/7 피치의 단절권으로 하면 그 코일에 유도되는 기전력 중에는 제 7고조파가 포함되지 않는다. 그러므로 전기자권선을 4/5 피치와 6/7 피치의 중간인 5/6 피치의 단절권으로 권선하면 제 5고조파와 제 7고조파가 완전히 제거되지는 않아도 대단히 감소되므로 기전력은 정현파에 가까운 파형으로 개선된다.

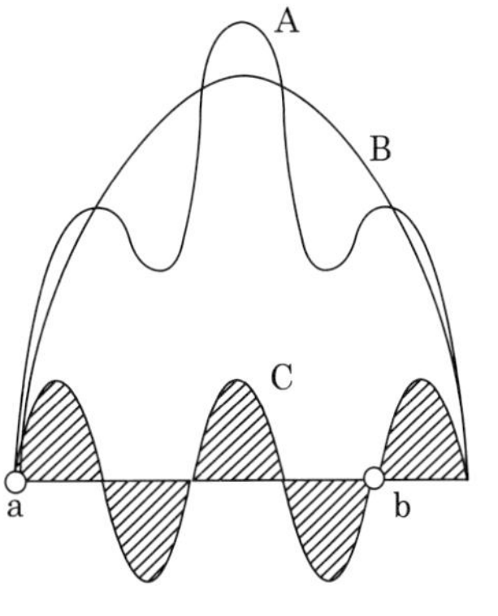

[그림 2-37] 제 5고조파

이상으로 유도기전력의 파형개선에 관한 사항을 종합해 보면 먼저 분포권을 사용함으로써 모든 고조파를 상당히 감소시키고 또한 3상권선을 Y결선함으로써 파형에 영향이 가장 큰 제 3고조파 및 그 배수의 기수 고조파인 제 9고조파 등이 완전히 제거되며 5/6 피치의 단절권을 함으로써 제 5고조파와 제 7고조파가 대단히 감소되므로, 공극의 자속분포곡선에 고조파가 함유되어 각 전기자 도체에 유도되는 기전력에 고조파가 존재하더라도, 발전기 단자간의 유도기전력은 고조파가 포함되지 않은 정현파 기전력이 된다.

(4) 분포 계자권선의 효과

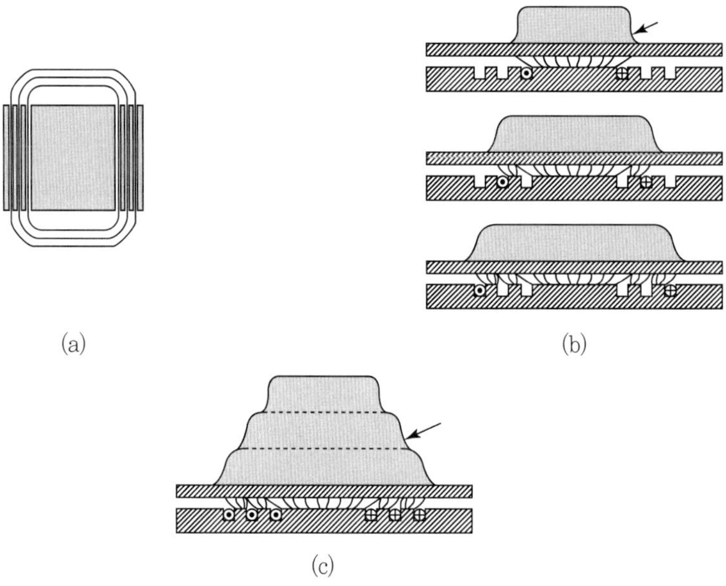

[그림 2-38] 분포 계자권선과 합성 자속

저속 디젤발전기나 수차발전기에 사용되는 돌극형 회전자는 자극의 여자권선이 단일 코일로서 집중권으로 되어 있다. 그러나 터빈발전기와 고속 디젤발전기에 사용되는 원통형 회전자는 자극의 여자권선이 [그림 2-38](a)와 같이 회전자의 표면에 분포되어 있다. [그림 2-38](a)는 나권(spiral winding)으로 한 것인데 중권(lap winding)으로 할 수도 있다. [그림 2-38](b)는 안쪽 코일, 중간 코일 및 바깥 코일이 각각 단독으로 작용하고 있을 때 공극에 만들어지는 자속분포곡선이다. 그리고 [그림 2-38](c)는 3개의 코일에 의한 총자속을 나타내며 그 분포곡선은 다소 정현파에 가까워지므로 이와 같은 형의 계자권선을 가진 교류발전기의 기전력은 돌극형 발전기의 기전력파형에 비해 일반적으로 정현파에 가깝다.

3 유기기전력의 크기

3.1 유기기전력

동기발전기에서 공극의 자속분포곡선을 [그림 2-39]의 B와 같은 정현파라 하고 그 자속밀도의 평균치를 B_a[Wb], 전기자 철심의 길이를 l[m], 내경을 D[m], 계자의 이동속도를 v[m/s]라 하면 한 개의 전기자 도체에 유도되는 기전력은 정현파가 되고 그 평균치는 다음 식 (2-13)과 같이 된다.

$$E_a = B_a l v \,[\mathrm{V}] \tag{2-13}$$

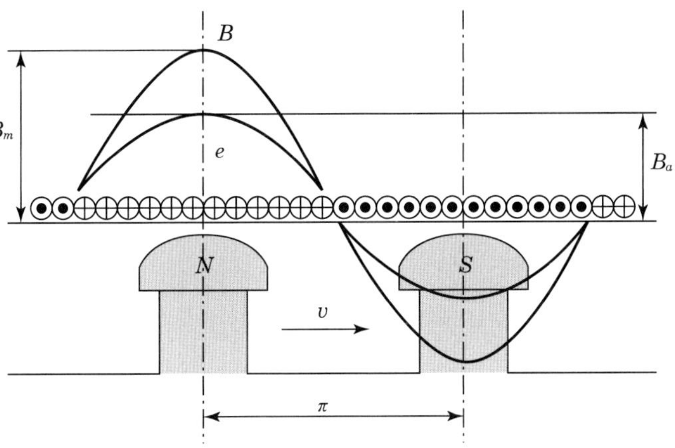

[그림 2-39] 유도기전력

1개의 전기자 도체에 유기되는 기전력의 순시값 e [V], 자속밀도 B [Wb], 전기자 도체 유효길이 l [m], 도체 이동속도 v [m/s]라 하면 다음 식(2-14)와 같이 나타낼 수 있다.

$$e = Bvl \,[\mathrm{V}] \tag{2-14}$$

$$v = \pi D n_s = \pi D \cdot \frac{N_s}{60} = \pi D \frac{1}{60} \frac{120f}{p} = \pi D \frac{2f}{p} \,[\mathrm{m/s}] \tag{2-15}$$

$$B = B_m \sin\omega t \,[\mathrm{Wb/m^2}] \tag{2-16}$$

식 (2-15)를 식 (2-14)에 대입하면, 식 (2-17)이 된다.

$$e = B\,v\,l = B\left(\pi D \frac{2f}{p}\right) l = 2f\,\frac{\pi D l}{p} B\,[\mathrm{V}] \tag{2-17}$$

B가 정현파형으로 변화하면, 기전력 e 도 정현파형으로 변화하며 이 기전력의 평균치를 E_{mean} 은 식 (2-18)과 같이 구할 수 있다.

$$E_{mean} = 2f\,\frac{\pi D l}{p} B_{mean}\,[\mathrm{V}] \tag{2-18}$$

여기서, $\dfrac{\pi D l}{p}$ 은 1차극 밑의 전기자 표면적으로 이것과 평균자속밀도 B_{mean} 과의 곱은 1극의 총 자속수를 ϕ 를 표시한다. 그러므로 $E_{mean} = 2f\phi[\mathrm{V}]$가 되며 실효치 E는 식 (2-19)과 같이 구해진다.

$$E = \text{파 형 률} \times E_{mean} = 2.22 \times f\phi[\mathrm{V}] \tag{2-19}$$

따라서, 코일의 각 변이 전기각도로 180^o만큼 떨어져 있고, 1극 1상당 슬롯수가 1인 경우 권수 N 이 되는 권선에 유기되는 기전력은 전부 동상이 되므로 전 기전력은 1개 도체 유기전압의 $2N$ 배가 된다. 즉 이러한 권선의 유기기전력 E는 다음 식과 같이 된다.

$$E = 4.44 f N \phi[\mathrm{V}] \tag{2-20}$$

그런데 동기기의 권선은 분포 단절권선으로 되어 있으므로 어느 1상에 직렬로 연결되어있는 각 도체의 기전력 사이에는 위상차가 생겨 그 합성 기전력은 식 (2-20)에 의한 계산값보다 적게 된다. 그러므로 집중 전절권선의 기전력의 식 (2-20)에 1보다 작은 계수 k_w 를 곱하면 식 (2-21)과 같이 구할 수 있다.

$$E = 4.44 k_w f N\phi\ [\mathrm{V}] \tag{2-21}$$

여기서, k_w 는 권선계수(winding factor)이다.

예제 2-14

동기발전기에서 극수 4, 1극의 자속수 0.062 [Wb], 1분간의 회전속도를 1800, 코일의 권수를 100이라고 하고, 이 때 코일의 유기기전력의 실효값[V]은? 단, 권선계수는 1.0이라 한다.

풀이

동기속도 $N_s = \dfrac{120f}{p}$ 에서, 주파수 $f = \dfrac{pN_s}{120} = \dfrac{4\times 1800}{120} = 60$ [Hz]

$\therefore$ 유기기전력 $E = 4.44\,k_w f\,\phi N$

$= 4.44\times 1\times 60\times 0.062\times 100 = 1651.6$ [V]

예제 2-15

60 [Hz] 12극 회전자 외경 2 [m]의 동기발전기에 있어서 자극면의 주변 속도 [m/s]는?

풀이

동기속도 $N_s = \dfrac{120f}{p} = \dfrac{120\times 60}{12} = 600$ [rpm]

$\therefore$ 속도 $v = \pi D n_s = \pi D\dfrac{N_s}{60} = \pi\times 2\times\dfrac{600}{60} = 62.8$ [m/s]

연 습 문 제

01 동기발전기의 전기자권선법 중 분포권과 집중권, 단절권과 전절권을 비교 설명하고 각각의 권선에 대한 기전력의 크기를 비교 설명하여라.

02 동기발전기의 기전력파형을 정현파로 하기 위해 전기자권선을 감는 방법에 대해 설명하고 제 3고조파, 제 5 고조파 …등이 발생을 억제하기 위한 방법에 대해 설명하여라.

03 동기발전기를 Y결선하여 사용하는 이유를 간단히 설명하여라.

04 권선계수와 주파수, 전압(유기기전력)은 어떤 상관관계를 가지고 있는가를 간단히 설명하여라.

05 동기발전기의 정격과 절연물 채용에 대하여 간단히 설명하여라.

06 4극 60 [Hz]의 3상 동기발전기가 있다. 회전자의 주변 속도를 200 [m/s] 이하로 하려면 회전자의 최대 지름을 약 몇 [m]로 하여야 하는가?

07 6극 60 [Hz] Y결선 3상 동기발전기의 극당 자속이 0.16 [Wb], 회전수 1200 [rpm], 1상의 권수 186, 권선계수 0.96이면 단자전압은?

08 3상 동기발전기의 단자전압이 6600 [V], 자극수 20, 슬롯수 180, 2층권이고 코일의 권수가 4라면 발전기의 1극당의 자속수[Wb]는? 단, 권선계수가 0.9이고 회전수는 360 [rpm]이며 전기자권선은 성형이다.

09 60 [Hz], 12극의 동기전동기 회전자계의 주변 속도[m/s]는? 단, 회전자계의 극 간격은 1 [m]이다.

4 전기자 반작용과 동기임피던스, 누설 리액턴스

4.1 전기자 반작용

전기자 반작용은 전기자전류, 전기자권선의 분포, 자기회로의 자기저항 등에 의해서 다를 뿐만 아니라 유도기전력과 전기자전류와의 위상관계, 즉 역률에 의해서도 크게 달라진다.

(1) 기전력과 동상인 전류에 의한 전기자 반작용

발전기의 유도기전력과 전류가 동상일 때, 즉 역률이 1일 때에는 [그림 2-40]과 같이 계자극의 바로 위에 있는 도체의 전류가 최대로 된다.

따라서 이 때의 전기자 기자력은 N, S 양극의 중간축에 최대값을 갖는 정현파에 가까운 분포로 되어 자극 회전방향의 자속을 감소시키고 반대방향의 자속을 증가시키는 작용을 하므로 공극에 있어서의 자속분포가 왜곡된다. 이 전기자 반작용은 계자자계의 작용축과 전기각으로 90°의 방향, 즉 횡축방향으로 작용하므로 교차자화작용(cross magnetizing action) 또는 횡축반작용(quadrature reaction)이라고 한다.

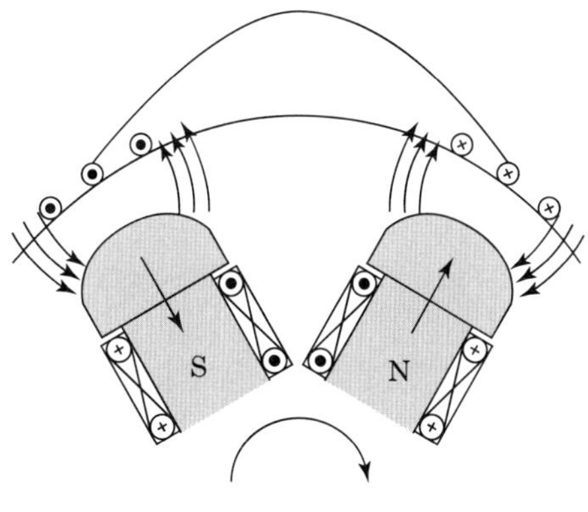

[그림 2-40] 역률이 1일 경우의 전기자 반작용

(2) 90° 늦은 전류에 의한 전기자 반작용

전류의 위상이 유도기전력보다 90° 뒤질 경우에는 전류와 자극과의 관계가 [그림 2-41]과 같이 된다.

[그림 2-40]의 유도기전력 최대값 위치로부터 계자가 전기각으로 90° 회전하여 [그림 2-41]의 위치에 왔을 때 기전력은 영이 되고 전류는 최대로 된다. 이 때의 전기자 기자력은 계자의 작용축, 즉 직축방향으로 작용하나 그 방향이 계자의 작용방향과 반대가 되어 계자자속을 약화시키므로 이 때의 전기자 반작용을 감자작용(demagnetizing action)이라고 한다.

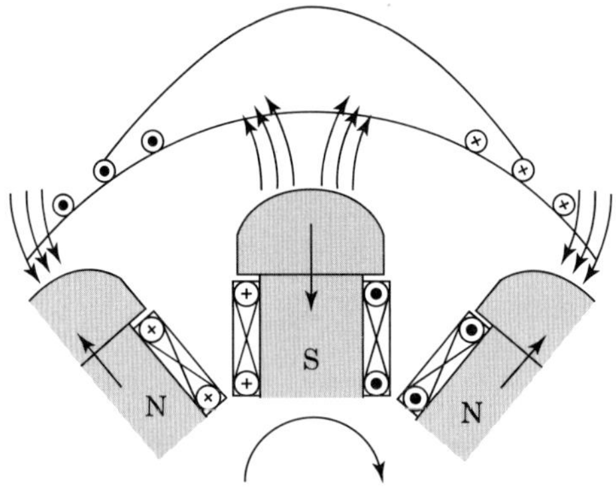

[그림 2-41] 역률이 0일 경우의 전기자 반작용(지역률)

(3) 90° 앞서는 전류에 의한 전기자 반작용

전류의 위상이 유도기전력보다 전기각으로 90°앞서 있을 때에는 [그림 2-42]와 같이 자극의 위치가 [그림 2-41]의 경우와는 전기각으로 180° 다르게 된다. 이 때의 전기자 기자력의 방향은 계자기자력의 방향과 완전히 일치하여 계자자속을 증가시키므로 증자작용(magnetizing action) 또는 직축반작용(direct reaction)이라고 한다.

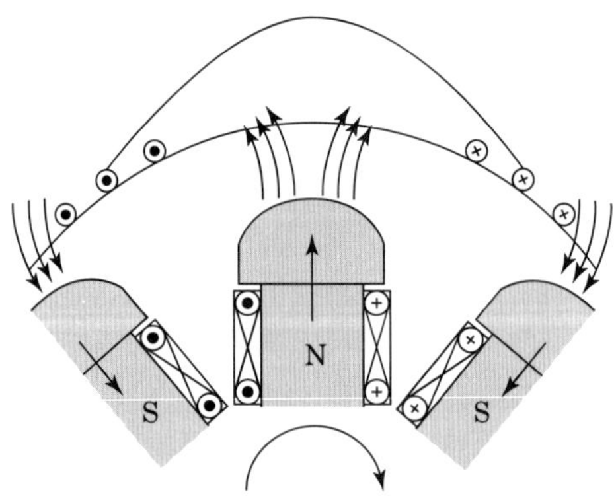

[그림 2-42] 역률이 0일 경우의 전기자 반작용(진역률)

4.2 동기임피던스, 동기리액턴스

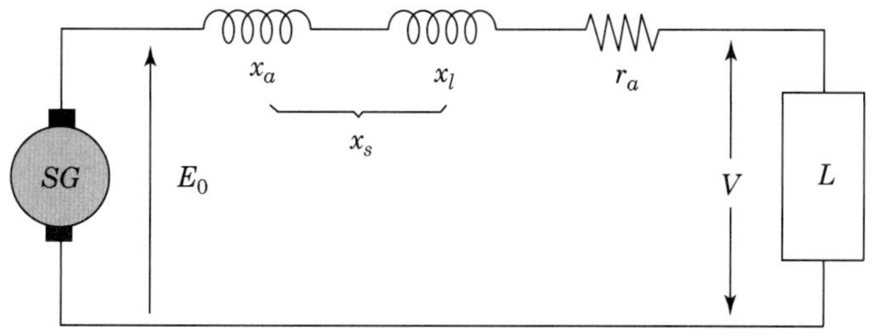

[그림 2-43] 등가회로

E는 내부기전력이고 E_0는 공칭 유도기전력을 나타낸다. E와 V와의 위상차 δ을 내부 상차각 또는 부하각으로 나타내고 단자전압을 나타내는 V[V]는 다음 식 (2-22)로 나타낼 수 있다.

$$V = E_o - I[r_a + j(x_l + x_a)] \text{ [V]} \qquad (2-22)$$

여기에서 늦은 역률인 경우는 $V < E < E_0$, $\phi > \varphi$(φ : 역률각)이므로 동기발전기에서 전기자 반작용에 의한 직축 반작용 즉, 주 자속을 감소시키는 감자작용을 하게 된다. 또한 앞선 역률인 경우는 $V > E > E_0$, $\phi > \varphi$(φ : 역률각)이므로 동기발전기에서 전기자 반작용에 의한 직축작용 즉, 자속을 증가시키는 증자작용을 하여 단자전압이 상승하는 상태로 된다. 또, 실제 전기자 누설 리액턴스 x_l, 가상적 리액턴스 x_a는 다음의 크기로 나타낼 수 있다.

$$x_a + x_l = x_s \qquad (2-23)$$

식 (2-23)에 의해 나타낸 x_s [Ω]를 동기리액턴스라 하고 동기발전기의 전기자권선저항 r_a [Ω]로 이루어지는 값을 다음과 같은 식 (2-24)으로 나타낼 수 있다.

$$r_a + jx_s = Z_s \qquad (2-24)$$

식 (2-24)에 나타낸 Z_s를 동기발전기의 동기임피던스(synchronous impedance)라 한다.

4.3 전기자 누설 리액턴스

전기자전류의 기자력에 의해서 생긴 자속 중 전기자권선만 쇄교하고 계자철심을 재료로 하지 않는 자속을 전기자 누설자속(armature leakage flux)이라고 하며 이것을 편의상 다음과 같이 3가지로 분류한다.

(1) 홈 누설자속(slot leakage flux)

이것은 [그림 2-44]에 있어서 ϕ_s와 같이 홈의 내부에서 전기자권선과 쇄교하는 자속을 말하는 것인데 이 누설자속은 전기자 치의 자기포화를 무시하면 전기자전류와 홈의 깊이에 비례하여 증가하고 홈의 폭이 커질수록 감소한다.

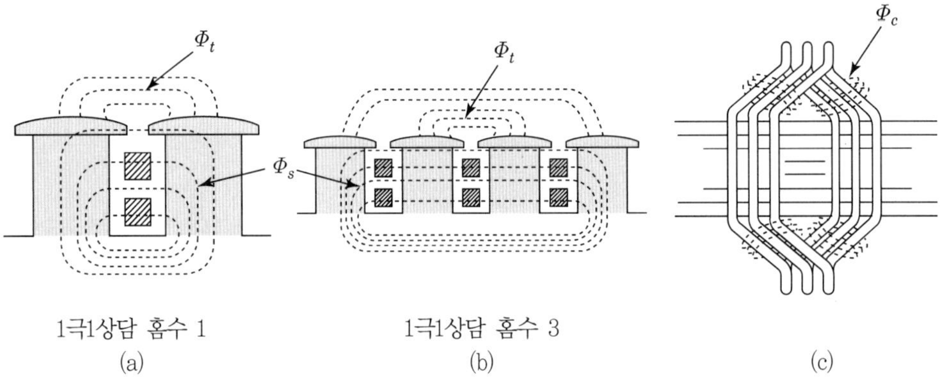

[그림 2-44] 전자자 누설리액턴스

(2) 치단 누설자속(tooth tip leakage flux)

이것은 [그림 2-44]의 ϕ_t와 같이 전기자 치에서 공극을 통하여 다시 전기자 치로 돌아오는 자속을 말한다. 이것은 자속과 홈과의 위치에 의해서 크게 변하는데 특히 공극이 작을 때 심하다. 이것을 공극 누설자속(air gap leakage flux)이라고도 한다.

(3) 코일단 누설자속(coil end leakage flux)

이것은 [그림 2-44]의 ϕ_c와 같이 전기자권선의 코일 끝(coil end)과 쇄교하고 있는 자속을 말하며 이것은 1극 1상당의 홈이 많을수록 또는 코일 끝이 길수록 많아진다.

이상과 같은 누설자속이 변화함으로써 생기는 자기 인덕턴스를 전기자 누설 인덕턴스 L_l[H]이라 하고 이것에 $2\pi f$를 곱한 $X_l = 2\pi f L_l [\Omega]$을 전기자 누설리액턴스라고 한다.

연 습 문 제

01 동기발전기의 회전수 및 여자전류가 일정할 때 부하전류가 앞선 전류인가 뒤진 전류인가에 따라 그 단자전압이 변하는 이유에 대해 설명하여라.

02 3상 동기발전기의 3상 평형 부하를 걸었을 때와 단상부하를 걸었을 때에 전기자 반작용은 주 자극에 어떤 영향을 미치는가를 설명하여라.

03 반작용을 비돌극기와 돌극기로 나누어 설명하고 그 영향과 대책에 대해서 설명하여라.

04 3상 동기발전기의 전기자 기자력이 회전자 자속과 동기속도로 회전되고 있음을 설명하여라.

5 동기발전기의 출력

5.1 비돌극기 출력

동기발전기는 동기속도로 회전해야 하므로 부하가 많이 걸려도 속도는 변화될 수 없다. 순간적으로 자극이 밀리는데 이와 같이 밀린 상태를 유지하면서 회전하는데 그 크기는 δ로 표시하고 V와 E 사이의 각도를 나타내며, 이와 같이 자극이 밀린각을 부하각(power angle)이라고 하고 전기각으로 나타낸다. 따라서, [그림 2-45]의 벡터도로 r_a와 x_s를 고려한 경우, 동기발전기의 출력을 구할 수 있다.

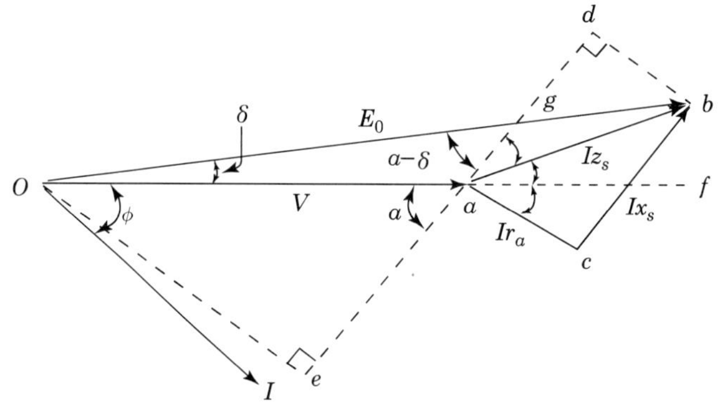

[그림 2-45] 비돌극기의 벡터도

(1) r_a와 x_s를 고려한 경우

$\angle oae = \angle cab = \alpha$ 라 놓으면,

$$\overline{ad} = \overline{de} - \overline{ae} \tag{2-25}$$

$$\overline{ad} = IZ_S \cos\phi \tag{2-26}$$

$$\overline{de} = E_o \cos(\alpha - \delta) \tag{2-27}$$

$$\overline{ae} = V \cos\alpha \tag{2-28}$$

여기서, $\alpha = \tan^{-1}\dfrac{x_s}{r_a}$ 로 나타낸다.

식 (2-25)에 식 (2-26), 식 (2-27), 식 (2-28)를 대입하면, 식 (2-29)를 구할 수 있다.

$$Z_s\, I\cos\phi = E_o \cos(\alpha - \delta) - V\cos\alpha \tag{2-29}$$

그러므로, 발전기 한 상의 출력은 $P = VI\cos\phi$ 이므로 식 (2-29)을 대입하면 다음 식과 같이 된다.

$$P = VI\cos\phi = \frac{VE_o}{Z_s}cos(\alpha - \delta) - \frac{V^2}{Z_s}cos\alpha \tag{2-30}$$

$\alpha = \tan^{-1}\dfrac{x_s}{r_a}$ 에서 전기자저항이 리액턴스에 비해 매우 작으므로 $x_s \gg r_a$가 되고 $\alpha \fallingdotseq \dfrac{\pi}{2}$ 즉, $Z_s \fallingdotseq x_s$가 되어 $\alpha = 0$가 된다. 따라서, 식 (2-30)의 두 번째 항은 0이 된다.

$$P = \frac{VE_0}{X_S}sin\delta \tag{2-31}$$

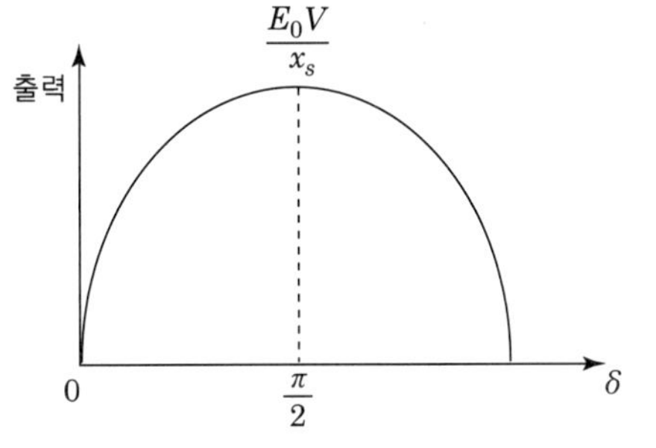

[그림 2-46] 출력파형

식 (2-31)에서 출력 P가 최대가 되려면 $\delta = 90^o$일 때이며, 보통 $\delta = 45^o$보다 작고 전부하시 $\delta = 20^o$ 부근에서 운전되고 여자전류가 일정할 때 V와 E_o는 일정하여 δ에 따라 비례하게 된다.

(2) r_a를 무시한 경우

비돌극기에서 동기발전기의 출력을 구할 때 전기자저항 r_a 를 무시한 경우의 크기는 [그림 2-47]의 벡터도로부터 구할 수 있다.

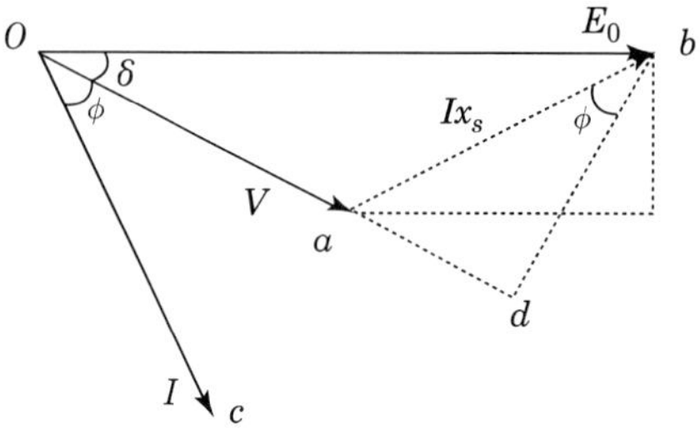

[그림 2-47] 돌극기의 벡터도

$\angle abd = \angle aoc = \varphi$라 놓으면

$$\overline{bd} = \overline{ob}\sin\delta = E_o\sin\delta \tag{2-32}$$

$$\overline{bd} = \overline{ab}\cos\varphi = I x_s \cos\varphi \tag{2-33}$$

식 (2-32)와 식 (2-33)의 $\overline{bd}$ 는 같은 크기이므로 다음 식과 같이 된다.

$$E_o\sin\delta = I x_s\cos\varphi \tag{2-34}$$

발전기 한 상의 출력은 $P = VI\cos\varphi$ 이므로 식 (2-24)에서 $VI\cos\varphi$ 를 구하여 발전기 출력식에 대입하면 다음 식과 같이 된다.

$$P = \frac{E_o V}{x_s} sin\delta \tag{2-35}$$

따라서, x_s 와 r_a 를 고려한 경우나 r_a 를 무시한 경우의 발전기의 출력은 거의 같은 크기의 출력식으로 나타나고 있음을 알 수 있고, 3상의 경우 전체 출력은 상전압과 선간전압 관계에 의해서 다음과 같이 나타낼 수 있다. 상전압 관계에서 $E_0 = \frac{E_{ol}}{\sqrt{3}}$, $V = \frac{V_l}{\sqrt{3}}$ 로 나타낸 경우에 3상 동기발전기 출력은 식 (2-36)과 같이 나타낼 수 있다.

$$P_3 = 3 \cdot \frac{E_{0l}}{\sqrt{3}} \cdot \frac{V_l}{\sqrt{3}} \cdot \sin\frac{\delta}{x_s} = \frac{E_{0l} V_l}{x_s} sin\delta \tag{2-36}$$

5.2 돌극기의 출력

동기발전기의 돌극기에서 전기자저항 r_a 를 무시한 경우 출력을 구해보면 [그림 2-48]과 같은 벡터도로 부터 다음과 같은 식들을 구할 수 있다.

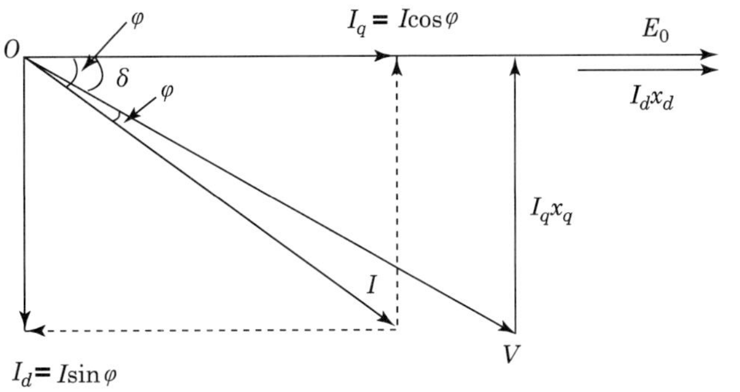

[그림 2-48] 돌극기의 벡터도

$$V\cos\delta = E_o - I_d x_d \tag{2-37}$$

$$V\sin\delta = I_q x_q \tag{2-38}$$

식 (2-37)과 식 (2-38)로부터 식 (2-39)와 식 (2-40)을 얻을 수 있다.

$$I_d = \frac{E_o V - V\cos\delta}{x_d} \tag{2-39}$$

$$I_q = \frac{V\sin\delta}{x_q} \tag{2-40}$$

여기서, x_d 는 직축 동기리액턴스이고 x_q 는 횡축 동기리액턴스라 한다.

동기발전기 한상 출력 P 는 $P = VI\cos\varphi = VI_q\cos\delta + VI_d\sin\delta$ 가 되므로 식 (2-39)와 식 (2-40)를 발전기 출력식에 대입하면 식 (2-41)로 나타낼 수 있다.

$$P = \frac{V^2}{x_q}\cos\delta + \left(\frac{E_o - V\cos\delta}{x_d}\right)V\sin\delta$$

$$= \frac{V^2}{x_q}\sin\delta \cdot \cos\delta + \frac{VE_o\sin\delta}{x_d} - \frac{V^2\sin\delta}{x_d} \cdot \cos\delta$$

$$= E_o\frac{V}{x_d}\sin\delta + \frac{V^2(x_d - x_q)}{x_q x_d} sin\delta$$

$$(\because \sin\delta\cos\delta = \frac{1}{2}\{\sin(\delta+\delta) + \sin(\delta-\delta)\} = \frac{1}{2}\sin 2\delta)$$

$$\therefore P = \frac{E_o V}{x_d}\sin\delta + \frac{V^2(x_d - x_q)}{2x_s x_q}\sin 2\delta \qquad (2\text{-}41)$$

[그림 2-49]는 E, V 를 일정하게 하고 부하각 δ 를 변화시켰을 때의 출력변화를 나타내고 있으며, 식 (2-41)의 제 1항곡선과 제 2항곡선을 나타내고 있으며 두 항의 합이 점선과 같이 나타나는데 $\delta = 60°$ 부근에서 최대출력을 나타내고 있으며 일반적으로 정격운전시 $\delta = 20°$ 부근에서 운전을 하고 있다. 결국 제 1항은 비돌극기 출력과 같고 제 2항은 돌극기 때문에 새로 들어온 항을 나타내고 있다.

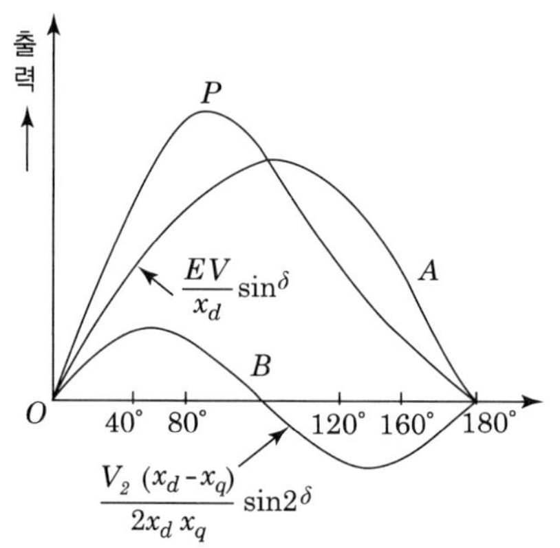

[그림 2-49] 돌극기의 출력파형

예제 2-8

동기리액턴스 $x_s = 10\,[\Omega]$, 전기자권선저항 $r_a = 0.1\,[\Omega]$, 유도기전력 $E = 6400$ [V], 단자전압 $V = 4000$ [V], 부하각 $\delta = 30°$ 이다. 3상 동기발전기의 출력[kW]은?

풀이

출력 $P = \frac{E\,V}{x_s} sin\delta = \frac{6400 \times 4000}{10} \times \sin 30° = 1280$ [kW]

6 동기발전기의 특성

6.1 동기발전기의 특성곡선

(1) 무부하 포화곡선

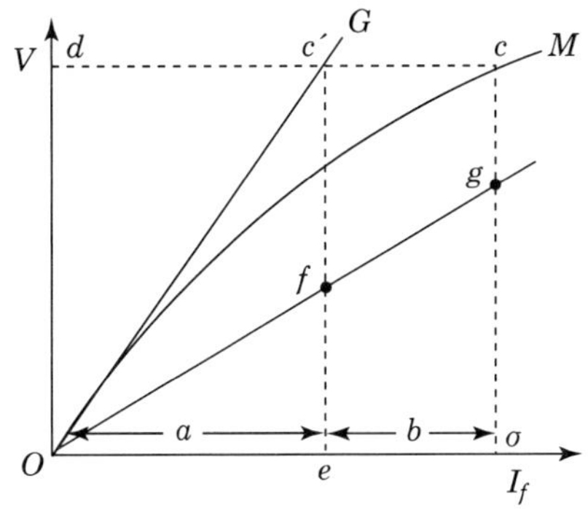

[그림 2-50] 무부하 포화곡선과 포화계수

발전기를 무부하로 하고 정격속도로 운전하여 계자전류를 0에서 서서히 증가시켰을 경우 유도기전력 E와 계자전류 I_f 와의 관계곡선을 나타낼 수 있는데 이 곡선을 무부하 포화곡선, 또는 무부하 특성곡선이라고 한다. [그림 2-50]에서 전압이 낮은 부분에서는 유기기전력이 계자전류와 비례하여 증가하지만 정격전압 가까이에서는 철심이 포화하여 자기저항이 커지므로 곡선이 되어 일정전압을 유지 하는데 필요한 계자전류는 증가하므로 [그림 2-50]의 OM 과 같이 포화곡선이 된다. 또한, 그림에서 OC 는 무부하 포화곡선의 직선부분을 연장한 것으로 공극선(air gap line)이라고 하며 무부하 포화곡선 OM 상에 점 c 를 정격전압 V_n [V]의 120 [%]를 취하여 점 c 에서 평행선을 그어 종축과 만난 점을 b 라 하면 다음 식과 같이 나타낼 수 있다.

$$\sigma = \frac{b}{a}\left(= \frac{\overline{cc'}}{\overline{dc'}}\right) \tag{2-42}$$

여기서, σ 는 포화율(saturation factor)이라고 하며 포화계수인 철심의 포화정도를 나타낸다.

$\overline{OG}$ 는 공극(air gap)에 요구되는 기자력과 유도기전력과의 관계를 나타낸 공극선(air gap line)을 나타낸다. [그림 2-50]에서 포화율 σ 는 전압 V 을 유도하기 위해서 필요한 기자력이 $a+b$ 이고, a 및 b 는 각각 공극(gap) 및 계철부분에 자속을 통과시키기 위해서 필요한 기자력이 된다. 자기회로의 포화가 크게되는 상태는 b 가 크게 되며 b 와 a 의 비를 갖는 포화의 정도를 나타낸다.

(2) 3상 단락곡선

3상 동기발전기의 중성선을 제외한 전단자를 단락하고 발전기를 정격속도로 운전하며 계자전류 I_f [A]를 0에서 서서히 증가시켰을 경우 계자전류 I_f [A]와 단락전류 I_s [A]와의 관계곡선을 3상 단락곡선이라고 하고 [그림 2-51]에서 OS 를 나타내는데 전류곡선이 거의 직선이 되는 이유는 $r_a \ll x_s$ 가 되므로 흐르는 전류는 전압보다 거의 $\pi/2$ 뒤진 전류가 되어 감자작용을 함으로써 자속밀도가 작아져 철심의 포화가 되지 않기 때문이다.

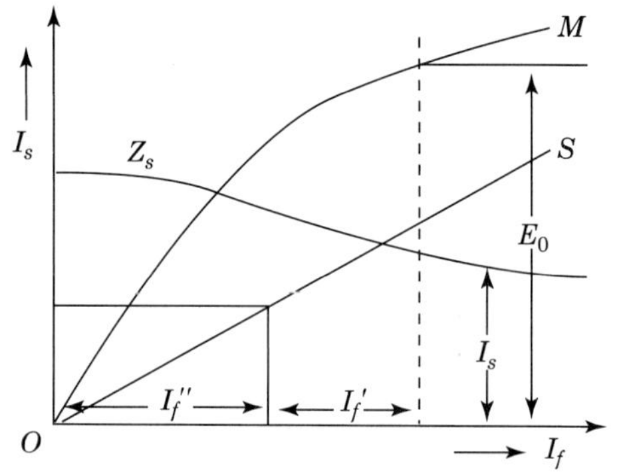

[그림 2-51] 단락곡선

[그림 2-51]에서 OM 은 무부하 포화곡선이고, OS 는 단락곡선이다. 무부하시 정격속도에서 정격전압 V_n [V]를 발생하는데 필요한 계자전류 I_f' [A]와 정격부하전류 I_n [A]와 같은 영구 단락전류를 흘리는데 필요한 계자전류 I_f'' [A]의 관계비를 단락비(short circuit ration)라고 하고 다음과 같이 나타낸다.

$$K_s = \frac{I_f'}{I_f''} \tag{2-43}$$

영구 단락전류 I_s [A]는 한상에 유기기전력 E_o [V]를 한 상에 동기임피던스 Z_s [Ω]로 나눈 것으로 다음 식 (2-44)와 같이 나타낸다.

$$Z_s = \frac{E_o}{I_s} \text{ 또는 } I_s = \frac{E_o}{Z_s} \tag{2-44}$$

동기리액턴스(synchronous reactance) $x_s = \sqrt{Z_s^2 - r_a^2}$ 로 포화하기 때문에 Z_s 는 일정한 값으로 되지 않지만 E_o 가 정격 상전압 V_n 에 같은 경우 Z_s 의 값을 취하는 것이 일반적이므로 동기임피던스라고 하는 것은 정격 상전압 E_n 과 정격전압 V_n 을 나타내는데 요하는 계자전류일 때의 단락전류 I_s [A]와의 비로서 구할 수도 있다.

동기임피던스는 어떤 계자전류 I_f 에 대한 무부하 단자전압 V_l 의 $\frac{1}{\sqrt{3}}$ 을 같은 I_f 에 대한 단락전류 I_s [A]로 나누면 1상의 동기임피던스가 된다. 이 z_s 는 무부하 포화곡선이 직선이 되는 곳은 일정한 값이 되지만, 포화곡선 부분에서는 일정하지 않고 철심이 포화할 수록 작아진다. $z_s = \frac{cd}{\sqrt{3}} \times \frac{1}{fd}$ 동기임피던스 z_s 를 %로 나타낼 수 있다. 정격전류 I_n 이 흐른다면 임피던스 강하 $I_n z_s$ 와 $\frac{V_n}{\sqrt{3}}$(1상 정격전압)의 비를 %로 나타낸 것이며 이것을 $z_s{}'$ 라하면 다음 식과 같이 나타낸다.

$$z_s{}' = \frac{z_s I_n}{V_n} \times 100 = \frac{I_n}{I_s} \times 100 = \frac{1}{K_s} \times 100 \ [\%] \tag{2-45}$$

여기서, $Z_s{}'$ 를 %동기임피던스(percentage synchronous impedance)라 한다. 따라서 단락비는 수차발전기인 경우 0.9~1.2 정도, 터빈 발전기인 경우 0.6~1.0 정도, 전압변동률이 양호하고 선로의 충전용량이 큰 것이 요구되는 경우에는 1.5~2.5 정도에 크기를 갖는다.

(3) 부하 포화곡선(load saturation curve)

동기발전기를 정격속도로 운전하여 일정역률, 일정부하를 걸었을 때 단자전압 V 와 계자전류 I_f 와의 관계곡선을 부하 포화곡선(load saturation curve)이라 하고 일정역률에 대한 그 역률 하에서의 전부하 포화곡선이라 하고 [그림 2-52]은 각각 역률이 0(lagging), 0.8(lagging), 1.0의 정격전류에 대한 전부하 포화곡선이다.

여기에서 $\overline{O'N}$ 은 영역률(零力率) 부하 포화곡선을 나타내고 있다.

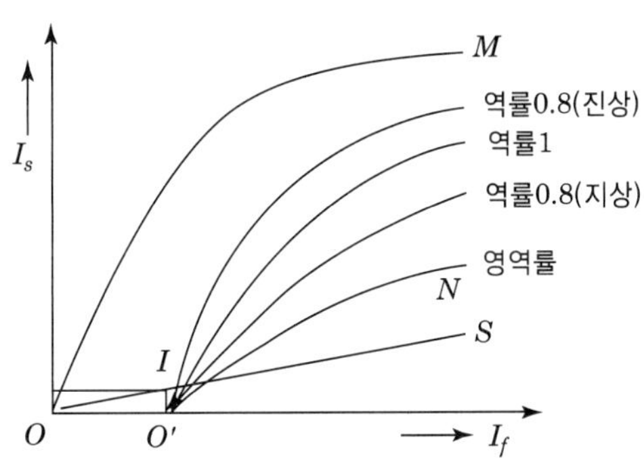

[그림 2-52] 부하 포화곡선

(4) 외부 특성곡선

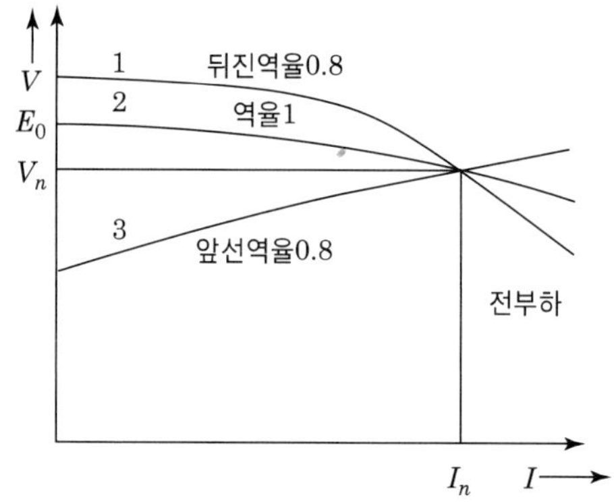

[그림 2-53] 외부특성곡선

발전기를 정격속도로 운전하고 정해진 정격전류를 흘릴 경우에 정격전압이 되게 계자전류를 정하여 일정역률의 부하로, 여자전류 I_f 을 어떤 일정한 값으로 유지하면서 부하전류 I를 변화한 경우 단자전압 V와 부하전류 I와의 관계곡선을 외부 특성곡선이라 한다.

[그림 2-53]에서 부하가 증가하면 단자전압이 현저하게 감소하는 늦은 역률의 부하를 가진 경우로 곡선 1로 주어지고 곡선 3은 앞선 역률의 경우로서 단자전압이 증가하는 상태를 나타내고 있다. 또한 곡선 2는 역률 1일 때의 경우로서 단자전압이 완만한 상태의 감소를 갖는 편이다.

6.2 포티에 벡터도(Potier Vector Diagram)

포티에 벡터도(potier vector diagram)를 얻기 위해서는 전기자 반작용 기자력 A와 전기자 누설리액턴스 X_l을 알아야 하는데 전기자 반작용 기자력 A는 계산식에 의해 구할 수 있고, 전기자 누설리액턴스 X_l은 실험적으로 구할 수 있다.

[그림 2-54]은 동기발전기의 한 상에 대한 벡터도인데 이 벡터도는 전기자 반작용 기자력 A와 전기자 누설리액턴스 X_l을 알면 다음과 같이 그릴 수 있다.

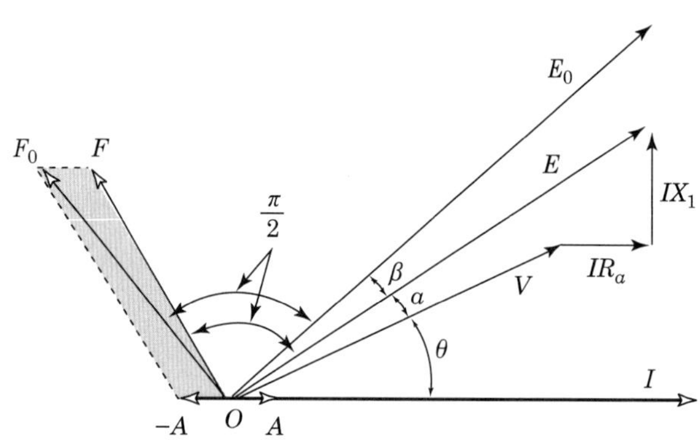

[그림 2-54] 포티에 벡터도

즉, 한 상에 대한 정격 단자전압 V, 정격 상전류 I 및 역률 $\cos\theta$가 주어지면 벡터 V와 I를 그리고 전기자저항에 의한 전압강하 IR_a와 전기자 누설리액턴스에 의한 전압강하 IX_l을 단자전압 V에 벡터적으로 합하면 부하시의 유도기전력(load induced emf) E를 구할 수 있다. 이 기전력을 유도하는 자속의 기자력 F는 위상이 E보다 90° 앞서고 그 값은 무부하 포화곡선상에서 기전력 E에 대응하는 값이다. 전기자전류 I와 동상인 전기자 기자력 A와 계자기자력 F_0의 벡터 합성이 기전력 E를 유도한 기자력 F이므로 계자기자력 F_0는 F에 $-A$를 벡터적으로 합성함으로써 구할 수 있다. 이 계자기자력 F_0에 의해 유도되는 무부하 유도기전력(no load emf) E_0는 위상이 F_0보다 90° 뒤지고 그 값은 무부하 포화곡선상에서 기자력 F_0에 대응하는 값이 된다.

6.3 동기임피던스법

[그림 2-54]을 보면 지전류인 경우 전기자 누설리액턴스와 전기자 반작용이 교류발전기의 단자전압을 감소시키는 작용을 한다는 것을 알 수 있다. 그런데 자기포화를 무시할 수 있고 원통형 회전자와 같이 공극이 균일하면 전기자 누설리액턴스에 의한 전압강하와 전기자 반작용에 의한 전압강하는 전기자전류에 비례하게 된다. [그림 2-55]은 [그림 2-54]과 똑같은 벡터도인데 전기자 기자력 A가 단독으로 작용하고 있다고 하면 그 자속은 A보다 위상이 90° 뒤진 기전력 Oa'를 유도할 것이다. 그러므로 계자기자력 F_0와 전기자 기자력 A와의 합성기자력 F에 의한 유도기전력 E는 계자기자력 F_0에 의한 유도기전력 E_0와 전기자 기자력 A에 의한 유도기전력 Oa'와의 벡터 합과 같다. 그러므로 [그림 2-55]의 ba는 전기자전류 I에 수직이 된다.

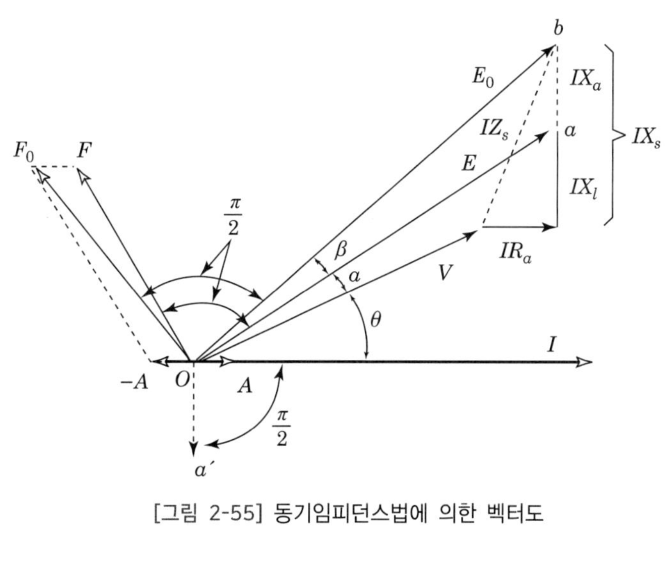

[그림 2-55] 동기임피던스법에 의한 벡터도

그런데 누설리액턴스에 의한 전압강하 IX_l은 전기자전류 I보다 위상이 90° 앞서므로 IX_l과 전기자 반작용에 의한 전압강하 ab는 일직선상에 있고 다 같이 전기자전류 I에 비례하므로 ab를 일종의 리액턴스 전압강하로 대치할 수 있으며 이것을 IX_a라 하면 전기자 반작용에 의한 전압강하와 누설리액턴스에 의한 전압강하의 합은 다음 식 (2-46)과 같이 표현할 수 있다.

$$IX_a + IX_l = I(X_a + X_l) \equiv IX_s \qquad X_s = X_a + X_l \tag{2-46}$$

여기서 X_a를 전기자 반작용의 등가리액턴스라 하고 X_a와 누설리액턴스 X_l과의 합 X_s를 동기리액턴스(synchronous reactance)라고 한다.
동기리액턴스에 전기자권선의 저항을 벡터적으로 합한 것을 동기임피던스(synchronous impedance)라고 한다. 그러므로 전기자권선의 실효저항을 R_a라 하면 동기임피던스 Z_s는 다음 식 (2-47)과 같이 된다.

$$Z_s = \sqrt{R_a^2 + X_s^2} \tag{2-47}$$

그러나 보통 전기자권선의 저항은 동기리액턴스에 비해서 무시할 수 있을 정도로 작으므로 동기임피던스를 동기리액턴스와 같다고 보는 경우가 많다.
이상에서 전기자 반작용과 누설리액턴스가 발전기의 단자전압에 끼치는 작용이 대단히 유사한 점을 이용하여 전기자 반작용을 등가리액턴스로 대치하여 실제의 누설리액턴스와 합성한 것을 동기리액턴스라 하고 이 동기리액턴스와 전기자저항과의 벡터합성을 동기임피던스로 간주하는 방법을 동기임피던스법(synchronous impedance method)이라고 한다.
그런데 동기리액턴스는 실험적으로 구할 수 있으므로 부하시의 유도기전력 E 값을 모르더라도 무부하시의 유도기전력 E_0는 다음 식 (2-48)과 같이 구할 수 있다.

$$E_0 = \sqrt{(V cos\theta + IR_a)^2 + (V sin\theta + IX_s)^2} \tag{2-48}$$

무부하시의 유도기전력 E_0를 계자기전력(field electromotive force) 또는 공칭 유도기전력(nominal electromotive force)이라고 한다.
식 (2-48)은 늦은 역률일 때 단자전압으로부터 무부하시의 유도기전력을 구하는 식인데 앞선 역률일 때에는 다음 식과 같이 IX_s의 부호가 반대로 된다.

$$E_0 = \sqrt{(V\cos\theta + IR_a)^2 + (V\sin\theta - IX_s)^2} \tag{2-49}$$

이와 같이 동기리액턴스를 구하여 무부하시의 유도기전력을 식 (2-48), 식 (2-49)에 의해 계산함으로써 동기발전기의 전압변동률을 구하는 방법을 동기임피던스에 의한 방법이라고 한다.

6.4 동기리액턴스 구하는 방법

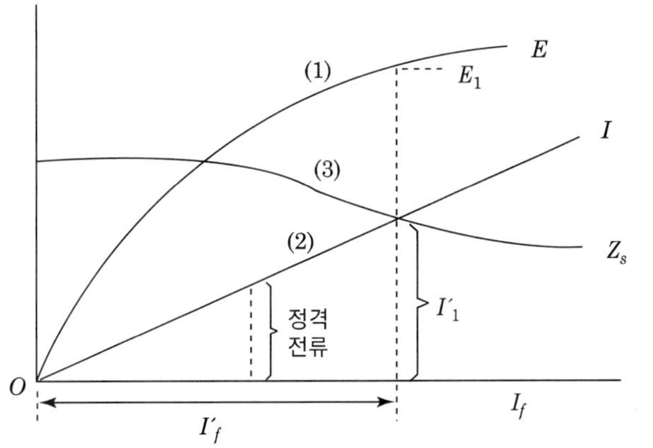

[그림 2-56] 교류발전기의 무부하 특성과 단락 특성

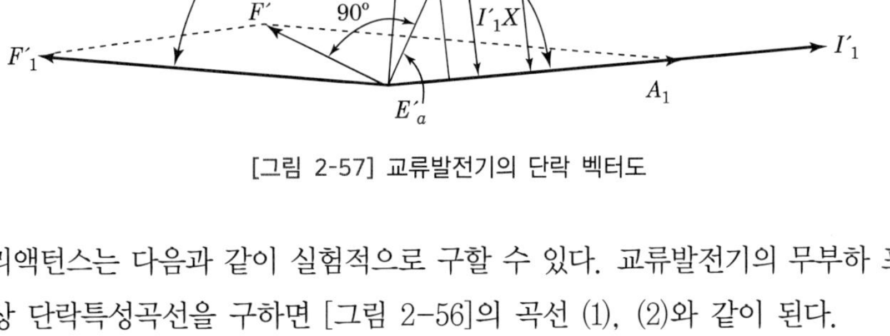

[그림 2-57] 교류발전기의 단락 벡터도

동기리액턴스는 다음과 같이 실험적으로 구할 수 있다. 교류발전기의 무부하 포화곡선과 3상 단락특성곡선을 구하면 [그림 2-56]의 곡선 (1), (2)와 같이 된다.

단, 유도기전력 E와 3상 단락전류 I는 편의상 한 상에 대한 값으로 표시하고 단락전류는 정격전류의 약 2배가 될 때까지 구한 것으로 한다.

그림에 의하면 계자전류 I_f'에 대해서 개로시의 유도기전력은 E_1이며 단락시에는 단락전류 I_1'가 통하고 단자전압은 영이 된다. 단락 시에는 전기자 반작용 때문에 E_1은 거의 없어지고 실제로 유도되는 기전력은 [그림 2-57]의 E_a'와 같이 된다. 그러나 전기자 반작용을 리액턴스 전압강하로 대치한다면 기전력 E_1은 2전기자의 동기임피던스를 통해서 전류 I_1'을 통하게 하는데 전부 소요된다고 생각할 수 있다. 즉, $E_1 = I_1'Z_s$가 되어 교류발전기가 단락되었을 때의 벡터도는 [그림 2-57]과 같이 된다. 이 때 동기임피던스 전압강하 $I_1'Z_s$는 전기자 실효저항 R_a에 의한 전압강하 $I_1'R_a$와 전기자의 동기리액턴스 X_s에 의한 전압강하 $I_1'X_s$의 두 성분으로 되어 있으며 다음 식 (2-50)과 같이 표현된다.

$$Z_s = \frac{E_1}{I_1'} \qquad X_s = \sqrt{Z_s^2 - R_a^2} \fallingdotseq Z_s \tag{2-50}$$

동기리액턴스의 값은 철의 자기포화 정도에 의해서 크게 달라진다. 예를 들면 자속밀도가 낮을 때에는 철이 자기로 포화되었을 때보다 전기자 기자력이 자기회로에 큰 영향을 끼치게 되므로 동기리액턴스는 커질 것이다. 그런데 단락시에는 철이 낮은 자속밀도 상태에 있기 때문에 위와 같이 구한 동기리액턴스는 너무 커질 것이다. 동기리액턴스가 변화하면 동기임피던스도 변하게 되며 계자전류에 따르는 동기임피던스의 변화상태는 [그림 2-56]의 곡선 (3)과 같이 철이 자기로 포화될수록 동기임피던스는 감소하게 된다.

이와 같은 곡선을 동기임피던스 곡선(synchronous impedance curve)이라고 한다. 발전기가 운전중에는 단락시험시보다 자기로 포화되어 있기 때문에 동기임피던스를 발전기 운전상태에 있어서의 값에 접근시키기 위해서는 I_1'와 같이 가능한 한 최대단락전류에 대해서 동기임피던스를 구하는 것이 필요하다.

이상의 설명과 같이 단락시험에 의해서 결정한 동기임피던스의 값은 실제보다도 크게 되고 따라서 이것을 사용하여 계산한 전압변동률도 실제보다 크게 된다.

즉, 동기임피던스 Z_s는 자기회로의 포화상태에 따라 달라지므로 일반적으로 동기임피던스라고 하면 정격 상전압 E_1과 이것을 유도하는데 필요한 여자전류에 대한 3상 단락전류 I_1'과의 비를 의미한다. 이 때 동기임피던스의 단위는 [Ω]이다.

동기임피던스를 [Ω]으로 표시하지 않고 정격전류에 대한 동기임피던스 강하 IZ_s와 정격 상전압 E_1과의 비를 백분율로 표시하기도 하는데 이것을 백분율 동기임피던스(percentage synchronous impedance)라 하며 널리 사용되고 있다. 이 백분율 동기임피던스는 단락비의 역수를 백분율로 표시한 것과 같다. 예를 들면 단락비 $K_s = 0.8$인

발전기의 백분율 동기임피던스 Z_s'는 단락비의 역수인 125[%]이며 단자전압 100[%]에 대해서 동기임피던스 강하는 125[%]가 된다.

예제 2-8

단락비가 큰 기계의 특징은?

풀이

- 전기자권선의 감은수가 작아 계자자속 수가 크고 공극이 크다.
- 동기임피던스가 작고 전기자반작용이 작다.
- 무부하 송전선로의 충전용량이 크다.
- 계자자속이 커서 공극이 크므로 기계가 커진다

예제 2-10

정격출력 10,000 [kVA], 정격전압이 6600 [V], 동기임피던스가 매상 3.6[Ω]인 3상 동기발전기의 단락비는?

풀이

%동기임피던스 $z_s = \dfrac{I_n \cdot z_s}{E_o} \times 100 = \dfrac{1}{K_s} \times 100$

$$\therefore K_s = \frac{E_o}{I_n \cdot K_s} = \frac{\dfrac{V_n}{\sqrt{3}}}{\dfrac{P}{\sqrt{3}\ V_n} \cdot z_s} = \frac{\dfrac{6600}{\sqrt{3}}}{\dfrac{10000 \times 10^3}{\sqrt{3} \cdot 6600} \times 3.6} = 1.21$$

예제 2-9

8000 [kVA], 6000 [V]인 3상교류발전기의 %동기임피던스는 80 [%]이다. 이 발전기의 동기임피던스는 몇 [Ω]인가?

풀이

상전압 $E_o = \dfrac{6000}{\sqrt{3}}$, 3상 출력 $P = \sqrt{3}\ V_n I_n$ 에서 정격전류 $I_n = \dfrac{P}{\sqrt{3}\ V_n}$

% 동기임피던스 $z_s' = \dfrac{I_n\, z_s}{E_o} \times 100$ [%]에서 동기임피던스 z_s로 정리하면

$$z_s = \frac{\dfrac{z_s'}{100} \cdot E_o}{I_n} = \frac{\dfrac{z_s'}{100} \cdot E_o}{\dfrac{P}{\sqrt{3}\ V_n}} = \frac{\dfrac{80}{100} \times \dfrac{6000}{\sqrt{3}}}{\dfrac{8000 \times 10^3}{\sqrt{3} \times 6000}} = 3.6\ [\Omega]$$

6.5 동기발전기의 전압변동율과 전압조정

(1) 전압변동율(voltage regulation)

전압변동률은 여자를 변화하지 않고 지정 역률하의 정격출력에서 무부하로 하였을 때의 전압변동의 비를 말하며 정격전압의 백분율로 나타낸다. V [V]는 선간 정격 단자전압이고 V_0 [V]는 정격출력에서 무부하로 하였을 때의 단자전압이라고 할 때 전압변동률 ϵ 은

$$\epsilon = \frac{V_0 - V}{V} \times 100[\%] \tag{2-51}$$

전압변동율이 적으면 동기리액턴스도 작고, 전기자 반작용도 작고 단락비가 큰 기계가 되어 가격이 저렴하게 되고 전압변동률은 부하전류의 대소에 따라 달라질 뿐 아니라 같은 부하전류에서도 역률이 다르면 그 크기도 달라진다.

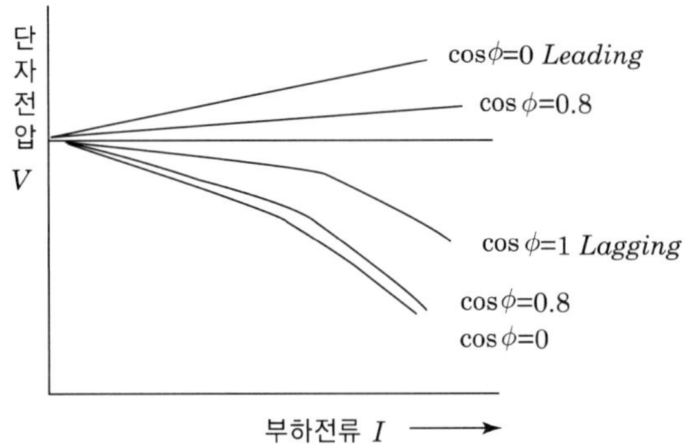

[그림 2-58] 역률에 따른 전압변동

[그림 2-58]에서 유도부하인 경우 ϵ 의 값이 $+(V_0 > V)$, 용량부하인 경우 $-(V_0 < V)$로 되며 동기발전기의 전압변동률은 자동전압조정기를 사용하지 않는 경우 역률이 1.0에서 15~18 [%], 역률이 0.8(lagging)에서 25~30 [%]이며, 자동전압조정기를 사용하는 경우에 있어서는 역률 1.0에서 18~25[%], 역률 0.8(lagging)에서 30~40 [%] 정도이다. 이와 같은 전압조정형태는 여러가지 방법이 있지만 전압조정방식은 자동 전압조정기(AVR)를 이용한 여자전류를 조정하여 단자전압을 일정하게 유지하는 방식을 많이 채택하고 있다. 한편, 동기발전기에서의 여자는 속응 여자를 이용하여 송전선 고장시 전압이 떨어지면 시정수를 적게 하여 복식여자 방식으로 여자전류를 빨리 변화 시켜 준다. 또한, 증폭기에는 회전증폭기, 자기증폭기, 자동 전압조정기 등이 있으며 전압이 변동 될 때에 부여자기 계자를 조정하여 사용한다.

예제 2-11

정격출력 10,000 [kVA], 정격전압이 6600 [V], 정격역률 0.8인 3상 동기발전기가 있다. 동기리액턴스 0.8 [p.u]인 경우의 전압변동률[%]은?

풀이

$V=1$로 벡터도를 그리면,

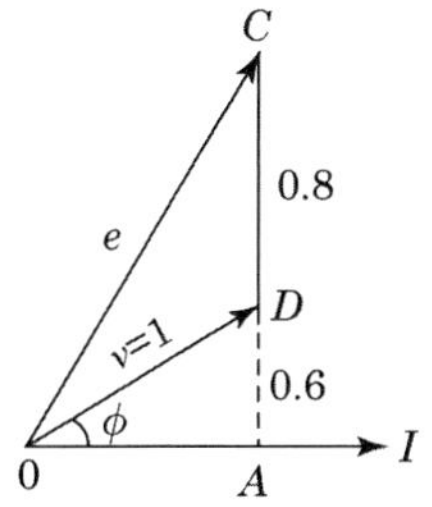

여기서, 유기기전력 $E=\sqrt{0.8^2+(0.6+0.8)^2}=1.61$

$\therefore$ 전압변동률 $\epsilon=\dfrac{E-V}{V}\times 100=\dfrac{1.61-1}{1}\times 100=61$ [%]

(2) 저항기형 자동전압조정기

직류여자기 부착 동기발전기는 여자전류와 속도를 일정하게 유지할지라도 부하전류와 역률에 따라 단자전압이 변화하고 특히 지역률의 부하전류는 단자전압을 크게 강하시키므로 부하의 대소 또는 역률에 관계없이 발전기의 단자전압을 일정하게 유지시키기 위해서는 특별한 장치가 필요하다.

동기발전기는 일정한 속도로 운전되므로 여자전류를 가감하여 계자자속을 변화시킴으로써 유도기전력의 크기를 변화시켜 단자전압을 조정하는 것이 보통이며 이를 위해서 발전기의 계자회로에 직렬로 연결된 계자저항기를 가감하는 방법과 여자기의 계자저항기에 의해 여자기의 발생전압을 가감하는 방법이 있는데 자동전압조정기(AVR : Automatic Voltage Regulator)는 보통 후자의 방법을 사용하고 있다. 직류여자기 부착 교류발전기의 AVR은 그 동작원리에 따라 진동형, 저항기형 및 무접점형의 세가지가 있지만 이 형식의 발전기는 근래에 별로 사용되고 있지 않으므로 저항기형 AVR에 대해서만 기술하기로 한다.

[그림 2-59]는 저항기형 AVR로서 실버스탯 전압조정기(silverstat voltage regulator)이다. 이 전압조정기의 주요부분은 다수(약 40매)의 접촉자(접점판)와 이것에 운동을 전달하기 위한 전자석 및 가동부분으로 되어 있다. 접촉자는 얇은 탄성판으로 만들어져 있으며 그 한 쪽 끝에는 은접점이 붙어 있고 각 접촉자 사이에는 절연판을 끼워서 전체가 고정되어 있으며 접촉자의 접점 반대쪽에서 도선을 빼내어 조정저항에 연결되어 있다. 이 접점에 운동을 전달하는 부분은 발전기전압에 비례하는 직류전압으로 여자되는 전자코일과 이

전자코일이 감겨있는 고정철심과 이 고정철심에 의한 흡인력으로 동작하는 가동철심으로 되어있는데 가동철심에는 가동완(팔)이 연결되어 있고 그 앞에는 은접점을 개폐하는 구동자가 연결되어 있으며 가동완은 전자코일에 의한 흡인력과 스프링의 힘으로 평형을 유지하고 있다.

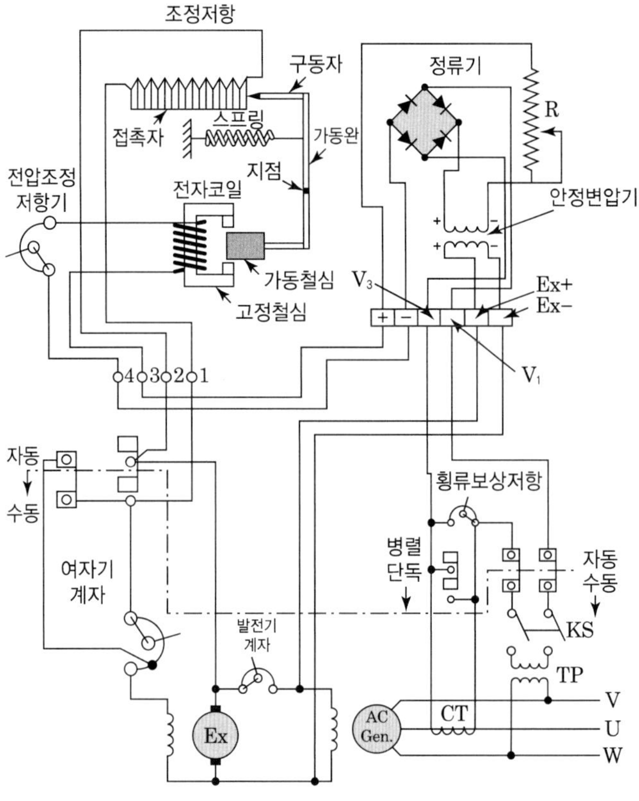

[그림 2-59] 실버스탯 전압조정기

지금 발전기가 일정부하 상태에서 정격전압으로 운전중 부하가 증가했다고 가정하면 발전기전압은 정격치보다 하강해서 전자석의 흡인력을 감소하여 스프링의 힘보다 작게 되므로 구동자는 접촉자를 밀게 되고 은접점은 차례로 접촉되어 조정저항이 감소되므로 여자기전압이 상승하게 되고 따라서 발전기전압도 상승하여 정격치로 회복된다. 발전기전압이 회복되면 전자석의 흡인력은 강해져서 스프링의 힘과 평형을 이루는 위치에 구동자는 정지하게 된다.

발전기의 부하가 감소하여 전압이 정격값보다 상승하게 되면 위에서 설명한 것과 반대의 작용이 발생하여 접촉자의 은접점이 열리게 되고 여자기전압이 강하하게 되면 발전기전압도 강하하여 정격값을 회복하게 된다.

안정변압기(damping transformer)는 난조(hunting)를 예방하기 위한 변압기인데 1차 측은 여자기 단자사이에 연결되고 2차 측은 전자석 코일에 직렬로 연결되어있는데 직류여자에 의한 자기포화를 방지하기 위해서 공극이 만들어져 있다. 발전기전압이 안정되고 여자기전압이 변화하지 않을 때에는 변압기로서의 작용은 없고 단지 저항 역할만 하지만 발전기전압이 변화하여 AVR이 동작하여 여자기전압에 변화가 생기면 그 변화의 정도에 따라서 2차 측에 전압이 유도되고 이것이 전자석 코일에 작용하여 전류를 변화시키므로 가동부를 전기적으로 제동하게 된다.

횡류보상저항과 변류기 CT는 발전기의 병렬운전시에 필요한 횡류보상회로용인데 단독운전시에는 병렬/단독 전환용 접촉편을 아래로 옮겨서 그 단자를 단락시켜야 한다. 이와 같은 단락작용은 보통 병렬운전용 타 발전기 ACB의 보조 b접점에 의해서 자동적으로 이루어지게 된다. 그리고 발전기전압을 수동으로 조정하려면 자동/수동 전환 접촉편을 아래로 옮겨서 조정저항을 단락시켜 주면 된다.

(3) 자려 교류발전기의 전압조정 작용

자려 교류발전기의 기본 여자회로는 [그림2-60](a)와 같다. 변압기와 리액터를 통해서 발전기의 단자전압에 비례하는 전류를 취하여 정류기를 거쳐 무부하 기전력을 유도하기 위한 여자전류로 사용하고 있다. 동기발전기는 보통 정격전압의 2~3[%] 정도의 잔류전압이 유도되므로 이것을 이용한 자기여자작용에 의해서 전압이 확립된다.

동기발전기의 전기자저항은 동기리액턴스에 비해서 대단히 작으므로 이것을 무시한다면 동기발전기에 지역률 $\cos\theta$의 부하전류가 흐르고 있을 때의 벡터도는 [그림 2-60](b)와 같다. 자려 교류발전기는 단자전압에 비례하며 위상이 이보다 약 90° 뒤지는 전류를 변압기와 리액터를 통하여 여자전류의 전압성분 I_{fe}로 사용하고 또 동기리액턴스 강하분을 보상하기 위해서 부하전류의 크기에 비례하고 부하전류와 동상인 전류를 변류기 CT에서 취하여 여자전류의 전류성분 I_{fi}로 사용하여 이 두 성분을 벡터적으로 합성한 여자전류 I_f가 발전기에 공급된다. I_f 는 공칭 유도기전력 E_0를 유도하기 위해 필요한 여자전류이다.

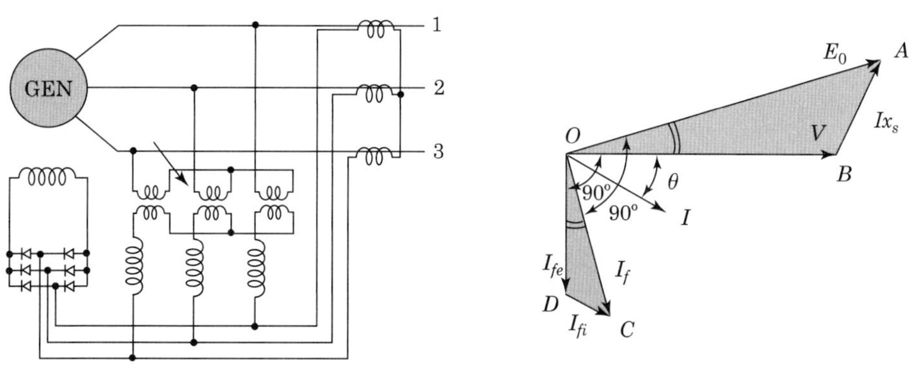

(a) 기본 여자회로　　(b) 벡터도

[그림 2-60] 동기발전기의 벡터도

단자전압에 비례하는 전류 I_{fe}는 직류발전기의 분권계자전류에 해당하는 것으로 앞에 설명한 것과 같이 잔류자기를 이용한 자기여자로 무부하전압을 확립하게 하고 부하전류에 비례하는 전류 I_{fi}는 직류발전기의 직권계자전류에 상당하는 것으로 동기리액턴스 강하를 보상하여 부하전류 및 역률의 변화에 의한 단자전압의 변동을 자동적으로 조정해준다.

이와 같이 자려 교류발전기는 회로 자체에 제어성이 있으므로 특별히 전압조정을 하지 않아도 부하의 증감과 역률의 변화에 관계없이 단자전압을 일정하게 유지할 수 있다. 그러나 실제로는 자기포화의 영향, 온도변화에 의한 계자권선의 저항변화, 원동기의 속도변화 등으로 인해 복권특성만으로도 전압변동률을 ±3[%] 이내로 유지할 수는 있으나, 그 이상 정밀한 정전압특성은 얻기 어려우므로 정밀한 정전압제어를 위해서는 AVR을 병용하여야 한다. [그림 2-60](a)와 같은 여자방식을 복권여자방식이라 하고 이 여자방식을 적용하는 발전기를 복권식 자려 교류발전기라고 한다.

(4) 가포화 리액터식 AVR

[그림 2-61]은 복권식 자려발전기에 가포화 리액터식 AVR의 작용을 부가하여 전압의 변동을 미소범위(0.5[%] 이하)로 자동 조정되게 한 발전기의 예를 보여준다. [그림 2-61]에서 MR은 상호리액터로서 이것으로 복권특성이 얻어진다. SR1은 3상 가포화 리액터로서 직류 제어권선을 가지고 있으며 이 전류를 제어함으로써 리액턴스를 변화시켜 여자전류를 조정한다.

SR2는 전압검출용 가포화 리액터인데 [그림 2-62]와 같은 형태의 포화특성을 가지고 있으므로 전압의 근소한 변동에 대해서도 정류기 REC2에 공급하는 전류를 크게 변화시킨다. Tr은 전압조정용 단권변압기인데 이것을 이용하여 발전기의 전압을 설정한다. CT는 횡류보상용 변류기이고 R은 횡류보상용 가변저항, REC1과 REC2는 실리콘 정류기이다.

먼저 무부하 상태로 발전기를 운전하면 잔류전압(잔류자기에 의해 유도된 전압)이 상호리액터 MR의 2차권선을 거쳐 주정류기 REC1에 의해서 정류되어 발전기 계자권선을 여자하게 된다. 이 잔류전압에 의한 근소한 여자전류는 발전기전압을 증가시키므로 여자전류는 증가하게 된다. 이와 같은 과정을 거쳐 발전기전압은 점점 증가하여 무부하 포화곡선과 계자임피던스 선과의 교점까지 상승하게 된다.

또 발전기전압은 단권변압기 Tr을 거쳐 보조정류기 REC2에 의해 직류로 정류되어 가포화 리액터 SR1의 제어권선에 제어전류(검출전류)를 공급하고 있는데 발전기전압이 확립될 때까지의 낮은 전압에 대해서는 가포화 리액터 SR2의 높은 임피던스 때문에 SR1의 제어권선에는 거의 전류가 통하지 않는다([그림 2-62] 수직부분의 미포화 부분).

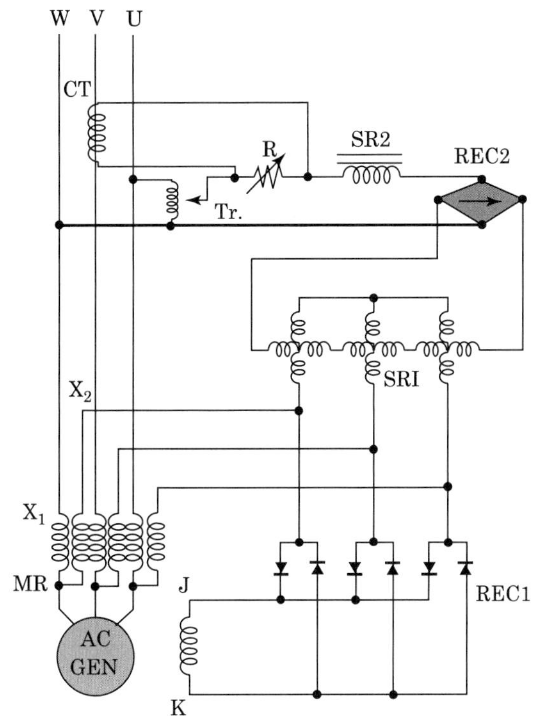

[그림 2-61] 가포화 리액터식 AVR

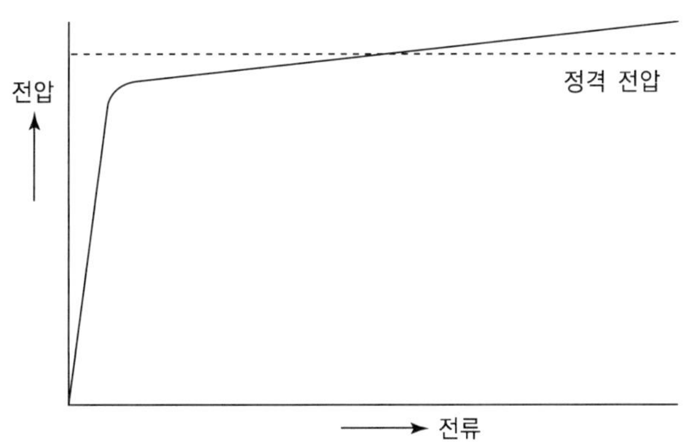

[그림 2-62] SR2의 포화특성

따라서 SR1의 교류권선 임피던스는 대단히 높게 되므로 잔류전압에 의한 근소한 전류는 거의 전부 주정류기 REC1을 거쳐서 발전기의 계자권선을 통하게 되므로 전압확립을 용이하게 한다.

이상과 같이 발전기전압이 확립되어 정격전압 부근에까지 도달하게 되면 SR2는 포화상태가 되므로 발전기전압의 미세한 변동에 대해서도 SR1의 제어전류는 [그림 2-62]에서 알 수 있듯이 크게 변화하게 되고 따라서 SR1의 교류권선 임피던스도 크게 변화하여 발전기 계자전류의 조정작용이 행하여진다.

이와 같이 가포화 리액터 SR1과 SR2에 의해서 전압의 미세조정, 즉 AVR의 작용이 이루어진다. 지금 무부하 운전중 발전기 단자전압이 정격값보다 조금이라도 상승하게 되면 SR2의 검출전류는 상승하고 이것이 정류되어 SR1의 제어전류가 증가하게 되므로 SR1의 출력권선(교류권선)의 임피던스는 감소된다. 그 결과 발전기의 단자전압에 비례하여 MR의 2차권선을 통하여 나온 전류 중 SR1의 출력권선을 통하는 전류가 증가하므로 발전기의 여자전류 I_f가 감소되고 발전기의 단자전압이 강하하여 정격값을 유지하게 된다.

다음으로 발전기에 부하전류 I_1이 흐르게 되면 MR의 2차 측에 $j\omega MI_1$과 같은 전압이 유도된다. 따라서 발전기에 부하가 가하여지면 REC1에 가하여지는 입력전압은 [그림 2-63]과 같이 발전기 단자전압 $\dot{V}_t$와 $j\omega M\dot{I}_1$를 벡터적으로 합성한 것이 되는데 만약 $\omega M = X_s$가 되게 하면 동기리액턴스 강하에 상당하는 보상전압을 계자에 가하여 복권작용을 하게 된다.

이와 같이 부하의 급변에 의한 순시 전압변동의 경우 MR의 복권작용에 의해 신속하게 전압이 조정되고 운전 중 전압의 미소변동에 대해서는 가포화 리액터의 작용에 의해 전압조정이 이루어지므로 전압변동특성이 양호하다.

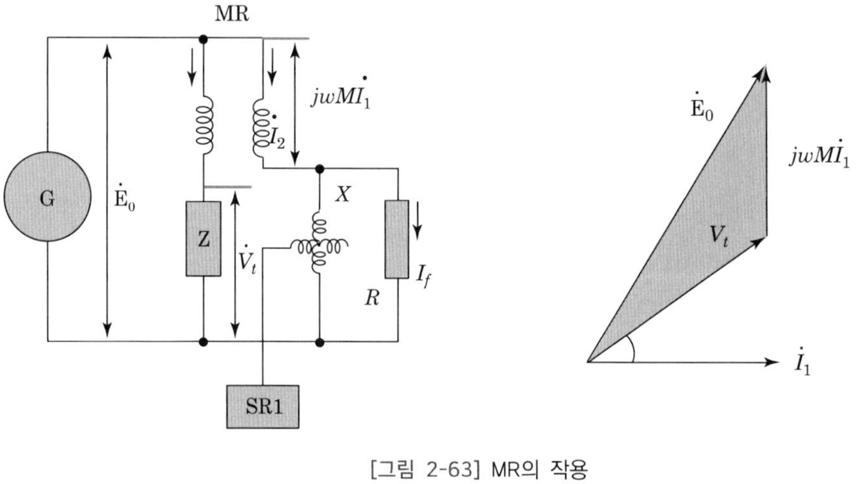

[그림 2-63] MR의 작용

(5) SCR에 의한 반파분류형 AVR

사이리스터(thyristor)를 응용한 AVR은 다른 정지형 AVR에 비해서 다음과 같은 특징이 있다.

㉠ 전압변동률이 대단히 작다.

㉡ 회로가 속응성요소로 구성되어 있으므로 응답속도가 대단히 빠르다.

㉢ 사이리스터를 여자전류의 분류회로로 사용하면 계자의 제어전력만을 분담시키므로 소용량의 사이리스터만으로도 충분하게 된다.

㉣ 소형경량으로 제작할 수 있다.

자려 교류발전기의 AVR에 사이리스터를 응용한 것으로 여러가지 형식이 있으나 여기서는 [그림 2-64]과 같이 여자회로와 병렬로 SCR에 의한 분류회로를 만들고 SCR의 게이트에 가하는 점호펄스의 위상을 제어함으로써 분류회로의 전류 I_R에 의해 계자전류 I_F를 적당한 값으로 조정하여 발전기의 단자전압을 일정한 값으로 유지하는 방식에 대해서 설명한다.

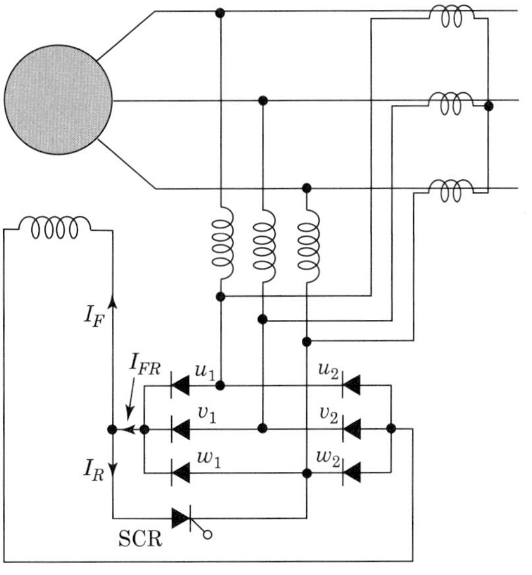

[그림 2-64] SCR에 의한 반파분류제어의 기본회로

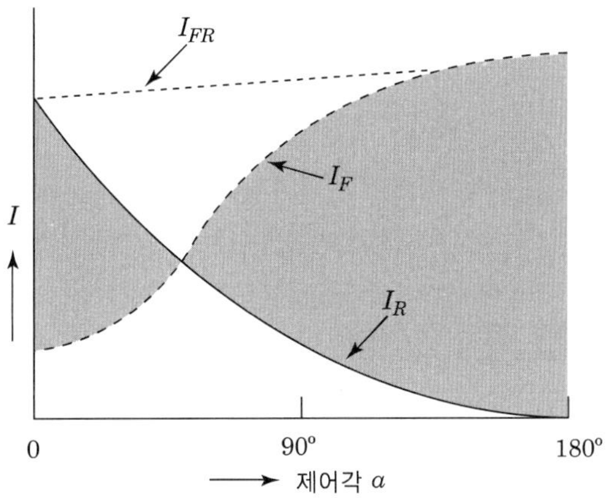

[그림 2-65] 분류특성곡선

[그림 2-64]에서 SCR은 3상 전파정류기의 w_1 소자와 역병렬로 연결되어 있으므로 SCR이 동작하고 있지 않을 때에는 전위의 최고점 R 또는 S에서 $R \to u_1 \to$계자$\to w_2 \to T$ 또는 $S \to v_1 \to$계자$\to w_2 \to T$의 경로로 계자전류가 흐르고 있던 것이 SCR이 도통하게 되면 $R \to u_1 \to$SCR$\to T$ 또는 $S \to v_1 \to$SCR$\to T$와 같은 경로로 전류 I_R이 통하게 되므로 계자전류 I_F는 감소하게 된다.

이 때 SCR에 순전압이 가하여지고 게이트 신호가 들어올 때까지의 시간을 제어각 α로 표시하면 $\alpha = 180°$ (SCR은 개방상태, 분류전류 $I_R = 0$)에서 $\alpha = 0°$(SCR은 단락상태, 분류전류 I_R은 최대)까지 변화할 때의 계자전류 I_F, 분류전류 I_R, 정류기 출력전류 I_{FR}을 구하면 [그림 2-65]와 같다.

α가 변하여도 I_{FR}의 값이 별로 변하지 않는 것은 직렬 리액터 X의 값이 크기 때문이며 I_{FR}은 일종의 정전류원이라고 생각할 수 있다. 보통 제어중심을 $\alpha \fallingdotseq 120°$ 부근에 취하여 정격전압을 발생하도록 되어 있다. [그림 2-65]와 같은 분류특성은 [그림 2-60]과 같은 가포화 리액터형 AVR에도 적용된다. 즉, [그림 2-60]에서 발전기의 단자전압이 정격전압 부근에서 변화하면 SR1의 제어권선에 흐르는 전류가 변하여 SR1의 교류권선 임피던스가 변화하게 되므로 교류권선을 통하는 분류전류가 곡선 I_R에 따라서 변화할 때 계자권선을 통하는 여자전류는 곡선 I_F에 따라서 변화하여 단자전압을 일정하게 유지한다.

SCR에 의한 반파분류형 AVR의 결선도는 [그림 2-66]과 같다.

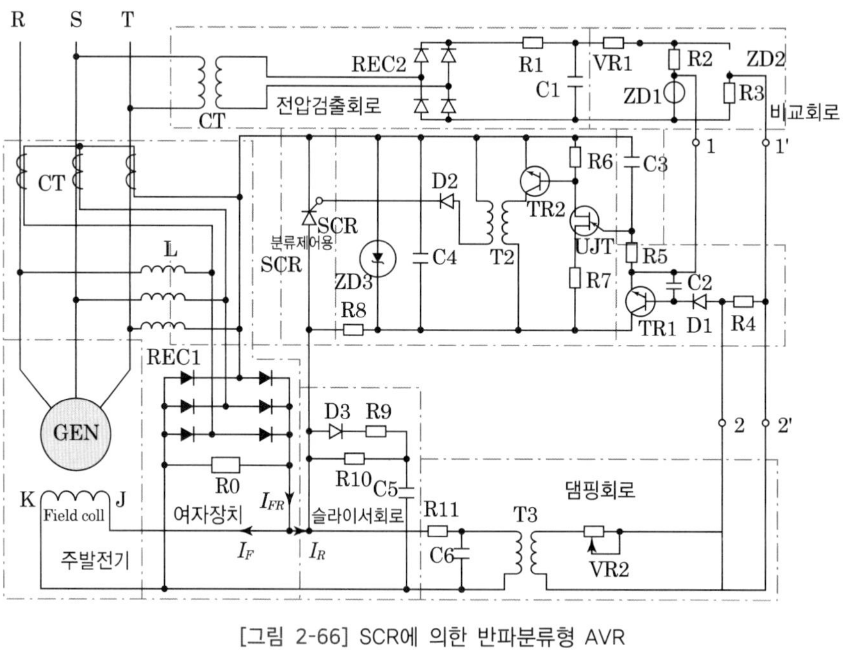

[그림 2-66] SCR에 의한 반파분류형 AVR

① 전압검출회로

발전기 단자전압이 변압기 T_1에 의해 강압된 후 단상 전파정류기 REC2에 의해 정류되고 저항 R_1, 축전기 C_1으로 구성된 평활회로를 거쳐 맥동이 작은 직류전압으로 되어 비교회로의 입력신호가 된다.

② 비교회로

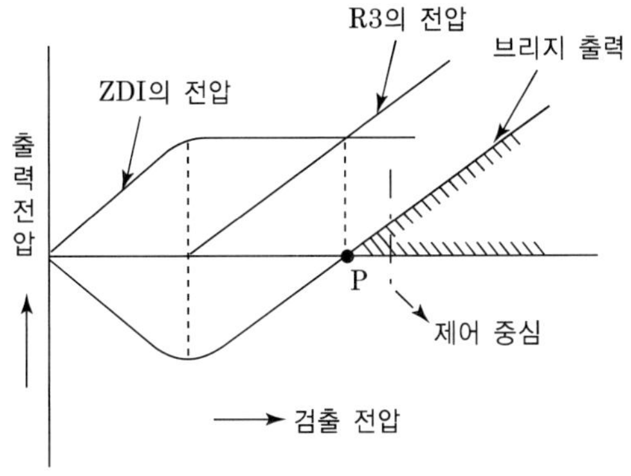

[그림 2-67] 비교회로 각 부의 전압

제너다이오드 ZD1, ZD2와 저항 R_2, R_3에 의한 브리지회로에 의해서 구성된다. [그림 2-67]에 나타낸 것과 같이 ZD1의 전압(단자 1의 전위)은 제너전압을 유지하고 저항 R_3 양단의 전압(단자 1′의 전위)은 입력전압에서 ZD2의 제너전압을 감한 것이 되므로 입력전압이 제너전압에 도달할 때까지는 영이 되고 그 후에는 직선적으로 증가한다. 따라서 1-1′사이의 전압, 즉 비교회로의 출력전압은 [그림 2-67]과 같이 변화하여 이것이 오차신호로서 다음 단계인 트랜지스터 증폭기 TR1의 베이스, 이미터 사이에 가해진다. 가변저항 VR1을 조정하면 비교회로의 출력을 변경하여 전압설정을 할 수 있는데 이것은 반고정 저항으로 사용하는 것이 보통이다.

③ 점호펄스회로

실리콘 트랜지스터 TR1의 베이스에 주어진 오차신호는 트랜지스터에서 증폭되어 저항 R_5를 거쳐 커패시터 C_3을 충전한다. C_3가 충전되어 UJT의 에미터 전압이 피크전압 V_P에 도달하면 UJT는 도통(turn-on)되며 동시에 C_3의 전하는 저항 R_6를 통하여 급속히 방전하여 저항 R_6 양단에는 펄스(pulse)가 발생한다. 이 전압은 트랜지스터 TR2의 베이스 전압으로서 증폭되어 펄스트랜스 T_2에 1차전류를 인가함으로써 2차의 SCR 게이트회로에 점호펄스가 발생한다. 점호펄스회로의 전원전압은 SCR에 순방향전압이 가해짐과 동시에 R_8을 거쳐 가하여지며 제너다이오드 ZD3에 의해서 규정전압으로 유지되므로 R_5, C_3 회로의 충전은 이것과 동기되어 시작하게 된다.

지금 발전기 운전중 어떤 원인으로 발전기 단자전압이 설정치 이상으로 증가하게 되면 비교회로의 출력이 증가하게 되고 증폭용 트랜지스터 TR1의 내부저항을 감소시켜 축전지 C_3는 급속히 충전되어 UJT의 펄스발생 위상이 앞서게 되므로 SCR의 점호시기가 빨라지고 SCR을 통하는 분류전류가 증가하여 계자전류 I_F 는 감소하게 된다. 그 결과 발전기의 단자전압은 하강하여 설정치에 복귀하게 된다. [그림 2-64]에서 알 수 있듯이 정류기의 w_1 소자에 순방향전류가 통하여 계자전류를 공급하고 있을 때에는 SCR은 턴 오프(turn-off)되고 u_1, v_1 소자가 도통을 시작해서 SCR에 순방향전압이 가해져도 점호펄스가 가하여질 때까지는 턴 오프 상태를 지속하게 된다. 이상과 같은 제어동작은 전원전압의 매 사이클마다 행하여지므로 대단히 빠른 제어동작으로 정전압을 유지하게 된다.

④ 댐핑회로

비교회로, 점호펄스회로 등은 응답속도가 대단히 빠른데 비해 발전기 계자회로 자체의 시정수는 커서 전압변동에 대한 응답이 늦어지기 때문에 발전기가 불안정한 상태로 되어 난조(hunting)를 일으킬 우려가 있다. 이를 방지할 목적으로 CR회로(C_6, R_{11}, T_3)에 의한 댐핑회로를 구성하여 정류기 REC1의 출력전압을 R_4에 의해서 증폭용 트랜지스터 TR1의 베이스에 귀환시킨다. VR2는 댐핑조정용 저항이며 이 댐핑회로를 사용하여 제어회로의 안정성을 높여준다.

⑤ 슬라이서회로

발전기 부하가 급격하게 증가할 경우에는 이에 따라서 계자전류도 급격히 증가하여 단자전압을 일정한 값으로 유지하려고 하는데 계자권선은 인덕턴스가 크기 때문에 그 양단에 과대한 전압이 발생하여 정류기가 파손될 우려가 있다. 따라서 계자권선의 단자에 저항 R_9, 커패시터 C_5를 설치하여 과전압을 흡수시키고 전압강하시에는 R_{10}을 통해서 C_5의 전하를 방전하여 이상전압의 첨두값을 억제하는 방법을 사용하고 있으며 이와 같은 회로를 슬라이서회로(slicer circuit)라고 한다.

(6) 브러시리스 교류발전기의 전압조정

① 브러시리스 교류발전기의 기본회로

발전기 여자장치 중 슬립링과 브러시를 제거하여 기계적 접촉이나 마모부분이 전혀 없는 발전기를 브러시리스 교류발전기(brushless AC generator)라고 한다. [그림 2-68]은 브러시리스 발전기의 구조를 간략히 나타내고 있다. 발전기 출력측의 교류를 정류기를 사용하여 직류로 변환하며 변환된 직류전류가 여자기의 외측 고정부분으로 공급되고 있다.

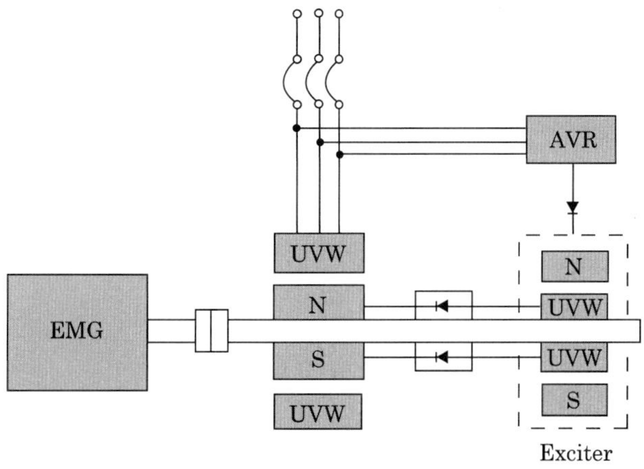

[그림 2-68] 브러시리스 교류발전기의 구조

여자기의 외측은 직류전류를 받아들여 전자석이 되며 이 자석 사이를 코일 U, V, W가 회전하면 이 코일에는 교류가 발생한다. 발생된 교류를 회전정류기를 거치면 다시 직류로 변환되는데 이 직류전류를 사용하여 발전기 회전자의 계자권선을 여자 시킨다.

그리고 회전자 계자권선에 의해 여자 된 주자극이 회전하게 되면 고정자에는 3상 U, V, W의 교류가 발생하게 된다. 브러시리스 발전기는 브러시가 없어서 유지보수가 거의 필요 없고 신뢰성이 높기 때문에 발전 시스템에 널리 채용되고 있다.

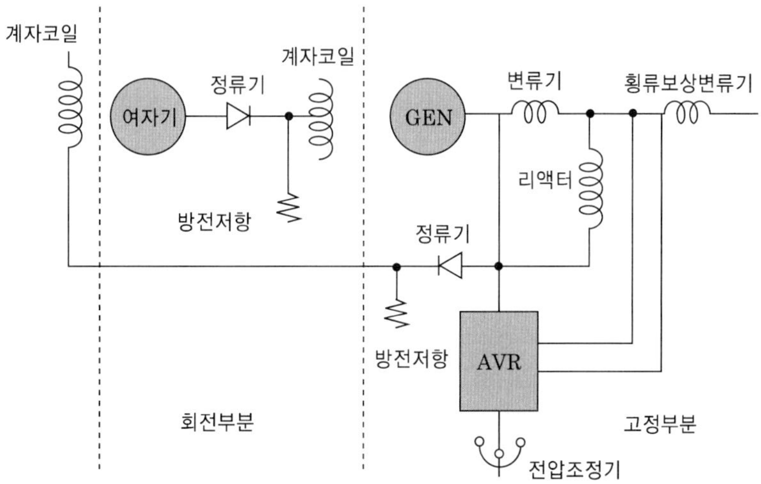

[그림 2-69] 브러시리스 교류발전기 시스템

[그림 2-69]는 브러시리스 발전기 시스템을 나타낸다. 그림에서 발전 시스템은 고정부분과 회전부분으로 나눠지는데 고정부분에는 변류기, 리액터, 정류기, 정류기 보호

저항, 자동전압조정기(AVR), 횡류보상변류기, 계자권선 등이 있고, 회전부분은 여자기, 계자권선, 회전정류기, 정류기 보호저항 등으로 구성된다. AVR에는 전압조정기(VR)라는 가변저항이 있는데 이것을 사용하여 발전기 출력전압의 크기를 조정할 수 있다.

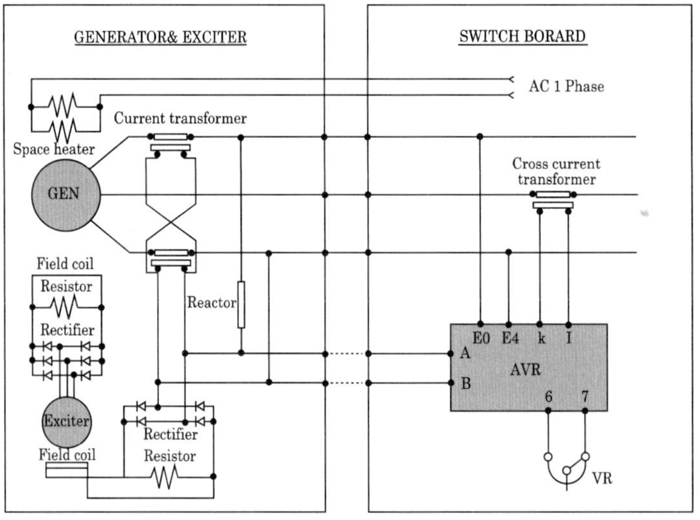

[그림 2-70] 브러시리스 교류발전기 내부결선도

[그림 2-70]은 브러시리스 발전기의 내부결선도를 나타내고 있다.

발전기가 정지하게 되면 공간 히터(space heater)가 작동하여 발전기 내부에서 습기가 발생하는 것을 방지해 준다. 발전기의 여자기를 여자시키기 위해서는 전력이 요구되는데 이 여자전원을 발전기 자신이 생산한 전력을 이용하고 있으므로 이 방식은 자려자 방식의 일종이다. 무부하시의 여자전력은 리액터(reactor)를 사용하며, 부하시의 필요 여자전력은 변류기(CT : Current Transformer)를 사용하여 공급한다. 공급된 여자전력은 정류기를 거쳐 정류되며 이 정류된 직류로 계자코일을 자화시킨다. 따라서 회전하고 있는 여자기(exciter)에 교류가 발생하게 되고 다시 정류기에서 직류로 변환시켜 계자권선에 자장을 발생시키게 되며 발전기의 고정자가 전력을 생산할 수 있게 한다.

스위치보드(switch board) 안에는 자동전압조정기가 있다. 이것은 발전기의 출력전압을 일정한 값으로 유지시키는 역할을 하며, 그것을 위해 여자기에 공급되는 전류를 조정한다. 자동전압조정기는 발전기 출력전압을 항상 감지하고 있으며 이것을 전압조정기(VR)에 의해 설정된 전압과 비교하여 발전기 출력전압을 항상 일정하게 유지시킨다.

횡류보상변류기(CCT : Cross Current Transformer)는 발전기가 단독으로 운전하고 있을 경우에는 사용하지 않고 발전기가 병렬운전하고 있을 경우 횡류를 보상하기 위해 사용된다.

② SCR에 의한 반파분류형 여자조정장치

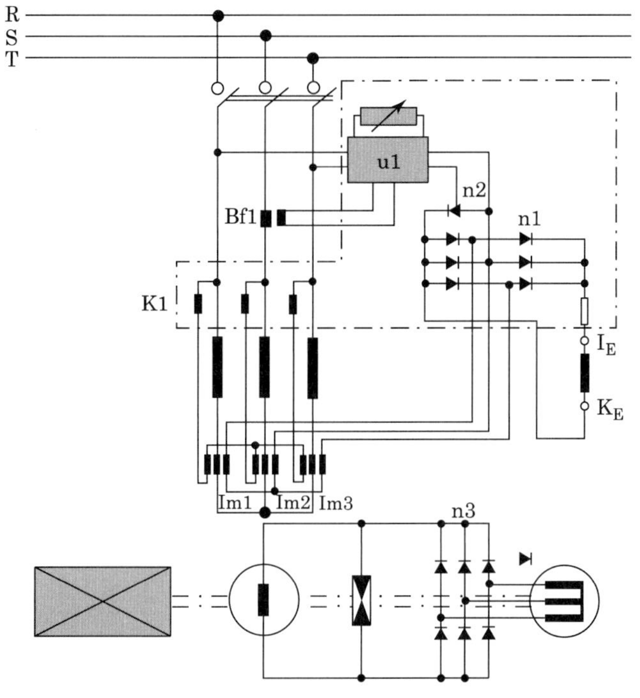

[그림 2-71] SCR에 의한 반파분류형 여자조정장치

전압조정 장치는 발전기의 부하급변에 의해 발생하는 어떠한 전압변동이라도 가능한 한 빨리 조정할 수 있어야 하며 이와 같은 조정작용은 여자기로부터 공급되는 여자전류가 전압변동에 상응하여 제어됨으로써 이루어진다. [그림 2-71]은 SCR에 의한 반파분류형 여자조정장치의 결선도를 나타낸 것이다. 그림에서 $lm1$, $lm2$, $lm3$는 변압변류기인데 변압기의 1차권선에는 리액터 $K1$을 거쳐서 발전기 출력전압이 부가되며 이 전압이 2차권선에 의해 감압되어 정류기 $n1$을 거쳐 여자기의 계자 I_E, K_E에 일정한 여자전류를 공급하고 변류기의 1차권선은 주발전기와 직렬로 연결되어 부하전류에 비례하는 전류를 2차권선에 공급한다. 이와 같이 변압기 및 변류기의 1차전압과 전류는 한 개의 2차권선(변압기와 변류기에 공통)에 의해 합성되어 복권작용이 이루어진다.

리액터 $K1$은 발전기가 무부하 상태에서 AVR $u1$이 작동하고 있지 않을 경우 발전기의 단자전압이 정격전압의 120~140[%]로 되게 설정하고 여분의 여자전력은 사이리스터 $n2$로 분류시키는데 이 사이리스터로 분류되는 전류는 AVR $u1$에 의해 사이리스터의 게이트에 주어지는 점호펄스의 위상을 제어함으로써 적당한 값으로 조정된다. 발전기에 부하가 가하여지면 변압변류기 2차권선에 부하전류에 비례하는 2차전류가 유도되어 여자기의 계자전류가 증가되므로 발전기의 유도기전력이 커져서 발전기 내부전압강하를 보상해 주므로 발전기의 단자전압은 정격전압을 유지한다. 사이리스터 $n2$는 브리지 회로를 구성하고 있는 3상 전파정류기 $n1$의 다이오드 6개중 1개와 역병렬로 연결되어 있으며 여자전류의 일부분에 대한 분로로서 작용한다. 자동전압조정기 $u1$의 내부전자회로는 앞서 설명한 자려발전기의 AVR 회로도인 [그림 2-66]과 같이 전압검출회로, 비교회로, 증폭회로, 점호펄스회로를 가지고 있으며 발전기 운전중 어떤 원인에 의해서 단자전압이 설정치 이상으로 증가하면 사이리스터 $n2$의 위상제어각이 감소하여 $n2$를 통하는 분류전류가 증가하게 되므로 여자기의 계자권선 I_E, K_E에 흐르는 계자전류는 감소하세 된나. 그러므로 주발전기 유도전압이 감소되어 단자전압이 설정치에 복귀하게 된다.

[그림 2-71]에서 AVR $u1$의 상부에 표시된 가감저항기의 저항값을 가감하면 비교회로의 출력레벨이 변화하므로 전압설정을 조정할 수 있는데 주로 반고정 저항을 사용한다. Bf1은 발전기를 병렬운전할 경우의 횡류보상용 변류기이다.

③ 트랜지스터 분류형 여자조정장치

브러시리스 발전기의 AVR 회로에 종래에는 SCR을 사용하였지만 근래에는 제어가 용이한 트랜지스터가 많이 사용된다. 이 AVR은 복권여자회로를 사용하며 무부하시 정격전압을 발생시키는데 필요한 여자전류를 공급하는 전압요소와 부하전류에 의한 전압강하를 보상하는 전류요소로 구성되며 이것을 합성한 전류가 정류기에 의해 정류되어 교류여자기에 공급되는 것은 앞서 설명한 여자조정장치와 동일하다.

트랜지스터 분류형 여자조정장치는 위에서 설명한 기본회로 외에 트랜지스터 쵸퍼(transistor chopper) 회로를 구성하여 정류회로에서 나온 전류를 분류시키는데 이 분류량을 발전기 출력전압의 변동에 따라서 조정함으로써 출력전압을 일정하게 유지한다. 이 방식의 AVR은 발전기 출력전압의 변화에 민감하며 고정도의 전압조정을 가능하게 한다.

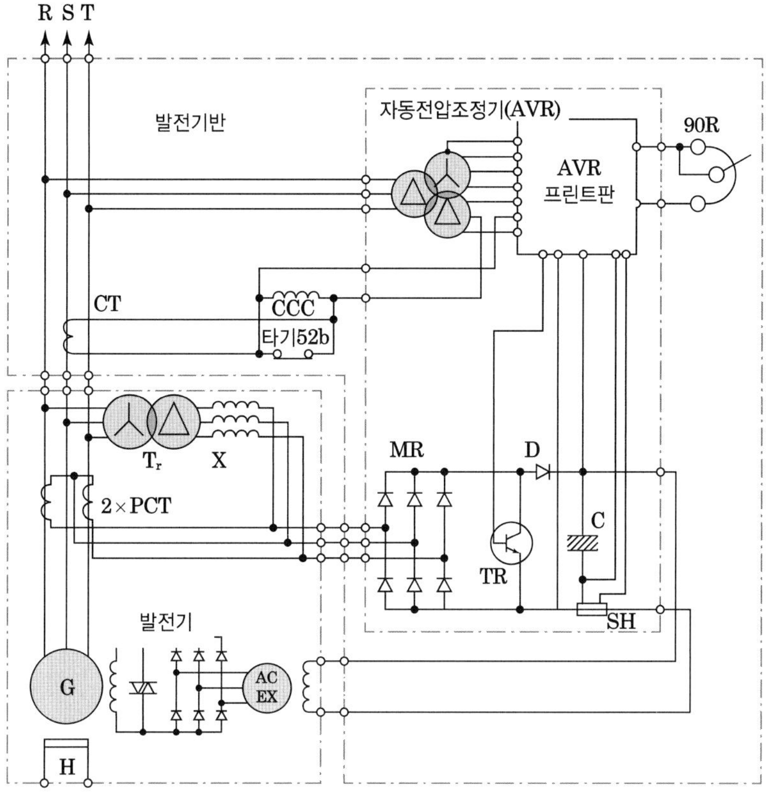

90R : 전압조정저항기
CCC : 횡류보상기
PCT : 전력용 변류기
52b : 차단기 b 보조접점
MR : 주정류기
X : 리액터
ACEX : 교류여자기
H : 스페이스 히터
Tr : 변압기
TR : 트랜지스터
SH : 분류기
C : 커패시터
D : 정류기
CT : 변류기
V : 배리스터

[그림 2-72] 트랜지스터 분류형 여자조정장치(복권형)

[그림 2-72]은 트랜지스터 분류형 여자조정장치의 결선도를 나타내는데 여자전류의 전압분은 리액터 X를 경유하여 얻고 전류분은 변류기인 PCT의 2차 코일에서 공급되며 이 두 성분이 정류기 MR의 입력측에서 전기적으로 벡터 합성된다. 합성된 입력은 실리콘 정류기 MR에 의해 정류되어 교류여자기의 계자에 공급된다.

이 장치는 트랜지스터에 의한 분류회로를 정류기의 출력측에 구성하여 여분의 출력 전류를 분류시켜 발전기전압을 일정하게 유지시킨다. 즉, 트랜지스터 분류전류는 트랜지스터 스위치의 온 오프에 의해 제어되며 어떤 원인에 의해 발전기전압이 정격전압보다 상승하면 트랜지스터 스위치의 통류폭을 넓혀 분류전류를 증가시켜 발전기전압을 강하시키고 또 반대로 발전기전압이 정격전압보다 낮게 되면 트랜지스터 스위치의 통류폭을 좁혀 분류전류를 감소시켜 발전기전압을 상승시킨다. 트랜지스터 스위치를 오프하면 계자권선에 과전압이 발생하므로 계자권선과 병렬로 커패시터를 연결하여 정류기를 보호하고 있다.

[그림 2-72] 회로를 등가회로로 표시하면 [그림 2-73]과 같고 계자전류는 다음 식 (2-52)와 같이 된다.

$$I_f = |\,i_p + i_c\,|\,(1-\alpha) = \left|\,\frac{V_g}{jX} + \frac{i_g}{n}\,\right|\,(1-\alpha) \tag{2-52}$$

여기서, α는 트랜지스터 통류율, n은 변류기의 권선비이다.

즉, 트랜지스터 쵸퍼의 통류율에 의해서 계자전류가 제어되고 따라서 발전기전압이 조정된다. [그림 2-73] 트랜지스터 분류형 AVR의 등가회로 및 여자 벡터도 [그림 2-73]의 벡터도는 부하상태의 여자전류 벡터도이다.

지금 $i_p = V_g / jX$를 정류한 값이 무부하시의 계자전류와 일치하도록 리액턴스 X를 선정하고 다시 전부하시에 필요한 계자전류 I_f가 통할 수 있도록 CT의 권수비 n을 선정하면 [그림 2-73]의 벡터도는 발전기 철심이 포화되지 않을 경우 필요한 계자전류의 벡터도와 완전히 일치하게 된다. 따라서 이론적으로 모든 부하와 역률에 대해서 발전기전압을 일정하게 유지할 수 있다.

그러나 실제로는 발전기 철심에 자기포화가 있고 또 누설리액턴스의 영향, 계자저항의 온도에 의한 변화 등이 있어서 발전기전압을 아주 정밀하게 일정한 값으로 유지하기는 불가능하다. 그러므로 계자회로에 분류회로를 설치하여 미리 분류전류를 일정량 통하게 하고 전압변동이 발생하였을 때 그 전압변동에 따라서 분류전류를 조정해주면 발전기전압을 일정하게 유지할 수 있다.

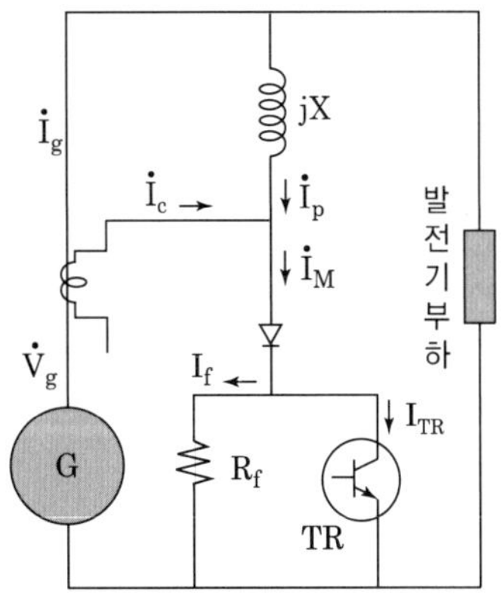

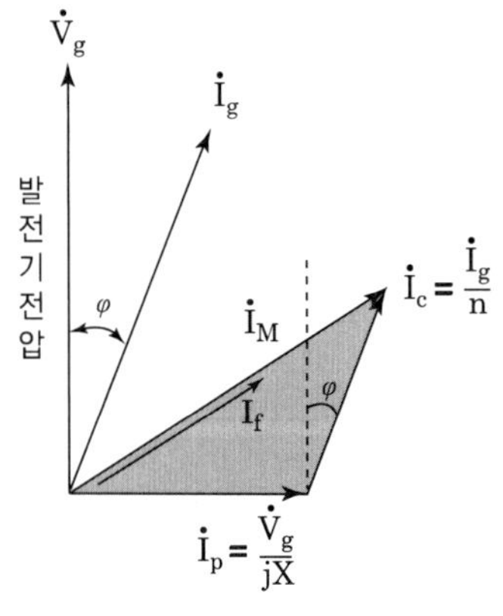

jX : 리액터의 리액턴스
Rf : 등가 계자저항
(교류여자기는 증폭기로 생각함)
TR : 트랜지스터(분류회로)
φ : 발전기 부하역률각

n : 변류기 권수비
İp : 전압분 전류
İc : 전류분 전류
İM : 합성 전류
If : 계자전류

[그림 2-73] 트랜지스터 분류형 AVR의 등가회로 및 여자 벡터도

④ 트랜지스터 분류회로

트랜지스터 분류형 자동전압조정회로는 [그림 2-74]와 같이 주정류기 MR, 트랜지스터 TR, 커패시터 C, 다이오드 D, 트랜지스터 쵸퍼 통류율 제어회로 등으로 구성되어 있다.

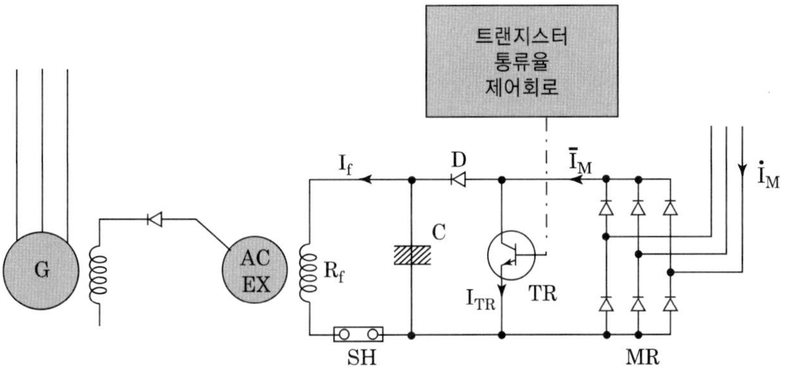

[그림 2-74] 트랜지스터 분류회로도

전압분과 전류분을 벡터적으로 합성한 전류 $\dot{I}_M$는 주정류기 MR에 의해 정류되고 이 직류전류 $\bar{I}_M$ 는 교류여자기의 여자전류 I_f와 분류전류 I_{TR}로 나누어진다. 따라서 트랜지스터 분류전류 I_{TR}을 제어하면 발전기 여자전류를 제어할 수 있고 결국 발전기전압을 제어할 수 있게 된다. I_{TR}은 트랜지스터 통류율 조정에 의해 제어되며 [그림 2-75]에 이 전압 · 전류의 제어모드를 나타낸다.

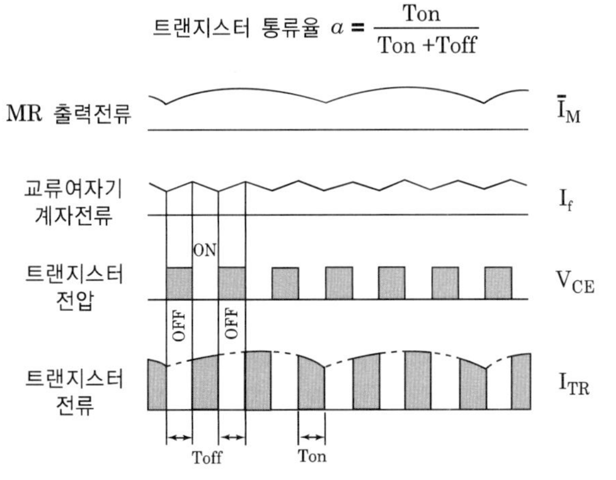

[그림 2-75] 트랜지스터 분류전류 모드

⑤ 트랜지스터 쵸퍼 통류율 제어회로

트랜지스터 통류율 제어회로는 한 장의 프린트 기판에 구성되어있는데 이 회로의 제어블록도는 [그림 2-76]과 같다.

발전기전압 조절기는 직류증폭기용 IC를 사용한 PI조절기로서 시스템의 안정을 확보하기 위해 P게인(gain)은 가변저항에 의해, 적분요소는 커패시터의 조합에 의해 조정할 수 있게 설계한다.

비선형 미분보상회로는 전압의 급격한 강하 또는 상승을 보상하기 위해서 구성하는데 전압의 변동분을 미분회로에 의해 변환하고 이 신호를 비선형 증폭기에 의해 증폭하여 전압조절기의 입력회로에 인가한다. 발전기전압이 급변하면 이 보상회로가 동작하여 전압조절기의 입력신호를 보정하고 신속하게 전압제어를 행하여 발전기전압을 원상태로 빠르게 회복시킨다.

계자전류 비교기와 전류제어회로는 계자전류가 항상 제어출력에 일치하도록 트랜지스터를 온·오프시키는 작용을 한다. 또 이 회로의 입력에 계자전류 검출회로를 설계하여 교류여자기의 계자에 의한 시간지연을 보상함으로써 속응성 있는 제어회로를 구성한다. 그리고 이 회로에는 제어출력에 제한을 가하여 계자전류가 과대하게 흐르지 못하게 하는 작용도 하고 있다.

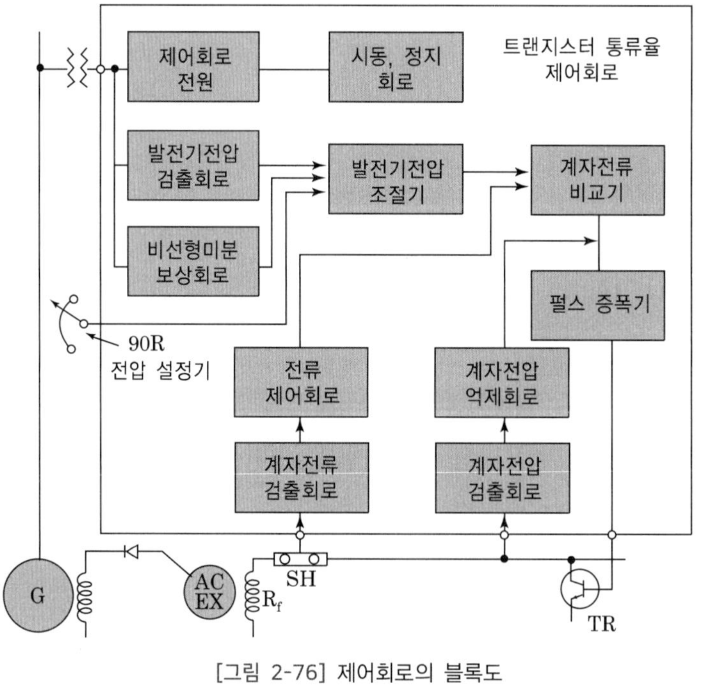

[그림 2-76] 제어회로의 블록도

펄스 증폭기는 계자전류 비교기의 미소출력 펄스신호를 증폭하여 트랜지스터를 확실하게 동작시키기 위한 베이스 전류를 흐르게 하는 장치이다. 또 이 장치의 입력에는 계자전압을 검출하여 과전압 상태인 경우 AVR을 보호하기 위한 부가 기능도 부여한다.

시동정지회로는 발전기의 시동, 정지시에 제어회로의 전원전압을 검출하여 그 값이 정상시의 약 60[%] 이하일 경우에는 제어회로의 기능을 정지시키는 기능을 가지고 있다.

6.6 자기 여자와 단락비, 충전 용량

(1) 자기 여자현상

동기발전기에 콘덴서와 같은 용량성 부하를 접속하면 영역률의 진상전류에 의한 $I_c = 2\pi f_c V$가 전기자권선에 흐르게 된다. 이러한 진상 전류에 의한 전기자반작용은 잔류 자기에 의한 전압 때문에 $\pi/2$ 앞선 전류가 흐르고 이 전류는 전기자 반작용의 자화작용에 의해 단자전압은 높아지고 충전전류도 높아진다. 이와 같이 단자전압이 계속 높아지면 정상전압까지 확립되어 가는 현상을 자기여자현상이라 하고 이런 현상이 동기발전기에 의한 장거리 송전선을 무부하 충전하는 경우에 일어나는 현상이며 발전기의 정격전압보다 더욱 높아지면 발전기에 해를 끼치는 경우도 있다.

(2) 단락비와 충전 용량

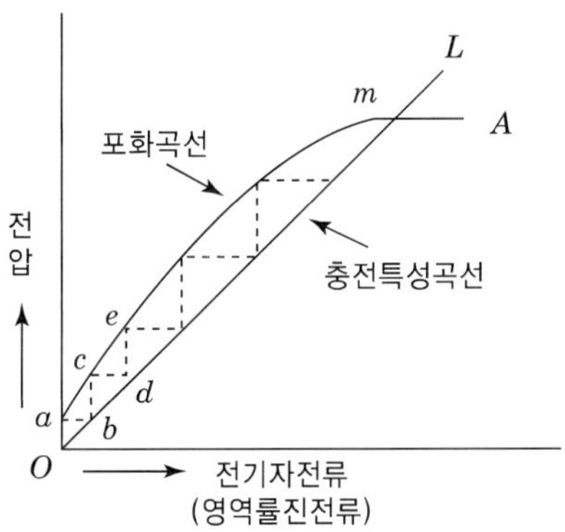

[그림 2-77] 충전 곡선

발전기가 송전선로를 충전하는 경우 1대의 발전기로 송전 선로를 충전할 때 자기 여자를 일으키지 않도록 하기 위해서 단락비를 크게 하면 되는데 선로를 안전하게 충전할 수 있는 단락비의 값은 다음 식과 같이 된다.

$$\text{단락비} > \frac{Q'}{Q}\left(\frac{V}{V'}\right)^2(1+\sigma) \tag{2-53}$$

Q' : 충전전압 V' 에서 선로의 충전용량 [kVA]

Q : 발전기의 정격출력 [kVA]

V : 발전기 정격전압 [V]

σ : 발전기의 정격전압에서 포화율

이와 같은 충전특성을 갖는 선로인 경우 수전단이 송전단 전압보다 선로 리액턴스 강하분 만큼 증가되므로 발전기 전압은 정격전압의 80 [%]로 하고 식 (2-48)의 V' 를 0.8로 하고 $\sigma = 0.1$ 하면 다음과 같은 수식이 된다.

$$\text{단락비} > \frac{Q'}{Q} \times 1.72 \tag{2-54}$$

발전기의 정격용량이 충전용량 [kVA]과 같을때에는 단락비의 값은 1.72 이상이어야 한다.

(3) 자기 여자 방지법

자기여자작용을 방지하기 위해서 식 (2-54)을 만족하는 단락비를 갖는 발전기를 채택하면 어느 정도 보상을 할 수 있지만 그렇지 않은 경우는 다음과 같은 방법을 이용할 수 있다.

① 발전기를 2대 이상 여러 대를 병렬 접속할 것

② 수전단에 부족여자를 갖는 동기조상기 접속시키면 지상전류를 취하여 충전전류를 보상하게 된다.

③ 송전선로의 수전단에 변압기를 접속시키면 변압기의 자화전류는 지상전류이므로 충전전류를 보상할 수 있다.

④ 수전단에 리액턴스를 병렬로 접속하면 부하증가시 선로에서 분리시켜야 한다.

6.7 동기기의 단락현상

(1) 영구단락(sustained short circuit)

3상 동기발전기를 갑자기 단락하면 그 순간 큰 전류가 흐르게 되는데 시간이 경과함에 따라 차츰 감소되어 마침내 어떤 일정한 값에 도달하게 된다. 이와 같은 것은 각 상의 단자를 미리 단락시켜놓고 여자전류 I_f 를 0에서 서서히 증가시켜서 운전중 돌발 단락시 계자전류와 같은 값이 되게 하면 전기자에는 영구단락전류 또는 지속단락전류 I_s 가 흐르게 된다. I_f 와 I_s 의 관계는 거의 직선상태로 유지되며 다음과 같은 식으로 나타낼 수 있다.

$$I_s = \frac{E_o}{Z_s} \tag{2-54}$$

(2) 돌발단락

평형 3상발전기가 정격전압 및 정격주파수에서 무부하 운전할 때 3상의 각 단자가 돌발단락하면 단락된 순간에 큰 과도전류가 흐르고 그 전류는 점차 감소하여 수 초 후 영구 단락전류 값으로 되는데 이때에 전기자반작용이 순간적으로 나타나지 않으므로 단락순간에 단락전류를 제한하는 것은 전기자권선저항을 무시하면 누설 리액턴스 x_l 만 있으므로 매우 큰 단락전류가 과도적으로 흐르며 몇 cycle지나면 전기자 반작용으로 갑자기 줄어들어 동기리액턴스 x_s 로 정해지는 지속 단락전류가 되고 코일이 소손될 우려가 있다. 그러나 과도전류에 의한 영구단락전류는 전기자권선 접속 부분을 변형시키지는 않는다.

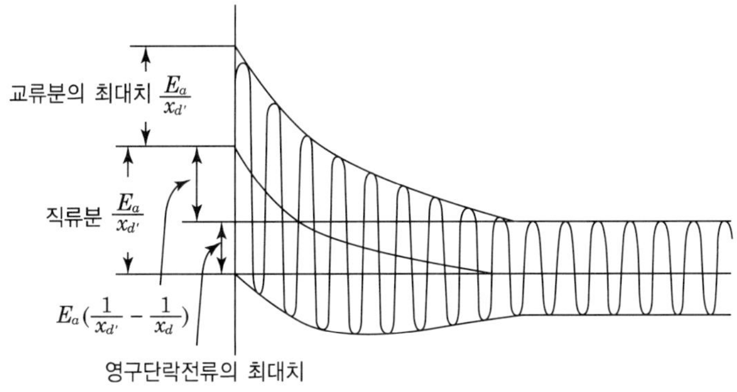

[그림 2-78] 발전기의 돌발단락

연 습 문 제

01 동기발전기의 단락비, 부하각, 동기화력에 대해 설명하여라.

02 동기발전기의 전압변동율은 무엇을 나타내며 부하역률에 어떠한 관계를 가지고 있는가를 설명하여라.

03 동기발전기의 자기 여자 현상이란 무엇이며 그 방지책을 간단히 설명하여라.

04 전기자 반작용에 의한 감자작용이 일어나는 경우 기전력 및 동기리액턴스는 어떻게 변화되는가를 설명하여라.

05 단락비가 큰 동기발전기와 단락비가 작은 동기발전기를 비교 설명하여라.

06 동기발전기의 정상, 역상, 영상 임피던스는 무엇을 나타내며 그 측정 방법에 대해서 간단히 설명하여라.

07 단락비 1.2인 발전기의 퍼센트 동기임피던스[%]는 얼마인가?

08 3상 동기발전기가 있다. 이 발전기의 여자전류 5 [A]에 대한 1상의 유기기전력이 600 [V]이고 그 3상 단락전류는 30 [A]이다. 이 발전기의 동기임피던스[Ω]는 얼마인가?

09 정격용량 10,000 [kVA], 정격전압 6000 [V], 극수 24, 주파수 60 [Hz], 단락비 1.2되는 3상 동기발전기 1상의 동기임피던스[Ω]는?

10 정격용량 10,000 [kVA], 정격전압 6000 [V], 극수 24, 주파수 60 [Hz], 1상의 동기임피던스 3 [Ω]인 3상 동기발전기가 있다. 이 발전기의 단락비를 구하여라.

11 정격전압 6000 [V], 용량 5000 [kVA]의 Y결선 3상 동기발전기가 있다. 여자전류 200 [A]에서의 무부하 단자전압 6000 [V], 단락전류 600 [A]일 때 이 발전기의 단락비는?

12 정격전압 6000 [V], 용량 5000 [kVA]의 3상 동기발전기에 있어서 여자전류 200 [A]에 상당하는 무부하 단자전압은 6000 [V]이고, 단락전류는 600 [A]이다. 이 발전기의 단락비 및 동기리액턴스(per unit, [p.u])는?

13 3상 비철극 동기발전기가 있다. 정격출력 10,000 [kVA], 정격전압 6600 [V], 정격 역률 $\cos\psi = 0.8$이다. 여자를 정격 상태로 유지할 때 이 발전기의 최대출력[kW]은? 단, 1상의 동기리액턴스는 0.9(단위법)이며 저항은 무시한다.

14 정격출력 5000 [kVA], 정격전압 6600 [V], 정격 역률 0.8위 3상교류 동기발전기가 있다. 이 발전기의 동기리액턴스를 0.8 [per-unit]로 한 경우, 전압변동률[%]은?

7 동기발전기의 병렬운전

동기발전기를 같은 모선 같은 부하에 전력을 공급하기 위해 2대 이상을 접속하여 운전하는 방식을 병렬운전(parallel operation)이라 하고 터빈, 수차발전기와 같은 1회전 토크가 균일한 것은 문제가 없지만 엔진기관은 여러가지 문제가 따를 수 있다.

7.1 병렬운전 조건

동기발전기를 병렬운전 하려면 다음 조건을 갖추어야 한다.

① 기전력의 크기가 같을 것
② 기전력의 위상이 같을 것
③ 기전력의 주파수가 같을 것
④ 기전력의 파형이 같을 것

(1) 각 발전기 기전력의 크기가 같아야 한다.

[그림 2-79](a)에서 운전 중인 발전기 G1의 기전력 E_1과 이에 병렬로 투입하려는 발전기 G2의 기전력 E_2의 크기가 다른 상태로 발전기를 병렬운전하거나 또는 발전기 G1, G2가 이미 병렬운전하고 있을 때 발전기 G2의 여자전류를 증가시킴으로써 기전력을 크게 했을 경우를 가정한다. 단, 이 때 두 발전기의 주파수 및 전압의 위상은 일치하고 있다.

병렬운전중인 두 발전기의 1상에 대한 결선도는 [그림 2-79](b)와 같이 되고 발전기 G2의 기전력이 보다 높기 때문에 발전기 사이에 전압차가 생겨 다음과 같은 순환전류 I_c가 흐르게 된다.

$$I_c = \frac{E_2 - E_1}{2Z_s} \doteqdot \frac{E_c}{2X_s} \tag{2-56}$$

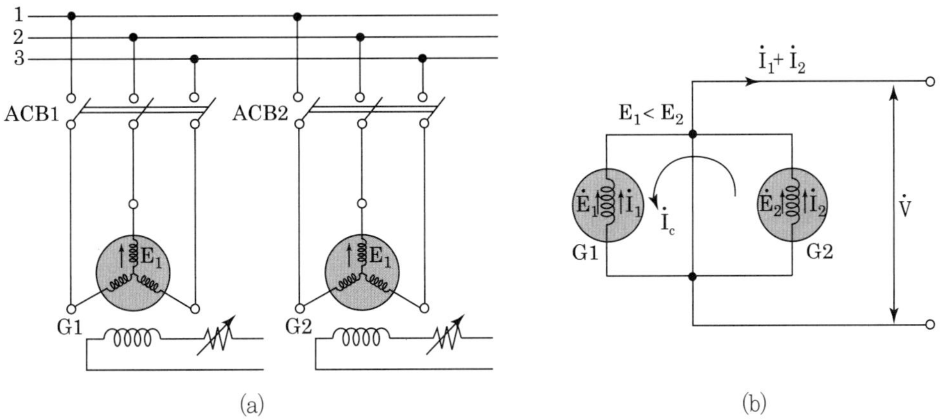

[그림 2-79] 병렬운전의 결선도

Z_s는 각 발전기의 동기임피던스인데 전기자저항은 무시할 수 있으므로 동기임피던스는 대략 각 발전기의 동기리액턴스 X_s와 같다. 따라서 양 발전기 사이의 순환전류는 [그림 2-80](a)와 같이 양 발전기에 의한 폐회로에 작용하는 기전력 E_c보다 위상이 90° 뒤지는 무효전류가 되는데 발전기 G1에 대해서는 90° 앞선 전류(진전류)가 되므로 전기자 반작용은 자화작용을 하며 계자를 강하게 하여 단자전압을 상승시키려고 하고, 반대로 발전기 G2에 대해서는 90° 늦은 전류(지전류)가 되므로 감자작용을 하여 계자를 약하게 하여 단자전압을 강하시키려고 한다. 결국 양 발전기의 단자전압을 같게 해주는 작용을 한다. 또한 지역률 $\cos\theta$의 부하전류가 흐르고 있을 경우에 [그림 2-80](b)와 같은 벡터도를 얻을 수 있다.

각 발전기의 전기자전류는 각각 $\dot{I}_1' = \dot{I}_1 + \dot{I}_c$, $\dot{I}_2' = \dot{I}_2 + \dot{I}_c$와 같이 되므로 발전기 G1의 역률은 $\cos\theta_1$, G2의 역률은 $\cos\theta_2$가 되어 부하역률 $\cos\theta$와는 각각 다른 값이 된다. 그리고 I_c는 E_1, E_2 및 E_c에 대해 90°의 위상차를 갖는 무효전류로서 부하의 분담에는 관계가 없고 단지 양 발전기 사이를 순환할 뿐이며 전기자 동손을 증가시키기 때문에 무효순환전류 또는 무효횡류라고 한다.

이상과 같이 교류발전기의 병렬운전에서 기전력의 차이가 각 발전기의 역률을 상이하게 하므로 병렬운전중인 각 발전기의 역률을 동일하게 조정하려면 각 발전기의 기전력을 조정하면 된다는 것을 알 수 있다. 즉, 전압조정기 VR을 조정하여 역률이 낮은 발전기의 기전력을 감소시키든지 혹은 역률이 높은 발전기의 기전력을 증가시키든지 또는 이 두 가지 방법을 병용함으로써 양 발전기의 역률을 일치시킬 수 있다.

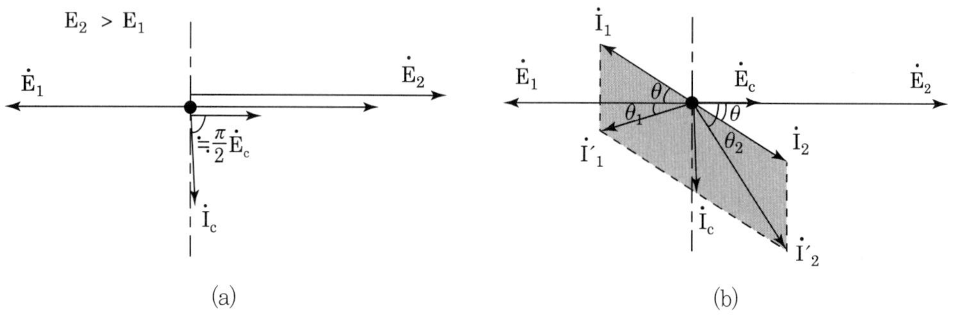

[그림 2-80] 무효횡류 벡터도 및 역률의 변화

(2) 각 발전기 기전력의 위상이 같아야 한다.

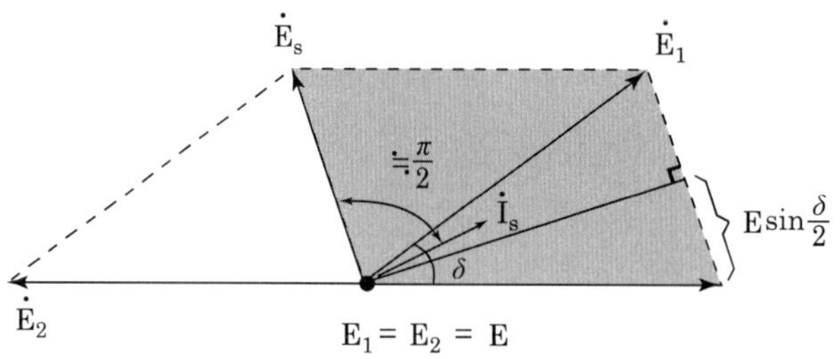

[그림 2-81] 발전기 전압 E_1의 위상이 앞서는 경우의 벡터도

각 발전기의 기전력의 크기($=E$)와 주파수는 같고 위상만이 다를 경우를 가정한다. 발전기 G1의 입력이 증가하여 그 기전력 E_1의 위상이 발전기 G2의 기전력 E_2보다 δ [rad] 앞섰다고 하면 [그림 2-81]과 같이 양 기전력의 합성 기전력 E_s에 의해 다음과 같은 전류 I_s가 양 발전기 사이를 순환하게 된다.

$$I_s = \frac{E_s}{2Z_s} = \frac{2E\sin\frac{\delta}{2}}{2Z_s} = \frac{E}{Z_s}\sin\frac{\delta}{2} \tag{2-56}$$

I_s가 E_s에 대해서 약 90° 뒤지는 전류가 되며 G1 발전기의 전압 E_1에 대해서는 약 $\delta/2$의 위상을 갖고, G2 발전기의 전압 E_2에 대해서는 약 $(\pi-\delta/2)$의 위상을 가진 전류이므로 양 발전기에 대해서 각각 추가 전력으로 작용하게 된다.

즉, 발전기 사이의 위상차 전류에 의해 양 발전기 G1, G2에 작용하는 전력은 식 (2-57)과 식 (2-58)과 같이 된다.

$$P_1 \fallingdotseq EI_s \cos\frac{\delta}{2} = E\frac{E}{Z_s}\sin\frac{\delta}{2}\cos\frac{\delta}{2} = \frac{E^2}{2Z_s}\sin\delta\,[\text{W/상}] \tag{2-57}$$

$$P_2 \fallingdotseq EI_s \cos\left(\pi - \frac{\delta}{2}\right) = -\frac{E^2}{2Z_s}\sin\delta = -P_1\,[\text{W/상}] \tag{2-58}$$

$$P_s = \frac{dP}{d\delta} = \frac{d}{d\delta}\left(\frac{E^2}{2Z_s}\sin\delta\right) = \frac{E^2}{2Z_s}\cos\delta \tag{2-59}$$

이 때 각 발전기가 무부하인 경우 I_s가 흐름으로써 G1 발전기는 P_1에 상당하는 전력을 출력하는 발전기가 되고 반대로 G2 발전기는 P_1에 상당하는 전력을 입력으로 하는 전동기가 된다.

만약 부하상태에서 병렬운전중이라 하면 G1 발전기++는 P_1에 상당하는 부하가 증가하게 되므로 원동기속도는 하강하고, G2 발전기는 G1 발전기의 부하증가분 P_1에 상당하는 부하가 감소하게 되므로 원동기속도는 상승하여 양 발전기의 속도는 자동적으로 평형을 이루게 되어 기전력의 위상을 일치시키려고 하는 작용이 발생한다.

따라서 이때의 순환전류를 유효횡류라고 하는데 이 전류는 각 발전기를 동기상태(위상이 일치된 상태)로 유지하는 작용을 하므로 동기화전류(synchronizing current)라고도 한다. 동기화전류가 흐름으로써 발생하는 위상평형작용은 위상각의 변화에 의해 가감되는 전력의 크기에 따라 결정되며 이것을 동기화력(synchronizing power)이라고 한다. 동기화력은 식 (2-59)로 표현된다. 식 (2-59)에 의하면 P_s는 $\delta=0$에서 최대로 되고 $\delta=\pi/2$에서 영이 되며, δ가 $\pi/2$보다 클 경우에는 음의 값이 되어 양 발전기의 위상차를 반대로 증가시키는 작용이 나타나므로 동기이탈(step out)을 일으켜 병렬운전은 불가능하게 된다.

이상과 같은 현상을 이용하여 발전기의 부하배분을 변경시킬 수 있다. 즉, 부하분담을 증가시키려고 할 경우에는 원동기의 조속기를 조정하여 발전기의 속도를 증가시켜 기전력의 위상을 앞서게 해주면 되고 반대로 부하분담을 감소시키려고 할 경우에는 발전기의 속도를 늦추어서 기전력의 위상을 뒤지게 해주면 된다.

(3) 각 발전기 기전력의 주파수가 같아야 한다.

병렬운전 중 각 발전기의 주파수에 차이가 발생하면 양 발전기의 위상이 일치된 순간 이외에는 항상 어느 발전기의 위상이 앞서거나 또는 뒤지기 때문에 양 발전기 사이에 동기화전류가 흘러 동기화력이 작용하게 된다.

양 발전기의 주파수가 상이한 상태에서 병렬운전을 시도하면 위상이 약 $\pi/2$[rad] 다를 경우 동기화력이 영이므로 병렬운전 초기부터 동기이탈이 되어 병렬운전은 불가능하게 된다. 주파수 차이가 미소하고 위상차이가 영에 가까울 경우에는 동기화력이 작용하여 위상을 일치시키려고 하는데 회전부의 관성이 크면 이 과정에서 동기시점을 지나치게 되므로, 동기화력이 주기적으로 왕복하여 발전기는 감쇄적 난조(hunting)를 일으키면서 동기상태로 된다. 그리고 주파수가 다를 경우에는 매순간 기전력의 크기가 상이하므로 무효횡류가 동시에 흐르게 된다.

(4) 각 발전기의 파형이 같아야 한다.

기전력의 파형이 같지 않을 경우 두 발전기의 순시기전력의 크기와 위상이 같은 경우에도 파형이 다르게 되면 한 순간의 기전력이 같지 않게 되므로 고조파 무효순환전류가 흘려 전기자권선의 저항손이 증가되고 과열이 되며 이 조건은 제작시 큰 차이가 없으므로 무시하는 경우도 있다.

예제 2-12

동기발전기의 병렬운전 조건을 나열하고 다를 경우 발생하는 현상을 기술하시오.

풀이

- 기전력의 크기가 같지 않을 경우 : 무효 순환전류가 흐름
- 기전력의 위상이 다를 경우 : 동기화전류와 동기화력이 발생함.
- 기전력의 주파수가 다를 경우 : 동기화전류가 상호 주기적으로 흐름.
- 기전력의 파형이 같지 않을 경우 : 고조파 무효순환전류가 흐름–전기자저항손이 증가하여 과열의 원인이 됨.

예제 2-13

3000 [V], 1500 [kVA], 동기임피던스 3 [Ω]인 동일정격의 두 동기발전기를 병렬운전하던 중 한 쪽 계자전류가 증가해서 각 상 유도기전력 사이에 300 [V]의 전압차가 발생했다면 두 발전기 사이에 흐르는 무효횡류는 몇 [A]인가?

풀이

무효 횡류 $I_c = \dfrac{E_1 - E_2}{2Z_s} = \dfrac{E_r}{2Z_s} = \dfrac{300}{2 \times 3} = 50$ [A]

예제 2-14

8000[kVA], 6000[V], 동기임피던스 6[Ω]인 2대의 교류발전기를 병렬운전 중, A기의 유기기전력의 위상이 20° 앞서는 경우 동기화전류[A]를 구하여라. 단, cos 5°= 0.996, sin 10° = 0.174이다.

풀이

동기화전류 I_c는 다음과 같이 된다.

$$I_c = \frac{1}{2Z_s}\left(2E\sin\frac{\delta}{2}\right)$$

$$= \frac{1}{2\times 6}\left(2\times\frac{6000}{\sqrt{3}}\times\sin\frac{20}{2}\right) = 100.46\ [\mathrm{A}]$$

7.2 난조와 그 억제 방법

병렬운전 중 부하가 급변했을 경우 각 발전기의 각속도가 달라져서 기전력의 위상에 차이가 생기게 된다. 발전기 G1의 기전력이 발전기 G2의 기전력보다 θ[rad]만큼 위상이 앞섰을 경우를 가정하면 동기화전류가 양 발전기 사이에 흘러 동기화력이 발생하므로 발전기 G1은 감속되고 발전기 G2는 가속되어 양 발전기의 위상차는 점점 작게 되어 마침내 위상이 일치되는 순간까지 도달한다. 그러나 발전기의 회전부에는 관성 모멘트가 있기 때문에 기전력의 위상이 일치한 상태에서 가속과 감속의 작용은 멈추지 않고 더욱더 진행됨으로써 기전력의 위상관계는 역전되어 발전기 G1의 위상이 뒤지고 발전기 G2의 위상이 앞서게 된다.

따라서 동기화력은 발전기 G2에서 발전기 G1의 방향으로 작용하여 발전기 G2는 감속되고 발전기 G1은 가속되게 된다. 이와 같이 최후에 도달하는 동기속도를 중심으로 상, 하로 동요하는 현상이 생기게 되는데 이와 같은 현상을 난조(hunting)라고 한다. 난조는 각속도의 동요를 조장하는 외력이 작용하지 않는 경우 제동권선(damper winding) 또는 자극편에 생기는 와전류 등의 제동작용에 의해 억제되고 짧은 시간 안에 없어져서 다시 동기속도로 복귀하게 된다.

그러나 디젤기관과 같이 원동기의 회전력이 주기적으로 변화할 때 이 주기가 발전기의 고유진동 주기와 일치되거나 또는 대단히 근접할 경우에는 공진을 일으켜 난조의 지속시간과 진폭이 증대되어 동기이탈을 일으키므로 병렬운전이 불가능하게 된다. 난조가 발생하는 원인은 원동기의 회전력에 저차고조파가 포함될 때, 원동기의 속도변동률이 너무 작을 때, 조속기의 감도가 너무 예민할 때 등이다.

난조를 방지하기 위해서는 원동기 구동 회전력의 주파수와 발전기의 고유진동수와의 차이를 가능한 한 크게 하고 플라이 휠(Wheel)의 크기를 적절히 제한해야 한다. 그리고 발전기 회전자의 자극면에 제동권선을 설치하고 조속기의 감도가 지나치게 예민하지 않도록 대시포트(dash pot)를 장치한다. 원동기의 속도변동률도 적당한 크기로 조정되어야 한다.

7.3 동기검정장치

1대의 동기발전기가 이미 모선에 연결되어 운전하고 있을 때 또 다른 1대의 동기발전기를 이것에 병렬로 연결하기 위해서는 양 발전기의 주파수와 단자전압이 같고 그 위상이 일치된 순간에 병렬운전시킬 발전기의 차단기를 투입하면 된다. 이 때 기전력의 주파수와 위상의 일치여부를 확인하는 것을 동기검정이라 하고 이를 수행하기 위한 장치를 동기검정장치(synchronism indicating device)라고 하며 이 장치에는 동기 검정등(synchronizing lamp)과 동기검정기가 있다.

(1) 동기 검정등

병렬로 연결하려는 2대의 동기발전기 G1, G2의 각 상 사이에 3개의 전구를 [그림 2-82]와 같이 배치하는데 L1은 서로 대응하고 있는 상 U1, U2 사이에 연결하고 L2, L3는 각각 다른 상에 연결한다.

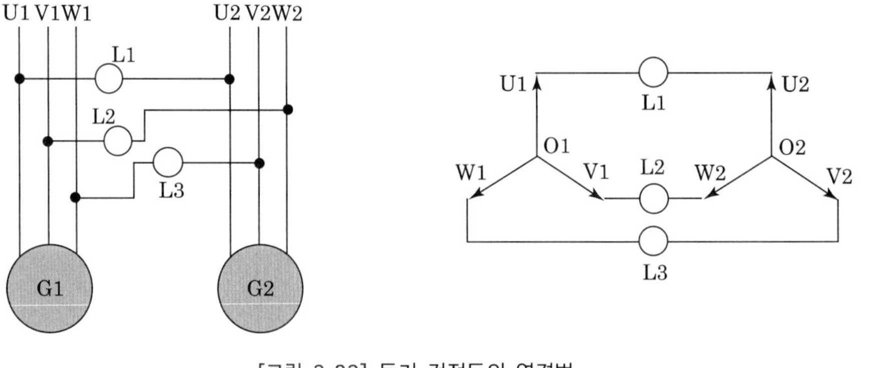

[그림 2-82] 동기 검정등의 연결법

양 발전기의 전압과 주파수는 같고 위상만이 다를 경우 각 전구에 인가되는 전압의 크기가 다르게 되며 각 전구는 각 전압에 비례하는 밝기를 유지하며 점등된다. 이 때 각 발전기의 전압벡터를 각각 $\dot{U}_1$, $\dot{V}_1$, $\dot{W}_1$ 및 $\dot{U}_2$, $\dot{V}_2$, $\dot{W}_2$라 하고 L1, L2, L3에 가해지는 전압을 각각 $\dot{E}_1$, $\dot{E}_2$, $\dot{E}_3$라 하면 $\dot{E}_1 = \dot{U}_1 - \dot{U}_2$, $\dot{E}_2 = \dot{V}_1 - \dot{W}_2$, $\dot{E}_3 = \dot{W}_1 - \dot{V}_2$가 된다. 발전기 G2의 위상이 발전기 G1의 위상보다 $\theta°$, 60°, 120° 앞서 있을 경우의 각 전압 벡터도는 [그림 2-83]과 같다.

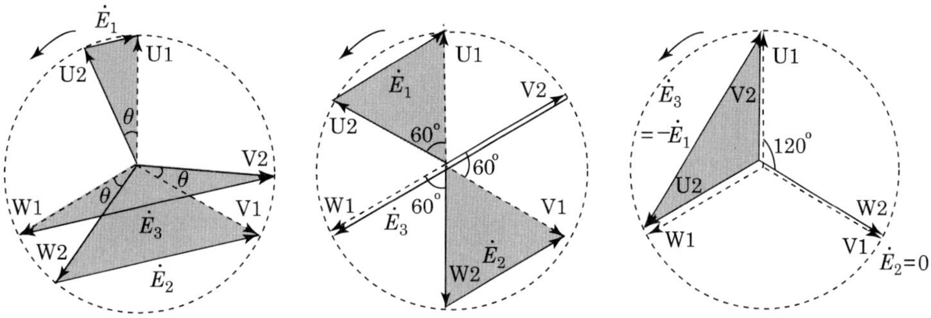

[그림 2-83] 검정등 전압의 변화

만약 θ가 0°, 즉 양 발전기의 위상이 일치한 동기상태에서는 $E_1 = 0$, $E_2 = E_3 = \sqrt{3}\,V$(V는 각 발전기의 상전압)가 되므로 L1은 소등되고 L2, L3는 같은 밝기로 점등된다. 또 양 발전기의 주파수가 상이할 경우, 예를 들면 발전기 G2의 주파수가 G1의 주파수보다 클 경우에는 [그림 2-83]에서 θ가 점점 커지므로 검정등의 밝기가 변화하여 등이 켜졌다 꺼졌다 하는데 점등 또는 소등되는 순서가 L1→L2→L3의 방향으로 회전하게 되며 그 회전속도는 양 발전기의 주파수차가 클수록 빠르게 된다. 즉, 주파수차가 매초 2사이클일 경우 L1, L2, L3의 점등 또는 소등되는 주기가 0.5초(주파수 차이의 역수)이고 불빛이 회전하는 주기도 0.5초가 된다. 주파수차가 매초 0.1사이클이면 L1, L2, L3의 점등 또는 소등되는 주기 및 불빛의 회전주기는 10초가 된다.

이 때 발전기 G2의 원동기속도를 감소시켜 발전기 G1의 속도에 접근시키면 양 발전기의 주파수가 근접하여 θ가 서서히 증가하기 때문에 등의 점멸주기는 점점 커지며 마침내 주파수가 일치하고 위상만이 다르게 되면 등의 점멸은 발생하지 않고 등의 밝기도 변화하지 않는다. 다시 속도를 조정함으로써 양 발전기의 위상이 일치하여 완전히 동기상태가 되면 L1만이 소등되는데 그 순간에 발전기 G2의 차단기를 신속히 투입하면 병렬운전이 이루어진다.

발전기 G2의 주파수가 발전기 G1의 주파수보다 낮을 경우에는 동기검정등이 점등 또는 소등되는 순서가 위의 경우와 반대로 되어 L3→L2→L1의 순서로 된다. 따라서 점등된 검정등의 회전방향에 의해서 발전기 G2의 주파수가 G1의 주파수보다 높은지 또는 낮은지를 판별할 수 있고 또 검정등이 점등 또는 소등되는 주기에 의해서 양 발전기의 주파수 차이를 알 수 있다.

(2) 동기검정기

동기검정기(synchroscope)는 여러가지 종류가 있는데 여기서는 일반적으로 많이 사용하는 전류력계형 동기검정기(electrodynamometer type synchroscope)의 구조와 동작에 대하여 간단히 설명한다.

[그림 2-84](a)는 동기검정기의 외관을 나타내고 [그림 2-84](b)는 검정기 내부결선도를 표시한 것이다. 이 그림에서 2극의 적층철심에 감겨져 있는 고정코일 FF는 병렬로 투입하려고 하는 발전기 G2에 연결되어 주파수 f_2인 전압 V_2에 의해 여자되고 있다. 가동코일 M_1, M_2는 원통형의 회전자철심 주위에 서로 직각으로 배치하고 각 한쪽 끝을 서로 연결하여 슬립링과 브러시를 거쳐 이미 운전 중인 발전기 G1의 E단자에 접속한다.

(a)

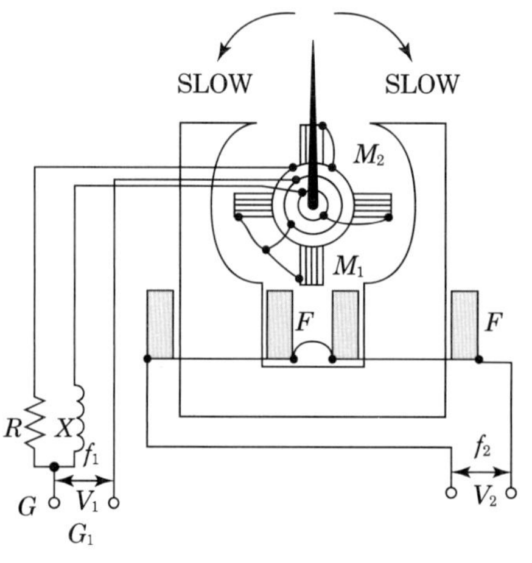

(b)

[그림 2-84] 동기검정기(전류력계형)

M_1, M_2의 다른 쪽 끝은 각각 나머지 2개의 슬립링과 브러시를 거쳐 M_1에는 순저항 R을, M_2에는 인덕턴스 L을 직렬로 연결하고 그 끝이 발전기 G1의 G단자에 연결되어 있다. 그러므로 M_1, M_2에는 G1의 전압 V_1에 의해서 주파수 f_1의 전류가 흐르는데 M_1에는 V_1과 같은 위상의 전류가 통하고 M_2에는 V_1보다 위상이 90° 뒤지는 전류가 통하게 된다. 이와 같은 장치에서 발전기 G1, G2의 주파수 f_1과 f_2가 같을 경우에는 가동코일 M_1, M_2에 설치된 지침이 양 발전기전압의 위상차에 상당하는 위치에 정지한다. 그러나 양 발전기의 주파수가 다를 경우에는 양 발전기전압의 위상차가 시시각각 변화하게 되므로 가동코일 M_1, M_2에 의해 지침은 회전하게 된다. $f_2 > f_1$이면 지침은 FAST의 방향으로 회전하게 되고 그 회전주기는 $(f_2 - f_1)$의 역수와 같다.

즉, $f_2 - f_1 = 0.1[Hz]$일 때 지침의 회전주기는 10초가 된다. $f_2 < f_1$일 경우 지침은 SLOW 방향으로 회전하고 $f_1 - f_2 = 1[Hz]$일 경우에 회전주기는 1초가 된다. 만약 $f_2 = f_1$이고 발전기전압의 위상이 일치하면 지침은 검정기의 중앙 위치에서 정지하게 된다. 그러므로 동기검정기를 주시하면서 발전기의 조속기를 조정함으로써 양 발전기의 주파수와 위상을 일치시킬 수 있다.

7.4 동기발전기 병렬운전법

동기발전기의 병렬운전시 기전력, 주파수, 위상이 같으면 벡터적인 합도 같아지게 되는데 그 때에 벡터도를 [그림 2-85]에 나타내었으며 병렬운전시 상차가 δ일 경우 [그림 2-86]에서 L_1, L_2, L_3에 걸리는 전압을 각각 V_{aa}', V_{bc}', V_{cb}'라 하고 다음과 같이 나타낼 수 있다.

$$L_1 \ : V_{aa}' = E_a - E_a' = 0$$
$$L_2 \ : V_{bc}' = E_b - E_c'$$
$$L_3 \ : V_{cb}' = E_c - E_b'$$

위와 같을 때 L_1은 거의 꺼지고 L_2, L_3는 같은 크기로 밝기도 같게 되며 A, B 두 발전기 기전력에 δ만큼의 상차가 있으므로 L_1, L_2, L_3에 걸리는 전압 V_{aa}', V_{bc}', V_{cb}'는 L_2가 가장 밝고 L_3, L_1는 차례로 밝게 나타난다. 만약 B기의 속도가 A기 보다 조금 느리다고 하면 δ가 점점 크게 되므로 L_1은 점차 밝아지며 L_2는 최고로 밝았다가 어두워지고 L_3는 어둡게 된다. 따라서 A기 < B기인 경우는 시계방향으로 밝기가 이동되고 A기 > B기인 경우는 반시계 방향으로 밝기가 이동되게 된다.

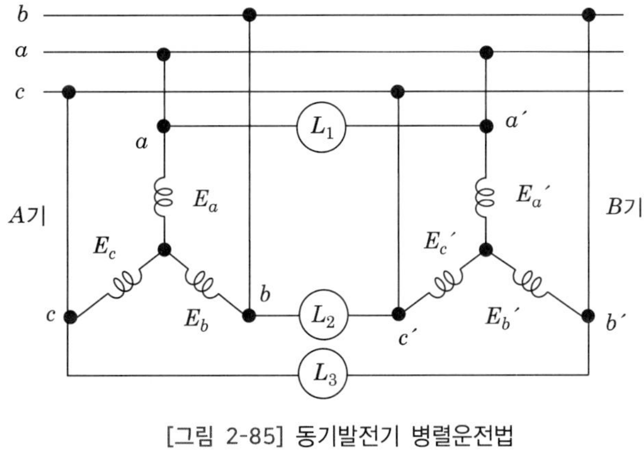

[그림 2-85] 동기발전기 병렬운전법

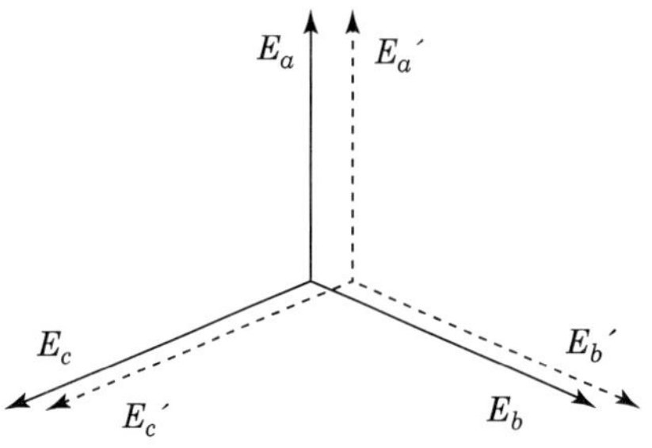

[그림 2-86] 벡터도

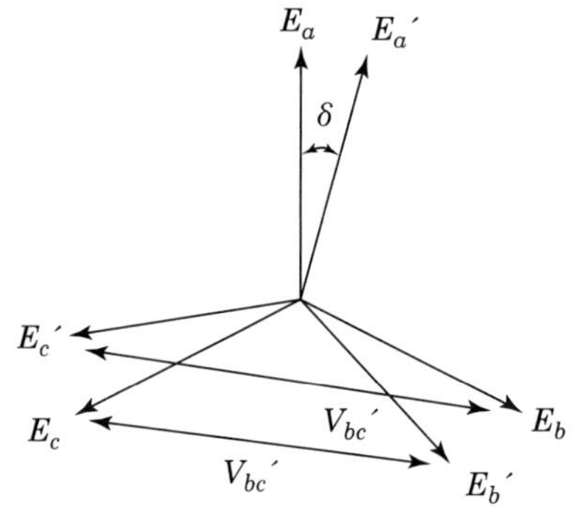

[그림 2-87] 상차 δ일 때의 벡터도

7.5 병렬운전시의 원동기의 조건

동기발전기를 병렬운전하는 경우에 원동기가 갖추어야 할 조건은 다음과 같다.

① 균일한 각속도를 갖을 것이며, 만일 이 조건이 만족되지 않은 경우 병렬운전하고 있는 발전기의 회전수가 서로 같더라도 1회전 중 각속도가 균일하지 않으면 순간 기전력 크기와 위상의 차이가 생겨 양 발전기에 고조파 횡류가 흘러서 병렬운전을 하기가 어렵게 된다.

② 적당한 속도 조정률을 갖을 것이며, 만일 부하변동에 의한 속도조정율이 작은 것이 가장 바람직 하지만 원만한 부하분담을 위해서는 적당한 속도조정율을 갖어야 한다.

7.6 부하분담

유효전력 분담은 2대의 발전기를 병렬운전할 경우 어느 한쪽의 원동기 조속기를 조정하여 그 속도특성에 따라 정해지게 되는데 보통 속도는 수하특성이 클 수로 좋지만 너무 지나치게되면 속도 변동율이 커지므로 보통 3~5[%] 정도를 택하게 된다. 무효전력 분담은 A, B 발전기 병렬운전시 임의의 역률부하를 걸었을 경우 각기 다른 계자전류의 크기에 의해 결정되지만 A 발전기의 여자를 증가시키면 불균형이 생기므로 무효 전류가 발생하여 계자전류를 조정하게 되는데 계자전류가 증가된 A 발전기에 역률이 저하되고 다른 발전기에 역률은 증가하게 된다. 부하분담을 위한 발전기 병렬운전시 조속기의 특성과 배분은 다음 식과 같이 된다.

$$s = \frac{N_o - N}{N} \times 100\ [\%] \tag{2-60}$$

여기서, N 은 정격회전수, N_o 는 무부하 회전수이며 보통 s 는 2~3 [%]이고 보상기에 의한 s 는 0~6 [%] 정도를 정하게 된다.

연 습 문 제

01 동기발전기 2대를 병렬운전할 때 발전기의 부하를 한쪽 발전기에서 다른 한쪽 발전기로 옮기려면 어떤 방식을 취해야 하는가 설명하여라.

02 동기발전기의 직렬운전이 불가능한 이유를 설명하여라.

03 동기발전기의 난조의 발생 원인 및 그 대책에 대해서 설명하여라.

04 동기발전기의 병렬운전 조건과 그 조건이 맞지 않는 경우의 현상에 대해서 설명하여라.

05 동기 검정 장치를 이용한 동기발전기의 병렬운전조건 내에서 병렬운전법에 대한 내용을 그림을 그리고 간단히 설명하여라.

06 1 [MVA], 3300 [V], 동기임피던스 5 [Ω]의 2대의 3상교류발전기를 병렬운전 중 발전기의 계자를 강화해서 두 유도기전력(상전압) 사이에 200 [V]의 전압차가 생기게 했을 때 두 발전기 사이에 흐르는 무효 횡류는 몇 [A]인가?

07 두 동기발전기의 유도기전력이 2000 [V], 위상차 60°, 동기리액턴스 100 [Ω]이다. 유효순환전류[A]는?

08 2대의 3상 동기발전기를 병렬운전하여 역률 0.8, 1000 [A]의 부하전류를 공급하고 있다. 각 발전기의 유효 전류는 같고, A기의 전류가 667 [A]일 때 B기의 전류는 몇 [A]인가?

09 정격출력 1000 [kVA], 정격전압 3300 [V], 정격역률 0.8인 동기발전기 두 대가 병행 운전하여 정격상태로 동작하고 있을 때 한 쪽 발전기의 여자를 감소하여 그 역률을 1로 하였을 때 다른 쪽 발전기의 전류[A] 및 역률은 얼마인가? 단, 부하에는 변화가 없는 것으로 한다.

다음 문제 중 알맞은 답을 고르시오.

01 보통 회전계자형으로 하는 전기기계는?

(가) 직류발전기 (나) 회전변류기
(다) 동기발전기 (라) 유도발전기

02 동기발전기에 회전계자형을 사용하는 경우가 많다. 그 이유로 적합하지 않는 것은?

(가) 전기자보다 계자극을 회전자로 하는 것이 기계적으로 튼튼하다.
(나) 기전력의 파형을 개선한다.
(다) 전기자권선은 고전압으로 결선이 복잡하다.
(라) 계자 회로는 직류 저전압으로 소요 전력이 작다.

03 터빈발전기의 특징이 잘못된 것은?

(가) 회전자는 지름을 작게 하고 축 방향으로 길게 하여 원심력을 작게 한다.
(나) 회전자는 원통형 회전자로 하여 풍손을 작게 한다.
(다) 기계적으로 평행이 되도록 하여 진동의 발생을 방지한다.
(라) 전기자 철심은 철손을 매우 크게 한다.

04 동기발전기에서 전기자와 계자의 권선이 모두 고정되고 유도자가 회전하는 것은?

(가) 수차발전기 (나) 고주파발전기
(다) 터빈발전기 (라) 엔진발전기

05 3상 동기발전기의 전기자권선을 Y결선으로 하는 이유로 적당하지 않는 것은?

(가) 고조파 순환전류가 흐르지 않는다.
(나) 이상 전압 방지의 대책이 용이하다.
(다) 전기자 반작용이 감소한다.
(라) 코일의 코로나, 열화 등이 감소된다.

06 고정자에 3상권선을 시행하여 회전자계가 발생하고 있을 때 6개의 브러시를 등간격으로 배치한 정류자를 가진 회전자를 놓았다. 브러시 사이에 유기되는 전압의 상수는?

(가) 3상
(나) 6상
(다) 4상
(라) 1, 2차가 맞지 않으므로 불가능

07 철극형(凸극형) 발전기의 특성은?

(가) 형이 커진다.
(나) 회전이 빨라진다.
(다) 소음이 많다.
(라) 전기자 반작용 자속수가 역률의 영향을 받는다.

08 3상 20,000[kVA]인 동기발전기가 있다. 이 발전기 60[Hz]일 때 200[rpm], 50[Hz]일 때 167[rpm]으로 회전한다. 이 동기발전기의 극수는?

(가) 18극　　(나) 36극
(다) 54극　　(라) 72극

☞ f=60[Hz], N_s=200[rpm]인 경우

$$P = \frac{120f}{N_s} = \frac{120 \times 60}{200} = 36(\text{극})$$

f=50[Hz], N_s = 167[rpm]인 경우

$$P = \frac{120f}{N_s} = \frac{120 \times 50}{167} = 35.9(\text{극})$$

09 60[Hz], 12극, 회전자 외경 2[m]인 동기발전기에 있어서 자극면의 주변 속도[m/s]는?

(가) 30　　(나) 40
(다) 50　　(라) 62

☞ 동기속도 $N_s = \frac{120f}{P} = \frac{120 \times 60}{12} = 600[\text{rpm}]$

∴ 자극면의 주변 속도 v $= \pi Dn = \pi D \cdot \frac{N_s}{60} = \pi \times 2 \times \frac{600}{60} = 62.8[\text{m/s}]$

10 4극 60[Hz]인 3상 동기발전기가 있다. 이 회전자의 주변 속도를 200[m/s] 이하로 하려면 회전자의 최대 지름을 약 몇 [m]로 하여야 하는가?

(가) 1.9　　(나) 2.0
(다) 2.1　　(라) 2.8

☞ 동기속도 $N_s = \frac{120f}{P} = \frac{120 \times 60}{4} = 1,800[\text{rpm}]$

∴ 자극면의 주변 속도 $v = \pi Dn = \pi D \cdot \frac{N_s}{60}$ 식에서

$$D = \frac{60v}{\pi N_s} = \frac{60 \times 240}{3.14 \times 1,800} = 2.12[\text{m}]$$

11 교류기에서 집중권이란 매극, 매상의 홈(slot)수가 몇 개인 것을 말하는가?

(가) $\frac{1}{2}$개 (나) 1개
(다) 2개 (라) 5개

12 동기발전기의 권선을 분포권으로 하면?

(가) 집중권에 비하여 합성 유도기전력이 높아진다.
(나) 권선의 리액턴스가 커진다.
(다) 파형이 좋아 진다.
(라) 난조를 방지한다.

13 동기기의 전기자권선법이 아닌 것은?

(가) 분포권 (나) 전절권
(다) 2층권 (라) 중권

☞ 동기기의 전기자권선법은 보통 분권 단절권의 2층 중권이 사용되고 있다.

14 동기발전기에서 기전력의 파형을 좋게 하는데 필요한 권선은?

(가) 전절권, 집중권 (나) 단절권, 집중권
(다) 집중권, 분포권 (라) 분포권, 단절권

15 교류발전기에서 권선을 절약할 뿐 아니라 특정 고조파분이 없는 권선은?

(가) 전절권 (나) 집중권
(다) 단절권 (라) 분포권

☞ 단절권으로 하면 코일 피치를 적당히 하므로써 어떤 고조파를 제거해서 기전력의 파형을 좋게 하고 코일단 부분이 단축되어 기계 전체의 길이가 축소되어 동량이 적게드는 등의 이점이 있다.

16 상수 m, 매극 매상당 슬롯수 q인 동기발전기에서 n차 고조파분에 대한 분포 계수는?

(가) $\left(\sin\frac{\pi}{2m}\right)/\left(q\sin\frac{n\pi}{2mq}\right)$ (나) $\left(q\sin\frac{n\pi}{mq}\right)/\left(\sin\frac{n\pi}{m}\right)$
(다) $\left(\sin\frac{n\pi}{m}\right)/\left(q\sin\frac{n\pi}{mq}\right)$ (라) $\left(\sin\frac{n\pi}{2m}\right)/\left(q\sin\frac{n\pi}{2mq}\right)$

17 3상 동기발전기의 매극 매상 슬롯수를 3이라 할 때 분포권 계수를 구하면?

(가) $6\sin\frac{\pi}{18}$　　(나) $3\sin\frac{\pi}{9}$

(다) $\frac{1}{6\sin\frac{\pi}{18}}$　　(라) $\frac{1}{3\sin\frac{\pi}{18}}$

☞ n차 고조파의 식에서 n = 1, m = 3, q = 3

그러므로 분포권 계수 $K_{dn} = \frac{\sin\frac{n\pi}{2m}}{q\sin\frac{n\pi}{2mq}}$

$$\therefore\ K = \frac{\sin\frac{\pi}{2\times3}}{3\sin\frac{\pi}{2\times3\times3}} = \frac{\frac{1}{2}}{3\sin\frac{\pi}{18}} = \frac{1}{6\sin\frac{\pi}{18}}$$

18 3상 4극의 24개의 슬롯을 갖는 권선의 분포 계수는?

(가) 0.966　　(나) 0.801

(다) 0.866　　(라) 0.912

☞ 매극 매상당 슬롯수 $q = \frac{\text{슬롯수}}{\text{극수}\times\text{상수}} = \frac{24}{3\times3} = 4$

분포권 계수 $K_{dn} = \frac{\sin\frac{n\pi}{2m}}{q\sin\frac{n\pi}{2mq}} = \frac{\sin\frac{\pi}{2\cdot3}}{4\sin\frac{\pi}{2\cdot3\cdot4}} = 0.9577$

19 3상 동기발전기에서 권선 피치와 자극 피치의 비를 $\frac{13}{15}$인 단절권으로 하였을 때의 단절권 계수는 얼마인가?

(가) $\sin\frac{13}{15}\pi$　　(나) $\sin\frac{15}{26}\pi$

(다) $\sin\frac{13}{30}\pi$　　(라) $\sin\frac{15}{13}\pi$

☞ $\beta = \frac{\text{권선피치}}{\text{자극피치}} = \frac{13}{15}$이므로

단절권 계수 $K_p = \sin\frac{\beta\pi}{2} = \sin\left(\frac{13}{15}\pi/2\right) = \sin\frac{13}{30}\pi$

20 3상 동기발전기의 각 상의 유기기전력 중에서 제5 고조파를 제거하려면 코일 간격 / 극 간격을 어떻게 하면 되는가?

(가) 0.8　　(나) 0.5

(다) 0.7　　(라) 0.6

☞ 제5 고조파에 대한 단절권 계수 $K_p = \sin\dfrac{5\beta\pi}{2}$ 이다.

그러므로 제5 고조파를 제거하려면 $K_{p5} = 0$으로 하여야 한다.

따라서 $\dfrac{5\beta\pi}{2} = n\pi$($n$은 정수)의 관계가 성립하여야 한다.

n에 0, 1, 2, 3을 대입하면

$n = 0$일 때 $\beta = 0$(이때에는 권선이 이루어지지 않는다.)

$n = 1$일 때 $\beta = \dfrac{2}{5} = 0.4$

$n = 3$일 때 $\beta = \dfrac{6}{5} = 1.2$

그런데 $\beta = \dfrac{\text{코일 간격}}{\text{극 간격}} < 1$이므로 1보다 작고 가장 가까운 $\beta = 0.8$이 가장 적당하다.

21 3상, 6극, 슬롯수 54인 동기발전기가 있다. 어떤 전기자 코일의 두 변이 제1 슬롯과 제 8 슬롯에 들어 있다면 단절권 계수는 얼마인가?

㈎ 0.9397 ㈏ 0.9567

㈐ 0.9337 ㈑ 0.9117

☞ 극 간격은 54/6 = 9, 슬롯으로 표시된 코일 피치는 7이므로 극 간격 표시한 코일 피치 $\beta = \dfrac{7}{9}$ 이다.

단절권 계수 $K_{pn} = \sin\dfrac{n\beta\pi}{2}$($n$은 고조파의 차수) 이므로

기본파에 대한 단절권 계수 $K_{p1} = \sin\dfrac{1\times\frac{7}{9}\times\pi}{2} = 0.9397$

22 교류발전기의 고조파 발생을 방지하는데 적합하지 않는 것은?

㈎ 전기자 슬롯을 스큐 슬롯으로 한다.

㈏ 전기자권선의 결선을 성형으로 한다.

㈐ 전기자 반작용을 작게 한다.

㈑ 전기자권선을 전절권으로 감는다.

☞ 고조파 기전력을 소거하는 방법은

① 매극 매상의 슬롯수 q를 크게 한다.

② 부정수 슬롯권을 채택한다.

③ 단절권 및 분포권으로 한다.

④ 반폐 슬롯을 사용한다.

⑤ 전기자 철심을 스큐 슬롯으로 한다.

⑥ 공극의 길이를 크게 한다.

⑦ Y결선을 한다.

23 동기발전기에서 극수 4, 1극의 자속수 0.062[Wb], 1분간의 회전속도를 1,800, 코일의 권수를 100이라고 한다. 이 때 코일의 유기기전력의 실효값[V]은?

㈎ 526　　㈏ 1,488
㈐ 1,652　　㈑ 2,336

☞ 주파수 $f = \frac{pN_s}{120} = \frac{4 \times 1,800}{120} = 60[Hz]$

코일의 유기기전력 $E = 4.44K_W fN\phi = 4.44 \times 1.0 \times 60 \times 100 \times 0.062 = 1,652[V]$

24 6극 60[Hz], Y결선 3상 동기발전기의 극당 자속이 0.16[Wb], 회전수 1,200[rpm], 1상의 감긴 코일수 186, 권수 계수 0.96이면 단자전압[V]은?

㈎ 13,183　　㈏ 12,254
㈐ 26,366　　㈑ 27,456

☞ $N_s = \frac{120f}{p}[rpm]$

$\therefore\ f = \frac{N_s P_p}{120} = \frac{1,000 \times 6}{120} = 50[Hz]$

1상의 기전력 $E = 4.44K_w f\omega\Phi = 4.44 \times 0.96 \times 60 \times 186 \times 0.16 = 7,610.9[V]$

$\therefore\ V = \sqrt{3}E = \sqrt{3} \times 7,610.9 = 13,189[V]$

25 동기기에서 동기임피던스 값과 실용상 같은 것은? 단, 전기자저항은 무시한다.

㈎ 전기자 누설 리액턴스　　㈏ 동기리액턴스
㈐ 유도 리액턴스　　㈑ 등가 리액턴스

26 동기기의 전기자 반작용을 r_a, 반작용 리액턴스 x_a, 누설 리액턴스를 x_l이라면 동기임피던스는?

㈎ $\sqrt{{r_a}^2 + (x_a/x_l)^2}$　　㈏ $\sqrt{{r_a}^2 + {x_l}^2}$
㈐ $\sqrt{{r_a}^2 + {x_a}^2}$　　㈑ $\sqrt{{r_a}^2 + (x_a + x_l)^2}$

27 비돌극형 동기발전기에서 단자전압(1상) V, 유도기전력(1상) E, 동기리액턴스는 x_s, 부하각이 δ라고 하면 출력은 대략 얼마인가?

㈎ $\frac{E^2V}{x_s}sin\delta$　　㈏ $\frac{EV^2}{x_s}sin\delta$
㈐ $\frac{EV}{x_s}sin\delta$　　㈑ $\frac{EV}{x_s}cos\delta$

☞ 돌극형은 부하각 $\delta = 60°$ 부근에서 최대출력이 되고 정격 운전시는 20°부근이다. 또한 비돌극기(원통형 회전자)는 $\delta = 90°$에서 최대가 된다.

28 원통형 회전자를 가진 동기발전기는 부하각 δ가 몇 도일 때 최대출력을 낼 수 있는가?

(가) 0° (나) 30°
(다) 60° (라) 90°

29 동기발전기에서 전기자전류를 I, 유기기전력과 전기자전류와의 위상각을 θ라 하면 횡축 반작용을 하는 성분은?

(가) $I\cot\theta$ (나) $I\tan\theta$
(다) $I\sin\theta$ (라) $I\cos\theta$

30 동기발전기에서 유기기전력과 전기자전류가 동상인 경우의 전기자 반작용은?

(가) 교차 자화작용 (나) 증자작용
(다) 감자작용 (라) 직축 반작용

31 동기발전기에서 앞선 전류가 흐를 때 어떤 작용을 하는가?

(가) 감자작용 (나) 증자작용
(다) 교차 자화작용 (라) 아무 작용도 하지 않음

32 동기발전기의 부하에 콘덴서를 달아서 앞서는 전류가 흐르고 있다. 다음 중 옳은 것은?

(가) 단자전압강하 (나) 단자전압 상승
(다) 편자 작용 (라) 속도 상승

33 3상 동기발전기에 무부하전압보다 90° 뒤진 전기자전류가 흐를 때 전기자 반작용은?

(가) 교차 자화작용을 한다. (나) 증자작용을 한다.
(다) 감자작용을 한다. (라) 자기 여자 작용을 한다.

34 34극 60[MVA], 역률 0.8, 60[Hz], 22.9[kV]인 수차발전기 전부하 손실이 $1,600\,[kW]$ 이면 전부하 효율[%]은?

(가) 92 (나) 94
(다) 96 (라) 98

35 정격전압은 $E[V]$, 정격전류 $I[A]$, 동기임피던스 $Z_s[\Omega]$이라 할 때 퍼센트 동기임피던스 Z_s'는? (이 때 $E[V]$는 선간전압이다)

(가) $\dfrac{I \cdot Z_s}{\sqrt{3}\,E} \times 100$ (나) $\dfrac{I \cdot Z_s}{3E} \times 100$

(다) $\dfrac{\sqrt{3} \cdot I \cdot Zs}{E} \times 100$ (라) $\dfrac{I \cdot Z_s}{E} \times 100$

36 3상 66,000[kVA], 22,900[V]인 터빈발전기의 정격전류[V]는?

(가) 2,882 (나) 962

(다) 1,664 (라) 431

☞ $I_n = \dfrac{P_n \times 10^3}{\sqrt{3}\,V_n} = \dfrac{6,600 \times 10^3}{\sqrt{3} \times 22,900} = 1,664[A]$

37 동기발전기의 단락시험, 무부하시험으로부터 구할수 없는 것은?

(가) 철손 (나) 단락비

(다) 전기자 반작용 (라) 동기임피던스

☞ 단락시험에서는 동기임피던스, 동기리액턴스 무부하시험에서는 철손, 기계손 등을 단락비 산출에는 무부하(포화) 시험과 단락(3상) 시험 등이 필요하다.

38 그림은 3상 동기발전기의 무부하 포화곡선이다. 이 발전기의 포화율은 얼마인가?

(가) 0.5

(나) 0.67

(다) 0.8

(라) 1.5

☞ 포화율 $\sigma = \dfrac{yz}{xy} = \dfrac{12-8}{8} = 0.5$

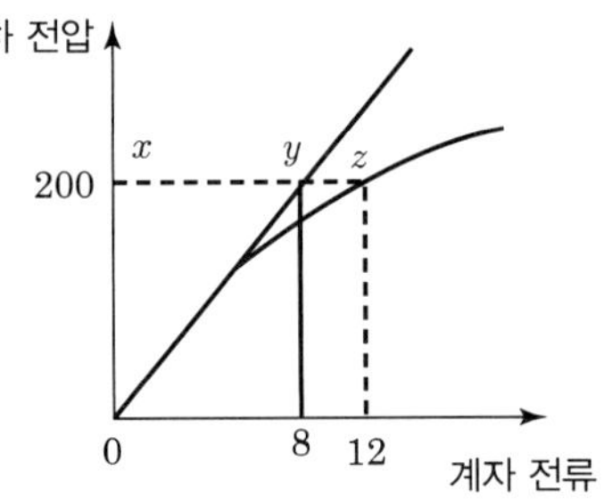

39 3상교류 동기발전기를 정격속도로 운전하고 무부하 정격전압을 유기하는 계자전류를 i_1, 3상 단락에 의하여 정격전류를 I를 흘리는데 필요한 계자전류를 i_2라 할 때 단락비는?

(가) $\dfrac{I}{i_1}$ (나) $\dfrac{i_2}{i_1}$

(다) $\dfrac{I}{i_2}$ (라) $\dfrac{i_1}{i_2}$

40 단락비 1.2인 발전기의 퍼센트 동기임피던스[%]는 약 얼마인가?

㈎ 100 ㈏ 83
㈐ 60 ㈑ 45

☞ $K_s = \frac{1}{Z_s'} \times 100[\%]$

$\therefore\ Z_s' = \frac{1}{K_s} \times 100 = \frac{1}{1.2} \times 100 \fallingdotseq 83[\%]$

41 동기발전기의 단락비를 계산하는데 필요한 시험의 종류는?

㈎ 동기화 시험, 3상 단락시험
㈏ 부하 포화 시험, 동기화 시험
㈐ 무부하 포화 시험, 3상 단락시험
㈑ 전기자 반작용 시험, 3상 단락시험

42 동기기에 있어서 동기임피던스와 단락비의 관계는?

㈎ 동기화 임피던스$[\Omega] = \frac{1}{(\text{단락비})^2}$ ㈏ 단락비 $= \frac{\text{동기임피던스}[\Omega]}{\text{동기 가속도}}$

㈐ 단락비 $= \frac{1}{\text{동기임피던스}[p \cdot u]}$ ㈑ 동기임피던스$[p \cdot u]$ = 단락비

43 정격출력 10,000[kVA], 정격전압 6,600[V], 동기임피던스가 매상 3.6[Ω]인 3상 동기발전기의 단락비는?

㈎ 1.3 ㈏ 1.25
㈐ 1.21 ㈑ 1.15

44 정격전압 6,000[V], 용량 5,000[kVA]인 Y결선 3상 동기발전기가 있다. 여자전류 200[A]에서의 무부하 단자전압 6,000[V], 단락전류 600[A]일 때 이 발전기의 단락비는?

㈎ 0.25 ㈏ 1
㈐ 1.25 ㈑ 1.5

☞ $P = 5{,}000[kVA]$, $V_n = 6{,}000[V]$, $I_f = 200[A]$, $I_s = 600[A]$이므로

정격전류 $I_n = \frac{P \times 10^3}{\sqrt{3}\ V_n} = \frac{5{,}000 \times 10^3}{\sqrt{3} \times 6{,}000} = 481.23[A]$

정격전류 I_n과 같은 단락전류 I_s를 흘리는데 필요한 여자전류 $I_{f''}$는

$K_s = \frac{I_{f'}}{I_{f''}} = \frac{I_s}{I_n}$의 식에서 $I_{f''} = I_{f'} \times \frac{I_n}{I_s} = 200 \times \frac{481.23}{600} = 160.41[A]$

$\therefore\ K_s = \frac{I_{f'}}{I_{f''}} = \frac{200}{160.41} = 1.25$

45 정격출력 10,000[kVA], 정격전압 6,600[V], 정격 역률 0.8인 3상 동기발전기가 있다. 동기리액턴스 0.8 $[p \cdot u]$ 인 경우의 전압변동률[%]은?

㉮ 13 ㉯ 20
㉰ 25 ㉱ 61

☞ 단위법으로 1상의 벡터도를 그리면 다음과 같다.

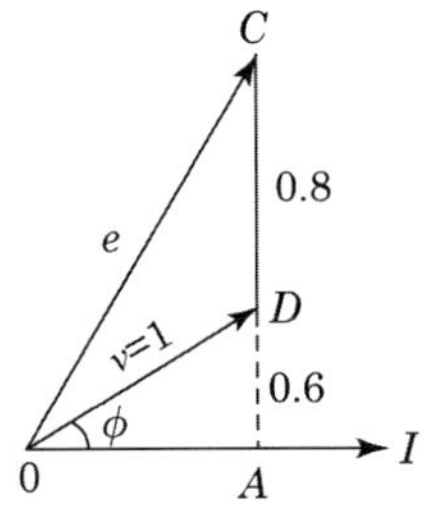

$0A = 1 \times \cos\Phi = 0.8$

$AD = 1 \times \sin\Phi = \sqrt{1-\cos^2\Phi} = 0.6$

$AC = AD + CD = 0.6 + 0.8 = 1.4$

$0C = \sqrt{0.8^2 + 1.4^2} = 1.61$

$\therefore \ e = \dfrac{1.61-1}{1} = 0.61 = 60[\%]$

46 동기기의 3상 단락 곡선이 직선이 되는 이유는?

㉮ 무부하 상태이므로 ㉯ 자기 포화가 있으므로
㉰ 전기자 반작용으로 ㉱ 누설 리액턴스가 크므로

47 발전기의 단자 부근에서 일어났다고 하면 단락전류는?

㉮ 계속 증가한다. ㉯ 처음은 큰 전류이나 점차로 감소한다.
㉰ 일정한 큰 전류가 흐른다. ㉱ 발전기가 즉시 정지한다.

48 동기발전기가 운전 중 3상 돌발 단락 사고가 생겼을 때 단락전류를 주로 제한하는 것은 어느 것인가?

㉮ 전기자 누설 리액턴스 ㉯ 동기리액턴스
㉰ 역상 리액턴스 ㉱ 권선저항

☞ 동기기에서 저항은 누설 리액턴스에 비하여 작으며 전기자 반작용은 단락전류가 흐른 후에 작용하므로 돌발 단락전류를 제한하는 것은 누설 리액턴스이다. 역상 리액턴스는 역상 전류에 대응하는 것으로 3상 평행 단락이 되면 역상 전류는 흐르지 않는다. 동기리액턴스 = 누설 리액턴스 + 반작용 리액턴스

49 단락비가 큰 동기기의 설명으로 옳지 않은 것은?

㉮ 계자 자속이 비교적 크다.
㉯ 전기자 기자력이 작다.
㉰ 공극이 크다.
㉱ 송전선의 충전 용량이 작다.

☞ 단락비가 큰 동기기는 전기자 반작용이 작고(동기임피던스가 작기 때문에) 계자 자속이 크며 기전력을 유도하는데 필요한 계자전류가 커진다. 따라서 기계에 여유가 있고 전압변동률이 양호하며 과부하 내량이 크고 송전 선로의 충전 선로의 충전 용량이 크다.

50 전압변동률이 작은 동기발전기는?

㈎ 동기리액턴스가 크다. ㈏ 전기자 반작용이 크다.
㈐ 단락비가 크다. ㈑ 값이 싸진다.

51 동기기에서 동기리액턴스가 커지면 동작 특성이 어떻게 되는가?

㈎ 전압변동률이 커지고 병렬운전시 동기화력이 커진다.
㈏ 전압변동률이 커지고 병렬운전시 동기화력이 작아진다.
㈐ 전압변동률이 작아지고 지속 단락전류도 감소한다.
㈑ 전압변동률이 작아지고 지속 단락전류도 증가한다.

52 단락비가 큰 동기발전기를 설명하는 말 중 틀린 것은?

㈎ 전기자 반작용이 작다. ㈏ 과부하용량이 크다.
㈐ 전압변동률이 크다. ㈑ 동기임피던스가 작다.

☞ 단락비가 큰 동기발전기는 동기임피던스가 작기 때문에 즉, 전기자 반작용이 작고 전압변동률이 작다.

53 단락비가 큰 동기발전기에 관한 다음 기술 중 옳지 않은 것은?

㈎ 효율이 좋다. ㈏ 전압변동률이 작다.
㈐ 자기 여자 작용이 작다. ㈑ 안정도가 증대한다.

☞ 단락비가 큰 동기발전기는 철손, 기계손 등의 고정손이 커서 효율이 나빠진다.

54 동기발전기의 단락비는 기계의 특성을 단적으로 잘 나타내는 수치로써 동일정격에 대하여 단락비가 큰 기계의 특성 중에서 옳지 않은 것은?

㈎ 동기임피던스가 작아져 전압변동률이 좋으며 송전선 충전 용량이 크다.
㈏ 기계의 형태, 중량이 커지며 철손, 기계 철손이 증가하고 가격도 비싸다.
㈐ 과부하 내량이 크고 안정도가 좋다.
㈑ 극수가 적고 고속기가 된다.

55 3상 동기발전기를 병렬운전시키는 경우 고려하지 않아도 되는 조건은?

㈎ 발생 전압이 같을 것 ㈏ 전압파형이 같을 것
㈐ 회전수가 같을 것 ㈑ 상회전이 같을 것

56 2대의 동기발전기를 병렬운전할 때 무효 횡류(무효 순환전류)가 흐르는 경우는?

㈎ 부하분담의 차가 있을 때 ㈏ 기전력의 파형에 차가 있을 때
㈐ 기전력의 위상차가 있을 때 ㈑ 기전력 크기에 차가 있을 때

☞ 동기발전기의 병렬운전시

① 기전력의 크기가 같지 않을 때는 무효 순환전류가 흘러서 저항손 증가, 전기자권선 과열, 역률 변동 등이 일어난다.

② 기전력의 위상이 같지 않을 때는 동기화전류가 흐르고 동기 화력 작용, 출력 변동이 일어난다.

③ 기전력의 주파수가 같지 않을 때는 동기화전류가 교대로 주기적으로 흘러서 심해지면 병렬운전을 할 수 없다.

④ 기전력의 파형이 같지 않을 때는 고조파 무효 순환전류가 흐르고 전기자저항손이 증가하여 과열의 원인이 된다.

57 동기발전기의 병렬운전 중 위상차가 생기면?

㈎ 무효 횡류가 흐른다. ㈏ 유효 횡류가 흐른다.
㈐ 무효 전력이 생긴다. ㈑ 출력이 요동하고 권선이 가열 된다.

☞ 기전력의 위상이 같지 않을 때는 무효 순환전류(동기화전류)가 흘러 위상이 앞선 발전기는 뒤지게 위상이 뒤진 발전기는 앞서도록 작용하여 동기 상태를 유지한다.

58 2대의 동기발전기가 병렬운전하고 있을 때 동기화전류가 흐르는 경우는?

㈎ 기전력의 크기에 차가 잇을 때 ㈏ 기전력의 위상에 차가 있을 때
㈐ 기전력의 파형에 차가 있을 때 ㈑ 부하분담의 차가 있을 때

59 병렬운전하고 있는 두 대의 3상 동기발전기 사이에 무효 순환전류가 흐르는 경우는?

㈎ 여자전류의 증가 ㈏ 원동기의 출력 감소
㈐ 부하의 증가 ㈑ 부하의 감소

60 병렬운전 중의 동기발전기의 여자전류를 증가 시키면 그 발전기는?

㈎ 전압이 높아진다. ㈏ 출력이 커진다.
㈐ 역률이 좋아진다. ㈑ 역률이 나빠진다.

☞ 원동기 출력에 변화가 없으면 각 발전기의 부하분담에 변화가 없으므로 무효 전력의 분담은 각 발전기의 여자전류 크기에 따라 전해진다. 즉, 여자전류를 가감하면 무효 순환전류가 변하기 때문에 역률이 변한다. 여자전류를 증가하면 그 발전기의 역률은 낮아지고 다른 발전기의 역률은 좋아 진다.

61 A, B 2대의 동기발전기를 병렬운전 중 계통 주파수를 바꾸지 않고 B기의 역률을 좋게 하는 것은?

㈎ A기의 여자전류를 증대 ㈏ A기의 원동기 출력을 증대
㈐ B기의 여자전류를 증대 ㈑ B기의 원동기 출력을 증대

☞ 동기발전기의 병렬운전 중 여자전류를 증가시키면 그 발전기의 역률은 나빠지고 다른 발전기의 역률은 좋아 진다.

62 정전압 계통에 접속된 동기발전기는 그 여자를 약하게 하면?

(가) 출력이 감소한다.
(나) 전압이 강하한다.
(다) 앞선 무효 전류가 증가한다.
(라) 뒤진 무효 전류가 증가한다.

☞ 여자전류를 약하게 하면 앞선 무효 전류가 생기고 그 증자작용에 의하여 유도기전력은 높아 진다.

63 기전력(1상)이 E_0이고 동기임피던스(1상)가 Z_s인 2대의 3상 동기발전기를 무부하로 병렬운전시킬 때 대응하는 기전력 사이에 δ_s의 위상차가 있으면 한쪽 발전기에서 다른 쪽 발전기에 공급되는 전력[W]은?

(가) $\dfrac{E_0}{Z_s} sin\delta_s$
(나) $\dfrac{E_0}{Z_s} cos\delta_s$
(다) $\dfrac{{E_0}^2}{2Z_s} sin\delta_s$
(라) $\dfrac{{E_0}^2}{2Z_s} cos\delta_s$

64 극수 6, 회전수 1,200[rpm]인 교류발전기와 병렬운전하는 극수 8인 교류발전기의 회전수는 몇 [rpm]이라야 하는가?

(가) 800
(나) 900
(다) 1,050
(라) 1,100

65 3,000[V], 1,500[kVA], 동기임피던스 3[Ω]인 동일정격의 두 동기발전기를 병렬운전하던 중 한 쪽 계자전류가 증가해서 각 상 유도기전력 사이에 300[V]의 전압차가 발생했다면 두 발전기 사이에 흐르는 무효 횡류는 몇 [A]인가?

(가) 20
(나) 30
(다) 40
(라) 50

☞ $Z_s = 3[\Omega]$, $E_s = E_A - E_B = 300[V]$ 이므로

$$I_s = \frac{E_A - E_B}{2Z_s} = \frac{E_s}{2Z_s} = \frac{300}{2\times 3} = 50[A]$$

66 정격출력 1,000[kVA], 정격전압 3,300[V], 정격 역률 0.8인 동기발전기 2대가 병행 운전하여 정격 상태로 동작하고 있을 때 한쪽 발전기의 여자가 감소하여 그 역률을 1로 하였을 때 다른 쪽 발전기의 전류와 역률은 얼마인가? 단, 부하에는 변화가 없는 것으로 한다.

(가) 약 258, 약 0.65
(나) 약 258, 약 0.55
(다) 약 252, 약 0.65
(라) 약 252, 약 0.55

67 2대의 3상 동기발전기가 무부하로 병렬운전하고 있을 때 대응하는 기전력 사이에 60°의 상차가 있다면 한쪽 발전기에서 다른 쪽 발전기에 공급되는 전력은 약 몇 [kVA]인가? 단, 각 발전기의 기전력(선간)은 3,300[V], 동기리액턴스는 5[Ω], 전기자저항은 무시한다.

(가) 189 (나) 221
(다) 259 (라) 314

☞ $P = \frac{E_0^{\ 2}}{2Z_s} sin\delta_s = \frac{E_0^{\ 2}}{2X_s} sin\delta_s = \frac{(3{,}300/\sqrt{3})^2}{2\times 5} sin 60° = 314[kVA]$

68 같은 정격인 2대의 동기발전기가 병렬로 운전하여 뒤진 역률 0.8, 전류 350[A]를 취하는 부하에 전력을 공급하고 있다. 각 발전기가 분담하는 유효 전력이 같고 한 발전기의 역률이 0.7(뒤진)일 때 다른 발전기의 전류는 대략 몇 [A]인가?

(가) 140 (나) 156
(다) 194 (라) 312

☞ 2대의 출력 $P = EI\cos\theta = E\times 350\times 0.8$이고 각 발전기의 유효 분담 전력은 같다. 각 발전기의 전류와 역률을 각각 I_A, I_B 및 $\cos\theta_A$, $\cos\theta_B$라고 하면 양기의 유효 전류는 같으므로

$$I_A\cos\theta_A = I_B\cos\theta_B = \frac{1}{2}I\cos\theta$$

$$I_A\times 0.7 = \frac{1}{2}\times 350\times 0.8 = 140[A]$$

$$\therefore\ I_A = \frac{140}{0.7} = 200[A] \text{ 그러므로 } I_B = 350-200 = 150[A]$$

69 병렬 운전하는 두 동기발전기 사이에 그림과 같이 동기검정기가 접속되어 있을 때 상회잔 방향이 일치되어 있다면?

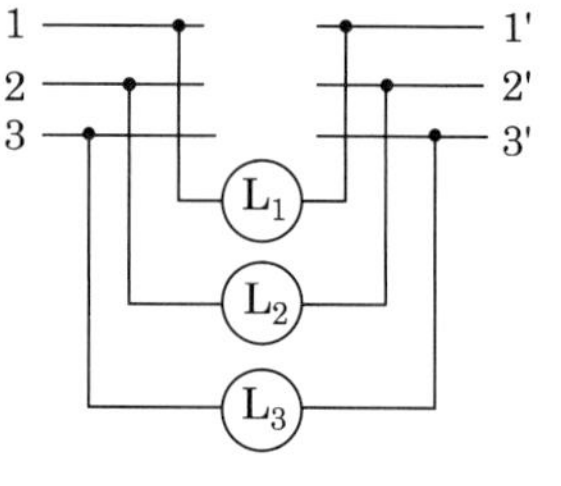

(가) L_1, L_2, L_3 모두 어둡다.
(나) L_1, L_2, L_3 모두 밝다.
(다) L_1, L_2, L_3 순서대로 명멸한다.
(라) L_1, L_2, L_3 점등괴지 않는다.

70 동기발전기의 자기 여자 현산의 방지법이 되지않는 것은?

(가) 수전단에 리액턴스를 병렬로 접속한다.
(나) 수전단에 변압기를 병렬로 접속한다.
(다) 발전기 여러 대를 모선에 병렬로 접속한다.
(라) 발전기의 단락비를 작게 한다.

71 동기기의 안전도를 증진시키는 방법이 아닌 것은?

㈎ 속응 여자 방식을 채용한다.
㈏ 역상 임피던스를 크게 한다.
㈐ 회전부의 플라이 휠 효과를 작게 한다.
㈑ 단락비를 크게 정상 리액턴스를 작게 한다.

72 동기기의 안정도 향상에 유효하지 않는 것은?

㈎ 관성 모멘트를 크게 할 것
㈏ 단락비를 크게 할 것
㈐ 속응 여자 방식을 할 것
㈑ 동기임피던스를 크게 할 것

73 동기기의 과도 안정도를 증가시키는 방법이 아닌 것은?

㈎ 회전자의 플라이 휠 효과를 작게 할 것
㈏ 동기화 리액턴스를 작게 할 것
㈐ 속응 여자 방식을 채용할 것
㈑ 발전기의 조속기 동작을 신속하게 할 것

74 발전기 권선의 층간 단락 보호에 가장 적합한 계전기는?

㈎ 과부하 계전기
㈏ 온도 계전기
㈐ 접지 계전기
㈑ 차동 계전기

☞ 과부하 계전기 : 선로의 과부하 및 단락 검출용
온도 계전기 : 절연유 및 권선의 온도상승 검출용
접지 계전기 : 선로의 접지 검출용
차동 계전기 : 발전기 및 변압기의 층간 단락 등 내부 고장 검출에 사용된다.

75 발전기는 부하가 불평형이 되어 발전기의 회전자가 과열 소손되는 것을 방지하기 위하여 설치하는 계전기는?

㈎ 접지 계전기
㈏ 역상 과전류 계전기
㈐ 계자 상실 계전기
㈑ 비율 차동 계전기

8 동기전동기

8.1 원리 및 특성

동기전동기는 동기발전기와 똑같은 구조를 가지고 있으며 동기기는 일반적으로 회전계자형이고 전기자권선은 고정자측에 감고 회전자는 돌극형 계자극을 설치함으로써 계자권선에 슬립링(silip ring)을 통해 직류전류가 흘러 들어가 자극을 형성한다. 즉 자극수 p에 교류전원 주파수 f 인 교류를 공급하면 $N_s = \dfrac{120f}{p}$ [rpm]의 항상 같은 방향의 회전력이 발생되며, 동기속도로 회전하기 때문에 동기전동기라 일컫는다. 동기발전기와 반대로 모선에 전류가 흘러 들어가는 상태가 되며 $E = V$, $I = 0$ 위치에서 동기속도로 회전하는 회전자계를 형성하고 있으며, 동기전동기는 기동토크가 작고 기동 조작이 어려우며 속도는 일정하게 된다. 그러나 여자전류를 조정함으로써 전동기의 역률을 조정할 수 있고 일정속도를 유지하므로 일반적으로 낮은 속도의 대용량 기기에 많이 사용되고 있다.

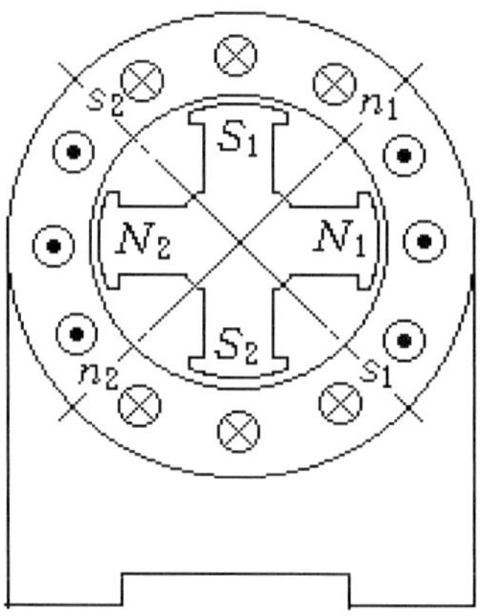

[그림 2-88] 동기전동기의 구조

8.2 전기자 반작용

동기전동기는 발전기의 경우와 같이 전기자권선에 큰 전류가 흐르게 되어 전기자 반작용이 발생하는데 이 경우 흐르는 전류의 위상과 전기자 반작용과의 관계는 $-E$를 유기하는 발전기를 생각할 때 반대방향으로 발생한다. 즉, 동기전동기에서는 진상이나 지상전류에 의한 무효전류는 단자전압과 유기기전력사이에 평형유지를 위해 흐르고 단자전압에 대해 진상전류인 경우는 과여자, 지상전류인 경우는 부족여자상태가 된다. 따라서, 동기발전기와 같이 생각할 때 $-E$에 대한 지상전류는 감자작용을 진상전류는 증자(자화)작용을 하게 된다. 동기발전기와 동기전동기의 전기자 반작용에 대한 비교를 다음 표와 같이 나타낼 수 있다.

분 류 / 역 률	동기발전기	동기전동기
$\cos\theta = 1$ 동상	교차 자화작용	교차 자화작용
$\cos\theta = 0$ (lagging)	감자작용	증자작용
$\cos\theta = 0$ (leading)	증자작용	감자작용

8.3 벡터도

동기전동기는 발전기와 같이 운전중에 기전력을 유지시키며 이것은 발전기와 달리 역기전력이라 하며 전기자전류와는 반대 방향이 된다. [그림 2-89]는 동기전동기의 벡터도 및 위상특성을 나타내고 있다.

여기서, V는 공급전압, I는 부하전류, E는 역기전력을 나타내며 동기임피던스 $Z_s = r + jx_s$이고 이 때에 벡터 방정식은 다음 식과 같이 된다.

$$V = E + IZ_s,\quad E = V - IZ_s \qquad (2\text{-}61)$$

[그림 2-89]는 동기전동기 한상에 대한 벡터도로서 [그림 2-89](a)는 100 [%] 역률시 동위상이고, [그림 2-89](b)는 진상역률을 [그

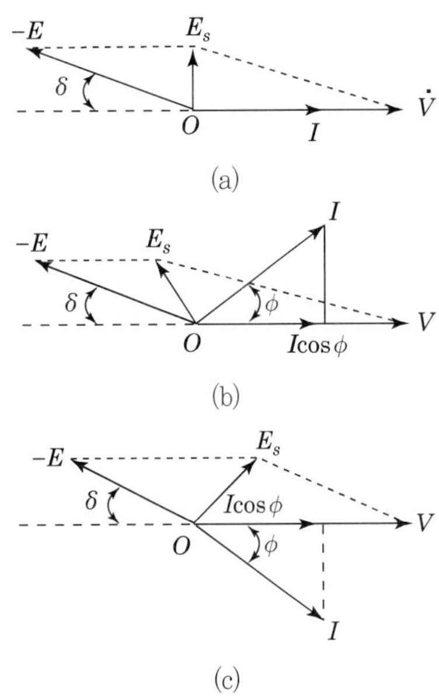

[그림 2-89] 위상특성

림 2-89](c)는 지상역률의 상태를 표시한 것이며 그림에서 같은 전압, 같은 전기자전류에 대한 역기전력 크기는 진상일 때 보다 지상일 때가 작게 됨을 알 수 있다.

8.4 동기전동기의 토크

(1) 동기와트(synchronous watt)

전동기 출력은 토크와 속도와의 상승적에 비례하지만 동기전동기는 항상 동기속도로 운전되므로 기계적 출력은 P_2를 토크로 표시하기도 하는데 이와 같은 출력와트를 토크로 표시할 때를 동기와트라 한다. 동기전동기의 출력이 한상인 경우에는 3배를 한 것과 같은 동기와트로 표시되는 토크가 되며, [kg·m]로 표시한 토크를 T라고 하고 동기전동기가 동기속도 N_s라는 일정속도로 운전되므로 기계출력은 토크에 비례한다. 기계적 출력 P_2를 토크로 표시하면 다음 식과 같이 된다.

$$T = \frac{60}{2\pi} \cdot \frac{P_2}{N_s} \ [\mathrm{N \cdot m}]$$

$$T = \frac{1}{9.8} \times \frac{60}{2\pi} \times \frac{P_s}{N_s} = 0.975 \frac{P_2}{N_s} \ [\mathrm{kg \cdot m}] \qquad (2-61)$$

$$\therefore P_2 = 1.026\, N_s T \,[\mathrm{W}]$$

(2) 기동토크(starting torque)

동기전동기는 회전자가 동기속도로 회전할 때만 토크를 발생하므로, 기동시 기동토크는 0이 된다. 따라서 실제 기동은 제동권선을 기동권선으로 이용하고 이 제동권선에 의해 기동토크를 얻으며 또한 유도전동기에 의한 기동을 하기도 하는데 그 기동토크는 유도전동기와 비슷하여 기동전압의 크기, 계자회로의 외부 삽입저항값 등의 제반정수에 따라 달라지게 된다.

(3) 인입토크(pull in torque)

동기전동기가 기동하여 동기속도 근처에 이르려고 할 때 토크 즉, 동기전동기가 정격주파수와 정격전압으로 기동할 때 일반적으로 동기속도의 95 [%] 정도에서 토크를 공칭 인입토크라고 부른다.

(4) 탈출토크와 절대 탈출토크(pull out torque and absolute pull out torque)

동기전동기는 동기발전기의 출력 값이 전동기의 입력 값으로 작용하므로 그 크기를 다음 식과 같이 나타낼 수 있다.

$$P_2 = \frac{EV}{Z_S} sin(\alpha + \delta) - \frac{E^2 \sin\alpha}{Z_S}$$

위 식에서 일정 여자를 주었을 때 발생할 수 있는 최대토크 즉 최대출력은 윗 식에서 $\sin(\alpha+\delta)=1$ 인 경우 출력을 P_m 이라 하면 다음 식으로 주어진다.

$$P_m = \frac{E}{Z_S}(V - E\sin\alpha) \tag{2-62}$$

동기전동기의 여자가 일정하다면 P_m 이상은 토크가 발생할 수 없으므로 부하토크 이상이면 $\delta+\alpha$ 가 90° 이상이 되어 $\sin(\delta+\alpha)$의 절대값이 1보다 작아지게 된다. 따라서, 발생 토크는 감소하여 동기를 벗어나 정지하게 되는 최대토크를 탈출토크라 한다.
여기서, 절대 탈출토크를 구하기 위해 P_m 을 E 로 미분하면 다음과 같은 식으로 나타낼 수 있다.

$$\frac{dP_m}{dE} = \frac{1}{Z_S}(V - E\sin\alpha) - \frac{E}{Z_S} sin\,\alpha = 0 \tag{2-63}$$

여기서, $V - E\sin\alpha = E\sin\alpha$ 이므로 $E = \dfrac{V}{2\sin\alpha}$ 가 될 때 P_m 은 최대가 된다.
이 때 절대 탈출토크 값을 P_{abm} 이라 하면 다음과 같이 구할 수 있다.

$$P_{abm} = \frac{V^2}{4Z_S \sin\alpha} \tag{2-64}$$

여기서, $\alpha = \tan^{-1}\dfrac{r}{x_s}$ 이고 $\sin\alpha = \dfrac{r}{Z_s}$ 이므로 $Z_s \sin\alpha = r$ 이 된다.
따라서, 절대 탈출토크 P_{abm} 는 다음과 같은 수식의 크기로 나타낼 수 있다.

$$P_{abm} = \frac{V^2}{4r} \tag{2-65}$$

(5) 안정운전범위

동기전동기에서 부하가 변하면 부하각 δ가 변화하고 부하토크가 감소하면 부하각 δ는 작아지고 반대로 부하토크가 증가하면 부하각 δ는 증가하고 δ는 커진다. 부하각 δ가 커졌을 때 발생 토크 P_2가 증가하여 부하토크와 불평형이 되지 않으면 새로운 부하각 δ에서 운전을 하게되나 이와 같이 되지 않고 δ가 증가했을 때, P_2가 감소하면 즉, P_m을 넘으면 운전을 계속하지 못하고 동기를 벗어나게 된다. 그러므로 $P_2 \geq 0$의 범위에서 $\dfrac{dP_2}{d\delta} > 0$일 때 V와 E가 일정할 때 $P_2 = 0$에서 탈출토크 $P_m = \dfrac{E}{Z_s}(V - E\sin\alpha)$에 이르는 값이 된다.

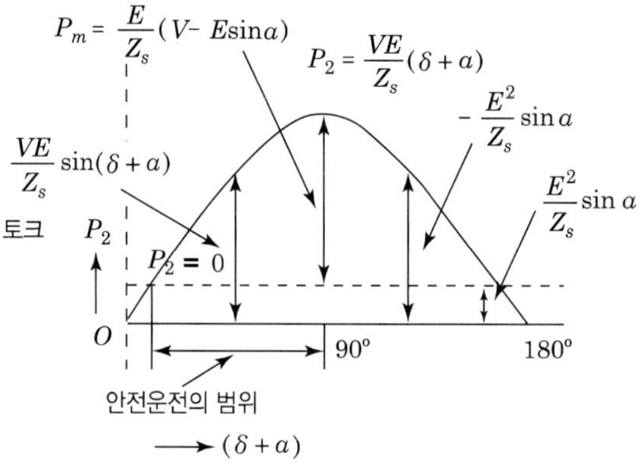

[그림 2-90] 안전운전 범위

[그림 2-90]에서 동기전동기의 안정운전범위에 대한 내용을 알 수 있고, 안정도에 관계된 내용은 다음과 같이 된다. 정태안정도(static stability)는 동기기의 여자를 일정하게 하고 부하를 서서히 증대시켜 어떤 한계이상 되면 안정한 운전이 곤란하게 되어 동기이탈이 발생하는데 이 때의 출력을 정태안정 극한전력이라 하고 일반적으로 비돌극기에서는 부하각 $\delta = 90°$일 때이고 돌극기에서는 $\delta = 60 \sim 70°$ 정도이다. 과도안정도는 동기기에서 부하가 급변하는 경우 입력과 출력사이에 과부족이 생겨 난조현상이 발생하는 경우 안정하게 운전을 계속할 수 없는 전력을 과도안정극한전력이라 한다. 동태안정도는 동기발전기나 전동기가 송전선에 접속되어 자동전압조정기로 여자전류를 제어할 때 발전기나 전동기의 단자전압이 항상 일정한 정전압으로 안정하게 운전될 수 있는 전력을 동태안정극한전력이라고 한다. 이와 같이 안정도를 증진시키기 위해서는 전력계통상의 모든 기기들을 설계할 때 유의하여야 하며, 다음 사항을 안정도증진에 기여할 수 있는 내용으로 나타낼 수 있다.

① 정상리액턴스를 작게하고 단락비를 크게한다.
② 영상 및 역상리액턴스를 크게한다.
③ 회전자관성을 크게한다.
④ 속응여자방식을 채택하여 자동전압조정기의 속응도를 크게 한다.

(6) 위상곡선

단자전압과 부하를 일정하게 유지하고 여자전류를 변화시킬 경우 여자전류와 전기자전류와의 관계를 표시한 것으로 그 형태는 항상 V자 형태로 나타나 V곡선이라고도 한다. [그림 2-91]에서와 같이 일정출력에서 여자를 약하게 하면 지상역률의 전기자전류를 취하고 여자전류를 강하게 하면 진상역률을 갖게 되어 여자전류의 강약에 따라 역률을 조정할 수 있는 큰 특징을 가지고 있다.

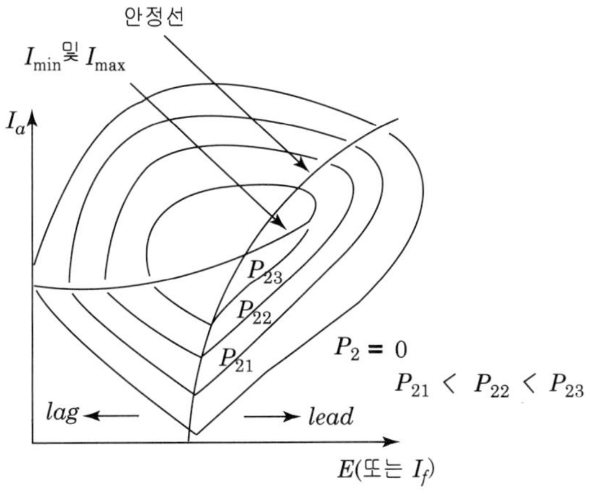

[그림 2-91] V곡선

[그림 2-91]에서 이들 곡선의 최저점의 역률은 1에 해당하는 점이며 이 점보다 오른쪽 방향은 앞선역률이고 왼쪽방향은 뒤진역률 범위가 되어 동기전동기는 계자전류를 조정함으로써 전기자전류의 크기와 위상을 조정할 수 있다. 따라서 부하가 클수록 곡선은 위로 이동하게 되며 가장 아랫쪽은 무부하인 경우에 곡선을 나타낸다.

9 동기전동기의 운전

9.1 기동토크

동기전동기의 특징 중의 하나는 동기속도 이외에서는 토크를 발생할 수 없으므로 기동시 토크는 0이 되므로 이 전동기를 기동시키기 위해서 다른 기동방법을 고려해야 한다. 이들 방법 중 유도전동기의 농형과 같이 회전자계형인 동기전동기를 이용하는 방법은 자극표면에 단락권선을 감고 회전자계와 단락권선사이에 유도되는 전류 사이의 전자력에 의해 기동토크를 얻는 방법이다.

(1) 자체 기동법(self starting method)

전동기 자신이 기동토크 발생에 의해 시동되는 것으로 제동권선을 기동권선으로 하여 난조를 방지하고 기동토크를 얻는다. 전기자권선에 전압을 가하면 회전자계가 발생되고 제동권선은 유도전동기의 2차권선과 같은 작용으로 유도전류를 발생하여 이들 사이의 전자력에 의해 기동토크를 얻는 것이다. 동기전동기는 동기속도에 이르렀을 때 직류여자를 시켜 인입토크(정격의 약 95[%]정도)에 의해 동기속도에 이르게 되며 그 후 전기자전압을 전전압으로 절환하여 운전상태로 되는데 일반적으로 자체기동법에 의한 기동토크는 전부하토크의 40~60 [%] 정도이므로 낮은 경부하 또는 무부하시 운전에 알맞은 기동방법이다.

(2) 기동전동기법

동기조상기와 같은 대용량 전동기에 사용되는 기동방식으로 기동전동기에 의해서 기동하는 것이다. 기동형전동기는 주 전동기의 직렬로 유도전동기 또는 직류전동기 등이 사용되며 속도가 가속된 후 동기전동기를 여자시키면 동기발전기가 되므로 계자전류 및 속도를 조정하여 전원과 동기가 되었나를 검정한 뒤 개폐기를 닫아 동기전동기로 운전하게 된다. 이 때에 기동시키는 전동기는 주 전동기에 비해 극수가 작은 것을 사용하는 것이 바람직하다.

9.2 동기전동기의 용도

동기전동기의 특징은 속도의 변화가 없는 동기속도이며 역률을 언제나 1로 할 수 있고 저속도 소용량에서도 운전될 수 있으며 여자전류를 조정하여 진상 또는 지상전류를 흘릴 수 있다. 또한, 공극이 넓어 기계적으로 튼튼하며 값이 싸며 효율이 좋은 것이 특징이지만 반면에 기동토크가 작고 기동시 조작이 불편하며 여자전류 직류전원이 필요하고 난조가 일어나기 쉽다. 그러므로 설비에 대한 비용이 많이 들 수 있고 이러한 장・단점들을 이용하여 소형 전기시계, 오실로그래프, 전송사진 등은 소형기기로 이용할 수 있으며 시멘트 공장의 분쇄기, 제지 공장의 쇄목기, 공기 압축기, 송풍기 및 동기조상기 등에 사용되는 대용량기도 있으며 동기전동기는 부하토크를 100 [%]라 할 때 기동토크는 150~300 [%] 정도가 된다.

9.3 동기전동기의 특징과 용도

(1) 장점

① 역률 100[%]로 운전할 수 있으므로 역률이 양호하다.

② 유도전동기와 병용할 경우 동기전동기를 과여자 함으로써 앞선 역률 상태가 되게 하면 전체의 합성역률을 개선할 수 있다.

③ 유도전동기는 용량이 클 경우 600[rpm] 이하에서의 특성이 동기전동기에 비해서 대단히 나쁘다. 그러므로 비교적 가벼운 기동토크가 필요한 저속도 운전시에는 동기전동기가 유리하다.

④ 전동발전기용 전동기로서 동기전동기를 사용하면 유도전동기에 비해서 효율이 좋고 또한 속도가 일정하기 때문에 발전기의 전압변동률이 작다.

⑤ 정속도전동기이기 때문에 부하의 변동에 관계없이 정속도 운전이 가능하다.

⑥ 공극이 동일 용량의 유도전동기에 비해 3~5배 정도 크기 때문에 기계적 구조의 설계가 편리하고 수리점검에도 유리하다.

⑦ 동기전동기의 토크는 전압에 비례하고 유도전동기의 토크는 전압의 제곱에 비례한다. 따라서 동기전동기는 전압의 변동에 대한 토크의 변동이 작다.

(2) 단점

① 여자기가 필요하며 구조가 복잡하고 어느 용량 이하에서는 고가이다.

② 취급이 복잡하고 난조와 동기이탈의 염려가 있다.

③ 기동방법이 복잡하고 기동토크가 작다.

(3) 용도

기동법이 복잡하므로 기동, 정지를 자주 해야 하는 경우에는 부적합하다. 암모니아, 탄산가스, 공기 등의 가스압축기용으로 저속도가 필요할 때에는 동기전동기가 적합하다. 또 저압으로 다량의 공기를 보내는 송풍기로서 유도전동기보다 우수하다.

펌프의 운전과 선박 전기추진용으로도 사용되고 분쇄기, 압연기 등의 부하에도 동기전동기를 사용하여 역률을 좋게 할 수 있다. 또한, 속도가 일정하기 때문에 유도전동기를 사용할 때보다 발전기의 전압변동률이 작게 된다. 주파수변환용 전동기 및 동기조상기로서도 사용되고 있다.

10 동기기의 손실과 효율

10.1 손실과 효율

동기기에서 손실은 효율의 증감요인으로 작용하며, 이 때에 손실은 크게 무부하손과 부하손 즉 고정손과 가변손으로 분류되는데, 무부하손은 부하와 관계없이 일정하게 발생되는 손실이고 부하손은 전기자에 부하전류가 흐름으로서 직접 또는 간접적으로 발생하는 손실이다.

(1) 손실(loss)

① 무부하손 (no load loss)

ⓐ 철손(iron loss) : 와류손(eddy current loss)+히스테리시스손(hystresis loss)

ⓑ 기계손(mechanical loss) : 베어링 마찰손, 브러시 마찰손, 풍손

ⓒ 동손(copper loss) : 계자저항손, 계자권선내의 동손

② 부하손(load loss)

ⓐ 전기자 동손(armature copper loss)

ⓑ 표유 부하손(stray load loss) : P_s (측정이 곤란)

(2) 효율

동기기의 효율에는 실측효율과 규약효율이 있는데, 일반적으로 규약효율을 많이 사용한다. 3상 동기기의 단자전압 V, 부하전류를 I, 역률 $\cos\theta$, 전손실을 P_L이라 하고, 입력과 출력의 비를 효율이라 한다.

$$\eta = \frac{\text{입력} - \text{손실}}{\text{입력}} \times 100 = \frac{\text{출력}}{\text{출력} + \text{손실}} \times 100 \ [\%] \qquad (2\text{-}66)$$

여기서, 발전기 효율을 η_g, 역률 $\cos\theta$ 일 때 출력 $P = \sqrt{3}\,VI\cos\theta$ 이면 다음 식과 같이 된다.

3상 동기발전기의 규약효율 :

$$\eta_g = \frac{\text{출력}}{\text{출력} + \text{손실}} \times 100 = \frac{\sqrt{3}\,VI\cos\theta}{\sqrt{3}\,VI\cos\theta + P_L} \times 100 \ [\%] \qquad (2\text{-}67)$$

3상 동기전동기 규약효율 :

$$\eta_g = \frac{\text{입력} - \text{손실}}{\text{입력}} \times 100 = \frac{\sqrt{3}\, VI\cos\theta - P_L}{\sqrt{3}\, VI\cos\theta} \times 100\ [\%] \tag{2-68}$$

(3) 온도상승과 절연내력

온도상승 한도는 절연재료에 있어서 최고허용 온도에 따른 사용 가능한 온도를 나타내고 그 온도범위를 산정하여 얻은 값을 말하는데 그러기 위해서는 기준온도를 설정하는데 있어서 우리나라는 공기 중에서는 40 ℃, 물과 같은 액체 상태에서는 25 ℃를 기준하여 주위의 온도로 잡고 있다. 따라서 이런 모든 절연재료는 허용온도에 따라 7등급으로 구분한다. 온도상승한도 = 최고 허용온도 - 기준온도로 규정하고 절연등급은 Y종(90 ℃), A종(105 ℃), E종(120 ℃), B종(130 ℃), F종(155 ℃), H종(180 ℃), C종(180 ℃ 이상)으로 구분한다.

(4) 고장 및 보수

동기기를 설계 제작하여 시운전 할 경우 또는 계통상에서 운전할 경우 정지되거나 또는 회전이 되지 않는 경우에 있어서 다음 사항을 점검할 필요가 있다.

① 전압발생이 없을 때 (발전기)

② 온도상승의 과대

③ 전기자권선의 소손

예제 2-14

영월 제 1발전소의 터빈발전기의 출력은 1350 [kVA]의 2극 3600 [rpm], 11 [kVA]로 되어 있다. 역률 80 [%]에서 전부하 효율이 96 [%]라 하면 이 때의 손실은 약 몇 [kW]인가?

풀이

효율 $\eta = \frac{\text{출력}}{\text{출력 + 손실}}$이므로 손실로 수식을 정리하면,

η(출력+손실) = 출력

η · 출력 + η · 손실 = 출력

η · 손실 = 출력 − η · 출력

η · 손실 = 출력 − η · 출력

$\therefore$ 손실 $= \frac{\text{출력}}{\eta} - \text{출력} = \frac{(1350 \times 0.8)}{0.96} - (1350 \times 0.8) = 45\,[\text{kW}]$

예제 2-15

450 [kVA], 역률 0.85, 효율 0.9되는 동기발전기 운전용 원동기의 입력[kW]은? 단, 원동기의 효율은 0.85이다.

풀이

그림과 같이 원동기 출력 = 동기기 입력이다.

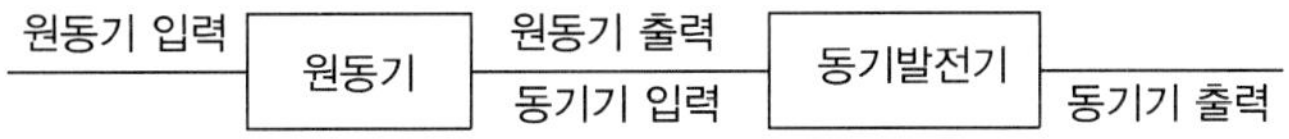

$$\eta_{원동기} = \frac{원동기\ 출력}{원동기\ 입력},\ \eta_{동기기} = \frac{동기기\ 출력}{동기기\ 입력}$$

$$원동기\ 입력 = \frac{원동기\ 출력}{\eta_{원동기}} = \frac{동기기\ 입력}{\eta_{원동기}}$$

$$= \frac{\dfrac{동기기\ 출력}{\eta_{동기기}}}{\eta_{원동기}} = \frac{\dfrac{450\times0.85}{0.9}}{0.85} = 500[kW]$$

예제 2-16

정격용량 10,000[kW] 정격전압 6000[V] 극수 24, 주파수 60[Hz] 1상의 동기 임피던스 3[Ω]인 3상 동기발전기가 있다. 이 발전기의 단락비를 구하시오.

풀이

$$정격전류\ I_N = \frac{P}{\sqrt{3}\ V} = \frac{10000}{\sqrt{3}\times6} = 962.68[A]$$

$$단락전류\ I_S = \frac{E}{Z_S} = \frac{\dfrac{6000}{\sqrt{3}}}{3} = 1154.73[A]$$

$$단락비\ K_S = \frac{I_S}{I_N} = \frac{1154.73}{962.68} = 1.2$$

예제 2-17

1000[kVA] 역률 0.9, 효율 0.9인 동기발전기 운전용 원동기의 출력은 몇[kW]인가?

풀이

$$P_s = \frac{P_o\times\cos\theta}{\eta} = \frac{1000\times0.9}{0.9} = 1000[Kw]$$

예제 2-18

5000[KVA], 역률 80[%]의 전력계통의 수전단에 동기조상기를 설치하여 역률을 95[%]로 개선 하려면 진상기의 용량은 몇 [KVA]이면 되는가?

풀이

$$\therefore Q = P(\tan\theta_1 - \tan\theta_2) = P\left(\frac{\sin\theta_1}{\cos\theta_1} - \frac{\sin\theta_2}{\cos\theta_2}\right) = 5000 \times 0.8\left(\frac{0.6}{0.8} - \frac{0.312}{0.95}\right)$$
$$= 4000(0.75 - 0.328) = 1686[KVA]$$

예제 2-19

3상전원의 수전단에서 전압 3300[V], 1000[A] 뒤진 역률 0.8의 전력을 받고 있을 때 동기조상기로 역률을 개선하여 1로 하고자 한다. 필요한 동기조상기의 용량은 얼마로 하면 되는가?

풀이

$$\therefore P = \sqrt{3}\, VI\sin\theta = \sqrt{3} \times 3300 \times 1000 \times 0.6 = 3429[KVA]$$

연 습 문 제

01 동기전동기를 유도전동기로 기동하는 경우 동기발전기의 극수보다 작게 하지 않는 유도전동기를 이용하는 이유를 설명하여라.

02 동기전동기가 난조를 일으키는 원인과 그 방지대책에 관해 설명하여라.

03 동기전동기가 비동기기 또는 직류기와 비교하여 특징인 점을 간단히 설명하여라.

04 동기전동기의 토크 종류를 열거하여 설명하고 그중 탈출토크 및 절대탈출토크에 관하여 설명하여라.

05 동기기의 안정도란 무엇이며 안정도를 증대하기 위한 방안에 대해 설명하여라.

06 동기전동기에서 기전력과 전기자 반작용은 어떤 관계를 갖는가에 대해 설명하여라.

07 3상 동기전동기의 위상특성곡선에 관하여 설명하여라.

08 동기전동기의 동기화력과 난조는 어떤 관계를 갖는가에 대해 설명하여라.

09 동기전동기의 기동방법에 종류를 들고 간단히 설명하여라.

10 일정 여자로 운전하는 동기전동기가 있다. 최대토크는 전 부하토크의 2배이고 부하각 30°에서 생긴다. 전 부하토크를 발생할 때의 부하각 δ는 얼마인가? 단, 동기리액턴스는 전기자저항보다 매우 크다.

11 역률 0.8의 부하 300 [kW]에 50 [kW]를 소비하는 동기전동기를 병렬로 접속하여 합성부하의 역률을 0.9로 하려면 전동기의 진상 무효 전력은 얼마인가?

12 3상 송전선의 수전단에서 전압 3,300 [V], 전류 800 [A], 역률 0.8의 지상 전력을 수전하는 경우 동기조상기를 사용해서 역률을 100 [%]로 개선하고자 한다. 필요한 동기조상기의 용량[kVA]은?

13 6600 [V], 200 [A]의 3상 동기전동기(Y결선)가 있다. 그 저항이 0.02 [pu], 동기리액턴스 1.00 [pu]이다. 역률을 100 [%]로 했을 때의 부하각이 30° 라면 부하전류[A]는 얼마이며 또 유기기전력[V]은?

14 정격용량 1000 [kVA]인 교류발전기가 뒤진 역률 0.75, 출력 500 [kW]의 유도전동기에 전력을 공급하고 있다. 이 발전기가 정격 상태가 될 때까지는 몇 개의 50 [W] 전구를 켤 수 있는가? 단, 유도전동기의 효율은 0.88이다.

11 특수동기기

11.1 특수전동기의 분류

(1) 유도자형 발전기(inductor alternator)

유도자형은 500~20000 [Hz]의 주파수를 발생하며 유도자형은 전기자권선, 계자권선은 모두 고정되고 회전자 표면에는 유도자라고 하는 요철의 철을 붙인 것이며 권선은 감지 않는다. 계자권선은 고정자에 있으며, 여기에 직류를 가하면 자속이 발생하며 유도자에 N, S극을 형성시키게 된다. 이 때 유도자를 원동기에 의해 회전시키면 유도자 표면에 쇄교되는 자속의 크기가 증감을 반복하게 된다. 이와 같이 쇄교자속의 진동이 주기적으로 변함으로 교류기전력을 유기 시키게 되는데, 이때 교류기전력의 주파수는 유도자 표면 요철부가 지날 때마다 1 [Hz]가 되므로 요철부의 수를 p, 회전수를 N [rpm]이라 하면, $f=\dfrac{pN}{60}$ [Hz]가 된다. 이와 같은 회전자는 권선을 갖고 있지 않으므로 기계적으로 간단하고 극수의 조정이 용이하므로 고주파 전원용으로 적당하며, 1000~3000 [Hz]의 고주파 전기로용 통신기의 300~5000 [Hz]의 전원용 외에 변압기의 유도시험용 전기기기의 층간 절연 시험용, 고주파 건조 설비용 전원 등에 사용되고 있다.

(2) 정현파 발전기(sin wave generator)

3상발전기에 부하 불평형이 생기면 공극에 따른 자기저항이 일정치 않던가 계자권선의 분포가 고르게 되지 않던가 하여 파형을 일그러지게 하고 단상 돌극발전기는 전기자 반작용 등에 의해 고조파 자속이 생겨 전압의 파형을 일그러지게 한다. 정현파 발전기에서는 원통형 회전자를 채용하여 공극의 자기 저항을 균일하게 하고 부하전류에 의한 공극자속이 일그러짐이 적게 하였을 때 계자권선을 권선형 유도전동기의 회전자와 같이 평형 3상 또는 2상 권선으로하여 계자기자력의 분포를 정현파로 하는 등 어떤 부하에서도 항상 교류정현파 기전력을 발생하도록 되어 있다.

(3) 동기주파수변환기(synchronous frequency changer)

주파수가 다른 2개의 송전계통을 연결하여 전력의 수수(授受)를 하고자 하는 경우 또는 전원 주파수와 다른 주파수를 필요로 하는 경우 이를테면 50 [Hz]나 60 [Hz]의 상용 주파수는 100 [Hz]나 120 [Hz] 또는 180 [Hz]로 바꾸고자 할 때 사용하는 것으로써 여러가지가 있는데 대표적인 것이 동기전동기와 동기발전기를 직결하여 주파수를 변환하는 것으로 동기주파수변환기가 있다. 양기의 극을 P_1, P_2라 하면 양기의 속도 N_s는 같으므로,

$$N_s = \frac{120 f_1}{p_1} = \frac{120 f_2}{p_2}$$

$$\frac{f_1}{p_1} = \frac{f_2}{p_2}$$

식에서 보는 바와 같이 변환기가 간단하고 가역 주파수변환기로도 사용할 수 있다. 이것은 조작이 간편하고 효율이 좋으며 구조도 간단하지만 부하 주파수 전압 등이 급격히 변동하면 난조 및 탈조현상이 생겨 병렬운전이 어려운 결점이 있다.

(4) 단상 동기발전기(single-phase synchronous generator)

단상동기발전기란 3상 동기발전기와 같은 구조인데, 다만 전기자를 단상권선에 감아 단상교류를 발생하게 한 것이다. 이 발전기는 단상전력이므로 2배의 주파수로 맥동하는 전력이 발생하여 전기자에 기계적 진동을 일으키므로 외함과 고정자 사이에 강한 스프링을 끼워 진동을 흡수하도록 하고 있다. 또한 단상교류발전에 의한 자계는 정상분의 자계와 역상분의 자계가 발생하는데, 특히 역상분에 의한 자계는 고조파를 발생하는데 전기자에는 3, 5, 7의 홀수 고조파전압이, 계자에는 4, 6, 8,의 짝수 고조파저압이 발생하므로 회전자 자극면에 제동권선을 설치하여 전압파형의 일그러짐을 개선시키고 있다. 단상권선은 보통 전기자 주변 슬롯의 2/3를 이용하고 나머지는 놀림슬롯으로 하므로 3상기로 했을 때에 비해 효율이 떨어진다. 이와 같이 단상동기발전기의 용도로는 소용량에서는 신호용 실험실의 측정용 등에 대용량에서는 전기철도 전기화학 및 절연공업 등의 특수용도에 쓰인다.

(5) 단락발전기(short circuit generator)

단락발전기를 대전류용 차단기의 단락시험용으로 사용하는 것으로 돌극 또는 비돌극형 회전자에 강렬한 단락권선을 설치하여 단락전류의 감쇠를 줄이고 있다. 또한 회전자의 관성 능력을 크게 하여 축척에너지를 크게 하고 고정자는 슬롯을 얕고 폭이 넓게 하고 슬롯수를 작게 하므로 동기리액턴스를 감소시켜 단락용량을 크게 만든 것이다.

(6) 반작용전동기(reaction motor)

동기전동기의 반작용 특성을 이용한 것으로 여자전류를 약하게 하면 전기자에 지상전류가 흐르고 전기자반작용은 증자작용을 하게 되어 계자를 강하게 한다. 이런 경우 계자권선이 없더라도 전기자권선에 교류 3상을 인가하면 회전자에 흐르는 전류 중에서 무효분이 자속을 만들고, 이것과 전류의 유효분 사이에 토크가 생겨 회전하게 된다. 즉 이 전동기는 자극만이 있고 여자권선이 없는 회전자가 가진 일종의 동기전동기로서 반작용전동기라고 하며 이것은 출력은 작고 역률은 낮지만 직류전원을 필요로 하지 않으므로 구조가 간단하여 전기시계, 각종 측정 장치용 등으로 사용된다.

(7) 초동기발전기(super synchronous motor)

기동토크가 작은 것이 단점인 동기전동기는 경부하에서 기동이 거의 불가능하므로 이것을 보완하여 중부하에서도 기동이 되도록 한 것이 초동기전동기로 회전계자형의 동기전동기에 고정자인 전기자 부분도 회전자의 주위를 회전할 수 있도록 2중 베어링의 구조로 되어 있어 고정자 회전기동형이라고 한다. 기동방법은 전기자권선을 부하를 건 상태로 전원에 접속하면 회전자계가 생겨 회전자의 제동권선에 작용하여 회전자를 돌리려 하지만 회전자에는 전부하가 걸려 있으므로 회전자는 돌지 않고 반대로 전기자인 고정자가 회전자계의 반대 방향으로 회전하기 시작한다. 이 속도가 동기속도에 가까워질 때 계자에 여자를 공급시키면 동기로 인입되고 곧 동기속도로 회전하게 되며 회전자속과 회전자와의 상대속도는 영에 가까워지므로 큰 토크를 발생하게 된다. 이 때에 전기자 외측에 설치된 브레이크를 걸어 전기자의 속도를 느리게 하면 회전자는 전기자와의 반대방향으로 조금씩 회전하기 시작하고 브레이크를 조여감에 따라 점차 속도가 증가하여 마침내 고정자를 정지시키면 회전자는 동기속도에 달하게 되는데 이것은 동기기에서는 언제나 회전자와 상대 속도가 동기속도로 운전되기 때문이다.

(8) 유도 동기전동기(synchronous induction motor)

유도 동기전동기는 보통의 권선형 유도전동기와 같은 구조를 갖고 있고 소용량 직류여자기를 직결하여 이것을 슬립링을 통해 회전자에 접속한다. 기동기에는 2차권선인 계자권선을 기동저항기를 통해 폐로시켜 유도전동기로 기동시키고 동기속도 부근에 도달했을 때 개폐기 s 를 저항기에서 직류여자기에 접속하여 직류여자시키면, 동기화력이 작용해서 회전자는 동기속도로 운전하기 시작한다. 이 전동기는 운전 중에 동기전동기의 특성을 가지므로 역률은 임의로 조절할 수 있으며 기동 입력은 작고 기동토크와 인입토크가 커서 시멘트 공장, 제지공장, 동기조상기의기동기, 회전변류기의 기동기 등으로 널리 사용된다.

(9) MHD 발전기

MHD라고 하는 것은 MagnetoHydroDynamics의 약자로 전자유체역학으로 번역되고 있다. 도전성을 지닌 유체와 자계와의 상호작용에 관한 학문분야를 의미하고 있다. 특히 MHD 발전이란, 도전성을 지닌 유체를 가로질러 흐르게 하고, 그 때에 생기는 속도기전력 $E = v \times B$ 에 의해서 발전하게 하는 것이다.

이 방식에 따르면 유체의 열에너지는 직접 전기에너지로 변환되어, 기계식 터빈과 같은 고온회전부가 불필요함으로 2~3000 ℃의 온도로 작동시킬 수가 있다. 반대로 연소기체에 도전성을 주기 위해서는 그 정도의 고온을 필요로 한다. MHD 발전에는 작동유체로써 시드된 고온연소 기체를 이용하는 연소형 MHD 발전 외에 액체금속을 사용하는 액체금속발전이 있으며, 전자는 기존의 화력발전과, 후자의 장래 개발될 고온원자로와 각각 조합될 것이라고 생각되고 있다. MHD 발전은 고온에서 작동함으로써, 단독으로 20~25 [%], 복합사이클 전체에서 50~55 [%]에 까지 효율을 개선할 것으로 기대되고 있지만, 개발에 있어서 몇 가지 문제가 있다. 전극의 소모, 시드의 회수기술, 석탄연소, 스래그의 자계발생에는 초전도 마그네트가 사용되게 되지만, 그 기술은 세라믹스계 고온 초전도 재료의 출현에 의해 앞으로 한층 발전할 것으로 생각된다

(10) 초전도 동기발전기

초전도 동기발전기의 구조는 회전계자형 발전기의 계자권선을 초전도화 한 것이다. 회전자 철심은 포함되지 않은 비자성의 동심원통이며, 내부에는 액체 헬륨, 초전도 계자권선, 토크를 전달하는 토크튜브, 진공단열층, 복사 쉴드, 상온댐퍼로 구성된다. 상온댐퍼는 도전성 재료로 되며 보통 동기발전기의 댐퍼권선의 역할을 한다. 초전도계자권선의 강력한 자계를 위하여 전기자권선은 철심을 포함하지 않는 공심 구조를 취하며 공심구조를 위하여 직접초계를 받기 때문에 전기자 도체는 세연선이 된다. 전기자권선 외에 외부자기 쉴드를 지니며, 누설자속을 억제함과 동시에 계자자속을 유효하게 이용하는 역할을 한다. 계자권선을 초전도 상태로 유지하기 위하여 액체 헬륨을 송입하여, 증발가스(온도 40~70 K)로 토크튜브와 복사 쉴드를 냉각한다.

초전도 발전기의 특징은 다음과 같다.

① 고효율이다(99.3~99.5 [%], 보통의 발전기에 비하여 손실이 반 이하로 된다.

② 전기자가 공심구조이기 때문에 동기임피던스가 작고(단위법으로 0.4~0.6, 현재 1.4~1.8), 전력계통의 안정도가 향상한다. 또한 절연이 용이하게 되며, 고전압화(20 [kV])가 가능하다.

③ 자기장하, 전기장하가 함께 커져서, 소형, 경량화의 제작한계의 확대 화를 꾀할 수 있다.

이상의 장점이 있기 때문에 개발연구가 이루어져 이미 50 [MVA]기가 일본에서 제작되고 있다. 통상기와의 경제적인 크로스 포인트는 500~1000 [MVA]일 것이라고 계산되고 있다.

(11) 단극발전기

공극자속을 동일 방향으로 끊으며 운동하는 기기를 단극기라 한다. 단극기의 전기자(원통 또는 원판)를 일정속도로 회전시키면 직류기전력이 발생한다. 따라서 전기자 도체의 양극에 브러시를 접속시켜서 외부회로를 연결하면 직류전동기로 동작한다. 단극기는 구조가 간단하고 철손이 없지만 코일이 상호 접속으로 높은 전압을 얻기 어렵기 때문에 저압, 전류기가 된다.(전압 3~40 [V], 전류는 수천 [A] 이상) 단극기에 초전도자석을 사용하면 철을 사용한 기기의 수배의 자속밀도(수 테슬라 정도)를 실현할 수가 있어 전압이 통상의 직류기와 동일정도가 된다. 또 액체금속(Nak, Hg)으로 집전하는 방식이 개발되어 고속기(3600 [rpm] 이상)의 제작이 가능하게 되어 장래의 발전이 기대되고 있다. 현시점에서 전동기는 고속전동기(10000 [rpm] 이상)에 적합하다.

연 습 문 제

01 초전도 동기기에 대해 설명하여라.

02 초동기전동기, 반작용전동기의 원리 및 특징을 설명하여라.

03 단극발전기(homo polarity generator)에 대해 설명하여라.

04 유도자형 발전기, 주파수변환기에 대해 설명하여라.

05 단상 동기발전기에 제동권선을 설치하는 이유를 설명하여라.

06 동기전동기의 연결하여 운전하는 회전변류기는 어떤 원리로 동작하며 그 특징에 대해 설명하여라.

07 전자유체역학(MHD)발전기에 대해서 설명하여라.

08 유도 동기전동기의 원리와 특징을 설명하여라.

09 고주파발전기의 종류와 원리 및 특징을 설명하여라.

10 정현파 발전기의 원리와 특징을 설명하여라.

11 동기발전기의 단락비, 부하각, 동기화력에 대해 설명하여라.

12 동기발전기의 전압변동률은 무엇을 나타내며 부하역률에 어떠한 관계를 가지고 있는가를 설명하여라.

13 3상 동기발전기에서 1극, 1상당 홈수가 3이라면 분포계수는 얼마인가?

14 4극 동기발전기가 1800[rpm]으로 회전하고 있다. 극당 자속 0.032[Wb], 상당 직렬권선수가 280인 경우 상당 유기기전력은 몇 [V]인가?

15 고정자 슬롯의 개수가 120이고 코일피치가 12슬롯인 3상 8극 동기발전기의 분포권 계수 및 단절권 계수를 구하여라.

16 극 당 자속 0.016[Wb], 주파수 60[Hz], 총도체수 1728인 8극 동기발전기가 상당 2개의 병렬회로를 가지고 있다면 상당 무부하 유기기전력은 몇 [V]인가

17 3상 동기발전기가 있다. 여자전류 6[A]에 의한 1상의 유기기전력이 600[V]이고 3상 단락전류는 30[A]이다. 이 발전기의 동기임피던스를 구하여라.

18 250[kVA], 660[V], 60[Hz] 3상 동기발전기가 Y결선되어 있다. 전기자저항은 0.2[Ω], 동기리액턴스는 1.4[Ω]이며 전부하시 늦은 역률 0.866이었다면 전압변 동률은 몇 [%]인가?

19 100[kVA] 동기발전기가 역률 0.8상태로 정격출력을 발생하고 전체손실 5.5[kW]일 때 효율을 구하여라.(단, 양발전기의 주파수와 위상은 일치한다.)

20 3상 동기수력발전기가 역률 1인 상태에서 정격이 108000[kVA], 전압은 13.8[kV]이며 Y결선되어 있고 주파수는 60[Hz], 회전속도는 120[rpm]이었다. 다음을 구하여라.

1) 극수
2) 정격출력
3) 정격전류
4) 효율이 97[%]라면 정격출력 시 입력(단, 계자손실은 무시한다.)
5) 원동기 축에 가해지는 토크

다음 문제 중 알맞은 답을 고르시오.

01 동기전동기에서 위상에 관계없이 감자작용을 할 때는 어떤 경우인가?

(가) 진전류가 흐를 때 (나) 지전류가 흐를 때
(다) 동상 전류가 흐를 때 (라) 전류가 흐를 때

☞ 동기전동기에서 전기자전류 I_a의 위상은 공급 전압 V에 대한 위상을 말하므로 전기자 반작용을 살펴보면 공급 전압은 유기기전력과 반대 방향이 되어 발전기의 경우와 반대로 된다.
① I_a가 V가 동상일 때는 횡축 반작용으로 교차 자화작용
② I_a가 V보다 $\pi/2$ 앞설 때는 직축 반작용으로 감자작용
③ I_a가 V보다 $\pi/2$ 뒤질 때는 직축 반작용으로 증자작용

02 동기전동기가 단자전압보다 진상이 되는 전류는 어떤 작용을 하는가?

(가) 증자작용 (나) 감자작용
(다) 교차 자화작용 (라) 아무 작용도 없다.

03 무부하 운전 중의 동기전동기에 일정 부하를 거는 경우에 발생하는 속도 N의 변화를 나타내는 곡선은?

(가)
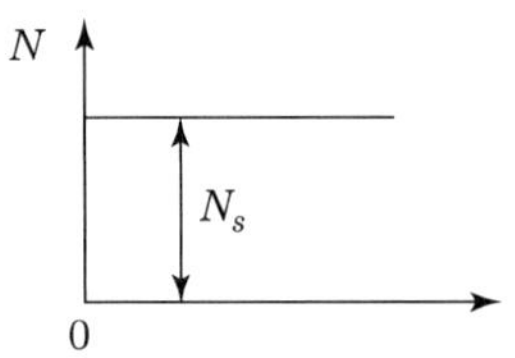
(나)
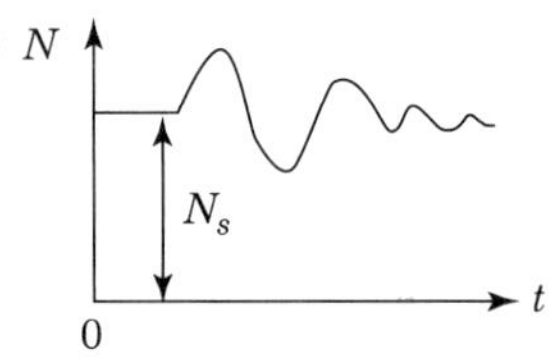
(다)
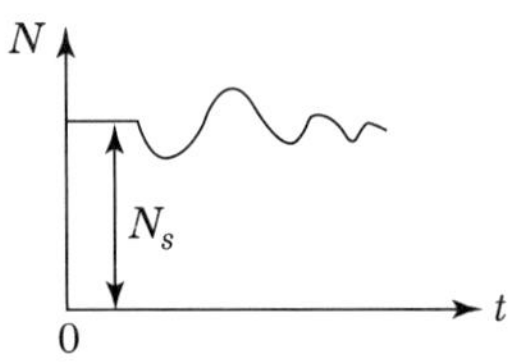
(라)
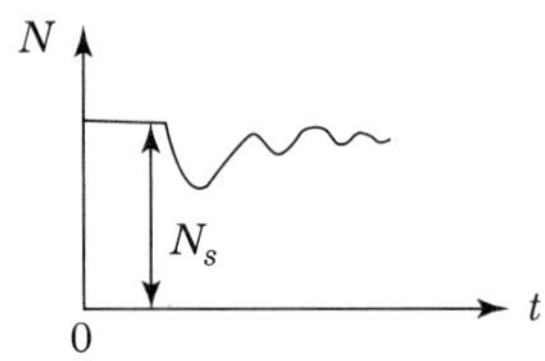

04 무부하 운전 중의 동기전동기에 일정 부하를 걸었을 때 부하각 δ의 변화를 나타내는 곡선은?

(가)
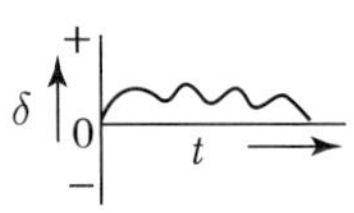
(나)
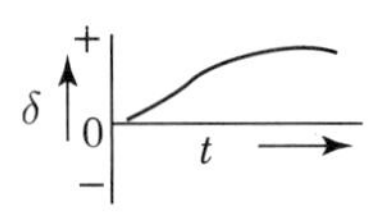
(다)
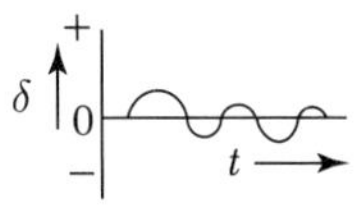
(라)
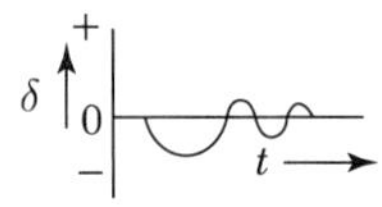

05 3상 동기기의 제동권선 효용은?

(가) 출력 증가　　(나) 효율 증가

(다) 역률개선　　(라) 난조 방지

☞ 제동권선의 효용은 다음과 같다.

① 난조 방지

② 기동하는 경우 유도전동기의 농형권선으로서 기동토크를 발생

③ 불평등 부하시의 전류 전압파형의 개선

④ 송전선 불평형 단락시에 이상 전압의 방지

06 동기전동기의 제동권선 효과는?

(가) 전지 시간의 단축　　(나) 토크의 증가

(다) 기동토크의 발생　　(라) 과부하 내량의 증가

☞ 제동권선은 회전 자극 표면에 설치한 전동기의 농형권선과 같은 권선으로서 회전자가 동기속도로 회전하고 있는 동안에는 전압을 유도하지 않으므로 아무런 작용이 없다. 그러나 조금이라도 동기속도를 벗어나면 전기자 자속을 끊어 전압이 유도되어 단락전류가 흐르므로 동기속도로 되돌아가게 된다. 즉, 진동 에너지를 열로 소비하여 진동을 방지한다. 3상 동기기의 제동권선 효용은 난조 방지이다.

07 동기전동기의 V곡선(위상 특성곡선)에서 부하가 가장 큰 경우는?

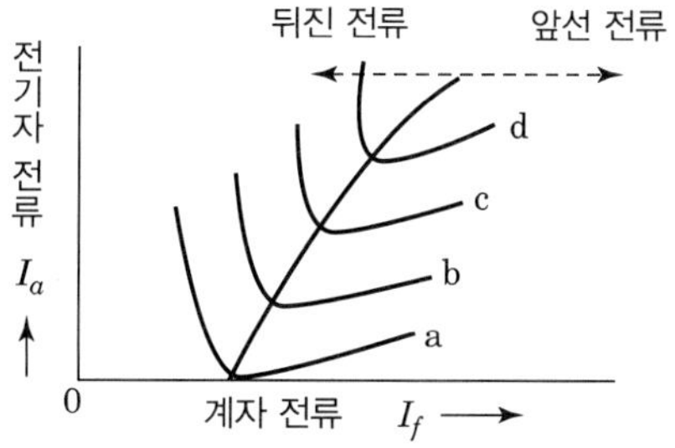

(가) a

(나) b

(다) c

(라) d

☞ 동기전동기는 계자전류를 가감하여 전류의 크기와 위상을 조정할 수 있다. 부하가 클수록 V곡선은 위로 이동한다.

08 전압이 일정한 모선에 접속되어 역률 1로 운전하고 있는 동기전동기의 여자전류를 증가시키면 이 전동기의 역률 및 전기자전류는?

(가) 역률은 앞서고 전기자전류는 증가한다.

(나) 역률은 앞서고 전기자전류는 감소한다.

(다) 역률은 뒤지고 전기자전류는 증가한다.

(라) 역률은 뒤지고 전기자전류는 감소한다.

☞ 위상 특성곡선(V곡선)에서 보는 바와 같이 여자전류를 증가시키면 전기자전류는 증가하고 앞선 역률로 되어 감자작용을 한다. 또한 여자전류를 감소시키면 전기자전류는 증가하고 뒤진 역률로 되어 증자작용을 한다.

09 동기전동기의 여자전류가 증가하면 어떤 현상이 생기나?

(가) 전기자전류의 위상이 앞선다.
(나) 난조가 생긴다.
(다) 토크가 증가한다.
(라) 앞선 무효 전류가 흐르고 유도기전력은 높아 진다.

10 인가전압과 여자가 일정한 전동기에서 전기자저항과 동기리액턴스가 같으면 최대출력을 내는 부하각은 몇 도인가?

(가) 30° (나) 45°
(다) 60° (라) 90°

11 동기조상기를 부족 여자로 사용하면?

(가) 리액터로 작용 (나) 저항손의 보상
(다) 콘덴서로 작용 (라) 일반 부하의 뒤진 전류의 보상

12 동기전동기에 관한 다음 기술 사항 중 틀린 것은?

(가) 회전수를 조정할 수 없다. (나) 직류여자기에 필요하다.
(다) 난조가 일어나기 쉽다. (라) 역률을 조정할 수 없다.

13 역률이 가장 좋은 전동기는?

(가) 농형 유도전동기 (나) 반발 기동전동기
(다) 동기전동기 (라) 교류 정류자전동기

14 동기전동기의 용도가 아닌 것은?

(가) 크레인 (나) 분쇄기
(다) 압축기 (라) 송풍기

15 동기전동기에 관한 말 중 옳지 않은 것은?

(가) 기동토크가 작다. (나) 난조가 일어나기 쉽다.
(다) 여자가 필요하다. (라) 역률을 조정할 수 없다.

06 동기전동기는 유도전동기에 비하여 어떤 장점이 있는가?

(가) 기동 특성이 양호하다. (나) 전부하 효율이 양호하다.
(다) 속도를 자유롭게 제어할 수 있다. (라) 구조가 간단하다.

17 반동전동기의 특성으로 가장 옳은 것은?

(가) 기동토크가 특히 큰 전동기

(나) 전부하토크가 큰 전동기

(다) 여자 권선 없이 동기속도로 회전하는 전동기

(라) 속도제어가 용이한 전동기

☞ 반동전동기는 여자를 주지 않아도 동기 토크를 발생한다. 이와 같은 전동기를 반작용 전동기라고 하며 단상기는 전기시계, 레코드용 전동기와 같은 소형전동기에 쓰인다.

CHAPTER

3

변압기

1 변압기(Transformer)

1.1 변압기의 기초이론

[그림 3-1]에서 C_1, C_2 의 코일을 감고 코일 C_1에 전지를 연결하고, 코일 C_2에 검류계를 연결하여 스위치 S를 온・오프시키면 검류계의 지침이 움직인다. 이와 같이 코일 C_1에 흐르는 직류를 단속 쇄교자속을 변화시켜서 전자유도 작용에 의해 코일 C_2에 기전력을 유기시킨다. 전지 대신에 교번 기전력을 코일 C_1에 공급하여 교번 전류를 흘려주어도 철심을 관통하는 자속은 교번하게 되고 자속이 변화하므로 코일 C_1, C_2에 기전력이 유기된다. N 회의 코일에 자속 ϕ [Wb]가 쇄교하고 있다. 이 자속은 시간에 따라 변화하여 패러데이(Faraday) 법칙에 의해 식 (3-1)과 같은 기전력 e 가 유도된다.

$$e = N\frac{d\phi}{dt}\ [\mathrm{V}] \tag{3-1}$$

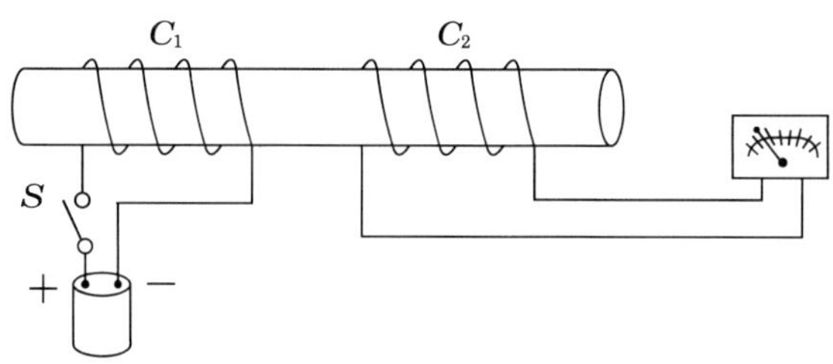

[그림 3-1] 변압기의 원리

자속 ϕ 가 시간적으로 증가하면 $\frac{d\phi}{dt} > 0$, $e > 0$는 e 에 의해서 전류가 흐른다면 ϕ 의 증가를 방해하고 ϕ 가 시간적으로 감소하면 $\frac{d\phi}{dt} < 0$, $e < 0$ 가 되어 흐르는 전류에 의해 ϕ 가 감소한다.

[그림 3-2]와 같이 철심에 감겨진 권선에 주기가 T, 크기가 E 인 단형파 전압을 인가하면 이것과 평형인 크기를 갖는 반대의 유기기전력 e_1 이 유도되어야 한다.

$$e_1 = N\frac{d\phi}{dt} \text{ [V]} \tag{3-2}$$

$$V = N\frac{d\phi}{dt} \text{ [V]} \tag{3-3}$$

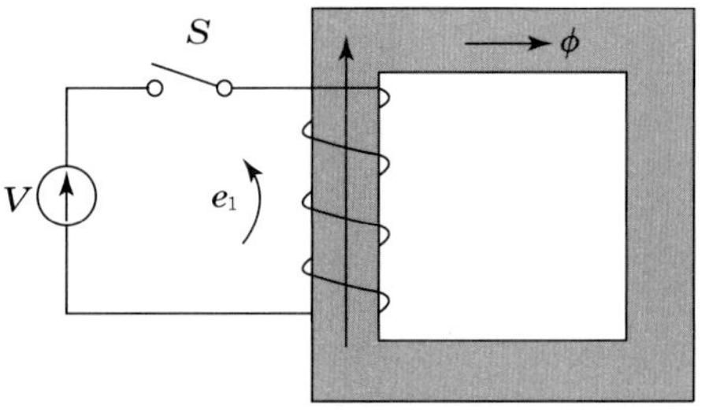

[그림 3-2] 변압기의 동작

e_1는 역기전력, 스위치를 닫는 순간 철심자속 ϕ, 시간 t에서의 철심자속 ϕ는 다음과 같다.

$$\phi = \frac{1}{N}\int_0^t v\,dt + \phi_0 = \frac{1}{N}E_t + \phi_0 \tag{3-4}$$

따라서, 변압기는 전자유도작용을 이용하여 교류전압과 전류의 크기를 변성하는 장치로서 2개 이상의 전기회로와 1개 이상의 공통자기회로로 구성되어 있다. 두 개의 전기회로 중 한쪽은 전원에 접속하고 다른 한쪽은 부하에 접속하면 전력은 자기회로를 통하여 부하에 전달된다.

전원에 접속된 권선을 1차권선(primary winding), 부하에 접속된 권선을 2차권선(secondary winding)이라 하며 두 개의 권선 중 사용전압의 높고 낮음에 따라 고전압권선, 저전압권선이라 한다.

규소강판을 잘 포개서 만든 성층철심에 2개의 권선을 감고 1차권선을 전원에 접속하면 유기되는 자속이 2차권선에는 전자유도작용에 의해 기전력이 유기된다.

1차권선과 쇄교하는 자속이 모두 2차권선과 쇄교한다면 자속의 변화비율은 같게되므로 1차 및 2차의 동일 권선에 유기되는 기전력은 같고 1차와 2차 양권선의 기전력은 각각 권선수에 비례한다.

$$\frac{\text{1차 유기전력 } E_1}{\text{2차 유기전력 } E_2} = \frac{\text{1차 권수 } n_1}{\text{2차 권수 } n_2}$$

$$\therefore \frac{E_1}{E_2} = \frac{n_1}{n_2} \tag{3-5}$$

1차 및 2차 유기기전력의 비는 권수비와 같아지며, 여기서 1차 및 2차권선 중에 함유된 임피던스(Impedance)를 무시하면 1차권선의 인가전압, 즉 1차단자전압 V_1과 1차 유기기전력 E_1이 같고, 2차단자전압 V_2는 2차 측 부하의 유무에 관계없이 2차 유기기전력 E_2와 같게 된다.

$$\frac{1\text{차 단자전압 } V_1}{2\text{차 단자전압 } V_2} = \frac{1\text{차 권수 } n_1}{2\text{차 권수 } n_2}$$

$$\frac{V_1}{V_2} = \frac{n_1}{n_2} = a \tag{3-6}$$

따라서, 변압기의 1차 및 2차의 권선의 권수비 a를 적당히 선택하면 전압을 승압 또는 강압을 시킬 수 있다.

1차 측 자기 유도기전력은 다음과 같은 식으로 나타낼 수 있는데 순시값에 대한 기전력은 $e_1 = -n_1 \frac{\Delta \phi}{\Delta t}$이 되며 유기기전력은 다음 식으로 나타낼 수 있다.

$$E_1 = -n_1 \frac{\Delta \phi}{\Delta t} \tag{3-7}$$

한편, 변압기의 2차 측 상호 유도기전력에 의한 순시값은 $e_2 = -n_2 \frac{\Delta \phi}{\Delta t}$로 되며 2차 측의 유기기전력은 다음 식과 같이 나타낸다.

$$E_2 = -n_2 \frac{\Delta \phi}{\Delta t} \tag{3-8}$$

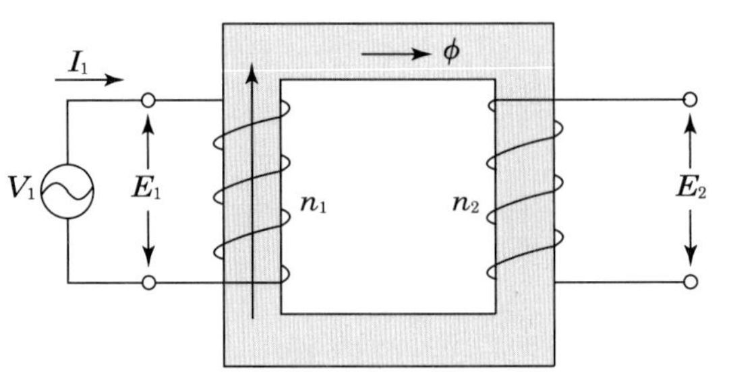

[그림 3-3] 변압기 1차 및 2차권선

[그림 3-3]에서 무부하시 $V_1 = e_1$ 에서 철손과 모든 손실을 무시하는 경우에 가장 이상적인 유기기전력은 다음과 같은 $V_1 = \sqrt{2}\,V_1 \cos\omega t$ [V]가 주어지면 다음 식으로 유도된다.

$$V_1 = \sqrt{2}\,V_1 \cos\omega t = N_1 \frac{d\phi}{dt} \qquad (3\text{-}9)$$

$$\phi = \frac{\sqrt{2}\,V_1}{N_1}\int \cos\omega t\, dt = \frac{\sqrt{2}\,V_1}{N_1\omega} sin\omega t \qquad (3\text{-}10)$$

$$\phi_m = \frac{\sqrt{2}\,V_1}{N_1\omega} = \frac{\sqrt{2}\,V_1}{2\pi f N_1} = \frac{V_1}{4.44 f N_1} \qquad (3\text{-}11)$$

철손 및 자기포화를 무시하면 [그림 3-3]과 같은 회로에서 이상변압기인 경우 $v_1 + e_1 = 0$ 이므로 만약, $V_1 = V_{m1}\sin\omega t$ 이면, 패러데이(Faraday) 법칙에 의해서 다음 식을 유도할 수 있다.

$$e_1 = -V_{m1}\sin\omega t = -n_1 \frac{d\phi}{dt} = -L\frac{di}{dt} \qquad (3\text{-}12)$$

$$\begin{aligned} \phi &= \frac{V_{m1}}{n_1}\int \sin\omega t\, dt = -\frac{V_{m1}}{\omega} n_1 \cos\omega t \\ &= \frac{V_{m1}}{\omega} n_1 \sin\left(\omega t - \frac{\pi}{2}\right) \end{aligned} \qquad (3\text{-}13)$$

여기서, $\phi = \phi_m \sin\left(\omega t - \frac{\pi}{2}\right)$ 이고, $\phi_m \omega n_1 = V_{m1}$ 이라 하면 다음 식과 같이 나타낼 수 있다.

$$V_1 = \frac{V_{m1}}{\sqrt{2}} = \frac{2\pi f}{\sqrt{2}} n_1 \phi_m = 4.44 f\, n_1 \phi_m \qquad (3\text{-}14)$$

$$d\phi = \frac{V_{m1}}{n_1} sin\omega t\, dt \qquad (3\text{-}15)$$

변압기의 1차권선에 유기되는 유기기전력은 1차권선 양단에 정현파 전압 V_1 [V]을 공급하면 양단에 교번자속(Alternate flux) ϕ [Wb]가 발생하고 1차 및 2차권선과 쇄교하여 e_1, e_2의 유기기전력이 발생한다. 따라서, 1차권선의 유기기전력 e_1은 다음 수식과 같이 나타낼 수 있다.

$$\begin{aligned} e_1 &= -n_1 \frac{d}{dt}\left\{\phi_m \sin\left(\omega t - \frac{\pi}{2}\right)\right\} = -\omega n_1 \phi_m \cos\left(\omega t - \frac{\pi}{2}\right) \\ &= \omega n_1 \phi_m \sin(\omega t - \pi) \\ &= E_{m1} \sin(\omega t - \pi) \end{aligned} \tag{3-16}$$

여기서, 실효값 E_1 은 최대값을 $\sqrt{2}$ 로 나눈 값이 되므로 다음과 같은 식으로 나타낼 수 있다.

$$E_1 = \frac{E_{m1}}{\sqrt{2}} = \frac{2\pi f}{\sqrt{2}} \phi_m n_1 = 4.44 f n_1 \phi_m \text{ [V]} \tag{3-17}$$

같은 방법으로 2차 측 유기기전력도 1차와 같은 형태로 구할 수 있다.

$$E_2 = 4.44 f n_2 \phi_m \text{[V]} \tag{3-18}$$

그러므로, 이들 관계를 벡터도로 나타내면 식 (3-17)과 식 (3-18)의 1차와 2차의 기전력의 비를 변압비(transformation ratio) 또는 권수비 a 로 나타내어 식 (3-19)와 같이 된다.

$$\frac{E_1}{E_2} = \frac{4.44 f\, N_1 \phi_m}{4.44 f\, N_2 \phi_m} = a \tag{3-19}$$

변압기에서 자속을 만들어 주는 전류를 i 라 하면 자기회로의 옴의 법칙에 의해서 자기저항을 R [AT/Wb]이라 하면 다음과 같은 식을 얻을 수 있다.

$$\phi = \frac{n_1 i_0}{R} \tag{3-20}$$

$$\phi_m \sin\left(\omega t - \frac{\pi}{2}\right) = \frac{n_1 i_0}{R} \tag{3-21}$$

$\phi_m = \dfrac{V_{m1}}{\omega n_1} = \dfrac{\sqrt{2}\, V_1}{\omega n_1}$ 이므로 식 (3-21)을 정리하여 다음과 같은 식으로 나타낼 수 있다.

$$i_o = \frac{R}{n_1} \frac{\sqrt{2}\, V_1}{\omega n_1} sin\left(\omega t - \frac{\pi}{2}\right) \tag{3-22}$$

i_o 의 실효값을 I_o 라 하면 다음 식으로 나타낼 수 있다.

$$I_o = \frac{I_m}{\sqrt{2}} = \frac{V_1}{\frac{\omega n_1^2}{R}} = \frac{V_{m1}}{\frac{\sqrt{2}\,\omega n_1^2}{R}} \text{ [A]} \tag{3-23}$$

1.2 여자전류와 자속

변압기 1차권선 n_1, 2차권선 n_2, 저항과 손실을 무시하고 누설자속도 없는 이상적인 변압기를 생각하면, 2차 측 출력단을 개방하고 1차 측의 입력단자간에 정격주파수 f [Hz], 정격전압 V_1 [V]의 정현파 전압을 인가한다. 이 때의 순시값 v_1 은 다음 식과 같이 쓸 수 있다.

$$v_1 = \sqrt{2}\,V_1 \sin\omega t \text{[V]} \tag{3-24}$$

단, $\omega = 2\pi f$ 이다.
여기서 1차권선의 자기 인덕턴스를 L_1 이라 하고, 2차권선의 자기 인덕턴스를 L_2 [H]라 하면 다음의 관계가 성립한다.

$$\begin{aligned} i_o &= \frac{1}{L}\int e\,dt = \frac{1}{L}\int \sqrt{2}\,V_1 \sin\omega t\,dt \\ &= -\sqrt{2}\,\frac{V_1}{\omega}L\cos\omega t = \sqrt{2}\,\frac{V_1}{\omega}L\sin(\omega t - 90^o) \end{aligned} \tag{3-25}$$

여기서, 자기인덕턴스에 흐르는 i_o 를 여자전류(exciting current)라 하며 전압보다 90° 뒤지게 된다. 자기 인덕턴스(self inductance) L 만의 회로에 $i = I_m \sin\omega t$ [A]인 정현파 전류를 흘렸을 때 유도작용에 의해 L 에는 기전력이 유기된다.

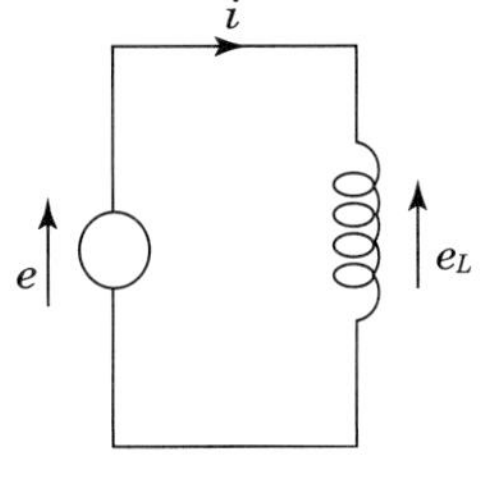

[그림 3-4] 자기 인덕턴스

$$\begin{aligned} e = e_L &= L\frac{di}{dt} = L\frac{d}{dt}(I_m \sin\omega t) = L I_m \omega \cos\omega t \\ &= \omega L I_m \sin\left(\omega t + \frac{\pi}{2}\right) = E_m \sin\left(\omega t + \frac{\pi}{2}\right) \end{aligned} \tag{3-26}$$

인덕턴스 L 은 전기회로에서 취급하는 소자의 하나이지만 자기회로에서는 코일에 쇄교하는 자속의 정도를 나타내게 되며 전류당 쇄교하는 자속의 상태로 정의한다.

그러므로 전류당 쇄교하는 자속의 정의는 전류 I 에 의해 발생하는 자속 중 N 회의 코일과 쇄교하는 자속에 정도를 [그림 3-5]에 나타내었다.

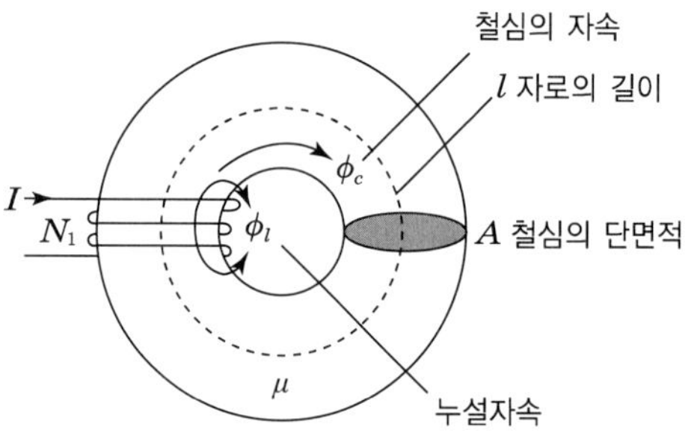

[그림 3-5] 자기회로

[그림 3-5]에서 자기회로에서 철심의 자기저항을 R, 코일에 흐르는 전류를 I 라하면 식 (3-27)로 쓸 수 있다.

$$\phi = \frac{F}{R} = \frac{N_1 I}{R}$$

$$L = \frac{N_1}{I} \cdot \frac{N_1 I}{R} = \frac{N_1^2}{R} \quad (3\text{-}27)$$

여기서, $R = \rho \cdot \frac{l}{A} = \frac{1}{\mu} \cdot \frac{l}{A}$

따라서, 자기인덕턴스 L 은 다음 수식으로 나타낼 수 있다.

$$L = \frac{N_1^2}{\frac{1}{\mu} \cdot \frac{l}{A}} = \frac{\mu A N_1^2}{l} \quad (3\text{-}28)$$

즉, 투자율 μ 는 전류 I 값과 무관하게 되어 자속은 다음 식이 성립된다.

$$\phi = n_1 \frac{i_0}{R} = \frac{n_1 i_0}{\frac{1}{\mu} \cdot \frac{l}{A}} = \frac{n_1 i_0 \mu A}{l} \ [\text{Wb}] \quad (3\text{-}29)$$

단, 여기서 $i_0 = \sqrt{2}\, I_o \sin\left(\omega t - \frac{\pi}{2}\right)$ 이고 $L_1 = \frac{\mu n_1^2 A}{l}$ 이므로 다음 식과 같이 된다.

$$L_1 \times \frac{i_0}{n_1} = \frac{L_1}{n_1} \cdot \frac{\sqrt{2}\ V_1}{\omega L_1} sin\left(\omega t - \frac{\pi}{2}\right)$$

$$= \frac{\sqrt{2}\ V_1}{\omega n_1} sin\left(\omega t - \frac{\pi}{2}\right) = \sqrt{2}\ \phi \sin\left(\omega t - \frac{\pi}{2}\right) \quad (3\text{–}30)$$

$$= \frac{\sqrt{2}\ V_1}{\omega n_1} sin\left(\omega t - \frac{\pi}{2}\right) = \sqrt{2}\,\phi \sin\left(\omega t - \frac{\pi}{2}\right)$$

단, ϕ_m 은 ϕ 의 최대값을 나타낸다. 따라서, 자속 ϕ 는 전압 V_1보다 위상이 90° 뒤지고 여자전류 i_o 와는 동상이며, ϕ_m 은 V_1에 의해 정해지고 동일한 V_1에 대하여는 주파수가 높아지면 ϕ_m 은 작아지므로 철심의 단면적이 작아도 되며, 무선주파수가 되면 철심이 필요 없게 됨을 알 수 있다. 1차권선과 2차권선에 의해 유기되는 기전력 E_1, E_2 및 자속 ϕ 에 대한 벡터도를 [그림 3–6]에 나타내었다.

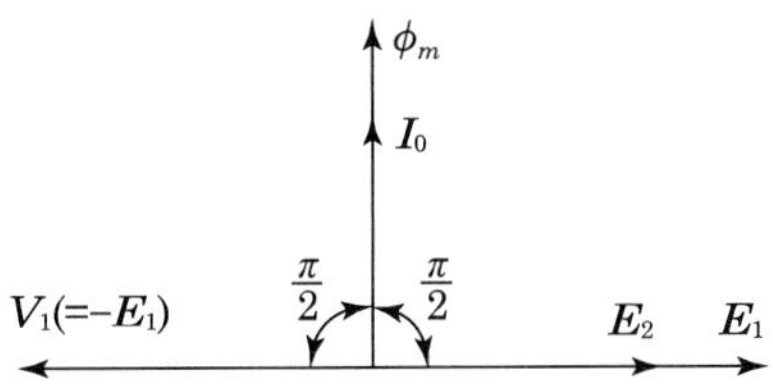

[그림 3-6] 전압 전류의 자속벡터도

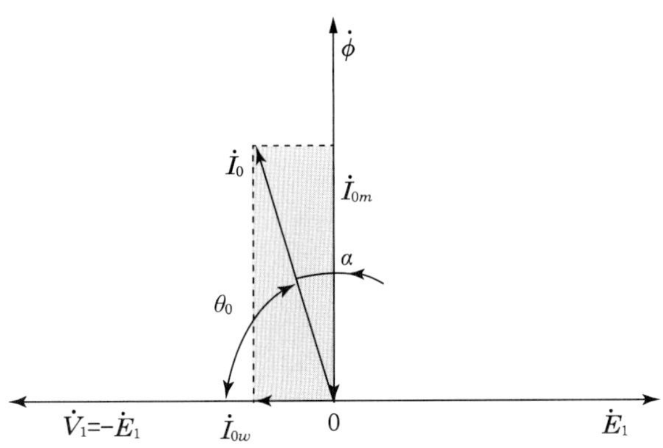

[그림 3-7] 여자전류의 벡터도

이상변압기에 있어서 여자전류는 정현파였으나 변압기의 철심에 사용되는 규소강판은 자기포화 및 히스테리시스 특성을 나타내고 있기 때문에 여자전류의 파형은 정현파가 되지 않고 또한 그 위상은 자속보다 앞서게 된다. 즉 변압기의 2차 측을 개방해 놓고 1차 측에 정격전압을 가할 때 여자전류(무부하전류) I_0는 공극자속을 발생시키는 자화전류(magnetizing current) I_{0m}와 철손을 발생시키는 철손전류(iron loss current) I_{0w}

의 성분으로 구성되는데 자화전류는 위상이 공급전압보다 90° 뒤진 무효전류이고 철손전류는 전압과 동상인 유효전류이며 이들의 벡터도는 [그림 3-7]과 같이 된다.
이 그림에서 I_0가 ϕ보다 앞서는 각 α를 철손각(iron loss angle)이라 하고 여자전류와 그 성분 간에는 다음 식과 같은 관계가 성립한다.

$$I_0 = I_{0m} + I_{0w}$$
$$I_{0m} = I_0 \cos\alpha \tag{3-31}$$
$$I_{0w} = I_0 \sin\alpha$$

보통의 철심에서는 철손전류가 자화전류에 비해서 작기 때문에 위상각도 작다. 또한, 변압기의 1차 측에 가한 전압 V_1이 정현파이면 변압기내에 유도되는 전압도 정현파이어야 하고 그렇게 되기 위해서는 철심내의 자속의 변화도 정현파이어야 한다. 그런데 철심에는 히스테리시스현상이 있기 때문에 정현파 자속을 발생시키기 위한 여자전류는 정현파가 아닌 왜형파가 된다. [그림 3-8]은 정현파 자속을 발생시키는 여자전류의 파형을 나타낸 것이다. 히스테리시스곡선과의 관계를 대조해 보면 왜형파 전류 i_0에 의해 정현파 자속 Φ가 발생하게 된다는 것을 알 수 있을 것이다. 그러나 여자전류를 벡터적으로 취급할 때, 왜형파로는 표시할 수 없으므로 편의상 공급전압에 대해 왜형파 전류와 동일한 전력을 형성할 수 있는 정현파 전류를 등가정현파라 하고 이것을 여자전류로 삼는다.

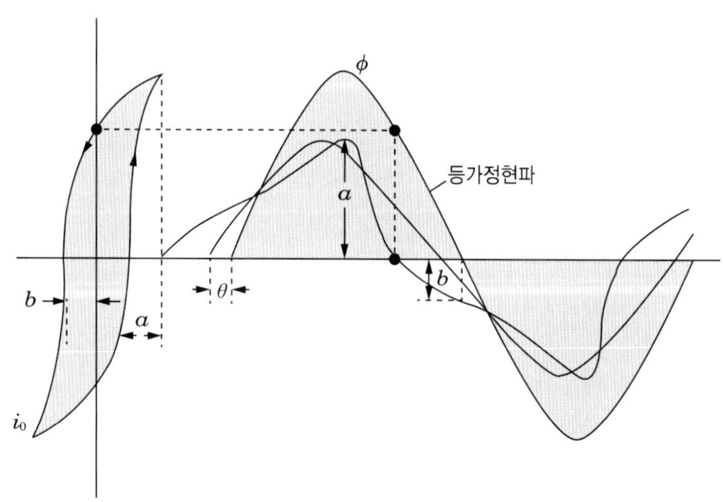

[그림 3-8] 여자전류의 파형과 등가정현파

예제 3-1

50 [kVA], 3300/210 [V], 60 [Hz]의 단상변압기가 있다. 1차 권수 660, 철심 단면적 161 [cm^2]이다. 자속밀도는 몇 [Wb/m^2]인가?

풀이

유기기전력의 실효값 $E_1 = 4.44\, f\, N_1 \phi_m = 4.44 f\, N_1\, BA$

$$\therefore\ B = \frac{E_1}{4.44 f\, N_1 A} = \frac{3300}{4.44 \times 60 \times 660 \times 161 \times 10^{-4}} = 1.1658\ [\text{Wb/m}^2]$$

예제 3-2

1차전압 3300 [V], 권수비 30인 단상변압기가 전등 부하에 20 [A]를 공급할 때의 입력[kW]은?

풀이

권수비 $a = \frac{I_2}{I_1}$ 에서, $I_1 = \frac{I_2}{a} = \frac{20}{30} = \frac{2}{3}$ 또한 전등부하이므로 역률은 1

$$\therefore P_1 = V_1\, I_1 \cos\theta = 330 \times \frac{2}{3} \times 1 = 2200\ [\text{W}] = 2.2\ [\text{kW}]$$

예제 3-3

일반변압기의 여자에 필요한 피상전력은?

풀이

1차단자전압 $V_1 = \sqrt{2}\,\pi f\, N_1 \phi_m$, 자속 $\phi_m = \sqrt{2}\ \phi = \sqrt{2}\ \frac{N_1 I_o\, \mu A}{l}$

여자전류 $I_o = \frac{\phi_m\, l}{\sqrt{2}\ N_1\, \mu A}$

따라서, 여자에 필요한 피상전력$= V_1 I_o$

$$V_1 \cdot I_o = \sqrt{2}\,\pi f\, N_1 \phi_m \cdot \frac{\phi_m \cdot l}{\sqrt{2}\ N_1 \mu A} = \frac{f\,\pi\, \phi_m^2\, l}{\mu A} \cdot \frac{A}{A}$$

$$= \frac{f}{\mu}\pi B_m^2\ A\,l = \frac{f}{\mu}\pi B_m^2\ \text{체적}$$

2 변압기 실제 벡터도

2.1 부하상태의 이상변압기

[그림 3-9]와 같이 이상변압기의 2차 측에 부하임피던스 Z를 연결하면 2차 측 회로에는 2차전류 $I_2 = E_2/Z$가 흐르게 된다. 이때 2차권선에 전류 I_2가 흐르면 2차권선에 기자력 N_2I_2가 생기고, 자속 Φ_2가 자기회로에 발생된다.

따라서 무부하 상태에서 V_1전압에 의해 존재하고 있는 자속 Φ에 대하여 자기적인 균형이 깨지며, 철심내의 자속은 $\Phi' = \Phi + \Phi_2$로 변하려고 한다. 그러나 1차 공급전압 V_1은 변함이 없는데 자속은 Φ'가 되었으므로, 원래대로의 자속 Φ가 되기 위해서는 1차권선에 Φ_2를 상쇄하는 전류 I_1'가 흘러 다음과 같은 관계가 만족되어야 한다.

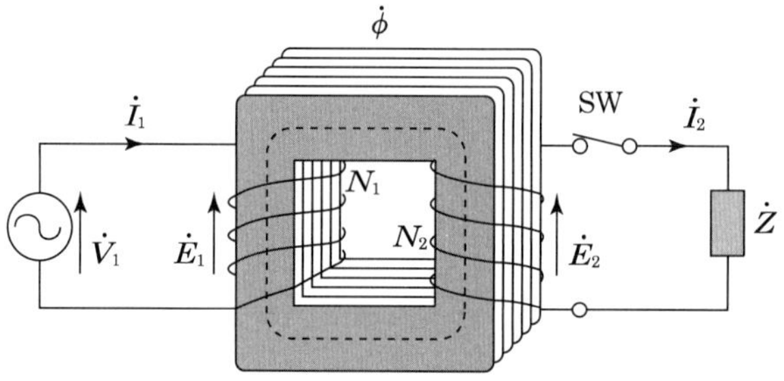

[그림 3-9] 부하가 연결된 이상변압기

$$N_1I_1' + N_2I_2 = 0 \tag{3-32}$$

여기서, 전류 I_1'를 1차부하전류(primary load current)라고 하며, 1차 총 전류 I_1은 여자전류 I_0와 1차부하전류 I_1'의 벡터합으로 다음 식 (3-33)과 같이 된다.

$$I_1 = I_0 + I_1' \tag{3-33}$$

그리고 식 (3-32)에서 다음과 같은 (3-34) 관계식이 성립된다.

$$\frac{I_1'}{I_2} = -\frac{N_2}{N_1} = -\frac{1}{a} \tag{3-34}$$

위 식에서 $1/a$를 전류비(current ratio)라고 한다. 또한 식 (3-33)에서 여자전류 I_0는 일반적으로 $I_1{}'$에 비해서 작으므로 이것을 무시하면 $I_1 \fallingdotseq I_1{}'$로 되므로 다음과 같은 관계식 (3-35)가 성립한다.

$$\frac{I_1}{I_2} \fallingdotseq -\frac{N_2}{N_1} = -\frac{1}{a} \tag{3-35}$$

여기서 1차전류와 2차전류의 비는 대략 권선비의 역수와 같다는 것을 알 수 있다.

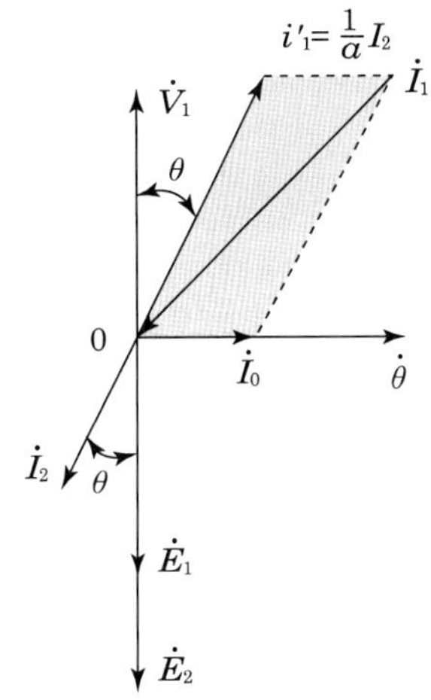

[그림 3-10] 부하상태의 벡터도

2.2 실제 변압기

실제 변압기에 있어서는 권선저항, 철심을 통해서 1차 및 2차권선과 쇄교하지 않는 누설자속, 철심의 포화, 철손 등에 의해 전압과 전류가 앞에서 기술한 바와 같지 않으며, 따라서 이상변압기의 제작은 사실상 불가능하다.

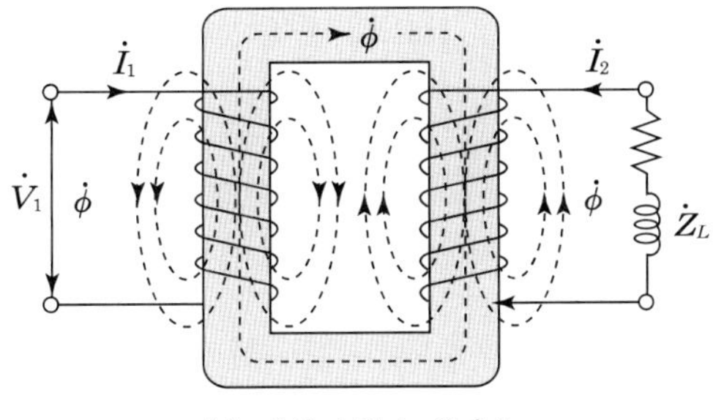

(a) 변압기의 누설자속

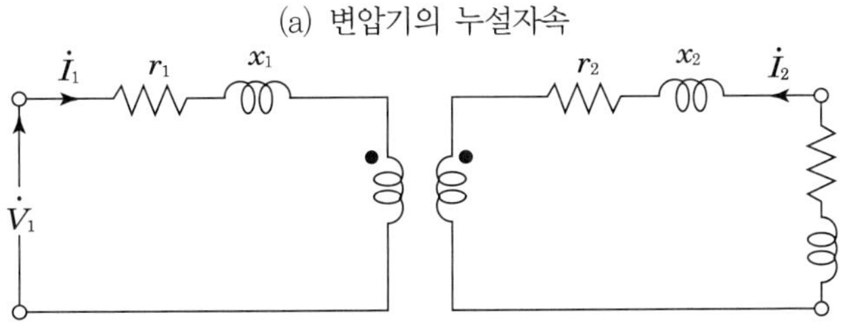

(b) 권선저항, 누설자속을 고려한 등가회로

[그림 3-11] 누설자속을 고려한 실제 변압기벡터도

변압기의 전압·전류의 관계는 [그림 3-12]와 같이 벡터도로 나타낼 수 있으며 다음과 같은 순서에 의해 그릴 수 있다.

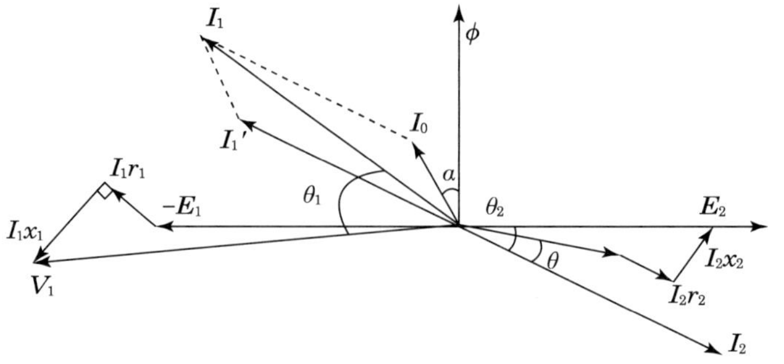

[그림 3-12] 실제 변압기벡터도

① 기준 벡터 E_1, E_2를 그린다.

② E_2보다 $\pi/2$ 앞선 ϕ를 그린다.

③ $-E_1$을 ϕ보다 $\pi/2$ 앞세워 그린다.

④ I_0를 ϕ보다 철손각(α)만큼 앞세워 그린다.

⑤ E_2보다 $\theta_2 = \tan^{-1}\dfrac{X+x_2}{R+r_2}$만큼 뒤지게 하여 I_2를 그린다.

⑥ I_2와 반대로 I_1'를 그린다.

⑦ $I_1 = I_0 + I_1'$를 벡터적으로 합성하여 그린다.

⑧ $r_1 I_1$을 $-E_1$ 끝에서 I_1과 동위상으로 평행하게 그린다.

⑨ $x_1 I_1'$을 I_1과 직각으로 I_1보다 $\pi/2$ 앞세워 그리고 이것을 V_1'와 합성하여 V_1을 그린다.

⑩ E_2의 끝에서 $x_2 I_2$를 I_2에 직각으로 $\pi/2$ 뒤지게하여 그리고 $r_2 I_2$를 I_2에 평행하게 반대로 그어 이들을 E_2와 합성하면 V_2가 된다.

3 등가회로

3.1 여자 어드미턴스(Admittance)

보통 변압기의 설계에서 최대 자속값은 자화곡선의 직선부분에서 사용하므로 I_o는 ϕ 에 거의 비례한다.

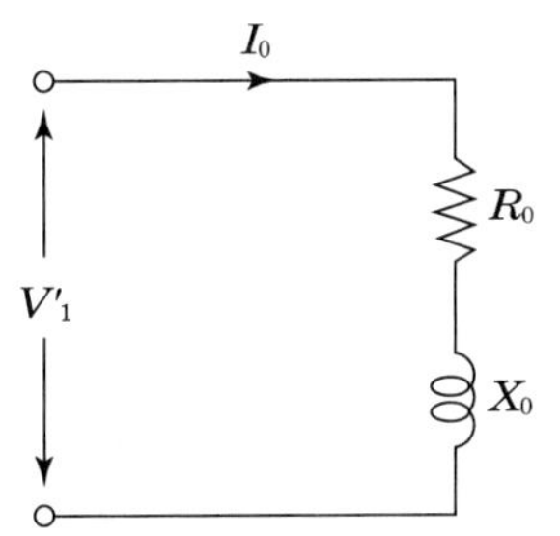

(a)

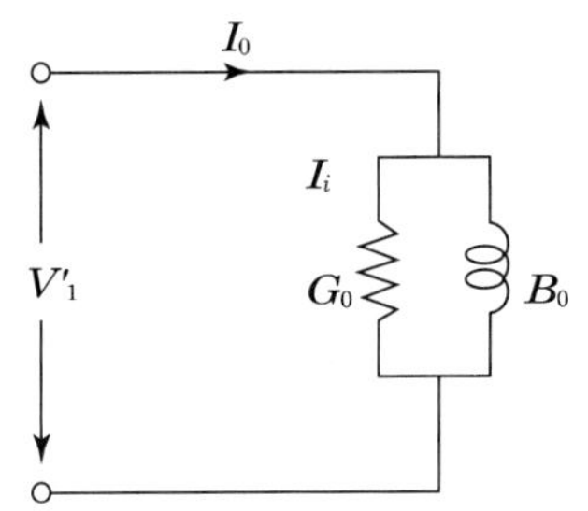

(b)

[그림 3-13] 등가회로

[그림 3-13] (a)와 같이 변압기의 1차권선에 여자전류 I_o 만이 흐른다면 1차권선은 [그림 3-13] (b)와 같이 등가회로를 그릴 수 있으며, 이 등가회로를 여자회로라 부른다. 여자 임피던스를 Z_o, 여자어드미턴스를 Y_o 라 하면 다음 식으로 나타낼 수 있다.

$$\begin{aligned} Y_0 &= \frac{1}{Z_0} = \frac{1}{R_0 + jX_0} = \frac{R_0 - jX_0}{(R_0 + jX_0)(R_0 - jX_0)} \\ &= \frac{R_0}{R_0^2 + X_0^2} - j\frac{X_0}{R_0^2 + X_0^2} = G_0 - jB_0 \end{aligned} \tag{3-36}$$

여기서, $Y_0 = \sqrt{G_o^2 + B_o^2} = \dfrac{I_o}{V_1{}'}[\mho]$ 이고 G_0 는 다음 식으로 표시된다.

$$G_0 = \frac{P_i}{V_1'^2} \tag{3-37}$$

여기서, P_i 는 철손이므로 $P_i = V_1{}' I_i'$ 이고 여자콘덕턴스 G_o 는 어드미턴스 Y_o 인 수식을 이용 양변을 제곱하여 정리하면 다음 식으로 된다.

$$Y_o^2 = G_o^2 + B_o^2 \tag{3-38}$$

$$B_o = \sqrt{\left(\frac{I_o}{V_1}\right)^2 - \left(\frac{P_i}{V_1'^2}\right)^2} \tag{3-39}$$

B_o 는 리액턴스의 역수이고 서셉턴스라 한다.

G_o 에 흐르는 전류가 철손전류 I_i 이고, B_o 에 흐르는 전류가 자화전류 I_ϕ 에 해당되므로 I_o 와 Y_o 는 다음과 같은 식으로 나타낼 수 있다.

$$I_o = \frac{Y_o}{V_1'} \tag{3-40}$$

$$\begin{aligned} Y_o &= G_o V_1' + j B_o V_1' \\ \dot{Y}_o &= G_o - j B_o \end{aligned} \tag{3-41}$$

변압기의 철손전류가 $I_i = G_o V_1'$ 이고, 자화전류는 $I_\phi = B_o V_1'$ 이므로 이 때의 철손전력은 $P_i = V_1' I_i$ 이 되며 V_1' 은 유기기전력 E_1 과 평형을 유지하는 전압이며 여자회로에 걸리는 전압을 나타낸다.

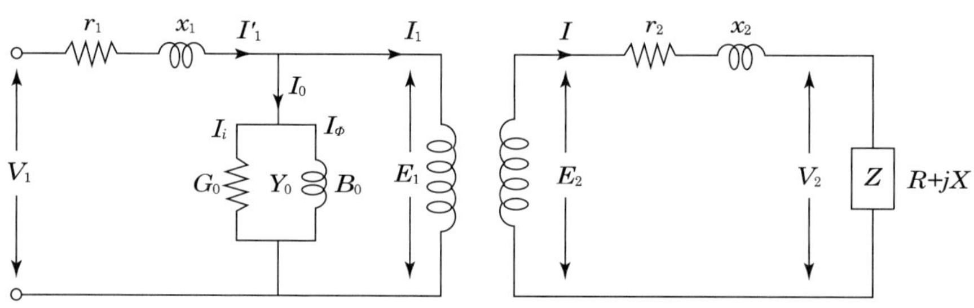

[그림 3-14] 변압기의 회로

변압기의 실제 회로는 [그림 3-14]와 같이 전자유도작용에 의해서 결합된 2개의 독립된 회로로 1차에서 2차로 전력이 전달되고 있는 것으로 고려할 수 있으므로 단일회로로 등가화하는 것이 수식을 해석하는데 훨씬 편리한 점이 있다. 변압기회로를 등가화 하기 위해서 $Z_1 = r_1 + jx_1$ 은 1차 임피던스를 나타내고, $Z_2 = r_2 + jx_2$ 은 2차 임피던스를 나타내며 $Z = R + jx$ 는 부하임피던스이고, $Y_o = G_o - jB_o$ 는 여자 어드미턴스를 나타낸다. 또한, $\dot{Y} = G - jB$ 는 2차회로 전체 어드미턴스이고, V_1 은 1차단자전압이며, V_2 는 2차단자전압, E_1 은 1차권선의 유기기전력 E_2 는 2차권선의 유기기전력 V_1' 는 E_1 과 평형유지 전압을 나타낼 때 변압기 권수와 관계에서 다음과 같은 수식을 유도할 수 있다.

$$a = \frac{E_1}{E_2} = \frac{n_1}{n_2} \tag{3-42}$$

$$E_2 = \frac{n_2}{n_1}E_1 = \frac{1}{a}(-V_1{}') = -\frac{V_1{}'}{a} \tag{3-43}$$

변압기의 2차전류는 $I_2 = YE_2 = -\frac{Y}{a}V_1{}'$로 나타나게 되고 변압기 1차 측의 입력전압은 다음과 같은 식으로 유도될 수 있다. 변압기 1차권선에 유입하는 1차부하전류 $I_1{}'$는 $n_1 I_1{}' + n_2 I_2 = 0$에서 다음 식으로 나타낼 수 있다.

$$I_1 = -\frac{n_2}{n_1}I_2 = \left(-\frac{1}{a}\right)\times\left(-\frac{Y}{a}\right)V_1{}' = \frac{Y}{a^2}V_1{}' \tag{3-44}$$

여자전류 $I_o = Y_o V_1{}'$이므로 1차전류는 다음과 같은 식으로 나타낼 수 있다.

$$\begin{aligned} I_1 &= I_0 + I_1{}' = Y_0 V_1{}' + \frac{Y}{a^2}V_1{}' \\ &= \frac{V_1{}'}{a^2}(Y + a^2 Y_0) \end{aligned} \tag{3-45}$$

또한, 1차단자전압을 구하면 다음 식과 같이 나타낼 수 있다.

$$\begin{aligned} V_1 &= V_1{}' + Z_1 I_1 = V_1{}' + Z_1\left(Y_0 V_1{}' + \frac{Y_1{}' V_1{}'}{a^2}\right) \\ &= V_1{}'\left(1 + Z_1 Y_0 + \frac{Z_1 Y}{a^2}\right) \end{aligned} \tag{3-46}$$

따라서, 2차단자전압도 2차전류를 대입하여 풀면 다음 식에 의해 나타낼 수 있다.

$$\begin{aligned} V_2 &= E_2 - Z_2 I_2 = -\frac{V_1{}'}{a} + \frac{Y V_1{}' Z_2}{a} \\ &= -\frac{V_1{}'}{a}(1 - Z_2 Y) \end{aligned} \tag{3-47}$$

식 (3-42)과 식 (3-43)에 의하여 $\frac{V_1}{V_2}$의 비를 구하면 다음 식과 같이 나타낼 수 있다.

$$\frac{V_1}{V_2} = \frac{V_1'\left(1 + Z_1 Y_0 + \dfrac{Z_1 Y}{a^2}\right)}{-\dfrac{V_1'}{a}(1 - Z_2 I_2)} = -\frac{a\left(1 + Z_1 Y_0 + \dfrac{Z_1 Y}{a^2}\right)}{1 - Z_2 Y} \tag{3-48}$$

보통 변압기에서 $Z_1 Y_0$의 크기는 매우 작은 값이므로 특히, 무부하시 어드미턴스 $Y=0$이라 하면 변압비에서 나타낸 식과 같이 $\frac{V_1}{V_2} = -a(1+Z_1 Y_0) \fallingdotseq -a$가 되어 변압비 V_1 / V_2는 무부하 또는 경부하시 a에 가깝고 부하가 증가함에 따라 a와 차는 생기지만 그 차는 매우 적게 된다.

한편, 변류비는 1차 측 권선에 여자전류 I_o는 자화전류 I_ϕ와 철손전류 I_i에 의해서 형성되며, 2차 측에 부하전류가 흐르면 I_1'와 I_o에 의한 벡터적인 합 I_1 전류가 흐르게 된다. 따라서, 1차전류와 2차전류와의 비는 각각 다음과 같이 나타낼 수 있다.

$$I_2 = YE_2 = -\frac{Y}{a} V_1' \qquad I_1 = \frac{V_1'}{a^2}(Y + a^2 Y_0) \tag{3-49}$$

$$\frac{I_1}{I_2} = \frac{\dfrac{V_1'}{a^2}(Y + a^2 Y_o)}{-\dfrac{Y}{a} V_1'} = -\frac{1}{a}\left(1 + a^2 \frac{Y_o}{Y}\right) \fallingdotseq -\frac{1}{a} \tag{3-50}$$

변압기 2차 측 부하전류가 클 때 (Y가 클 때) $a^2 \frac{Y_0}{Y} \ll 1$ 되므로 변류비 $\frac{I_1}{I_2}$은 $\frac{1}{a}$에 가까워지게 됨을 알 수 있다.

3.2 1차 측에 환산한 근사등가회로(2차회로를 1차로 환산)

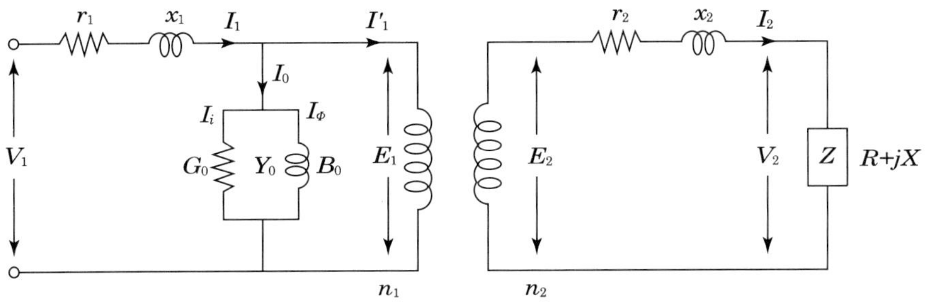

[그림 3-15] 변압기의 등가회로

변압기의 1차와 2차의 권수비 $a=\dfrac{n_1}{n_2}$ 이므로, 2차권선을 1차권선과 같게 하면 2차 측 전압 E_2, 전류 I_2 가 각각 $E_2'=a\,E_2$, $I_2'=\dfrac{I_2}{a}$ 로 변화한다.

따라서, 2차 측의 전압 정도를 1차 측의 전압 크기에 알맞게 하여 나타낼 수 있으며, $E_2' I_2' = aE_2 \cdot \dfrac{I_2}{a} = E_2 I_2$ 의 관계가 유지되며, 원래의 2차회로 임피던스 Z_2 를 1차회로로 환산하면 식 (3-51)과 같이 나타낼 수 있다.

$$Z_2' = \frac{E_2'}{I_2'} = \frac{\dfrac{aE_2}{I_2}}{a} = a^2 Z_2 \tag{3-51}$$

여기서 $r_2'=a^2 r_2$을 2차권선저항이라 하고, $x_2'=a^2 x_2$를 누설 리액턴스라고 할 때 Z_2'는 2차를 1차로 환산한 등가임피던스로 나타낼 수 있고 식 (3-52)와 같이 나타낼 수 있다.

$$Z_2' = a^2 Z_2 = a^2(r_2 + j\,x_2) \tag{3-52}$$

1차 측 권선저항 $r_2'=a^2 r_2$ 이고 리액턴스 $x_2'=a^2 x_2$, 부하 회로의 저항 $R'=a^2 R$, $X'=a^2 X$ 로 나타낼 때 2차 유기기전력은 a 배가 되고 2차전류 I_2' 는 다음 식과 같이 되며 크기가 $\dfrac{1}{a}$ 배가 되며 전압과 전류의 위상차는 변화하지 않는다.

$$I_2{}' = \frac{a\,E_2}{a^2(R+jX)+a^2(r_2+jx_2)}$$

$$= \frac{1}{a}\cdot\frac{E_2}{(R+jX)+(r_2+jx_2)} \tag{3-53}$$

$$Z_2{}' = (r_2+R)+j(x_2+X)$$

$$I_2 = \frac{N_1}{N_2}I_1{}' = a\,I_1{}'$$

$$E_2 = \frac{N_2}{N_1}E_1 = \frac{1}{a}E_1 \tag{3-54}$$

식 (3-54)에 나타난 것과 같이 전류가 $\frac{1}{a}$ 배가 되고, 저항 및 리액턴스가 a^2 배로 되므로 저항과 리액턴스 강하는 크기가 a 배가 되며 위상은 변화하지 않는다. 또한, 전류가 $\frac{1}{a}$ 배가 되고 권수는 a 배가 되어 2차 암페어 수는 변화하지 않으므로 1차에서 2차로 전달되는 전력도 영향을 받지 않는다. 따라서 환산된 값에 의해서 [그림 3-15]의 등가회로를 다시 그려서 나타내면 [그림 3-16]과 같이 나타낼 수 있다.

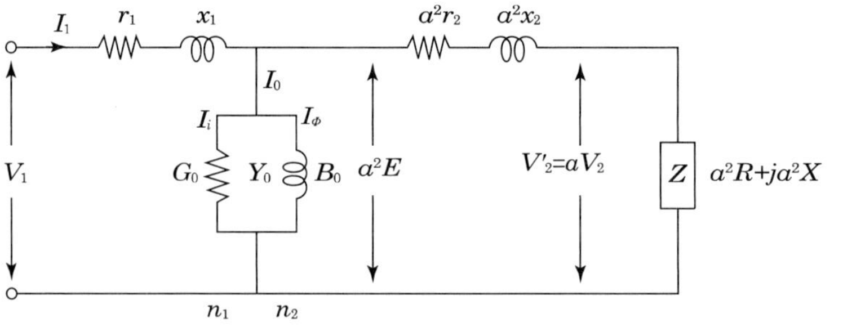

[그림 3-16] 2차를 1차로 환산한 근사등가회로

여자 어드미턴스는 Y_o 는 대단히 적고 여자전류도 작으므로 1차 측 임피던스 Z_1 도 작은 값이 되어 1차 임피던스 중 전압강하도 작으므로 여자어드미턴스 Y_o 를 [그림 3-17]과 같이 전원 측으로 옮겨서 그려도 큰 오차가 생기지 않게 된다. 이와 같은 등가회로를 변압기의 간이등가회로(simple equivalent circuit)라 한다.

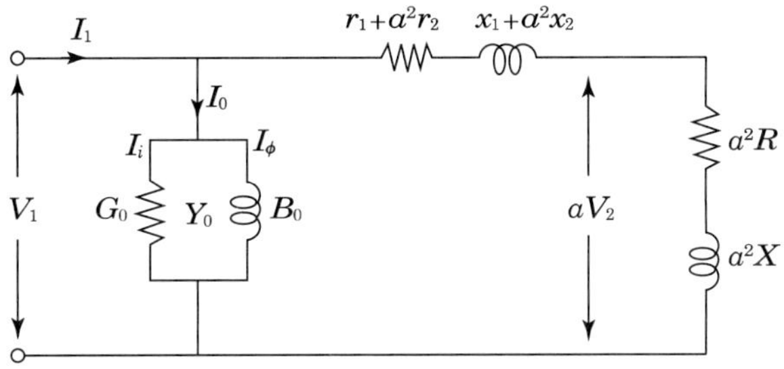

[그림 3-17] 2차를 1차로 환산한 간이등가회로

또한, 변압기의 2차 측에 환산한 등가회로 즉, 1차회로를 2차로 환산하기 위한 회로를 [그림 3-18]에 나타내었다.

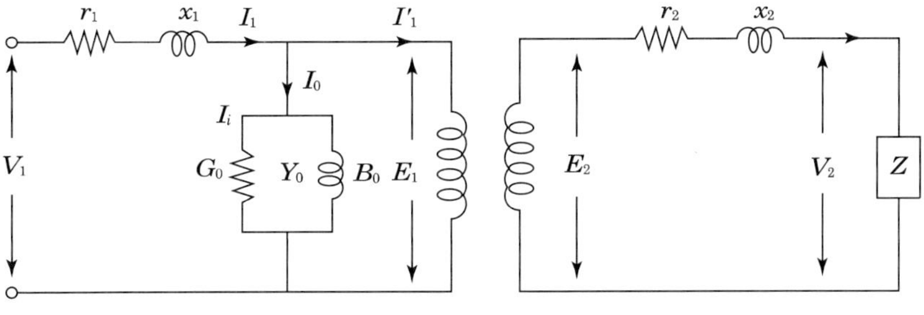

[그림 3-18] 1차를 2차로 환산하기 위한 변압기 회로

변압기의 1차 측을 2차 측에 환산한 등가회로의 정수를 구하기 위한 1차권선의 등가임피던스 Z_1'는 식 (3-55)와 같이 된다.

$$
\begin{aligned}
Z_1' &= \frac{V_1'}{I_1'} = \frac{\frac{1}{a}V_1}{aI_1} = \frac{1}{a^2}Z_1 = \frac{1}{a^2}Z_1 \\
&= \frac{1}{a^2} = \frac{1}{a^2}(r_1 + jx_1)
\end{aligned}
\tag{3-55}
$$

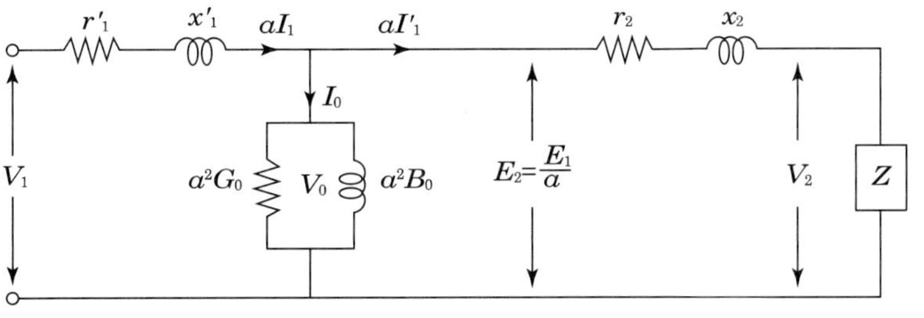

[그림 3-19] 1차 측을 2차 측에 환산한 근사등가회로

여기서, $r_1{}' = \dfrac{1}{a^2} r_1$ 이며, $x_1{}' = \dfrac{1}{a^2} x_1$ 이므로 1차 측의 어드미턴스는 식 (3-56)과 같이 나타낼 수 있다.

$$Y_o{}' = \frac{1}{\dfrac{1}{a^2} Z_o} = a^2 \frac{1}{Z_o} = a^2 Y_0 = a^2 (G_o - j B_o) \tag{3-56}$$

여자회로에서 G_o 는 여자 콘덕턴스이고 B_o 는 여자 서셉턴스로 나타내면 식 (3- 57)와 같이 된다.

$$G_o{}' = a^2 G_o, \;\; B_0{}' = a^2 B_0 \tag{3-57}$$

[그림 3-18]에 나타낸 회로의 변압기의 1차 측 권선수를 $\dfrac{1}{a}$ 배로 하고 2차 측 권선수를 $N_2 = \dfrac{N_1}{a}$ 로 감았다면 1차 측을 2차 측으로 환산할 수 있어 [그림 3-19]와 같이 근사등가회로를 나타낼 수 있고 2차를 1차로 환산한 간이등가회로를 [그림 3-20]과 같이 나타낼 수 있다.

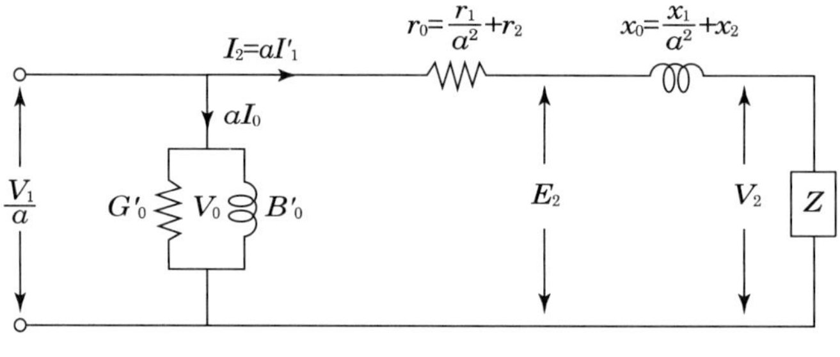

[그림 3-20] 1차를 2차로 환산한 간이등가회로

[그림 3-20]에 나타난 $\theta_2 = \tan^{-1}\dfrac{X}{R}$ 이며, 2차 측에 환산한 부하전류 I_2 를 구하면 식 (3-58)와 같이 된다.

$$I_2 = a I_1{}' = \frac{\dfrac{V_1}{a}}{\dfrac{Z_1}{a^2} + Z_2 + Z} \tag{3-58}$$

예제 3-4

1차전압이 2200 [V], 무부하전류가 0.088 [A], 철손이 110 [W]인 단상변압기의 자화전류[A]는?

풀이

철손전류 $I_i = \dfrac{P_i}{V_1{}'} = \dfrac{110}{2200} = \dfrac{1}{20} = 0.05$ [A]

무부하전류 = 여자전류 $I_o = 0.088$ [A]

∴ 자화전류 $I_\phi = \sqrt{I_o^2 - I_i^2} = \sqrt{0.088^2 - 0.05^2} = 0.072$ [A]

예제 3-5

2 [kVA], 3000/100 [V]인 단상변압기의 철손이 200 [W]이면 1차에 환산한 여자 컨덕턴스[℧]는?

풀이

컨덕턴스 $G = \dfrac{I_i}{V_1{}'} = \dfrac{P_i}{V_1{}'^2} = \dfrac{200}{3000^2} = 22.3. \times 10^{-6}$ [℧]

예제 3-6

1차 측 권수가 1500인 변압기의 2차 측에 접속한 16 [Ω]의 저항은 1차 측으로 환산했을 때 8 [kΩ]으로 되었다고 한다. 2차 측 권수를 구하면?

풀이

이상적인 변압기에서 입력과 출력은 같으므로($P_1 = P_2$)

$I_1^2 R_1 = I_2^2 R_2$, $\dfrac{I_2^2}{I_1^2} = \dfrac{R_1}{R_2}$

$\dfrac{N_1}{N_2} = \dfrac{I_2}{I_1} = \sqrt{\dfrac{R_1}{R_2}} = a$

$a = \sqrt{\dfrac{R_1}{R_2}} = \sqrt{\dfrac{8000}{16}} = 10\sqrt{5}$

$\therefore N_2 = \dfrac{N_1}{na} = \dfrac{1500}{10\sqrt{5}} = 67$ [회]

예제 3-7

3300/100 [V], 1 [kVA]인 단상변압기의 2차를 단락하고 10 [A]를 통하려면, 1차에 몇 [V]를 가해야 하는가? 단, $r_1 = 160\ [\Omega]$, $r_2 = 0.16\ [\Omega]$, $x_1 = 300\ [\Omega]$, $x_2 = 0.30\ [\Omega]$이다.

풀이

권선비 $a = \dfrac{3300}{100} = 33$, 1차전류 $I_1 = \dfrac{I_2}{a} = \dfrac{10}{33}$, 1차 측 임피던스 Z_1은 다음과 같이 구할 수 있다.

$$
\begin{aligned}
Z_1 &= \sqrt{(r_1 + a^2 r_2)^2 + (x_1 + a^2 x_2)^2} \\
&= \sqrt{(160 + 33^2 \cdot 0.16)^2 + (300 + 33^2 \cdot 0.3)^2} \\
&= 710.26\ [\Omega]
\end{aligned}
$$

$\therefore$ 1차전압 $V_1 = I_1 Z_1 \dfrac{10}{33} \times 710.26 \fallingdotseq 215\ [V]$

연 습 문 제

01 단면적 10 [cm^2]인 철심에 200 [회]의 권선을 하여, 이 권선에 60 [Hz], 60 [V]인 교류전압을 인가하였을 때 철심의 자속밀도는?

02 1차전압 6600 [V], 권수비 30인 단상변압기로 전등 부하에 20 [A]를 공급할 때의 입력 [kW]은? 단, 변압기의 손실은 무시한다.

03 전압 3000 [V], 무부하전류 0.1 [A], 철손 150 [W]인 변압기의 자화전류[A]는 대략 얼마인가?

04 3000/200 [V] 변압기의 1차 임피던스가 225 [Ω]이면 2차 환산임피던스는 몇 [Ω]인가?

05 변압기의 2차 측 부하임피던스 Z 가 20 [Ω]일 때 1차 측에서 보아 18 [kΩ]이 되었다면 이 변압기의 권수비는 얼마인가? 단, 변압기의 임피던스는 무시한다.

06 1차전압 3300 [V], 2차전압 100 [V]의 변압기에서 1차 측에 3500 [V]의 전압을 가했을 때의 2차 측 전압은? 단, 권선의 임피던스는 무시한다.

07 3상변압기 5000 [kVA], 77000/20000 [V]에 있어서 저압 측에 전원을 공급하여 단락시험을 한 결과 임피던스 와트는 60 [kW]이었다. 저압 측에서 본 1상의 저항값[Ω]은?

08 단상 주상변압기의 2차 측 105 [V] 단자에 1 [Ω]의 저항을 접속하고 1차 측에 1 [A]의 전류가 흘렀을 때 1차단자전압이 900 [V]였다. 1차 측 탭전압[V], 2차전류[A]는 얼마인가? 단, 변압기는 2상 변압기, V_T는 1차 탭전압, I_2는 2차전류이다.

09 단상변압기의 1차 및 2차권선수가 180, 45이고 저항이 0.242[Ω]과 0.076[Ω]이다. 1차 측 및 2차 측으로 환산한 등가저항은 얼마인가?

10 1차 측 권수가 150인 변압기의 2차 측에 접속한 16[Ω]의 저항은 1차 측으로 환산했을 때 400[Ω]이 되었다고 한다. 2차 측 권수를 구하여라.

11 1차권선수 400, 2차권선수 800이며 철심의 횡단 면적이 40[cm^2]인 단상변압기가 있다. 1차 측에 60[Hz], 600[V]를 공급한다면 철심의 최대자속밀도 및 2차 유도전압은 얼마인가? 단, 임피던스 전압강하는 무시한다.

12 [kVA], 3000/200[V] 변압기의 단락시험에서 임피던스전압이 120[V], 동손150[W]라 하면 백분율 저항은 얼마인가?

13 2000/100[V], 10[kVA] 변압기의 1차 환산 등가임피던스가 $r_{e1}=6.2[\Omega]$, $x_{e1}=7[\Omega]$이라면 백분율 임피던스는 얼마인가?

4 변압기의 정격과 특성

4.1 변압기의 정격

변압기의 정격은 제조업자가 지정된 조건하에서 사용할 수 있도록 보장된 사용한도로서 피상전력으로 나타내고 이것을 정격용량이라고 한다. 전압·전류, 주파수, 역률 등의 지정된 조건에서 정격전압, 정격전류, 정격주파수, 정격역률 등을 변압기의 명판에 표시하고 있다. 정격출력은 2차단자 사이에 얻어지는 피상전력으로 나타내고 [VA], [KVA]로 표시하게 되며, 변압기의 상태에 따라 나타낼 수 있다. 유효전력 P와 무효전력 P_r 과 피상전력 P_a의 관계에서 [그림 3-21]과 같이 나타낼 수 있다.

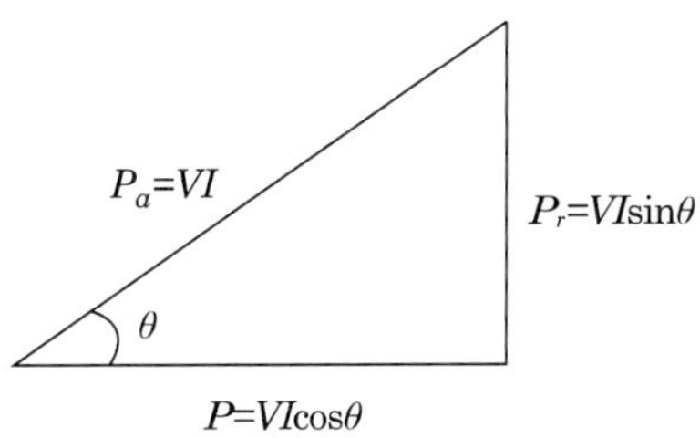

[그림 3-21] 전력 삼각형

[그림 3-21]에서 $P_a^2 = P^2 + P_r^2$ 이므로 식 (3-59)와 같이 나타낼 수 있다.

$$P_a = \sqrt{(VI\cos\theta)^2 + (VI\sin\theta)^2} = VI \tag{3-59}$$

따라서, 피상전력= $\sqrt{(\text{유효전력})^2 + (\text{무효전력})^2}$ 의 크기를 정의할 수 있으며, 정격전압은 명판에 기록되어있는 2차권선의 단자전압의 실효치로 나타낼 수 있고, 3상변압기에서의 정격전압은 선로단자간의 전압으로 표시되어 있으며, 정격전류는 변압기의 정격용량과 같은 피상전력이 되는 전류를 나타내게 된다.

4.2 전압변동률

변압기는 부하가 걸려있을 때와 무부하가 되었을 때 변화상태를 나타내고 부하변동에 대하여 2차단자전압의 변동이 작을수록 좋다. 전압변동률은 전부하시와 무부하시에서의 2차단자전압의 차이의 정도를 나타낸 것으로 이 비율은 큰 변압기에서는 부하가 증가함에 따라 2차전압의 변동이 크므로 전압변동률은 전등의 광도, 수명, 회전기기의 출력 등에 영향을 주는 중요한 변수작용을 한다.

(1) 퍼센트 전압강하

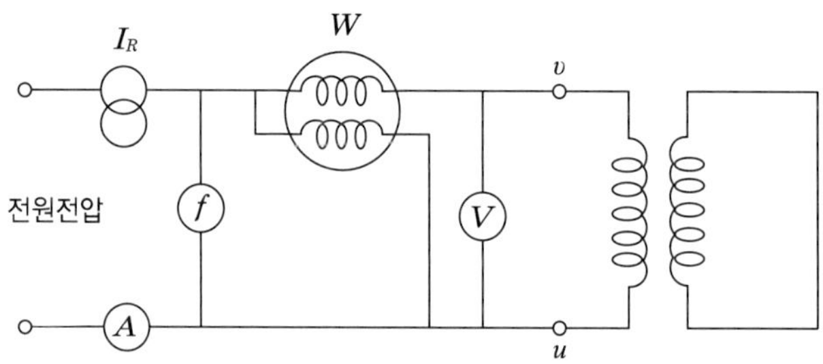

[그림 3-22] 변압기의 단락회로

변압기의 2차 측을 단락하고 1차 측에 낮은 전압을 가하여 1차전류가 정격전류 I_{1n}과 같도록 슬라이닥스를 이용하여 조정하였을 때의 1차전압 V_s를 임피던스(Impedance) 전압이라 하고 1차입력 P_s를 임피던스와트(Impedance Watt)라 한다. 저항강하, 리액턴스 강하, 임피던스강하를 정격 1차전압 V_{1n}의 백분율로 표시한 것을 각각 %저항강하 p, %리액턴스 강하 q, %임피던스 강하 z 이라 하며 백분율 저항강하는 식 (3-60)으로 나타낸다.

$$p = \frac{(r_1 + r_2')I_{1n}}{V_{1n}} \times 100 = \frac{(r_1 + r_2')I_{1n}^2}{V_{1n}I_{1n}} \times 100\ [\%]$$
$$= \frac{P_s}{V_{1n}I_{1n}} \times 100\ [\%] \tag{3-60}$$

여기서, p_s는 동손 또는 임피던스와트 또한, %리액턴스 강하 q는 식 (3-61)과 같이 나타낼 수 있다.

$$q = \frac{(x_1 + x_2')I_{1n}}{V_{1n}} \times 100\ [\%] \tag{3-61}$$

따라서, 식 (3-60)과 식 (3-61)에 의해 %임피던스 강하 z 는 식 (3-62)로 나타낸다.

$$\begin{aligned} z &= \sqrt{p^2+q^2} = \frac{\sqrt{(r_1+r_2{}')^2+(x_1+x_2{}')^2} \cdot I_{1n}}{V_{1n}} \times 100\ [\%] \\ &= \frac{Z_s \cdot I_{n1}}{V_{1n}} \times 100\ [\%] = \frac{V_s}{V_{1n}} \times 100\ [\%] \\ &= \frac{I_n}{I_s} \times 100\ [\%] = \frac{1}{K_s} \times 100\ [\%] \end{aligned} \tag{3-62}$$

여기서, I_s 는 단락전류, K_s 는 단락비이다.

(2) 변압기의 전압변동율

변압기의 2차단자에 정격주파수와 정격전압에 대해 정격역률의 정격전류를 취하여 부하를 접속하고 정격 2차전압 V_{2n} 이 되도록 1차단자전압 V_1 을 조정하고, V_1 을 일정하게 유지한 대로 부하를 감소시켜서 무부하로 하였을 때의 2차단자전압을 V_{20} 라 하면 전압변동률 ϵ 는 식 (3-63)으로 나타낼 수 있다.

$$\epsilon = \frac{V_{20} - V_{2n}}{V_{2n}} \times 100\ [\%] \tag{3-63}$$

(3) 전압변동률의 계산

[그림 3-23]와 같은 변압기의 간이등가회로에 의해서 변압기 1차를 2차로 환산한 상태로 전압변동률의 크기를 구할 수 있고 변압기의 1차와 2차 측을 합성한 저항성분을 $r_{12} = r_1{}' + r_2 = \frac{r_1}{a^2} + r_2$ 이라 하고 리액턴스를 $x_{12} = x_1{}' + x_2 = \frac{x_1}{a^2} + x_2$ 이라 하면 수식에 의한 [그림 3-24]의 벡터도를 나타낼 수 있다.

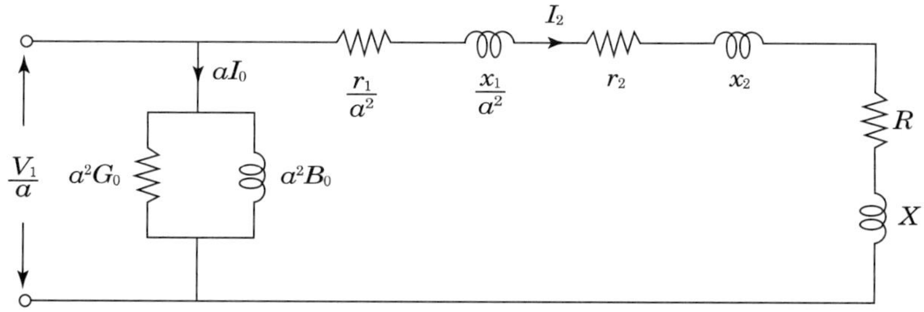

[그림 3-23] 변압기 간이등가회로

부하를 나타내는 저항 R, 리액턴스를 X라 할 때 간이등가회로를 나타내었고 이 때 2차 측을 무부하로 하면 $V_{20} = \frac{V_1}{a}$가 되고 정격 2차전압 V_{2n}을 기준으로 한 벡터도를 나타내었다.

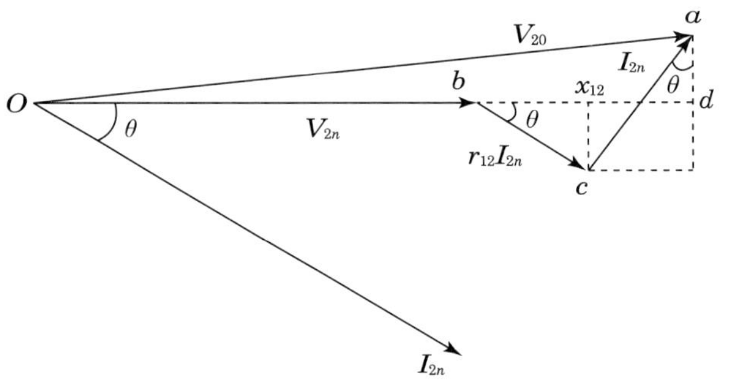

[그림 3-24] 벡터도

변압기의 2차 측 정격전압 $V_{2n} = 100$ [%]로 하였을 때 무부하 2차단자전압을 $V_{20} = 100 + \epsilon$ [%]으로 나타내면 백분율 저항강하는 식 (3-64)과 같이 나타낼 수 있다.

$$p = \frac{r_{12} I_{2n}}{V_{2n}} \times 100 \ [\%] \tag{3-64}$$

또한, 백분율 리액턴스 강하는 식 (3-65)로 된다.

$$q = \frac{x_{12} I_{2n}}{V_{2n}} \times 100 \ [\%] \tag{3-65}$$

[그림 3-24]의 벡터도에서 $\overline{ob}$를 연장한 점 a에서 수직선을 그으면 이 때 교점이 d점이 되며 다음과 같은 수식들을 유도할 수 있다.

$$\begin{aligned} \overline{od} &= \overline{ob} + \overline{bc}\cos\theta + \overline{ac}\sin\theta \\ &= V_{2n} + r_{12} I_{2n}\cos\theta + x_{12} I_{2n}\sin\theta \\ &= 100 + p\cos\theta + q\sin\theta \end{aligned} \tag{3-66}$$

$$\begin{aligned} \overline{ad} &= \overline{ac}\cos\theta - \overline{bc}\sin\theta \\ &= x_{12} I_{2n}\cos\theta - r_{12} I_{2n}\sin\theta \\ &= q\cos\theta - p\sin\theta \end{aligned} \tag{3-67}$$

$$\overline{oa} = \sqrt{\overline{od}^2 + \overline{ad}^2}$$
$$= \sqrt{(100 + p\cos\theta + q\sin\theta)^2 + (q\cos\theta - p\sin\theta)^2} \qquad (3\text{–}68)$$

변압기의 벡터도에서 실제로 $\overline{od}$ 에 대해 $\overline{ad}$ 는 매우 작으므로 $\overline{oa} \fallingdotseq \overline{od}$ 이므로 전압변동률(Voltage regulation) ϵ 은 식 (3–76)과 같이 나타낼 수 있다.

$$\epsilon = \frac{V_{20} - V_{2n}}{V_{2n}} \times 100 = \frac{\overline{oa} - \overline{ob}}{\overline{ob}} \times 100 \fallingdotseq \frac{\overline{od} - \overline{ob}}{\overline{ob}} \times 100$$
$$= p\cos\theta + q\sin\theta + \frac{100}{2}\left(q\cos\frac{\theta}{100} - p\sin\frac{\theta}{100}\right)^2 \qquad (3\text{–}69)$$
$$\fallingdotseq p\cos\theta + q\sin\theta + \frac{1}{200}(q\cos\theta - p\sin\theta)^2$$
$$\fallingdotseq p\cos\theta + q\sin\theta$$

식 (3–69)에서 제 2항은 1항에 비해 매우 작은 값이므로 무시할 수 있어 위식과 같이 나타낼 수 있다.

예제 3-8

100 [kVA], 6000/200 [V], 60 [Hz]의 3상변압기가 있다. 저압 측에서는 단락(3상 단락)이 생긴 경우 단락전류[A]는? 단, % 임피던스 전압은 3 [%]이다.

풀이

저압 측이므로 2차 측을 기준으로 한다.

3상에서 전력 $P = \sqrt{3}\ V_{2n} I_{2n}$ 이므로, 2차 정격전류 $I_{2n} = \dfrac{P}{\sqrt{3}\ V_{2n}}$

%임피던스 강하 $z = \%Z = \dfrac{I_{2n} Z_s}{V_{2n}} \times 100\ [\%] = \dfrac{I_n}{I_s} \times 100\ [\%]$

$$\therefore\ I_s = \frac{\dfrac{P}{\sqrt{3}\ V_{2n}}}{\%Z} \times 100 = \frac{\dfrac{100 \times 10^3}{\sqrt{3} \times 200}}{3} \times 100 = 9.623\ [\text{A}]$$

예제 3-9

5 [kVA], 3000/200 [V]의 변압기의 단락시험에서 임피던스 전압 = 120 [V], 동손 = 150 [W]라 하면 %저항 강하는 몇 [%]인가?

풀이

%저항 강하는 다음과 같이 구할 수 있다.

$$\%r = p = \frac{I_{1n} r_1}{V_{1n}} \times 100 = \frac{I_{1n}^2\ r_1}{V_{1n} I_{1n}} \times 100$$

$$= \frac{P_s}{P_{1n}} \times 100 = \frac{150}{5000} \times 100 = 3\ [\%]$$

예제 3-10

10 [kVA], 2000/100 [V] 변압기에서 1차에 환산한 등가임피던스는 $6.2 + j7[\Omega]$이다. 이 변압기의 %리액턴스 강하는?

풀이

%리액턴스 상하는 다음과 같이 구할 수 있다.

$$\%x = q = \frac{I_{1n}\ x}{V_{1n}} \times 100 = \frac{\frac{10000}{2000} \times 7}{2000} \times 100 = 1.75\ [\%]$$

예제 3-11

3300/200 [V], 10 [kVA]인 단상변압기의 2차를 단락하여 1차 측에 300 [V]를 가하니 2차에 120 [A]가 흘렀다. 이 변압기의 임피던스 전압[V]과 백분율 임피던스 강하[%]는?

풀이

권선비 $a = \frac{3300}{200}$, 2차 측 단락전류 $I_{2s} = 120\ [A]$

1차 측 등가임피던스 $Z_1 = \frac{V_s'}{I_{1s}} = \frac{I_{2s}}{a} \cdot V_s'$

$$= \frac{200}{3300} \times 120 \times 300 = 41.26\ [\Omega]$$

1차 측 정격전류 $I_{1n} = \frac{P}{V_{1n}} = \frac{10 \times 10^3}{3300} = 3.03\ [A]$

∴ 임피던스 전압 $V_s = I_{1n} \cdot Z_1 = 3.03 \times 41.26 = 125.02\ [V]$

∴ 백분율 임피던스 강하 $\%Z = \frac{V_s}{V_{1n}} \times 100 = \frac{125.02}{3300} \times 100 = 3.8\ [\%]$

예제 3-12

어느 변압기의 백분율 저항 강하가 2 [%], 백분율 리액턴스 강하가 3 [%]일 때 역률(지역률) 80 [%]인 경우의 전압변동률[%]은?

풀이

전압변동률 $\epsilon = p\cos\theta + q\sin\theta$

$= (2\times 0.8) + (3\times 0.6) = 3.4$ [%]

예제 3-13

3300/210 [V], 10 [kVA]의 단상변압기가 있다. %저항 = 3 [%], %리액턴스= 4 [%]이다. 이 변압기가 무부하인 경우의 2차단자전압은 얼마인가? 단, 변압기가 지역률 80 [%]일 때 정격출력을 낸다.

풀이

전압변동률 $\epsilon = p\cos\theta + q\sin\theta$

$= (3\times 0.8) + (3\times 0.6) = 3.4$ [%]

전압변동률 $\epsilon = \dfrac{V_{20} - V_{2n}}{V_{2n}} \times 100$ 에서

$$\frac{\epsilon}{100} V_{2n} = V_{20} - V_{2n}$$

∴ 무부하 2차전압 $V_{20} = V_{2n} + \dfrac{\epsilon}{100} V_{2n} = \left(1 + \dfrac{\epsilon}{100}\right) V_{2n}$

$$= \left(1 + \frac{4.8}{100}\right) \times 210 = 220.08 \text{ [A]}$$

예제 3-14

변압기의 정격전류에 대한 백분율 저항 강하 1.5 [%], 백분율 리액턴스 강하가 4 [%]이다. 이 변압기에 정격전류를 통하여 전압변동률이 최대로 되는 부하역률은 얼마인가?

풀이

$$\cos\theta_m = \frac{p}{\sqrt{p^2 + q^2}} = \frac{1.5}{\sqrt{1.5^2 + 4^2}} = 0.351$$

예제 3-15

변압기 리액턴스가 저항 강하의 3배이고 정격전류에서 전압변동률이 0이 되는 앞선 역률의 크기[%]는?

풀이

리액턴스 강하는 저항강하의 3배 → $q = 3p$

$\epsilon = p\cos\theta - q\sin\theta = 0$

$p\cos\theta = q\sin\theta$

$\frac{\sin\theta}{\cos\theta} = \frac{p}{q}$

$\tan\theta = \frac{p}{q} = \frac{p}{3p} = \frac{1}{3}$

∴ 역률 $\cos\theta = \frac{3}{\sqrt{10}}$

5 손실 및 효율

5.1 변압기의 손실

(1) 철 손

변압기의 철심을 관통하는 자속은 시간에 따라 크기와 방향이 변하므로 철심에 히스테리시스손(hysteresis loss) P_h와 와전류손(eddy current loss) P_e가 생긴다. 이 손실을 합해서 철손 P_i이라고 하며 다음과 같이 구할 수 있다.

$$P_h = \eta f V B_m^2 = k_1 f B_m^2 \tag{3-70}$$

$$P_e = k t^2 f^2 V B_m^2 = k_2 f^2 B_m^2 \tag{3-71}$$

$$P_i = P_h + P_e \tag{3-72}$$

여기서, f는 전원주파수[Hz], V는 자성체의 체적[m^3], η는 히스테리시스계수, B_m은 최대자속밀도[Wb/m^2], t는 동판의 두께[m]이다. 변압기의 단면적을 A[m^2], 최대자속을 Φ_m[Wb]라고 하면 다음 식이 유도된다.

$$V_1 \fallingdotseq E_1 = 4.44 f N_1 \Phi_m = 4.44 f N_1 B_m A = k f B_m, \quad B_m = \frac{V_1}{kf} \tag{3-73}$$

이 식을 식 (3-70)과 식 (3-71)에 대입하면 다음 식과 같이 히스테리시스 손과 와전류손을 구할 수 있다.

$$P_h = k_1' \frac{V_1^2}{f}, \quad P_e = k_2' V_1^2 \tag{3-74}$$

위에서 히스테리시스 손 P_h와 와전류손 P_e는 모두 공급전압의 2승에 비례한다는 것을 알 수 있다. 그리고 히스테리시스손 P_h는 주파수에 반비례하지만 와전류손 P_e는 주파수와 무관함을 알 수 있다.

(2) 동 손

변압기의 1차저항과 2차저항을 알면 동손 P_c는 다음 식 (3-75)에 의해서 구할 수 있다.

$$P_c = I_1^2 r_1 + I_2^2 r_2 \tag{3-75}$$

변압기의 코일은 철심의 표면에 감겨 있고 홈 안에 들어가 있지 않기 때문에 그 실효저항은 직류저항보다 약간 크다. 그러므로 대부분의 경우에 있어서는 직류에 의해 1차저항과 2차저항을 측정하고 그 값을 1.1배 하면 실효저항으로서 충분히 정확한 값이 된다.

또한, 변압기의 단락시험에서 저압측 코일을 단락시키고 고압측 코일에 적당한 전압(정격전압의 5[%])을 가하여 1차전류와 2차전류를 정격전류와 같게 한 후 1차입력 P_c를 전력계를 이용하여 측정하면 P_c는 동손과 같게 된다.

이 P_c 중에는 약간의 철손이 포함되어 있으며, 변압기의 철손은 대략 공급전압의 제곱에 비례하지만 단락시험시의 공급전압은 정격전압의 5[%] 정도이므로 철손은 정상운전시의 약 0.25[%]에 불과하기 때문에 무시할 수 있다. 동손을 등가저항을 이용하여 표시하면 다음 식 (3-76)와 같이 된다.

$$P_c = I_1^2 r_{e1} = I_2^2 r_{e2} \tag{3-76}$$

예제 3-16

변압기의 1차전압을 정격값으로 하고 정격주파수 50[Hz]의 것을 60[Hz]에 사용할 때에는 어떤 변화가 일어나는가?

풀이

1) $E_1 = 4.44 f N_1 \phi_m$, $\phi_m = \dfrac{E_1}{4.44 f N_1}$ 이므로 $\phi_m \propto \dfrac{1}{f}$ 로서 ϕ_m 이 감소된다.

즉, I_0 및 I_1도 감소된다.

2) 히스테리시스 손$\left(P_h = k_1' \dfrac{V_1^2}{f}\right)$은 주파수에 반비례하므로 감소하게 되며, 와전류 손($P_e = k_2' V_1^2$)은 주파수에 관계없이 일정하고 철손($P_o = P_h + P_e$)은 주파수 증가에 따라 감소하게 된다.

3) 누설리액턴스 $x = \omega L_l = 2\pi f L_l \propto f$ 이므로 리액턴스 강하도 커지고 임피던스도 증가하며 전압변동률도 증가한다.

예제 3-17

3300 [V], 60 [Hz]용 변압기의 와류손이 720 [W]이다. 이 변압기를 2750 [V], 50 [Hz]의 주파수에 사용할 때 와류손[W]은?

풀이

$$P_e \propto E^2 = 720 \times \left(\frac{2750}{3300}\right)^2 = 500 \text{ [W]}$$

5.2 효율(efficiency)

(1) 변압기의 효율

변압기에 부하를 걸었을 때 입력과 출력의 비를 말하며, 이것을 구하기 위하여 손실을 산출해야 한다. 효율은 실측효율과 규약효율(표준효율)로 나누며, 실측효율은 입력 P_1과 출력 P_2를 실제의 부하상태에서 실측하여 구한 효율을 말한다.

$$\eta = \frac{P_2}{P_1} \times 100 \text{ [\%]} \tag{3-77}$$

변압기의 규약효율은 표준효율이라고도 하며 전 손실을 P라 할 때 $P_1 = P_2 + P$이고, 입력은 출력 + 손실이므로 식 (3-78)로 나타낼 수 있다.

$$\eta = \frac{\text{출력}}{\text{출력} + \text{손실}} \times 100 = \frac{\text{입력} - \text{손실}}{\text{입력}} \times 100 \text{ [\%]} \tag{3-78}$$

여기에서 구한 효율을 규약효율 또는 표준효율이라고 한다. 또한, 정격 2차전압을 V_2, 2차전류를 I_2, 부하역률을 $\cos\theta_2$라 하면 출력 P_2는 $V_2 I_2 \cos\theta_2$가 되므로 다음과 같은 식으로 나타낼 수 있다.

$$\eta = \frac{V_2 I_2 \cos\theta_2}{V_2 I_2 \cos\theta_2 + P} \times 100 \text{ [\%]} \tag{3-79}$$

변압기가 일정 전압, 일정 역률하의 어떤 부하에서 최대효율이 되는가를 구하기 위해 무부하 손으로 철손 P_i만 고려하고 부하 손은 동손만을 취하면 $I_2^2 r \left(r = \frac{r_1}{a^2} + r_2\right)$은 2차를 1차로 환산한 등가값의 형태로 나타나게 되므로 $P = P_i + I_2^2 r$이 된다.
따라서, 효율을 식 (3-80과와 같이 쓸 수 있다.

$$\eta = \frac{V_2 I_2 \cos\theta_2}{V_2 I_2 \cos\theta_2 + P_i + I_2^2 r} \times 100\ [\%] \tag{3-80}$$

최대효율은 식 (3-80)에서 공급전압과 주파수가 일정하면 P_i 는 일정하게 되어 효율은 I_2 에 따라 변화하게 되며 어떤 부하전류의 조건하에서 효율이 최대가 될 수가 있다. 윗 식에서 전압이 일정하므로 $V_2 \cos\theta_2$는 일정하여 분모의 $\frac{P_i}{I_2} + I_2 r$ 이 최소가 될 때 효율 η 는 최대값이 되므로 식 (3-81)을 최대효율이 발생하는 값을 유도할 수가 있다.

$$\eta = \frac{V_2 \cos\theta_2}{V_2 \cos\theta_2 + \frac{P_i}{I_2} + I_2 r} \times 100\ [\%] \tag{3-81}$$

따라서, $y = \frac{P_i}{I_2} + I_2 r$ 이 최대가 되는 I_2 는 미분방정식에 의해 다음 수식으로 나타낼 수 있다.

$$\frac{dy}{dI_2} = -\frac{P_i}{I_2^2} + r = 0 \tag{3-82}$$

$$I_2 = I_{2m} = \sqrt{\frac{P_i}{r}} \tag{3-83}$$

효율 η 는 철손과 동손이 같게 되는 부하전류에서 효율이 최대가 되며 η_m 으로 나타낸다. 즉, 무부하 손은 부하 손과 같은 조건일 때 최대효율이 된다.

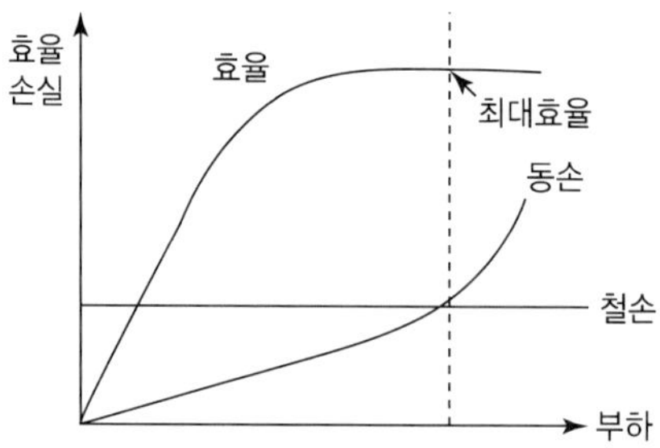

[그림 3-25] 부하와 효율과의 관계

실제의 변압기는 사용상태에 따라 적당한 부하에서 최대효율이 되도록 설계해야하는데 일반적으로 전부하에서 최대효율이 되지 않고 3/4 또는 이보다 적은 부하에서 최대효율이 되나 변압기의 손실은 매우 적으므로 1/2 부하에서 전부하 부근까지 거의 최대효율에 가까운 값이 된다. 전력용변압기는 75 [%] 정도, 배전용변압기는 전부하의 60 [%] 정도에서 최고효율이 되도록 하고 있다.

(2) 전일효율(all day efficiency)

보통 배전용변압기의 부하는 항상 변화하므로 정격출력에서의 효율보다는 어느 일정기간(1일, 1달, 1년)의 효율이 필요한데 하루 중의 출력 전력량과 입력 전력량의 백분율을 전일효율이라고 하며 $24P_i = \sum h I_2^2 r$ 일 때 최대효율이 되고 $P_i = I_2^2 r \times h_{24}$로 되어 전부하 시간이 짧을수록 철손 P_1을 적게 해야만 하며 최대효율로 운전할 수 있게 된다. 따라서, 전일효율은 다음 식으로 나타낼 수 있다.

$$\eta_d = \frac{\sum h\, V_2 I_2 \cos\theta_2}{\sum h\, V_2 I_2 \cos\theta_2 + 24P_i + \sum h\, r_2 I_2^2} \times 100\ [\%] \qquad (3\text{-}84)$$

전일 효율을 최대로 하기 위해서는 부하전류로 분모, 분자를 나누면 다음 식이 된다.

$$\eta_{dm} = \frac{\sum h\, V_2 \cos\theta_2}{\sum h\, V_2 \cos\theta_2 + \dfrac{24P_i}{I_2} + \sum h\, I_2 r} \times 100\ [\%] \qquad (3\text{-}85)$$

최대출력을 내기 위해서는 철손과 동손이 같은 크기일 때 즉, 철손은 무부하손으로 운전되는 동안 항상 일정한 값이고 동손은 부하전류의 제곱에 비례하므로 변압기의 전일효율을 높이기 위해서는 어느 정도의 부하에서 최대효율을 내게 하느냐를 고려하여 제작되어야 한다. 국내에서 제작되는 전력용변압기중 154 [kV] 이상의 것에서는 약 99.4 [%] 이상인데 전부하역률은 1이고 최고허용 온도는 75 ℃를 기준한 값을 나타낸다.

예제 3-18

200 [kVA]의 단상변압기가 있다. 철손이 1.6 [kW]이고 전부하 동손이 2.4 [kW]이다. 이 변압기의 역률이 0.8일 때 전부하시의 효율[%]은?

풀이

효율 η는 다음과 같이 구할 수 있다.

$$\eta = \frac{VI\cos\theta}{VI\cos\theta + P_i + P_c} \times 100 = \frac{(200 \times 0.8)}{(200 \times 0.8) + 1.6 + 2.4} \times 100$$

$$= 0.976 \fallingdotseq 97.6\ [\%]$$

예제 3-19

전부하에서 동손 100 [W], 철손 40 [W]인 변압기의 최대효율로 되는 부하[%]는?

풀이

최대효율 조건은 무부하손=부하손이다. 즉, $P_i = \left(\frac{1}{m}\right)^2 P_c$

$$\therefore \left(\frac{1}{m}\right) = \sqrt{\frac{P_i}{P_c}} = \sqrt{\frac{40}{100}} = 0.6325 \fallingdotseq 63\ [\%]$$

예제 3-20

5 [kVA] 단상변압기의 무유도 전부하에서의 동손은 120 [W], 철손은 80 [W]이다. 전부하의 1/2되는 무유도 부하에서의 효율[%]은?

풀이

무유도이므로 역률 $\cos\theta = 1$ 이다. 따라서 효율 η 는 다음과 같다.

$$\eta_{\frac{1}{m}} = \frac{\left(\frac{1}{m}\right) VI\cos\theta}{\left(\frac{1}{m}\right) VI\cos\theta + P_i + \left(\frac{1}{m}\right)^2 P_c} \times 100$$

$$= \frac{(5 \times 10^3 \times \frac{1}{2} \times 1)}{(5 \times 10^3 \times \frac{1}{2} \times 1) + 80 + \left(\frac{1}{2}^2 \times 120\right)} \times 100$$

$$= \frac{2500}{2500 + 80 + 30} \times 100 = 95.8\ [\%]$$

예제 3-21

100 [kVA], 2300/115 [V], 철손 1 [kW], 전부하 동손 1.25 [kW]의 변압기가 있다. 이 변압기는 매일 무부하로 10시간, 1/2 정격부하역률 1에서 8시간, 전부하역률 0.8(지상)에서 6시간 운전하고 있다. 전일 효율을 구하여라.

풀이

전일효율 η_{all} 은 다음과 같이 구할 수 있다.

$$\eta_{all} = \frac{h\left(\frac{1}{m}\right) VI\cos\theta}{h\left(\frac{1}{m}\right) VI\cos\theta + 24P_i + h\left(\frac{1}{m}\right)^2 P_c} \times 100$$

$$= \frac{\left[\left(8 \times \frac{1}{2} \times 100\right) + (6 \times 100 \times 0.8)\right]}{\left[\left(8 \times \frac{1}{2} \times 100\right) + (6 \times 100 \times 0.8)\right] + (24 \times 1) + \left(8 \times \frac{1}{2^2} \times 1.25 + 6 \times 1.25\right)} \times 100$$

5.3 변압기의 시험

(1) 무부하시험

변압기의 2차 측을 개방하고 1차단자의 정격주파수 정격전압을 가하여 여자전류 I_o 와 전력 P_o 를 측정하면 변압기의 여자회로 정수를 알 수가 있으며 [그림 3-25]에 나타낸 회로에서 전력계로 무부하손 P_o 를 측정하여 1차 측 동손을 빼면 나머지 값은 철손 P_i 로 나타나게 된다.

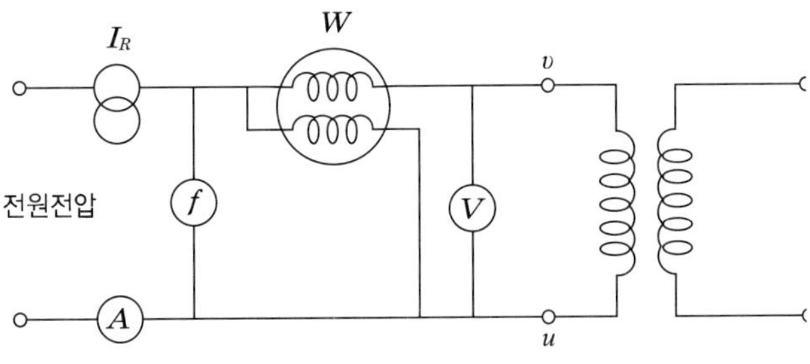

[그림 3-26] 무부하시험 회로도

[그림 3-26]에서 여자어드미턴스 Y_o , 컨덕턴스 G_o, 서셉턴스 B_o, 여자전류의 위상각 θ 로 나타내면 식 (3-86)과 같이 된다.

$$Y_0 = \frac{I_o}{V_{1n}},\ G_o = \frac{P_i}{V_{1n}^2},\ \cos\theta = \frac{P_i}{V_{1n} I_o} \tag{3-86}$$

따라서, 무부하시 여자전류와 컨덕턴스, 서셉턴스의 관계는 $Y_o = G_o - jB_o$를 이용하면 다음 식으로 나타낼 수 있다.

$$B_o = \sqrt{\left(\frac{I_0}{V_{1n}}\right)^2 - \left(\frac{P_i}{V_{1n}^2}\right)^2}\ [\Omega] \tag{3-87}$$

(2) 단락시험

변압기의 단락시험은 폐회로 시험이며 2차 측을 단락하여 1차 측에 정격주파수의 전압을 가하여 슬라이닥스로 서서히 상승시켜 1차전류와 입력전력을 측정하고 1차전류가 정격전류 I_{1n}이 되었을때의 입력을 P_s [W]로 나타내며 부하손이라고 하고 임피던스와트Impedance watt)로 표시하고 이 때 전압계의 지시 V_s [V]는 임피던스 전압을 나타내고 있다. 그리고 1차전압을 정격으로 공급하면 막대한 전류가 흘러 권선 내에 열을 발생하여 권선의 절연이 파괴될 수 있으므로 전원전압을 감소시켜 정격부하전류가 1차, 2차에 흐를 수 있는 전압을 공급하면 권선은 과열이 되지 않는다.

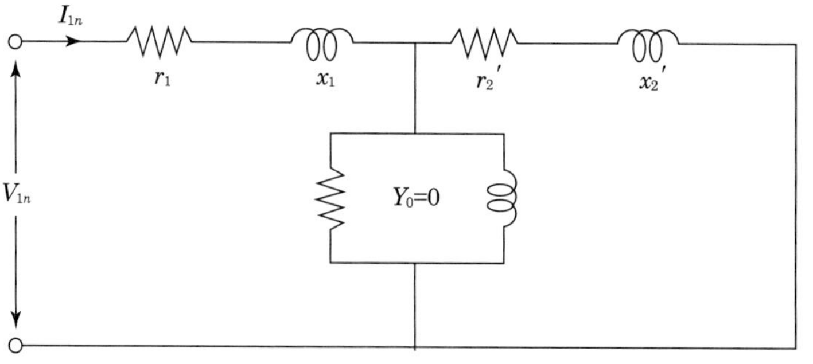

[그림 3-27] 단락등가회로

[그림 3-27]의 등가회로에서 2차를 1차로 환산한 근사 등가값을 산출하기 위해 다음 수식들을 나타낼 수 있다.

$$r_{21} = r_1 + r_2' = \frac{P_o}{I_{1n}^2}\ [\Omega] \tag{3-88}$$

$$Z_{21} = \frac{V_s}{I_{1n}} \tag{3-89}$$

$$x_{21} = x_1 + x_2' = \sqrt{\left(\frac{V_s}{I_{1n}}\right)^2 - \left(\frac{P_s}{I_{1n}^2}\right)^2} = (r_1 + r_2')\tan\theta_e \tag{3-90}$$

부하시 1차전류가 정격 I_1일 때 입력 P_s에 대한 $\theta_e = \cos^{-1}\dfrac{P_s}{V_{1n}I_{1n}}$로 나타낸다.

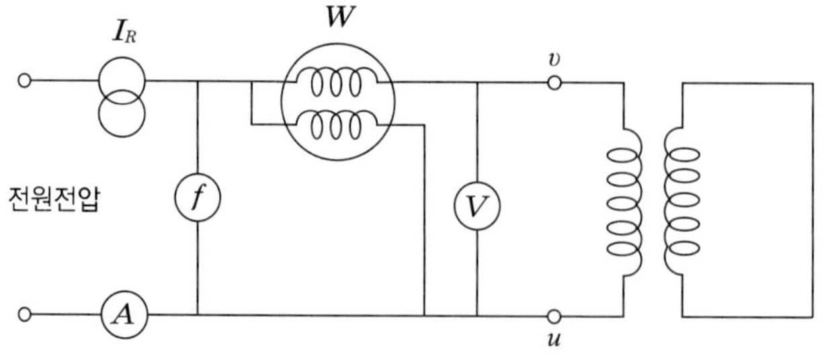

[그림 3-28] 단락회로 시험도

연 습 문 제

01 30 [kVA], 3300/200 [V], 60 [Hz]의 3상변압기 2차 측에 3상 단락이 생겼을 경우 단락 전류는 역 몇 [A]인가? (단, %임피던스 전압은 3[%]이다.)

02 2000/100 [V], 10 [kVA] 변압기의 1차 환산 등가임피던스가 $6.2 + j7$ [Ω]이라면 %임피던스 강하는 약 몇 [%]인가?

03 3300/100 [V], 5 [kVA] 단상변압기의 임피던스 전압[V]은? 단, 변압기의 1차 측, 2차 측의 저항 및 리액턴스는 $r_1 = 108.9$ [Ω], $r_2 = 0.2$ [Ω], $x_1 = 217.8$ [Ω], $x_2 = 0.2$ [Ω]이다.

04 6000/200 [V], 10 [kVA]인 단상변압기의 1차 측에 600 [V]를 가하고 2차를 단락하니 2차 단락전류가 100 [A] 흘렀다. 이 변압기의 임피던스 강하는 몇 [%]인가?

05 3300/210 [V], 5 [kVA] 단상변압기가 퍼센트 저항 강하 2.4 [%], 리액턴스 강하 1.8 [%]이다. 임피던스 전압[V]는?

06 권수비 60인 단상변압기의 전부하 2차전압 200 [V] 전압변동률 3 [%]일 때 1차단자전압[V]는?

07 어떤 변압기의 단락시험에서 %저항 강하 1.5 [%]와 %리액턴스 강하 3 [%]를 얻었다. 부하역률이 80 [%] 앞선 경우의 전압변동률[%]은?

08 정격부하에서 역률 0.8(뒤짐)로 운전될 때, 전압변동률이 10 [%]인 변압기가 있다. 이 변압기에 역률 100 [%]의 정격부하를 걸고 운전할 때의 전압변동률[%]은? 단, %저항 강하는 %리액턴스 강하의 1/10이라고 한다.

09 60 [Hz], 6300/210 [V], 15 [kVA]의 단상변압기에 있어서 임피던스 전압은 185 [V], 임피던스와트는 250 [W]이다. 이 변압기를 5 [kVA], 지역률 0.8의 부하를 건 상태에서의 전압변동률[%]은?

10 5 [kVA], 2000/200 [V]의 단상변압기가 있다. 2차에 환산한 등가저항과 등가 리액턴스는 각각 0.14 [Ω], 0.16 [Ω]이다. 이 변압기에 역률 0.8(뒤짐)의 정격부하를 걸었을 때의 전압변동률[%]은?

11 %저항 강하 1.8, %리액턴스 강하가 2.0인 변압기의 전압변동률의 최대값과 이 때의 역률은 각각 몇 [%]인가?

12 어떤 변압기에 있어서 그 전압변동률은 부하역률 100 [%]에 있어서 2 [%], 부하역률 80 [%]에서 3 [%]라고 한다. 이 변압기의 최대 전압변동률[%] 및 그 때의 부하역률[%]은?

13 변압기 운전에 있어 효율이 최고가 되는 부하는 전부하의 70 [%]였다고 하면 전부하에 있어 이 변압기의 철손과 동손의 비율은?

14 어느 변압기의 무유도 전부하의 효율이 96 [%], 그 전압변동률이 3 [%]이다. 이 변압기의 최대효율은 얼마인가?

15 150 [kVA]의 변압기 철손이 1 [kW], 전부하 동손이 2.5 [kW]이다. 이 변압기의 효율[%} 와 최대 효율시 부하는 몇 [kVA]인가?

16 100 [kVA] 변압기의 역률이 0.8, 전부하에서 효율이 98 [%]이면 역률 0.5, 전부하에서의 효율[%]은?

17 50 [kVA], 전부하 동손 1200 [W], 무부하손 800 [W]인 단상변압기의 부하역률 80 [%]에 대한 전부하 효율[%]과 최대 효율시 부하는 몇 [kVA]인가?

18 용량 100 [kVA]의 단상변압기의 역률 80 [%]에서 전부하 효율이 95 [%]이면 역률 0.5의 전부하에서의 효율[%]은?

19 역률 1일 때, 출력 2 [kW] 및 8 [kW]에서의 효율이 96 [%]가 되는 단상 주상변압기가 있다. 출력 8 [kW], 있어서의 철손 P_i [W]와 동손 P_c [W]를 구하여라.

20 용량 10 [kVA], 철손 120 [W], 전부하 동손 200 [W]인 단상변압기 2대를 V결선하여 부하를 걸었을 때, 전부하 효율은 몇 [%]인가? 단, 부하의 역률은 $\sqrt{3}/2$이라 한다.

6 변압기의 구조

변압기의 구조는 자속이 통과하는 철심(iron core)과 전류가 흐르는 권선(coil)으로 이루어져 있으며, 그 밖에 철심과 권선을 삽입한 외함(tank), 외함과 권선의 연결선을 절연하는 부싱(bushing) 및 냉각장치(cooling system) 등으로 구성되어 있다. 철심은 철손을 작게 하기 위해 얇은 규소강판을 적층해서 만든다.
변압기는 철심과 권선과의 배치 위치에 따라 내철형, 외철형 및 권철심형으로 분류할 수 있다.

6.1 내철형 변압기

내철형 변압기(core type transformer)는 [그림 3-29]와 같이 권선이 철심의 외측을 감고 있는 변압기를 말한다. 권선의 배치는 저압 측 권선을 철심에 가까운 내측에 감고 그 외부에 고압 측 권선을 감는다.

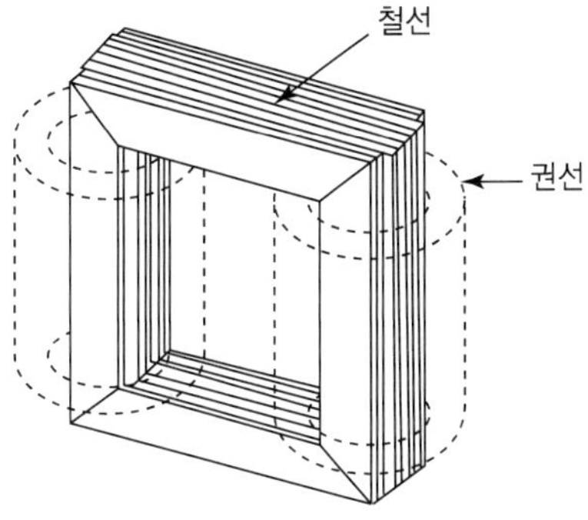

[그림 3-29] 내철형 변압기

내철형 변압기의 장점은 1차 및 2차권선이 철심을 중심으로 하나의 동심원을 이루고 있기 때문에 단락사고 시 대전류에 의해 발생하는 기계력에 대해 강하며 철심의 상부만 제거하면 권선을 쉽게 빼낼 수 있으므로 수리하기가 편리하다. 소용량에서 고압 대용량까지 내철형 변압기가 널리 사용되고 있으며, 특히 양호한 절연상태 유지가 필수적인 시험용 특수변압기는 모두 이 형을 사용한다.

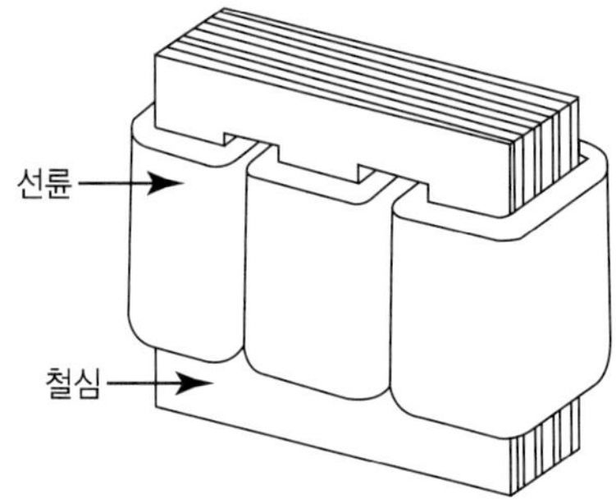

[그림 3-30] 내철형 3상변압기

[그림 3-30]는 내철형 3상변압기이다. 3상변압기에서 3상교류로 여자 된 3개 자속의 합은 영이 되므로 자속의 공급회로는 필요 없다. 따라서 3상 회로에 단상변압기 3대를 결합하여 사용하지 않고 3상변압기를 사용하면 철심이 약 16[%] 절약되고 철손이 감소되므로 효율은 0.15~0.4[%] 상승하며 제작비는 약 25[%] 낮아지는 등의 이점이 있다.

6.2 외철형 변압기

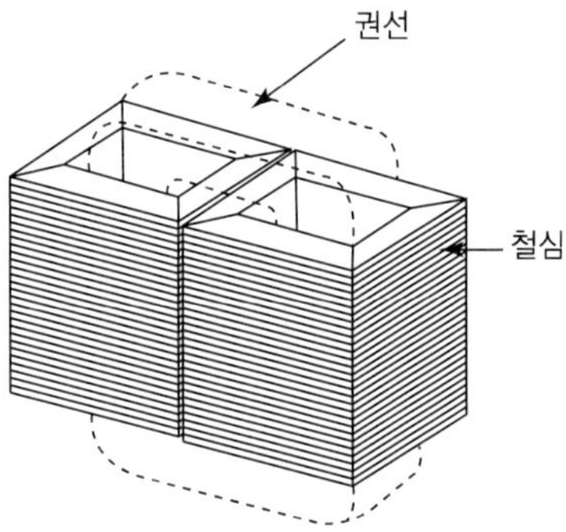

[그림 3-31] 외철형 변압기

외철형 변압기(shell type transformer)는 내철형 변압기와 반대로 권선이 내측에 있고 철심이 외측에서 권선을 감고 있는 형식의 변압기이다. 권선은 저압측 권선과 고압측 권선을 겹쳐서 감는다. [그림 3-31]은 외철형 변압기이다.

외철형 변압기는 전기로, 전기화학용 등 중전압 대전류 변압기 및 250[kV], 10만[kVA] 이상의 대용량변압기용으로 제작되고 있다. 외철형 변압기는 구조상 모든 철판을 제거하지 않으면 권선을 빼낼 수 없으므로 수리하는데 불리하다. [그림 3-32]는 외철형 3상변압기이다.

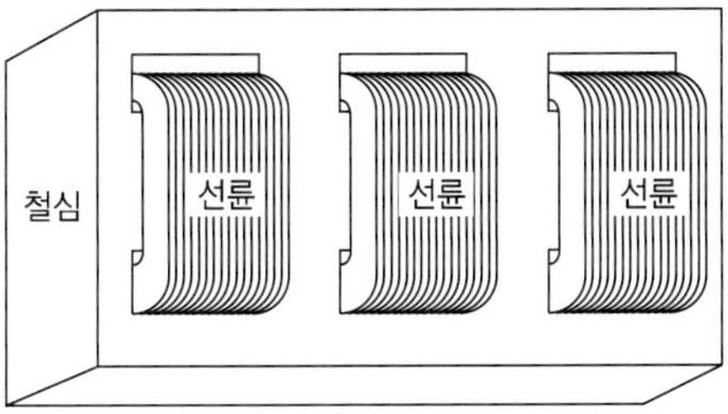

[그림 3-32] 외철형 3상변압기

6.3 권철심형 변압기

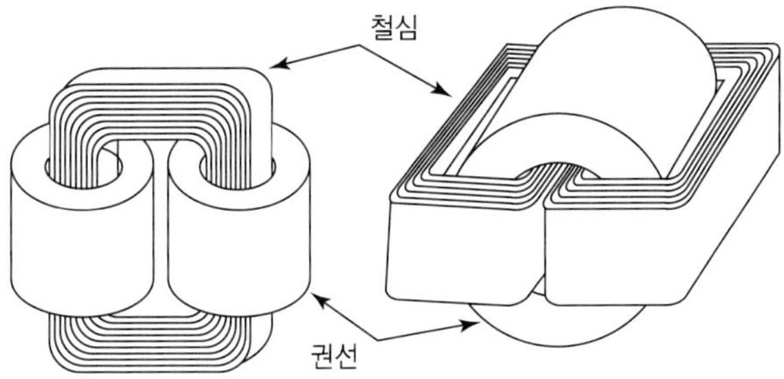

[그림 3-33] 권철심형 변압기

배전용으로 널리 사용되고 있으며, 철심의 구성은 얇은 규소강판을 사용하지 않고 띠 모양으로 매우 기다란 규소띠강을 테이프를 감듯이 하여 필요한 단면적이 될 때까지 성층(成層)하는 것이다. 이것에 1차 및 2차권선을 감아서 필요한 자속을 만들어 준다. 이와 같이 하면 자속은 규소띠강의 압연 방향으로 흐르게 되고 철심에 이은 곳이 없기 때문에 강판을 포개서 성층하는 방식에 비해 철심에서의 손실이나 무부하 때의 전류도 적어지는 특징이 있다. [그림 3-33]은 권철심형 변압기(wound core transformer)이다.

6.4 건식 및 습식 변압기

철심과 권선으로 구성된 변압기 본체의 절연 및 냉각 매체가 무엇인가에 따라 건식 및 습식 변압기(dry and wet type transformer)로 나누어진다. 건식은 중용량 이하의 것에 사용되며 절연 재료로서는 에폭시 수지 등이 사용된다. 습식은 소용량에서 대용량까지 사용되며 절연 및 냉각 매체로는 주로 절연유가 사용된다.

6.5 철심

철심(core) 재료로는 투자율이 높고 손실이 적은 것이 필요하다. 전력용변압기의 철심재료로는 규소 함유율이 3~3.5[%]인 규소강판이 사용된다. 그 두께는 0.35[mm] 또는 0.3[mm]가 주로 사용된다. 규소강판의 표면에는 절연을 위해 무기질의 절연 피막이 입혀져 있다. 규소강판을 필요한 폭으로 절단하여 롤 모양으로 감아 필요한 길이로 절단하고 적층하여 철심을 구성하는 것과 규소강판을 감아서 철심으로 하는 것이 있다. 적층하여 구성하는 코너 부를 [그림 3-34]에서 볼 수 있듯이 테형(edge type) 접합을 함으로써 자속이 지나가는 방향이 규소강판의 압연 방향이 되도록 한다.

(a) 단층 철심 (b) 내철형 3상 3각 철심

[그림 3-34] 철심 접합법

권철심은 [그림 3-35]의 (a)와 같이 이음새가 없는 것, [그림 3-35](b), [그림 3-35](c)와 같이 코어를 절단한 것, [그림 3-35](d), [그림 3-35](e)와 같이 1층 또는 여러 층마다 절단된 것 등이 있다.

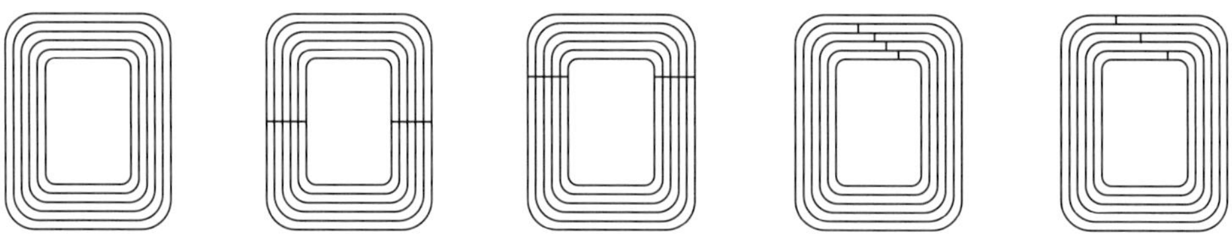

(a) (b) (c) (d) (e)

[그림 3-35] 권철심

3상변압기에는 [그림 3-34](b)의 내철형 3상 3각 철심 이외에 대용량의 것으로 [그림 3-36]과 같은 내철형 3상 5각 철심도 사용된다. 5각 철심의 경우 높이를 낮게 할 수 있고 수송 시에 유리하지만 3각 철심에 비해 철손이 증가한다.

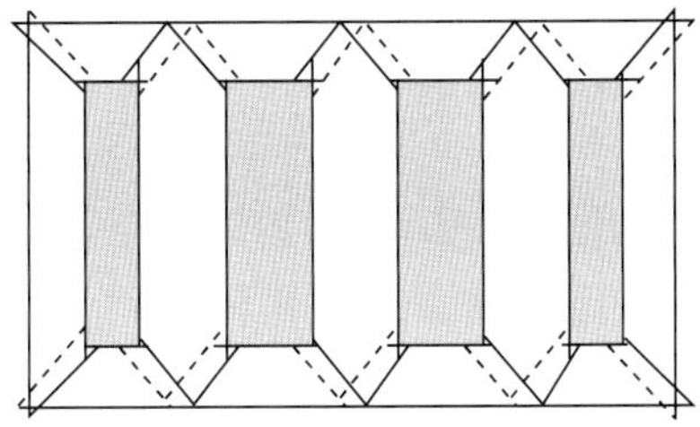

[그림 3-36] 내철형 3상 5각 철심의 접합법

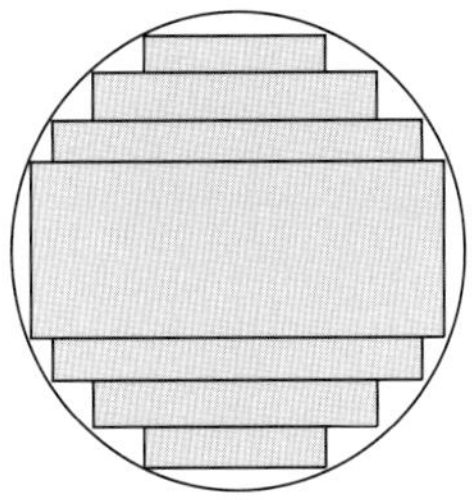

[그림 3-37] 권선이 감기는 다리의 단면

권선이 감기는 다리부는 [그림 3-37]과 같이 폭이 다른 규소강판을 적층하여 단면이 원에 내접한 형상으로 한다. 또한 냉각효과를 높이기 위해 기름탱크를 적층 방향과 평행 또는 수직방향으로 설치하고 기름이 철심내부를 통과하도록 한다.

다리부를 연결해 주는 계철의 단면은 높이를 줄이고 조임을 간단히 하기 위해 직사각형으로 하기도 하고 외측을 평평하게 한 반달형 또는 다리와 동일한 형상으로 하는 경우 등이 있다.

적층된 철심은 볼트 또는 테이프를 사용하여 조인다. 볼트 구멍에 의한 철손의 증가를 피하기 위해 근래에는 주로 합성수지를 함침한 유리테이프를 사용하고 가열 경화시키는 바인드 조임 방식이 사용되고 있다.

6.6 권선

권선(coil)에는 직권(direct wound)과 형권(former wound)의 두 종류가 있다. 직권은 철심에 절연을 실시하고 그 위에 피복 전선으로 저압권선, 절연, 고압권선의 순차로 권선을 행하는 것이다. 이것은 주로 소형 변압기에 사용된다.

중·대형 변압기에는 목제의 형틀 또는 절연통 위에 코일을 감고 거기에 절연을 하여 조립하는 형권이 사용된다. 형권은 철심의 조립과 권선의 제작을 병행할 수 있으므로 제조시간이 단축된다. 다음 그림은 형권의 종류들이다.

(1) 원통 코일(cylindrical coil)

[그림 3-38](a)와 같이 평각동대를 절연통에 밀접하게 솔레노이드 모양으로 감은 것이다. 평각동대 단면의 긴 변을 축방향으로 한 것을 평권(flatwise winding), 짧은 변을 축방향으로 한 것을 평타권(edgewise winding)이라고 한다. 평타권이 기계적 강도는 강하지만 폭이 넓으므로 와류손이 많아진다. 대전류인 경우는 도체를 몇 개의 병렬로 분할하고 도체 상호간에 적당한 전위(dislocation)를 실시한 전위 케이블이 사용된다.

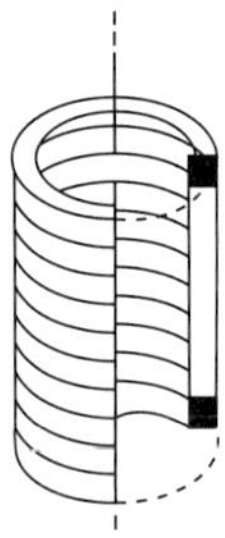
(a) 원통 코일

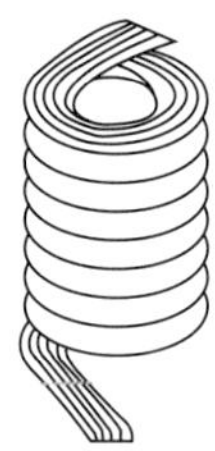
(b) 나선형 코일

(c) 트윈 코일

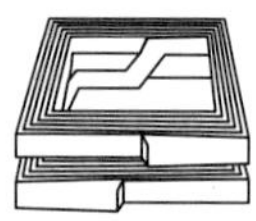
(d) 사각형판 코일

[그림 3-38] 형권권선

(2) 나선형 코일(helical coil)

[그림 3-38](b)와 같이 반지름 방향에 다수의 평각동대를 병렬로 배치했으며 1턴의 폭이 넓고 냉각을 위해 각 턴 사이에 프레스 보드제의 간격편을 끼우고 유도(油道)를 설치했다. 이 권선은 대용량변압기의 저압권선에 사용되며 대전류용에 적합하다.

(3) 원판 코일(circula disc coil)

이것은 편각 동대를 권틀을 이용하여 평판에 겹쳐 감고 원판 모양으로 마무리한 권선이며 섹션(section)이라 부른다. 이 섹션 2매를 간격편으로 끼워 유도(油道)를 설치하고 내측에 접속한 것을 트윈 코일(twin coil)이라고 하며 [그림 3-38](c)와 같다.

(4) 사각형판 코일(square disc coil)

[그림 3-38](d)와 같이 그 형태가 사각형이며 특징은 원판 권선과 같다. 주로 외철형 변압기에 사용된다.

6.7 부싱 및 외함(bushing and tank)

변압기의 본체를 절연유로 가득 찬 외함 안에 넣고 적당한 위치에서 단자를 외부로 인출한다. 이 인출선이 외함의 벽을 관통하는 부분에 절연을 확보하기 위해서 사용전압에 따라 각종 부싱이 사용된다.

(1) 단일 부싱(single bushing)

도체의 주위에 일체의 구조로 된 자기제(磁器製)의 애관(碍管)을 씌운 것이며 23[kV] 이하에 사용된다.

(2) 유입 부싱(oil filled bushing)

도체와 애관 사이에 전압에 따라서 여러 개의 절연통을 동심 모양으로 배치하고 절연유를 충전하여 밀봉한 것이며 주로 33[kV] 이하에 사용된다. [그림 3-39]와 같이 애관은 상하로 2등분되어 외함에 고정되고 외함을 관통한다.

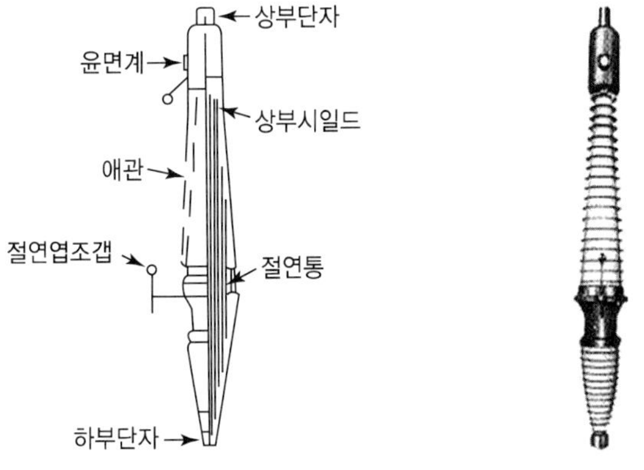

[그림 3-39] 유입 부싱

(3) 콘덴서 부싱

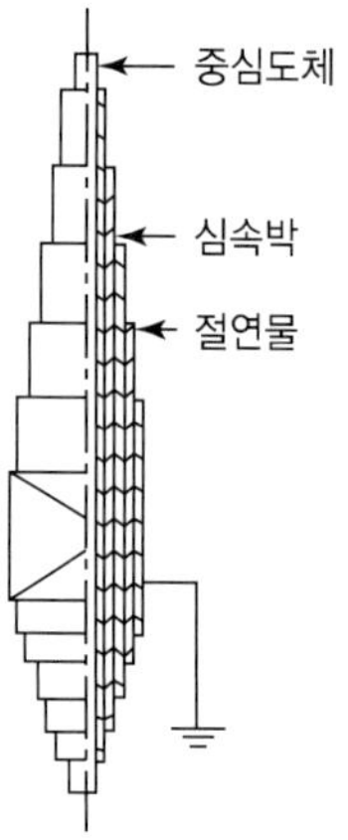

[그림 3-40] 콘덴서 부싱(condenser bushing)

[그림 3-40]과 같이 절연물 속에 다수의 도체를 동심원 모양으로 배치하고 절연물과 도체로 직렬 콘덴서를 형성시킨 부싱이다. 도체의 치수, 삽입 위치를 적당히 선택하고 도체간의 정전 용량을 조정함으로써 도체들의 전위를 조정할 수 있다. 보통 도체로는 금속박 또는 절연지에 반도체 도료를 도포한 것이 사용된다. 절연체로는 기름을 함침한 절연지, 레진지 또는 페놀계나 에폭시계의 레진을 도포한 절연지를 가열 경화시킨 것을 사용한다. 현재는 저전압에서 고전압까지 널리 사용된다.

6.8 컨서베이터(Conservator)

습식 변압기에서는 철심 및 권선의 절연 및 냉각을 위해 외함 내부에 변압기 본체를 삽입하고 거기에 절연유를 채운다. 변압기 운전시 주위온도나 부하의 변동으로 온도가 변화하면 이 절연유가 수축 또는 팽창하게 된다. 이 경우 변압기 외함 내부의 압력이 변동하여 개구부가 있으면 밖의 공기가 내부로 출입한다. 이것을 변압기의 호흡작용이라 한다. 이것에 의해 외함 밖의 공기와 습기가 기름에 흡수되어 절연강도와 냉각작용의 효과가 저하하게 되는 부작용을 초래하게 된다. 이러한 문제를 해결하기 위해 컨서베이터(conservator)라고 하는 기름 팽창실을 외함 상부에 설치하고 양자를 관으로 이었다. 여러가지 방식이 있으나 가장 많이 사용되는 몇 가지의 예를 [그림 3-38]에서 볼 수 있다.

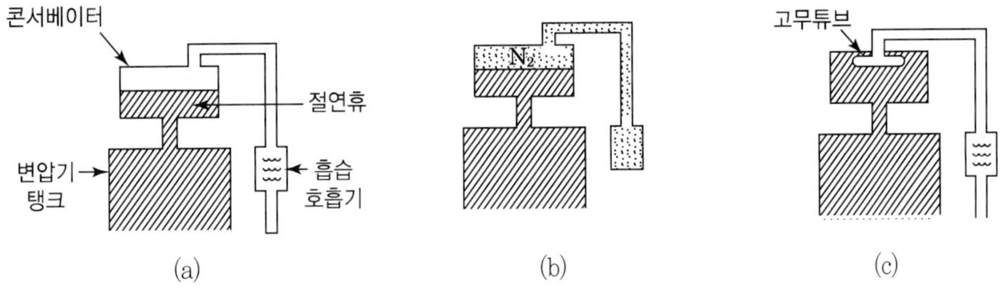

[그림 3-41] 컨서베이터

[그림 3-41](a)는 가장 간단한 구조로 습기의 흡입을 방지하기 위해 실리카겔이나 활성 알루미나 등의 흡습제를 넣은 흡습 호흡기를 설치한 것이며, [그림 3-41](b)는 기름이 직접 공기와 접촉하지 않도록 불활성 가스인 질소를 봉입한 것이다. 또한 [그림 3-41](c)는 유면 상에 가스실을 설치하지 않고 컨서베이터 내부에 유연한 내유성 고무를 설치하여 기름을 외기와 차단하는 방식이며 보수가 간단하다. 고무 대신에 금속 벨로즈를 사용하는 방식이 널리 사용되고 있다.

7 냉각방식

변압기의 철심 속에 발생하는 철손과 동선에 발생하는 동손은 모두 열이 되어 변압기의 온도를 상승시킨다. 이러한 온도상승을 억제하기 위해서 권선 및 철심을 냉각한다.

7.1 건식

소용량의 건식(dry type) 변압기에서는 자냉식이며 방사와 대류에 의해서 냉각된다. 용량이 커지면 송풍기에 의해 강제 냉각을 행한다. 그 종류에는 건식 자냉식과 건식 풍냉식이 있다.

7.2 유입식

변압기의 외함에 절연유를 넣고 그 속에 철심과 권선을 적셔서 운전하면 손실에 의해서 가열된 기름은 대류하고 외함의 벽을 통해서 열이 방산된다. 이 대류와 방산에만 의해 냉각하는 방식이 유입 자냉식(oil immersed self-cooled type)이며 용량이 클 경우 열방산을 증가시키기 위해 외함에 주름을 잡아서 표면적을 크게 하기도 한다. 또한 외함에 붙은 방열기를 송풍기로 냉각하는 방식이 유입 풍냉식(oil immersed air blast type)이다.

7.3 송유식

송유식(oil forced circulation type)은 온도가 높은 상부로부터 펌프에 의해 기름을 밖으로 배출하여 냉각한 후 하부를 통해 외함에 공급하는 방식이다. 순환하는 기름을 방열기로 자연히 냉각하는 것이 송유 자냉식(oil circulation self cooled type), 방열기를 송풍기로 풍냉시키는 것이 송유 풍냉식(oil circulation air blast type), 방열기를 물로 냉각하는 것이 송유 수냉식(oil circulation water cooled type)이다.

8 변압기의 결선과 병렬운전

송전용에 널리 사용하는 3상교류를 변압하는 데에는 3상변압기, 혹은 단상변압기 3대를 1군으로 3상결선하여 사용하는 경우가 많다. 변압기의 기본적인 3상결선에는 Y결선과 Δ결선 방법이 있으며 특수한 것은 V결선, 지그재그(Zig-Zag)결선, 스콧(scott)결선 등이 채용된다. 또한, 부하의 증가에 따라 여러 개의 변압기를 병렬로 연결해서 운전할 필요가 있기 때문에 극성(polarity), 전압의 위상관계나 접속 등을 고려하여 접속해야 한다.

8.1 변압기의 극성(Polarity)

변압기의 극성은 1차와 2차 양단자간의 유기전압의 위상관계, 즉 기전력의 방향을 표시하는 용어이며 변압기의 단독 운전시에는 일반적으로 문제가 발생되지 않지만 3상결선이나 병렬운전시에는 극성에 주의해야 하며 극성을 무시하고 3상결선이나 병렬운전을 하여 전력을 공급하면 막대한 귀환전류가 흐르거나 변압기의 상호간 순환전류에 의한 파손의 위험성도 갖고있다.

(1) 극성시험

[그림 3-42]와 같이 극성시험회로를 구성하고 1차와 2차권선의 감은 방향이 반대가 될 때에는 기전력의 방향도 반대가 되므로 $V_1 - V_2$ [V]가 되어 감극성(substractive polarity)이라 하며 [그림 3-43](a)와 같이 나타낼 수 있고 1차와 2차권선의 감은 방향이 같을 때는 기전력의 방향도 같게 되므로 $V_1 + V_2$ [V]가 되어 가극성(additive polarity)이라 하며, [그림 3-43](b)와 같이 나타낼 수 있고 우리나라에서 사용하는 변압기는 감극성이 표준이다. 따라서, [그림 3-43](a), (b)에 대한 감·가극성 상태를 다음과 같이 나타낼 수 있다.

$$V_0 = V_1 - V_2 \text{ (감극성)}$$

$$V_0 = V_1 + V_2 \text{ (가극성)}$$

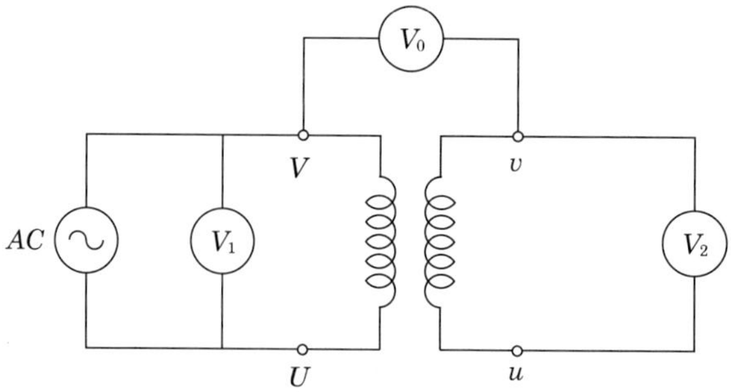

[그림 3-42] 극성시험

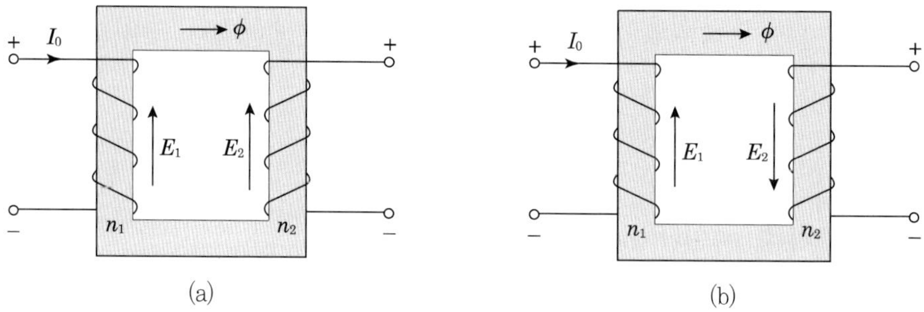

[그림 3-43] 감극성과 가극성

8.2 3상결선(three phase transformer connection)

단상변압기를 사용하여 3상전압을 변압할 때에는 3개 또는 2개의 변압기를 사용하여 다상전압을 변성하는데도 이와 같은 결선방식을 이용하는데 일반적으로 가장 많이 사용되는 것은 3상결선방식이다. 3상결선방법에는 △결선과 Y결선의 두 종류가 있고 1차와 2차권선을 갖고 있는 변압기는 용량, 전압, 주파수 등의 정격이 동일하게 하여 권선의 저항, 누설리액턴스, 여자전류 등이 모두 같게 결선하여 사용해야 한다. 일반적으로 전력 시스템은 대부분 3상시스템으로 3상발전기에 의해 전력을 발생하여 송전선으로 전력을 전송하므로 발전기와 송전선은 단상변압기를 3상결선한 변압기에 접속되어야 한다. 따라서, 3상변압기의 결선방법은 △-△, △-Y, Y-△, Y-Y 또는 이외에 2대나 3대를 이용한 V결선 및 T결선(스콧결선) 방식을 이용하여 전력계통 라인에서 사용하고 있지만 이와 같은 결선을 이용하는 경우 다음의 요인 등을 고려하여 결선법을 선택해야 한다.

(1) 접지, 보호 또는 부하연결을 위한 중성점 접속의 필요성이 있어야 한다.

(2) 접지나 충격전압에 대한 절연을 할 수 있어야 한다.

(3) 여자전류의 제 3고조파 성분의 통로가 있어야 한다.

(4) 다른 변압기와 병렬운전할 수 있어야 한다.

(5) 고장 조건하에서의 운전할 수 있어야 한다.

(6) 경제적인 면을 고려해야 한다.

전원전압으로부터 입력되고 있는 3상전압은 이것과 대칭으로 3상기전력의 순시값을 나타내게 되며 이 때 순시값들을 e_a, e_b, e_c 라고 하고 각 상에 입력되는 전압에 의한 기전력의 값을 다음과 같이 나타낼 수 있다.

$$
\begin{aligned}
e_a &= \sqrt{2}\,E\sin\omega t \\
e_b &= \sqrt{2}\,E\sin\left(\omega t - \frac{2}{3}\pi\right) \\
e_c &= \sqrt{2}\,E\sin\left(\omega t - \frac{4}{3}\pi\right)
\end{aligned} \tag{3-91}
$$

[그림 3-44](a)의 각 상의 주어지는 전압파형과 이들 사이의 벡터관계를 [그림 3-44](b)에 나타내었다. [그림 3-44](b)의 벡터도에서 각상을 극좌표인 복소수로 표시하면 식 (3-92)와 같이 나타낼 수 있다.

$$
E_a = E,\quad E_b = Ee^{-j\frac{2}{3}\pi},\quad E_b = Ee^{-j\frac{4}{3}\pi} \tag{3-92}
$$

3상결선도의 전압크기를 나타내기 위해 식 (3-92)에 페이저(phasor)를 도입하고 미분연산자 a 를 이용하여 그 크기 a, a^2을 나타내면 다음과 같이 된다.

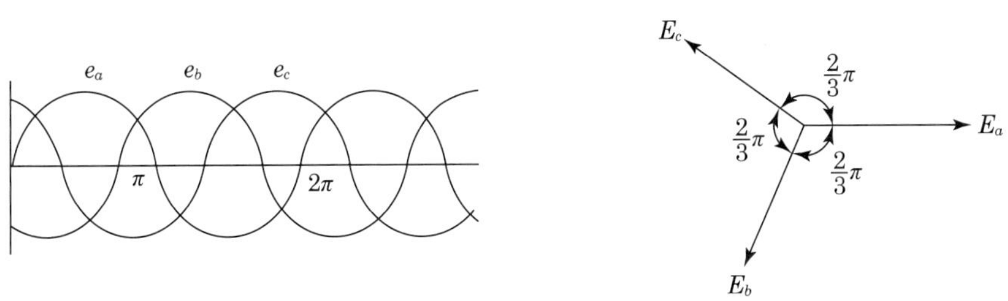

(a) (b)

[그림 3-44] 대칭 3상기전력 파형 및 벡터도

$$a = e^{j\frac{2}{3}\pi} = \cos\frac{2}{3}\pi + j\sin\frac{2}{3}\pi = -\frac{1}{2} + j\frac{\sqrt{3}}{2}$$

$$a^2 = e^{j\frac{4}{3}\pi} = \cos\frac{4}{3}\pi + j\sin\frac{4}{3}\pi = -\frac{1}{2} - j\frac{\sqrt{3}}{2} = a^{-1} \tag{3-93}$$

따라서, $a^3 = 1$, $1 + a + a^2 = 0$의 관계가 성립하여 식 (3-88)을 식 (3-90)과 같이 나타낼 수 있다.

$$E_a = E,\ E_b = a^2 E,\ E_c = aE \tag{3-94}$$

여기서, $E(1 + a + a^2) = 0$이 되므로 $E_a + E_b + E_c = 0$이 된다.

(1) 대칭 3상 교류기전력의 Y결선과 △결선

단상변압기 3대를 이용하여 △결선을 한 경우는 각 상이 직접 선 사이에 접속되어 있으므로 전원전압에 의한 △결선의 기전력 E_a, E_b, E_c 가 그대로 선간전압이 되어, 즉 E_{ab}, E_{bc}, E_{ca} 가 된다. 따라서, △결선의 선간전압의 크기는 상전압과 같고 그 위상은 동상이며 [그림 3-45]와 같이 그릴 수 있다.

단상변압기 3대를 이용한 Y결선인 경우는 각 단자 사이에 나타나는 선간전압 E_{ab}, E_{bc}, E_{ca} 는 각 상의 Y결선 기전력 E_a, E_b, E_c 의 페이저(phasor)차가 존재하게 되는데 미분 연산자 a 를 이용하여 다음과 같이 나타낼 수 있다.

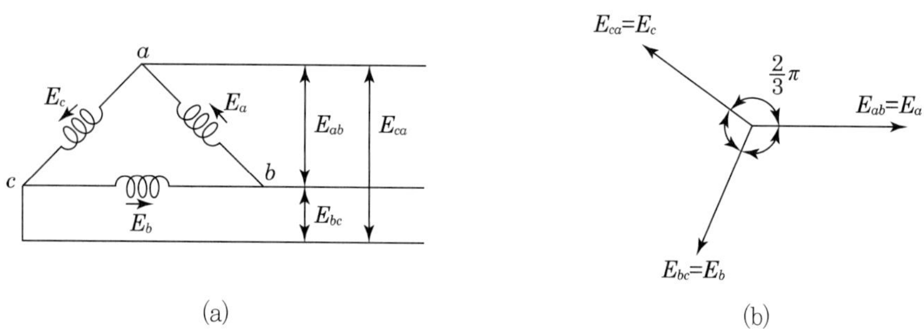

[그림 3-45] △결선과 벡터도

$$\begin{aligned} E_{ab} &= E_a - E_b = (1 - a^2)E_a \\ E_{bc} &= E_b - E_c = (1 - a^2)E_b \\ E_{ca} &= E_c - E_a = (1 - a^2)E_c \end{aligned} \tag{3-95}$$

여기서, 미분연산자를 이용한 각상의 크기를 구하면 E_a 를 기준으로 하여 $E_b = a^2 E_a$, $E_c = aE_a$가 되므로 식 (3-96)과 같이 나타낼 수 있다.

$$\begin{aligned} 1 - a^2 &= 1 - a^{-1} = 1 - e - j\frac{2}{3}\pi \\ &= 1 + \frac{1}{2} + j\frac{\sqrt{3}}{2} = \frac{3}{2} + j\frac{\sqrt{3}}{2} \\ &= \sqrt{3}\, e^{j\frac{\pi}{6}} = \sqrt{3} \angle 30 \end{aligned} \tag{3-96}$$

$$\begin{aligned} E_{ab} &= \sqrt{3}\, E_a\, e^{j\frac{\pi}{6}} \\ E_{bc} &= \sqrt{3}\, E_b e^{j\frac{\pi}{6}} \\ E_{ca} &= \sqrt{3}\, E_c e^{j\frac{\pi}{6}} \end{aligned} \tag{3-97}$$

따라서, 대칭 3상교류의 선간전압이 같게 나타난다고 보면 △결선의 기전력 즉, △결선 전압은 각 상마다 Y결선 기전력 즉, Y결선 전압의 $\sqrt{3}$ 배로 $\frac{\pi}{6}$ [rad] 위상이 앞서고 있으므로 △결선과 Y결선을 등가적으로 환산할 수 있다.

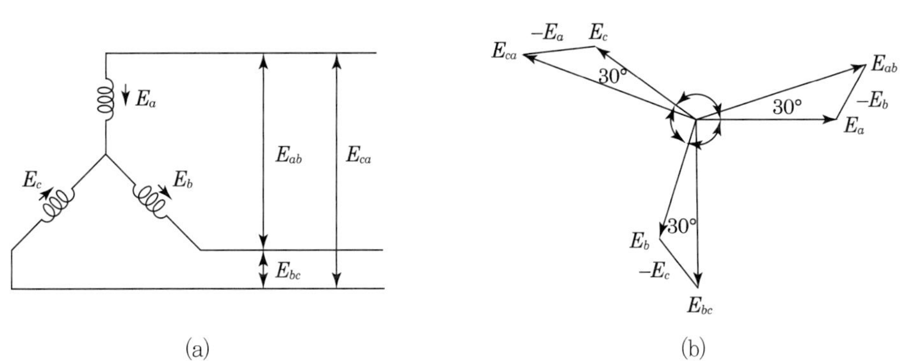

[그림 3-46] Y결선과 벡터도

(2) △-△결선

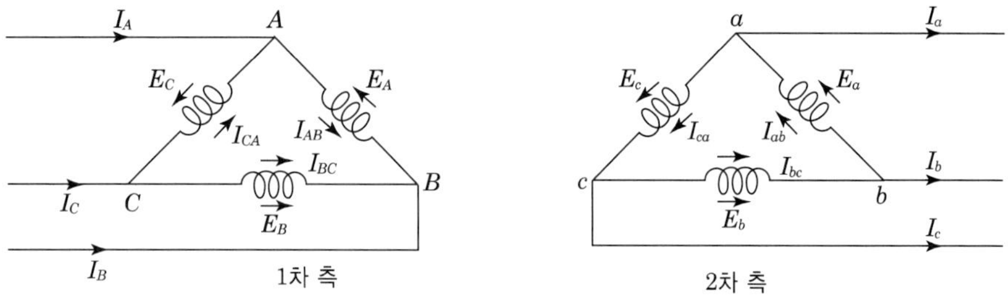

[그림 3-47] Δ-Δ 결선도(1차 측 / 2차 측)

3대의 단상변압기를 1차, 2차 권수비가 같고(권수비가 다르면 무부하시에도 순환전류가 흐른다)권선의 누설 임피던스가 같은(임피던스가 다르면 부하분담이 다르다) 3대의 변압기를 △-△ 결선하여 1차권선에 신간전압 V_{AB}, V_{BC}, V_{CA} 를 공급하면 1차권선에 여자전류가 흘러 1차 기전력을 유기하고 2차권선에도 각각 크기가 $1/a$ 배인 동상의 2차 기전력 E_A, E_B, E_C가 유기된다. 이 때 2차단자에 평형부하를 접속하면 3상전류가 흐르고 2차 측 상전류는 I_a, I_b, I_c 가 2차 기전력 보다 역률각 만큼 뒤진 전류가 흘러 [그림 3-45]에 결선도와 [그림 3-47]에 1차 측 전압・전류 관계 벡터도를 나타낼 수 있으며, 2차 측도 같은 형태로 나타낼 수 있다.

1차 측에 평형 3상전압을 인가하고 2차 측에 평형 3상 부하를 접속하면 평형 3상전류가 흐른다. 이들 전류관계를 △결선 각 정점에서 KCL 법칙을 적용시키면 식 (3-98)과 같이 나타낼 수 있다.

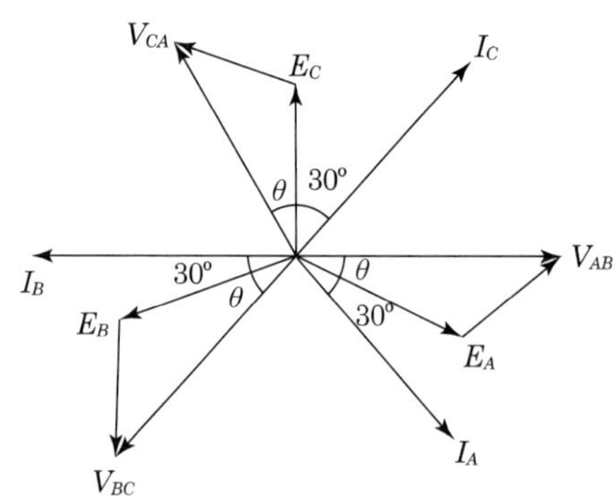

[그림 3-48] △-△ 결선 벡터도

$$1\text{차 측 전류}\begin{cases} I_A = I_{AB} - I_{CA} \\ I_B = I_{BC} - I_{AB} \\ I_C = I_{CA} - I_{BC} \end{cases} \quad (3\text{–}98)$$

$$2\text{차 측 전류}\begin{cases} I_a = I_{ab} - I_{ca} \\ I_b = I_{bc} - I_{ab} \\ I_c = I_{ca} - I_{bc} \end{cases} \quad (3\text{–}99)$$

2차 측 선전류는 2차권선에 흐르는 전류 즉, 선간전류= $\sqrt{3}$ ×상전류$\angle 30^o$이 되고 위상이 30° 뒤지며 2차 측 전류는 2차 측 기자력보다 부하각 만큼 뒤진 평형 3상전류가 되어 위의 벡터도 같이 상전류와 선전류의 관계를 나타낼 수 있다.

$$I_l = \sqrt{3}\, I_p \angle 30 \quad (3\text{–}100)$$

따라서, 전압의 관계는 선간전압 = 상전압이 되고 2차 상전류 I_{ab}, I_{bc}, I_{ca}는 2차 기전력 E_a, E_b, E_c보다 각각 역률각 θ만큼 뒤지며, 2차 선전류 I_a, I_b, I_c와 상전류 관계에 의해 [그림 3–48]과 같은 벡터도를 그릴 수 있다.

운전 중 한 대가 고장이 생기면 이 변압기를 제거하고 나머지 2대로 V결선하여 계속 송전할 수 있는 좋은 결선방식이다. 또한, 변압기의 3상 용량은 식 (3–101)과 같이 된다.

$$3\, V_l \frac{I_l}{\sqrt{3}} = \sqrt{3}\, V_l I_l \times 10^{-3}\ [\text{kVA}] \quad (3\text{–}101)$$

[그림 3–49]은 △–△결선의 실제 결선도를 나타내었다.

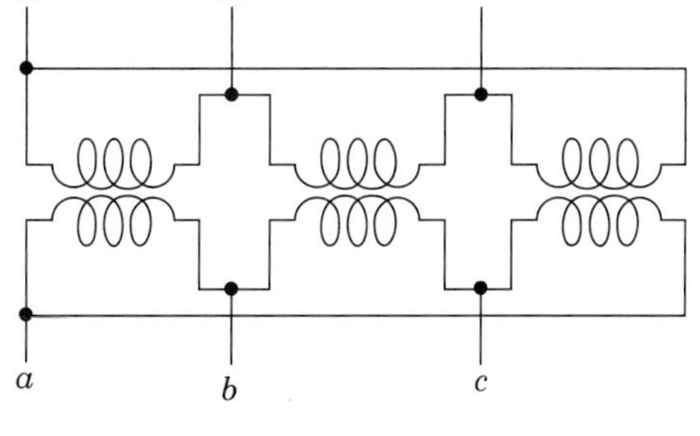

[그림 3-49] △–△ 결선의 실제 결선도

[그림 3-49]과 같은 △-△결선은 다음과 같은 장·단점을 가지고 있다.

① 1차와 2차 권수가 같아야 한다(다르게 되면 순환전류가 흐른다)

② 3대의 변압기중 1대가 고장시 V결선이 가능하다.

③ 제 3고조파가 흐를 수 있고 철심의 점적율이 높게 된다.

④ 결선상 중성점 접지가 불가능하게 된다.

⑤ 부하분담의 불균형이 일어날 수 있다.

(3) Y-Y결선

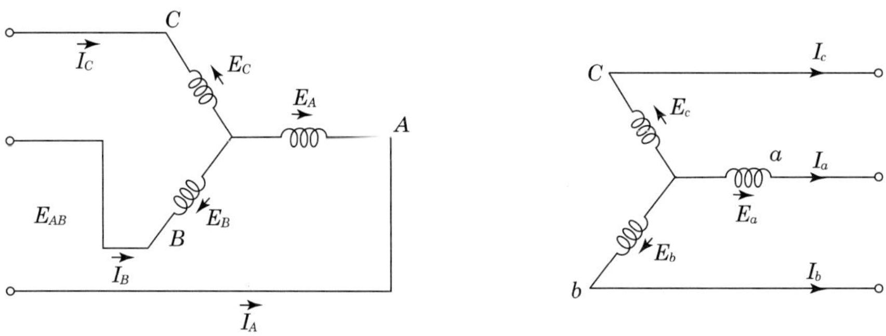

[그림 3-50] Y-Y 결선도

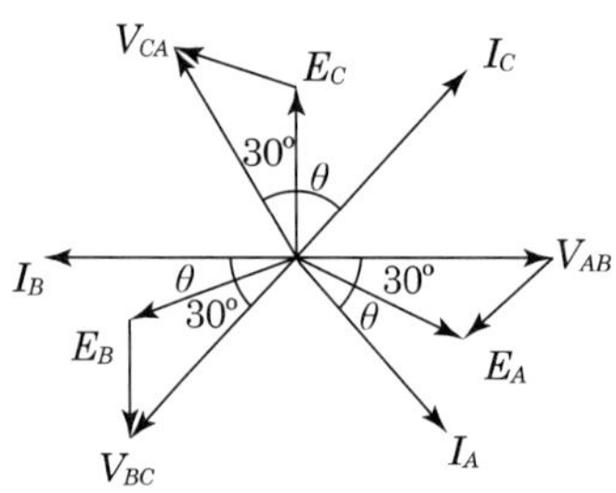

[그림 3-51] Y-Y 벡터도

[그림 3-50]은 1차, 2차 모두 Y-Y결선 한 것으로 전압 및 전류의 관계에 의해 비교적 전압이 낮고 전류가 많이 흐르는 선로, 즉 배전용으로 적당하지만 변압기의 1차 측은 전원측에서 보면 부하로 볼 수 있으며 2차 측은 전력을 부하에 공급하므로 전원측으로 볼 수도 있다. 또한, [그림 3-51]에 Y-Y결선의 1차 측 벡터도를 나타낼 수 있고 2차 측도 같은 형태로 나타낼 수 있다. Y-Y결선의 1차와 2차의 상전류와 선전류는 동일하며, 상회전은 A, B, C 순으로 한다면 먼저 전압 페이저(phasor)는 1차전압을 기준으로 하여 2차를 그리고, 전류 페이저는 2차전류를 기준으로 하여 1차를 그리며 1차와 2차의 상 페이저는 평행되게 그린다.

$$\begin{cases} E_A - E_B = E_{AB} \\ E_B - E_C = E_{BC} \\ E_C - E_A = E_{CA} \end{cases} \tag{3-102}$$

[그림 3-51]와 같이 1차 선간전압이 평형이 되면 상전압도 평형이 되며 선간전압은 $\sqrt{3}$ 상 전압 $\angle 30°$를 갖게 되어 선간전류는 상전류를 나타내게 된다.

$$V_l = \sqrt{3}\ E_p \angle 30$$
$$\dot{I}_l = \dot{I}_p \tag{3-103}$$

Y결선에서 선간전압은 상전압의 $\sqrt{3}$ 배가 되고 위상은 상전압보다 $\angle 30°$ 앞선다. 또한 선로전류는 상전류와 같으며 위상차는 없으므로 변압기의 3상용량은 식 (3-100)과 같다.

$$3\,E_p I_p = 3 \cdot \frac{V_l}{\sqrt{3}} \cdot I_l = \sqrt{3}\ V_l\, I_l \times 10^{-3}\ [\text{kVA}] \tag{3-104}$$

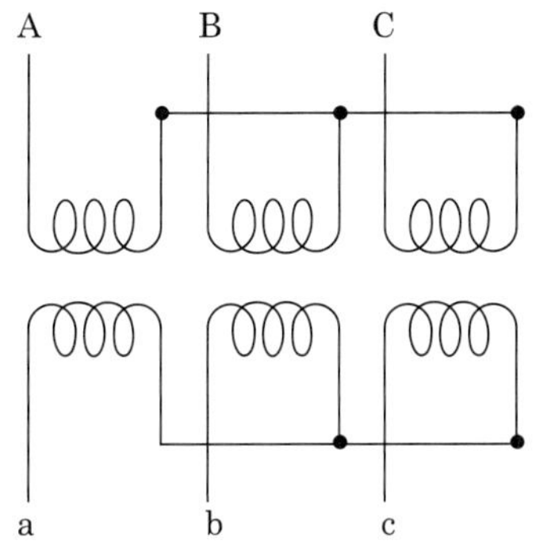

[그림 3-52] Y-Y 결선 실제 결선도

Y-Y 결선의 장·단점을 보면 다음과 같이 된다.

① 1차, 2차권선에 다같이 중성점에서 중성점에 피뢰기를 접속시키는 절연 방식이 채용된다.

② 1상당 권수가 △결선의 $\frac{1}{\sqrt{3}}$ 이 되므로 고전압권선에 적합하다.

③ 1차, 2차간에 각변화가 없다.

④ 중성점 탭 절환방식이 채용된다.

⑤ 유기기전력에 제 3고조파가 포함되므로 2차 측 중성점을 접지하면 대지 충전전류가 흘러서 통신선에 유도장애를 준다.

⑥ 발전기와 변압기 1차 측 중성점을 접지하면 제 3고조파의 여자전류가 대지를 통해서 흐르므로 기전력은 정현파가 되지만 발전기 권선에는 제 3고조파가 흘러서 권선을 과열시킨다.

⑦ Y-Y결선을 사용하려면 별도의 △결선을 3차 또는 안정권선 등을 두어 Y-Y-△ 결선으로 한다.

(4) △-Y 결선, Y-△결선

[그림 3-51]의 1차를 △, 2차를 Y 또는, 1차를 Y, 2차를 △로 결선하면 △-Y 결선, Y-△결선이 △-△나 Y-Y 결선과 다른점은 1차전압과 2차전압, 1차전류와 2차전류 사이에 각각 30°의 위상차가 생기는 것이 다른 점이다. △-Y 결선은 2차 측의 선간전압을 높일 수 있고 또 중성점을 접지할 수 있는 이점이 있으며 송전선로 송전측(발전소)의 전력용 승압변압기로 채용하고 있으며, Y-△ 결선은 송전선로 수전측(1차 변전소)의 전력용 강압 변압기로 채용된다. 1차 측에는 제 3고조파의 여자전류가 흐르지 못해 기전력 중에 제 3고조파가 포함되나 2차 측이 △결선이므로 각상의 제 3고조파 기전력은 서로 합해져서 △결선 회로내에 제 3고조파의 전류를 흘린다.

[그림 3-53]의 △-Y 결선의 1차와 2차의 전압・전류의 벡터도를 [그림 3-54]과 같이 그리려면 다음과 같은 순서에 의해 그릴 수 있다.

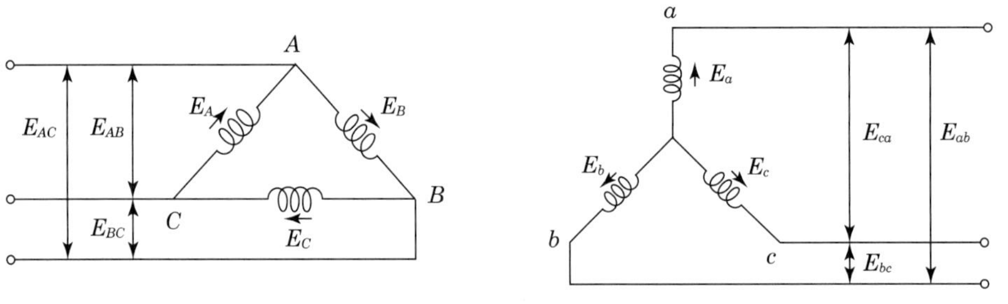

[그림 3-53] △-Y 결선도

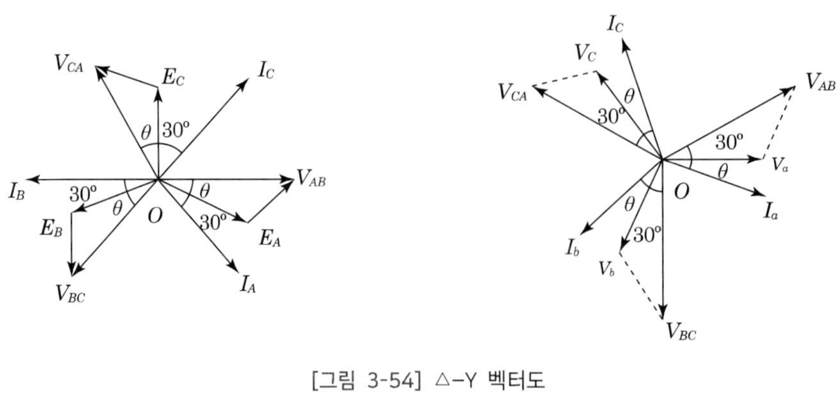

[그림 3-54] △-Y 벡터도

① 1차, 2차 같은 상을 병행되게 그린다.

② 2차 선전류→2차 상전류→1차 상전류→1차 선전류 순으로 그린다.

③ 2차 선간전압 E_{ab} 는 1차 선간전압 E_{AB}보다 30° 만큼 위상이 늦어진다.

④ 1차 상전압 E_A 와 2차 선간전압(상전압) E_{ab} 는 동상이고, 1차 선전류 I_A와 2차 상전류 I_a 도 동상이 된다.

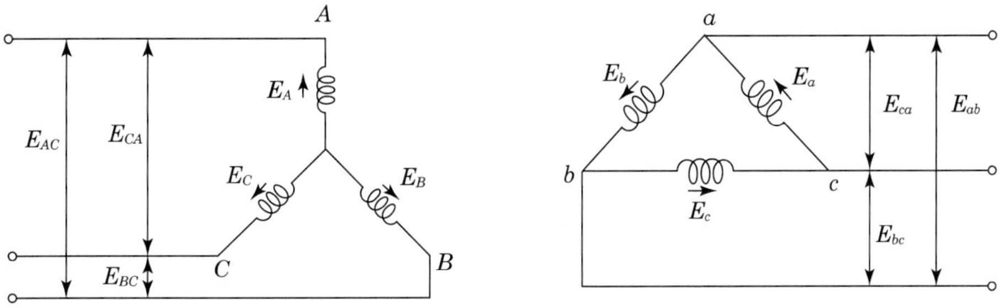

[그림 3-55] Y-△ 결선도

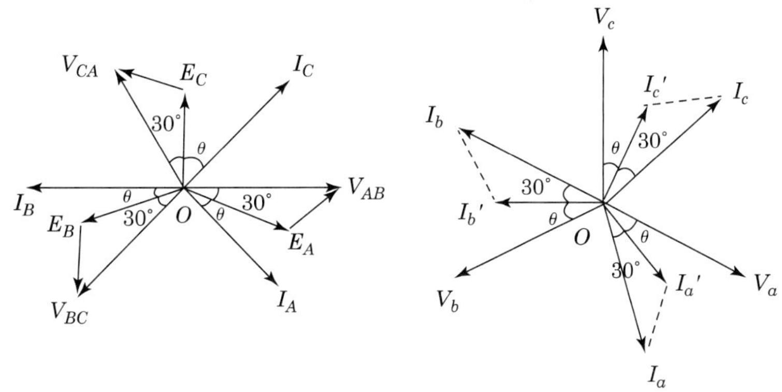

[그림 3-56] Y-△ 결선의 벡터도

[그림 3-55]의 결선도에서 1차 측 선간 및 상전압(기전력)의 관계를 식 (3- 105)에 나타낼 수 있으며 2차 측의 전류관계를 식 (3-106)에 나타낼 수 있고 전압과 전류관계의 벡터도를 [그림 3-56]에 나타낼 수 있다.

$$\begin{cases} E_A - E_B = E_{AB} \\ E_B - E_C = E_{BC} \\ E_C - E_A = E_{CA} \end{cases} \tag{3-105}$$

$$\begin{cases} I_a' - I_c' = I_a \\ I_b' - I_a' = I_b \\ I_c' - I_b' = I_c \end{cases} \tag{3-106}$$

1차 Y결선, 2차를 △결선으로 하면, 전류에 의해 기전력을 상쇄해 주는 1차전류가 흐를 수 없기 때문에 2차 측의 제 3고조파 전류가 여자전류의 역할을 하여 기전력은 거의 정현파에 가깝게 된다. 따라서, 2차 측의 상전압이 $1/\sqrt{3}$ 배가되므로 송전선로 계통의 수전단에서 주로 채용된다.

(5) V–V 결선

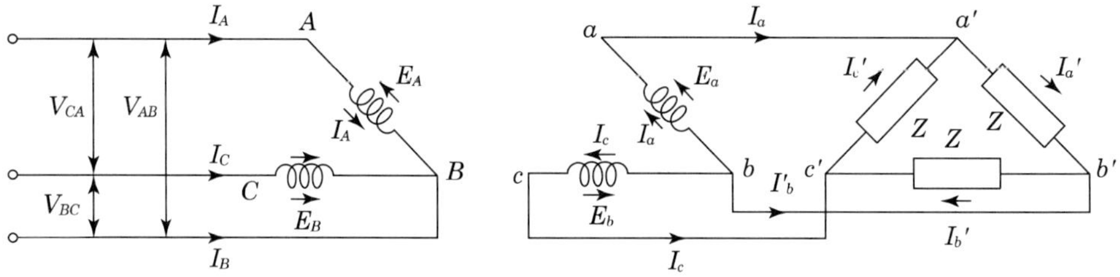

[그림 3-57] V–V 결선도

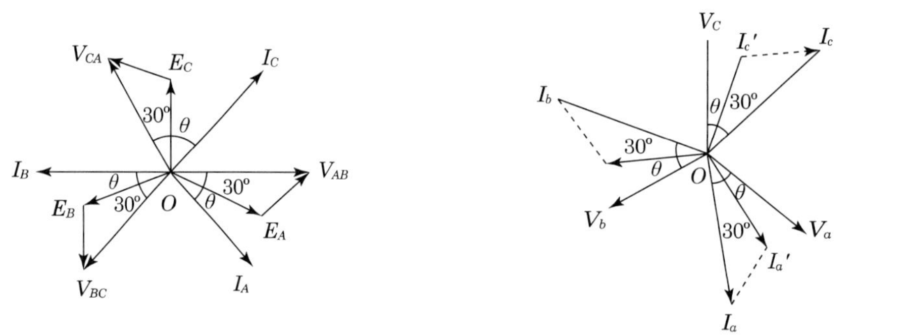

[그림 3-58] V–V 결선의 벡터도

△–△ 결선에서 1대의 단상변압기가 단락, 또는 사고가 발생한 경우를 고장이 발생된 변압기를 제거시킨 결선법으로 즉, 2대의 단상변압기로서 3상변압기와 같은 전력을 송·배전하기 위한 방식이다.

여자전류 및 누설 임피던스를 무시하고, 1차 측에 키르히호프(kirchhoff)의 제 2법칙을 적용하면 1차 기전력 E_A, E_B은 식 (3-107)과 같이 된다.

$$\begin{cases} V_{AB} = E_A \\ V_{BC} = -E_B \\ V_{CA} = -(E_A - E_B) \end{cases} \tag{3-107}$$

여기서, 권수비를 a 라 하면 2차 측 기전력의 상전압은 다음 식과 같이 된다.

$$E_a = \frac{E_A}{a}, \quad E_b = \frac{E_B}{a} \tag{3-104}$$

따라서, 2차 측의 ba, cb, ac 사이의 선간전압은 식 (3-108)과 같이 나타낸다.

$$\begin{aligned} V_{ba} &= E_a \\ V_{cb} &= E_b \\ V_{ac} &= -(E_a + E_b) = E_c \end{aligned} \tag{3-108}$$

[그림 3-57]에 나타낸 것 과 같이 2차 측에 3상 평형부하를 연결하게 되면 2차권선에 선전류 I_a 와 I_c 는 그 상태로 흐르므로 이에 대응되는 전류는 다음 식과 같이 나타낼 수 있다.

$$I_B = \frac{I_b}{a}, \quad I_A = \frac{I_a}{a} \tag{3-109}$$

그러므로 선전류는 다음과 같이 된다.

$$-(I_A + I_C) = I_B \tag{3-110}$$

[그림 3-58]의 결선의 전압을 기준으로 하여 페이저도(phasor diagrem)을 그리면 [그림 3-58]와 같이 그릴 수 있다. 1차 측의 선전류 I_A, I_B, I_C 나 2차 측의 선전류 I_a, I_b, I_c 는 평형 3상전류이며 그 위상은 선간전압보다 $\pi/6 + \theta$ 만큼 늦은 전류이다. 따라서, θ 는 부하역률각이고 I_a', I_b', I_c' 는 부하측 전류가 되었을 때 V결선에서는 선간전압은 상전압, 선전류는 상전류의 관계가 성립된다. 여기서 V결선 군 2대의 변압기에서 V-V 결선군 1차 측 변압기를 X라 하면 전압과 전류간에는 $\pi/6 + \theta$, 2차 측 변압기를 Y라 하면 전압과 전류간에는 $\pi/6 - \theta$ 의 위상차가 있다. 따라서 단상변압기의 정격 2차전압을 V [V], 정격 2차전류를 I [A]라고 하면 다음과 같은 위상차가 있다.

$$X\ 변압기의\ 출력 = VI\cos\left(\frac{\pi}{6}+\theta\right)$$

$$Y\ 변압기의\ 출력 = VI\cos\left(\frac{\pi}{6}-\theta\right)$$

V결선시의 3상 출력은 식 (3-111)과 같이 나타낼 수 있다.

$$\begin{aligned} P_v &= VI\cos\left(\frac{\pi}{6}+\theta\right)+VI\cos\left(\frac{\pi}{6}-\theta\right) \\ &= \sqrt{3}\,VI\cos\theta\ [\mathrm{W}] \end{aligned} \tag{3-111}$$

또한, V결선의 용량은 $\sqrt{3}\,VI = \sqrt{3}\times$(1대의 용량)으로 나타낼 수 있어 △결선 때의 3상 출력은 $\sqrt{3}\,VI\cos\theta$ (V, I는 상전압, 상전류 해당)가 되어 △결선 운전중 1대가 고장나서 V결선으로 사용한다면 다음 식으로 쓸 수 있다.

$$\frac{V}{\Delta} = \frac{\sqrt{3}\,VI\cos\theta}{3\,VI\cos\theta} \fallingdotseq 0.577 \tag{3-112}$$

변압기 3대를 결선하여 즉, △결선때의 57.7 [%]의 출력이 된다. V결선에서는 변압기 2대를 사용하였으므로 그 정격출력의 합은 $2\,VI$ 이지만 V결선의 이득률은 3대의 변압기를 사용한 경우에 대해서 $\frac{\sqrt{3}\,VI}{2\,VI} = 0.866$, 즉 변압기 2대 용량의 86.6 [%]만 이용할 수 있다. 이와 같은 V결선에 대한 원인은 페이저(phasor diagram)에서 부하의 역률이 100 [%] 즉, $\theta = 0$에 있어서도 변압기 자체는 항상 $\cos\frac{\pi}{6} = 0.866$(한쪽 변압기는 늦은 전류, 다른 쪽은 앞선전류)의 상차를 작게 갖고 있기 때문이다.

예제 3-22

6600/210 [V]의 단상변압기 3대를 △-Y 결선하여 1상 18 [kW] 전열기의 전원으로 사용하다가 이것을 △-△로 결선했을 때 이 전열기의 소비 전력[kW]은 얼마인가?

풀이

△-Y결선 → △-△결선이 되면 전압은 $\frac{1}{\sqrt{3}}$ 배가 되고, 전력은 전압의 제곱에 비례하므로, $\left(\frac{1}{\sqrt{3}}\right)^2$ 이 된다.

$\therefore$ 전력 $P = 18\times\frac{1}{3} = 6$ [kW]

예제 3-23

△결선 변압기의 한 대가 고장으로 제거되어 V결선으로 공급할 때 공급할 수 있는 전력은 고장 전 전력에 대하여 몇 [%]인가?

풀이

$$\text{출력비} = \frac{\text{V 결선 출력}}{\triangle\text{결선출력}} = \frac{\sqrt{3}\,K}{3K} = \frac{\sqrt{3}}{3} = 0.577 = 57.7\ [\%]$$

예제 3-24

전압비 30 : 1의 단상변압기 3대를 1차 △, 2차 Y로 결선하고 1차에 선간전압 3300 [V]를 가했을 때의 무부하 선간전압은?

풀이

$$\text{권선비 } a = \frac{30}{1} = 30,\ V_{2\text{차 선간전압}} = \sqrt{3}\ V_{2\text{차 상전압}}$$

$$\text{권선비 } a = \frac{V_{1\text{차 상전압}}}{V_{2\text{차 상전압}}} \rightarrow V_{2\text{차 상전압}} = \frac{V_{2\text{차 상전압}}}{a}$$

1차 측은 △결선이므로 $V_{1\text{차 선간전압}} = V_{1\text{차 상전압}}$

$$\therefore\ \text{무부하 2차 선간전압} = V_{2\text{차 선간전압}} = \sqrt{3} \times V_{2\text{차 상전압}} = \sqrt{3} \times \frac{V_{1\text{차 상전압}}}{a}$$

$$= \sqrt{3} \times \frac{V_{2\text{차 선간전압}}}{a} = \sqrt{3} \times \frac{3300}{30} = 190.5\ [\text{V}]$$

예제 3-25

2대의 변압기로 V결선하여 3상 변압하는 경우 변압기 이용률[%]은?

풀이

$$\text{이용률} = \frac{\sqrt{3}K}{2K} = \frac{\sqrt{3}}{2} = 0.866 = 86.6\ [\%]$$

예제 3-26

용량 100 [kVA]인 동일정격의 단상변압기 4대로 낼 수 있는 3상 최대출력 용량 [kVA]은?

풀이

4대 용량= 2×V결선

$$= 2 \times \sqrt{3}\,P = 2 \times \sqrt{3} \times 100 = 200\sqrt{3}\ [\text{kVA}]$$

예제 3-27

3상배전선에 접속된 V결선의 변압기에서 전부하시의 출력을 P [kVA]라 하면 같은 변압기 한 대를 증설하여 △결선하였을 때의 정격출력[kVA]은?

풀이

변압기 1대의 용량 $K = VI$

V결선 출력$= P = \sqrt{3}\,K \quad \rightarrow \quad K = \dfrac{P}{\sqrt{3}}$

$\therefore$ △결선 출력 $P_{\triangle} = 3K = 3 \cdot \dfrac{P}{\sqrt{3}} = \sqrt{3}\,P$ [kVA]

9 변압기의 상수변환

전력은 보통 3상교류로 공급되지만 부하의 종류에 따라 3상으로는 불편하기 때문에 상수변환을 할 필요가 있다. 예를 들면 단상교류 전기철도에서 전원에 대한 부하의 불평형을 경감하기 위해 3상을 2상으로 변환하고 2회로를 하나의 뱅크(bank)의 변압기로 하여 공급하며, 또 전류기기에서는 효율을 좋게 하고 직류의 파형을 개선하기위해, 3상을 6상, 12상 등으로 변환시킨 다음 정류(rectifier)하는 방법이 다루어 진다. 상수를 변환하는 방법은 3상을 2상으로 변환하는 방법, 3상을 6상으로 변환하는 방법이 있고 3상을 6상으로 변환하는 상수변환은 1차 측의 3상결선은 △결선이나 Y결선 중 어느 것이라도 관계가 없으나 2차 측은 결선방법에 따라 분류될 수 있다.

9.1 3상의 2상 상수변환

단상변압기 2대를 이용하여 3상을 2상으로 변환시킬 수 있는 결선 방법 중의 한 결선인 스코트(scott)결선 또는 T결선이라 하는 결선은 2상 3선식의 전원이 얻어지고 변압기 M은 주좌, 변압기 T는 좌변압기라 하는 결선방식이 있으며. 이외에 2상을 얻는 방법에는 우드브리지(wood bridge), 메이어(mayer)결선 등이 있다.

(1) 스코트결선(scott connection)

[그림 3-59](a)에는 스코트결선과 [그림 3-59](b)는 스코트결선의 전류방향을 나타내었고 결선 (a)를 보면 T_1 변압기(T 좌 변압기)의 1차권선의 $\sqrt{3}/2$ 되는 지점에서 탭(tap)을 내고 다른 한단자는 T_2 변압기(주좌 변압기)의 1차권선 중앙지점에 접속하여 1차 측 단자에 평형 3상전압을 공급하면 2차 측에서 평형 2상전압을 얻게 된다.

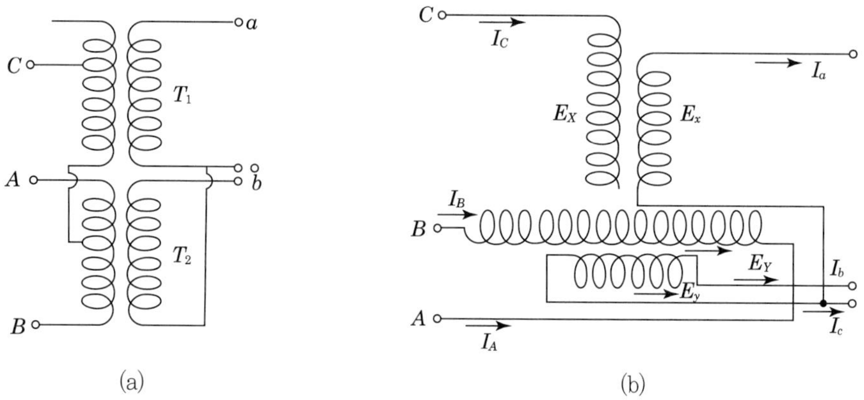

[그림 3-59] 스코트결선 변압기

[그림 3-59](b)의 T_1 결선 변압기의 1, 2차 기전력 및 전류의 방향을 정하고 주좌 변압기의 권수비를 W_1: W_2, T'좌 변압기의 권수비를 $\frac{\sqrt{3}}{2}W_1$: W_2 라 한다면 다음 식과 같이 나타낼 수 있다.

$$
\begin{aligned}
V_{AB} &= E_Y \\
V_{BC} &= -\frac{E_Y}{2} - E_X \\
V_{CA} &= E_X - E_Y
\end{aligned}
\tag{3-113}
$$

1차 평형 3상전압이 주어지면 이것으로부터 변압기 1차 2상 기전력 E_X, E_Y 와 2차 측 2상 기전력 E_x, E_y 의 [그림 3-60]의 벡터도를 나타내었고, 2차 측에 역률 $\cos\phi$ 되는 2상 부하를 걸었다면 1차 측에 I_A, I_B, I_C 의 전류가 흐르고 이 전류는 기자력에 관한 다음 식으로 나타낼 수 있다.

$$
\begin{aligned}
&T_1 \text{ 변압기 : } \frac{\sqrt{3}}{2}W_1 I_C = W_2 I_a \\
&T_2 \text{ 변압기 : } \frac{W_1}{2}I_A - \frac{W_1}{2}I_B = W_2 I_b
\end{aligned}
\tag{3-114}
$$

$$I_A + I_B + I_C = 0$$

$$
\begin{aligned}
&E_v - \frac{1}{2}E_w = E_{vw}, \quad -\frac{1}{2}E_w - E_v = E_{uv} \\
&\text{이용률} = \frac{\sqrt{3}\,VI}{2\,VI} = \frac{\sqrt{3}}{2} = 0.866
\end{aligned}
\tag{3-115}
$$

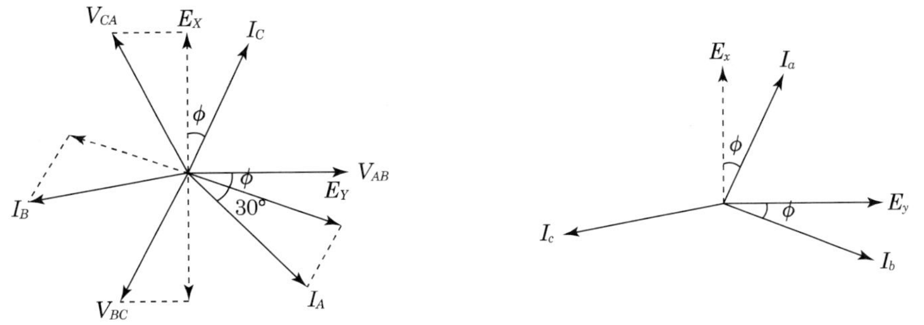

[그림 3-60] 스코트결선의 벡터도

스코트결선의 전압위상에 따른 크기를 삼각형변환 방식에 의해 다음 수식과 같이 나타낼 수 있으며, 그 크기는 다음 그림과 같이 나타낼 수 있다.

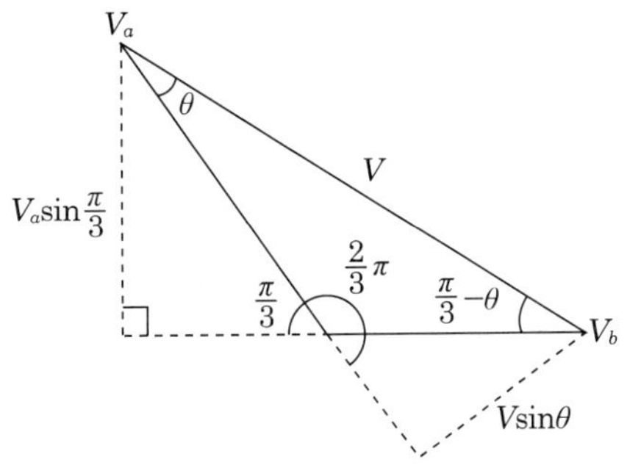

$$V\sin\theta = V_b \sin\frac{\pi}{3} = \frac{\sqrt{3}}{2} V_b \tag{3-116}$$

$$V\sin\left(\frac{\pi}{3} - \theta\right) = V_a \sin\frac{\pi}{3} = \frac{\sqrt{3}}{2} V_a \tag{3-117}$$

9.2 3상의 6상 변환

(1) 환상결선(ring connection)

대칭 3상전압 V_A, V_B, V_C 이 있을 때 이들을 각각 π 만큼의 떨어진 위상의 V_a', V_b', V_c' 를 만들면 이들은 대칭 6상전압을 형성한다. 이 결선도와 벡터도를 [그림 3-61]와 [그림 3-61]에 나타내었고 변압기의 2차 측 각상에 2개씩의 동일한 코일을 두어 적당히 결선하여 3상을 6상으로 변환할 수 있으며 1차 측은 △ 또는 Y결선이나 2차 측은 여러가지 결선방법을 이용할 수 있다.

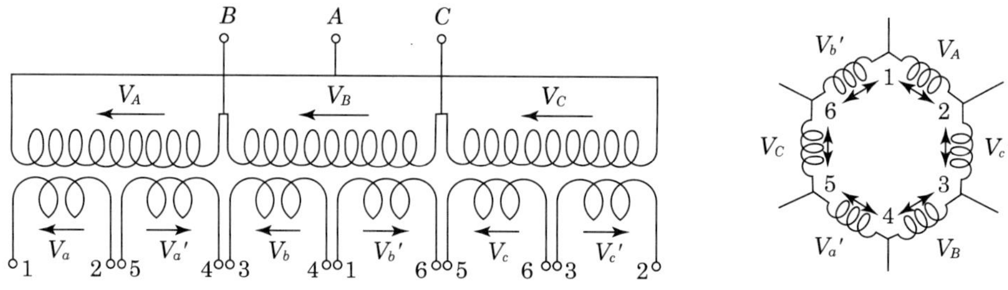

[그림 3-61] 환상결선

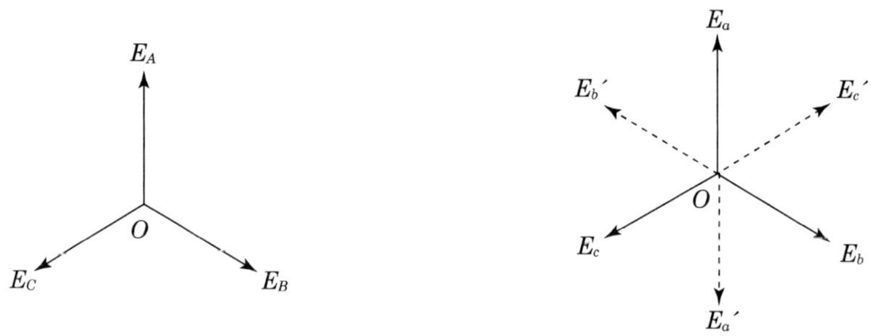

(a) 1차 측 (b) 2차 측

[그림 3-62] 벡터도

(2) 대각결선(diametrical connection)

이 결선방식은 일반적으로 사용되고 있는 결선으로 2차권선을 2개군으로 나누지 않고 [그림 3-63]과 같이 평형 6상부하의 상대되는 정점들을 접속하는 방식으로 [그림 3-64]과 같이 단자전압은 대칭 6상전압을 얻을 수 있게 된다.

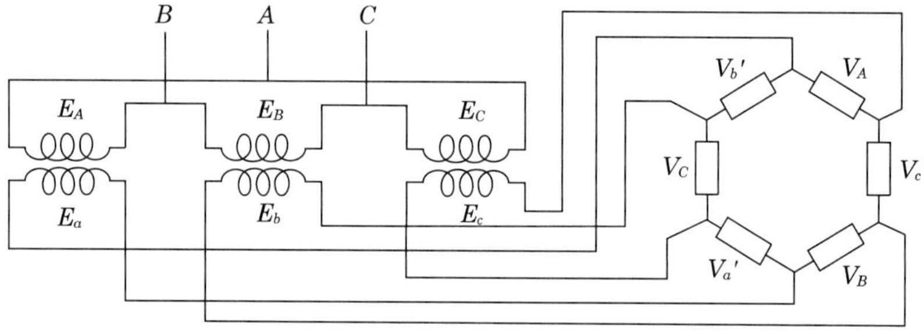

[그림 3-63] 대각결선

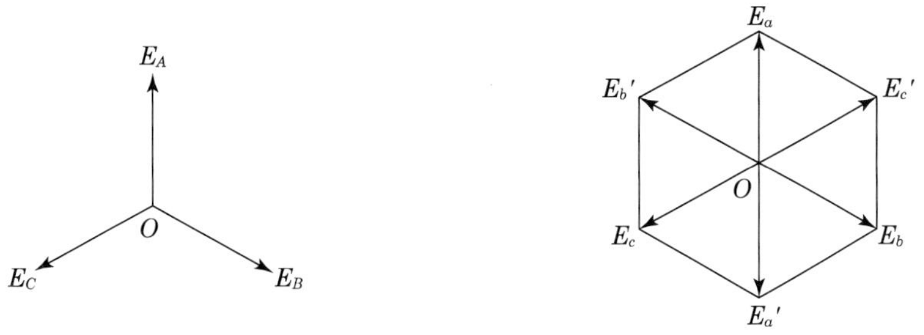

[그림 3-64] 대각결선 벡터도

(3) 단중성점 2중성형 결선

[그림 3-65](a)와 같이 결선하여 2차 기전력은 [그림 3-65](b)와 같은 대칭 6상 기전력을 갖는 결선방법이다.

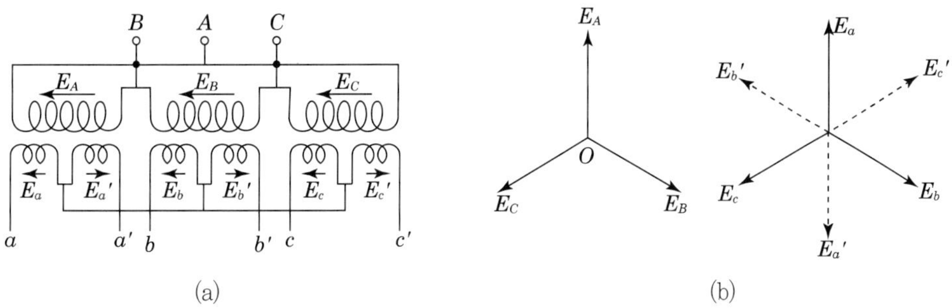

[그림 3-65] 단중성점 2중성형 결선

(4) 2중 3각 결선

2차 측의 각상에 2개의 권선이 있고 이들을 2개의 △결선으로 하고 다른 한조는 반대로 결선하여 [그림 3-66](a)와 같이 나타낼 수 있고 평형 6상부하의 상대되는 3군데의 정점에 접속하여 그 벡터도를 그리게 되면 [그림 3-66](b)와 같이 되어 인접단자간에 단자전압은 대칭 6상전압으로 나타난다.

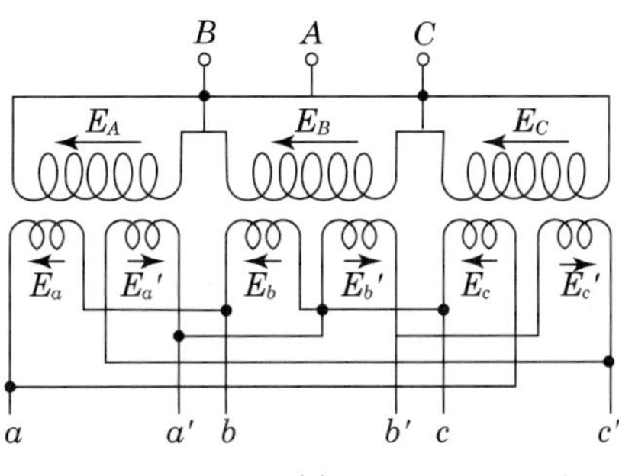

(a)

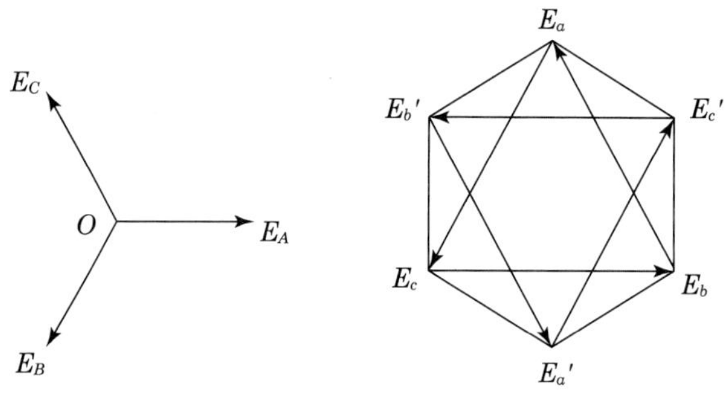

(b)

[그림 3-66] 2중 3각 결선

예제 3-28

동일용량의 변압기 2대를 사용하여 3300 [V]의 3상식 간선에서 220 [V]의 2상 전력을 얻으려면 T좌 변압기의 권수는 전 권수의 어느 점에서 택해야 하는가?

풀이

T좌 변압기의 권수비$= a \times \frac{\sqrt{3}}{2} = \frac{3300}{220} \times \frac{\sqrt{3}}{2} = 12.99$

10 변압기의 병렬운전

변압기의 부하가 증가하여 새로운 변압기를 증설하였을 때 경제적인 운전을 위해 2대 이상의 변압기 1차 측과 2차 측을 각각 병렬로 운전할 필요가 있을 때 병렬운전이라 하고 병렬운전을 가장 이상적으로 행할 수 있도록 각 변압기가 그 용량에 비례하여 전류를 분담하고, 전류의 대수합이 언제나 전체의 부하전류와 같고 병렬로 되어있는 각 변압기로 된 폐회로에 순환전류가 흐르지 않아야 실용상 지장이 없지만 위와 같은 요건은 반드시 갖추어지지 않아도 된다.

10.1 단상변압기의 병렬운전

실질적인 병렬운전시에 조건을 갖고 운전해야 할 필요성이 있으므로 다음과 같은 조건이 필요하게 된다.

(1) 각 변압기의 극성이 일치되어야 한다.

(2) 각 변압기의 권수비가 같고 1차와 2차의 정격전압이 같아야 한다.

(3) 각 변압기의 백분율 임피던스 강하가 같아야 한다.

(4) 각 변압기의 r/x 의 비가 같아야 한다.

1차와 2차단자전압을 V_1, V_2 라 하면 [그림 3-67]에서 식 (3-118)과 같이 된다.

$$V_1 = I_a Z_a + V_2, \quad V_1 = I_b Z_b + V_2 \tag{3-118}$$

1차전류 I_1은 여자전류를 무시하면 각각 다음과 같은 식으로 나타낼 수 있다.

$$\begin{cases} I_1 = I_a + I_b \\ I_a Z_a = I_b Z_b \end{cases} \tag{3-119}$$

식 (3-119)를 다시 정리하면 식 (3-120)로 나타낼 수 있다.

$$\begin{cases} \dfrac{I_a}{I_1} = \dfrac{Z_1}{Z_a} \\ \dfrac{I_b}{I_1} = \dfrac{Z_1}{Z_b} \end{cases} \tag{3-120}$$

Z_1 은 Z_a, Z_b 의 병렬합성 임피던스를 나타내고 [그림 3-67]의 2대의 변압기 전부하전류를 I_A, I_B [A]로 놓고 전압을 V [V]로 하면 다음 식들을 유도할 수 있다.

2대의 변압기의 %임피던스를 각각 $\% I_A Z_a$, $\% I_B Z_b$ 로 표시하면 식 (3-121)로 나타낼 수 있다.

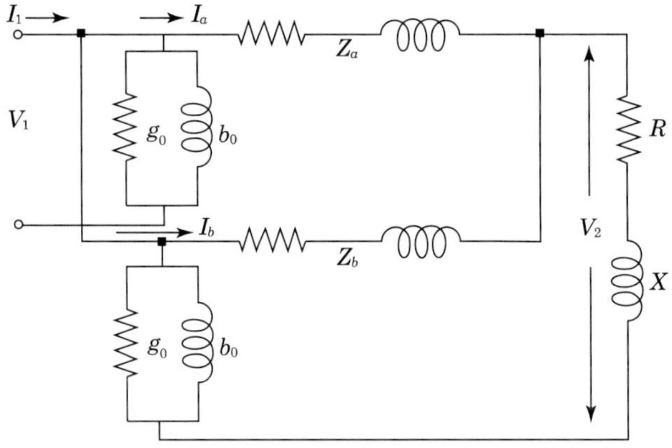

[그림 3-67] 변압기 병렬운전

$$\% I_A Z_a = \frac{Z_a I_A}{V} \times 100, \quad \% I_B Z_b = \frac{Z_b I_B}{V} \times 100 \tag{3-121}$$

식 (3-120)과 식 (3-121)에서 식 (3-122)을 나타낼 수 있다.

$$\begin{aligned} \frac{I_a}{I_b} = \frac{Z_b}{Z_a} &= \frac{(\% I_B Z_b) V}{I_B} \times \frac{I_A}{(\% I_A Z_a) V} \\ &= \frac{(KVA)_A (\% I_B Z_b)}{(KVA)_B (\% I_A Z_a)} \end{aligned} \tag{3-122}$$

여기서, $(KVA)_A = (KVA)_B \times m$ 이라 하면

$$\frac{I_a}{I_b} = \frac{m(\% I_B Z_b)}{(\% I_A Z_a)} \tag{3-123}$$

$$\frac{(KVA)_a}{(KVA)_b} = \frac{VI_a}{VI_b} = m \times \frac{\% I_B Z_b}{\% I_A Z_a} \tag{3-124}$$

두 변압기의 저항과 리액턴스 비가 같으면 1차 측 전류는 $I_a + I_b = I_1$ 이 되어 각각의 변압기에 대한 전류의 크기는 식 (3-125)와 같이 나타낼 수 있다.

$$I_a = I_1 \frac{m(\%Z_b I_B)}{(\%I_A Z_a) + m(\%I_B Z_b)}$$
$$I_b = I_1 \frac{(\%I_A Z_a)}{(\%I_A Z_a) + m(\%I_B Z_b)} \quad (3\text{-}125)$$

만일, 두 변압기의 저항과 리액턴스비가 다르면 위상이 다르므로 전류 I_1 은 각각의 전류의 벡터합이 되나 저항과 리액턴스비의 차는 매우 작으므로 식 (3-125)를 이용해도 큰 오차는 발생되지 않는다.

예제 3-29

3150/210 [V]인 변압기의 용량이 각각 250 [kVA], 200 [kVA]이고 %임피던스 강하가 각각 2.5 [%], 3 [%]일 때 그 병렬 합성용량[kVA]은?

풀이

$$m = \frac{P_A}{P_B} = \frac{(kVA)_A}{(kVA)_B} = \frac{250}{200} = \frac{5}{4}$$

$$\frac{P_a}{P_b} = \frac{(kVA)_a}{(kVA)_b} = m \times \frac{\%I_B Z_b}{\%I_A Z_a} = \frac{5}{4} \times \frac{3}{2.5} = \frac{3}{2}$$

$$P_b = P_a \times \frac{2}{3} = 250 \times \frac{2}{3} = 166.67 \text{ [kVA]}$$

따라서, 합성용량은 다음과 같다.

$250 + 166.7 = 416.67$ [kVA] ≒ 417 [kVA]

예제 3-30

Y-△ 결선의 3상변압기군 A와 △-Y 결선의 3상변압기군 B를 병렬로 사용할 때 A군의 변압기 권수비가 30이라면 B군 변압기의 권수비는?

풀이

$$\frac{A}{B} = \frac{\frac{1}{\sqrt{3}} \cdot \frac{V_1}{V_2}}{\sqrt{3} \cdot \frac{V_1}{V_2}} = \frac{1}{3}$$

$\therefore B = 3A = 3 \times 30 = 90$

10.2 3상변압기의 병렬운전

단상변압기 3대로 3상 운전을 하고자 할 때 단상변압기의 병렬운전 조건 이외에 다음과 같은 조건을 갖추어서 운전을 해야 한다.

(1) 상회전방향이 같아야 한다.
(2) 전압의 위상 변위가 같아야 한다.

[그림 3-68]과 같은 경우에 위의 조건을 가지고 운전을 행함에 있어서 각 변위는 0이 되는 △-△ 경우와 각 변위가 시계방향으로 뒤진(+) 것으로 간주하면 △-Y의 경우는 $-30°$의 변위를 가지고 있다.

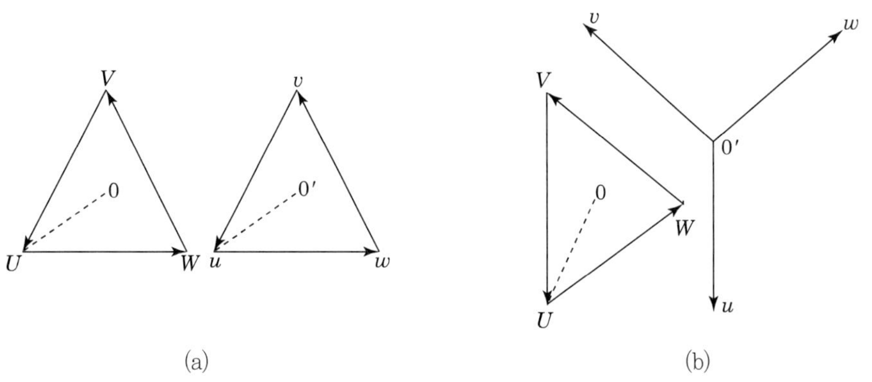

[그림 3-68] 변압기의 각 변위

단상변압기를 3상결선하여 병렬운전 할 수 있는 권선 방법에 대해서 단자간의 전압의 위상을 고려하는 것 보다 중성점과 단자간의 전압위상을 고려하여 각 변위가 같은 것은 같은 부호의 단자를 접속하여 병렬운전 할 수 있다. 따라서, 다음과 같은 권선법이외에는 병렬운전 조건에 맞지 않는 운전조건이다.

(1) △-△과 △-△
(2) Y-Y와 Y-Y
(3) Y-△와 Y-△
(4) △-Y와 △-Y
(5) △-△과 Y-Y
(6) △-Y와 Y-△

연 습 문 제

01 변압기를 △-Y결선 할 때 1차, 2차의 전압과 전류의 위상차를 구하여라.

02 단상변압기의 병렬운전조건을 열거하여라. 또, 3상변압기의 병렬운전 구비조건을 설명하여라.

03 3상에서 6상으로 변환하는 접속방법을 열거하고 접속도를 그리고 설명하여라.

04 제 3고조파전압을 발생하는 단상변압기 3대를 3상결선한 결선법을 들고 이에 대해 간단히 설명하여라.

05 단상변압기의 3상결선에서 Y-Y 결선을 일반적으로 사용하지 않는 이유를 설명하여라.

06 단상변압기를 사용하여 3상교류를 2상교류로 변성하는 접속방법을 그림으로 나타내고 두 변압기의 전압 및 전류의 벡터도를 그리고 그 크기를 구하여라.

07 단상변압기와 3상변압기를 사용하는데 있어서 두 변압기를 비교설명 하여라.

08 단상 15 [kVA] 3대를 Y-△로 접속하여 전등용으로 1상에만 부하를 걸려고 할 때에 몇 [kVA]까지 걸 수 있는가를 구하여라.

09 단상 15 [kVA] 변압기 3대를 1차 Y, 2차를 △로 접속하여 사용하고 있다. 야간 정등용으로서 한 상에 부하를 걸 때 야간 전등은 몇 [kW]까지 걸 수 있는가?

10 2 [kVA]의 단상변압기 3대를 써서 △결선하여 급전하고 있는 경우 1대가 소손되어 나머지 2대로 급전하게 되었다. 이 2대의 변압기는 과부하를 20 [%]까지 견딜 수 있다고 하면 2대가 부담할 수 있는 최대부하[kVA]는?

11 역률 80 [%](지상)로 전부하 운전중인 3상 100 [kVA], 3000/200 [V] 변압기의 저압측 선전류의 무효분은 대략 몇 [A]인가?

12 같은 용량의 변압기로 스콧 결선하여 3300 [V]의 3상 회로에서 220 [V], 40 [kVA]의 2상 전력을 얻으려면 1차전류는 몇 [A]인가?

13 정격출력 P [kW], 역률 0.8, 효율 0.82로 운전하는 3상 유도전동기에 V결선의 변압기로 전원을 공급할 때 변압기 1대의 최소 용량[kVA]은?

14 1차 Y, 2차 △로 결선한 권수비 20 : 1로 되는 서로 같은 단상변압기 3대가 있다. 이 변압기군에 2차단자전압 200 [V], 30 [kVA]의 평형 부하를 걸었을 때 각 변압기의 1차전류[A]는?

15 정격이 같고, 변압기가 10 : 1인 3대의 단상변압기를 Y-△로 접속하여 3상 변압을 하고자 한다. 2차에 단자전압 200 [V]의 평형 부하 75 [kVA]를 걸었을 때, 각 변압기의 1차 및 2차권선의 전류와 1차 선간전압을 구하여라. 단, 여자전류와 임피던스는 무시한다.

16 500 [kVA], 73.5/22 [kV]의 단상변압기 두 대가 있다. 임피던스 볼트(백분율 임피던스)가 각각 8.414 [%], 6.91 [%]이다. 이 두 변압기를 병렬로 운전할 때 최대 허용출력[kVA]은? 단, 변압기 저항과 리액턴스의 비는 두 대가 같다.

17 2대의 정격은 같은 1000 [kVA]의 단상변압기의 임피던스 전압이 8 [%]와 9 [%]이다. 이것을 병렬로 하면 몇 [kVA]의 부하를 걸 수 있는가?

11 특수변압기

11.1 단권변압기

(1) 승압용 및 강압용 단권 변압기

단권변압기는 단상변압기와 달리 1차와 2차권선이 독립되어 있지 않고 권선의 일부를 공통회로로 하고 있는 변압기이며, [그림 3-69]와 같고 그림에서 a, b 단자 사이를 직렬권선(series winding), b, c 단자 사이를 분로권선(shunt winding)이라 한다. 여기서, 직렬권선 사이의 권수를 n_1, 분로권선 사이의 권수를 n_2라 하면 보통 변압기와 같이 전원전압을 공급했을 때 두 권선 사이에 유기되는 기전력을 각각 E_1, E_2라 하고 2차 측 단자전압을 V_2라 할 때 권선저항 및 누설리액턴스, 여자전류를 무시하면 식 (3-126)과 같이 나타낼 수 있다.

$$\frac{V_1}{V_2} = \frac{E_1 + E_2}{E_2} = \frac{n_1}{n_2} = a \tag{3-126}$$

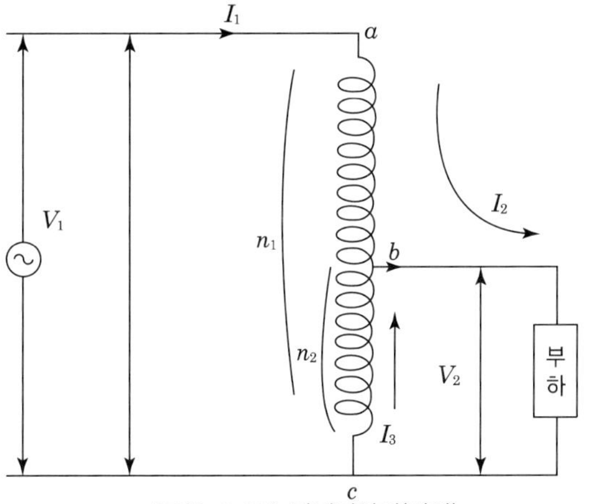

[그림 3-69] 단권변압기(강압)

부하전류 I_2, a, b 부분전류 I_1에 기자력과 b, c 부분의 전류 $I_3 = I_2 - I_1$에 의한 기자력은 같고 방향이 반대이며 합이 0이 되어야 하므로 다음 식과 같이 된다.

$$n_2(I_2 - I_1) + (n_1 - n_2)I_1 = 0$$

$$I_1 n_1 = - I_2 n_2 \tag{3-127}$$

$$I_1 = -\frac{n_2}{n_1} I_2 = -\frac{1}{a} I_2 \quad (\therefore a > 1) \tag{3-128}$$

$(V_1 - V_2) I_1 = V_2 (I_2 - I_1) = P$의 값이 성립되며 1차권선 a, b와 2차권선 b, c를 갖는 2권선 변압기와 같으므로 P를 단권변압기의 등가용량 또는 자기용량이라 할 때 부하용량 P_L은 $V_2 I_2$와 다르게 된다. 따라서, 식 (3-129)와 같이 나타낼 수 있다.

$$\begin{aligned} \frac{\text{자기용량}}{\text{부하용량}} &= \frac{(V_1 - V_2) I_1}{V_2 I_2} = \frac{I_1 (V_1 - V_2)}{V_1 I_1} = 1 - \frac{V_2}{V_1} \\ &= \frac{\text{권선단독 부분전류} \times \text{승압(강압)전압}}{\text{출력}} \\ &= 1 - \frac{V_l}{V_h} \end{aligned} \tag{3-129}$$

또한, 부하용량 $P_L = P \dfrac{V_h}{V_h - V_l}$으로 나타낼 수 있다. [그림 3-69]은 강압용변압기로 사용되었으며 [그림 3-70]은 권수비 $a < 1$인 승압용 단권변압기를 나타냈으며, $V_2 (I_2 - I_1) = I_2 (V_2 - V_1)$의 조건이 만족되는 경우 식 (3-126)와 같이 됨을 알 수 있다. 식 (3-126)과 같이 강압, 승압을 막론하고 윗식과 같이 된다.

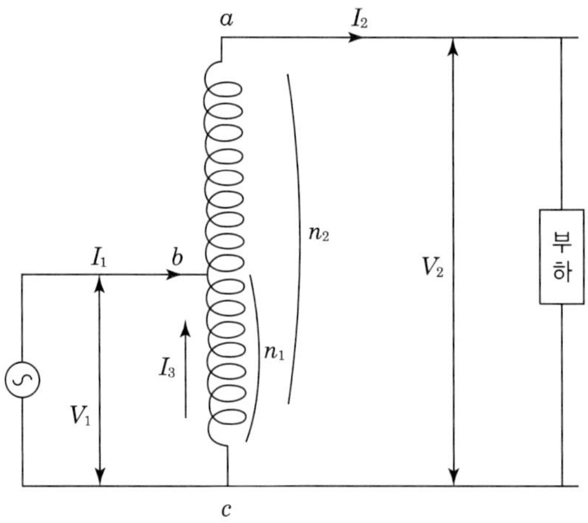

[그림 3-70] 승압형 변압기

(2) 일반변압기와 단권변압기의 비교

고압/저압에 대한 자기용량/부하용량의 비가 1에 가까울수록 단권변압기를 쓰는 것이 경제적인 면을 살펴보면 다음과 같다.

① 분로권선 전류는 1차와 부하전류의 차이므로 가는 코일을 사용해도 되어 자로가 단축되고 재료를 절약할 수 있다.
② 전압비(권수비)가 1에 가까울수록 동손이 감소되어 효율이 좋게 된다.
③ 분로권선은 공통선로이므로 누설자속이 없어 전압변동율이 작다.
④ 저압측에도 고압을 받을 수 있어 위험이 따른다.

(3) 단권변압기의 용도

① 배전선로의 승압기
② 동기전동기나 유도전동기를 기동할 때 공급전압을 낮추어 기동전류를 제한하기 위한 기동보상기
③ 형광등용 승압변압기

예제 3-31

90/100 [V]용 승압 단권변압기로써 50 [kVA]의 부하전력을 공급하고자 할 때 필요한 단권변압기의 자기용량[kVA]은?

풀이

$$\frac{\text{자기용량}}{\text{부하용량}} = \frac{v_h - v_l}{v_h}$$

$$\therefore \text{자기용량} = \frac{v_h - v_l}{v_h} \times \text{부하용량} = \frac{100-90}{100} \times 50 = 5 \text{ [kVA]}$$

11.2 단권변압기의 3상결선

(1) Y결선

[그림 3-71]로부터 다음 식들을 구할 수 있다.

$$
\begin{aligned}
&\text{부하용량} = \sqrt{3}\,V_1 I_1 = \sqrt{3}\,V_2 I_2 \\
&\text{자기용량} = \frac{3(V_1 - V_2)I_1}{\sqrt{3}} = \sqrt{3}\,(V_1 - V_2)I_1 \\
&\therefore \frac{\text{자기용량}}{\text{부하용량}} = \frac{3(V_1 - V_2)I_1}{\sqrt{3}\times\sqrt{3}\,V_1 I_1} = \frac{V_1 - V_2}{V_1} = 1 - \frac{V_2}{V_1}
\end{aligned}
\qquad (3\text{-}130)
$$

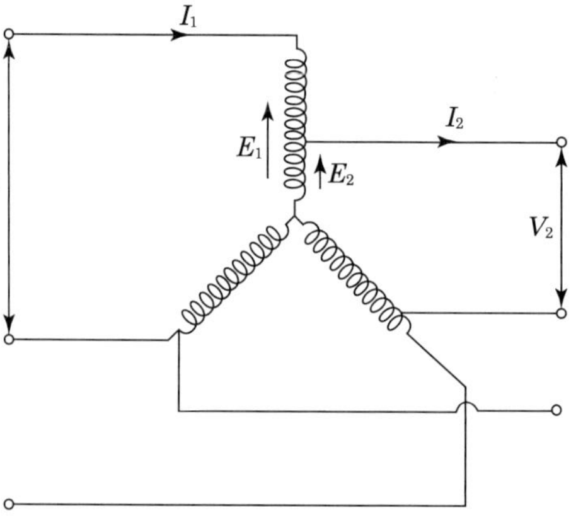

[그림 3-71] 단권변압기의 Y 결선

(2) △결선

[그림 3-72](a)는 단권변압기 3대를 △결선한 접속도이고, [그림 3-72](b)는 이 결선도의 벡터도를 나타내었으며 이것으로부터 식 (3-131)로 나타낼 수 있다.

$$
\begin{aligned}
V_2^2 &= V_n^2 + V_m^2 - 2V_n V_m \cos 60^o \\
&= V_n^2 + V_m^2 - V_n V_m \\
&= (V_n + V_m)^2 - 3V_m V_n
\end{aligned}
$$

$$
\therefore V_n = \frac{V_1^2 - V_2^2}{2V_m} \qquad (3\text{-}131)
$$

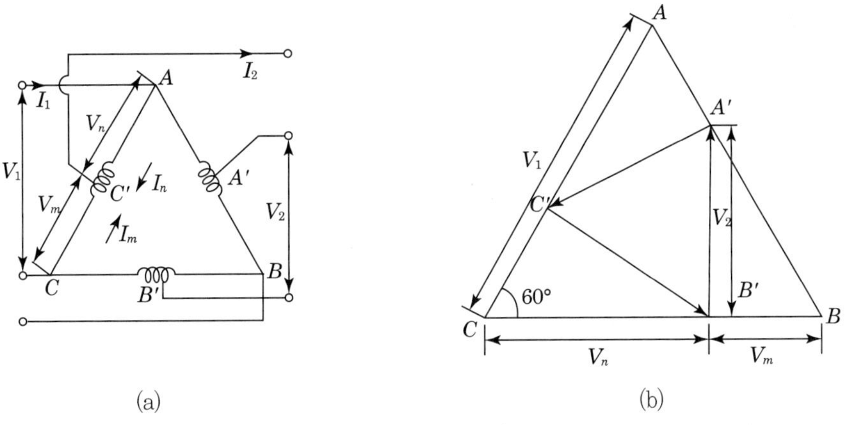

[그림 3-72] 단권변압기의 △결선과 벡터도

[그림 3-72]에서 전류방향을 정방향으로 하면 식 (3-132)와 같이 된다.

$$
\begin{aligned}
& I_2 = I_m + I_n \\
& I_m V_m = I_n V_n \\
& \therefore \frac{V_m + V_n}{V_m} = \frac{I_m + I_n}{I_n} \\
& \therefore \frac{V_1}{V_m} = \frac{I_2}{I_n} \\
& \therefore I_n = I_2 \times \frac{V_m}{V_1}
\end{aligned}
\tag{3-132}
$$

식 (3-131)과 식 (3-132)에서 식 (3-133)을 유도할 수 있다.

$$
\begin{aligned}
& \text{자기용량} = 3\,V_n I_n = 3 \times \frac{V_1^2 - V_2^2}{3\,V_m} \times I_2 \frac{V_m}{V_1} = \frac{V_1^2 - V_2^2}{V_1} I_2 \\
& \text{부하용량} = \sqrt{3}\ V_2 I_2 \\
& \frac{\text{자기용량}}{\text{부하용량}} = \frac{V_1^2 - V_2^2}{\sqrt{3}\,V_1 V_2}
\end{aligned}
\tag{3-133}
$$

(3) V결선

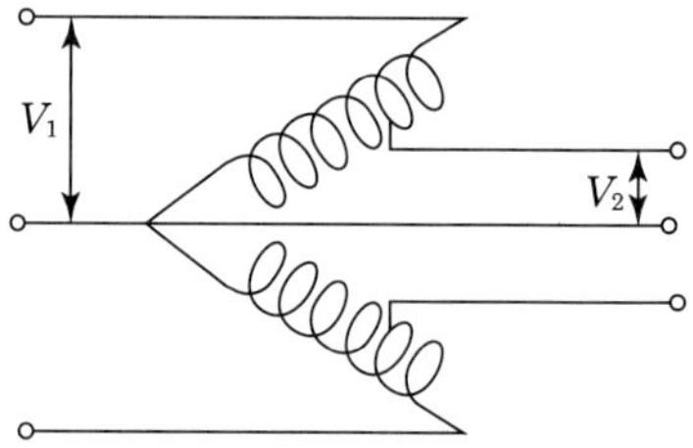

[그림 3-73] 단권변압기 V결선

2대의 단권변압기를 이용하여 V결선한 것이며 이 때의 변압기 등가용량과 2차 측 출력비는 1/0.866이고, 단권변압기이므로 $(1 - V_2 / V_1)$가 되어 2차 측 출력비는 식 (3-134)와 같이 된다.

$$\frac{\text{단권변압기 용량}}{\text{2차측출력}} = \frac{1}{0.866}\left(1 - \frac{V_2}{V_1}\right) \tag{3-134}$$

(4) 단권변압기의 변연장 △결선

3대의 단권변압기를 이용하여 고·저압의 공통된 부분이 3각형이 되도록 결선한 것이며 [그림 3-74]에 벡터도와 함께 나타내었다.

$$\begin{aligned} V_1^2 &= V_e^2 + (V_2 + V_e)^2 + 2V_e(V_2 + V_e)\cos 60^o \\ &= 3V_e^2 + 3V_eV_2 + V_2^2 \end{aligned} \tag{3-135}$$

$$3V_e^2 + 3V_eV_2 + (V_2^2 - V_1^2) = 0$$

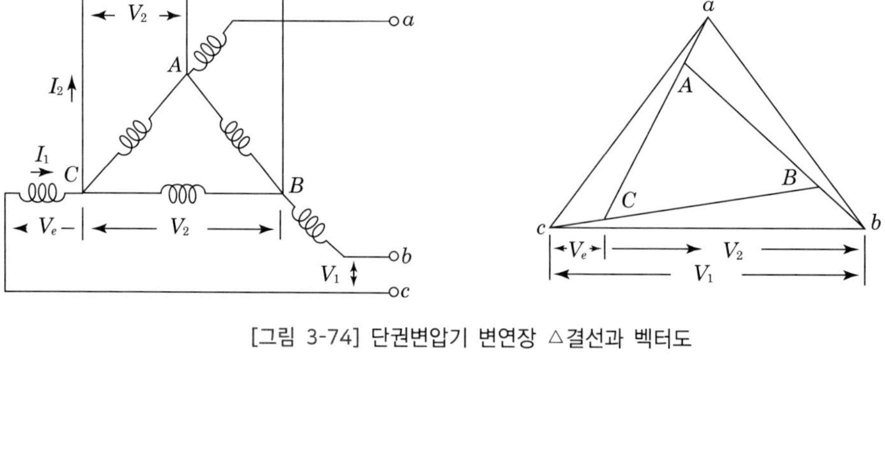

[그림 3-74] 단권변압기 변연장 △결선과 벡터도

$$1\text{상 용량} : V_e\, I_1 = \left(-\frac{V_2}{2} + \sqrt{\frac{V_1^2}{3} - \frac{V_2^2}{12}}\right) I_1$$

$$\frac{\text{자기용량}}{\text{부하용량}} = \frac{\left(3 - \frac{V_2}{2} + \sqrt{\frac{V_1^2}{3} - \frac{V_2^2}{12}}\right) I_1}{\sqrt{3}\, V_1 I_1} \qquad (3-136)$$

예제 3-32

정격이 300 [kVA], 6600/2200 [V]인 단권변압기 2대를 V결선으로 해서, 1차에 6600 [V]를 가하고, 전부하를 걸었을 때의 2차 측 출력[kVA]은? 단, 손실은 무시한다.

풀이

$$\frac{\text{단권변압기 용량}}{\text{2차측 출력}} = \frac{1}{0.866}\left(1 - \frac{V_2}{V_1}\right)$$

$$\therefore \text{2차측 출력} = \frac{\text{단권변압기 출력}}{\frac{1}{0.866}\left(1 - \frac{V_2}{V_1}\right)} = \frac{300}{\frac{1}{0.866}\left(1 - \frac{2200}{6600}\right)} \fallingdotseq 900\ [\text{kVA}]$$

11.3 다권선변압기

하나의 철심에 3권선 또는 그 이상의 권선이 감겨있는 변압기를 다권선변압기라 하며 각각의 회로의 분담이나 단락전류를 제어하기 위해 그 회로들 사이에 임피던스를 삽입하기 위한 목적도 있고 전압이 다른 2개의 송전선으로부터 1개의 배전계통에 전력을 공급하거나 전력공급의 신뢰도나 경제성을 높이기 위한 목적 등으로 광범위하게 사용되고 있으나 주로 3권선 이용이 가장 많이 사용된다.

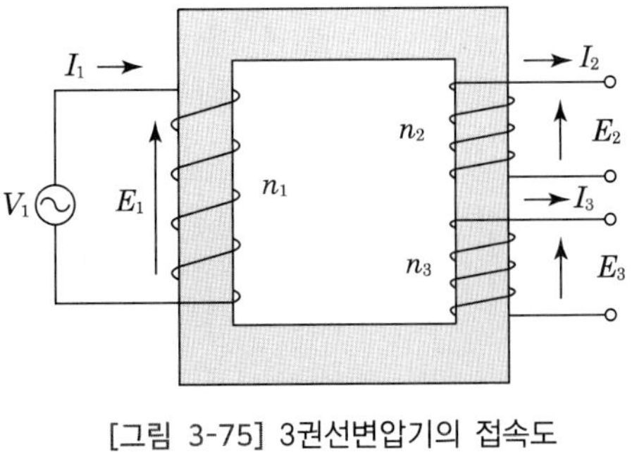

[그림 3-75] 3권선변압기의 접속도

(1) 3권선변압기

3권선변압기는 1개의 자기회로와 3개의 전기회로를 가지며 변압기의 결선에 따라 발생되는 제 3고조파의 영향을 제거하기 위해서 1차 측에 입력을 받아서 2차 및 3차권선을 통해 각기 다른 계통에 전력을 공급하는 방식에 채택되고 있으며 3개의 권선 중 2권선을 입력, 나머지 1개의 권선을 출력으로 하여 전력을 공급하는 경우도 있으며, 송전단 단말에 3차권선을 강압 변압기를 설치하여 역률개선, 전압조정 및 계통의 안정도 향상을 위해 동기조상기를 접속할 때도 있다. [그림 3-75]에 의해서 식 (3-137)을 구할 수 있다.

$$E_2 = \frac{n_2}{n_1}E_1,\ \ E_3 = \frac{n_3}{n_1}E_1 \tag{3-137}$$

1차에 흐르는 전류는 2차권선에 흐르는 전류에 대응하여 여자전류와 벡터적인 합이 된다.

$$I_1{'} = \frac{n_2}{n_1}I_2 + \frac{n_3}{n_1}I_3 + I_o \tag{3-138}$$

따라서, 여자전류와 1차전류의 벡터적 합이 1차 전체전류의 크기가 되어 $I_1 = I_0 + I_1{'}$ 이 된다.

(2) 탭 전환변압기 및 부하시 전압조정변압기

① 탭 전환변압기

탭 전환변압기는 부하변화에 따른 선로의 전압강하의 변동을 보충하고자 하는 경우 또는 1차전압이 달라져도 2차전압을 항상 일정하게 하고자 하는 경우, 고압 측에 탭을 설치하여 조정함으로써 전압을 조정하게 된다. [그림 3-76]에 간단한 접속도를 나타내었다.

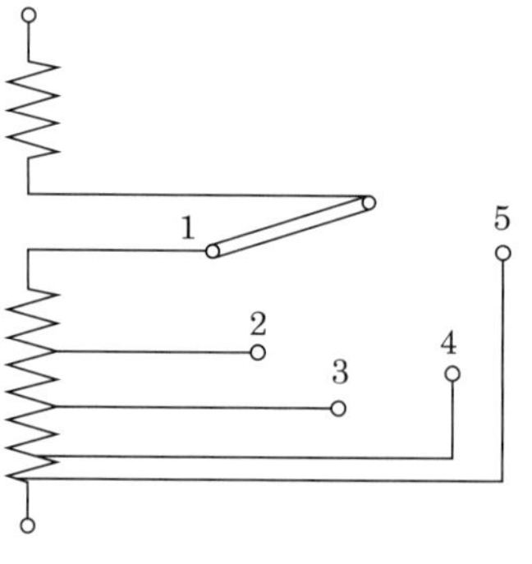

[그림 3-76] 탭 전환변압기

② 부하시 전압조정변압기

유도전압조정기에 의한 전압조정은 10 [kV] 미만에서 사용하나 3 [kV]가 가장 적당한 정도이며 수십 [kV] 이상인 고전압 대용량기에서 부하 시 전압조정변압기를 사용하고 이와 같은 조정기중 병렬 구분식은 한류 리액터에 의해 적당한 값을 유지하게 되며, 단일 회로식은 고압 측에 탭을 내어 하나하나에 개폐기를 부착하여 전압 변동에 따라 순서적으로 개폐기를 여닫게 된다.

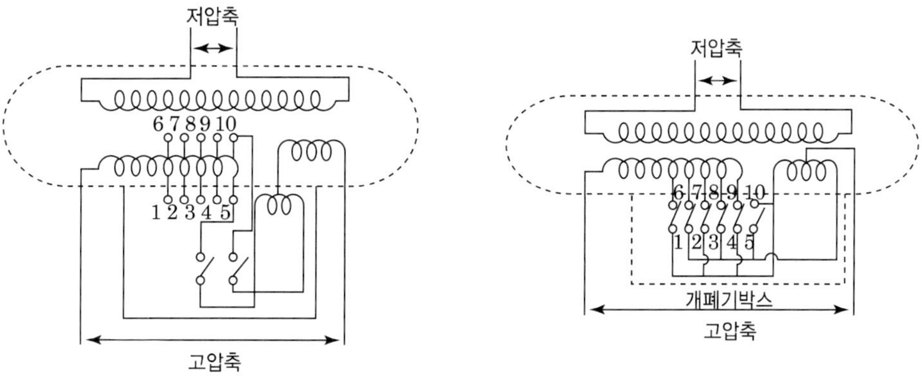

[그림 3-77] 부하 시 전압조정변압기

(3) 누설변압기

[그림 3-78]과 같이 $I_1' = I_2 = \dfrac{V_1}{(r+jx)+(R+jx)}$ 에서 r은 변압기 저항이고, 일정하며 부하저항 및 임피던스 $R+jx$의 변화에 대하여 I_1'를 일정하게 하려면 x 값을 크게 해 놓는다. [그림 3-78]과 같이 누설자속 통로가 있으므로 2차전류가 증가하려고 하면 1차 및 2차의 누설자속이 증가하여 2차 유기기전력이 감소하고 동시에 2차전압강하가 증가하므로서 2차전류는 감소한다.

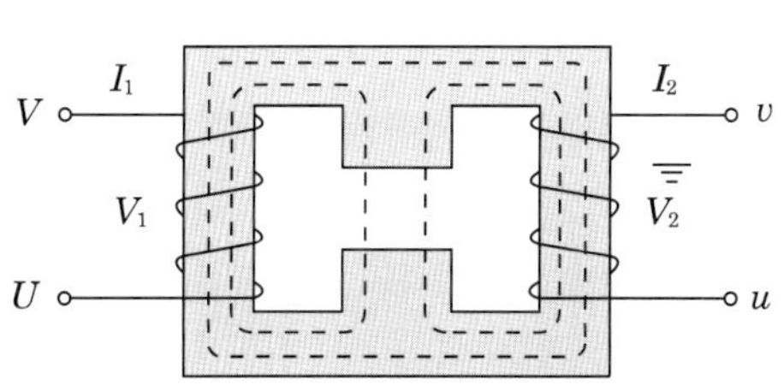

[그림 3-78] 누설변압기

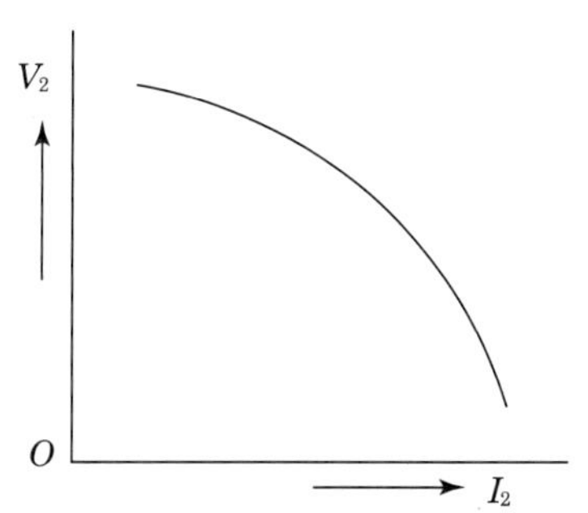

[그림 3-79] 수하특성

[그림 3-79]에서와 같이 I_2가 증가하면 V_2는 대단히 저하하는 특성이 되므로 I_2가 감소하려고 할 때 V_2는 상승되고, I_2가 증가하려고 하면 V_2는 감소하여 I_2를 일정하게 하는 것을 수하특성이라 한다.

(4) 정전류변압기

[그림 3-80]과 같은 P는 철심에 고정되어 있고 2차 코일 S는 가동코일이며 중량 W와 거의 평형이 되도록 유지하고 S에 전류가 흐르면 P와 S 사이에 반발력이 생겨 두 코일 사이 거리 d가 변화하여 누설 리액턴스가 증가하여 2차전류가 감소하고 일정전류를 유지한다. 이와 같은 변압기를 정전류변압기라 한다.

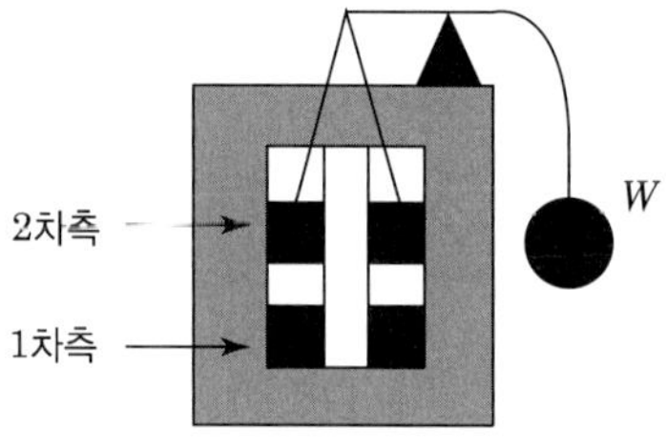

[그림 3-80] 정전류변압기

(5) 계기용변압기(instrument transformer)

① 전압변성기(P.T)

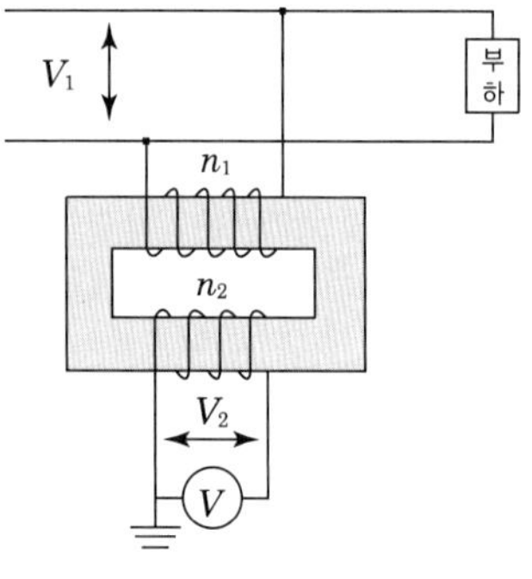

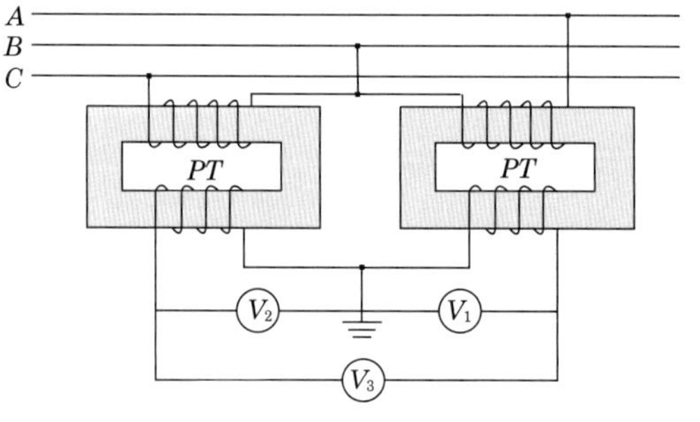

[그림 3-81] 계기용변압기

계기용변압기 (Potential Transformer)라고 하며 송전선로 또는 배전선로에 설치하게 되며, 1차 및 2차전압을 V_1, V_2 권수를 n_1, n_2라 하면

$$V_1 = \frac{n_1}{n_2} V_2 \tag{3-139}$$

보통 전력용변압기와 구조상차는 거의 없다. 측정오차를 될수록 적게 하기 위해 좋은 강판을 사용하는 것과 1차 및 2차권선의 임피던스(Impedance)강하를 적게 한다.

② 계기용변류기(Current Transformer)

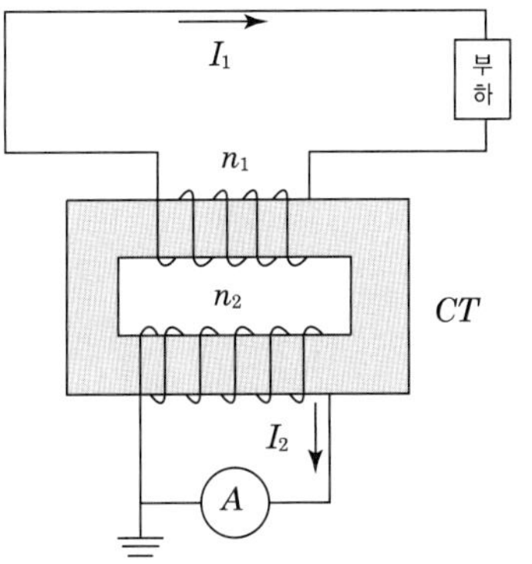

[그림 3-82] 계기용변류기

[그림 3-82]에서 부하와 직렬로 연결된 1차권선과 2차권선에 의해서 식 (3-139)와 같이 나타낼 수 있다.

$$I_1 = \frac{n_2}{n_1} I_2 \tag{3-140}$$

교류회로에서 정확한 지점의 변성비로 전류를 낮추어 전기계측이나 보호장치 또는 조정장치 제어용에 사용된다. 그런데 2차 측은 절대 개방해서는 안된다. 왜냐하면 2차 측의 기자력 쇄교작용이 없어지므로 $I_i\,(I_h + I_e)$의 1차전류를 제외한 나머지 전류가 전부 자화전류로 흘러서 자속은 철의 포화현상만으로 궤환되므로 유기전압 E_2는 높아져 절연파괴가 된다.

11.4 변압기의 시험 및 보수사항

(1) 온도상승시험

온도시험은 변압기의 전부하를 연속으로 가해서 권선, 변압기유 등을 시험하는 것으로 부하에는 전구나 수은등을 사용하는 실부하법이 있고, 이 방법은 전력소비가 많고 비경제적이므로 소형변압기 이외에는 별로 사용되지 않는다. 일반적으로 전력을 낭비하지 않고 철손과 동손만을 공급하여 시험하는 반환부하법(loading back method)이 사용된다.

① 반환부하법

㉠ 철손과 동손을 각각 공급하는 경우

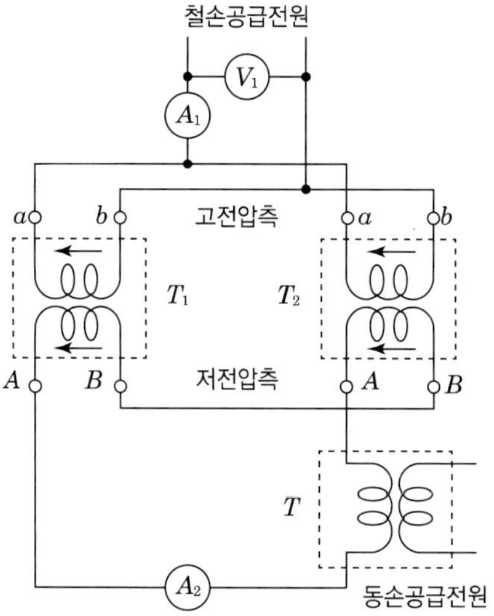

[그림 3-83] 철손과 동손을 이용한 반환부하법

단상변압기 2대를 [그림 3-83]와 같이 저압측을 병렬로 연결하고 정격주파수, 정격전압의 전원에 접속하여 철손을 공급하고 고압측은 전압이 서로 상쇄되게 접속하면 (+)의 기전력의 크기가 같고 방향이 반대이므로 전전압이 0이 되어 전력을 소비하지 않으므로 동손이 생기지 않는다. 그리고 회로에 전류계 A와 동손 공급용 보조변압기를 접속하여 별도의 전원에 의해 피시험 변압기의 임피던스 전압의 2배를 가하면 정격전류가 흐르므로 동손이 공급된다. 이와같이 하면 철손과 동손만을 변압기에 입력할 수 있어 실부하에서와 같은 온도상승의 상태가 나타나게 된다.

㉡ 탭전압을 이용하는 경우

피시험 변압기의 탭전압 차가 각 변압기의 임피던스 전압의 합과 거의 같으므로 양 변압기를 다른 탭에 연결하면 그 탭의 차이로 정격전류에 가까운 순환전류를 흘릴 수 있으므로 [그림 3-84]과 같이 접속하여 저압측에 정격주파수의 정격전압의 전원을 접속하여 사용하면 된다.

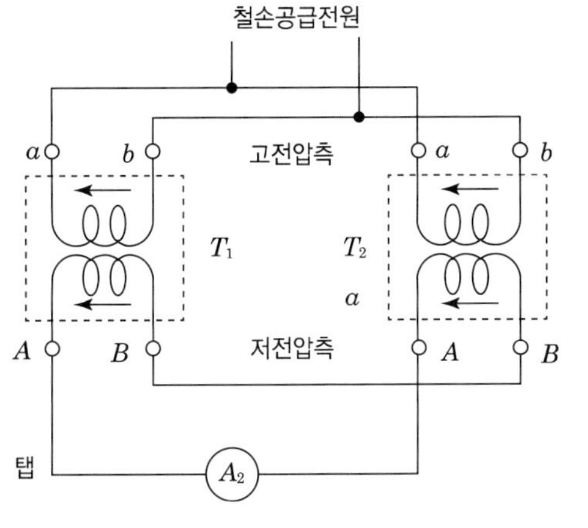

[그림 3-84] 탭전압 반환부하법

㉢ 3상결선방식을 이용하는 경우

[그림 3-85]과 같이 변압기를 △-△로 접속하고 고압측은 △의 한쪽상을 열어서 보조 변압기를 접속하고 저압측에서 정격주파수의 3상 정격전압으로 여자를 한다. 고압측은 보조 변압기에 의해서 변압기 3대의 임피던스 전압의 합과 같은 단상전압을 입력시켜 정격전류를 흐르게 한다.

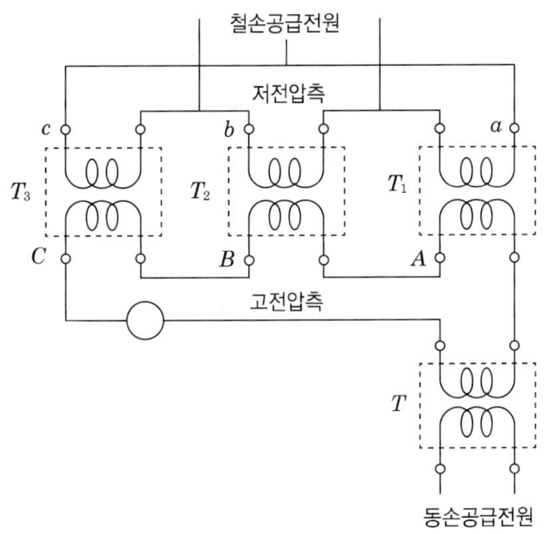

[그림 3-85] 3상결선 반환부하법

② 온도 측정

온도시험에서 권선 또는 변압기유의 온도와 외부 공기, 물 등의 냉각매체의 온도와의 차를 온도상승이라 하고 변압기의 정격부하를 연속으로 가할 때 온도상승 한도는 규정을 초과해서는 되지 않으며 온도의 측정법에는 온도계법과 저항법으로 나누어져 있다. 온도계법은 봉상 온도계, 다이얼 온도계 또는 저항 온도계에 의해 온도를 결정하는 방법으로 이들 온도계는 외부에서 접근하기 쉬운 부분 중의 기기의 최고온도로 추정되는 장소에 설치하여 측정한다. 한편, 저항법은 온도시험 측정과 시험직후의 권선의 저항을 직류로 측정하여 온도를 결정하는 방법이다.

$$t_2 = \frac{R_2 - R_1}{R_1}(234.5 - t_1) + t_1$$

t_1 : 최초 상태의 권선온도

t_2 : 최종 상태의 권선온도

R_1 : 최초 상태의 권선의 저항

R_2 : 최종 상태의 권선의 저항

(2) 절연내력 시험

변압기와 충전되고 있는 부분의 대지간, 충전부분 상호간 절연강도를 나타내기 위해 가압시험, 유도시험, 충격전압시험, 준공 시험 등의 시험 종류로 나눌 수 있다. 유입 변압기에서 이와 같은 시험을 하기 전에 변압기 외함의 밑바닥에서 변압기유를 빼내어 그 절연파괴 전압을 시험해 두는 것이 좋다. 이와 같은 시험도를 [그림 3-86]에 나타내었다.

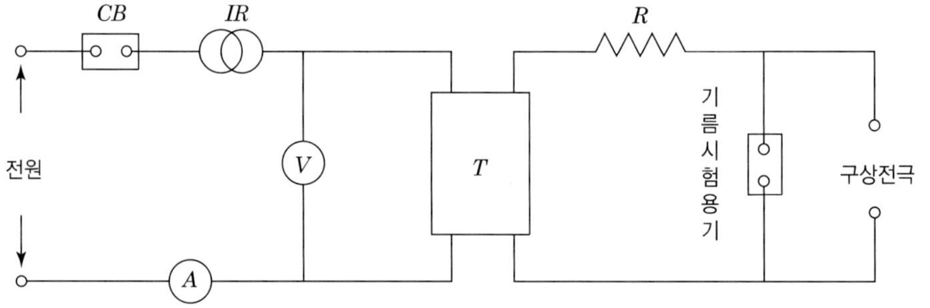

[그림 3-86] 변압기유 절연파괴 시험도

① 변압기유 절연파괴 시험

변압기유를 절연파괴 시험하기 위해 시험용기에 변압기유를 넣어 지름이 같은 구상전극을 써서 약 3 [mm] 정도 갭을 주고 상용주파수를 갖는 전압을 가했을 때 파괴전압이 30 [kV] 이상이면 되고 유도전압조정기를 이용하여 전압을 상승시키면서 전극간 방전을 시켜 그 때의 전압을 전압계로 측정한다. 이와 같은 시험도를 [그림 3-86]을 이용하여 실시할 수 있다.

② 가압시험

전원전압과 별도의 전원에서 발생한 상용주파수의 시험전압을 공시권선과 또다른 권선 그리고 철심, 외함을 일괄 접지한 후 1분 동안 전압을 가하는데 이 시험에서 다음 사항을 유의하여야 한다.

㉠ 온도시험을 시행한 후 즉시 시행한다.

㉡ 절연저항의 크기를 먼저 측정한다.

㉢ 시험전압은 최대한 정현파에 가까운 전압을 사용한다.

㉣ 시험전압의 측정은 저압측의 전압계 이외에 불꽃 갭을 사용하고 변압기 권선의 정전용량에 의해 파형이 일그러지는 것은 저압측에 전압계에는 측정 오차가 많이 발생되기 때문이다.

㉤ 가압시 시험전압의 1/3을 가하고 그 후 시험하고자 하는 전압까지 전압계로 읽을 수 있는 최대한계까지 되도록 빨리 전압을 상승시킨다.

③ 유도시험

변압기의 층간절연 시험을 하기 위해 권선의 단자간에 상호 유도전압의 2배 전압을 유도시켜 유도절연 시험을 행하고 대용량변압기도 일반적인 시험장치를 사용하더라도 평소시험 주파수 보다 높은 주파수를 사용하는 경우가 많다. 유도시험의 시간은 시험전압의 주파수가 정격주파수의 2배 이하일 경우 1분으로 하고, 1배를 넘는 경우에는 식 (3-138)에 의해 산출된 시간에 의하며 최저시간은 15 [s]로 규정하고 상승시 15 [s], 하강시 5 [s] 정도를 취하는 것이 좋다.

$$\text{시험시간} = 120 \times \frac{\text{정격 주파수}}{\text{시험 주파수}} \text{ [sec]} \qquad (3\text{-}141)$$

전원전압은 정현파에 최대한 가깝게 하고 피시험 변압기의 여자전류는 정격전류의 30 [%] 정도를 초과하지 않게 선정해야 한다.

④ 충격전압 시험

변압기의 낙뢰와 같은 큰 충격전압이 가해졌을 때 권선내에는 상용주파수 전압일 때와는 다른 전압분포가 발생하여 절연파괴가 될 우려가 있어 상용주파수 전압에 의한 시험만으로는 충분하지 못하므로 3 [kV] 이상의 유입변압기에서는 절연에 상태가 단계화 되어 있으므로 충격전압의 견딜 수 있도록 설계되야 하며 충격전압의 표준파형에 40 [μs]를 사용하여 실시하고 전압에 첨두값은 별도로 정해져 있다.

⑤ 준공시험

변압기를 제작하여 사용하기 전 피시험 변압기는 준공시험을 실시하는데 7 [kV] 이하는 최대 사용전압의 1.5배(단, 최저 전압 500[V])를 가하고, 7 [kV]를 초과하는 경우는 50 [kV] 이하는 최대 사용전압의 1.25배의 전압을 가하며 50 [kV]를 초과하는 경우는 최대 사용전압에 13 [kV]를 합한 크기를 가해주며 약 10분 이상 운전을 실시해야 한다.(KS 규정에 따라 변동될 수 있다)

(3) 상회전 (3상에 한함)

상회전시험은 상회전계를 이용 고압 측 단자에 접속하고 저압 측에 저전압을 가해 회전방향을 확인한 다음 상회전계를 고압 측 상대의 저압 측에 접속하여 운전하였을 경우 동일방향이면 극성이 같다는 것을 확인할 수 있다.

(4) 극성시험

① 직류전압계를 사용하는 방법

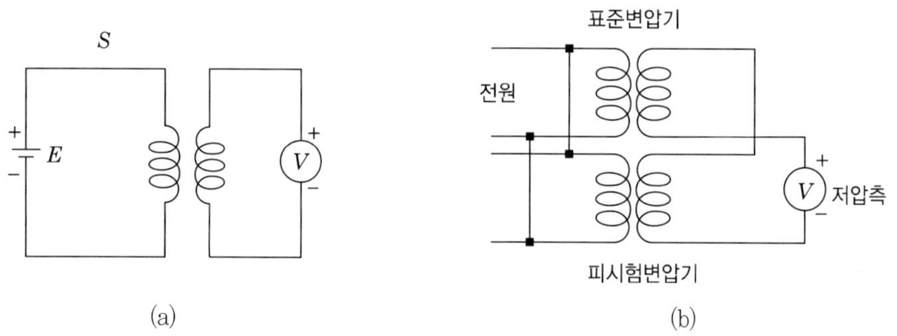

[그림 3-87] 직류전압계를 이용한 극성시험

변압기의 저압 측에 전지와 개폐기를 접속하고 고압 측에 직류전압계를 연결하여 전압계의 극성을 [그림 3-87](a)와 같이 접속하고 개폐기를 닫으면 순간 전압계의 지침이 정 방향으로 움직이게 되면 감극성이 되는데 이 극성이 표준극성이 된다.

② 표준변압기를 사용하는 방법

[그림 3-87](b)와 같이 권수비가 같은 표준변압기를 고압 측에 병렬로 접속하고 저압측은 서로 반대로 접속하여 전압계를 연결하면 고압 측에 정격보다 낮은 전압을 인가하여 전압계의 지시가 0이 되고, 감극성이고 반대가 되면 가극성이며 전압계의 지시는 크게 변화하게 된다.

12 변압기의 극성시험 및 보수

12.1 변압기의 극성시험

(1) 직류전압계를 사용하는 방법

변압기의 저압 측에 전지와 개폐기를 접속하고 고압 측에 직류전압계를 연결하여 전압계의 극성을 [그림 3-87](a)와 같이 접속하고 개폐기를 닫으면 순간 전압계의 지침이 정 방향으로 움직이게 되면 감극성이 되는데 이 극성이 표준극성이 된다.

(2) 표준변압기를 사용하는 방법

[그림 3-88](b)와 같이 권수비가 같은 표준변압기를 고압 측에 병렬로 접속하고 저압측은 서로 반대로 접속하여 전압계를 연결하면 고압 측에 정격보다 낮은 전압을 인가하여 전압계의 지시가 0이 되면 감극성이고 반대가 되면 가극성이며 전압계의 지시는 크게 변화하게 된다.

12.2 변압기의 특수시험

(1) 소음 측정
(2) 여자전압 및 전류파형 측정
(3) 돌입전류 및 단락시험 측정
(4) 유전체손(tanδ)의 측정
(5) 고유주파수 및 전위분포 측
(6) 서지(surge) 임피던스 측정
(7) 이행전압(移行) 및 코로나시험

12.3 변압기의 보수

변압기는 전력계통기기 중 중요한 기기이므로 취급과 그 원리 및 특성을 이해하여 항상 안전한 운전이 될 수 있도록 수시 점검과 보완, 미비할 경우 사전 예방조치를 취하므로 임명피해 및 재산의 손실을 막아야 하는데 그 사항들을 다음과 같이 준수해야 한다.

(1) 년 4~5회 변압기유의 열화상태를 점검하고 불량시에는 여과 또는 교체하여 사용하도록 한다.

(2) 부싱(bushing)은 자주 청소를 하고 청소시 절연대나 절연봉을 이용하여 감전이 되지 않도록 유의하며 유입부싱의 경우 유량 상태에 유의한다.

(3) 컨서베이터(conservator)에 사용되는 흡습제(아스카겔 또는 DBPC)를 사용한 환기장치가 있는 변압기는 수시로 흡습제를 점검하여 기준 미달시 교환해야 한다.

(4) 컨서베이터가 없는 변압기는 5~10년에 변압기 전체를 점검하고 침전물(sludge)등을 제거하며 작업이 진행되는 때는 날씨가 맑고 건조한 시기를 택해서 해야한다.

(5) 정상 운전시에는 부하변동에 유의하고 전압·전류 불평형, 주파수의 변화 또는 온도상승 등을 매일 기록하여 이상현상의 발생을 사전에 예방하여 안전운전을 행할 수 있도록 해야 한다.

13 변압기 전체 특성

(1) 용도

고압 소 전류 전력, 동일주파수, 저압 대 전류 전력 동일주파수로 변환한다. 송전부터 최종 부하 단까지 넓게 이용한다.

(2) 목적

① 1차와 2차 절연

② 전압 · 전류 측정용의 변성기 (MOF = PT+CT)

③ 상수변환 3상을 2상으로 변환

④ 임피던스 정합

(3) 절연물 구분

① Y → 90 ℃ : 석면

② A → 105 ℃ : 포말수지

③ E → 120 ℃ : 에폭시

④ B → 130 ℃ : 유리섬유 + 합성수지

⑤ F → 155 ℃ : 유리섬유

⑥ H → 180 ℃ : 유리섬유 + 실리콘수지

⑦ C → 180 ℃ 이상 : 마이카, 유리

(4) 변압기 대용량화에 따른 문제점

① 전자기계력에 의한 코일절단에 대한 대책

② 서지의 침입 : 단절연 ⇒ 낙뢰 등으로 변압기 입구의 절연파괴

③ 절연협조 : 송전선과 변압기의 절연

④ 절연재료 발달에 따른 절연방식의 개선

연 습 문 제

01 단권변압기와 일반 보통변압기를 비교 설명하여라.

02 계기용변압기와 계기용변류기의 동작을 비교 설명하여라.

03 3000 [V]의 단상 배전선전압을 3300 [V]로 승압하는 단권변압기의 자기용량[kVA]을 구하면? 단, 부하용량은 100 [kVA]이다.

04 1차전압 100 [V], 2차전압 200 [V], 선로출력 50 [kVA]인 단권변압기의 자기용량을 몇 [kVA]인가?

05 3300/210 [V], 5 [kVA]의 주상변압기를 승압용 단권변압기로 접속하고, 1차에 3000 [V]를 가할 때의 출력 [kVA]은?

06 단권변압기 2대를 V결선하여 선로전압 3000 [V]를 3300 [V]로 승압하여 300 [kVA]의 부하에 전력을 공급한다. 단권변압기의 자기용량[kVA]은?

07 용량 3 [kVA], 3000/100 [V]의 단상변압기를 승압기로 연결하고 1차 측에 3000 [V]를 가했을 때 그 부하용량[kVA]는?

08 200[V]의 배선전압을 220[V]로 승압하여 30[kVA]의 부하에 전력을 공급하는 단권변압기가 있다. 이 단권변압기의 자기용량 [kVA]은 얼마인가?

09 △ 결선 변압기의 한 대가 고장으로 제거되어 V결선으로 공급할 때 공급할 수 있는 전력은 고장 전 전력에 대하여 몇 [%]인가?

다음 중 알맞은 답을 고르시오.

01 일반변압기의 여자에 필요한 피상 전력은?

(가) $\frac{\pi}{\mu} f B_m{}^2 \times$ 철심체적
(나) $\frac{\pi}{f} \mu B_m{}^2 \times$ 철심체적
(다) $\frac{f}{\pi} \mu B_m{}^2 \times$ 철심체적
(라) $\frac{\pi}{f \cdot \pi} B_m{}^2 \times$ 철심체적

☞ 자기회로의 평균 길이를 l, 단면적을 A, 투자율을 μ라 하면

$\Phi = \sqrt{2} N_1 I_0 \mu A / l$, $V = \sqrt{2} \pi f \omega_1 \Phi_m$이므로

$$V_1 I_0 = \sqrt{2} \pi f N_1 \Phi_m \times \frac{\Phi_m{}^2}{\sqrt{2} N_1 \mu A} = \frac{f}{\mu} \pi \frac{\Phi_m{}^2}{A} l = \frac{f}{\mu} \pi \cdot \frac{(B_m A)^2}{A} \cdot l$$

$$= \frac{f}{\mu} \pi B_m{}^2 \cdot Al = \frac{f}{\mu} \pi B_m{}^2 \times \text{철심 체적}$$

02 어떤 변압기의 1차 환산 임피던스 $Z_{12} = 225[\Omega]$이고 이것을 2차로 환산하면 $Z_{21} = 1[\Omega]$이다. 2차전압이 400[V]이면 1차전압[V]은?

(가) 6,000
(나) 4,500
(다) 3,000
(라) 1,500

☞ $Z_{21} = \frac{1}{a^2} Z_{12}$ $\therefore\ a = \sqrt{\frac{Z_{12}}{Z_{21}}} = \sqrt{\frac{225}{1}} = 15$

$\therefore\ V_1 = a V_2 = 15 \times 400 = 6{,}000[V]$

03 단상변압기의 2차 측(105[V] 단자)에 1[Ω]의 저항을 접속하고 1차 측에 1[A]의 전류를 흘렸을 때 1차단자전압이 900[V]이었다. 1차 측 탭전압[V]과 2차전류[A]는 얼마인가? 단, 변압기는 이상 변압기, V_T는 1차 탭전압, I_2는 2차전류이다.

(가) V_T 3,150 $I_2 = 30$
(나) V_T 900 $I_2 = 30$
(다) V_T 900 $I_2 = 1$
(라) V_T 3,150 $I_2 = 1$

☞ 이상 변압기 이므로 변압기의 임피던스 및 손실은 없다고 본다.

$V_2 = 105[V]$, $R_2 = 1[\Omega]$, $I_1 = 1[A]$, $V_1 = 900[V]$이므로

$$V_1 I_1 = V_2 I_2 = \frac{V_2{}^2}{R_2}$$

$$900 \times 1 = \frac{V_2{}^2}{1} \qquad \therefore\ V_2 = \sqrt{900} = 30[V]$$

따라서 권수비 $a = \frac{V_1}{V_2} = \frac{900}{30} = 30$

1차 측의 탭전압 $V_T = a V_2 = 30 \times 105 = 3{,}150[V]$

2차 측의 전류 $I_2 = a I_1 = 30 \times 1 = 30[A]$

04 1차전압 3,300[V], 권수비 30인 단상변압기로부터 전등 부하에 20[A]를 공급할 때의 입력[kW]은? 단, 변압기의 손실은 무시한다.

(가) 6.6　　(나) 5.6
(다) 3.4　　(라) 2.2

☞ $V_2 = \dfrac{V_1}{a} = \dfrac{3,300}{30} = 110$

$P = V_2 I_2 = 110 \times 20 = 2.2[\text{kW}]$

05 그림과 같은 변압기 회로에서 부하 R_2에 공급하는 전력이 최대로 되는 변압기 권수비 a는?

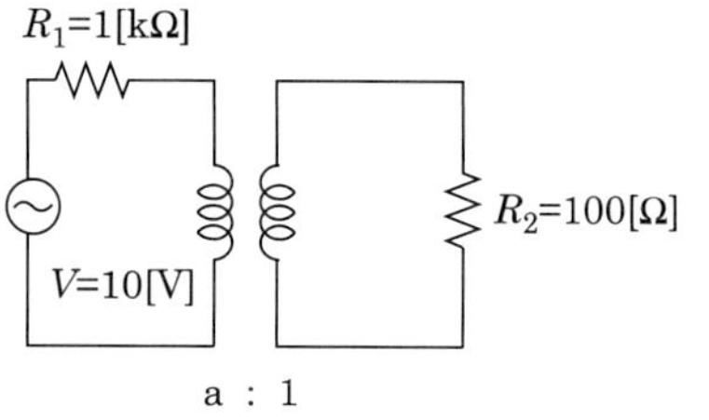

(가) 5
(나) $\sqrt{5}$
(다) 10
(라) $\sqrt{10}$

☞ 전력 최대의 조건은 저항이 같을 때이다.

그러므로 $a = \sqrt{\dfrac{1 \times 10^3}{100}} = \sqrt{10}$

06 권수비 a = 6,600/220, 60[Hz] 변압기의 철심 단면적 0.02[m²], 최대 자속밀도 1.2[Wb/m²]일 때 1차 유기기전력[V]은 얼마인가?

(가) 1,407　　(나) 3,521
(다) 42,198　　(라) 49,814

☞ $V_1 = 4.44 f N_1 \Phi_m = 4.44 \times 60 \times 6,600 \times 0.02 \times 1.2 = 42,198[V]$

07 단면적 10[cm²]인 철심에 200[회]의 권선을 하여 이 권선에 60[Hz], 60[V]인 교류전압을 인가하였을 때 철심의 자속밀도[Wb/m²]는?

(가) 1.126×10^{-3}　　(나) 1.126
(다) 2.252×10^{-3}　　(라) 2.252

☞ 철심에 200회의 권선을 하면 1차권선에 유기되는 기전력의 실효값

$E_1 = 4.44 f N_1 \Phi_m [V]$ 식에서

$\Phi_m = \dfrac{E_1}{4.44 f N_1} = \dfrac{60}{4.44 \times 60 \times 200} = 1.126 \times 10^{-3}[Wb]$

철심의 단면적을 $A[m^2]$라 하면

자속밀도 $B_m = \dfrac{\Phi_m}{A} = \dfrac{1.126 \times 10^{-3}}{10 \times 10^{-4}} = 1.126[Wb/m^2]$

08 변압기의 누설 리액턴스는? 단, 여기서 N은 권수이다.

(가) N에 비례한다.
(나) N^2에 비례한다.
(다) N에 무관하다.
(라) N에 반비례한다.

☞ $L\frac{di}{dt} = N\frac{d\Phi}{dt} \quad \therefore\ L = \frac{N\Phi}{I}$

그런데 자속 $\Phi = \frac{F}{R} = \frac{NI}{l/\mu S} = \frac{\mu NI}{l}$ 이므로

$$\therefore\ L = \frac{N\Phi}{I} = \frac{N \cdot \frac{\mu N^2}{l}}{I} = \frac{\mu N^2}{l} \propto N^2$$

09 1차전압이 2,200[V], 무부하전류가 0.088[A], 철손 110[W]인 단상변압기의 자화전류[A]는?

(가) 0.05
(나) 0.038
(다) 0.072
(라) 0.088

☞ 철손전류 $I_{ow} = \frac{P}{V_1} = \frac{110}{2,200} = 0.05[A]$

여자전류 $I_o = I_{om} + I_{ow}$

그러므로 $I_{om} = \sqrt{0.05^2 - 0.088^2} = 0.0724[A]$

10 2[kVA], 3,000/100[V]인 단상변압기의 철손이 200[W]이면 1차에 환산한 여자 컨덕턴스 [℧]는?

(가) 66.6×10^{-3}
(나) 22.2×10^{-6}
(다) 2×10^{-2}
(라) 2×10^{-6}

☞ $g_0 = \frac{P_i}{(V_i')^2} = \frac{200}{3,000^2} = 22.2 \times 10^{-6}[℧]$

11 변압기 여자전류에 많이 포함된 고조파는?

(가) 제 2고조파
(나) 제 3고조파
(다) 제 4고조파
(라) 제 5고조파

☞ 변압기의 철심에는 히스테리시스 현상이 있으므로 정현파 자속을 발생하기 위해서는 여자전류의 파형은 왜형파가 된다. 고조파 중에서 제일 큰 것이 제3 고조파이고 그 크기는 실제의 변압기에 사용되는 자속밀도의 범위에서는 등가 정현파 전류의 40%에 도달한다.

12 변압기에서 2차를 1차로 환산한 등가회로의 부하전력 P_2[W]은 실제 부하의 소비 전력 P_2[W]에 대하여 어떠한가? a는 변압비다.

(가) a배
(나) a^2배
(다) 1/a
(라) 변함없다.

13 변압기 3,000/100[V]인 단상변압기 2대의 고압측을 그림과 같이 직렬 로 3,300[V] 전원에 연결하고 저압측에 각각 5[Ω], 7[Ω]의 저항을 접속하였을 때 고압측의 단자전압 E_1은 대략 몇[V] 인가?

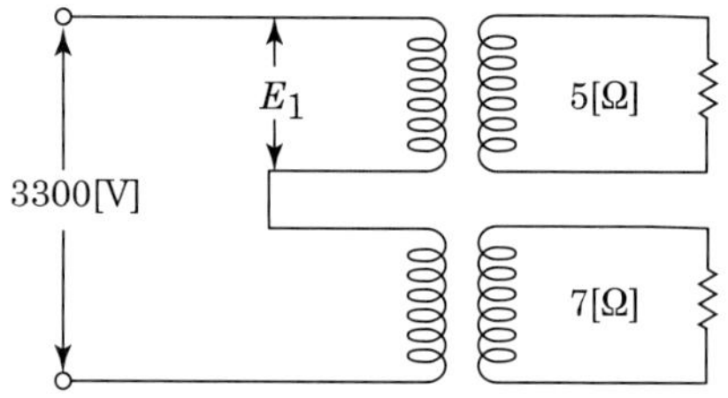

(가) 471
(나) 660
(다) 1,375
(라) 1,925

☞ 변압비(권수비) $a = \dfrac{V_1}{V_2}$

$$E_1 = \frac{Z_1}{Z_1 + Z_2} \cdot E = \frac{5}{5+7} \times 3{,}300 = 1{,}374[V]$$

14 변압기 개방 시험으로 구할 수 없는 것은?

(가) 무부하전류　　(나) 동손
(다) 철손　　(라) 여자 임피던스

☞ 변압기 개방 회로 시험은 무부하전류, 히스테리시스 손, 와류 손 등을 구할 수 있다. 동손은 폐회로 시험으로 구할 수 있다.

15 변압기의 등가회로 작성에 필요 없는 시험은?

(가) 단락시험　　(나) 반환부하법
(다) 무부하시험　　(라) 저항 측정시험

☞ 등가회로 작성에는 권선저항을 알아야 하고 철손을 측정하는 무부하시험, 동손을 측정하는 단락시험이 필요하다.
반환부하법은 변압기의 온도상승시험을 하는데 필요한 시험 방법이다.

16 변압기 철심용 강판의 두께는 대략 몇 [mm]인가?

(가) 0.15　　(나) 0.25
(다) 0.35　　(라) 0.45

☞ 변압기의 철심(core)에는 투자율과 저항률이 크고 히스테리시스손이 작은 규소 강판을 사용한다. 규소의 함유량은 4~4.5% 정도이고 현재 변압기에 사용되고 있는 철판의 두께는 0.3mm 및 0.35mm의 두 종류가 있다.

17 변압기의 1, 2차권선간의 절연에 사용되는 것은?

(가) 에나멜　　(나) 무명실
(다) 종이 테이프　　(라) 크래프트지

☞ 고압 배전용변압기에서는 코일이 동심적으로 여러 층이 되므로 코일의 한 층마다 크래프트지 또는 마닐라지 등을 넣어 절연한다. 이와 같은 절연을 층간절연(layer insulation)이라 한다.

18 변압기의 누설 리액턴스를 줄이는 가장 효과적인 방법은 어느 것인가?

㈎ 권선을 분할하여 조립한다. ㈏ 권선을 동심 배치한다.
㈐ 코일의 단면적을 크게 한다. ㈑ 철심의 단면적을 크게 한다.

19 변압기에서 발생하는 소음을 적게 하려면 다음 중 어느 것이 가장 적당한가?

㈎ 냉각을 한다. ㈏ 철심을 단단히 조인다.
㈐ 절연을 잘한다. ㈑ 부하를 많이 걸어 준다.

☞ 변압기에서 발생하는 소음의 저감 대책은 다음과 같다.

① 자기 외형으로 인한 진동을 작게 하기 위해서 철심의 자속밀도를 낮게 하고 또한 가지 외형이 적은 철심재료 즉, 이방성 강판을 사용한다.
② 철심, 권심을 단단히 조인다.
③ 진동의 전달을 방지하기 위해서 변압기 본체와 탱크, 탱크와 설치대 사이 등에 방진 지지를 한다.
④ 풍랭식 변압기에서는 냉각팬으로 경음팬을 사용하고 또한 방음 장치를 한다.

20 변압기에 콘서베이터를 설치하는 목적은?

㈎ 열화 방지 ㈏ 통풍 장치
㈐ 코로나 방지 ㈑ 강제 순환

☞ 콘서베이터는 변압기의 기름이 공기와 접촉되어 불용성 침전물이 생기는 것을 방지하기 위해서 변압기의 상부에 설치된 원통형의 유조(기름통)로서 그 속에는 $\frac{1}{2}$ 정도의 기름이 들어 있고 주 변압기 외함 내의 기름관은 가는 관으로 연결되어 있다. 변압기 부하의 변화에 따르는 호흡 작용에 의한 변압기 기름의 팽창, 수축이 콘서베이터의 상부에서 행하여지게 되므로 높은 온도의 변압기 기름이 직접 공기와 접촉하는 것을 방지하여 변압기 기름의 열화를 방지하는 것이다.

21 변압기유로 쓰이는 절연유에 요구되는 특성이 아닌 것은?

㈎ 응고점이 낮을 것. ㈏ 절연 내력이 클 것.
㈐ 인화점이 클 것. ㈑ 점도가 클 것.

22 변압기유의 열화 방지 방법 중 옳지 않은 것은?

㈎ 개방형 콘서베이터 ㈏ 수소 봉입 방식
㈐ 밀봉 방식 ㈑ 흡작제 방식

23 변압기 기름의 열화 영향에 속하지 않는 것은?

㈎ 냉각 효과의 감소 ㈏ 침식 작용
㈐ 공기 중 수분의 흡수 ㈑ 절연 내력의 감소

24 변압기 기름 중 아크 방전에 의하여 생기는 가스 중 가장 많이 발생하는 가스는?

(가) 수소 (나) 아세틸렌
(다) 일산화 탄소 (라) 산소

☞ 발생 가스 중의 비율이 큰 순서대로 나열하면 수소, 아세틸렌, 일산화 탄소, 산소이다.

25 3상변압기의 임피던스가 $Z[\Omega]$이고 선간전압이 V[kVA], 정격용량이 P[kVA]일 때 $\%Z$(% 임피던스) 는?

(가) $\frac{PZ}{V}$ (나) $\frac{10PZ}{V}$
(다) $\frac{PZ}{10V^2}$ (라) $\frac{PZ}{100V^2}$

26 임피던스 강하가 5[%]인 변압기가 운전 중 단락되었을 때 단락전류는 정격전류의 몇 배인가?

(가) 15배 (나) 20배
(다) 25배 (라) 30배

☞ $I_s = \frac{100}{\%Z} \times I_n = \frac{100}{5} \times I_n = 20 \cdot I_n$

27 임피던스 전압을 걸 때의 입력은?

(가) 정격용량 (나) 철손
(다) 임피던스와트 (라) 전부하시의 전손실

28 변압기의 임피던스 전압이란?

(가) 정격전류가 흐를 때의 변압기 내의 전압강하
(나) 여자전류가 흐를 때의 2차 측 단자전압
(다) 정격전류가 흐를 때의 2차 측 단자전압
(라) 2차 단락전류가 흐를 때의 변압기 내의 전압강하

29 단상변압기의 임피던스와트를 구하기 위하여서는 다음 중 어느 시험이 필요한가?

(가) 무부하시험 (나) 단락시험
(다) 유도시험 (라) 반환부하법

30 3,300/210[V], 5[kVA] 단상변압기가 퍼센트 저항 강하 2.4[%], 리액턴스 강하 1.8[%]이다. 임피던스 전압은?

(가) 99　　(나) 66
(다) 33　　(라) 21

☞ $p = 2.4[\%]$, $q = 1.6[\%]$이므로 % 임피던스 강하를 z라 하면

$$z = \sqrt{p^2+q^2} = \sqrt{2.4^2+1.8^2} = 3[\%]$$

$$z = \frac{I_{1n}Z}{V_{1n}} \times 100$$

$$\therefore \ V_s = \frac{z\,V_{1n}}{100} = \frac{3 \times 3{,}300}{100} = 99[V]$$

31 3,300/200[V], 10[kVA]인 단상변압기의 2차를 단락하여 1차 측에 300[V]를 가하니 2차에 120[V]가 흘렀다. 이 변압기의 임피던스 전압[V]과 백분율 임피던스 강하[%]는?

(가) 125, 3.8　　(나) 200, 4
(다) 125, 3.5　　(라) 200, 4.2

☞ 1차 정격전류 $I_{n1} = \frac{P}{V_1} = \frac{10 \times 10^3}{3{,}300} = 3.03[A]$

1차 단락전류 $I_{1s} = \frac{1}{a}I_{2s} = \frac{200}{3{,}300} \times 120 = 7.27[A]$

2차를 1차로 환산한 등가 누설 임피던스 $Z_{21} = \frac{V_s'}{I_{1s}} = \frac{300}{7.27} = 41.26[\Omega]$

임피던스 전압 $V_s = I_{1n}Z_{21} = 3.03 \times 41.26 = 125.02[V]$

백분율 임피던스 강하 $\%Z = \frac{V_s}{V_{1n}} \times 100 = \frac{125.02}{3{,}300} \times 100 = 3.8[\%]$

32 5[kVA], 3,000/200[V]인 변압기의 단락시험에서 임피던스 전압이 120[V], 동손이 150[W]라 하면 %저항 강하는 몇 [%]인가?

(가) 2　　(나) 3
(다) 4　　(라) 5

☞ $p = \frac{I_{1n}r}{V_{1n}} \times 100 = \frac{I_{1n}{}^2 r}{V_{1n}I_{1n}} \times 100 = \frac{P_c}{kVA} = \frac{150}{5{,}000} \times 100 = 3[\%]$

33 10[kVA], 2,00/100[V]인 변압기에서 1차에 환산한 등가임피던스가 $6.2 + j7[\Omega]$이다. 이 변압기의 %리액턴스 강하는?

(가) 3.5　　(나) 1.75
(다) 0.35　　(라) 0.175

☞ $I_{1n} = \dfrac{P}{V_{1n}} = \dfrac{10\times10^3}{2{,}000} = 5[A]$

$\therefore\ q = \dfrac{I_{1n}x}{V_{1n}}\times100 = \dfrac{5\times7}{2{,}000}\times100 = 1.75[\%]$

34 역률 80[%](뒤짐)로 전부하 운전 중의 3상 100[kVA], 3,000/200[V] 변압기의 저압측 선전류 무효분은 대략 몇 [A]인가?

㈎ 98　　㈏ 125
㈐ 173　　㈑ 212

☞ 출력 $P = \sqrt{3}\,V_2 I_2$식에서

$I_2 = \dfrac{P}{\sqrt{3}}V_2 = \dfrac{100\times10^3}{\sqrt{3}\times200} = \dfrac{1{,}000}{2\sqrt{3}}[A]$

무효 전류 $I_q = I_2\sin\theta_2$식에서

$I_q = I_2\sin\theta_2 = I_2\sqrt{1-\cos^2\theta_2} = \dfrac{1{,}000}{2\sqrt{3}}\times\sqrt{1-0.8^2}$

$= \dfrac{1{,}000\times0.6}{2\sqrt{3}} = 100\sqrt{3}\,[A]$

35 단상 100[kVA], 13,200/200[V] 변압기의 저압측 선전류의 유효분[A]은? 단, 역률 0.8 지상이다.

㈎ 300　　㈏ 400
㈐ 500　　㈑ 700

☞ 2차 측 유효분 전류 $I_2 = \dfrac{P}{V_2}cos\theta = \dfrac{100\times10^3}{200}\times0.8 = 400[A]$

36 어떤 단상변압기의 2차 무부하전압이 240[V]이고 정격부하시 2차단자전압이 230[V]이다. 전압변동률은?

㈎ 2.35　　㈏ 3.35
㈐ 4.35　　㈑ 5.35

37 단상변압기가 있다. 전부하에서 2차전압은 115[V]이고 전압변동률은 2[%]이다. 1차단자전압[V]은? 단, 1차, 2차권선비는 20 : 1이다.

㈎ 2,356　　㈏ 2,346
㈐ 2,336　　㈑ 2,326

☞ $V-10 = V_{1n}\left(1+\dfrac{\epsilon}{100}\right) = aV_{2n}\left(1+\dfrac{\epsilon}{100}\right)$

$= 20\times115\times\left(1+\dfrac{2}{100}\right) = 2{,}346[V]$

38 어느 변압기의 백분율 저항 강하가 2[%], 백분율 리액턴스 강하가 3[%]일 때 역률(지역률) 80[%]인 경우의 전압변동률[%]은?

(가) −0.2 (나) 3.4

(다) 0.2 (라) −3.4

☞ $\epsilon = p\cos\Phi + q\sin\Phi = 2\times0.8+3\times0.6 = 3.4[\%]$

39 어떤 변압기의 단락시험에서 %저항 강하가 1.5[%]와 % 리액턴스 강하 3[%]를 얻었다. 부하역률 80[%] 앞선 경우의 전압변동률[%]은?

(가) −0.6 (나) 0.6

(다) −3.0 (라) 3.0

☞ $\epsilon = p\cos\Phi - q\sin\Phi = 1.5\times0.8-3\times0.6 = -0.6[\%]$

40 5[kVA], 3,000/200[V]의 단상변압기가 있다. 2차에 환산한 등가저항과 등가 리액턴스는 0.14[Ω], 0.16[Ω]이다. 이 변압기에 역률 0.8(뒤짐)이 전격부하를 걸었을 때의 전압변동률[%]은?

(가) 약 0.026 (나) 약 0.26

(다) 약 2.60 (라) 약 26.00

☞ $I_{1n} = \dfrac{P}{V_1} = \dfrac{2{,}000}{5{,}000} = 2.5[A]$

$I_{2n} = \dfrac{P}{V_2} = \dfrac{5{,}000}{200} = 25[A]$

% 저항 강하 $p = \dfrac{I_{2n}r_2}{V_{2n}}\times100 = \dfrac{25\times0.14}{200}\times100 = 1.75[\%]$

% 리액턴스 강하 $q = \dfrac{I_{2n}x_2}{V_{2n}}\times100 = \dfrac{25\times0.16}{200}\times100 = 2[\%]$

전압변동률 $\epsilon = p\cos\Phi + q\sin\Phi = 1.75\times0.8+2\times0.6 = 2.6[\%]$

41 어느 변압기의 변압비가 무부하시에는 14.5 : 1이고 정격부하의 어느 역률에서는 15 : 1이다. 이 변압기의 동일 역률에서의 전압변동률[%]을 구하면?

(가) 3.5 (나) 3.7

(다) 4.0 (라) 4.3

☞ 권수비는 무부하시의 전압비와 같으므로

$\dfrac{V_1}{V_{20}} = 14.5,\ \dfrac{V_1}{V_{2n}} = 15$

따라서 $\dfrac{V_{20}}{V_{2n}} = \dfrac{V_1}{14.5}$

그러므로 $V_{2n} = \dfrac{V_1}{15}$

$$\therefore \ \frac{V_{20}}{R_{2n}} = \frac{\dfrac{V_1}{14.5}}{\dfrac{V_1}{15}} = \frac{15}{14.5}$$

그러므로 전압변동률 $\epsilon = \dfrac{V_{20} - V_{2n}}{V_{2n}} \times 100 = \left(\dfrac{V_{20}}{V_{2n}} - 1\right) \times 100$

$$= \left(\frac{15}{14.5} - 1\right) \times 100 = 3.5[\%]$$

42 변압기 리액턴스 강하가 저항 강하의 3배이고 정격전류에서 전압변동률이 0이 되는 앞선 역률의 크기는?

(가) 88 (나) 90

(다) 92 (라) 95

☞ 전압변동률 $\epsilon = p\cos\Phi + q\sin\Phi = 0$에서

$$\frac{p}{q} = \tan\phi = \frac{1}{3}$$

따라서 역률 $\cos\phi = \dfrac{1}{\sqrt{1+\tan^2\phi}} = \dfrac{1}{\sqrt{1+\left(\dfrac{1}{3}\right)^2}} = \dfrac{3}{\sqrt{10}} = 0.95 = 95[\%]$

43 변압기를 $\Delta - Y$로 결선했을 때 1차, 2차의 전압 위상차는?

(가) 0° (나) 30°

(다) 60° (라) 90°

☞ $\Delta - Y$ 결선 : 2차 선간전압이 30° 앞선다.

$Y - \Delta$ 결선 : 2차 선간전압이 30° 뒤진다.

44 변압기 결선에서 부하 단자에 제3 고조파전압이 발생하는 것은?

(가) $\Delta - \Delta$ (나) $\Delta - Y$

(다) $Y - Y$ (라) $Y - \Delta$

☞ $Y - Y$ 결선은 제3 고조파의 여자전류 통로가 없으므로 유기기전력에 제3 고조파가 포함되어 중성점이 접지되어있는 경우에는 선로에는 선로에 제3 고조파를 주로 하는 충전전류가 흘러서 통신 장해를 일으킨다. 따라서 이 결선은 거의 사용되지 않으나 3차권선을 설치한 $Y - Y - \Delta$의 3권선변압기는 송전용으로 널리 사용된다.

45 단상변압기의 3상 $Y-Y$결선에서 잘못된 것은?

(가) 제3 고조파 전류가 흐르며 유도 장해를 일으킨다.

(나) V결선이 가능하다.

(다) 권선 전압이 선간전압의 $1/\sqrt{3}$ 배 이므로 절연이 용이하다.

(라) 중성점 접지가 된다.

☞ $Y-Y$ 결선은 단상변압기 3대 중 1대에 고장이 생겼을 경우에는 V결선이 안 된다.

46 6,600/210[V]의 단상변압기 3대를 $\Delta-Y$로 결선하여 1상 18[kW] 전열기의 전원으로 사용하다가 이것을 $\Delta-\Delta$로 결선하였을 때 이 전열기의 소비 전력[kW]은 얼마인가?

(가) 31.2	(나) 10.4
(다) 2.0	(라) 6.0

☞ $\Delta-Y$ 결선을 $\Delta-\Delta$으로 하면 상전압(2차 측 전압)은 $\frac{1}{\sqrt{3}}$ 배가 되므로 전력은 $\left(\frac{1}{\sqrt{3}}\right)^2$ 이 된다. 그러므로 $18\times\left(\frac{1}{\sqrt{3}}\right)^2 = 6[kW]$

47 변압비 30 : 1의 단상변압기 3대를 1차 Δ, 2차 Y로 결선하고 1차에 선간전압 3,300[V]를 가했을 때의 무부하 2차 선간전압[V]은?

(가) 250	(나) 220
(다) 210	(라) 190

☞ $V_2 = \sqrt{3}\times\frac{V_1}{a} = \sqrt{3}\times\frac{3{,}300}{30} = 190.5[V]$

48 '절연이 용이하나 제3 고조파의 영향으로 통신 장해를 일으키므로 3권선변압기를 설치할 수 있다.'라는 설명은 변압기의 3상결선법의 어느 것을 말하는가?

(가) $\Delta-\Delta$	(나) $\Delta-Y$또는 $Y-\Delta$
(다) $Y-Y$	(라) Y결선

49 Δ결선 변압기의 한 대가 고장으로 제거되어 V결선으로 공급할 때 공급할 수 있는 전력은 고장 전 전력에 대하여 몇 [%]인가?

(가) 86.6	(나) 75.0
(다) 66.7	(라) 57.7

☞ 1대의 단상변압기 용량을 V_2I_2라 하면 V결선과 Δ결선의 출력비는

$$\frac{P_V}{P_\Delta} = \frac{\sqrt{3}\,V_2I_2}{2\,V_2I_2} = \frac{\sqrt{3}}{3} = 0.577 = 57.7[\%]$$

즉, 2대로 V결선을 하면 3대로 Δ결선으로 하는 경우에 57.7[%] 출력이 된다.

50 2[kVA]의 단상변압기 3대를 써서 Δ 결선하여 급전하고 있는 경우 1대가 소손되어 나머지 2대로 급전하게 되었다. 이 2대의 변압기는 과부하를 20[%]까지 견딜 수 있다고 하면 2대가 부담할 수 있는 최대부하[kVA]는?

(가) 약 3.46　　(나) 약 4.15
(다) 약 5.16　　(라) 약 6.92

☞ 최대부하를 P라 하면 부하율은

$$\frac{P}{\sqrt{3}\times 2} = 1.2$$

$$\therefore\ P = 1.2\times 2\sqrt{3} = 4.15\,[kVA]$$

51 2대의 변압기로 V결선하여 3상 변압하는 경우 변압기 이용률[%]은?

(가) 57.8　　(나) 66.6
(다) 86.6　　(라) 100

☞ V결선에는 변압기 2대를 사용하였으므로 그 정격출력의 합은 $2V_2I_2$가 되기 때문에 V결선으로

하면 이용률 $= \dfrac{\sqrt{3}\,V_2I_2}{2V_2I_2} = \dfrac{\sqrt{3}}{2} = 86.6\,[\%]$

52 3상배전선에 접속된 V결선의 변압기에서 전부하시의 출력을 P[kVA]라 하면 같은 변압기 한 대를 증설하여 Δ 결선하였을 때의 정격출력[kVA]은?

(가) $\dfrac{1}{4}P$　　(나) $\dfrac{2}{\sqrt{3}}P$
(다) $\sqrt{3}\,P$　　(라) $2P$

☞ 단상변압기에 정격전압・전류를 V_2, I_2라 하면 정격용량 $K = V_2I_2$

이것을 두 대로 V결선 했을 경우의 출력 $P_V = \sqrt{3}\,V_2I_2 = \sqrt{3}\,K$

$$\therefore\ K = \frac{P}{\sqrt{3}}$$

따라서 K용량의 변압기를 1대 추가하면

$$P_\Delta = 3K = 3\times\frac{P}{\sqrt{3}} = \sqrt{3}\,P[kVA]$$

53 변압기의 병렬운전에서 필요한 조건은?

A. 극성을 고려하여 접속할 것. B. 권수비가 상등하여 1차, 2차의 정격전압이 상등할 것. C. 용량이 꼭 상등할 것. D. 퍼센트 임피던스 강하가 같을 것. E. 전선의 저항과 누설 리액턴스의 비가 상등할 것.

(가) A, B, C, D (나) B, C, D, E
(다) A, C, D, E (라) A, B D, E

☞ 변압기를 이상적으로 병렬운전하려면 다음과 같은 조건을 갖추어야 한다.
① 무부하에서 순환전류가 흐르지 않을 것.
② 부하전류가 용량에 비례해서 각 변압기에 흐를 것.
③ 각 변압기의 부하전류가 같은 위상이 될 것.
이상의 조건을 만족하려면 다음과 같은 조건이 필요하다.
① 각 변압기의 극성이 같을 것.
② 각 변압기의 권수비가 같을 것.
③ 각 변압기의 1차, 2차 정격전압이 같을 것.
④ 각 변압기의 백분율 임피던스 강하가 같을 것.
⑤ 상 회전방향과 각 변위가 같을 것(3상변압기의 경우).

54 두 대 이상의 변압기를 이상적으로 병렬운전 하려고 할 때 필요없는 것은?

(가) 각 변압기의 손실비가 같을 것.
(나) 무부하에서 순환전류가 흐르지 않을 것.
(다) 각 변압기의 부하전류가 같은 위상이 될 것.
(라) 부하전류가 용량에 비례해서 각 변압기에 흐를 것.

55 변압기 병렬운전에서 필요하지 않는 것은?

(가) 극성이 같을 것. (나) 전압이 같을 것.
(다) 출력이 같을 것. (라) 임피던스 전압이 같을 것.

56 2대의 변압기를 병렬운전하고 있다. 다른 정격은 모두 같고 1차 환산 누설 임피던스만이 $2+j3[\Omega]$과 $3+j2[\Omega]$이다. 이 경우 변압기에 흐르는 부하전류를 50[A]라 하면 순환전류[A]는 얼마인가?

(가) 10 (나) 8
(다) 5 (라) 3

☞ 순환전류 $I_c = \dfrac{25(3+j2)-25(2+j3)}{(2+j3)+(3+j2)} = \dfrac{25-j25}{5+j5} = -j5 = 5\angle-90°\,[A]$

57 단상변압기를 병렬운전하는 경우 부하전류의 분담은 어떻게 되는가?

㈎ 용량에 비례하고 누설 임피던스에 비례한다.
㈏ 용량에 비례하고 누설 임피던스에 역비례한다.
㈐ 용량에 역비례하고 누설 임피던스에 비례한다.
㈑ 용량에 역비례하고 누설 임피던스에 역비례한다.

58 단상변압기를 병렬운전하는 경우 부하전류의 분담은 무엇에 관계되는가?

㈎ 누설 리액턴스에 비례한다.
㈏ 누설 리액턴스 제곱에 반비례한다.
㈐ 누설 임피던스에 비례한다.
㈑ 누설 임피던스에 반비례한다.

59 60 $[Hz]$, 1,328/230 $[V]$의 단상변압기가 있다.
무부하전류 $i = 3\sin\omega t + 1.1\sin(\omega t + \alpha_3)$이다. 지금 위와 똑같은 변압기 3대로 $Y-\Delta$ 결선하여 1차에 2,300 $[V]$의 평행 전압을 걸고 2차에 무부하로 하면 Δ 회로를 순환하는 전류(실효값)는 얼마인가?

㈎ 0.77　　㈏ 1.10
㈐ 4.48　　㈑ 6.35

☞ 1차 측 선간전압 2,300 $[V]$, 상 전압 1,328 $[V]$를 가하여
여자전류 $i = 3\sin\omega t + 1.1\sin(\omega t + \alpha_3)$가 흐르지 않으면 안되나 $Y-\Delta$ 결선이므로 제3 고조파 전류는 회로에 흐를 수가 없고 2차 Δ 회로에 순환전류로 되어 흐르게 된다. 그 크기는 권수비에 곱하여 2차로 환산한 값이 된다.
실효값으로 표시하면 $1.1 \times \dfrac{1,328}{230} \times \dfrac{1}{\sqrt{2}} = 4.48[A]$

60 $Y-\Delta$ 결선의 3상변압기군 A와 $\Delta-Y$ 결선의 3상변압기군 B를 병렬로 사용할 때 A군의 변압기 권수비가 30이라면 B군 변압기의 권수비는?

㈎ 30　　㈏ 60
㈐ 90　　㈑ 120

☞ A군 : $Y-\Delta$, B군 : $\Delta-Y$
A, B 변압기 군의 권수비는 a_A, a_B
1차, 2차 유도기전력과 선간전압을 각각 E_1, E_2, V_1, V_2라고 하면

$$a_A = \frac{E_1}{E_2} = \frac{V_1/\sqrt{3}}{V_2},\quad a_B = \frac{E_1'}{E_2'} = \frac{V_1}{V_2/\sqrt{3}}$$

$\therefore\ a_B = 3a_A = 3 \times 30 = 90$

61 변압기를 병렬로 운전하는 경우에 불가능한 것은?

(가) $\Delta-\Delta$ 와 $Y-Y$
(나) $\Delta-Y$ 와 $Y-\Delta$
(다) $\Delta-Y$ 와 $\Delta-Y$
(라) $\Delta-Y$ 와 $\Delta-\Delta$

62 3,150/210 [V] 인 변압기의 용량이 각각 250[kVA], 200[kVA]이고 %임피던스 강하가 각각 2.5[%]와 3[%]일 때 그 병렬 합성용량[kVA]은?

(가) 389
(나) 417
(다) 435
(라) 450

☞ P_A = 250[kVA], P_B = 200[kVA], z_a = 2.5[%], z_b = 3[%]이므로

$$m = \frac{P_A}{P_B} = \frac{250}{200} = \frac{5}{4},\ \frac{P_a}{P_b} = m\frac{z_b}{z_a} = \frac{5}{4}\times\frac{3}{2.5} = \frac{3}{2}$$

$$\therefore\ P_b = \frac{2}{3}P_a = 417[\text{kVA}]$$

63 정격이 같은 2대의 단상변압기 1,000[kVA]가 임피던스 전압은 각각 8[%]와 7[%]이다. 이것을 병렬로 하면 몇 [kVA]의 부하를 걸 수가 있는가?

(가) 1,865
(나) 1,870
(다) 1,875
(라) 1,880

☞ 큰 부하를 분담하는 변압기가 정격용량이 될 때까지 부하를 걸 수 있다.
각 변압기의 분담 부하를 $P_a[kVA]$, $P_b[kVA]$, 전 부하를 $P[kVA]$ 라고 하면

$$\frac{P_a}{z_a} = \frac{P_b}{z_b} = \frac{P_a+P_b}{z_a+z_b}\text{이므로 } \frac{P_a}{7} = \frac{P_b}{8} = \frac{P}{15}$$

임피던스가 작은 변압기 즉, P_b가 큰 부하를 분담하므로 이것이 1,000[kVA]가 될 때까지 부하를 걸 수 있다.

$$\therefore\ P = P_b\times\frac{15}{8} = 1{,}000\times\frac{15}{8} = 1{,}875[\text{kVA}]$$

64 3상전원에서 2상전압을 얻고자 할 때 다음 결선 중 틀린 것은?

(가) Fork 결선
(나) scott 결선
(다) Wood bridge 결선
(라) Meyer 결선

65 3상전원에서 2상전원을 얻기 위한 변압기의 결선방식은?

(가) Δ
(나) T
(다) Y
(라) V

66 3상전원을 이용하여 6상전원을 얻을 수 없는 변압기의 결선 방법은?

(가) Scott 결선　　(나) Fork 결선
(다) 환상 결선　　(라) 2중 3각 결선

67 같은 권수의 2대의 단상변압기의 3상전압을 2상으로 변압하기 위하여 스코트결선을 할 때 T좌 변압기의 권수는 전 권수의 어느 점을 택해야 하는가?

(가) $\frac{1}{\sqrt{2}}$　　(나) $\frac{1}{\sqrt{3}}$
(다) $\frac{2}{\sqrt{3}}$　　(라) $\frac{\sqrt{3}}{2}$

☞ 스코트결선은 2개의 동일한 단상변압기를 사용하여 M좌 변압기에 1차권선 중점과 T좌 변압기에 1단을 잇고 T좌 변압기는 $\sqrt{3}/2 = 0.866$이 되는 점에서 탭을 내어 M좌 변압기의 양단과 T좌 변압기의 구출선을 3상전원에 연결한다.

68 T결선에 의하여 3,300[V]의 3상으로부터 200[V], 40[kVA]의 전력을 얻는 경우 T좌 변압기의 권수비는?

(가) 약 16.5　　(나) 약 14.3
(다) 약 11.7　　(라) 약 10.2

☞ M좌 변압기에 권수비를 a_M, T좌 변압기에 권수비를 a_T라 하면

$$a_T = a_M \times \frac{\sqrt{3}}{2} = \frac{3,300}{200} \times \frac{\sqrt{3}}{2} = 16.5 \times 0.866 = 14.3$$

69 210/105[V] 변압기를 그림과 같이 결선하고 고압측에 200[V]의 전압을 가하면 전압계의 지시[V]는 얼마인가?

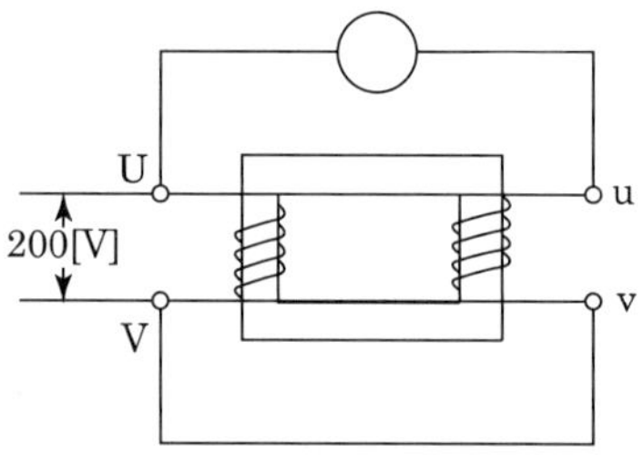

(가) 100
(나) 200
(다) 300
(라) 400

70 변압기의 무부하 손으로 대부분을 차지하는 것은?

(가) 유전체손　　(나) 동손
(다) 철손　　(라) 포유 부하손

☞ 철손은 히스테리시스손과 와류손의 합으로 무부하손(고정 손)의 대부분을 차지하고 있으므로 보통 무부하손이라고 하면 철손이라고 해도 된다.

71 인가전압이 일정할 때 변압기의 와류손은?

㈎ 주파수에 무관계 ㈏ 주파수에 비례
㈐ 주파수에 역비례 ㈑ 주파수의 제곱에 비례

☞ $E = 4.44 f \omega \Phi_m = k_1 f B_m$ 식에서

$B_m = \frac{E}{k_1 f} = k_e \frac{E}{f}$의 관계가 있으므로

와류손 $P_e = \sigma(t f k_f B_m)^2 = k_3 f^2 {B_m}^2 = k_3 f^2 \left(k_2 \frac{E}{f}\right)^2 = k_4 E^2 \propto E^2$

따라서 와류손은 주파수 f와는 관계없고 전압 E의 제곱에 비례한다.

72 변압기에서 생기는 철손 중 와류손은 철심의 규소 강판 두께와 어떤 관계가 있는가?

㈎ 두께에 비례 ㈏ 두께의 2승에 비례
㈐ 두께의 1/2승에 비례 ㈑ 두께의 3승에 비례

73 변압기의 철손은 히스테리시스손과 와전류손의 합을 말한다. 와전류손은 많은 실험 결과 $P_e = \sigma_e(t f k_f B_m)^2$[W/kg]이다. 여기서 σ_e는 재료에 의한 상수, t는 철판의 두께[m], f는 주파수[Hz], B_m은 자속밀도의 최대값[Wb/m^2]일 때 k_f는 무엇을 가르키는가?

㈎ 파고율 ㈏ 투자율
㈐ 파형률 ㈑ 정적률(space factor)

74 정격주파수 50[Hz]의 변압기를 일정 전압 60[Hz]의 전원에 접속하여 사용했을 때 1차 전류, 철손 및 리액턴스 강하는?

㈎ 여자전류와 철손은 $\frac{5}{6}$감소, 리액턴스 강하는 $\frac{6}{5}$증가

㈏ 여자전류와 철손은 $\frac{5}{6}$감소, 리액턴스 강하는 $\frac{5}{6}$감소

㈐ 여자전류와 철손은 $\frac{6}{5}$증가, 리액턴스 강하는 $\frac{6}{5}$증가

㈑ 여자전류와 철손은 $\frac{6}{5}$증가, 리액턴스 강하는 $\frac{5}{6}$감소

75 3,300[V], 60[Hz]용 변압기의 와류손이 720[W]이다. 이 변압기를 2,750[V], 50[Hz]의 주파수에 사용할 때 와류손[W]은?

(가) 250　　(나) 350
(다) 425　　(라) 500

☞ $P_e = \sigma(tfk_fB_m)^2 \propto t^2$ 와류손은 주파수 f와는 관계가 없고 전압 E의 제곱에 비례한다.

$$\frac{P_e'}{P_e} = \left(\frac{E'}{E}\right)^2 = 720\times\left(\frac{2,750}{3,300}\right)^2 = 500\,[W]$$

76 변압기를 설명하는 다음 말 중 틀린 것은?

(가) 사용 주파수가 증가하면 전압변동률은 감소한다.
(나) 전압변동률은 부하의 역률에 따라 변한다.
(다) $\Delta - Y$결선에서는 고주파 전류가 흘러서 통신선에 대한 유도 장해는 없다.
(라) 효율은 부하의 역률에 따라 다르다.

77 변압기의 전일 효율을 최대로 하기 위한 조건은?

(가) 전부하 시간이 짧을수록 무부하손을 적게 한다.
(나) 전부하 시간이 짧을수록 철손을 크게 한다.
(다) 부하 시간에 관계없이 전부하 동손과 철손을 같게 한다.
(라) 전부하 시간이 길수록 철손을 작게 한다.

78 3,150/210[V], 5[kVA]인 단상변압기가 있다. 2차를 개방하고 정격 1차전압을 가할 때의 입력은 60[W], 2차를 단락하고 여기에 정격 2차전류가 흐르도록 1차 측에 저전압을 가했을 때의 입력은 120[W]이었다. 역률 100[%]에서의 전부하 효율[%]은?

(가) 약 96.5　　(나) 약 96
(다) 약 95.5　　(라) 약 95

☞ $\eta_{100} = \dfrac{V_2I_2\cos\theta_2}{V_2I_2\cos\theta_2 + P_i + P_c}\times 100 = \dfrac{5\times10^3}{5\times10^3+60+120}\times 100 = 96.5\,[\%]$

79 변압기의 철손이 P_i[kW], 전부하 동손이 P_c[kW],인 때 정격출력의 $\dfrac{1}{m}$인 부하를 걸었을 때 손실[kW],은 얼마인가?

(가) $(P_i + P_c)\left(\dfrac{1}{m}\right)^2$　　(나) $P_i\left(\dfrac{1}{m}\right)^2 + P_c$

(다) $P_i + P_c\left(\dfrac{1}{m}\right)^2$　　(라) $P_i + P_c\left(\dfrac{1}{m}\right)$

☞ 철손 P_i는 부하에 관계없이 일정하고 동손 P_c는 $I_2{}^2 r$로 부하전류 I_2의 제곱에 비례하므로 $\frac{1}{m}$로

부하가 감소하면 동손 P_c는 $\left(\frac{1}{m}\right)^2$으로 감소한다.

$$\frac{1}{m} \text{ 부하 효율 } \eta_{\frac{1}{m}} = \frac{\frac{1}{m} V_2 I_2 \cos\theta_2}{\frac{1}{m} V_2 I_2 \cos\theta_2 + P_i + \left(\frac{1}{m}\right)^2 Pc} \times 100[\%]$$

따라서 전 손실은 $P_i + P_c\left(\frac{1}{m}\right)^2$

80 150[kVA] 변압기 철손이 1[kW], 전부하 동손이 2.5[kW]이다. 이 변압기의 최대효율은 몇 [%] 전부하에서 나타나는가?

㈎ 약 50　　㈏ 약 58
㈐ 약 63　　㈑ 약 72

☞ 변압기효율은 $m^2 P_c = P_i$일 때 최대이므로 $m^2 \times 2.5 = 1$

그러므로 $m = 0.632$ 즉 63.2% 부하에서 최대가 된다.

81 5[kVA] 단상변압기의 무유도 전부하 있어서 동손은 120[W], 철손은 80[W]이다. 전부하의 $\frac{1}{2}$ 되는 무유도 부하에서의 효율[%]은?

㈎ 98.3　　㈏ 97.0
㈐ 95.8　　㈑ 93.6

☞ $$\eta_{\frac{1}{2}} = \frac{V_2 I_2 \cos\theta_2}{V_2 I_2 \cos\theta_2 + P_i + P_c} \times 100 = \frac{5\times 10^3 \times \frac{1}{2}}{5\times 10^3 \times \frac{1}{2} + 80 + 120 \times \left(\frac{1}{2}\right)^2}$$

$$= \frac{2{,}500}{2{,}500 + 80 + 30} \times 100 = 95.8[\%]$$

82 정격 150[kVA], 철손이 1[kW], 전부하 동손이 4[kW]인 단상변압기의 최대효율 [%]과 최대효율시 부하[kVA]를 구하면?

㈎ 96.8, 125　　㈏ 97.4, 75
㈐ 97, 50　　㈑ 97.2, 100

83 100[kVA], 2,300/115[V], 철손 1[kW], 전부하 동손 1.25[kW]의 변압기가 있다. 이 변압기는 매일 무부하로 10시간 1/2 정격부하, 역률 1에서 8시간, 전부하역률 0.8(지상)에서 6시간 운전하고 있다. 전일 효율[%]은?

㈎ 약 93.3　　㈏ 약 94.3
㈐ 약 95.3　　㈑ 약 96.3

☞ $P = 100[kVA]$, $P_i = 1[kW]$, $P_c = 1.25[kW]$ 이므로

$$\eta_d = \frac{\left(\frac{1}{2}\times 8 + 0.86\times 6\right)\times 100}{\left(\frac{1}{2}\times 8+0.8\times 6\right)\times 100 + 24\times 1 + \left(\frac{1}{2}\right)^2\times 8\times 1.25 + 6\times 1.25}\times 100 \fallingdotseq 96.3[\%]$$

84 3,000[V]의 단상 배전선전압을 3,300[V]로 승압하는 단권변압기의 자기용량[kVA]은? 단, 여기서 부하용량은 100[kVA]이다.

(가) 약 2.1　　(나) 약 5.3
(다) 약 7.4　　(라) 약 9.1

☞ $\frac{\text{자기 용량}}{\text{부하 용량}} = \frac{V_h - V_l}{V_h}$

$\therefore$ 자기용량 $=$ 부하 용량 $\times \frac{V_h - V_l}{V_h} = 100\times\frac{3,300-3,000}{3,000} = 9.1[\text{kVA}]$

85 용량 $3[kVA]$, 3,000/100$[V]$의 단상변압기를 승압기로 연결하고 1차 측에 3,000 $[V]$를 가했을 대 그 부하용량$[kVA]$은?

(가) 68
(나) 85
(다) 93
(라) 127

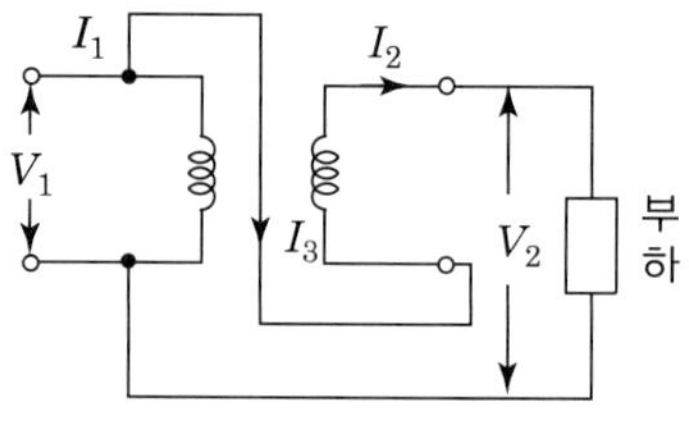

☞ 감극성 이므로

$V_2 = V_1 + \frac{100}{3,000}V_1 = 3,000 + \frac{100}{3,000}\times 3,000 = 3,100[V]$

2차 정격전류 $I_{2n} = \frac{3\times 10^3}{100} = 30[A]$

따라서 2차에 부하할 수 있는 부하용량 $P = 3,100\times 30\times 10^{-3} = 93[kVA]$

86 그림과 같이 1차전압 V_1, 2차전압 V_2인 단권변압기를 V결선했을 때 변압기의 등가용량과 부하용량과의 비를 나타내는 식은? 단, 손실은 무시한다.

(가) $\frac{2}{\sqrt{3}}\cdot\frac{V_1 - V_2}{V_1}$

(나) $\frac{\sqrt{3}}{2}\cdot\frac{V_1 - V_2}{V_1}$

(다) $\frac{1}{2}\cdot\frac{V_1 - V_2}{V_1}$

(라) $\frac{2(V_1 - V_2)}{V_1}$

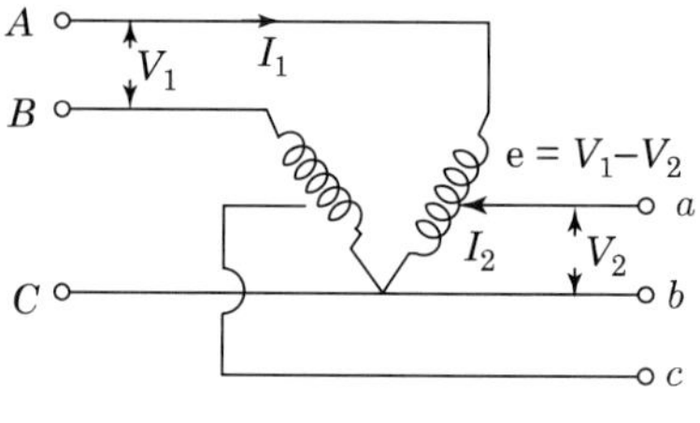

☞ 단권변압기의 V결선에서 변압기 1대의 등가용량 $eI_1 = (V_1 - V_2)I_1$

변압기 2대의 등가용량 $2eI_1 = 2(V_1 - V_2)I_1$

이 경우에 3상 부하용량은 손실을 무시하면 $\sqrt{3}\,V_1 I_1$이다.

$$\therefore \frac{\text{자기 용량}}{\text{부하 용량}} = \frac{2(V_1 - V_2)I_1}{\sqrt{3}\,V_1 I_1} = \frac{2}{\sqrt{3}} \cdot \frac{V_1 - V_2}{V_1}$$

87 정격이 300[kVA], 6,600/2,200[V]인 단권변압기 2대를 V결선해서 1차에 6,600[V]를 가하고 전부하를 걸었을 때의 2차 측 출력[kVA]은? 단, 손실은 무시한다.

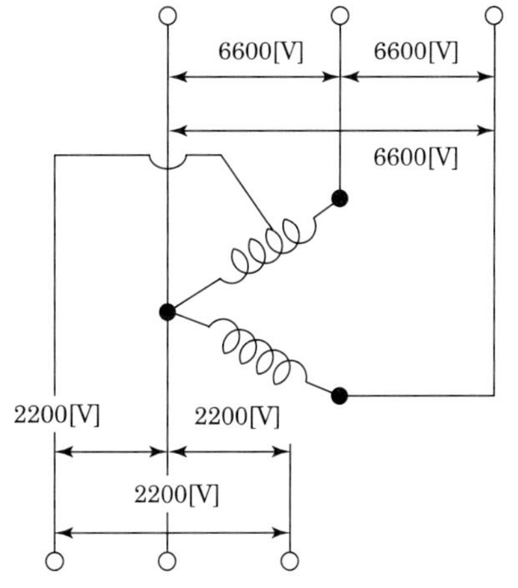

(가) 약 519
(나) 약 487
(다) 약 425
(라) 약 390

☞ $\frac{\text{변압기 용량}}{\text{2차측 용량}} = \frac{2}{\sqrt{3}} \times \frac{V_h - V_l}{V_h}$이므로

$$\text{2차 측 출력} = 300 \times \frac{\sqrt{3}}{2} \times \frac{6{,}600}{6{,}600 - 2{,}200} = 389.7[kVA]$$

88 단권변압기 2대를 V결선하여 선로전압 3,000[V]에서 3,300[V]로 승압하여 300[kVA]의 부하에 전력을 공급한다. 단권변압기의 자기용량[kVA]은?

(가) 27.20　　(나) 21.74
(다) 15.72　　(라) 9.09

☞ 선전류(직렬권선의 전류) $I_2 = \frac{300 \times 10^3}{\sqrt{3} \times 3{,}300} = 52.49[A]$

V결선에서는 선간전압과 권선 전압이 같으므로 직렬권선의 기전력

$e = 3{,}300 - 3{,}000 = 300[V]$

단권변압기의 용량은 직렬권선의 용량이므로

$eI_2 = 300 \times 52.49 = 15{,}747[VA] = 15.747[kVA]$

또는 $eI_2 = P \cdot \frac{2}{\sqrt{3}} \frac{V_1 - V_2}{V_1} \div 300 \cdot \frac{2}{\sqrt{3}} \frac{3.3 - 3}{3.3} \div 2 = 15.75[kVA]$

89 누설변압기에 필요한 특성은 무엇인가?

(가) 정전압 특성　　(나) 고저항 특성
(다) 고임피던스 특성　　(라) 수하 특성

☞ 보통 전력용변압기는 누설 자속 즉, 누설 리액턴스를 되도록 적게 하여 전압변동률을 좋게 하지만 네온관 등용변압기, 아크 용접용 변압기 등에서는 1차 측에 일정 전압을 가해놓고 2차 측의 부하를 변화시켜도 2차전류가 일정하게 유지되어야 한다. 이러한 특성을 갖도록 부하임피던스에 비하여 변압기의 누설 리액턴스를 월등히 크게 설계한 변압기를 누설변압기라 한다. 누설변압기는 누설 리액턴스가 크므로 전압변동률이 매우 크고 역률도 나쁘다.

90 3상변압기의 장점에 해당되지 않는 것은?

(가) 사용 철심량이 약 15% 경감된다.
(나) 바닥면 면적이 작다.
(다) 경제적으로 보아 가격이 싸다.
(라) 고장시 수리하기 쉽다.

91 주상변압기의 고압측에는 몇 개의 탭을 내놓았다. 그 이유는?

(가) 예비 단자용
(나) 수전점의 전압을 조정하기 위하여
(다) 변압기의 여자전류를 조정하기 위하여
(라) 부하전류를 조정하기 위하여

92 평행 3선식 선로에 2개의 $P.T$와 3개의 전압계 V_1, V_2, V_3를 그림과 같이 접속하고 선간전압을 측정하고 있을 때 퓨즈 F_B가 절단되었다고 하면 각 전압계의 지시는 몇 [V]되는가? 단, 3상 선간전압은 3,000[V]이다.

(가) $V_1 = V_2 = 3,000$[V], $V_3 = 6,000$[V]
(나) $V_1 = V_2 = V_3 = 3,000$[V]
(다) $V_1 = V_2 = 1,500$[V], $V_3 = 3,000$[V]
(라) $V_1 = V_2 = V_3 = 1,500$[V]

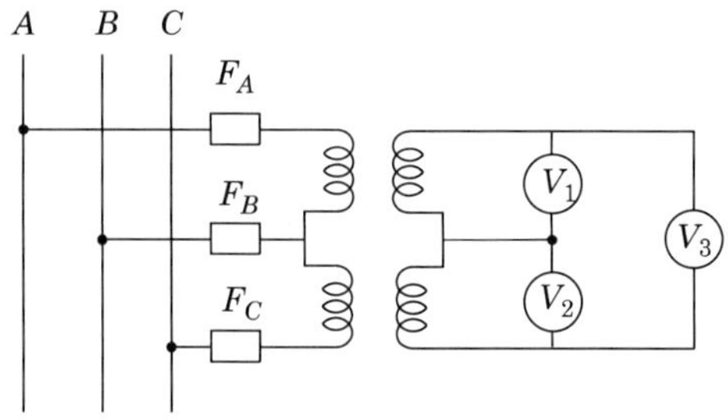

☞ 퓨즈 F_B가 절단되면 그림과 같이 양 변성기의 1차가 직렬이 되어 AC간의 단상 전압을 받게 되므로 1개의 PT에 가해지는 전압은 전의 1/2로 된다.

$V_1 = V_2 = 1,500[V]$

$V_3 = 3,000[V]$

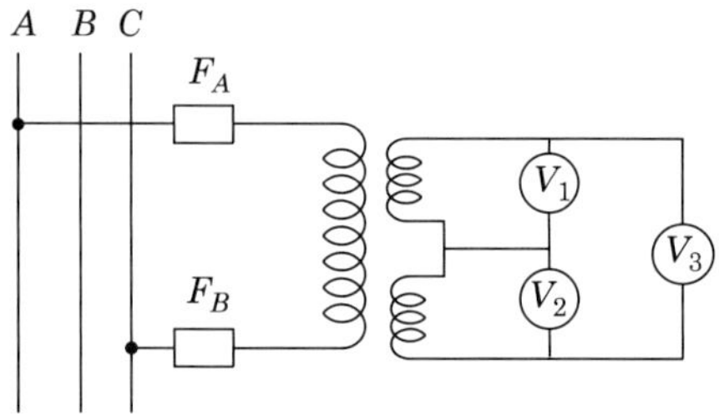

93 변압기에 관한 다음 설명 중 틀린 것은?

(가) 변류기($C.\ T$)는 사용 중 2차회로를 개방해서는 안된다.
(나) 배전용변압기는 철손이 큰 것을 사용하여 전일 효율이 높다.
(다) 변압기의 효율은 철손과 동손이 같을 때가 최고이다.
(라) 피크파 변압기는 자기 포화를 이용한 것이다.

94 변류기 개방시 2차 측을 단락하는 이유는?

(가) 2차 측 절연 보호　　(나) 2차 측 과전류 보호
(다) 측정 오차 방지　　(라) 1차 측 과전류 방지

95 평형 3상 전류를 측정하려고 변류비 60/5[A]의 변류기 두 대를 그림과 같이 접속했더니 전류계에 2.5[A]가 흘렀다. 1차전류는 몇 [A]인가?

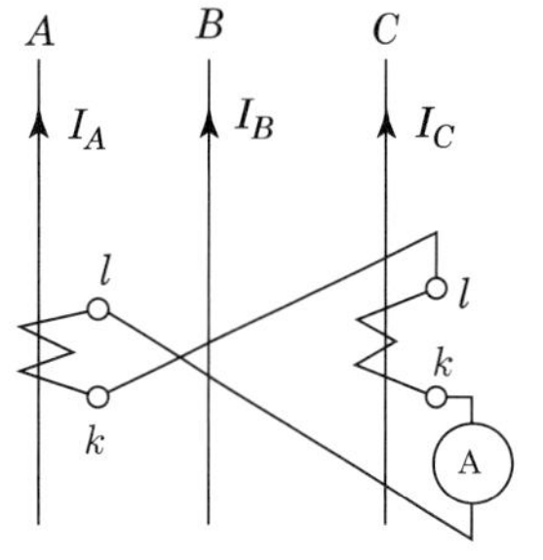

(가) 약 12.0
(나) 약 17.3
(다) 약 30.0
(라) 약 51.9

96 부하시 전압조정변압기의 설명이 잘못된 것은?

(가) 부하전류를 끊지 않고 권수를 변환할 수 있는 변압기를 말한다.
(나) 전력계통 사이에 무효 전력 또는 유효 전력을 자유 이동시킬 수 있다.
(다) 전력계통의 전압 또는 부하 부담을 희망하는 값으로 유지하기 위하여 사용한다.
(라) 부하시 신속하고 정확한 탭 절환 장치를 하나 변환용 변압기를 시설할 필요가 없다.

97 브흐홀쯔 계전기로 보호되는 기기는?

(가) 변압기　　(나) 발전기
(다) 동기전동기　　(라) 회전변류기

☞ 브흐홀쯔 계전기는 변압기의 내부 고장으로 발생하는 기름의 분해 가스, 증기 또는 유류를 이용하여 부저를 움직여 계전기의 접점을 닫는 것이므로 변압기의 주 탱크와 콘서베이터 와의 연결관 도중에 설치한다.

98 변압기의 내부 고장 보호에 쓰이는 계전기로서 가장 적당한 것은?

(가) 과전류 계전기　　(나) 차동 계전기
(다) 접지 계전기　　(라) 역상 계전기

99 수은 접점 2개를 사용하여 아크 방전등의 사고를 검출하는 계전기는?

㈎ 과전류 계전기 ㈏ 가스 검출 계전기
㈐ 브흐홀쯔 계전기 ㈑ 차동 계전기

100 보호 계전기 구성 요소의 기본 원리에 속하지 않는 것은?

㈎ 전자 흡입 ㈏ 전자 유도
㈐ 정지형 스위칭회로 ㈑ 광전관

101 변압기의 내부 고장을 검출하기 위하여 사용하는 계전기가 아닌 것은?

㈎ 저전압 계전기 ㈏ 차동 계전기
㈐ 가스 검출 계전기 ㈑ 압력 계전기

102 보호하려는 회로의 전압이 정상치 이상으로 되었을 때에 동작하는 것으로 기기 설비의 보호에 사용되는 계전기는?

㈎ 과전압 계전기 ㈏ 방향 계전기
㈐ 지락 과전압 계전기 ㈑ 거리 계전기

103 무부하의 변압기를 회로에 투입할 때 과전류 계전기가 들어 있어 투입되지 않는 이유는?

㈎ 선로의 충전전류 때문에 ㈏ 과도 돌입 여자전류 때문에
㈐ 이상 전압발생 때문에 ㈑ 전압이 동요하기 때문에

☞ 투입되지 않는 것은 과전류 때문이다. 무부하 상태의 변압기를 투입하면 그 순간에 과도 여자전류가 흐르고 자기회로가 정상 상태로 된 후에야 비로소 정상 전류가 흐른다.

104 변압기의 온도시험을 하는데 가장 좋은 방법은?

㈎ 실부하법 ㈏ 반환부하법
㈐ 단락시험법 ㈑ 내전압법

☞ 실부하를 가하여 전부하시의 온도상승시험을 하는 방법은 경제적으로도 손실이 많으며 특히 대용량기에서는 불가능하기 때문에 일반적으로 정격부하법을 이용하여 온도상승시험을 한다. 그 방법으로서는 다음의 두 가지 방법이 있다.

① 철손과 동손을 별도로 공급하는 반환부하법
② 탭전압차를 이용하는 반환부하법

105 변압기의 층간절연 내력을 시험하는데 가장 적당한 방법은?

㈎ 상용 주파 가압 시험 ㈏ 비접지의 충격 전압시험
㈐ $\tan\delta$ 측정 ㈑ 1단 접지 충격 전압시험

CHAPTER

4

유도전동기

1. 3상유도전동기의 원리 및 구조
2. 3상 유도전동기의 이론
3. 유도전동기의 전압과 전류
4. 유도전동기의 벡터도(Vector Diagram)
5. 유도전동기의 등가회로
6. 유도전동기의 전력변환
7. 비례추이
8. 최대토크
9. 원선도 작성법
10. 유도기의 기동 및 속도제어
11. 유도전동기의 속도제어
12. 유도전동기의 제동(braking)
13. 유도전동기의 역률개선
14. 특수 유도전동기
15. 소형 교류전동기
16. 유도전동기의 효율 및 손실
17. 유도전동기의 운전과 보수

1 3상유도전동기의 원리 및 구조

유도전동기는 회전자와 고정자가 각각 독립된 권선을 가지고 있으며, 고정자 권선에서 회전자권선측의 전자 유도 작용에 의해서 운전되고 정상상태에서 비동기속도로 회전하는 비동기기기의 일종인 교류기를 말한다. 유도전동기는 여러가지 전동기 중에서 가장 많이 사용되며 산업사회에서의 동력원으로써 공장의 동력이나 양수, 방적 등의 기계동력이 필요한 장소에서 3상 유도전동기가 쓰이며 그 밖에 가정용이나 농사용의 작은 동력원으로서 단상 유도전동기가 사용된다. 이와 같이 유도전동기는 넓은 범위에서 범용으로 사용되는데 그 이유는 다음과 같은 장점을 갖고 있기 때문이다.

(1) 전원을 손쉽게 얻을 수 있다.
(2) 구조가 간단하고 기계적으로 튼튼하다.
(3) 취급이 용이하고 운전하기가 쉽다.
(4) 정속도전동기로서 부하가 변화해도 속도 변동이 작다.
(5) 전력변환기(인버터)와 연계한 정속도제어 및 큰 토크를 얻을 수 있다.
(6) 다른 전동기에 비해 가격이 저렴하다.

1.1 유도전동기의 원리

(1) 유도전동기의 기본법칙

평등자계 내에 고정된 원통형 도체 위를 자속방향과 직각으로 이동시키면 도체에 플레밍의 오른손법칙에 의하여 기전력이 유기되고 자장 내에 고정된 도체에 직류전원을 접속하고 그 위를 직선도체가 이동하도록 하였을 때 원통형 도체에 전류가 흐름으로써 직선도체에는 플레밍의 왼손법칙에 의한 힘이 작용한다. 유도전동기는 이와 같은 플레밍의 왼손법칙과 플레밍의 오른손법칙의 두 현상을 조합한 것이라 설명할 수 있다. [그림 4-1]은 1820년 D. F. Arago가 Arago의 원판을 이용하여 실험한 것이 유도전동기의 최초의 원리이다.

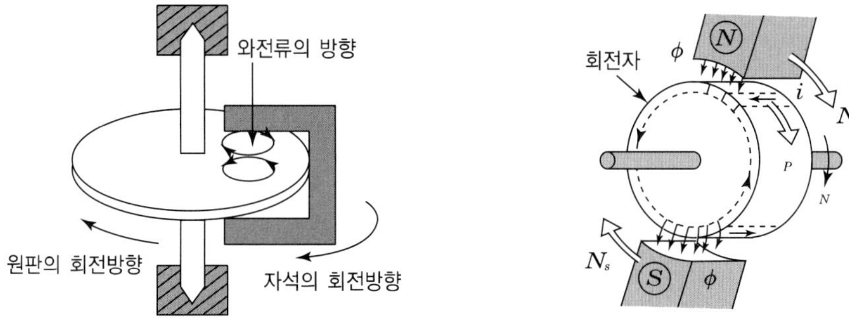

(a) 아라고 원판 (b) 유도전동기의 회전

[그림 4-1] 유도전동기의 회전원리

[그림 4-1](a)에서 원판을 고정시키고 자석을 회전시킬 때와 반대로 자석을 고정시키고 원판을 회전시킬 때 원판에는 맴돌이 전류가 발생되게 되며 자석이 시계 방향으로 움직이면 자석이 정지하고 원판이 반시계 방향으로 움직이는 것 같은 현상이므로 전류의 방향은 극 사이에서 주변으로부터 중심으로 향하게 된다. 자석이 움직이는 방향으로 원판이 회전하면 회전원판의 원주에 따라 자석을 움직여 주는 대신에 전류가 흐르는 권선에 의하여 회전자계를 만들어주는 원리와 같은 것이 유도전동기의 원리이다.

(2) 3상 회전자계

유도전동기는 변압기와 같이 1차권선에 흐르는 전류에 의해 발생하는 교번자계가 2차권선과 쇄교하여 전자유도작용을 일으켜 2차 측 권선에 기전력을 유도하게 된다. 이와 같은 이론이 유도전동기에서도 적용이 되며, 2차권선에 유기된 전압이 2차전류를 흘려서 2차전류와 회전자 자속사이에 발생하는 전자력에 의해 회전력인 토크를 발생하게 된다.

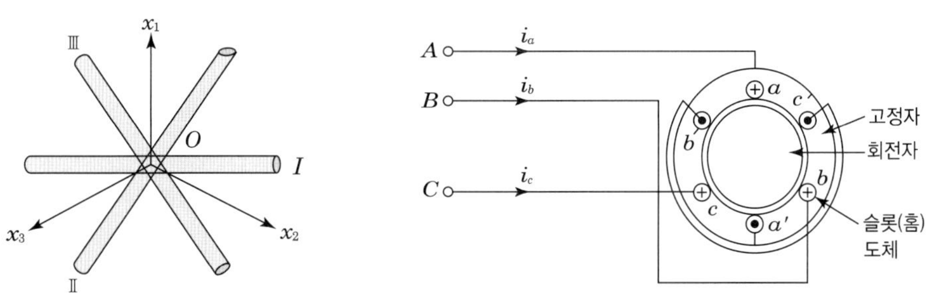

(a) (b)

[그림 4-2] 3상 회전자계와 교류전원의 권선배치

이와 같은 원리는 [그림 4-2]에 나타나는 것과 같이 그 이론을 살펴볼 수 있다. 권선 Ⅰ, Ⅱ, Ⅲ을 서로 120° 간격으로 감고 $120^o = 2/3\pi$ 다른 3상교류를 각각 흘렸다면, 식 (4- 1)과 같이 나타낼 수 있다.

$$I_1 = I_m \sin\omega t$$
$$I_2 = I_m \sin\left(\omega t - \frac{2}{3}\pi\right) \tag{4-1}$$
$$I_3 = I_m \sin\left(\omega t - \frac{4}{3}\pi\right)$$

권선 Ⅰ에 흐르는 전류에 의해 O 점에 만들어지는 자계 ox_1의 방향이 되고 그 크기는 전류에 비례하므로 $H_1 = H_m \sin\omega t$ 가 된다. 권선 Ⅱ에 흐르는 전류에 의하여 만들어지는 자계는 ox_2 방향이 되고, 그 크기는 $H_2 = H_m \sin\left(\omega t - \frac{2}{3}\pi\right)$가 되며 권선 Ⅲ에 흐르는 전류에 의해 만들어지는 자계 ox_3 방향이 되고 그 크기는 $H_3 = H_m \sin\left(\omega t - \frac{4}{3}\pi\right)$이 되어 3개의 자계를 합성한 자계가 O 점에 생기므로 횡축성분과 종축성분을 고려하여 각각의 성분에 대한 크기를 살펴보면 먼저 종축방향의 성분은 식 (4-2)와 같으며,

$$
\begin{aligned}
H_x &= H_{1x} + H_{2x} + H_{3x} \\
&= H_1 \cos\theta + H_2 \cos\left(\omega t - \frac{2\pi}{3}\right) + H_3 \cos\left(\omega t - \frac{4\pi}{3}\right) \\
&= H_m \sin\omega t - H_m \sin\left(\omega t - \frac{2}{3}\pi\right)\cos\frac{\pi}{3} - H_m \sin\left(\omega t - \frac{4}{3}\pi\right)\cos\frac{\pi}{3} \\
&= H_m \left[\sin\omega t - \cos\frac{\pi}{3}\left(\sin\omega t - \frac{2}{3}\pi\right) + \sin\left(\omega t - \frac{4}{3}\pi\right)\right] \\
&= H_m \left[\sin\omega t - \cos\frac{\pi}{3} \times 2\sin(\omega t - \pi)\cos\frac{\pi}{3}\right] \\
&= H_m \left(\sin\omega t + \frac{1}{2} sin\omega t\right) \\
&= \frac{3}{2} H_m \sin\omega t
\end{aligned} \tag{4-2}
$$

횡축방향 성분은 식 (4-3)과 같다.

$$
\begin{aligned}
H_y &= H_{1y} + H_{2y} + H_{3y} \\
&= H_2 \sin\left(\omega t - \frac{2\pi}{3}\right) + H_3\left(\omega t - \frac{4\pi}{3}\right) \\
&= H_m \sin\left(\omega t - \frac{2}{3}\pi\right)\cos\frac{\pi}{6} - H_m \sin\left(\omega t - \frac{4}{3}\pi\right)\cos\frac{\pi}{6} \\
&= \frac{\sqrt{3}}{2} H_m \left[\sin\left(\omega t - \frac{2}{3}\pi\right) - \sin\left(\omega t - \frac{4}{3}\pi\right)\right] \\
&= \sqrt{3}\, H_m \cos(\omega t - \pi) \sin\frac{\pi}{3} \\
&= -\frac{3}{2} H_m \cos\omega t
\end{aligned} \tag{4-3}
$$

전자계에서 임의의 모양을 한 코일에 적용하는 경우에 개개의 구형 코일의 면적의 합은 원형의 면적의 합과 같다. 따라서, O 점의 합성자계의 크기는

$$
\sqrt{\left(\frac{3}{2} H_m \sin\omega t\right)^2 + \left(\frac{3}{2} H_m \cos\omega t\right)^2} = \frac{3}{2} H_m \tag{4-4}
$$

가 되며, 위 수식은 시간함수를 포함하고 있지 않으므로 시간에 관계없이 얻는 세기는 언제나 일정하며 합성된 자계와 횡축사이의 각도를 θ 라 하면 다음과 같은 수식으로 나타낼 수 있다.

$$
\theta = \tan^{-1} \frac{\frac{3}{2} H_m \sin\omega t}{-\frac{3}{2} H_m \cos\omega} = -\tan^{-1}(\tan\omega t)t = -\omega t \tag{4-5}
$$

자계는 전류와 같은 주기를 가지며 동기속도로 시계방향으로 회전하고 그 세기는 각 코일이 만드는 최대 자계의 3/2배가 되며 회전자계는 동기속도로 회전하므로 매분 회전수 N_s , 극수 p, 주파수 f 라 하면 다음 식과 같이 주어진다.

$$
N_s = \frac{120f}{p} [\text{rpm}] \tag{4-6}
$$

유도전동기는 무부하시에 거의 식 (4-6)과 같은 속도로 회전하게 된다.

(3) 유도전동기의 회전방향

유도전동기는 권선 A, B, C 에 120°의 각도를 갖는 전원이 입력되었을 경우 시계 방향으로 회전을 한다고 할 때 3상중 2상을 바꾸어 접속하게 되면 전동기는 반시계 방향으로 회전을 하게 된다. 이 때 합성자계와 횡축 사이의 각도 θ 가 식 (4-3)에서와 반대부호로 바뀌게 되고 [그림 4-3]과 같이 나타난다.

[그림 4-3] 전동기의 선로와 회전방향

1.2 3상 유도전동기의 종류와 구조

3상 유도전동기의 구조는 크게 고정자와 회전자 두 부분으로 나누어진다. 고정자에는 고정자 권선이 배치되며 전원으로부터 교류전력을 공급받아 회전자계를 형성하고 그 유도작용에 의해 전력을 회전자에 전달한다.

(1) 고정자

3상 유도전동기의 고정자(stator)는 전류가 흐르는 고정자 권선 및 자속이 통하는 고정자 철심, 그리고 이것을 지지하는 고정자 프레임으로 구성된다. [그림 4-4]는 유도전동기의 고정자이다. 고정자 권선은 고정자 내측의 슬롯(slot)에 삽입되는데, 슬롯 속에 들어가는 부분을 코일변(coil side)이라 하고 슬롯 밖으로 나오는 부분을 코일단(coil end)이라고 한다. 고정자의 슬롯에 1개의 코일변을 넣은 것을 단층권이라 하고, 2개의 코일변을 넣은 것을 2층권이라고 하는데 흔히 3상 유도전동기는 2층권을 사용한다. 코일의 권선은 다음 [그림 4-5]와 같이 권선틀을 이용하여 코일을 일정한 횟수만큼 감는다.

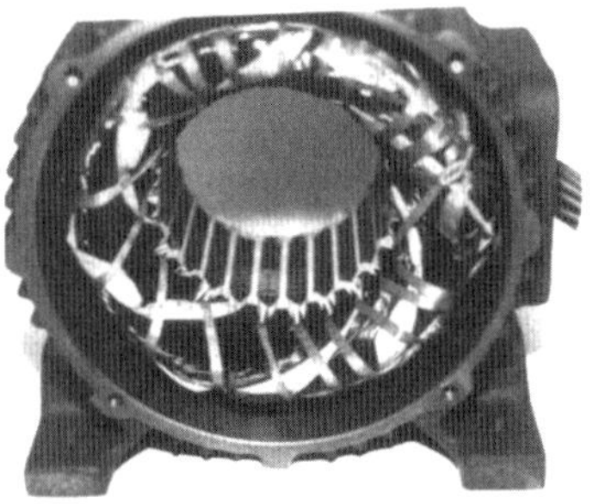

[그림 4-4] 유도전동기의 고정자

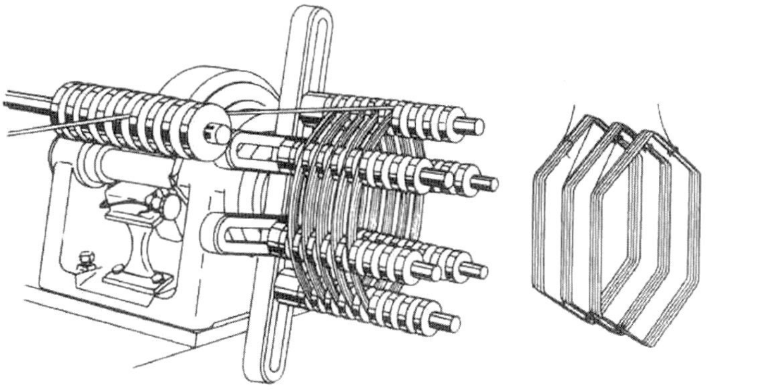

[그림 4-5] 권선틀에 의한 코일의 권선

[그림 4-6]은 고정자 권선을 고정자 프레임의 슬롯 속에 배치한 것을 나타낸 것이다.

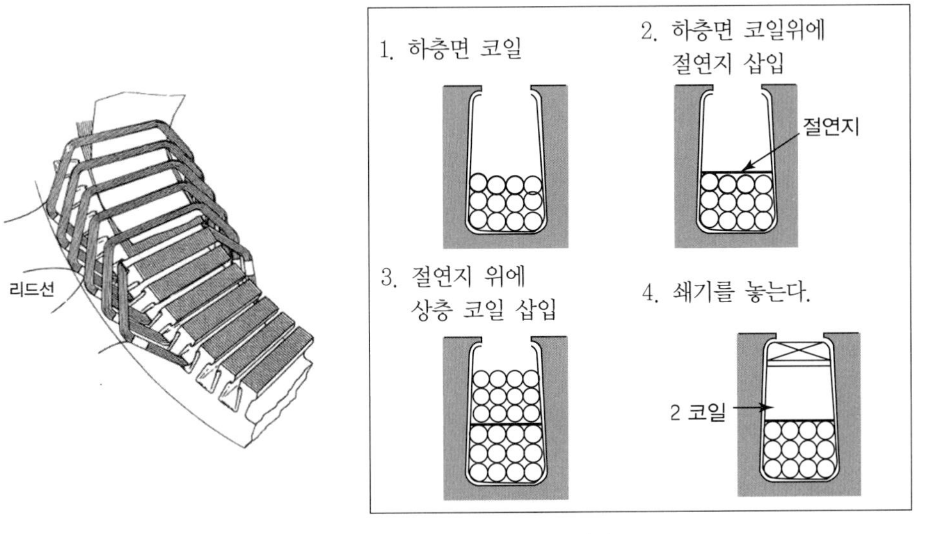

[그림 4-6] 고정자 권선의 배치

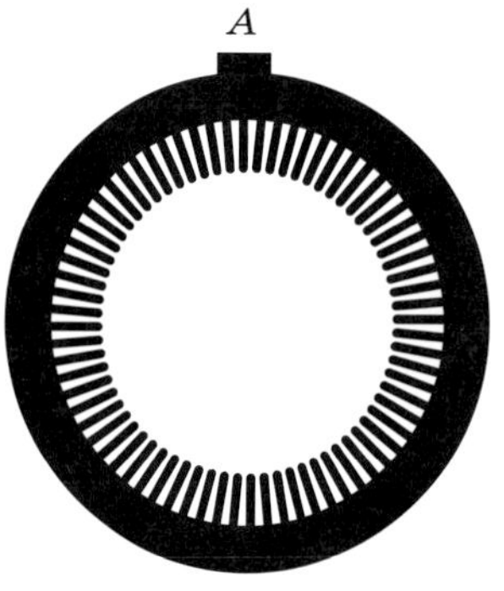

(a) 소형과 중형 고정자용

(b) 대형 고정자용

[그림 4-7] 고정자 철심

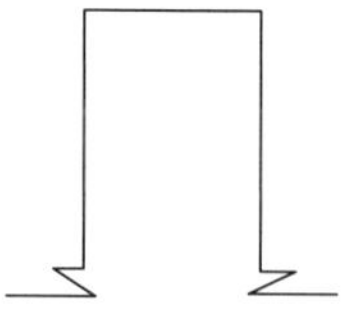

(a) 개방홈

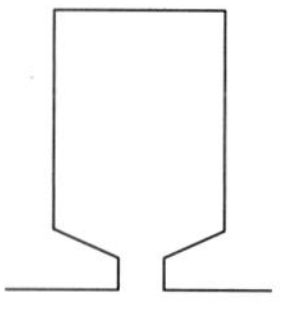

(b) 반폐홈

[그림 4-8] 슬롯

고정자 철심은 [그림 4-7]과 같은 0.35~0.5[mm] 두께의 규소강판을 성층하여 만든다. [그림 4-8]과 같이 고정자 철심의 슬롯에는 개방홈(open slot)과 반폐홈(semi-closed slot) 등이 있으며 반폐홈은 소형전동기에 사용되며 개방홈은 대형 전동기에 주로 사용된다.

고정자 프레임은 전동기 전체를 지지하며 내부에 고정자 철심이 부착되어 있다. 주철제로 하거나 대형에서는 중량을 감소시키기 위하여 압연강판으로 만들기도 한다.

3상 유도전동기의 고정자 권선은 3상권선이며 2층권으로 배치하고 전동기의 극수는 4극이 보통이다. 고정자 권선의 접속은 Y결선과 Δ결선의 두 가지 방법이 있으며 중·대형 3상 유도전동기에서는 기동시 과전류에 의한 전동기의 손상을 방지하기 위해서 기동시는 Y결선을 이용하고 기동 후 정상운전시는 Δ결선을 사용한다.

Y결선은 [그림 4-9]과 같이 A상, B상, C상의 시작점은 전동기 밖으로 뽑아내어 전원을 연결하며, 각 상의 끝점을 하나로 연결하여 성형점을 만든다.

Δ결선은 [그림 4-10]과 같이 A상, B상, C상의 시작점을 밖으로 뽑아내어 전원을 연결하며, A상의 끝점을 C상의 시작점에 C상의 끝점을 B상의 시작점에 B상의 끝점을 A상의 시작점에 연결한다.

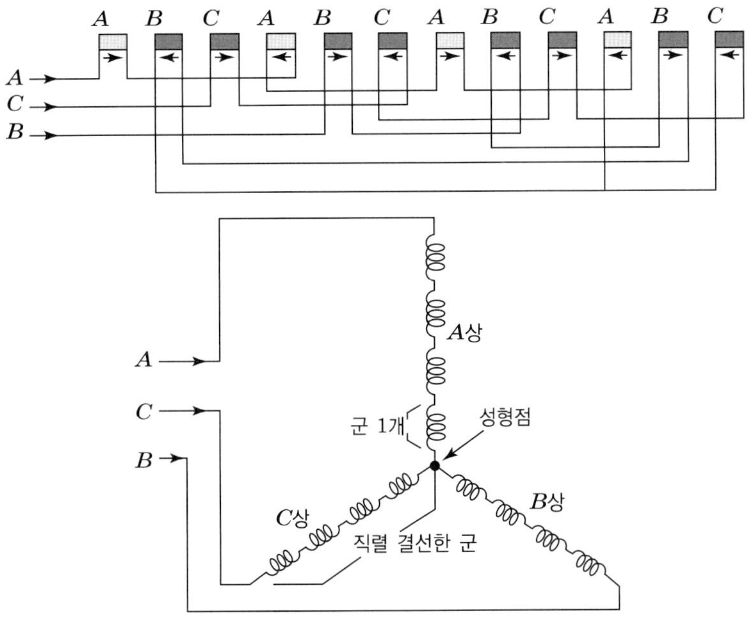

[그림 4-9] Y결선

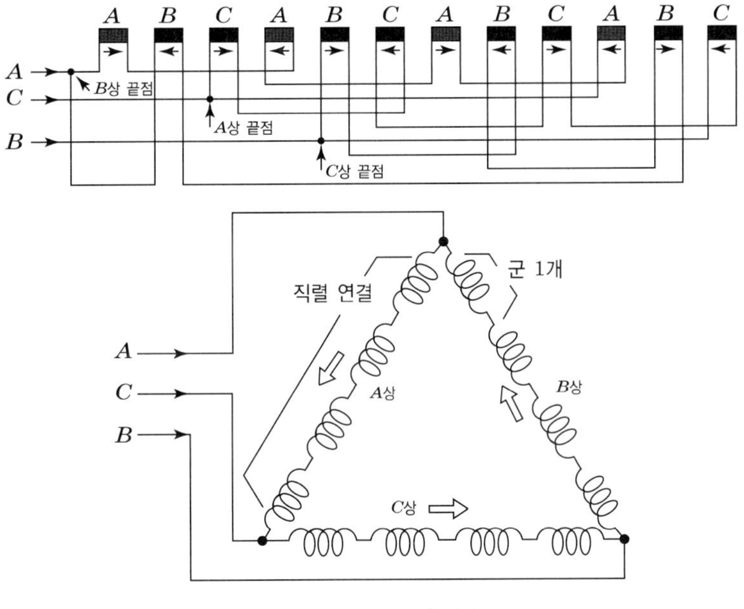

[그림 4-10] Δ 결선

(2) 회전자

3상 유도전동기의 회전자(rotor)는 회전자권선, 회전자 철심 및 축으로 구성되어 있으며, 회전자권선의 구조에 따라 농형회전자(squirrel cage type rotor)와 권선형회전자(wound type rotor)로 나누어진다.

농형회전자는 비교적 소용량의 전동기에 사용되고 권선형회전자는 중용량 이상의 전동기에 사용된다. 하지만 경우에 따라 농형에도 상당히 큰 용량인 것이 있고 권선형에도 소용량인 것이 있다. 전동기 회전자의 철심은 [그림 4-11](a)와 같이 원형으로 바깥 둘레에 홈을 만든다. 중형은 주철제의 스파이더를 축에 끼우고 위에 철심을 성층하고 대형은 [그림 4-11](b)와 같이 부채꼴의 철심을 스파이더 위에 성층한다. 이와 같은 철심을 적층해서 회전자 철심을 만든다. 철판은 두께 0.35[mm]의 규소강판을 사용한다.

(a) (b)

[그림 4-11] 회전자 철심

농형회전자는 회전자 철심의 각 홈안에 한개의 굵은 도체를 절연을 하지 않은 채로 넣고 도체의 양단을 굵은 단락환(End ring)으로 연결한다. 농형회전자는 도체, 단락환, 통풍날개를 하나로 주조하는 알루미늄 다이캐스트 방법도 사용된다. [그림 4-12]는 농형회전자이다.

(a) (b)

1 : 2차도체 2 : 단락환 3 : 통풍날개

[그림 4-12] 농형회전자

농형 유도전동기는 회전자의 구조가 간단하고 튼튼하며, 제작 및 취급이 용이하고, 운전시의 성능은 우수하나 기동시 큰 기동전류가 흘러 공급 전원에 영향을 미친다. [그림 4-13]는 농형 유도전동기의 내부구성도이다.

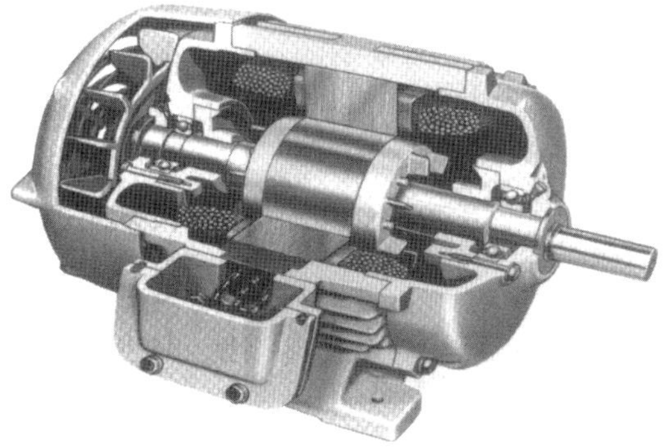

[그림 4-13] 농형 유도전동기 내부구성도

권선형 유도전동기의 회전자권선은 고정자 권선과 같이 3상권선을 Y결선하고 3개의 단자는 회전자 축상에 설치된 슬립링에 접속하여 브러시를 통해서 외부의 기동저항기에 연결된다. 회전자상의 밴드선(banding wire)은 코일이 원심력에 의해 손상을 입는 것을 방지하기 위한 것이다. 또한, 회전자 축에는 2개의 팬이 냉각을 위해서 설치된다. [그림 4-14]는 권선형 유도전동기의 회전자권선과 슬립링이며, [그림 4-15]는 권선형 회전자이다.

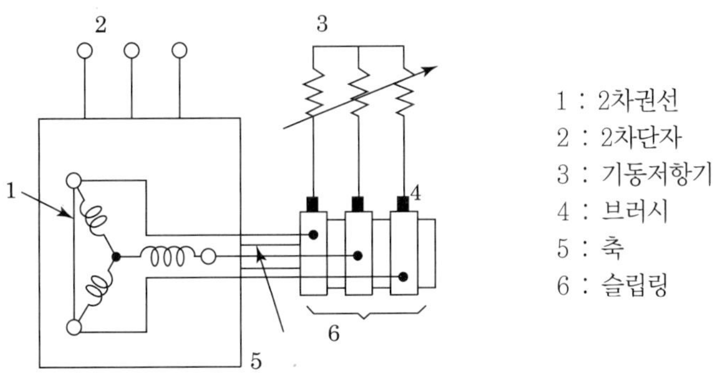

[그림 4-14] 회전자권선과 슬립링

[그림 4-15] 권선형회전자

또한, 다음 [그림 4-16]은 권선형 유도전동기의 내부구성도이다.

[그림 4-16] 권선형 유도전동기의 내부구성도

농형회전자와 권선형회전자 표면에 있는 홈의 방향이 축방향과 약간 비뚤어져 있는데 그 이유는 축방향과 직선으로 홈이 되어 있으면 고정자 홈수와 회전자 홈수의 여하에 따라서 공극의 자속분포에 고조파가 포함되어 회전력이 맥동하여 기동시 또는 저속 운전시에 회전력이 부족하거나 소음이 발생하는 등의 이상현상을 일으킬 수 있기 때문이다. 이와 같은 이상현상을 감소시키기 위한 방법으로서 회전자의 홈방향을 축과 평행으로 하지 않고 다소 비뚤어지게 해서 홈에 의한 자기저항을 전주에 걸쳐서 균등하게 분포시켜 주는 것이다.

연 습 문 제

01 유도전동기의 기본적인 원리를 변압기와 비교하여 설명하여라.

02 유도전동기의 원리를 플레밍의 왼손법칙을 적용하여 설명하고 회전자계와 동기속도를 관계하여 비교 설명하여라.

03 유도전동기가 산업용으로서 많이 사용되는 이유를 설명하여라.

04 다음 그림과 같이 전기자 도체가 f 의 방향으로 이동하고 도체의 전류 i 가 들어가는 방향으로 흐를 때 이 전류를 발생하기 위해 자계 방향은 어떤 방향인가?

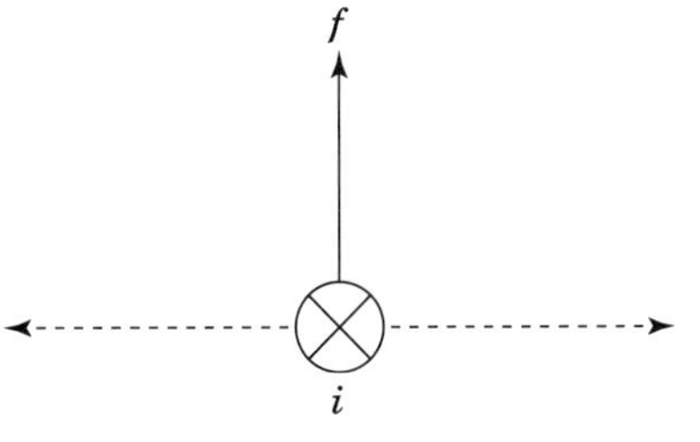

05 유도전동기의 고정자 및 회전자 철심을 성층하는 이유를 설명하고 유도전동기의 설계 시 공극이 다른 전동기에 비해 좁은 이유에 대해 설명하여라.

06 유도전동기의 전기적 각속도와 기계적 각속도를 설명하고 상호 상관관계에 대하여 수식으로 표시하고 설명하여라.

07 유도전동기의 회전자 종류를 들고 각각 설명하여라.

08 회전자 슬롯을 고정자 슬롯의 한칸 간격으로 나누어 경사진(skew) 슬롯으로 하는 이유를 설명하여라.

09 유도전동기의 고정자 슬롯에서 개방형과 반폐형 슬롯을 사용할 때 그 차이점을 비교 설명하여라.

10 유도전동기를 운전하는 도중 회전하고 있는 방향을 반대로 하기 위해서는 어떻게 해야하는가 실제도를 그리고 설명하여라.

2 3상 유도전동기의 이론

2.1 변압기와의 비교

변압기에서는 1차권선에 흐르는 전류에 의해서 생긴 교번 자속이 2차권선과도 쇄교하기 때문에 전자유도작용에 의해서 2차권선에 전압이 유기된다. 유도전동기도 이와 같이 1차권선에 흐르는 전류에 의해서 생긴 회전자속이 2차권선과 쇄교하고, 전자유도작용에 의해 2차권선에도 전압이 유도되므로 2차전류가 흐르고, 2차전류와 회전자속 사이에 생기는 전자력에 의해서 토크가 발생한다.

이와 같이 유도전동기의 자속, 전압 및 전류의 관계는 변압기의 작용과 흡사하다. 따라서 그 이론도 변압기와 비슷한 점이 많다. 때문에 유도전동기의 고정자를 1차 측, 회전자를 2차 측으로 부르는 경우가 많다.

(1) 무부하 상태

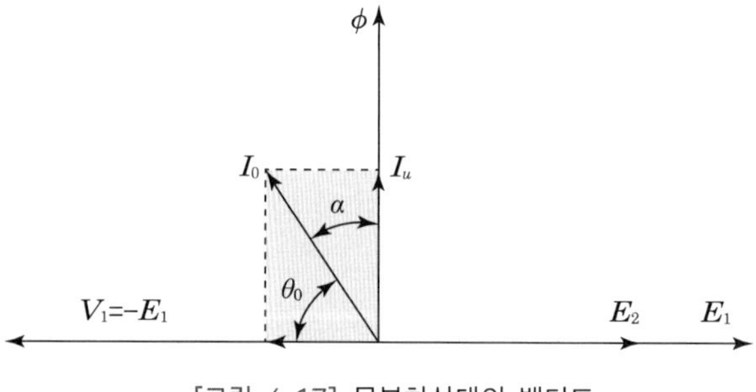

[그림 4-17] 무부하상태의 벡터도

1차권선에 전압을 가하면 변압기의 경우와 같이 여자전류가 흐르고, 그 기자력에 의해 회전자속이 발생되므로 이 자속에 의해서 1차와 2차의 각 권선에는 기전력이 유도된다. 2차회로가 개로 된 경우, 즉 무부하 상태인 경우에는 2차전류가 흐르지 않기 때문에 회전자는 회전하지 않는다. 따라서, 이 때의 상태는 무부하때의 변압기와 같고 전압・전류 및 자속의 관계를 나타내는 벡터도는 [그림 4-17]과 같이 표시된다.

[그림 4-17]에서 I_0는 1차의 여자전류이고 자속 ϕ 보다 α (철손각) 만큼 앞서 있다. 또한, 이 I_0는 회전자속을 만드는 자화전류 I_μ와 철손을 공급하는 철손전류 I_w와의 벡터합이다. E_1, E_2는 각각 1차와 2차권선의 유도기전력이고 회전자속 ϕ에 의해서 유도되므로 자속 ϕ 보다 위상이 $\pi/2$ 뒤진다.

$V_1' = -E_1$은 I_0에 의한 1차 임피던스강하를 무시하면 1차 공급전압이 된다. 또 여 기서 $\cos\theta_0$는 이때의 역률이다.

(2) 부하상태

① 1차전류

2차회로를 단락한 경우, 2차회로에는 그 회로의 임피던스를 통하여 2차전류 I_2가 흐르고, 변압기의 경우와 같이 1차 측에는 I_2에 의한 기자력을 감소시킬 1차부하전류 I_1'가 흐른다. 이와 같은 경우는 변압기와 비슷하지만 전동기의 자로에는 공극이 있기 때문에 변압기에 비해서 I_1에 대한 I_0의 비율은 매우 크다. 일반적으로 전부하전류의 25~50[%]에 이른다. 또한 I_0의 값은 용량이 작은 것일수록 크고 같은 용량의 전동기에서는 극수가 많을수록 크다. 그리고 이 I_0의 대부분을 차지하고 있는 자화전류 I_μ는 $\pi/2$ 뒤진 전류이기 때문에 유도전동기는 역률이 비교적 낮고 경부하일 경우에는 더욱 낮아지게 된다.

② 2차전류와 토크

회전자에 전류가 흐르면 이 전류와 회전자속과의 곱에 비례하는 토크가 발생하여 회전자는 그 회전자속과 같은 방향으로 회전을 시작한다. 회전자속의 속도는 일정하므로 회전자의 속도가 증가함에 따라 회전자계와 회전자 사이의 상대속도가 점점 작아져서 2차도체를 끊는 회전자속이 감소하게 된다. 따라서 2차회로에 유기되는 2차전압의 크기와 주파수도 감소하고, 이에 따라서 2차전류도 감소한다. 때문에 회전자에 발생하는 토크도 감소하여 부하토크와 평형을 이루는 속도에서 회전을 계속한다.

2.2 슬립

유도전동기의 회전자가 동기속도로 회전하면 2차도체와 회전자속과의 상대속도는 0이 되어 2차도체가 자속을 끊을 수 없으므로 2차전압이 유도되지 않는다. 때문에 2차회로에는 전류가 흐르지 않고 토크도 발생하지 않으므로, 전동기가 토크를 발생하여 회전하기 위해 회전자의 속도는 반드시 동기속도 이하가 되어야 한다.

(1) 부하와 2차전류

전동기가 무부하일 경우에는 마찰손, 풍손 등의 기계손을 이겨낼 만한 회전력을 발생하면 족하므로 그 속도는 동기속도와 거의 같다. 이 속도를 무부하속도라고 한다. 하지만 전동기에 부하를 걸면 회전자의 속도는 감소하고 회전자속에 대한 상대속도는 증가하여 2차전류가 증가하게 되므로 부하의 토크와 평형하는 것만큼의 토크를 발생하는 회전속도에 이르게 된다. 따라서 부하가 증가할수록 유도전동기의 속도는 저하된다.

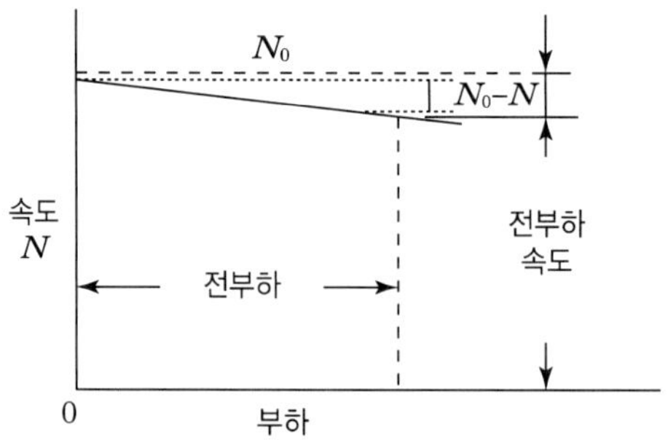

[그림 4-18] 속도와 부하의 관계

(2) 슬립

회전자속의 속도, 즉 동기속도를 N_s[rpm], 유도전동기의 회전속도를 N[rpm]라고 하면 부하에 있어서의 속도감소의 동기속도에 대한 비율을 슬립(slip)이라고 한다.

$$s = \frac{N_s - N}{N_s} \times 100[\%] \tag{4-7}$$

또한, 이때 회전자계의 회전자에 대한 상대속도는 식 (4-8)와 같이 된다.

$$N_s - N = sN_s \ [\text{rpm}] \tag{4-8}$$

$$N = (1 - s)N_s \ [\text{rpm}] \tag{4-9}$$

이 슬립의 크기는 $0 < s < 1$의 범위이고 무부하일 때는 $s \fallingdotseq 0$, 정지하고 있을 때는 $s = 1$이다. 일반적으로 유도전동기의 슬립은 매우 작고 전 부하에서의 슬립은 소용량의 것은 5~10[%], 중용량 및 대용량의 것은 2.5~5[%] 정도이다. 또한 같은 용량에서는 저속도의 것이 고속도의 것보다 크다. 같은 정격일 때는 농형이 권선형보다 슬립이 약간 크다.

예제 4-1

60[Hz], 6극의 3상 유도전동기가 슬립 2[%]로 운전하고 있다. 이 때의 회전수는 얼마인가?

풀이

동기속도 $N_s = \frac{120}{P}f = \frac{120}{6} \times 60 = 1200[\mathrm{rpm}]$이며, 유도전동기의 회전수 N은 식 (4-9)에 의해 $N = N_0(1-s) = 1200(1-0.02) = 1176[\mathrm{rpm}]$이 된다.

예제 4-2

60[Hz], 4극 10 HP 460V의 3상 유도전동기가 정격주파수와 정격전압에서 전부하가 인가되면 1750[rpm]으로 회전하고 있다.
(a) 동기속도, (b) 슬립속도 (C) 단위화 슬립을 구하라.

풀이

(a) 동기속도, $N_s = N_0 = \frac{120}{P}f = \frac{120}{4} \times 60 = 1800[\mathrm{rpm}]$

(b) 슬립속도 $N = N_s - Nr$ = 1800−1750 = 50[rpm]

(c) 단위화 슬립 $s = \frac{N_s - N}{N_s} \times 100[\%]$ = 1800−1750/1800 =0.02778[rpm]

예제 4-3

100HP, 60[Hz], 460V, 16극 3상 유도전동기가 슬립 2.4[%]로 운전하고 있다. 이 때의 (a) 동기속도 (b) 회전자속도 (c) 회전자주파수는 얼마인가?

풀이

(a) 동기속도, $N_s = N_0 = \frac{120}{p}f = \frac{120}{16} \times 60 = 450[\mathrm{rpm}]$

(b) 회전자속도 $N = N_0 = \frac{120}{P}f(1-s) = 450(1-0.024) = 439.2[\mathrm{rpm}]$

(c) 회전자주파수 $f_r = s \times f$ =0.024×60=1.44[Hz]

예제 4-4

60[Hz], 4극, 450V의 3상 유도전동기가 정격상태에서 1775[rpm]으로 회전하고 있다. 이 때의 (a) 동기속도 (b) 슬립 (c) 슬립속도 (d)회전자주파수는 얼마인가?

풀이

(a) 동기속도, $N_s = N_0 = \dfrac{120}{P} f = \dfrac{120}{4} \times 60 = 1800[\mathrm{rpm}]$

(b) 슬립 $s = \dfrac{N_s - N}{N_0} \times 100[\%]$ = 1800−1755/1800 =0.01389[rpm]

(c) 슬립속도 $SN_s = N_s - N$ = 1800 - 1775 = 25[rpm]

(d) 회전자주파수 $f_r = s \times f = 0.01389 \times 60$ = 0.833[Hz]

예제 4-5

200[Hp], 2300[V], 3상 60[Hz]의 권선형 유도전동기가 104[V]의 구속회전자전압을 가지고 있다. 정격부하에서 축속도와 슬립속도는 각각 1775[V/min]과 25[V/min]이다.

풀이

a) 극수

$n = ns - mn \quad ns = n + mn = 1,775 + 25 = 1,800\mathrm{v/min}$

$ns = \dfrac{120f}{p} \quad p = \dfrac{120f}{ns} = \dfrac{120 \times 60}{1800} = 4$극

b) 슬립

$s = \dfrac{ns - mn}{ns} = \dfrac{1,800 - 1,775}{1,800} = 1,389$

c) 회전자주파수

$f_{BR} = s \times f = 0.01389 \times 60 = 0.833[\mathrm{Hz}]$

d) 이 슬립속도에서의 회전자전압을 구하라

$E_R = s \cdot E_{BR} = 0.01389 \times 104[\mathrm{V}] = 1.44[\mathrm{V}]$

2.3 유도기전력과 전류

(1) 전동기 정지시 1차 유도기전력

1차권선에 흐르는 여자전류에 의해 생긴 회전자계는 1차권선에 의해서 쇄교되므로 1차권선 내에 공급전압의 주파수와 같은 주파수의 기전력이 유도된다. 이것을 1차 유도기전력이라고 하며, 이 기전력 E_1은 동기발전기의 경우와 같이 다음 식 (4-10)과 같이 된다.

$$E_1 = 4.44\, K_{w1}\, N_1 f \phi\, [\mathrm{V}] \tag{4-10}$$

단, K_{w1}은 1차권선계수, f는 1차주파수, N_1은 1차권선 1상분의 권수, ϕ는 매 극당 자속 위의 전압 E_1은 전동기로서의 역기전력이므로 단자전압 V_1에서 1차 임피던스에 의한 전압강하를 벡터적으로 감한 것과 평형이 유지된다.

(2) 전동기 정지시 2차 유도기전력

회전자가 정지시 회전자속은 1차권선을 쇄교하는 것과 같은 속도로 2차권선을 쇄교하므로 2차 유도기전력은 다음과 같이 E_1과 같은 형으로 된다.

$$E_2 = 4.44 K_{w2} N_2 f \phi\, [\mathrm{V}] \tag{4-11}$$

여기서, K_{w2}는 2차권선계수, N_2는 2차권선 1상분의 권수이다.

(3) 권선비

식 (4-10)과 식 (4-11)에 의하여 식 (4-12)가 얻어진다.

$$\frac{E_1}{E_2} = \frac{K_{w1} N_1}{K_{w2} N_2} = a \tag{4-12}$$

따라서, 유도전동기의 1차와 2차권선에 유도되는 기전력의 비는 그 권수와 권선계수와의 곱의 비와 같다. 이것을 권선비라고 한다.

(4) 전동기 회전시 2차 유도기전력과 2차주파수

회전자가 슬립 s로 회전하고 있을 때에는 회전자도체가 회전자계를 절단하는 속도가 회전자 정지시의 $(N_s - N)/N_s = s$배가 되므로 이때의 2차 유도기전력 $E_2{}'$의 크기 및 주파수 f_2는 정지시의 s배로 된다. 즉,

$$\begin{aligned} E_2{}' &= sE_2 = 4.44\, K_{w2} N_2\, s f \phi\, [\mathrm{V}] \\ f_2 &= sf \end{aligned} \tag{4-13}$$

여기서, 2차주파수 f_2를 슬립주파수(slip frequency)라고 한다.

(5) 2차전류와 2차역률

유도전동기 2차권선 1상의 저항을 r_2, 누설인덕턴스를 L_{l2}, 공급전압주파수를 f라 하면 정지시($s=1$)에 있어서 2차권선 1상의 누설리액턴스 x_2, 임피던스 Z_2는 다음 식 (4-14)과 같이 된다.

$$x_2 = 2\pi f L_{l2}\,, \qquad Z_2 = \sqrt{{r_2}^2 + {x_2}^2} \tag{4-14}$$

슬립 s로 운전시의 2차권선의 주파수는 $f_2 = sf$가 되므로 이때의 2차권선 누설리액턴스 x_2' 및 2차 임피던스 Z_2'는 다음 식 (4-15)와 같이 된다.

$$x_2' = 2\pi f_2 L_{l2} = 2\pi s f L_{l2} = s x_2 \qquad Z_2' - \sqrt{{r_2}^2 + (s x_2)^2} \tag{4-15}$$

따라서 이 때의 2차권선의 전류 I_2 및 역률 $\cos\theta_2$는 식 (4-16)과 같이 된다.

$$\begin{aligned} I_2 &= \frac{E_2'}{Z_2'} = \frac{sE_2}{\sqrt{{r_2}^2 + (sx_2)^2}} \\ \cos\theta_2 &= \frac{r_2}{\sqrt{{r_2}^2 + (sx_2)^2}} \end{aligned} \tag{4-16}$$

(6) 1차전류

2차권선에 2차전류 I_2가 흐르면 2차권선은 다상권선이므로 유도자계가 생기고 그 회전속도는 주파수가 $f_2 = sf$이므로 $120sf/p = sN_s$로 되고 회전방향은 회전자와 같은 방향이다. 그러나 회전자 자체가 $N = (1-s)N_s$의 속도로 회전하고 있으므로 2차 회전자계가 정지하고 있는 고정자에 대한 속도는 $N + sN_s = (1-s)N_s + sN_s = N_s$로 되어 고정자의 여자전류에 의해 만들어진 회전자계와 같은 속도가 된다는 것을 알 수 있다. 그러므로 2차권선에 2차전류 I_2가 통하면 I_2에 의해서 고정자에 대해 동기속도 N_0로 회전하는 새로운 회전자계가 생기고 이것이 여자전류 I_0에 의해서 이미 생겨 있는 회전자계를 교란시키려고 하는데 1차권선은 정전압 전원에 연결되어 있으므로 1차 유도기전력은 2차전류에 관계없이 일정해야 하며 따라서 유도기전력과 일정관계에 있는 공극자속수 ϕ도 일정해야 한다.

그러기 위해서 1차권선에는 2차전류 I_2에 의한 2차기자력을 상쇄시킬 수 있는 전류가 흐르게 된다. 이 전류는 1차 여자전류와 같은 주파수의 전류이므로 1차부하전류(Primary load current) 또는 1차 보상전류(Primary compensating current)라고 하며 이것과 여자전류를 합한 전류가 1차전류(Primary current)이다.

지금 1차, 2차권선의 상수, 권수 및 권선계수를 각각 m_1, m_2 ; N_1, N_2 ; K_{w1}, K_{w2}라 하고 1차부하전류 및 1차전전류를 각각 $I_1{}'$, I_1라 하면 $I_1{}'$에 의한 1차기자력과 I_2에 의한 2차기자력은 크기가 같고 방향이 반대이므로 다음 식과 같이 구할 수 있다.

$$m_1 I_1{}' K_{w1} N_1 = m_2 I_2 K_{w2} N_2$$

$$\therefore \quad I_1{}' = \frac{m_2 K_{w2} N_2}{m_1 K_{w1} N_1} I_2 = \frac{1}{ab} I_2 \qquad (4\text{-}17)$$

$$I_1 = I_0 + I_1{}'$$

단, $b = m_1 / m_2$를 상수비라고 하며 권선형에 있어서는 $m_1 = m_2 = 3$, $b = 1$이 되고 농형에 있어서는 $m_2 > m_1$, $b < 1$가 된다.

2.4 전류－속도특성곡선

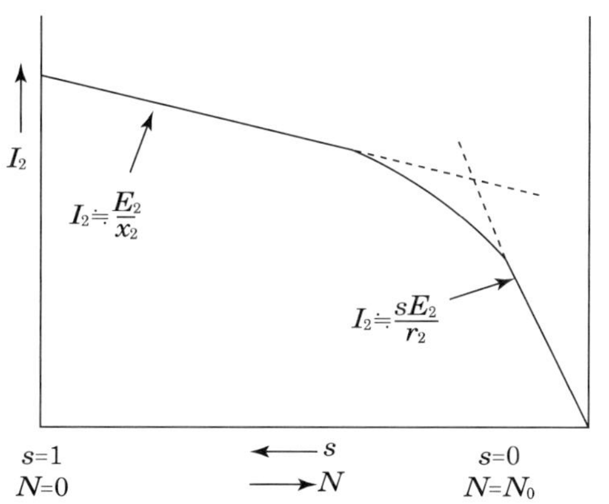

[그림 4-19] 2차전류－속도특성

운전 중의 2차전류 $I_2 = sE_2 / \sqrt{r_2^2 + (sx_2)^2}$ 는 슬립이 $s=1$에서 $s=0$까지 속도가 증가할 때 $I_2 = E_2 / \sqrt{r_2^2 + x_2^2}$ 에서 $I_2 = 0$까지 감소하게 되는데 이 2차전류 I_2의 감소 상태를 조사하기 위하여 $s=1$ 부근과 $s=0$ 부근에 대해서 고찰하기로 한다.

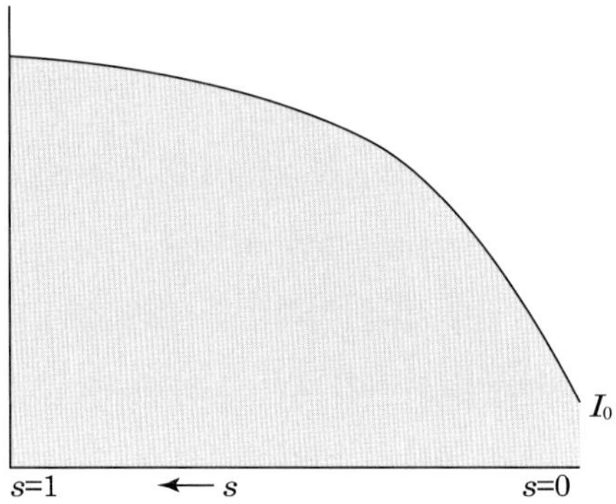

[그림 4-20] 1차전류-속도특성

슬립 s가 1에 가까운 저속도로 운전하고 있을 때는 $r_2^2 \ll (sx_2)^2$로 간주할 수 있으므로 $(sx_2)^2$에 대해서 r_2^2 을 무시하면 $I_2 \fallingdotseq E_2/x_2$로 되어 I_2는 슬립 s에 관계없이 대략 일정으로 됨을 알 수 있다. 또 슬립 s가 영에 가까울 때, 즉 회전자가 동기속도에 가까운 속도로 운전되고 있을 때에는 $(sx_2)^2$은 대단히 작아서 r_2^2에 비하여 무시할 수 있으므로 $I_2 \fallingdotseq sE_2/r_2$로 되어 I_2는 대략 슬립 s에 비례해서 감소함을 알 수 있다.

[그림 4-19]는 이상과 같은 관계를 고려해서 2차전류와 슬립과의 관계를 곡선으로 나타낸 것이며 이것을 2차전류-속도특성곡선이라고 한다. 1차부하전류도 같은 모양으로 변화하므로 1차전류와 속도와의 특성곡선은 [그림 4-20]과 같이 된다. 이 때에는 동기속도($s=0$)에 있어서도 여자전류 I_0에 상당하는 1차전류가 통하고 있다.

예제 4-2

50 [Hz], 슬립 0.2인 경우의 회전자속도가 600 [rpm]일 때에 3상 유도전동기의 극수는?

풀이

실제속도 $N = (1-s)N_s = (1-s)\dfrac{120f}{p}$

$\therefore$ 극수 $p = (1-s)\dfrac{120f}{N} = (1-0.2)\dfrac{120 \times 50}{600} = 8$극

예제 4-3

유도전동기를 60 [Hz], 600 [rpm]인 동기전동기에 직결하여 동기전동기를 기동하는 경우 유도전동기의 적당한 극수는?

풀이

동기속도 $N_s = \dfrac{120f}{p}$ 에서

극수 $p = \dfrac{120f}{N_s} = \dfrac{120 \times 60}{600} = 12$극

그러나, 유도전동기에 직결하여 동기전동기를 기동할 경우 실제의 극수보다 2극 적은 것을 사용한다.

$\therefore$ 극수$= 12 - 2 = 10$극

예제 4-4

60 [Hz], 8극인 3상 유도전동기의 전부하에서 회전수가 855 [rpm]이다. 이 때 슬립은?

풀이

동기속도 $N_s = \dfrac{120f}{p} = \dfrac{120 \times 60}{8} = 900$ [rpm]

슬립 $s = \dfrac{N_s - N}{N_s} \times 100 = \dfrac{900 - 855}{900} \times 100 = 5$ [%]

예제 4-5

4극, 60 [Hz]인 3상 유도기가 1750 [rpm]으로 회전하고 있을 때 전원의 b상, c상과를 바꾸면 이 때의 슬립은?

풀이

동기속도 $N_s = \dfrac{120f}{p} = \dfrac{120 \times 60}{4} = 1800$ [rpm]

회전자가 역전하므로, 이 때의 슬립 s 는

$$s = \frac{N_s - (-N)}{N_s} \times 100 = \frac{N_s + N}{N_s} \times 100 = \frac{1800 + 1750}{1800} \times 100 = 1.97$$

예제 4-6

50 [Hz], 4극의 유도전동기의 슬립이 4 [%]일 때의 매분 회전수는?

풀이

$$N = (1-s)N_s = (1-s)\frac{120f}{p}$$

$$= (1-0.04)\frac{120\times 50}{4} = 1440\ [\text{rpm}]$$

예제 4-7

200[hp], 2300[V], 3상 60[Hz]의 권선형 유도전동기가 104[V]의 구속회전자전압을 가지고 있다. 정격부하에서 축속도와 슬립속도는 각각 1775[V/min]이다.

풀이

a) 극수

$$n = ns - mn \quad ns = n + mn = 1,775 + 25 = 1,800\text{V/min}$$

$$ns = \frac{120f}{P} \quad P = \frac{120f}{ns} = \frac{120\times 60}{1800} = 4\text{극}$$

b) 슬립

$$S = \frac{ns - mr}{ns} = \frac{1,800 - 1,775}{1,800} = 1,389$$

c) 회전자주파수

$$f_{BR} = S\times f = 0.01389\times 60 = 0.833\text{Hz}$$

d) 이 슬립속도에서의 회전자전압을 구하기

$$E_R = S\cdot E_{BR} = 0.01389\times 104[\text{V}] = 1.44[\text{V}]$$

예제 4-8

6극 3상 유도전동기가 25[Hz], 230[V]전원에서 480[V/min]으로 운전되고 있다. 구속상태에서 회전자에 유기되는 전압은 90[V]이다.

풀이

a) 슬립속도

$$ns = \frac{120f}{p} = \frac{120 \cdot 25}{6} = 500\mathrm{V/min}$$

SLIP Speel=$ns - n = 2500 - 480 = 20\mathrm{V/min}$

b) 480n/min에서의 회전자주파수와 회전자전압

$$S = \frac{ns - mn}{ns} = \frac{500 - 480}{500} = 0.04$$

$$fr = Sf_{BR} = 0.04 \times 25 = 1.0\mathrm{Hz}$$

$$E_r = SE_{Br} = 0.04 \times 90[\mathrm{V}] = 3.6[\mathrm{V}]$$

예제 4-9

100마력의 3상 유도전동기가 정격상태에서 동작하면서 450[V] 60[Hz] 전원에 연결되어 423[n/min]으로 회전하고 있다. 이 부하에서 슬립은 0.06이다.

풀이

a) 동기속도

$$ns = \frac{120f}{p}(1-s) \qquad 423 = \frac{120 \times 60}{p}(1 - 0.06)$$

$p = 120 \times 60 \times 0.94/423 =$16극

$$n = \frac{120f}{p} = \frac{7200}{16} 450[\mathrm{m/min}]$$

b) 고정자 극수

$P = 16[\mathrm{pole}]$

c) 회전자주파수

$$f_r = f_{BR} \times s = 60 \times 0.06 = 3.6[\mathrm{Hz}]$$

예제 4-10

4극/8극 다중속도의 60[Hz], 10마력, 240[V] 3상 유도전동기가 4극 상태에서 정격전압과 주파수에서 전부하로 1750[m/min]으로 회전하고 있다.

풀이

a) 슬립속도

$$ns = \frac{120f}{p} = \frac{120 \times 60}{4} = 1,800\text{m/min}$$

$$n = ns - mn = 1,800 - 1,750 = 500\text{m/min}$$

b) 백분율 슬립

$$\%s = \frac{ns - nr}{ns} \times 100 = \frac{1,800 - 1,750}{1,800} \times 100 = 2.78\%$$

c) 8극상태로 정격의 20% 주파수로 운전될 때의 동기속도

$$ns = \frac{120f}{p} = \frac{120 \times 60 \times 0.20}{8} = 180\text{n/min}$$

예제 4-11

12극 50[Hz], 20[hp], 220[V] 정격부하상태에서 480[n/min], 85[%]효율, 0.73 지상의 역률로 운전되고 있다.

풀이

a) 동기속도

$$ns = \frac{120f}{p} = \frac{120 \times 50}{12} = 500\text{n/min}$$

b) 슬립

$$s = \frac{ns - nr}{ns} = \frac{500 - 480}{500} = 0.04$$

c) 선전류

$$S = \frac{p}{F_p \cdot n} = \frac{20 \times 746}{0.73 \times 0.85} = 24,045.12\,VA$$

$$S = \sqrt{3} \cdot V_L \cdot I_L \qquad I_L = S/\sqrt{3} \cdot V_L$$

$$I_L = \frac{24,045.12}{\sqrt{3} \cdot 220} = 6.10[A]$$

d) 정격토크

$$T_D = \frac{P_{meoh} \cdot 5252}{nr} = \frac{20^{19} \cdot 5252}{480} = 218.8310ft$$

3 유도전동기의 전압과 전류

3.1 유도전동기의 정지시

(1) 1차 측 유도기전력

고정자의 회전자계를 만들어주는 여자전류가 흐르면 고정자(1차권선)와 회전자(2차권선)에 유기되는 기전력의 관계는 변압기의 경우와 같고 1차 유도기전력은 다음과 같은 식으로 된다.

$$E_1 = 4.44 k_{\omega 1} f N_1 \phi \text{ [V]} \tag{4-18}$$

여기서, f 는 공극 주파수, N_1 은 1차권선수, $k_{\omega 1}$ 은 권선계수, ϕ 는 평균자속이다. 따라서, 전압 E_1 은 전동기의 역기전력이 되므로 단자전압 V_1 과의 관계식은 다음과 같이 된다.

$$E_1 = V_1 - Z_1 I_1 \text{ [V]} \tag{4-19}$$

윗 식은 한 상에 대한 전압에 대해서 임피던스 강하를 뺀 것으로 나타낸 것이다.

(2) 2차 측 유도기전력

고정자(1차권선)는 회전자 자속 ϕ 가 회전자(2차권선)에도 기전력을 유기하여 회전자가 정지되어 있을 때는 회전자계가 1차권선을 자르면 같은 속도로 2차권선을 끊기 때문에 2차 유도기전력 E_2 는 1차 유기전압과 같게 된다.

$$E_2 = 4.44 k_{\omega 2} f N_2 \phi \text{ [V]} \tag{4-20}$$

여기서, $k_{\omega 2}$ 는 권선계수, N_2 는 2차권선수를 나타낸다. 따라서, 각 상의 유기전압의 비는 식 (4-18)과 식 (4-20)에 의해서 그 비를 나타내 보면 다음 식으로 된다.

$$\frac{E_1}{E_2} = \frac{k_{\omega 1} N_1}{k_{\omega 2} N_2} = a \tag{4-21}$$

1상의 기전력의 비를 권선비(turn ratio)라고 하며 a 로 표시한다.

3.2 유도전동기의 회전시

(1) 2차 유도기전력 및 주파수

회전자가 슬립 s 로 회전하고 있을 때 2차 측의 회전자와 회전자계 상대속도는 회전자가 정지하고 있을 때의 s 배만큼 되기 때문에 이때에 2차 유도기전력 $E_2{}'$ 및 주파수 f 는 다음과 같은 수식으로 나타낼 수 있다.

$$\begin{aligned} E_2{}' &= s\,E_2 \\ f\,' &= s\,f \end{aligned} \tag{4-22}$$

$f\,'$ 는 슬립주파수라고 하며, 일정주파수에서 일정전압을 고정자권선에 공급하고 임피던스강하를 무시하면 회전자 유기전압은 슬립에 비례하며 주파수도 같은 상태가 된다.

(2) 2차전류와 역률

유도전동기가 회전하더라도 고정자와 회전자 사이에 전류, 전압의 작용은 변압기와 같은 작용을 하며 단지 변압기 출력은 전력인데 비해 유도전동기의 출력은 기계적인 동력이라는 점이 서로 다르게 된다. 유도전동기는 2차주파수의 슬립에 따라 변화하고 리액턴스도 슬립에 따라 변화하므로 변압기와 달리 2차 측 회로는 슬립의 의하여 변화되는 성질을 가지고 있다. 그러므로 $r_2\,[\Omega]$을 2차 측 권선의 1상저항, $x_2\,[\Omega]$을 전동기가 정지상태일 때 2차 측 권선의 리액턴스로 나타냈을 때 슬립 s 로 회전하고 있을 때 1상의 리액턴스 $x_2[\Omega]$ 및 2차 측 1상의 임피던스 Z_2, 전동기가 슬립 s 로 회전하고 있을 때 2차전류 I_2 와 역률 $\cos\theta_2$ 는 다음 수식과 같이 된다.

$$I_2 = \frac{s\,E_2}{r_2 + j\,s x_2} = \frac{s\,E_2}{\sqrt{r_2^2 + (s\,x_2)^2}} \tag{4-23}$$

$$\cos\theta_2 = \frac{r_2}{\sqrt{r_2^2 + (s\,x_2)^2}} \tag{4-24}$$

여기서, $\theta_2 = \tan^{-1}\dfrac{s\,x_2}{r_2}$ 이다.

2차전류의 값이 슬립에 역비례하여 변화되면 [그림 4-21]과 같이 되고 2차저항을 분리하여 다시 나타내면 [그림 4-22]와 같이 나타낼 수 있다.

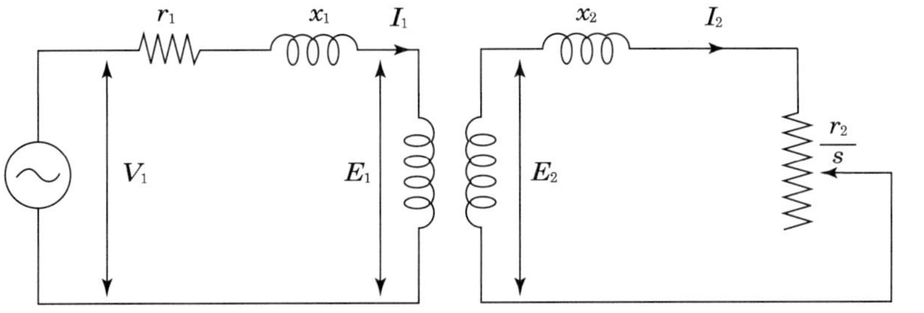

[그림 4-21] s의 변화에 의한 등가변압기 회로

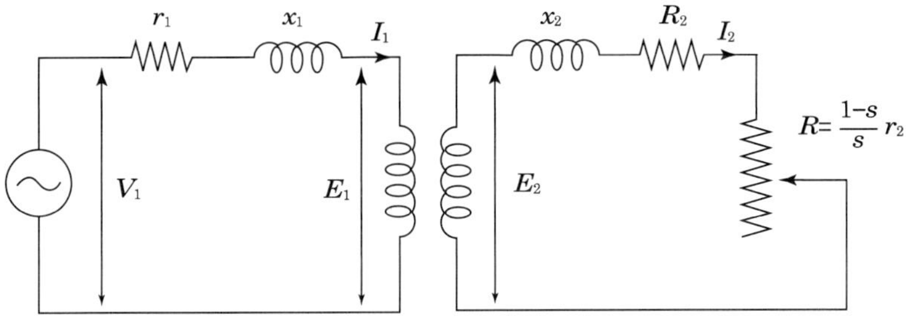

[그림 4-22] 그림 4-8에서 저항을 분리한 회로

(3) 고정자전류(1차전류)

1차전류는 2차전류 I_2 [A]가 흐르는 것은 기자력을 상쇄하기 위해 1차 측에 1차부하전류 I_1' [A]가 흐르므로 1차와 2차권선의 상수를 각각 m_1, m_2라 하면 다음 수식으로 나타낼 수 있다.

$$I_1' m_1 k_{\omega 1} = I_2 m_2 k_{\omega 2}$$

$$I_1' = \frac{m_2 k_{\omega 2}}{m_1 k_{\omega 1}} I_2 = \frac{1}{a} I_2 \qquad (4-25)$$

앞 절 벡터도에서 나타낸 것과 같이 1차부하전류 I_1' [A]와 여자전류 I_0[A]와 벡터합이 전 1차전류 I_1 [A]가 된다.

(4) 기동시의 전압과 전류

유도전동기가 정지상태에서 기동할 때의 2차 유기기전력, 2차전류 2차회로의 역률은 $E_2{}' = s\,E_2,\ f\,' = s\,f,\ \cos\theta_2 = \dfrac{r_2}{\sqrt{r_2^2 + (s\,x_2)^2}}$ 의 값을 $s = 1$로 놓으면 얻어지게 된다.

3.3 토크(Torque) 발생

직류기는 전류의 값이 시간적으로 변화하지 않으므로 일정부하에 대해서 토크도 시간적으로 변화하지 않는다. 그러나 교류기는 시간에 따라 발생되는 토크는 전류 자속이 변화하므로 자속의 순시값과 전류의 순시값이 각 도체에 작용하는 토크의 순시값를 결정하고 그 순시에서 각 도체에 작용하는 토크의 합성이 전동기의 토크 순시값이 된다.

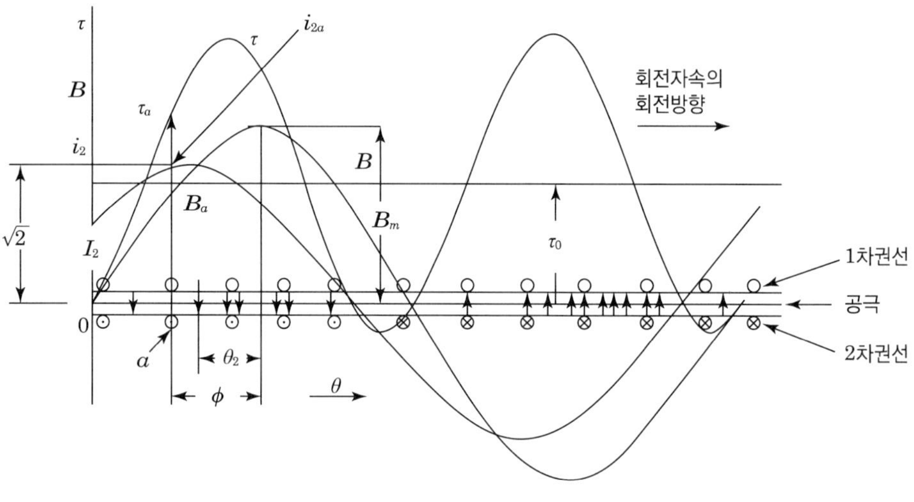

[그림 4-23] 위상차가 있는 경우에 τ, B, i_2 의 관계

최대 자속밀도 B_m 에서 임의 전기각도 φ 만큼 떨어진 점 a 에 있는 하나의 2차도체에 작용하는 힘 F[N]는 다음 수식과 같이 나타낼 수 있다.

$$i_{2a} = \sqrt{2}\, I_2 \cos(\phi - \theta_2)$$
$$F = i_{2a} B a l = \sqrt{2}\, I_2 \cos(\phi - \theta_2) \times B_m \cos\phi \times a \times l \qquad (4\text{-}26)$$

회전자지름을 D [m], 2차 코일 한바퀴에 의해 발생되는 토크 τ_a [N・m]는 다음 수식과 같이 나타낼 수 있다

$$\tau_a = 2\left(F\times\frac{D}{2}\right) = FD = \sqrt{2}\,I_2\cos(2\phi-\theta_2)\times B_m\cos\phi\times l\times D$$
$$= \frac{1}{\sqrt{2}}\,I_2 B_m\, l D\,[\cos\theta_2 + \cos(2\phi-\theta_2)]\ [\mathrm{N\cdot m}] \qquad (4\text{-}27)$$

횡축의 정의 면적과 부의 면적 차가 순시 합성토크가 되고 부의 토크를 발생하는 도체 수와 그 크기는 θ_2가 클수록 즉, 2차회로 리액턴스가 클수록 증가된다.

회전자 전 토크 τ [N・m], 2차 상수 m_2, 권수 w_2라면 회전자의 권선수는 $m_2 w_2$이고 윗 식의 제 2항 전주에 따른 τ의 평균치는 0이 되므로 다음 수식으로 나타낼 수 있다.

$$\tau = \frac{1}{\sqrt{2}}\,I_2 B_m\, m_2\, w_2\, l\, D\cos\theta_2\ [\mathrm{N\cdot m}] \qquad (4\text{-}28)$$

한극 당 자속 ϕ [Wb], 극수 p 라 하면,

$$\phi = \frac{\pi D l}{p}\times\left(\frac{2}{\pi}B_m\right) = \frac{2Dl}{p}B_m$$
$$p\phi = l B_m D \qquad (4\text{-}29)$$

식 (4-29)를 식 (4-28)에 대입하여 정리하면 다음과 같이 된다.

$$\tau = \frac{1}{\sqrt{2}}\,I_2\, m_2\, w_2\cos\theta_2\cdot p\phi = K\phi I_2\cos\theta_2\ [\mathrm{N\cdot m}] \qquad (4\text{-}30)$$

즉, 토크는 한 극의 자속 ϕ와 2차 유효전류 $I_2\cos\theta_2$와의 곱에 비례한다. 그러므로 자속 ϕ, 2차전류 I_2, 2차역률각 θ_2가 변화하지 않는다면 다음 수식과 같이 된다.

$$\tau = K\phi\frac{sE_2}{\sqrt{r_2^2+(sx_2)^2}}\cdot\frac{sE_2}{\sqrt{r_2^2+(sx_2)^2}}$$
$$= K\phi\cdot\frac{sE_2 r_2}{r_2^2+(sx_2)^2}\ [\mathrm{N\cdot m}] \qquad (4\text{-}31)$$

유도전동기 2차 측 유기기전력 수식으로부터 $E_2 = 4.44\,k_{\omega 2} f_2\phi N_2$에서 ϕ를 구하여 식 (4-31)에 대입하여 다시 정리하면 다음 수식과 같이 된다.

$$\begin{aligned}\tau &= KK' \frac{s E_2^2 r_2}{\sqrt{r_2^2 + (s x_2)^2}} \\ &= K_0 \frac{s E_2^2 r_2}{\sqrt{r_2^2 + (s x_2)^2}} \text{ [N·m]}\end{aligned} \tag{4-32}$$

여기서, $k_{\omega 2} = 1$이라면 $K_0 = KK' = \dfrac{m_2 P}{4\pi f_2}$이다. 결과적으로 유도전동기의 토크는 전압 E_2의 제곱과 2차권선저항 r_2에 비례하고 2차 임피던스 Z_2의 제곱에 반비례한다.

예제 4-7

60 [Hz], 6극인 권선형 유도전동기의 2차 유도전압이 정지시에 1000 [V]라 한다. 슬립 3 [%]일 때의 2차전압은 몇 [V]인가?

풀이

회전자전압 $E_2' = E_{2s} = s\,E_2 = 0.03 \times 1000 = 30$ [V]

예제 4-8

6극, 3상 유도전동기가 있다. 회전자도 3상이며 회전자 정지시의 1상의 전압은 200 [V]이다. 전부하시의 속도가 1152 [rpm]이면 2차 1상의 전압은 몇 [V]인가? 단, 1차주파수는 60 [Hz]이다.

풀이

동기속도 $N_s = \dfrac{120 f}{p} = \dfrac{120 \times 60}{6} = 1200$ [rpm]

슬립 $s = \dfrac{N_s - N}{N_s} \times 100 = \dfrac{1200 - 1152}{1200} \times 100 = 0.04$

$\therefore$ 회전자전압 $E_2' = E_{2s} = s\,E_2 - 0.04 \times 200 = 8$ [V]

예제 4-9

4극, 50 [Hz]의 3상 유도전동기가 1410 [rpm]으로 회전하고 있을 때 회전자전류의 주파수[Hz]는?

풀이

동기속도 $N_s = \dfrac{120f}{p} = \dfrac{120 \times 50}{4} = 1500\ [\text{rpm}]$

슬립 $s = \dfrac{N_s - N}{N_s} = \dfrac{1500 - 1410}{1500} = 0.06$

∴ 회전자주파수 $f' = f_2 = s f_1 = 0.06 \times 50 = 3\ [\text{Hz}]$

예제 4-10

220 [V], 3상 4극, 60 [Hz]인 3상 유도전동기가 정격전압 주파수에서 최대 회전력을 내는 슬립은 16 [%]이다. 지금 200 [V], 50 [Hz]로 사용할 때의 최대 회전력 발생 슬립은 몇 [%]가 되는가?

풀이

식 (4-26)에 의해 $s \propto \dfrac{1}{E_2^2} \propto \dfrac{1}{V^2}$ 이다.

$\therefore s' = s \times \left(\dfrac{\text{처음값}}{\text{나중값}}\right)^2 = 0.16 \times \left(\dfrac{220}{200}\right)^2 \fallingdotseq 0.194 = 19.4\ [\%]$

예제 4-11

220 [V], 6극, 60 [Hz], 10 [kW]인 3상 유도전동기의 회전자 1상의 저항은 0.1 [Ω], 리액턴스는 0.5 [Ω]이다. 정격전압을 가했을 때 슬립이 4 [%]이었다. 회전자전류[A]는 얼마인가? 단, 고정자와 회전자는 3각 결선으로서 각각 권수는 300회와 150회이며 각 권선계수는 같다.

풀이

권수비 $a = \dfrac{N_1}{N_2} = \dfrac{300}{150} = 2$

$E_2 = \dfrac{E_1}{a} \fallingdotseq \dfrac{V_1}{a} = \dfrac{220}{2} = 110\ [\text{V}]$

∴ 회전자지름 $I_2 = \dfrac{s E_2}{\sqrt{r_2^2 + (s x_2)^2}} = \dfrac{0.04 \times 110}{\sqrt{0.1^2 + (0.04 \times 0.5)^2}} = 43\ [\text{A}]$

예제 4-12

전원전압이 400[V], 60[Hz]이고 극수 6, 권선비 $a=2$, 유도전동기속도가 1,164[rpm]일 때 2차 유도전압과 2차주파수는 얼마인가?

풀이

$$N_0 = \frac{120}{P}f = \frac{120 \times 60}{6} = 1,200[\mathrm{rpm}]$$

$$s = \frac{N_0 - N}{N_0} = \frac{1,200 - 1,164}{1,200} = 0.03$$

$$E_1 \fallingdotseq V = 400[\mathrm{V}] \quad E_2 = \frac{1}{2} \times 400 = 200[\mathrm{V}]$$

$$E_2' = sE_2 = 0.03 \times 200 = 6[\mathrm{V}], \quad f_2 = sf = 0.03 \times 60 = 1.8[\mathrm{Hz}]$$

4 유도전동기의 벡터도(Vector Diagram)

철심의 자기 포화를 무시하고 고정자에 정현파를 공급하면 1차권선에 공급한 전압과 같은 파형이고 방향이 반대가 되는 유기기전력이 유기 되어 평형을 이룬다. 자속 ϕ 는 공급전압 V_1 보다 90° 뒤지고 자화전류 I_ϕ 는 90° 앞서는 벡터도를 [그림 4-24]와 같이 나타낸다.

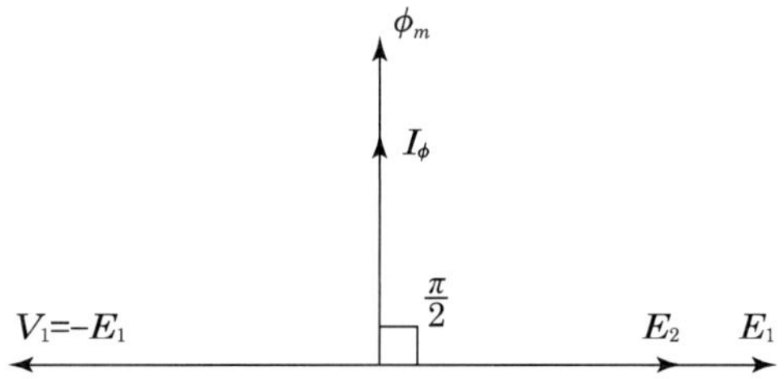

[그림 4-24] 벡터도

유도전동기를 실제 변압기와 같은 상태로 놓고 생각하면 철손전류 I_i 는 $I_i = I_e + I_h$ 이고 유도전동기의 여자전류 I_0 는 $I_0 = I_i + I_\phi$ 의 벡터적인 합이 되어 [그림 4-25]와 같이 나타낼 수 있다.

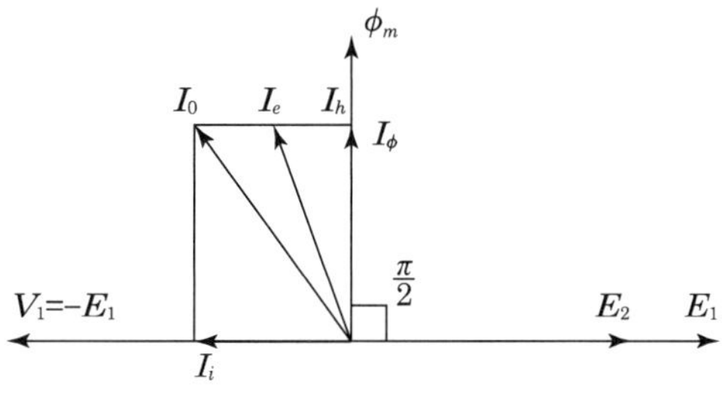

[그림 4-25] 유도전동기 개방시 벡터도

고정자 권선에 공급되는 1상의 전압을 V_1, 고정자 권선 1상의 저항과 누설리액턴스를 각각 r_1, x_1 이라 하면 1차 측 부하전류에 의한 전압강하를 뺀 전압 E_1' 가 1차 측(고정자)의 유도기전력과 평형한 것으로 되기 때문에 [그림 4-26] 벡터도에 나타낸 것과 같이 관계가 성립한다.

1차 유도기전력 E_1을 기준으로 한 유도전동기 1상의 벡터도는 [그림 4-26]과 같다. 1차권선과 쇄교하고 있는 회전자속 Φ에 의해서 1차권선에는 Φ보다 90° 위상이 뒤진 기전력 E_1이 유도되고 동시에 2차권선에는 슬립 s에 비례하는 2차 유도기전력 sE_2가 유도된다. 2차 유도기전력에 의해서 회전자에는 2차전류 I_2가 통하게 되는데 이 회로에는 누설리액턴스가 있기 때문에 I_2는 2차 유도기전력보다 $\theta = \tan^{-1}(sx_2/r_2)$ 만큼 위상이 뒤진다.

한편 고정자에는 I_2에 의한 2차기자력을 상쇄시켜서 자계를 일정으로 유지하기 위한 1차부하전류 I_1'가 I_2와 반대방향으로 통하여 이 전류와 여자전류 I_0와의 합성전류 I_1이 1차전전류가 된다. 고정자에는 철손이 있기 때문에 I_0는 Φ보다 위상이 철손각 α만큼 앞서게 된다. V_1'는 E_1에 반대해서 1차권선에 가해주어야 할 전압이며 이 전압을 1차 여자전압이라고 한다.

이 전압에 1차권선에 있어서의 저항강하분 r_1I_1과 누설리액턴스 강하분 x_1I_1을 벡터적으로 가한 전압 V_1이 1차단자에 가해준 공급전압이다. V_1과 I_1과의 상차각을 θ_1이라 하면 $\cos\theta_1$이 1차역률이 되고 2차역률은 $\cos\theta_2$이다

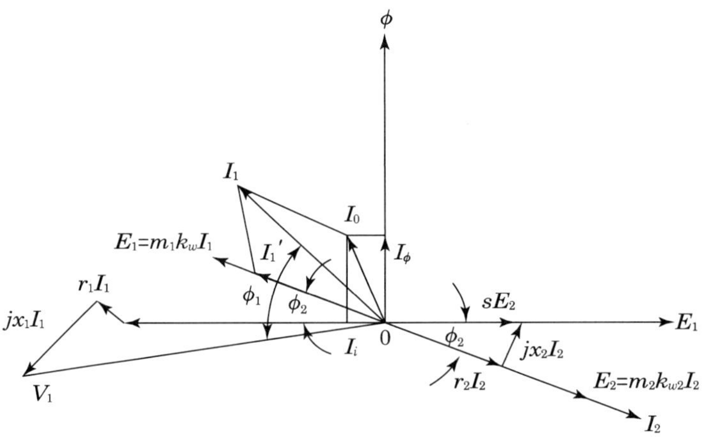

[그림 4-26] 유도전동기의 벡터도

통상 유도전동기의 역률이란 1차역률을 말하며, 전부하시에는 80~85[%] 정도이며 경부하로 될수록 나빠지고 무부하운전시에는 50[%] 이하의 저역률이 된다. 이것은 부하가 작아질수록 1차부하전류가 작아져서 여자전류의 1차전전류에 대한 비율이 커지기 때문이다.

유도전동기의 전체 벡터도를 그리는 방법은 다음 순서와 같다.

① 기준 벡터 E_1을 그린다.

② E_1보다 $\frac{\pi}{2}$ 앞서게 ϕ를 그린다.

③ $-E_1$ 를 ϕ 보다 $\frac{\pi}{2}$ 앞서게 그린다.

④ I_i 와 I_ϕ 의 벡터합인 여자전류 I_0 를 철손각 α 만큼 앞서 그린다.

⑤ 2차전류 I_2 에 대한 1차부하전류 $I_1{}'$ 를 그린다.

⑥ 1차부하전류 $I_1{}'$ 와 여자전류 I_0 의 벡터합인 1차전류 I_1 을 그린다.

⑦ $r_1 I_1$ 끝에서 I_1 보다 $\frac{\pi}{2}$ 앞서게 그리고 그 끝에서 직각으로 $x_1 I_1$ 을 I_1 을 $\frac{\pi}{2}$ 뒤지게 그린다.

⑧ $r_1 I_1$, $x_1 I_1$, $-E_1$ 을 합성한 V_1 을 그린다.

⑨ $r_2 I_2$ 를 I_2 와 동상 방향으로 그린다.

⑩ $r_2 I_2$ 끝에서 I_2 에 직각으로 $\frac{\pi}{2}$ 앞선 $sx_2 I_2$ 를 그리고 $s\,x_2 I_2$ 앞 끝은 sE_2 앞 끝과 합성하여 그린다.

유도전동기의 1차 측에 저항과 리액턴스(reactance) 값이 없다면 $E_1 = E_1{}'$ 이지만 만약에 저항 r_1과 리액턴스(reactance) x_1 이 있는 경우에는 $V_1 = E_1{}' + I_1 r_1 + j\,I_1 x_1$ 만큼의 전압을 가해 주어야 한다.

5 유도전동기의 등가회로

5.1 등가회로 변환

[그림 4-27]과 같은 변압기 등가회로는 그 특성을 살피거나 각종 물리량의 계산을 위해 매우 편리하였다. 유도전동기도 변압기와 같이 등가회로로 나타낼 수 있다. 다만 변압기는 그 출력이 전력이기 때문에 그 부하는 등가임피던스 Z로 표시되었으나, 회전하고 있는 전동기의 출력은 기계적동력이기 때문에 그 동력에 알맞은 에너지를 소비하는 부하저항으로 바꾸어 놓아야 한다.

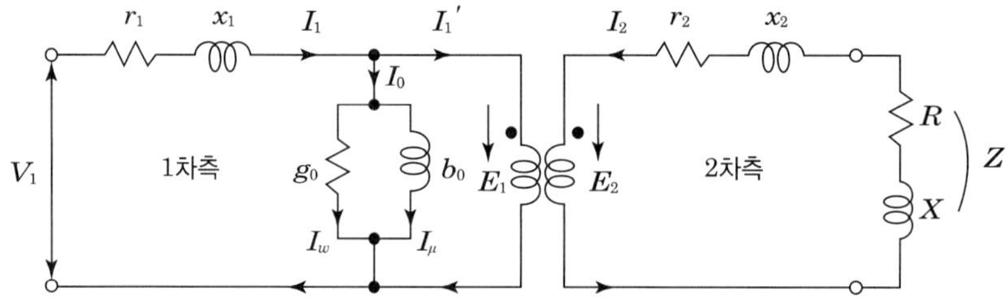

[그림 4-27] 변압기 등가회로

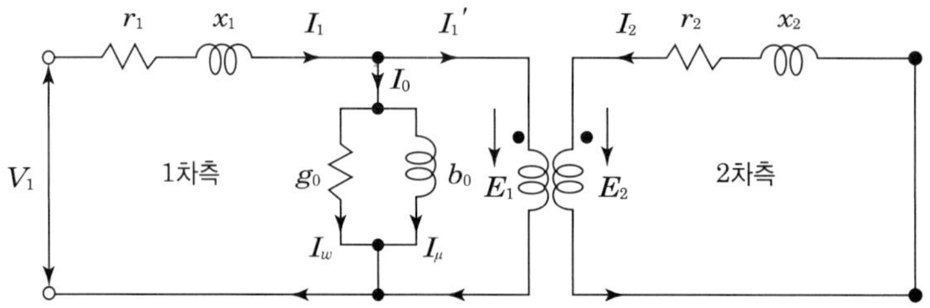

[그림 4-28] 기동시 유도전동기의 등가회로

전원이 투입된 시점, 즉 기동시 유도전동기는 [그림 4-28]과 같이 변압기와 같은 회로로 나타낼 수 있다. 정지하고 있을 때는 $s=1$이므로 2차 측에는 식 (4-33)으로부터 다음 식과 같은 2차전류가 흐른다.

$$I_2 = \frac{E_2}{\sqrt{{r_2}^2 + {x_2}^2}}[\mathrm{A}] \qquad (4-33)$$

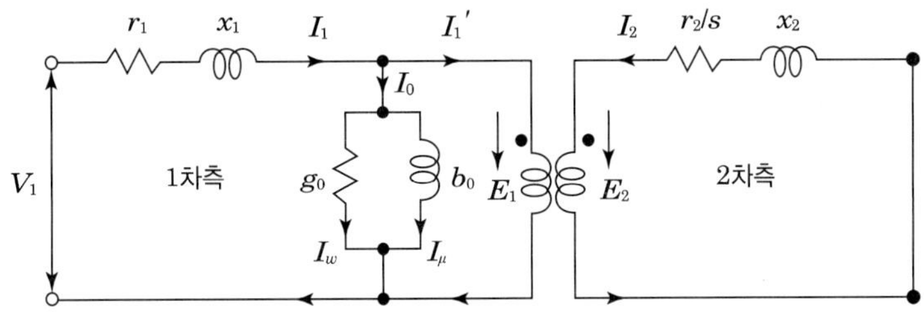

[그림 4-29] 운전 중인 유도전동기의 등가회로(1)

이 때 1차 측에는 이에 대응해서 1차부하전류 I_1'가 흐르고, I_1'과 여자회로의 여자전류 I_0와의 합성이 1차전류 I_1이 된다.

슬립 s로 운전 중인 유도전동기의 2차 유도기전력은 sE_2, 2차 리액턴스는 sx_2, 2차저항은 r_2이므로 이때의 회로는 [그림 4-29]와 같이 나타내어지고, 그 2차전류 I_2는 다음 식과 같이 된다.

$$I_2 = \frac{sE_2}{\sqrt{{r_2}^2 + (sx_2)^2}} = \frac{E_2}{\sqrt{\left(\frac{r_2}{s}\right)^2 + {x_2}^2}} \text{[A]} \tag{4-34}$$

이 식과 식 (4-33)을 비교하면 슬립 s로 회전하고 있는 유도전동기의 2차회로는 전동기가 정지하고 있는 것으로 가정하고, 다만 그 2차저항만을 r_2/s로 바꾸어 놓은 것과 같음을 알 수 있다. 따라서 2차 측을 1차 측과 같은 주파수의 회로로 취급할 수 있고, 그러므로 [그림 4-29]와 같은 결합회로를 얻을 수 있다.

유도전동기의 1차 측에서 2차 측에 공급되는 전력 중 그 일부는 2차회로에서 손실로 소비되고 남은 대부분은 회전자에 의해서 기계적 출력으로 변환된다.

2차입력을 P_2라 하고 2차회로의 손실 중 2차철손을 무시하면 2차손실은 2차저항손뿐이므로 P_2에서 이 저항손을 뺀 나머지의 전력이 전동기 내에서 발생된 기계적 출력 P_o가 된다. 따라서 $P_o = P_2 - I_2^2 r_2$이다. 그런데 $P_2 = (r_2/s)I_2^2$ 이므로 다음 식 (4-35)와 같이 표현된다.

$$P_o = \frac{r_2}{s}I_2^2 - I_2^2 r_2 = \left(\frac{1-s}{s}\right)I_2^2 r_2 = I_2^2 r \tag{4-35}$$

여기서, $r = r_2\left(\frac{1-s}{s}\right)$이다.

이 식에서 알 수 있는 바와 같이 기계적 출력 P_o는 $(1-s/s)r_2$라는 부하를 대표하는 하나의 저항 r의 소비전력으로 표시된다. 다만, 2차회로의 손실 중 기계손은 전동기가 발생하는 기계적 출력 속에 포함되는 것이 보통이다.

따라서 부하를 걸고 운전하고 있는 유도전동기는 [그림 4-30]과 같이 나타낼 수 있고, 이와 같이 하면 변압기와 똑같이 다룰 수가 있다.

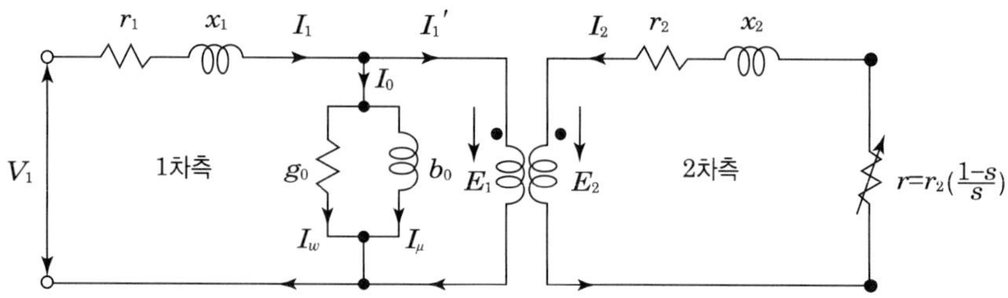

[그림 4-30] 운전 중인 유도전동기의 등가회로(2)

5.2 실용적인 등가회로

[그림 4-30]과 같은 유도전동기의 등가회로가 보다 실용적이 되기 위해서는 변압기의 경우와 같이 2차 측을 1차 측으로 환산하여야 한다. 2차 측 전압 E_2를 1차 측으로 환산한 E_2'는 다음 식 (4-36)과 같이 된다.

$$E_1 = \frac{K_{w1}N_1}{K_{w2}N_2}E_2 = aE_2 \quad \therefore E_2' = E_1 = aE_2[\mathrm{V}] \tag{4-36}$$

또한, 2차전류 I_2를 1차 측으로 환산한 것을 I_2'라고 하면 식 (4-34)에 의해서 다음 식 (4-37)과 같이 된다.

$$\begin{aligned} I_1' &= \frac{m_2K_{w2}N_2}{m_1K_{w1}N_1}I_2 = \frac{1}{ab}I_2 \\ \therefore I_2' &= I_1' = \frac{1}{ab}I_2[\mathrm{A}] \end{aligned} \tag{4-37}$$

그러므로 1차 측으로 환산한 2차 임피던스 Z_2를 Z_2'라고 하면 다음 식 (4-38)과 같이 구할 수 있다.

$$Z_2' = \frac{E_2'}{I_2'} = \frac{aE_2}{\frac{I_2}{ab}} = a^2bZ_2\ [\Omega] \tag{4-38}$$

따라서 2차 측 저항 r_2, 기계적 출력을 대표하는 부하저항 r 및 리액턴스 x_2를 1차 측으로 변환하여 이것을 각각 r_2', r' 및 x_2'라고 하면 다음 식 (4-38)과 같이 된다.

$$r_2' = a^2 b r_2, \qquad r' = a^2 b r, \qquad x_2' = a^2 b x_2 \tag{4-39}$$

유도전동기의 2차 측 값들을 1차 측으로 환산하면 [그림 4-31]과 같다. 이것을 유도전동기의 1차 환산등가회로라고 한다.

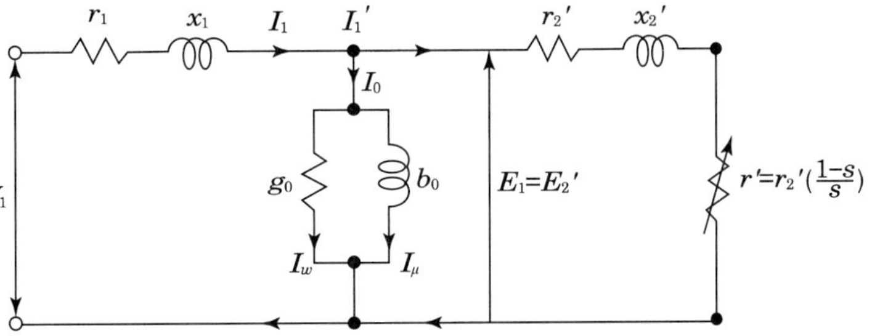

[그림 4-31] 1차 측으로 환산된 유도전동기의 등가회로

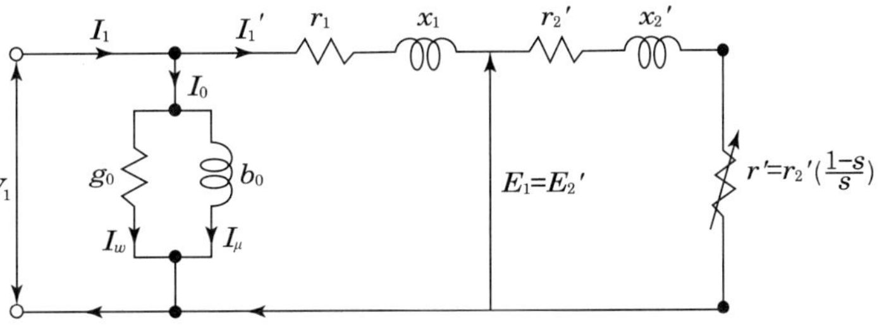

[그림 4-32] 유도전동기의 간이등가회로

이 등가회로에서 1차 측의 누설임피던스 강하분을 무시하고 여자어드미턴스를 전원 쪽으로 옮기면 [그림 4-32]과 같은 간이등가회로가 된다. 이 간이등가회로는 계산이 간단하므로 특수한 경우를 제외하고 보통 계산에서 주로 사용된다.

5.3 출력특성

유도전동기에 있어서 1차입력의 대부분이 2차입력이 되며, 2차입력은 권선의 저항에 의한 2차저항손을 제외한 나머지가 기계적 출력이 된다.
운전 중인 유도전동기의 전압·전류, 자속의 벡터도를 이용하여 다음과 같이 유도전동기 출력특성을 유도할 수 있다.

(1) 1차입력과 1차역률

1차 측 1상의 입력을 P_1, 1차 측 전체입력을 P, 1차 측의 상수를 m_1이라고 하면 다음 식 (4-40)와 식 (4-41)이 성립한다.

$$P_1 = V_1 I_1 \cos\theta_1, \quad P = m_1 V_1 I_1 \cos\theta_1 \tag{4-40}$$

$$I_1 = \sqrt{(I_1'\cos\theta_2 + I_w)^2 + (I_1'\sin\theta_2 + I_\mu)^2} \tag{4-41}$$

V_1과 V_1' 사이의 위상차 각은 대단히 작으므로 θ_1와 θ_1'는 거의 같다고 생각해도 지장이 없다. 따라서 1차 측의 역률 $\cos\theta_1$은 다음 식 (4-42)와 같이 된다.

$$\cos\theta_1 \fallingdotseq \cos\theta_1' = \frac{\overline{Oh}}{I_1} = \frac{I_1'\cos\theta_2 + I_\omega}{\sqrt{(I_1'\cos\theta_2 + I_\omega)^2 + (I_1'\sin\theta_2 + I_\mu)^2}} \tag{4-42}$$

I_0는 전 부하전류의 25~50[%]까지 달하므로 각 θ_1은 상당히 크고 따라서 1차 측 역률, 즉 유도전동기의 역률은 높게 되지 않는다.

(2) 2차입력과 1차출력

1상당 1차입력 $P_1 = V_1 I_1 \cos\theta_1$ 이고, 1차저항손 $P_{r1} = r_1 I_1^2$이므로, 식 (4-43)가 얻어진다.

$$\begin{aligned} P_1 - P_{r1} &= V_1 I_1 \cos\theta_1 - r_1 I_1^2 \\ &= I_1(V_1\cos\theta_1 - r_1 I_1) = I_1 V_1'\cos\theta_1' \end{aligned} \tag{4-43}$$

그런데 1상당 1차철손 $P_{m1} = V_1' I_\omega$이므로 1상당 1차출력 P_{o1}은 다음 식 (4-44)와 같이 된다.

$$\begin{aligned} P_{o1} &= (P_1 - P_{r1}) - P_{m1} = I_1 V_1'\cos\theta_1' - V_1' I_\omega \\ &= V_1'(I_1\cos\theta_1' - I_\omega) = V_1' I_1'\cos\theta_2 \end{aligned} \tag{4-44}$$

식 (4-44)의 1차출력은 2차입력과 같다. 즉, 1차의 전 출력이 2차입력이 되므로 2차입력 P_2는 식 (4-45)와 같이 된다.

$$P_2 = m_1 V_1' I_1' \cos\theta_2 \tag{4-45}$$

그런데 V_1', I_1' 는 식 (4-44), 식 (4-45)에서 벡터의 방향을 고려하면 다음 식 (4-46)과 같이 된다.

$$V_1{}' = -E_1 = -E_2\frac{K_{w1}N_1}{K_{w2}N_2} \tag{4-46}$$

$$I_1{}' = -\frac{m_2K_{w2}N_2}{m_1K_{w1}N_1}I_2$$

식 (4-46)을 식 (4-45)에 대입하면 2차입력 P_2는 다음 식 (4-47)와 같이 된다.

$$P_2 = m_1\left(-E_2\frac{K_{w1}N_1}{K_{w2}N_2}\right)\left(-\frac{m_2K_{w2}N_2}{m_1K_{w1}N_1}I_2\right)\cos\theta_2 = m_2E_2I_2\cos\theta_2 \tag{4-47}$$

(3) 2차입력 2차저항손

1상당 2차저항손은 $r_2I_2^2$이므로 식 (4-48)에 의해 다음 식과 같이 된다.

$$P_{r2} = r_2I_2^2 = r_2I_2\frac{sE_2}{\sqrt{r_2^2+(sx_2)^2}} = sE_2I_2\frac{r_2}{\sqrt{r_2^2+(sx_2)^2}} = sE_2I_2\cos\theta_2 \tag{4-48}$$

따라서 2차전저항손 P_{c2}는 다음 식 (4-49)과 같이 된다.

$$P_{c2} = m_2sE_2I_2\cos\theta_2 = sm_2E_2I_2\cos\theta_2 = sP_2 = \frac{N_s-N}{N_s}P_2 \tag{4-49}$$

따라서 슬립 s는 다음 식 (4-50)과 같이 구해진다.

$$s = \frac{P_{c2}}{P_2} = \frac{\text{2차 전저항손}}{\text{2차 전입력}} \tag{4-50}$$

식 (4-50)에서 2차 전 입력 P_2에 슬립 s를 곱한 만큼의 전력이 2차전저항손으로 잃게 됨을 알 수 있다. 그리고 슬립 s는 2차전저항손에 비례하므로 2차권선의 저항이 작으면 슬립도 작게 된다.

(4) 2차입력과 기계적 출력

2차입력에서 2차 측 손실을 뺀 것이 기계적 출력인데 이 손실 중 2차저항손이 대부분이고, 2차철손은 2차주파수가 수 [Hz] 정도이므로 무시할 수 있다. 따라서 기계적 출력 P_o는 다음 식 (4-51)과 같이 나타낼 수 있다.

$$P_o = P_2 - P_{c2} = P_2 - sP_2 = (1-s)P_2 = \frac{N}{N_s}P_2 \tag{4-51}$$

출력 P_o와 2차입력 P_2의 비를 2차효율이라고 한다.

$$\eta_2 = \frac{P_o}{P_2} = \frac{N}{N_s} = 1 - s \tag{4-52}$$

이 기계적 출력 중에는 기계손도 포함되므로 이것을 뺀 것이 전동기의 축 출력이다.

예제 4-13

3상 유도전동기의 출력이 11[kW], 전부하시의 슬립이 3[%]라 하면 2차입력, 2차 동손 및 전동기의 2차효율은 얼마인가? 단, 기계손은 무시한다.

풀이

식(4-51)에서 2차입력 P_2와 2차출력 P_o와의 관계는 $P_o = (1-s)P_2$이므로 2차입력 : $P_2 = \frac{1}{1-s}P_o = \frac{1}{1-0.03} \times 11 = 11.34[\text{kW}]$

식 5.3.17에서 2차동손 $P_{c2} = sP_2$이므로 $P_{c2} = 0.03 \times 11.34 = 0.34[\text{kW}]$가 된다.

전동기의 2차효율은 식 5.34에 의해 $\eta_2 = \frac{P_o}{P_2}$ 이므로 $\eta_2 = \frac{11}{11.34} = 0.97$이 된다.

예제 4-13

2차저항 $0.02\,[\Omega]$, $s = 1$에서 2차 리액턴스 $0.05\,[\Omega]$인 3상 유도전동기가 있다. 이 전동기의 슬립이 5[%]일 때, 1차부하전류가 12[A]라면, 그 기계적 출력 [kW]은? 단, 권수비 $a = 10$, 상수비 $m = 1$이다.

풀이

$m_1 k_{w1} N_1 I_1 = m_2 k_{w2} N_2 I_2$

$\frac{I_2}{I_1} = \frac{m_1}{m_2} \cdot \frac{k_{w1}}{k_{w2}} = \beta\alpha$, $\beta = m = 1$, $\alpha = a = 10$ 이라 하면

2차저항 $r_2 = \frac{E_2}{I_2} = \frac{E_1/\alpha}{\beta\alpha I_1} = \frac{E_1}{\alpha^2 \beta I_1}$

1차저항 $r_1 = \frac{E_1}{I_1} = \alpha^2 \beta r_2 = 10^2 \times 1 \times 0.02 = 2\,[\Omega]$

기계적 출력을 대표하는 부하저항의 1차저항값 R' 은

$R' = \frac{1-s}{s} r_1 = \frac{1-0.05}{0.05} \times 2 = 38\,[\Omega]$

$\therefore$ 3상 전력 $P = 3(I_1')^2 R' = 3 \times 12^2 \times 38$

$= 16.416\,[\text{W}] = 16.4\,[\text{kW}]$

6 유도전동기의 전력변환

유도전동기의 1차 측 입력 대부분은 2차입력이 되고, 2차입력 일부는 주로 2차저항손이 되어서 손실로 되고 나머지는 대부분 기계적 출력으로 나타나게 된다. 앞 절에서 [그림 4-26]의 벡터도로부터 전력이 슬립과 어떤 연관관계를 가지고 있는지를 알아볼 수 가 있다.

6.1 고정자 입력, 저항손

1차 측 피상전력을 $V_1 I_1$ 이라 하고 $P_1{}'$ [W]로 표시하며, 1차 측 전체입력 P_1[W], 상수를 m_1 이라 할 때 다음과 같은 식으로 나타낼 수 있다.

$$P_1{}' = V_1 I_1 \cos\theta_1 \,[\mathrm{W}] \quad (4\text{-}53)$$

유도전동기에 여자전류 I_0 는 전 부하전류의 25~50 [%]를 차지함으로 각도 θ_1 이 상당히 크기 때문에 1차 측 역률은 매우 나쁘며 회전기기의 같은 용량이라도 극수가 증가할수록 역률은 낮아지고 매극매상 도체수가 적게 되어 여자전류의 비율은 더욱 커지게 된다. 또한 같은 극수인 경우 권선형이 농형보다 역률이 작고 농형 보다 권선형이 슬롯이 깊고 누설자속이 크기 때문이다.

6.2 고정자 출력과 회전자입력

유도전동기의 1상에 대한 입력은 $V_1 I_1 \cos\theta_1$ 이고 (1차입력) − (1차저항손) − (1차철손) = 2차입력에 대한 크기는 식 (4-53)까지를 뺀 값으로 나타낼 수 있다.

$$P_{c1}{}' = I_1^2 r_1 \,[\mathrm{W}] \quad (4\text{-}54)$$

1차 측 전체입력으로부터 손실을 뺀 나머지 값이 $E_1 I_1 \cos\theta_1{}'$ 이 남고 I_0 의 유효분과 I_i 와 E_1 의 곱은 철손인 식 (4-54)을 뺀 나머지 값이 다음 식 (4-55)로 나타낼 수 있다.

$$P_i{}' = E_1 I_i \text{ [W]} \tag{4-55}$$

2차입력을 $P_2{}'$ 에서 1차 측 전손실을 뺀 나머지 값이 식 (4-55)와 같이 나타낼 수 있다. 따라서, 1차출력은 2차입력과 같다는 것을 의미하게 된다.

$$P_2{}' = E_1 I_1{}' \cos\theta_2 \text{ [W]} \tag{4-56}$$

1차출력을 P_2 [W], 상수를 m_1 이라 놓으면 다음 수식과 같이 나타낼 수 있다.

$$P_2 = m_1 E_1 I_1{}' \cos\theta_2 \text{ [W]} \tag{4-56}$$

유도전동기의 1차전류의 수식으로부터 벡터의 방향을 고려하여 다음 수식을 나타낼 수 있다.

$$E_1 = -E_1 = -E_2 \frac{k_{\omega 1} n_1}{k_{\omega 2} n_2}$$

$$I_1{}' = -\frac{m_2 k_{\omega 2} n_2}{m_1 k_{\omega 1} n_1} I_2 \text{ [V]} \tag{4-57}$$

식 (4-57)을 식 (4-56)에 대입하여 풀면 다음과 같이 식 (4-58)로 나타낼 수 있다.

$$P_2 = m_2 E_2 I_2 \cos\theta_2 \text{ [W]} \tag{4-58}$$

식 (4-58)에 나타난 것과 같이 1차 측 전체출력은 2차 측 전체 입력을 의미하고 있다. 만일, $m = 3$ 상인 경우 △, Y결선에서 선간전압과 상전압의 관계가 Y결선은 $V_1 = \frac{V}{\sqrt{3}}$, $I_1 = I$ 이고, △결선은 $V_1 = V$, $I_1 = \frac{I}{\sqrt{3}}$ 이 되므로 3상 고정자 입력 P_3 는 다음 식과 같이 나타낸다.

$$P_3 = 3 V_1 I_1 \cos\theta_1 = \sqrt{3}\ VI\cos\theta_1 \text{ [W]} \tag{4-60}$$

6.3 회전자입력, 2차동손, 기계적 출력

1상의 2차의 저항손은 $r_2 I_2^2$ 이므로 다음과 같은 식으로 나타낼 수 있다.

$$r_2 I_2^2 = r_2 I_2 \frac{s E_2}{\sqrt{r_2^2 + (s x_2)^2}} = s E_2 I_2 \cos\theta_2 \text{ [W]} \tag{4-61}$$

2차 전저항손을 P_{c2}라 하면 식 (4-62)과 같이 된다.

$$\begin{aligned} P_x &= m_2 s E_2 I_2 \cos\theta_2 = s\, m_2 E_2 I_2 \cos\theta_2 = s P_2 \\ &= \left(\frac{N_s - N}{N_s}\right) P_2 \end{aligned} \tag{4-62}$$

$$s = \frac{P_{c2}}{P_2} = \frac{\text{2차전저항손}}{\text{2차 전입력}} \tag{4-63}$$

2차입력에서 2차손실을 뺀 것이 기계적인 출력인데 그 손실은 주로 2차저항손이고 2차측 철손은 2차주파수가 수[Hz]에 불과하므로 무시할 수 있다. 따라서, 기계적인 출력 P [W]는 다음 식 (4-64)과 같이 된다.

$$P = P_2 - P_{c2} = P_2 - s P_2 = (1-s) P_2 = \frac{N}{N_s} P_2 \text{ [W]} \tag{4-64}$$

기계적인 출력은 다음과 같이 축출력 = 기계적 출력 − 기계손이므로 이것이 전동기에 총 출력이 된다. 식 (4-63)와 식 (4-64)에 의해 다음과 같은 비례식을 나타낼 수 있다.

$$\begin{aligned} &(\text{2차입력} : P_2) : (\text{2차저항손} : s P_2) : (\text{기계적 출력 } P_0) \\ &= P_2 : s P_2 : (1-s) P_2 = 1 : s : (1-s) \end{aligned} \tag{4-65}$$

6.4 토크(Torque)와 동기와트(synchronous watt)

일반적으로 각속도와 토크의 곱은 기계적인 출력이 되므로 전동기토크 τ [N · m], 회전수 n [rps]로 회전하는 전동기의 기계적 출력 P [W]는 다음과 같이 나타낼 수 있다.

$$P = \omega \tau = 2\pi n \tau \text{ [W]}$$

$$\tau = \frac{P}{2\pi n} = \frac{60}{2\pi} \frac{P}{N} \tag{4-66}$$

여기서, [N · m]를 [kg · m]로 환산하면 다음 식과 같이 된다.

$$\tau = \frac{1}{9.8} \cdot \frac{60}{2\pi}\frac{P}{N} = 0.975\frac{P_2}{N_s} \text{ [kg·m]} \tag{4-67}$$

식 (4–67)에 $N = (1-s)N_s$, $P = (1-s)P_2$를 대입해서 풀면 다음 식과 같이 나타낼 수 있다.

$$\tau = \frac{(1-s)P_2}{2\pi(1-s)N_s} = \frac{P_2}{2\pi N_s} = \frac{P_2}{\omega_s} = \frac{P_2}{\left(\dfrac{2\pi f_1}{p}\right)} \text{ [N·m]} \tag{4-68}$$

따라서, 토크는 식 (4–67)에 나타낸 것과 같이 2차입력에 비례하고 동기속도에 반비례한다. 그런데, 동기속도가 일정하므로 τ와 P_2는 비례하게 된다. 2차입력, P_2는 유도전동기의 토크 크기의 대소를 표시하는 것으로 동기와트로 표시한 τ라고 한다.

동기와트로 표시한 토크 : $P_2 = 1.026 \times$ 동기속도 $\times$(kg·m로 표시한 토크)

동기와트로 표시한 토크 : $T = \dfrac{0.975 \times (\text{동기와트로 표시한 토오크})}{\text{동기속도}}$

6.5 유도전동기의 역률과 효율

유도전동기는 여자전류가 전 부하전류의 25~50 [%]가 되므로 전동기의 1차 측 θ_1은 매우 크므로 1차역률은 대단히 나쁘게 되어 다음과 같은 식으로 나타낼 수 있다.

$$\cos\theta \fallingdotseq \cos\theta_1{}' = \frac{I_1\cos\theta_2 + I_i}{\sqrt{(I_1{}'\cos\theta_2 + I_i)^2 + (I_1{}'\sin\theta_2 + I_\phi)^2}} \tag{6-69}$$

1차 측 전류는 벡터도에 의하여 다음 식과 같이 나타낼 수가 있다.

$$I_1 = \sqrt{(I_1{}'\cos\theta_2 + I_i)^2 + (I_1{}'\sin\theta_2 + I_\phi)^2} \text{ [A]} \tag{6-70}$$

한편, 유도전동기의 효율은 축에서 이용할 수 있는 전체 출력 P에서 기계손을 뺀 것으로 1차입력 $P_1 = m_1 V_1 I_1 \cos\theta_1$과의 비를 나타내고, 유도전동기에서는 출력 P와 피상입력 [VA]로 표시한 비를 말하며 피상효율이라 한다. 입력 P와 2차입력 P_2와의 비를 2차효율이라 하며 $(1-s)$로 나타낸다. 그러므로 실제 효율은 2차효율보다 적고 따라서 효율을 좋게 하려면 슬립을 될수록 적게 하는 것이 바람직한 것이다.

예제 4-14

60 [Hz], 200 [V], 7.5 [kW]인 3상 유도전동기의 전부하시 회전자 동손이 0.485 [kW], 기계손이 0.404 [kW]일 때 슬립은 몇 [%]인가?

풀이

회전자입력 $P_2 = P + P_M + P_{c2}$

$= 7.5 + 0.404 + 0.485 = 8.389$ [kW]

∴ 슬립 $s = \dfrac{P_{c2}}{P_2} = \dfrac{0.485}{8.389} = 0.058 = 5.8$ [%]

예제 4-15

3000 [V], 60 [Hz], 8극, 100 [kW]의 3상 유도전동기가 있다. 전부하에서 2차동손이 3.0 [kW], 기계손이 2.0 [kW]라고 한다. 전부하 회전수[rpm]를 구하면?

풀이

회전자입력 $P_2 = P + P_M + P_{c2} = 100 + 2 + 3 = 105$ [kW]

슬립 $s = \dfrac{P_{c2}}{p_2} = \dfrac{3}{105} = \dfrac{1}{35}$

$\therefore N = (1-s)N_s = (1-s)\dfrac{120f}{p} = \left(1 - \dfrac{1}{35}\right)\dfrac{120 \times 60}{8} = 874$ [rpm]

예제 4-16

60 [Hz], 4극, 3상 유도전동기의 2차효율이 0.95일 때 회전속도[rpm]는? 단, 기계손은 무시한다.

풀이

동기속도 $N_s = \dfrac{120f}{p} = \dfrac{120 \times 60}{4} = 1800$ [rpm]

2차효율 $\eta_2 = \dfrac{P}{P_2} = \dfrac{N}{N_s}$

∴ 실제속도 $N = \eta_2 \cdot N_s = 0.95 \times 1800 = 1710$ [rpm]

예제 4-17

50 [Hz], 4극 20 [kW]인 3상 유도전동기가 있다. 전부하시의 회전수가 1450 [rpm]이라면 발생 토크는 몇 [kg · m]인가?

풀이

토크 $T = 0.975\dfrac{P}{N}$ [kg · m]

$= 0.975 \times \dfrac{20 \times 10^3}{1450} = 13.45$ [kg · m]

예제 4-18

20 [HP], 4극 60 [Hz]인 3상 유도전동기가 있다. 전부하 슬립이 4 [%]이다. 전부하시의 토크[kg · m]는? 단, 1 [HP]은 746 [W]이다.

풀이

출력 $P = 20 \times 746 = 14920$ [W]

실제속도 $N = (1-s)N_s = (1-s)\dfrac{120f}{p}$

$= (1-0.04) \times \dfrac{120 \times 60}{4} = 1728$ [rpm]

$\therefore\ T = 0.975\dfrac{P}{N} = 0.975\dfrac{14920}{1728} = 8.41$ [kg · m]

예제 4-19

8극 60 [Hz]의 유도전동기가 부하를 걸고 864 [rpm]으로 회전할 때 54.134 [kg · m]의 토크를 내고 있다. 이 때의 동기와트[kW]는?

풀이

동기속도 $N_s = \dfrac{120f}{p} = \dfrac{120 \times 60}{8} = 900$ [rpm]

$\therefore\ P_2 = 1.026 N_s T = 1.026 \times 900 \times 54.134 = 49.98$ [kW]

7 비례추이

유도전동기의 등가회로에서 동기와트의 토크를 τ_s 라 하면 이것은 회전자입력 P_2 와 같으므로 P_2 와 I_1' 는 다음과 같은 식으로 나타낼 수 있다.

$$P_2 = m_1 I_1' \cdot \frac{r_2'}{s} \text{ [W]} \tag{4-71}$$

$$I_1' = \frac{V_1}{\sqrt{\left(r_1 + \frac{r_2'}{s}\right)^2 + (x_1 + x_2')^2}} \text{ [A]} \tag{4-72}$$

$$\tau_s = P_2 = m_1 V_1^2 \frac{\frac{r_2}{s}}{\left(r_1 + \frac{r_2'}{s}\right)^2 + (x_1 + x_2')^2} \tag{4-73}$$

여기서, m_1, V_1, r_1, x_1 및 x_2' 는 일정하므로 τ_s 는 $\frac{r_2'}{s}$ 의 변화에 따른 함수가 되므로 r_2'가 변화할 때 s 를 변화시켜도 τ_s 는 변화하지 않는다.

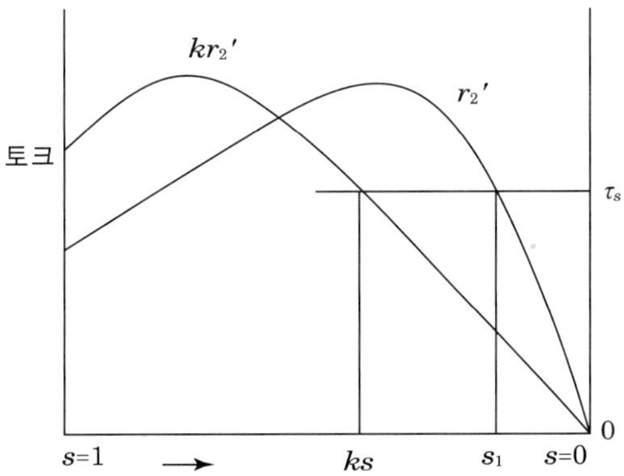

[그림 4-34] 토크의 비례추이

[그림 4-35]에서 곡선은 각상의 저항이 r_2'인 토크곡선인데 슬립 s_1 일 때의 토크를 τ_s 라 하면 회전자 각상의 저항을 $k\,r_2'$로 한 경우에는 ks 되는 슬립에 대하여 같은 토크 τ_s 를 발생한다. 이러한 관계는 어떤 점에서도 τ_s 는 같게 되므로 저항을 kr_2'로 했을 때의 토크곡선은 이와 같이 되는데 이와 같은 관계를 비례추이(proportional shifting)라고 한다. 토크의 비례추이는 농형 유도전동기에서는 2차회로를 변화시킬 수 없으므로 응용할 수가 없으나 권선형 유도전동기와 같이 2차회로 저항을 자유롭게 가감할 수 있는 것에서는 비례추이에 의하여 기동토크도 크게 향상시킬 수 있고 속도제어에도 응용할 수 있다.

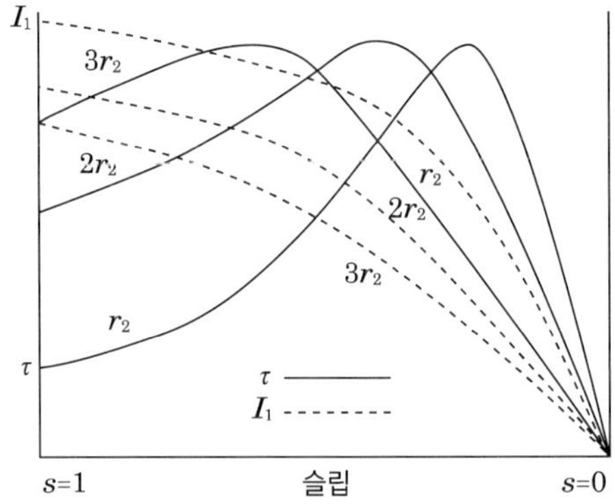

[그림 4-35] 전류와 토크의 비례추이

I_1'와 I_2에 대해서도 비례추이는 성립하고 r_2'와 s 와의 비만을 바꾸지 않으면 I_1'의 값이 변하지 않으므로 1차전류, 동기와트 1차입력, 출력도 비례추이가 성립된다.

8 최대토크

유도전동기를 정격주파수, 정격전압에 있어서 전동기축에서 이용할 수 있는 최대의 토크를 τ_m 이라 하며, 이 최대토크 이상의 부하가 되면 전동기가 정지하게 되는 토크를 정동토크라고 한다. 회전력 τ_s 는 식 (4-73)에 의하여 다음과 같은 식을 얻을 수 있다.

$\tau_s = P_2 = \dfrac{m_1 V_1^2 \dfrac{r_2{}'}{s}}{(r_1 + \dfrac{r_2{}'}{s})^2 + (x_1 + x_2{}')^2}$ 에서 $\dfrac{d\tau_s}{d_s} = 0$ 로 놓으면 식 (4-74)과 식 (4-75)를 유도할 수 있다.

$$s_m = \frac{r_2{}'}{\sqrt{r_1^2 + (x_1 + x_2{}')^2}} \qquad (4\text{-}74)$$

$$\tau_{sm} = \frac{m_1 V_1^2}{2\,[r_1 + \sqrt{r_1^2 + (x_1 + x_2{}')^2}\,]} \qquad (4\text{-}75)$$

전동기 회전자에 적당한 저항을 넣으면 기동시 최대토크를 발생시킬 수 있고 기동저항 R_2(고정자측에서 환산한 $R_2{}'$)라 하면 기동시에는 $s = 1$ 이 되므로 다음과 같은 식이 된다.

$$\frac{r_2{}'}{s_m} = \frac{r_2{}' + R_2{}'}{1}$$
$$\therefore \frac{r_2}{s_m} = \frac{r_2 + R_2}{1} \qquad (4\text{-}76)$$

$$r_2{}' + R_2{}' = \sqrt{r_1^2 + (x_1 + x_2{}')^2}$$
$$\therefore R_2{}' = \sqrt{r_1^2 + (x_1 + x_2{}')^2} - r_2{}' \qquad (4\text{-}77)$$

예제 4-20

권선형 3상 유도전동기가 있다. 1차 및 2차 합성 리액턴스는 1.5 [Ω]이고, 2차 회전자는 Y결선이며, 매상의 저항은 0.3 [Ω]이다. 기동시에 있어서의 최대토크 발생을 위하여 삽입해야 하는 매상당 외부저항[Ω]은 얼마인가? 단, 1차저항은 무시한다.

풀이

외부저항 $R_s{}' = \sqrt{r_1^2 + (x_1 + x_2{}')^2} - r_2{}' = \sqrt{(x_1 + x_2{}')^2} - r_2{}'$

$$= \sqrt{(1.5)^2} - 0.3 = 1.2\ [\Omega]$$

예제 4-21

4극 60 [Hz]인 3상 유도전동기가 있다. 2차 1상의 저항에서 0.01 [Ω], $s = 1$일 때 2차 1상의 리액턴스가 0.04 [Ω]이라면 이 진동기는 몇 [rpm]에서 최대토크가 발생하겠는가?

풀이

최대토크를 발생하는 슬립 s_m

$$s_m = \frac{r_2{}'}{\sqrt{r_1^2 + (x_1 + x_2{}')^2}} \fallingdotseq \frac{r_2{}'}{x_2} = \frac{0.01}{0.04} = 0.25$$

$$\therefore N_t = (1 - s_m) N_s = (1 - s_m) \frac{120f}{p}$$

$$= (1 - 0.25) \frac{120 \times 60}{4} = 1350\ [\text{rpm}]$$

예제 4-22

6극 50 [Hz], 3상권선형 유도전동기에서 전부하 회전수는 960 [rpm]이다. 지금 동일 토크의 750 [rpm]을 하려면, 2차회로에 몇 [Ω]의 외부저항을 삽입하면 되는가? 단, 2차회로는 Y결선이고, 각 상의 저항은 r_2이다.

풀이

동기속도 $N_s = \dfrac{120f}{p} = \dfrac{120 \times 50}{6} = 1000$ [rpm]

슬립 $s_1 = \dfrac{N_s - N_1}{N_s} = \dfrac{1000 - 960}{1000} = 0.04$

슬립 $s_2 = \dfrac{N_s - N_2}{N_s} = \dfrac{1000 - 750}{1000} = 0.25$

따라서, 비례추이에 의해서,

$$\frac{r_2}{s_1} = \frac{r_2 + R_s}{s_2}$$

$$\frac{r_2}{0.04} = \frac{r_2 + R_s}{0.25}$$

$$\therefore R_s = \frac{(0.25 - 0.04)\, r_2}{0.04} = \frac{0.21}{0.04}\, r_2 = 5.25\, r_2$$

연 습 문 제

01 유도전동기의 슬립(slip)에 대한 정의와 슬립에 의한 회전자속도 및 실제속도, 동기속도와의 관계를 비교 설명하여라.

02 3상 유도전동기에 관계된 특성 중 슬립에 대해 비례추이 하는 성분들을 열거하고 간단히 설명하여라. 또, 비례추이 하지 않는 성분은 어떠한 것들이 있는가?

03 유도전동기의 2차를 1차로 환산한 L형 등가회로를 구하여 회로도를 그려라.

04 주파수 60 [Hz]의 유도진동기가 있다. 전부하에서의 회전수가 매분 1164회이면 극수는? 단, s 는 3 [%]이다.

05 200 [V], 50 [Hz]인 3상 유도전동기의 1차권선은 △결선이다. 이것을 200 [V], 60 [Hz]용으로 사용하기 위하여 권선은 그대로 하고 접속을 2Y로 변경했다고 하면 자속의 양은 어떻게 변하는가? 단, $\dfrac{\Phi_{60}}{\Phi_{50}}$ 으로 계산한다.

06 3상 유도전동기의 1상에 200 [V]를 가하여 운전하고 있을 때 2차 측의 전압을 측정하였더니 6 [V]로 나타났다. 이 때의 슬립은 얼마인가?

07 슬립 4 [%]인 유도전동기의 정지시의 2차 1상의 전압이 150 [V]이면 운전시 2차 1상의 전압[V]은?

08 10극, 50 [Hz] 3상 유도전동기가 있다. 회전자도 3상이고 회전자가 정지할 때 2차 1상간의 전압이 150 [V]이다. 이것을 회전자계와 같은 방향으로 400 [rpm]으로 회전시킬 때 2차전압[V]은?

09 정지시에 있어서의 회전자 상기전력이 100 [V], 60 [Hz] 6극 3상권선형 유도전동기가 있다. 회전자 기전력과 동일 주파수 및 동일 위상의 20 [V] 상전압을 회전자에 공급하면 무부하 속도[rpm]는?

10 6극 60 [Hz], 200 [V], 7.5 [kW]의 3상 유도전동기가 960 [rpm]으로 회전하고 있을 때 회전자전류의 주파수[Hz]는?

11 220 [V], 3상 유도전동기의 전부하 슬립이 4 [%]이다. 공급 전압이 10 [%] 저하된 경우의 전부하 슬립[%]은?

12 3상 유도전동기의 전압이 10 [%] 낮아졌을 때 기동토크는 약 몇 [%] 감소하는가?

13 어떤 유도전동기가 부하 시 슬립 $s = 5$ [%]에서 한 상당 10 [A]의 전류를 흘리고 있다. 한 상에 대한 회전자 유효저항이 0.1 [Ω]일 때 3상 회전자출력은 얼마인가?

14 정격출력이 7.5 [kW]의 3상 유도전동기가 전부하 운전에서 2차저항손이 300 [W]이다. 슬립은 약 몇 [%]인가?

15 3상 유도전동기의 출력이 10 [kW], 슬립이 4.8 [%]일 때의 2차동손[kW]은?

16 3상 유도전동기의 입력이 60 [kW]이고 고정자 철손이 1 [kW]일 때 3 [%] 슬립으로 회전하고 있다면 기계적 출력과 1상의 회전자 동손[kW/상]은 얼마인가?

17 200 [V], 50 [Hz], 8극 15 [kW]의 3상 유도전동기의 전부하 회전수가 720 [rpm]이면 이 전동기의 2차동손[W]은?

18 6극, 1000 [kW], 3000 [V], 50 [Hz]인 농형 유도전동기의 전부하시의 회전수[rpm]를 구하면? 단, 구속시험에 있어서 1000 [kW]의 유효 전류를 1차에 흘렸을 때의 입력은 16 [kW]로서 그 때의 1차 1상의 저항은 0.081이다.

19 4극, 7.5 [kW], 200 [V], 60 [Hz]인 3상 유도전동기가 있다. 전부하에서의 2차입력이 7950 [W]이다. 이 경우 슬립을 구하면? 단, 기계손은 130 [W]이다.

20 15 [kW], 380 [V], 60 [Hz]의 3상 유도전동기가 있다. 이 전동기의 전 부하 때의 2차입력은 15.5 [kW]라 한다. 이 경우의 2차효율[%]은?

21 60 [Hz], 8극 15 [HP]인 3상 유도전동기가 855 [rpm]으로 회전하면 회전자 동손[W]과 회전자 효율[%]은 얼마인가? 단, 기계손은 무시한다.

22 6극 60 [Hz]인 3상 유도전동기가 95.5 [N · m]의 토크를 내고 운전하고 있다. 동기와트 [W]를 구하면?

23 4극 60 [Hz]인 3상 유도전동기를 입력 100 [kW], 효율 90 [%]로 정격 운전할 때의 토크 [kg · m]는?

24 4극 60 [Hz]의 유도전동기가 슬립 5 [%]로 전부하 운전하고 있을 때 2차권선의 손실이 94.25 [W]라고 하면 토크[N · m]는?

25 8극 60 [Hz], 3상권선형 유도전동기의 전부하시의 2차주파수가 3 [Hz], 2차동손이 500 [W]라면 발생토크는 약 [kg · m]인가? 단, 기계손은 무시한다.

26 전동기 축의 벨트 축 지름이 28 [cm], 1140 [rpm]에서 20 [kW]를 전달하고 있다. 벨트에 작용하는 힘[kg]은?

27 2차 1상의 권선저항이 0.3 [Ω]이고, 2차 측으로 환산한 1차와 2차 1상의 리액턴스 합이 1.6 [Ω]인 3상권선형 유도전동기가 있다. 기동시에 최대토크를 발생하게 하는 2차 삽입저항 R_s [Ω]는? 단, 1차권선저항은 무시하는 것으로 한다.

28 4극 60 [Hz], 3상 직권 유도전동기에서 전부하 회전수는 1600 [rpm]이다. 지금 동일 토크의 1200 [rpm]으로 회전하려면 2차회로에 몇 [Ω]의 외부저항을 삽입하면 되는가? 단, 2차는 Y결선이고, 각 상의 저항은 r_2 이다.

29 6극 60 [Hz], 3상권선형 유도전동기의 전부하시의 회전수는 1152 [rpm]이다. 지금 회전수 900 [rpm]에서 전부하토크를 발생하려면 회전자에 투입해야 할 외부저항[Ω]은 얼마인가? 단, 회전자는 Y결선이고 각 상 저항 $R_2 = 0.03$ [Ω]이다.

30 3상권선형 유도전동기의 전부하 슬립이 5 [%], 2차 1상의 저항이 1 [Ω]이다. 이 전동기의 기동토크를 전부하토크와 같도록 하려면 외부에서 2차에 삽입할 저항[Ω]은?

31 6극 60 [Hz]인 3상권선형 유도전동기가 1140 [rpm]의 정격속도로 회전할 때 1차 측 단자를 전환해서 상회전방향을 반대로 바꾸어 역전 제동을 하는 경우 그 제동토크를 전부하토크와 같게 하기 위한 2차 삽입저항은 몇 R [Ω]인가? 단, 회전자 1상의 저항은 0.005 [Ω], Y결선이다.

9 원선도 작성법

9.1 정수측정

(1) 무부하시험

정격주파수 f_1[Hz]로 무부하 상태로 운전하면서 각 상의 전압 V_0, 전류 I_0, 전력 W_0를 측정한다. 무부하에서는 $s \fallingdotseq 0$의 상태로 회전하므로 간이등가회로의 2차단자를 개방한 상태인 [그림 4-36]와 같이 된다.

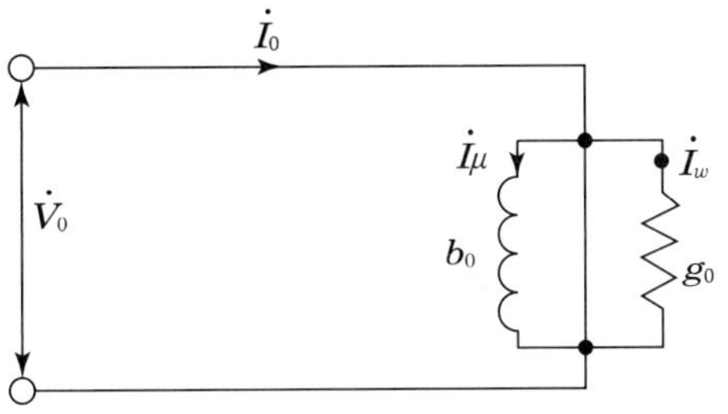

[그림 4-36] 무부하시의 등가회로

이 등가회로에 따라서 무부하시험(no-load test) 결과로부터 여자회로의 회로정수 및 무부하역률을 다음과 같이 구할 수 있다.

입력 W_0 중에는 철손 W_i 외에 기계손 W_m과 1차권선의 동손 $I_0^2 r_1$이 포함되어 있으나, $I_0^2 r_1$은 매우 작으므로 무시할 수 있어 다음의 각 식으로 구한다.

$$Y_0 = \frac{I_0}{V_0}[\mho] \tag{4-78}$$

$$g_0 = \frac{W_i}{V_0^2} = \frac{W_0 - W}{V_0^2}[\mho] \tag{4-79}$$

$$b_0 = \sqrt{Y_0^2 - g_0^2}\ [\mho] \tag{4-80}$$

$$I_0 = I_\omega - jI_\mu, \quad I_\omega = \frac{W_0}{V_0}, \quad I_\mu = \sqrt{I_0^2 - I_\omega^2} \tag{4-81}$$

W_i 및 I_0는 전동기에 공급한 전압에 따라 변하지만, W_m은 회전속도의 함수로서 V_0에 의해 변하지는 않는다.

그래서 전동기의 단자전압을 정격값 부근에서 동기속도를 유지하는 최저값까지 변화시켜 V_0과 W_0의 관계를 [그림 4-37]과 같이 나타내어 곡선을 $V_0 = 0$점까지 보충해서 W_m을 구한다.

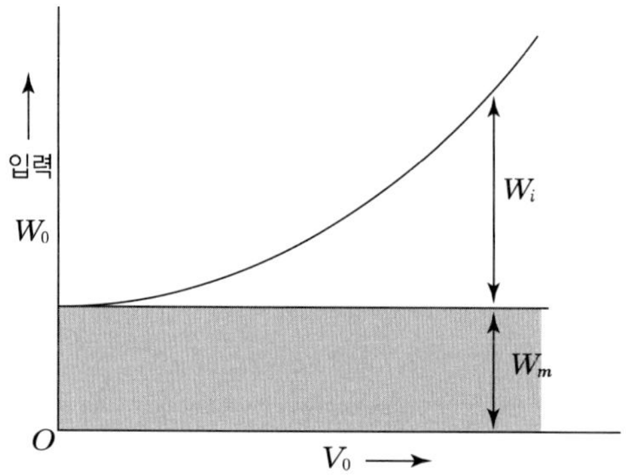

[그림 4-37] 철손과 기계손의 분리

(2) 구속시험

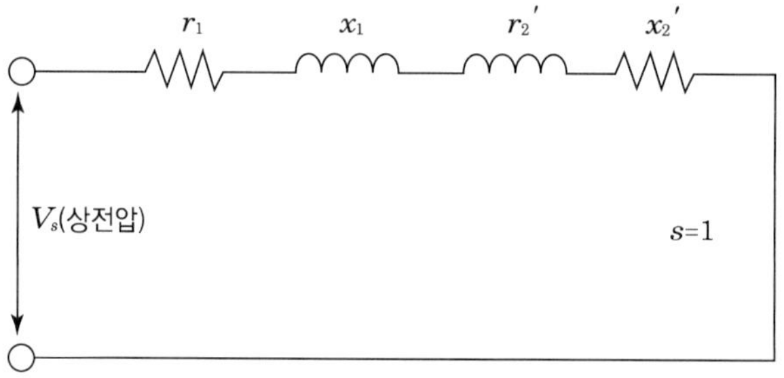

[그림 4-38] 구속시험의 등가회로

유도전동기의 회전자를 구속해서 인가전압을 조정하고 정격전류와 같은 구속전류 I_s[A]를 흘릴 때의 구속전압 V_s[V]와 손실 W_s[W]를 측정한다. 이 경우 구속전압은 보통 정격전압의 1/5~1/6 정도이기 때문에 여자전류는 구속전류에 비해서 극히 작아 무시한다. 이 때 $s = 1$이기 때문에 등가회로는 여자회로를 무시해서 [그림 4-38]의 회로와 등가로 된다.

[그림 4-38]의 등가회로에서 알 수 있듯이 구속시험(locked test) 결과와 저항측정시험의 결과로 식 (4-82)와 같이 r_2', $x_1 + x_2'$의 값을 산정할 수 있다.

$$\frac{V_s}{I_s} = \sqrt{(r_1 + r_2')^2 + (x_1 + x_2')^2}\,[\Omega] \tag{4-82}$$

$$r_1 + r_2' = \frac{P_s}{I_s^2}, \qquad r_2' = \frac{P_s}{I_s^2} - r_1$$

$$x_1 + x_2' = \sqrt{\left(\frac{V_s}{I_s}\right)^2 - \left(\frac{W_s}{I_s^2}\right)^2}, \qquad x_1 = x_2' = \frac{x_1 + x_2'}{2} \tag{4-83}$$

(3) 저항측정

고정자 권선 1상의 저항 r_1은 임의의 주위온도가 t[℃]인 경우에 [그림 4-39]과 같이 전동기 각 단자 사이의 저항 R_1을 측정하고 이것을 기준온도 T[℃]에 대한 저항값으로 환산해서 구한다.

$$r_1 = \frac{R_1}{2} \times \frac{234.5 + T}{234.5 + t}\,[\Omega] \tag{4-84}$$

T의 값은 A, B, E종 절연은 75[℃], F, H종 절연은 115[℃]로 한다.

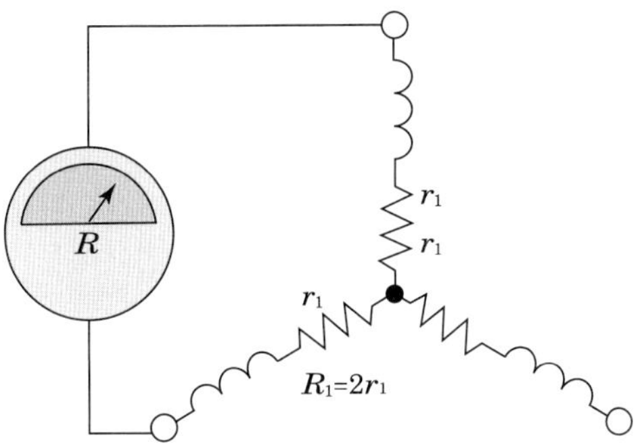

[그림 4-39] 저항 측정시험

9.2 원선도(circle diagram)

유도전동기가 무부하 운전시 1차 측의 여자전류 I_0만 흐르게 되어 부하가 걸리게 될 경우 슬립이 발생하여 2차전류가 흐르는 것에 대응한 1차부하전류가 흐른다. 이 때 1차전류 I_1의 벡터는 크기와 방향이 변화하지만 벡터 I_1의 선단은 항상 하나의 반원주상으로 그려지며 전동기의 특성은 실부하 시험을 하지 않고 이 선도를 쉽게 구할 수 있어 이같은 선도를 유도전동기의 원선도라 하고 유도전동기의 특성을 구하는 방법을 원선도법이라고도 한다.

(1) 원선도 작성법

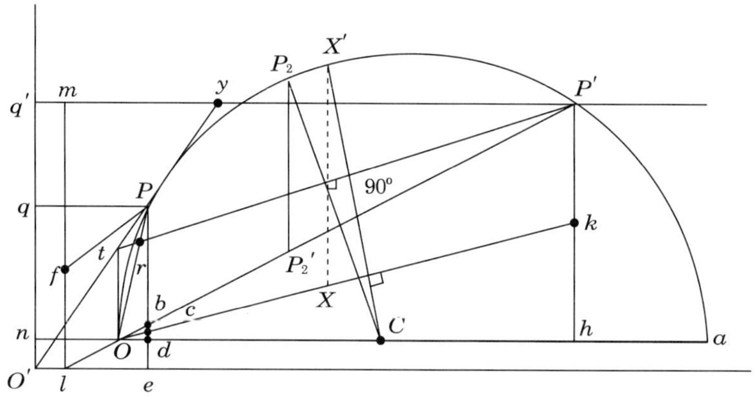

[그림 4-40] L형 원선도

전동기의 시험에 의해서 얻어진 기본값을 사용하여 측정정도를 고려한 원의 지름을 정하여 적당한 척도를 사용하여 다음 순서에 의해 원선도를 작성한다.

① $o'n = I_i$, $o'q' = I_{s1}$ 취한다.

② n, q'에서 수평선을 긋는다. 그리고 $no = i_\phi$, $q'p' = I_{s2}$를 취한다.

③ p' 에서 no 연장선 위에 수선 $p'h$ 를 긋는다

④ op'를 연결하고 수직 이등분선을 긋고 oh 와 교점 c 점을 표시한다.

⑤ c 를 중심으로 co 의 반경인 반원을 그린다.

⑥ $op' = I_s{}'$ 라 하고(op' 의 길이를 재면 $I_s{}'$ 값을 알 수 있다). $p'h$ 위에 k 점을 $hk = \dfrac{\sqrt{3} \times I_s{}' r_1}{V}$ 와 같도록 취하고 k, o 를 연결한다.

⑦ $p'o$ 를 연장하여 횡축과 만나는 점을 l, l 에서 수선을 긋고 $p'q'$와 교점을 m 이라 한다.

⑧ lm 위에 임의의 출력 P [kW]에 대한 전류 $lf = I$ 되는 f 점을 구한다.

⑨ op'와 평행하게 fp 긋고 원호와 교점을 p 라하고, $o'p$ 를 연결하고 p 에서 수평선 pq 를 긋고 l , p 를 연결한다. 또, $p'q'$와 연장교점을 y 라 한다.

⑩ o 에서 수선 ol을 긋고, p' 에서 ok에 평행선을 긋고 그 교점을 t 라 하고, op와 $p't$ 의 교점을 r 이라 하면 출력에 대한 특성을 구할 수 있다.

(2) 원선도에 의한 특성을 구하는 법

유도전동기에 의해 구해진 원선도로부터 전동기의 특성을 다음과 같이 구할 수 있다.

① 고정자전류 $I_1 = O'P$ [A]

② 역률(power factor)$= \dfrac{O'q}{O'p} \times 100$ [%]

③ 효율$(\eta) = \dfrac{P'y}{P'm} \times 100$ [%]

[그림 4-40]의 원선도로부터

$$\Delta lmp' \infty \Delta lbe \qquad \therefore \frac{be}{le} = \frac{lm}{p'} \tag{4-85}$$

$$\Delta lmy' \infty \Delta ple \qquad \therefore \frac{le}{ep} = \frac{my}{lm} \tag{4-86}$$

식 (4-85)에 식 (4-86)을 곱하면

$$\frac{be}{pe} = \frac{my}{p'm} \qquad \therefore \frac{pe - be}{pe} = \frac{p'm - my}{p'm} \tag{4-87}$$

$$\frac{pb}{pe} = \frac{p'y}{p'm} \qquad \therefore \frac{pb}{pe} \times 100 = \frac{p'y}{p'm} \times 100 \ [\%] \tag{4-88}$$

④ 슬립$(s) = \dfrac{tr}{p't} \times 100$ [%]에 의해서

$$\Delta otp' \infty \Delta obc, \ \frac{bc}{oc} = \frac{ot}{p't} \tag{4-89}$$

$$\Delta otr \infty \Delta poc, \ \frac{oc}{pc} = \frac{tr}{ot} \tag{4-90}$$

식 (4-89)과 식 (4-90)을 곱하면

$$\frac{bc}{pc} = \frac{tr}{p't}$$

$$\therefore s = \frac{bc}{pc} \times 100 = \frac{tr}{p't} \times 100 \ [\%] \tag{4-91}$$

⑤ op'의 2등분선과 원호와의 교점을 P_2라하고 이것에서 수선을 긋고 op'와 만나는 점을 P_2'라 하면 최대출력 P_m은 다음 식과 같이 된다.

$$P_m = \sqrt{3}\, V \times P_2 P_2' \times 10^{-3} \text{ [kW]} \tag{4-92}$$

⑥ 무부하전류 : $I_0 = l_0$, 1차부하전류 : $I_1' = OP$

⑦ 1차입력 : $P_1 = Pe$, 2차입력 : $P_2 = PC$

⑧ 1차동손 : $P_{c1} = cd$, 2차동손 : $P_{c2} = bc$

⑨ 2차출력 : $P = Pb$, 무부하 손실 : $P_l = de$

⑩ 역률각 $\phi_1 = \angle q'o'P$

⑪ $\dfrac{\text{최대출력}}{\text{정격출력}} = \dfrac{P_2 P_2'}{lt} \times 100$ [%]

⑫ $\dfrac{\text{최대토크}}{\text{전부하토크}} = \dfrac{XX'}{PC} \times 100$ [%]

연 습 문 제

01 3상 유도전동기의 원선도를 그리는데 필요한 시험 종류를 열거하고 설명하여라.

02 3상 유도전동기의 특성방정식을 구하기 위해 구속시험을 하고 전압·전류, 전력을 측정할 수 있는데 이때에 기동전류 및 역률을 구하는 식을 유도하여라.

03 3상 유도전동기의 원선도를 그리고 원선도의 원주상의 임의의 점 P에서 전 부하전류, 역률, 효율, 슬립, 출력, 토크 등에 대한 특성식을 산정하여라.

04 4극, 50[Hz]의 3상 유도전동기가 1,410[rpm]으로 회전하고 있을 때 회전자전류의 주파수[Hz] 얼마인가?

05 6극 유도전동기에 주파수 60[Hz]의 전원을 인가하였더니 회전자주파수가 2[Hz]이었다. 전동기의 분당회전수와 슬립을 구하여라.

06 6극, 3상 유도전동기가 있다. 회전자도 3상이며 회전자 정지시의 1상의 전압은 200[V]이다. 전부하시의 속도가 1,152[rpm]이면 2차 1상의 전압은 몇 [V]인가? 단, 1차주파수는 60[Hz]이다.

07 유도전동기의 기판에 다음과 같이 기재되어 있다.
25[HP], 220[V], 3상, 60[Hz], 830[rpm], 64[A] 전부하시 전동기입력이 20.8[kW]이었다. 다음 값들을 계산하여라.

1) 슬립　　　　2) 역률
3) 토크　　　　4) 효율

08 어떤 유도전동기의 부하시 슬립 s=5[%] 에서 상당 10[A]의 회전자전류(I′)를 흘리고 있다. 한 상에 대한 회전자 저항(r2)이 0.1[Ω]일 때 3상 회전자출력은 얼마인가?

09 5[kW], 4극의 3상 유도전동기가 있다. 이 전동기를 60[Hz]의 전원에 접속하여 전부하 운전하면 1728[rpm]으로 회전한다. 이 전동기에 대해서 다음 문제에 답하여라.

1) 동기속도는 몇 [rpm]인가?
2) 전부하시의 슬립은 몇 [%]인가?
3) 전부하시의 2차주파수는 몇 [Hz]인가?
4) 전부하시의 2차효율은 몇 [%]인가?
5) 전부하시의 토크는 몇 [N・m]인가?

10 3상, 125[HP], 440[V], 60[Hz], 8극, 결선 유도전동기의 고정자측으로 환산한 전동기 상수는 다음과 같다. r_1=0.068[Ω], X_1=X=0.024[Ω], r_2'=0.052[Ω], X_m(= 1/b0) =7.68 [Ω] 기계손이 2400[W]이고 슬립이 3[%]인 경우 다음 값들을 구하여라.

1) 선전류 및 역률
2) 출력 및 토크
3) 효율

11 권수비 값 a=2인 기동보상기로 3상 유도전동기를 기동할 때 전원측의 전류, 전동기에 흐르는 전류, 전동기의 기동토크는 각각 전전압기동으로 한 경우에 비해 몇 배로 되는가?

12 25[HP], 440[V] 농형 유도전동기의 기동토크는 112[Nm]이고 전부하토크는 83[Nm]이며 정격전압 인가시 기동전류가 128[A]이었다. 다음에 답하여라.

1) 전압을 300[V]로 감소시켰을 경우 기동토크 및 기동전류
2) 전부하토크와 동일한 기동토크를 발생시키기 위해 인가해야 할 전압
3) 기동전류가 32[A]를 초과하지 않기 위해 인가해야 할 전압

13 3상 유도전동기를 다음과 같은 방법에 의해 기동시킬 때 기동토크 및 기동전류값을 비교하여라.

1) Y-Δ 기동
2) 60[%]기동전압기에 의한 기동

14 3상, 60[Hz], 6극 220[V] 권선형 유도전동기의 고정자는 Δ결선, 회전자는 결선되어 있고 회전자의 권선수는 고정자의 1/2이다. 정격전압이 인가되고 다음과 같은 경우 회전자전압과 주파수를 구하여라.

1) 회전자 정지시
2) 슬립 4[%]로 운전시
3) 회전자계와 반대방향으로 800[rpm]의 속도로 운전시

15 슬립4[%]인 유도전동기의 정지시 2차상전압이 150[V]이면 운전시 2차상전압[V]는?

16 220[V], 3상 유도전동기의 전부하 슬립이 4[%]이다. 공급전압이 10[%] 감소된 경우의 전부하 슬립[%]은?

17 3상 유도전동기의 전압이 15[%] 감소되면 기동토크의 감소율[%]은 얼마인가?

18 3000[V] 50[Hz] 8극 100[KW]의 3상 유도전동기가 있다. 전부하에서 2차동손이 3.0[KW] 기계손이 2.0[KW]라고 한다. 전부하시 회전수를 구하여라.

10 유도기의 기동 및 속도제어

10.1 유도전동기 기동특성

유도전동기에서 [그림 4-41]와 같이 $T-T_L>0$이면 $\frac{d\omega}{dt}>0$ 일 때, 식 (4-100)을 이용하면 전동기의 기동토크 T_s 가 부하토크 T_L 보다 약간 크면 그 차이$(T_s\ T_L)$로 전동기는 기동하고 속도가 점차 증가하면 점 b' 까지 전동기의 토크 T가 증가하기 때문에 두 토크 차$(T-T_L)$가 가속 토크로 작용하여 속도는 증가하고 전동기의 가속조건이 성립하게 된다. 이러한 전동기토크와 부하토크가 만나게 되면 $T-T_L=0$이 되어 $\frac{d\omega}{dt}=0$ 가 되므로 속도변화는 없고 일정 속도를 유지하므로 이 속도를 평형속도상태라 하고 [그림 4-41]에서 T와 T_L 의 교점 b' 에서 운전하는 경우가 된다. 한편, 부하토크가 전동기토크보다 크면 $T-T_L<0$이 되고 $\frac{d\omega}{dt}<0$ 가 되어 전동기속도는 점차 감속하게 된다. 기동상태의 유도전동기는 2차 측이 단락된 변압기와 같으므로 $s=1$로 놓아 간이등가회로에서 유도해 보면 이 때의 정격전압 V_1을 가할 때 기동전류 I_{1s} 와 기동토크 T_{1s} 는 다음과 같은 식으로 된다.

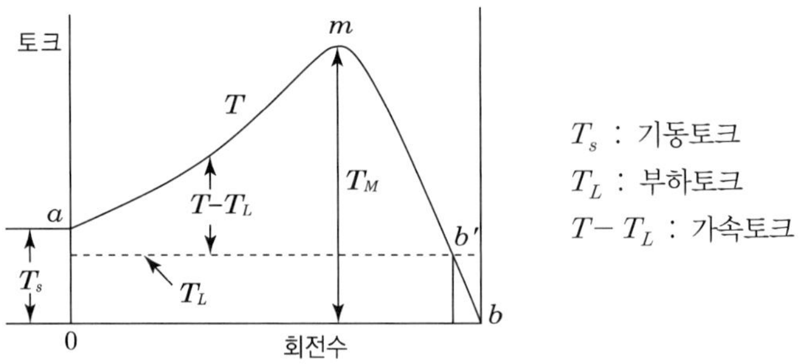

[그림 4-41] 전동기와 부하토크와의 관계

$$I_{1s}=\frac{V_1}{\sqrt{(r_1+r_2{}')^2+(x_1+x_2{}')^2}}\ [\mathrm{A}] \qquad (4-100)$$

$$T_{1s} = K\frac{m_1 V_1^2 r_2}{\sqrt{(r_1 + r_2')^2 + (x_1 + x_2')^2}} \text{ [N·m]}\left(K = \frac{P}{2\pi f}\right) \tag{4-94}$$

전동기에 기동전류가 많이 흘러 전동기의 과열과 기계적으로도 좋지 못하여 역률 $\cos\theta_{1s}$은 $\theta_{1s} = \tan^{-1}\left(\frac{x_1 + x_2'}{r_1 + r_2'}\right)$이므로 기동순간 2차 리액턴스(reactance)가 크므로 2차역률이 나빠지고 기동토크도 작아지고 역률이 낮으면 전원전압이 감소되어 부하에 나쁜 영향을 주므로 유도전동기는 기동하는 방법이 필요하게 된다.

10.2 유도전동기의 기동법

(1) 농형 유도전동기의 기동법

농형유도기는 기동토크 T_s가 전원전압의 제곱에 비례하며 단자전압을 감소시키면 전류는 감소하여 기동토크도 감소되므로 큰 기동토크를 요구하는 부하에는 적합한 방법이 되지 못한다.

① 전전압기동법

소형 농형 유도전동기에 보편적으로 사용되고 있는 기동법으로서 전동기 단자에 직접 정격전압을 가해서 기동시키는 방법이다. 기동순간에는 전부하전류의 400~600[%]의 기동전류가 통하는데 전류치 자체가 작아서 배전계통에 대한 영향도 적다. 특수농형 유도전동기를 전전압기동 또는 다른 기동방법을 사용하느냐는 전동기의 용량의 대소뿐만 아니라 전원용량과 기동시의 전압강하 여하에 의해서 결정된다. 육상에 있어서 전원용량에 여유가 있을 때에는 4,000~5,000[kW] 정도의 전동기까지 전전압기동을 할 수 있으나 선박과 같이 전원용량이 작을 때에는 15[kW] 정도가 한도이다. 그러나 자려 교류발전기를 전원으로 사용할 때에는 순시전압강하가 작으므로 100[kW] 또는 그 이상의 전동기까지 전전압기 동을 할 수 있다. 전전압기동을 직입기동(across the line starting)이라고도 한다.

② Y-△ 기동법

전동기용량이 5~37[kW] 정도의 저압 유도전동기의 경우 1차권선을 운전시에는 △로 접속하지만 기동시에는 Y로 접속하여 각 상전압을 전원전압의 $1/\sqrt{3}$으로 감압하여 기동하고 속도가 상승하면 △로 접속하여 기동전류를 감소시킨다. [그림 4-42]과 같이 기동시에는 스위치 M과 S를 닫아서 기동하고 운전시에는 S를 개로하고 D를 닫아서 사용한다. 이와 같이 $Y-\triangle$ 기동법을 사용하면 기동시 선전류는

1/3로, 상전류는 $1/\sqrt{3}$로 감소한다. 또한, 기동토크도 상전압의 제곱에 비례하기 때문에 1/3로 감소한다.

	M	S	D
Y	ON	ON	OFF
Δ	ON	OFF	ON

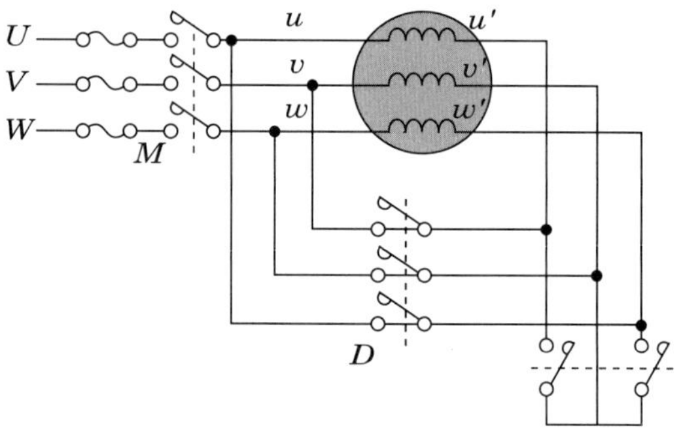

[그림 4-42] $Y-\Delta$ 기동법

③ 기동보상기에 의한 기동법

기동시 전동기에 공급하는 전압을 단권변압기에 의해서 일시 강하시켜서 기동전류를 제한하는 기동방법을 기동보상기법(starting compensator method)이라 하며 단권변압기로는 Y결선 또는 Δ결선한 것을 사용하고 이것과 전환개폐기 등을 결합한 것을 기동보상기(starting compensator)라고 한다. [그림 4-43]과 같이 전자접촉기의 C와 S를 닫아서 유도전동기를 단권변압기의 2차 측에 접속하여 기동하고 속도 증가 후 S를 열어서 단권변압기를 리액터로 해서 더욱 속도를 증가시킨다. 속도가 정상운전 속도에 가까워지면 M을 닫고 C를 열어서 전동기가 직접 전원에 연결된 상태로 해서 운전한다. 이 경우 단권변압기의 1차 측과 2차 측 권선의 권수비를 a라고 하면 기동보상기의 전원측 전류 I_1은 전전압기동인 경우의 $1/a^2$이 되며, 기동토크도 전전압기동인 경우의 $1/a^2$로 된다. 기동보상기법에 있어서 개폐기를 기동 측에서 운전 측으로 전환할 때 기동기는 일시 전원에서 분리되는데 그 순간 자속이 감소하려고 하나 2차회로가 닫혀 있기 때문에 자속의 감소에 반대하려는 방향의 전류가 통하여 자속이 유지되므로 1차권선에는 유도기전력이 계속 존재하게 된다. 따라서 개폐기를 운전측에 전환하는 순간에 전원전압과 상기한 유도기전력이 같은 방향으로 작용하면 전전압기동시보다도 큰 전류가 통하게 되는 수가 있다. 이와 같은 개폐기 전환 순간의 과전류를 방지하고 원활한 기동을 할 수 있게 고안된 것이 콘도로퍼 방식(Kondorfer system)이며 현재 기동보상기법은 모두 이 방식에 의하고 있다.

	C	S	M
기동보상기	ON	ON	OFF
리액터	ON	OFF	ON
운전	OFF	OFF	ON

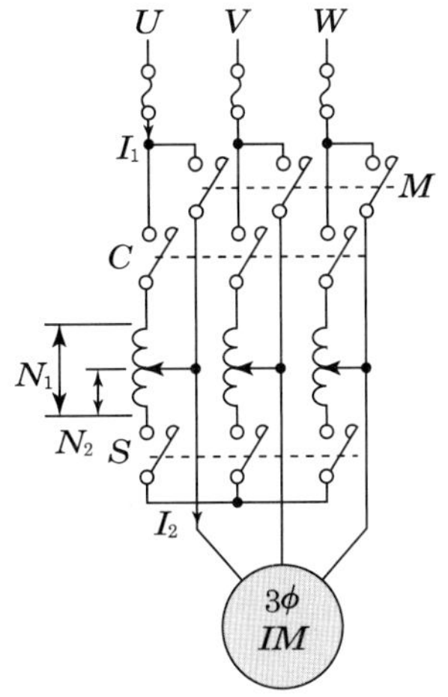

[그림 4-43] 콘도러퍼 기동방법

또한, 기동보상기에 의한 기동의 일종으로 전동기에 입력되는 전압을 a, b는 닫고 기동시키면서 가속하면 a를 열면 이 때 보상기는 리액터가 되므로 리액터를 거친 전압이 전동기에 가해지고 다시 c를 닫고 b를 열면 전전압이 전동기에 가해지게 되는데 이와 같은 기동방법을 콘도로퍼기동법(Korndorfer)이라 한다.

④ 리액터(reactor)기동법

리액터 기동법(reactor starting)은 [그림 4-44]와 같이 전동기와 전원 간에 리액터 L을 연결하여 기동전류가 리액터를 통함으로써 생기는 전압강하분 만큼 전압을 낮추어서 기동시키는 것이다. 가속된 후에 단락스위치 S에 의해서 리액터를 단락시키면 전동기는 전전압을 받아서 운전상태로 된다. 이 방법은 펌프, 송풍기용 전동기와 같이 기동토크를 별로 필요로 하지 않고 주로 기동전류를 제어하려고 할 때 사용되며 기동보상기법에 비교하면 간단하며 가격도 싸고 기동 시에 소음도 작으므로 특히 자동기동이나 원격제어를 할 때에 편리하다.

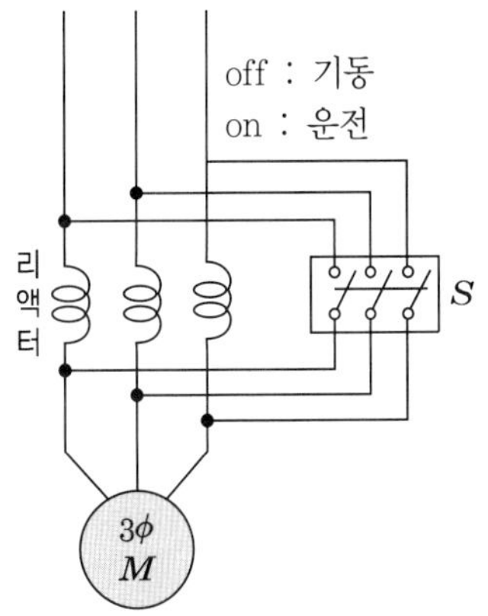

[그림 4-44] 리액터 기동법

이때의 기동전류는 단자전압에 비례해서 감소되고 기동토크는 단자전압의 제곱에 비례해서 감소하므로 기동보상기법이 전류와 토크가 모두 중간 단자전압의 제곱에 비례해서 감소하는 것과 비교하면 같은 기동전류에 대한 토크의 저하률이 크게 된다. 즉 기동토크에 비해서 기동전류가 큰 것이 결점이다. 그러나 이 기동법은 기동전류에 의한 전압강하를 이용하고 있기 때문에 전동기의 속도가 상승해서 기동전류가 감소하면 전동기의 단자전압은 자동적으로 상승해서 토크도 전압의 제곱에 비례해서 상승하게 된다. 따라서 부하토크가 속도의 2승에 비례해서 변화하는 부하의 구동에 적합한 기동법이라고 말할 수 있다.

(2) 권선형 유도기의 기동법

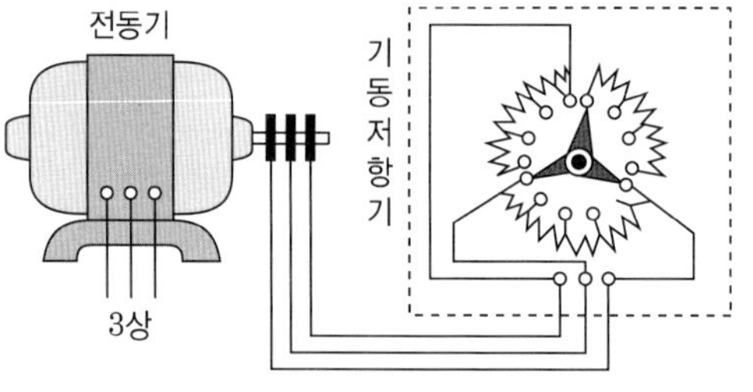

[그림 4-45] 2차저항 기동법

권선형 유도전동기는 슬립링을 거쳐 회전자에 기동저항을 연결하고 외부에 적당한 가감저항을 접속하여 필요한 기동토크를 얻음과 동시에 기동전류를 제한한다. [그림 4-45]에서 스위치 S를 닫고 속도가 상승함에 따라 저항을 서서히 감소하여 적당한 속도에 이르면 단락장치로 슬립링 사이를 단락하면 저항손도 방지할 수 있다. 회전자에 저항을 넣어 토크곡선을 비례시켜서 부하토크보다 큰 상태로 기동을 시키게 된다. 이와 같은 기동법을 권선형 유도전동기의 2차저항 기동법이라 하고 그 때의 토크 및 전류변화에 대한 상태를 [그림 4-45](a), (b)에 나타낼 수 있다.

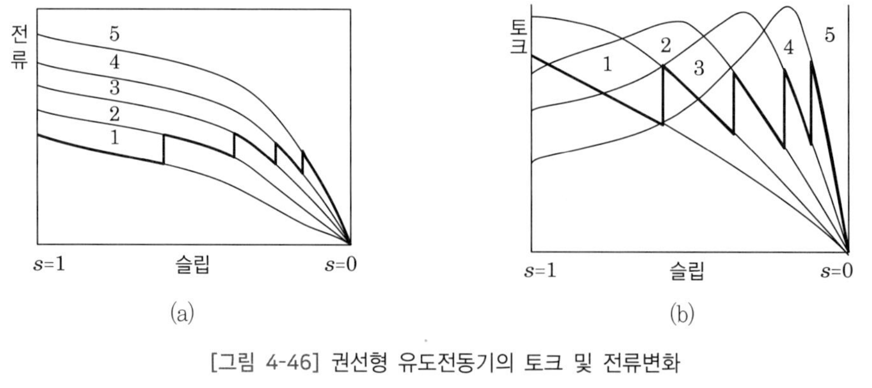

[그림 4-46] 권선형 유도전동기의 토크 및 전류변화

10.3 이상 기동현상

전동기의 공극자속밀도는 정현파로 분포되어있는 것으로 가정할 수 있지만 실제 계자 기자력은 정현화 되어있지 않고 시간적으로 변화되며 슬롯부분과 부분 부분의 자기장 때문에 공극의 상태가 위치에 따라 변할 수 있어 자속 분포에는 많은 고조파 성분을 포함할 수 있다.

(1) 크로울링 현상 (crawling phenomena)

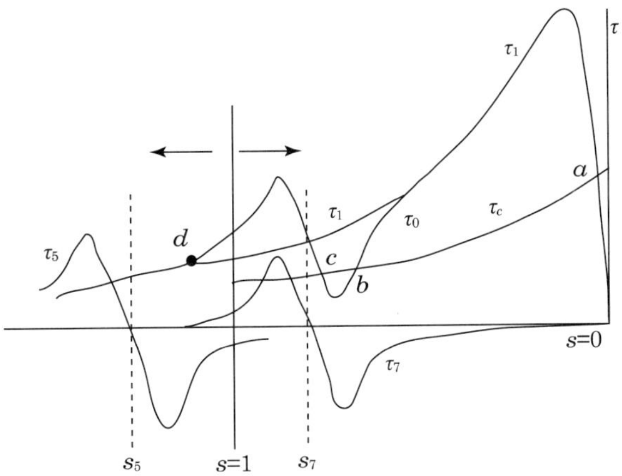

[그림 4-47] 차동기운전(crawling)

[그림 4-47]과 크로울링 현상은 소용량 농형 유도전동기에서 많이 발생되고 그 원인은 고정자 슬롯과 회전자 슬롯과의 관계로 즉, 회전자권선을 감는 방법과 슬롯수가 적당하지 못하면 토크-속도곡선이 맥동을 하며 왼쪽 부분에 요철이 생기며 고조파 회전자계가 발생하여 안정된 운전을 하지 못하게 되는 것을 차동기 운전현상(crawling phenomena)이라 한다. [그림 4-47]에서와 같이 c 점과 a 점은 안정점이고, b 점과 d 점은 불안정점이 되어 전동기는 기동도중에 c 점과 같은 낮은 속도에서 안정되어 전속도에 이르지 못하는 현상 즉, 정규속도에 이르기 전의 낮은 속도에서 안정되어 버리는 현상을 말한다.

(2) 게르게스 현상 (Görges phenomena)

권선형 유도전동기의 3단자 중 1단자가 고장 단선된 경우에 회전자는 단상회전자가 되고 2차회로는 단상전류로 교번 자계를 만들게 되며 자계의 방향은 정상 및 역상의 회전 자계로 분해될 수 있다.

여기서, 정상은 문제가 없으나 역상은 $-sN_s + (1-s)N_s = (1-2s)N_s$ [rpm]으로 회전한다 즉, 회전자를 1차, 고정자측을 2차로 보면 이 역상토크가 $s = 0.5$에서 0, $s > 0.5$는 전동기토크, $s < 0.5$에서는 발전기토크가 발생하여 T는 T_+와 T_-의 합이 되며 $s = 0.5$ 부분에서 함몰이 생겨서 회전자는 동기속도의 50 [%] 이상 가속하지 않으며 이와같이 토크가 낮은 부분이 생기게 되는 것을 게르게스 현상(Görges phenomena)이라고 하며 [그림 4-48]에 나타내었다.

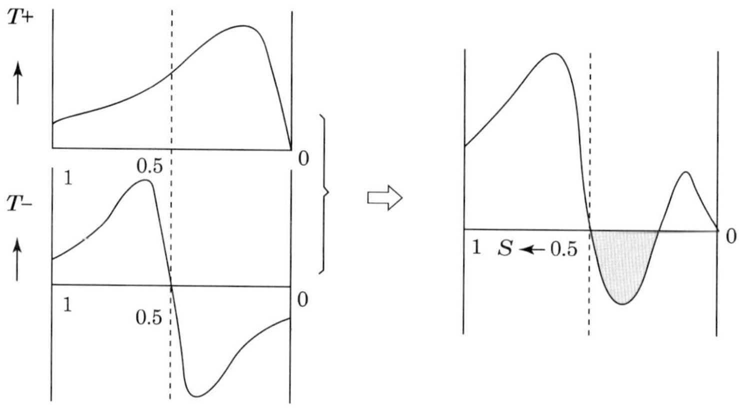

[그림 4-48] 게르게스 현상시 토크

예제 4-23

유도전동기의 1차 접속을 △에서 Y로 바꾸면 기동시의 1차전류는?

풀이

상전압 V, 기동기의 1상 임피던스 Z라 하면,

△결선에서 선전류 = $\sqrt{3}$ 상전류, 선간전압 = 상전압

$$\text{상전류} = \frac{\text{상전압 (=선간전압)}}{\text{임피던스}}$$

$$\frac{I_Y}{\sqrt{3}} = \frac{V}{Z}$$

$$I_Y = \frac{\sqrt{3}}{Z}$$

Y결선에서 선전류 = 상전류, 선간전압 = $\sqrt{3}$ 상전압

$$\text{상전류} = \frac{\text{선간전압} / \sqrt{3}}{\text{임피던스}}$$

$$I_\triangle = \frac{V/\sqrt{3}}{Z} = \frac{Y}{\sqrt{3}\ Z}$$

$$\therefore\ \frac{I_Y}{I_\triangle} = \frac{\dfrac{\sqrt{3}\ V}{Z}}{\dfrac{Y}{\sqrt{3}\ Z}} = \frac{1}{3}$$

$\therefore\ I_Y = \frac{1}{3} I_\triangle$ 이므로, 전류는 $\frac{1}{3}$이 된다.

11 유도전동기의 속도제어

11.1 속도제어(speed control)

유도전동기의 속도는 회전자계의 동기속도 N_s 를 제어하거나 또는 슬립 s 를 변화시켜주므로 속도를 가변시킬 수 있다. 유도전동기의 효율은 $(1-s)$에 비례하므로 속도제어는 슬립변화에 의존하고 있으므로 대단히 비효율적인 반면에 전원주파수가 일정하면 동기속도를 변화시킬 수 있으므로 속도를 가변할 수 있고 이 때에 전동기속도는 불연속적인 가변속도를 가지게 된다. 따라서, 극수 p, 전원주파수 f 일 때 다음과 같은 수식에 의한 속도제어 방법을 가질 수 있으며 그 이외에 또 다른 방법으로도 속도를 제어할 수 있다.

$$N_s = \frac{120f}{p}$$
$$N = (1-s)N_s \tag{4-95}$$

동기속도를 변화시키기 위한 방법으로는 극수 변환, 주파수 변환, 슬립변환, 전원전압 변환, 2차회로저항 변환, 2차여자, 전자커플링, 전력변환기에 의한 변환 등의 방법을 이용하여 속도제어를 실행할 수 있다. 따라서, 위의 방법들을 살펴보기로 한다.

(1) 슬립제어(2차저항 가감제어법)

2차저항제어법은 권선형전동기에 사용되는 방법으로 2차 측에 슬립링을 부착하고 속도제어용 저항을 넣은 것이다. 비례추이에서 설명한 바와 같이 저항에 따라 발생토크와 부하토크의 교점을 변화시켜서 속도를 제어하는 방법이다.

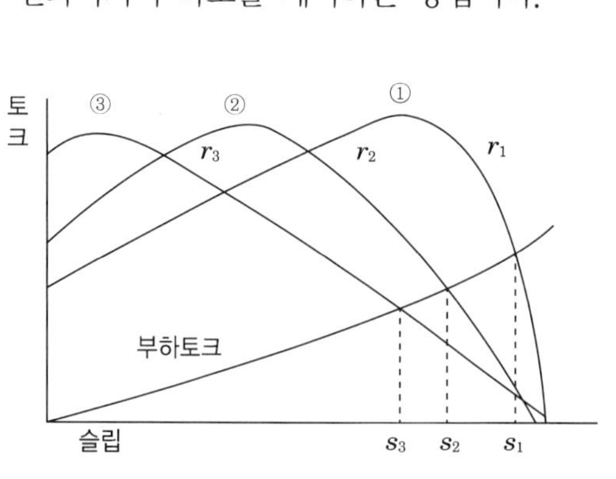

[그림 4-49] 2차저항에 의한 속도제어

[그림 4-49]에서 슬립 s_1에서 운전할 때, 2차저항을 r_1에서 r_2로 변화시키면 토크곡선은 ①에서 ②로 바뀌고 토크곡선 ②와 부하토크와의 교점 s_2에서 운전된다. 이와 같이 2차저항을 조정함으로써 속도를 제어할 수 있다. 하지만 기동저항기는 단시간(30~60초 정도)만 사용하도록 설계되었으므로 장시간 연속 사용하는 속도제어에는 사용되지 않는다.

따라서 속도제어용에는 전류용량이 큰 저항기가 필요하므로 대형이 되고 가격도 비싸진다. 이러한 목적에 사용하는 저항기를 속도조정기(speed regulator)라고 하며, 기동기로도 쓰인다. 저항을 가감하기 위하여 제어기(controller)를 사용하는 일도 있으며, 제어기에는 회전방향을 제어할 수 있는 것도 있다.

(2) 주파수제어

전동기의 회전수는 1차주파수에 비례하는 것을 이용하여 속도제어를 행할 수가 있다. 전동기에서 회전자계의 자속 $\phi = E_1 / \ 4.44 K_{w1} N_1 f_1$이므로 1차전압에 비례하고 주파수에 반비례한다. 따라서 주파수를 바꾸어서 속도제어를 하는 경우, 자속을 일정하게 유지하기 위해 주파수와 그 전압을 동시에 바꾸어서 V_1/f를 일정하게 해야 한다. 이때, 전압을 일정하게 하고, 주파수만 낮추면 자속 Φ는 증가하고 그 자속 ϕ를 만들기 위해 여자전류가 현저히 증가하게 된다.

주파수가 변화할 때 최대토크와의 관계가 어떠한지를 살펴보자. 최대토크의 식은 식 (4-96)와 같이 된다. 이 식에서 r_1이 x_1 및 $x_2{}'$에 비하여 대단히 적기 때문에 생략하면 x_1, $x_2{}'$는 모두 주파수에 비례하므로 V_1/f가 일정하게 되도록 주파수와 전압을 변화하면, 최대토크 T는 [그림 4-50]과 같이 거의 일정하며 안정된 속도제어가 가능하게 된다.

$$
\begin{aligned}
T &= \frac{P_2}{2\pi n_0} \\
&= \frac{m_1 V_1{}^2}{4\pi n_0 [r_1 + \sqrt{r_1{}^2 + (x_1 + x_2{}')^2}]} \fallingdotseq F\left(\frac{V_1}{f}\right)
\end{aligned}
\tag{4-96}
$$

이 방법은 가변주파수의 전원이 필요하므로 설비비가 많이 들지만 포트 모터(pot motor)나 유도전동기로 선박을 전기 추진시키는 경우에 사용한다. 가변주파수전원으로는 회전기를 이용하는 일도 있지만, 최근에는 사이리스터회로를 응용한 인버터가 많이 이용된다.

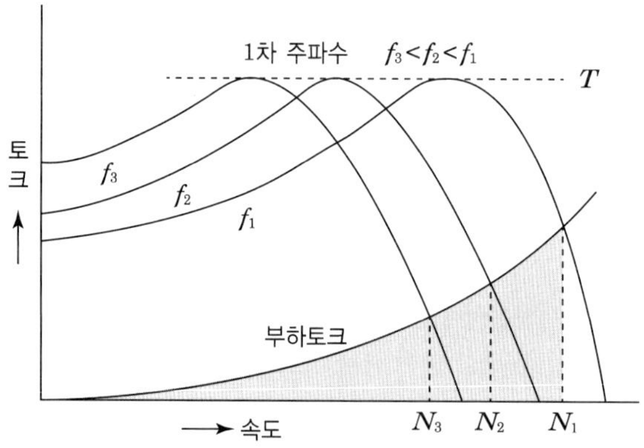

[그림 4-50] 주파수제어

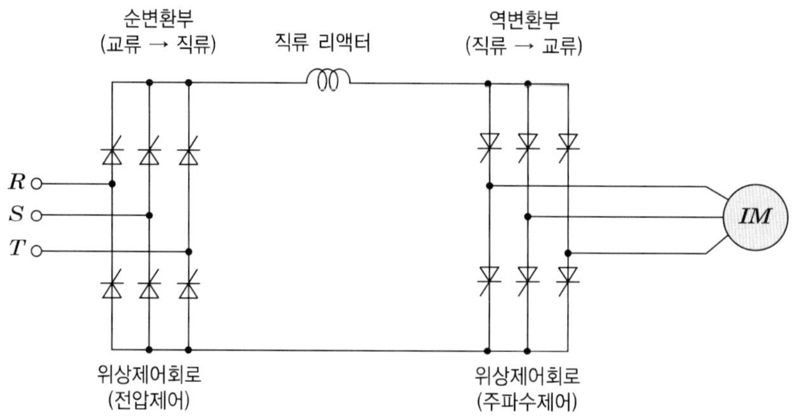

[그림 4-51] 전류형인버터회로

[그림 4-51]은 전류형인버터회로이다. 사용주파수의 교류전압을 순변환 부에서 가변의 직류전압으로 변환한 것을 다시 역변환부에서 다른 주파수의 교류전압으로 변환하는 것이다.

이 교류전압으로 구동시키는 전동기의 속도제어는 속도검출용 발전기와 속도 설정기의 기준치와를 비교하여 그 속도 차에 의해 순 변환 부의 위상을 변화하여 전압을 제어한다. 그리고, 속도검출용 발전기의 회전속도를 기준으로 하고, 슬립주파수를 합한 값을 역변환부의 주파수로 정하고 있다.

(3) 극수 변환법

유도전동기의 속도는 극수에 반비례하기 때문에 권선구성을 바꾸어서 극수를 바꾸면 단계적으로 속도를 바꿀 수가 있다. 극수의 변환에는 다음과 같은 방법이 있다.

① 고정자에 극수가 다른 2조의 권선을 설치하는 방법
② 고정자에 설치한 권선의 접속을 변경하는 방법
③ 상기 두 방법을 조합하여 극수를 3단으로 변환하는 방법

[그림 4-52](a)는 8극의 접속도에서, 전류는 A단자에 들어가서 4개의 코일을 직렬로 흘러 B로 나오기 때문에 자극은 N, S로 표시한 것과 같이 8개로 된다.
다음에 [그림 4-52](b)와 같이, 단자 A와 B를 접속해서 단자 C로 하고 전류가 여기에서 들어가, 코일의 중간단자 D에서 나오면, 자극은 N, S로 표시한 것과 같이 4개가 되고, 전류회로는 두 회로가 된다.
극수를 바꾸는 경우, 동일 선간전압에서 코일에 가해진 전압이 크게 변화하므로 절연강도의 측면에서 문제가 발생할 수 있기 때문에 가능한 큰 차이가 나타나지 않도록 단자 접속을 변경한다. 다만, 일정출력 또는 일정토크 등 부하의 종류에 따라 접속방식이 달라진다.

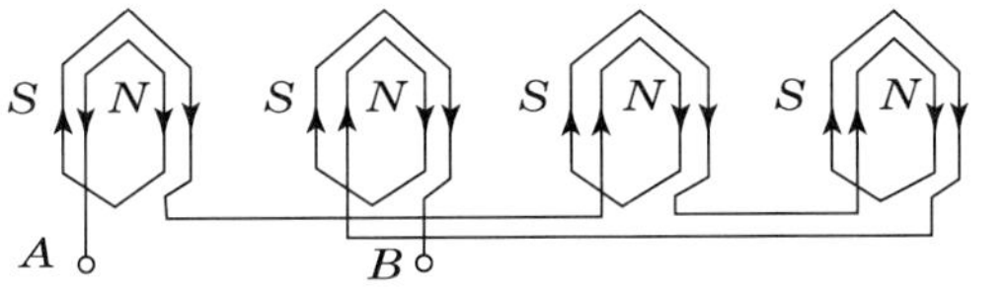

(a) 8극의 경우

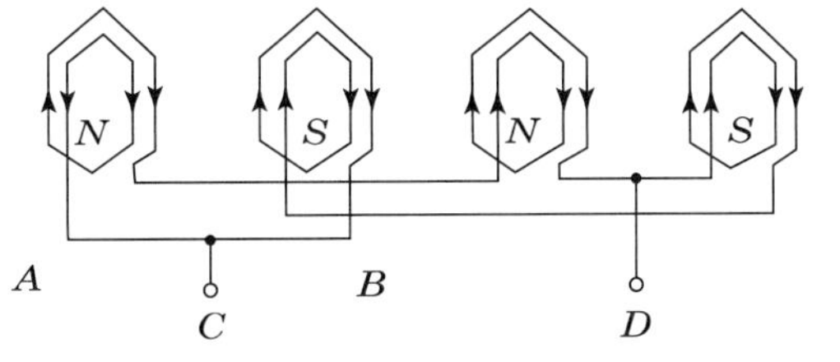

(b) 4극의 경우

[그림 4-52] 극수 변환접속(8극 → 4극)

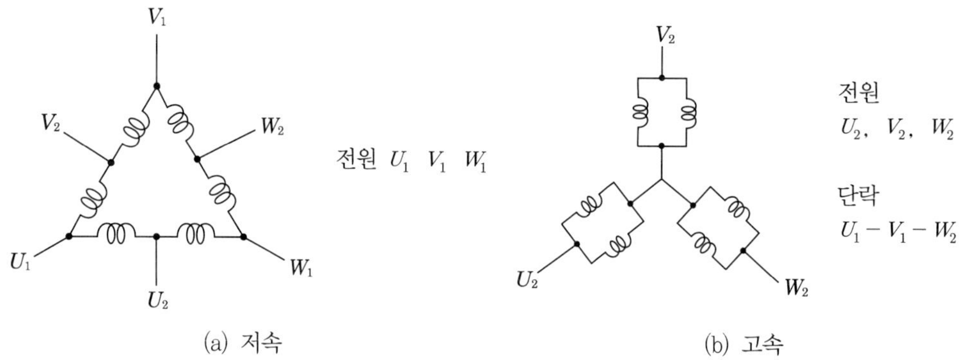

[그림 4-53] 극수 변환접속(일정토크부하)

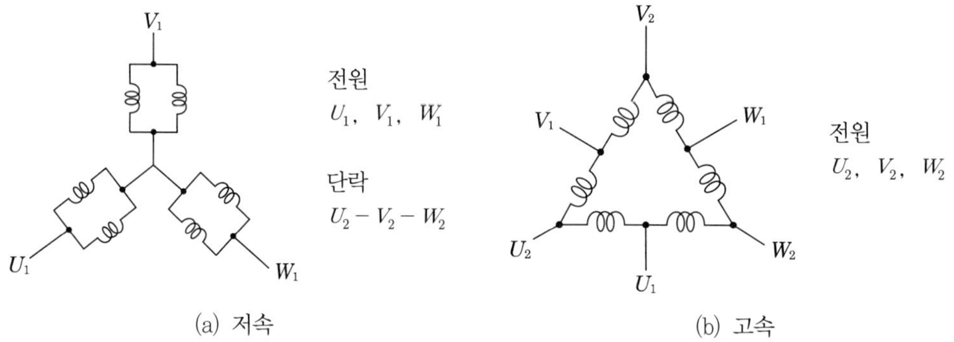

[그림 4-54] 극수 변환접속(일정출력부하)

[그림 4-53]은 일정토크부하시의 극수 변환접속이며, [그림 4-54]은 일정출력부하시의 극수 변환접속을 나타내고 있다.

극수 변환방식에는 위와 같이 단일권선의 단자접속을 바꾸는 방식과 다중권선방식이 있다. 단일권선의 경우는 주로 2 : 1의 변속비로 사용되고, 그 이외의 변속비의 경우에는 다중권선방식이 사용된다.

다중권선방식은 각 극수마다 권선을 감는 방식으로는 단일권선방식에 비해 전동기가 크게 되는 결점이 있지만, 극수의 조합을 자유롭게 할 수 있는 장점을 갖고 있다. 그러나 사용할 수 없는 권선에 전압이 유도되어 순환전류가 흐르는 일이 있어서 주의가 필요하다.

극수변환은 주로 농형전동기에 이용되며, 공작기계나 엘리베이터 또는 송풍기나 펌프 등에 사용된다. 만약 권선형전동기에서 이용할 때에는, 1차권선과 같이 2차권선도 극수 절환을 할 필요가 있다.

(4) 2차 여자제어

유도전동기가 슬립 s로 운전하고 있을 때 2차권선에는 주파수 sf 인 기전력 sE_2가 발생한다.

이 때 어느 방법으로 주파수 sf 인 기전력 E_2'를 발생시켜서 이것을 sE_2와 반대방향으로 슬립링을 거쳐 2차회로에 인가해주면 2차전류 I_2는 식 (4-97)와 같이 된다.

$$I_2 = \frac{sE_2 - E_2'}{\sqrt{{r_2}^2 + (sx_2)^2}} \fallingdotseq \frac{sE_2 - E_2'}{r_2} \tag{4-97}$$

이 식에서 토크가 일정하며 따라서 2차전류도 일정한 경우 E_2'를 변화시키면 s가 변하여 전동기의 속도를 제어할 수가 있다. 이와 같이 유도전동기의 2차회로에 2차주파수와 같은 주파수로 적당한 크기와 적당한 위상의 전압을 외부에서 가해주는 것을 2차 여자(secondary excitation)라고 한다.

E_2'를 크게 하면 I_2가 일정으로 되기 위해서는 s가 증가하여 속도가 강하하게 된다. 그런데 E_2'를 sE_2와 동위상으로 인가해 주면 $sE_2 + E_2'$로 되므로 E_2'를 크게 해주면 s는 감소하여 속도는 증가하는데 E_2'의 어느 값에 있어서 $s=0$으로 되면 전동기는 동기속도로 회전하게 된다.

E_2'의 값을 이보다도 더 크게 해주면 s는 (−)로 되어 전동기는 동기속도보다 빠른 속도로 회전하게 된다. 이 제어방법은 권선형전동기에 대해서만 가능한데 저항제어법과는 달리 전력손실이 적고 또 동기속도의 상하로 광범위한 속도제어를 할 수 있을 뿐만 아니라 전동기의 역률도 개선할 수 있다.

2차 여자법에는 2차단자에서 출력되는 전력을 동력으로 바꿔서 유도전동기에 가하는 방식을 크레머 방식이라 하며, 전력으로서 전원에 되돌려 보내는 것을 셀비우스 방식이라고 한다.

① 크레머 방식

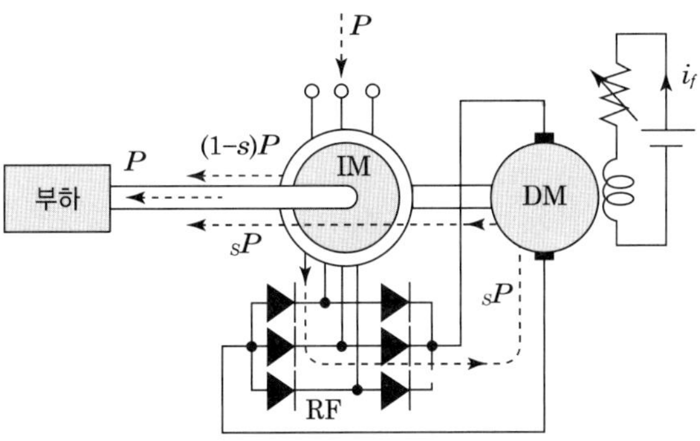

[그림 4-55] 크레머 방식

[그림 4-55]와 같이 유도전동기(IM)와 직류전동기(DM)를 기계적으로 직결하고 유도전동기의 2차출력을 정류기(RF)를 통하여 직류전동기에 공급한다. 속도제어는 직류전동기의 계자전류(i_f)를 조정하면 된다.

[그림 4-55]에서 유도전동기의 입력이 P이고 내부 손실을 무시하면 $(1-s)P$가 기계적 출력이 되고 sP가 2차동손이 된다. 이 전력 sP를 직류전동기에 의해 기계적 출력으로 변환하면 부하로의 입력은 P가 된다. 이 경우 유도전동기의 1차전류가 같으면 속도가 변화해도 역률은 크게 변화하지 않으므로 입력 P는 거의 같으며 출력 P도 같다. 따라서 1차전류가 같으면 속도에 관계없이 출력도 같아지는 정 출력 속도제어에 적합하다.

② 셀비우스 방식

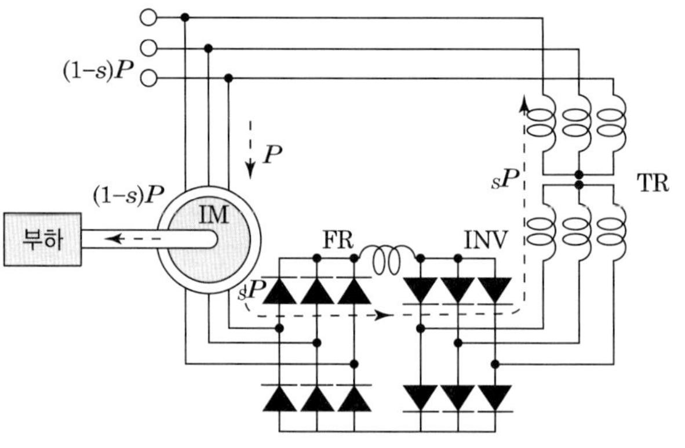

[그림 4-56] 셀비우스 방식

[그림 4-56]과 같이 유도전동기(IM)의 2차출력을 정류기(RF), 인버터(INV) 및 변압기(TR)를 통하여 전원에 반환하는 것이다. 속도제어는 인버터용 사이리스터의 게이트 점호위상을 조정함으로써 행한다. 유도전동기의 입력이 P이고 내부손실을 무시하면 $(1-s)P$가 기계적 출력이 되고 sP가 2차동손이 된다. 이 경우에 유도전동기의 1차전류가 같으면 속도가 변화해도 역률은 크게 변화하지 않으므로 입력 P는 거의 동일하며 출력 $(1-s)P$는 속도에 비례하여 감소한다. 따라서 1차전류가 같으면 속도에 관계없이 토크는 같아지며, 이 방식은 정 토크 속도제어에 적합하다.

(5) 전원전압 제어

유도전동기의 토크는 전압의 제곱에 비례하여 변화하는 성질을 갖고 있으므로 부하시 운전은 슬립을 변화시켜 일반적으로 속도제어를 행하지만 1차전압이 V_1일 때 실제속도를 N_1이라 하면 1차전압을 V_x 값으로 변화한 경우(감소시킨 경우) 토크는 제곱에 비례하므로 또다른 속도 N_x 값으로 운전되며 즉 1차전압을 변화함으로써 실제속도를 변화시킬 수 있는 방법을 전압제어 방법이라고 하며 전력용 반도체 소자를 이용한 속도제어 방법을 [그림 4-57]에 나타낼 수 있다.

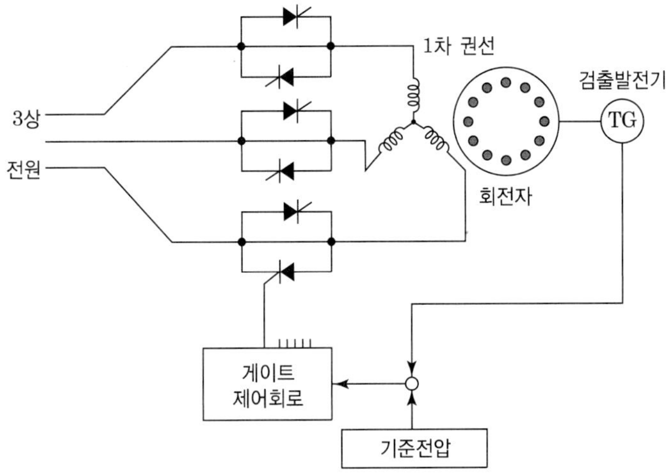

[그림 4-57] 전원전압 제어

(6) 전자커플링 방법

유도전동기와 부하사이에 부하에 직결 쪽은 자성체 성질을 갖는 양도체의 드럼으로 이 자계속에서 회전하고 있는 전자커플링을 설치하여 속도를 제어한다. 전동기축에 연결되어있는 커플링은 직류여자에 의해 자계가 발생되고 전동기를 회전시키며 직류여자를 가하면 커플링은 일종의 유도전동기가 되어 전자커플링 내에 있는 드럼에 2차전류가 흘러 회전을 시작하고 부하측이 전동기측으로 끌려서 회전을 하게되어 여자의 크기에 따라 드럼(drum)의 슬립을 변화시켜 줌으로써 부하측 속도를 변화시킬 수 있는 속도제어 방법이며 속도변동이 대단히 크므로 자동속도제어 장치의 설비가 부가적으로 필요하게 된다.

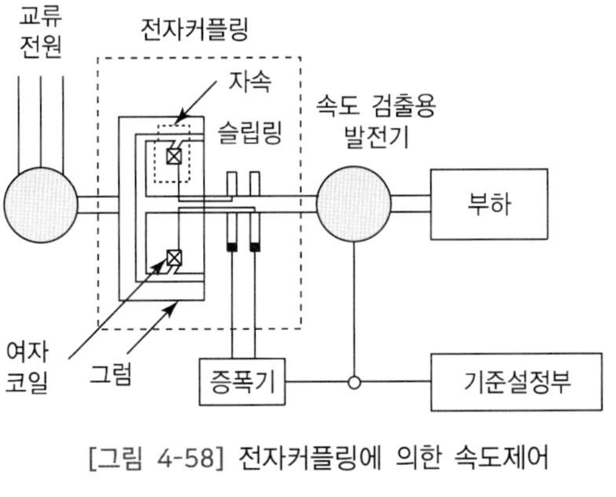

[그림 4-58] 전자커플링에 의한 속도제어

(7) 종속법

유도전동기의 속도제어 방식 중 종속법에 의한 속도제어는 직렬종속법, 병렬종속법, 정류 자기를 유도기와 종속하는 방법 등 3가지 방식에 의해 속도제어를 할 수 있다.

(8) V/f 속도제어

유도전동기를 단독으로 운전하여 속도제어를 상용전원에 의해 하는 경우 일정 속도제어 즉 극수, 주파수 등이 정해진 상태가 되므로 식 (4-102)에 의해 가변속제어는 불가능하게 된다. 또한, 전동기의 토크는 입력전압의 제곱에 비례하므로 가변속제어를 위해서는 전압, 주파수 등의 변화가 불가피하게 된다. 전원전압이 입력되면 1차 측 권선에 역기전력이 발생하는데 이 역기전력 E는 주파수와 자속의 곱에 비례하는데 토크는 회전자 자속과 밀접한 관계를 가지고 있으므로 전원전압의 변화에 의한 자속변화는 계속되고 있으므로 일정한 자속을 유지하기 위해서는 역기전력의 수식에서 보면 $\phi = \frac{E}{f}$ 되어 E는 전원전압 V와 직접적인 관련이 있음을 알수있다. 따라서, 전원전압의 변화는 E의 변화를 의미하고 있으므로 토크가 변화됨을 또한 알 수 있다. 일정 토크를 유지하기 위해서 $\frac{E}{f}$는 일정(constant)하게 제어해야 하며 만일 가변속을 위해 토크 변화가 불가피할 경우 E와 f를 각각 제어해야 한다. 전자는 전력변환기를 이용하는 경우 CVCF(Constant Voltage Constant Frequency)방식을 이용하고 후자인 경우에는 일반적으로 VVVF(Variable Voltage Variable Frequency)방식을 사용하고 있다. 이들 두 방식들은 속도를 제어하는 형태에 따라서 전력변환기를 선택할 수 있는데 역변환기인 인버터의 전압형 또는 전류형인버터 중에서 택할 수 있다. 이들 인버터는 유도전동기와 결합되어 위의 CVCF, VVVF 방식을 선택하여 전력변환기 자체제어를 위한 방식은 PWM(Pulse Width Modulation)이나 PAM(Pulse Amplitude Modulation)방식을 채용하여 전동기속도제어 패턴에 응용하고 있다.

예제 4-24

60 [Hz]인 3상 8극 및 2극의 유도전동기를 차동 접속으로 접속하여 운전 할 때의 무부하 속도[rpm]는?

풀이

차동 종속시 속도 $N = \dfrac{120f}{p_1 - p_2} = \dfrac{120 \times 60}{8-2} = 1200$ [rpm]

예제 4-25

16극과 8극의 유도전동기를 병렬 종속법으로 속도제어할 때, 전원 주파수가 60 [Hz]인 경우 무부하 속도 n_o 는?

풀이

병렬 종속시 속도 $N = \dfrac{2 \times 120f}{p_1 + p_2} = \dfrac{2 \times 120 \times 60}{16+8} = 600$ [rpm]

예제 4-26

8극과 4극 2개의 유도전동기를 종속법에 의한 직렬 종속법으로 속도제어를 할 때 전원 주파수가 60 [Hz]인 경우 무부하 속도[rpm]는?

풀이

직렬 종속시 속도 $N = \dfrac{120f}{p_1 + p_2} = \dfrac{120 \times 60}{8+4} = 600$ [rpm]

12 유도전동기의 제동(braking)

제동은 전동기가 부하로부터 전원측으로 에너지를 흡수하면서 운전중인 상태의 속도가 감소되어 결국은 정지를 시키기 위해 거는 제동과 일정속도를 유지하면서 제동을 거는 방식이 있는데 이들을 각각 감속제동과 운전제동이라 한다. 회전 중에 유도전동기를 빠른 시간에 정지시키기 위해 혹은 기중기가 무거운 부하를 내릴 경우나 경사진 길을 내려가는 전동차 또는 전기기관차 등의 경우 매우 위험한 고속도를 막기 위해 속도를 감속시키는 것을 제동이라 하고 이들 제동은 마찰을 이용한 기계적인 제동이나 전기적인 회로에 의한 전기제동이 있고, 전기제동은 회생제동, 발전제동, 역전제동, 단상제동 등으로 나눌 수 있다.

12.1 전기제동

(1) 회생제동(regenerative braking)

케이블카나 광산의 권상기 또는 기중기로 물건을 내리는 경우, 강하 중량의 위치 에너지를 원동력으로 하여 유도전동기를 전원에 연결한 채 유도발전기로 동작 시켜서 발생 전력원을 전원으로 반환하여 제동하는 방식을 회생재동이라 한다. 이 제동방식은 마찰에 의한 제동이 없으므로 발열이 없고 마모가 적으며 권선형, 농형유도전동기에 사용된다.

(2) 발전제동(dynamic braking)

3상 유도전동기 1차권선을 전원에서 분리하여 두 개를 합쳐 이것과 다른 한 선과의 사이에 직류 여자를 가하면 1차권선에 의해 발생되는 회전자계 대신 고정된 상태의 자극이 되므로 전동기는 회전전기자형과 같은 형태의 교류기로 된다. 이 교류전력은 권선형인 경우 2차단자간에 가감저항기를 이용하여 소모시키고 농형권선 내에서는 전력을 소비하여 제동하게 된다. 이 제동 방식을 발전제동이라 하며 전동기 정지 또는 권상기에 감아내리기의 속도제어용으로 일반적으로 사용한다. 또한, 농형은 회전력내에서 발생전력을 열로 변화하므로 회전자가 과열, 장시간 제동은 좋지 않으며, 권선형은 2차저항기가 있으므로 저항의 조작 및 설비비가 든다는 결점은 있으나 제동토크를 크게 사용할 수 있다.

(3) 역상제동(Plugging)

회전하고 있는 전동기를 급정지 또는 역회전시킬 때, 3선중 2선만 접속을 변경시키면 회전자계가 반대로 되어 토크가 반대로 되며 급속히 정지 또는 역전되는 방식을 역상제동이라 한다. 이 때 회전자에 큰 전류와 기계적 무리가 따르고 권선형은 외부저항에서 전력을 소모시키며, 농형은 2차권선(회전자권선)이 과열될 염려가 있으므로 이 방식은 전동기가 제동되어 감속하면 정지하기 직전 전원을 끊고 큰 전류와 토크를 억제하기 위해 저항이나 리액터를 삽입하지만 기계적인 무리가 따르므로 잘 사용하지 않는 제동방식이다.

(4) 단상제동

권선형 유도전동기의 1차 측을 단상교류여자하고 2차 측의 외부에 적당한 크기의 R을 넣어 전동기의 회전방향과 역방향의 토크를 발생시켜 제동시키는 방식을 단상제동이라 하고 [그림 4-59]에 나타낼 수 있다.

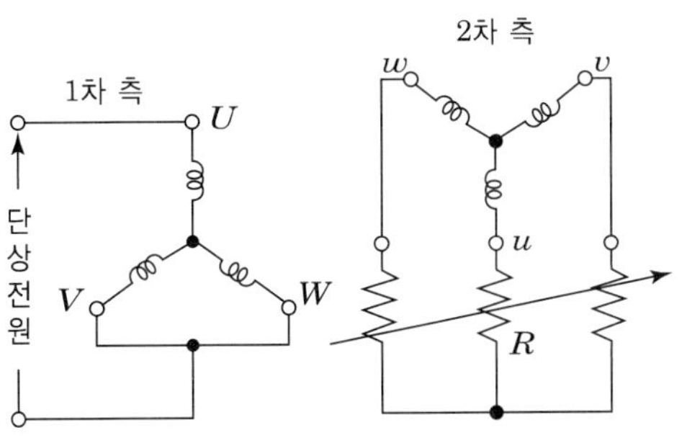

[그림 4-59] 단상제동법

12.2 기계적제동

전동기의 회전부분과 정지부분의 마찰을 이용하여 제동하는 것으로 마찰부분을 접촉 또는 분리시키기 위한 조작이 필요하고 일반적인 방법은 스프링의 힘을 이용 마찰력을 발생시키거나 그 마찰력을 이용하기위해 전자식이나 유압방식을 사용한다. 이와 같은 제동은 전원을 필요로 하므로 정전시는 완벽한 제동이 되므로 위험성이 없고, 반드시 정지시킬 필요도 없으며 속응성이 있는 제어를 필요로 할 때는 전자석을 이용한 흡인방식을 사용하여 제동을 한다. 이와 같은 형태를 브레이크 형태로 사용한 것으로 마찰부분의 구조는 디스크형과 슈형을 일반적으로 많이 사용하고 있다.

12.3 유도전동기의 에너지 절약

부존자원이 부족한 우리나라의 현실로 볼 때 세계적인 에너지원의 고갈현상은 금세기에 나타날 것으로 보여 에너지를 효율적으로 운영하기 위한 필수적인 부분 중 산업 동력원인 전동기 분야에서도 에너지 절약의 효율적인 운영을 필요로 하게 된다.

(1) 고효율로 전동기를 사용하기 위해 에너지 절약 전력변환기를 이용하고 전동기의 보다 고효율적인 이용을 위해 내부구조 개선이 필요하다.

(2) 전동기의 가변속제어를 위한 펌프나 송풍기의 유량제어를 밸브로 하는 대신 전동기와 전원사이에 전력변환기를 설치하여 속도를 제어하여 줌으로써 설비비와 감가상각비에 대한 충분한 경비절감을 할 수 있는 인버터 장치를 운용한다.

(3) 전력변환장치를 이용한 전원전압 제어는 여자전류가 차지하는 비중이 유도기에서는 매우 크므로 그 크기는 철손과 동손에 직접적인 영향을 미치므로 최대한 그 크기를 줄인다.

연습문제

01 10[kVA], 조정전압 200[V]인 3상 유도전압조정기의 2차 정격전류 [A]는 약 얼마인가?

02 권선형 유도전동기의 기동법에 대해 간단히 설명하여라.

03 3상 유도전동기의 속도제어방법 중 2차저항제어법에 대하여 설명하여라.

04 3상 유도전동기에서 비례추이란 무엇인가?

05 단상 유도전동기의 기동법 중 콘덴서 기동법에 대해 설명하여라.

13 유도전동기의 역률개선

13.1 역률개선

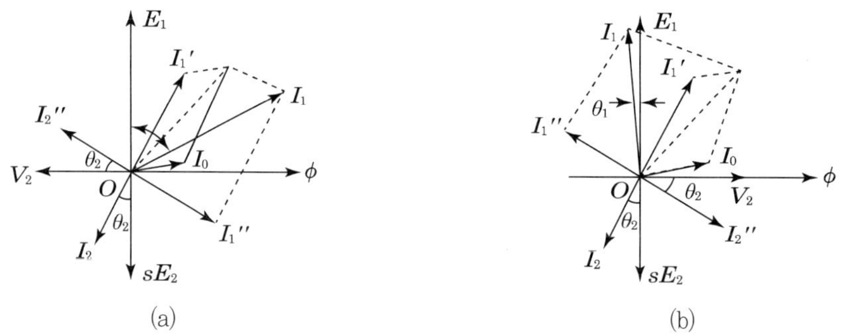

[그림 4-60] 유도전동기의 역률개선 벡터도

유도전동기의 [그림 4-60]의 벡터도에 의해서 역률개선을 손쉽게 할 수 있는데 2차회로와 위상차를 갖는 슬립주파수의 기전력을 외부로부터 공급하면 그림 [4-60](a) 또는 (b)와 같이 2차회로에 I_2''가 흐르게 되고 1차회로에는 I_1'와 $\pi/2$ 위상차를 갖는 I_1''의 전류가 흘러서 앞서거나 또는 뒤지는 전류가 흐르게 되므로 역률이 변화하게 되며, 속도제어를 하는 경우 2차 여자에 의해 역률을 제어할 수 있다. 이와 같이 역률개선을 목적으로 슬립주파수와 2차 측 여자전압을 공급할 수 있는 발전기를 진상기(phase advancer)라 한다. 일반적으로 이와 같은 역률개선을 목적으로 전력용 콘덴서 또는 정전콘덴서를 전동기와 병렬로 연결하여 사용하고 있으며 콘덴서, 커패시턴스를 전동기 리액턴스보다 크게 하면 유도전동기가 자려발전기 작용을 하여 이상전압을 발생할 수 있으므로 유의할 필요가 있다. 역률이 나쁘면 이에 전력을 공급할 때 같은 전력에 대해서도 선로전류가 크게 되므로 선로의 전력손실이 커지고 또 전압강하도 커지므로 역률을 개선해야 한다. 이를 위해서 전동기와 병렬로 콘덴서를 연결하면 전동기 자신의 역률은 개선되지 않지만 배전선로의 역률은 개선되고, 콘덴서와 전동기를 동일체로 생각하면 역률이 개선된 결과가 된다.

유도전동기의 이 때 전동기의 여자전류 즉, 무효전류를 보상하는데 충분한 콘덴서용량을 선정하면 부하의 여하에 상관없이 역률을 95[%] 이상으로 유지할 수 있다. 이와 같이 하면 부하시의 역률을 개선할 뿐만 아니라 농형 유도전동기의 기동시 역률을 개선해서 기동시의 무효전력을 감소시키기도 한다.

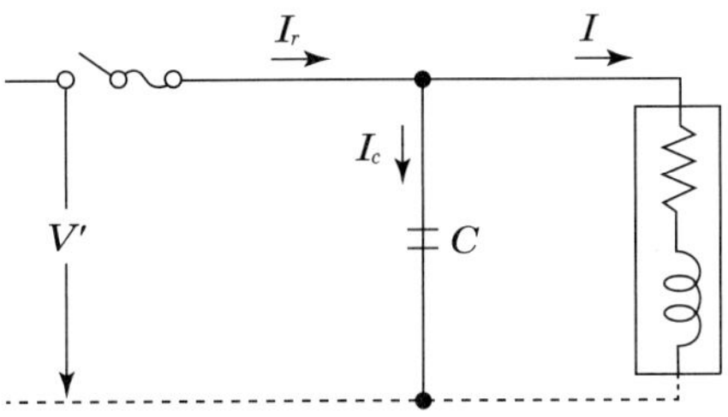

(a)

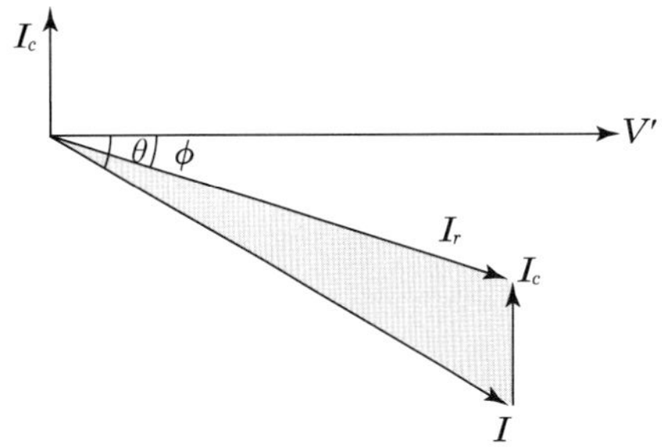

(b)

[그림 4-61] 콘덴서에 의한 역률개선

[그림 4-61]에서 3상 유도전동기의 소비전력 P[W], 공급전압을 V'[V], 전류를 I[A], 전동기의 역률을 $\cos\theta$라 하자. 이 때 전원 측에서 본 합성역률을 $\cos\phi$로 개선해서 선로전류를 I_r로 감소시키려고 하면 콘덴서 전류 I_c는 다음 식과 같이 된다.

$$I_c = I\sin\theta - I\cos\theta\tan\phi = I\cos\theta(\tan\theta - \tan\phi) \quad (4\text{-}98)$$

따라서 선간전압을 V[V]라 하면 콘덴서용량 Q[VA]는 다음 식 (4-99)과같이 된다.

$$\begin{aligned} Q &= \sqrt{3}\, VI_c \\ &= \sqrt{3}\, VI\cos\theta(\tan\theta - \tan\phi) \\ &= P(\tan\theta - \tan\phi) \end{aligned} \quad (4\text{-}99)$$

따라서, 전동기의 입력 P[kW], 역률 $\cos\theta_1$, 전동기에 C[kVA]의 콘덴서를 병렬로 접속하여 $\cos\theta_2$로 개선할 때 콘덴서 용량은 다음과 같은 식에 의해 구할 수 있다.

$$\begin{aligned} C &= P(\tan\theta_1 - \tan\theta_2) \\ &= P\left(\frac{\sqrt{1-\cos^2\theta_1}}{\cos\theta_1} - \frac{\sqrt{1-\cos^2\theta_2}}{\cos\theta_2}\right) \end{aligned} \quad (4\text{-}100)$$

$$\frac{C}{P_a} = \cos\theta_1(\tan\theta_1 - \tan\theta_2),\ P_a : \text{피상전력}$$

유도전동기와 콘덴서를 3상 △ 또는 Y로 병렬 연결하는 것이며, 전동기의 자체 역률은 개선되는 것이 아니고 전동기와 콘덴서를 합한 계통라인에 종합역률이 개선되는 것이다. 콘덴서를 연결해서 부하의 합성역률을 개선하면 선로전류의 감소에 의해서 선로의 전압강하, 전력손실이 감소될 뿐만 아니라 감소량만큼 선로에 여유가 생기므로 배전전력을 더 증가시킬 수 있다. 역률개선용 콘덴서를 진상용 콘덴서라고 한다.

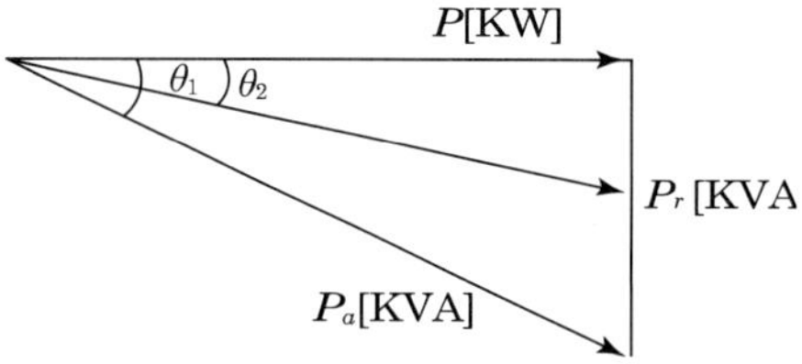

[그림 4-62] 콘덴서에 의한 역률개선

예제 4-27

효율이 88[%], 역률이 85[%], 출력이 50[HP]되는 3상 유도전동기가 있다. 이것에 병렬로 콘덴서를 연결해서 합성역률이 95[%]가 되도록 하려고 한다. 콘덴서의 용량을 구하여라.

풀이

전동기의 입력 : $P = \dfrac{50 \times 0.746}{0.88} = 42.5\,[\text{kW}]$

전동기의 역률 : $\cos\theta = 0.85$, 합성역률 $\cos\phi = 0.95$이므로

$$\tan\theta = \frac{\sin\theta}{\cos\theta} = \frac{\sqrt{1-0.85^2}}{0.85} = \frac{0.527}{0.85} = 0.62$$

$$\tan\phi = \frac{\sin\phi}{\cos\phi} = \frac{\sqrt{1-0.95^2}}{0.95} = \frac{0.312}{0.95} = 0.328$$

콘덴서용량 : $Q = P(\tan\theta - \tan\phi) = 42.5(0.62 - 0.328) \times 10^3$

$= 42.5 \times 0.292 \times 10^3 = 12.4 \times 10^3[\text{VA}] = 12.4\,[\text{kVA}]$

연 습 문 제

01 3상 유도전동기의 농형과 권선형의 기동법 종류에 대해 간단히 설명하여라.

02 농형 유도전동기를 Y-△ 기동하면 기동전류 및 기동토크는 전전압기동일 때에 비해 어떻게 되는가를 수식을 이용하여 설명하여라.

03 이상 기동현상인 크로울링과 게르게스 현상에 대해 설명하여라.

04 3상 유도전동기의 속도제어 방법을 분류하고 각각에 대하여 간단히 설명하여라.

05 전력용 반도체 소자를 이용한 속도제어 방법 중 인버터(inverter)를 이용한 속도제어법에 대하여 설명하여라.

06 3상 유도전동기의 속도제어법 중 2차 여자제어법은 어떤 전동기에서 사용되며 이 방법에 대하여 설명하여라.

07 3상 유도전동기 중 권선형은 2차회로를 이용하여 속도제어를 실행하는데 2차저항을 이용한 비례추이 현상에 의해 속도는 어떻게 변화되는가를 설명하여라.

08 속도제어 중 리액터 기동의 일종인 콘도로퍼 방식에 대하여 실제도를 그리고 설명하여라.

09 유도전동기의 속도제어 중 1차전압제어 방식은 반도체 소자를 이용하여 제어하는데 이 방식을 실제도를 그리고 설명하여라.

10 유도전동기의 운전시 전력계통의 역률이 저하되는데 그 이유와 개선방법에 대하여 설명하여라.

11 3상 유도전동기의 제동방법을 열거하고 각각 설명하여라.

12 지하철 및 고속전철에 직류기 대신 유도전동기가 대체되어 사용되는데 이 방식은 인버터라는 전력변환기를 이용하므로써 제동시 회생제동을 이용할 수 있다. 이 회생제동이 일어나는 과정과 동작에 대하여 설명하여라.

13 유도전동기의 역률개선을 위해 전력용 콘덴서를 사용하여 운전하는데 그 역률개선 방법에 대하여 설명하여라.

14 유도전동기를 사용하는 산업현장에서 에너지 절약을 위한 여러가지 방법을 이용하는데 에너지 절약 방법에 대한 구체적인 사항들에 대해 설명하여라.

15 3상 유도전동기가 기동하지 않을 때 어떤 시험을 해야 하며 운전 중 진동 또는 소음에 원인, 온도상승 등에 대해 설명하여라.

16 유도전동기의 특성시험 중 손실 분리법에 의한 방법을 설명하여라.

17 10 [HP], 4극 60 [Hz] 3상 유도전동기의 전전압기동토크가 전부하토크의 $\frac{1}{3}$일 때 탭전압이 $1/\sqrt{3}$인 기동보상기로 기동하면 그 기동토크는 전부하토크의 몇 배가 되겠는가?

18 400 [V]로 기동토크가 전부하토크의 200 [%]인 3상 유도전동기의 단자전압을 낮추어 전부하토크의 150 [%]로 기동하자면 단자전압을 얼마로 낮추어야 하는가?

19 220 [V], 7.5 [kW], 6극 3상 유도전동기가 있다. 정격전압으로 기동할 때 기동전류는 정격전류의 6배, 기동토크는 전부하토크의 2.5배이다. 지금 기동토크를 전부하토크의 1.5배로 하기 위해서는 기동 전압을 얼마로 하면 되는가? 또 이 때의 기동전류는 정격전류의 몇 배인가?

20 220 [V], 15 [kW], 6극 3상 유도전동기의 기동전류가 380 [A], 기동토크는 150 [%]이다. 지금 이 전동기에 전 전압 50 [%]의 탭을 가진 기동보상기를 사용하면 이 기동전류[A]와 이 때의 기동토크[%]는?

다음 중 맞는 답을 고르시오.

01 3상 유도전동기의 2차저항을 2배로 하면 그 값이 2배로 되는 것은?

① 슬립 ② 토크
③ 전류 ④ 역률

02 다음 제동 방법 중 급정지하는 데 가장 좋은 제동방법은?

① 발전제동 ② 회생제동
③ 역상제동 ④ 단상제동

03 슬립 S=5%, 2차저항 r_2=0.1Ω인 유도전동기의 등가저항 R(Ω)은 얼마인가?

① 0.4 ② 0.5
③ 1.9 ④ 2.0

04 100V, 10A, 전기자저항 1Ω, 회전수 1800rpm인 전동기의 역기전력은 몇 V인가?

① 90 ② 100
③ 110 ④ 186

05 유도전동기가 많이 사용되는 이유가 아닌 것은?

① 값이 저렴 ② 취급이 어려움
③ 전원을 쉽게 얻음 ④ 구조가 간단하고 튼튼함

06 입력으로 펄스신호를 가해주고 속도를 입력펄스의 주파수에 의해 조절하는 전동기는?

① 전기동력계 ② 서보전동기
③ 스테핑 전동기 ④ 권선형 유도전동기

07 농형 유도전동기의 기동법이 아닌 것은?

① 2차저항기법 ② Y-Δ 기동법
③ 전전압기동법 ④ 기동보상기에 의한 기동법

08 권선형 유도전동기 2대를 직렬종속으로 운전하는 경우 그 동기속도는 어떤 전동기의 속도와 같은가?

① 두 전동기 중 적은 극수를 갖는 전동기
② 두 전동기 중 많은 극수를 갖는 전동기
③ 두 전동기의 극수의 합과 같은 극수를 갖는 전동기
④ 두 전동기의 극수의 차와 같은 극수를 갖는 전동기

09 권선형 유도전동기와 직류 분권전동기와의 유사한 점으로 가장 옳은 것은?

① 정류자가 있고, 저항으로 속도조정을 할 수 있다.
② 속도변동률이 크고, 토크가 전류에 비례한다.
③ 속도 가변이 용이하며, 기동토크가 기동전류에 비례한다.
④ 속도변동률이 적고, 저항으로 속도 조정을 할 수 있다.

10 유도전동기로 동기전동기를 기동하는 경우, 유도전동기의 극수는 동기전동기의 극수보다 2극 적은 것은 사용하는 이유로 옳은 것은? (단, s는 슬립이며 NS는 동기속도이다.)

① 같은 극수의 유도전동기는 동기속도보다 sNS만큼 늦으므로
② 같은 극수의 유도전동기는 동기속도보다 sNS만큼 빠르므로
③ 같은 극수의 유도전동기는 동기속도보다 (1-s)NS만큼 늦으므로
④ 같은 극수의 유도전동기는 동기속도보다 (1-s)NS만큼 빠르므로

11 50Hz로 설계된 3상 유도전동기를 60Hz에 사용하는 경우 단자전압을 110%로 높일 때 일어나는 현상으로 틀린 것은?

① 철손불변
② 여자전류감소
③ 온도상승증가
④ 출력이 일정하면 유효전류 감소

12 일반적인 3상 유도전동기에 대한 설명 중 틀린 것은?

① 불평형 전압으로 운전하는 경우 전류는 증가하나 토크는 감소한다.
② 원선도 작성을 위해서는 무부하시험, 구속시험, 1차권선저항 측정을 하여야 한다.
③ 농형은 권선형에 비해 구조가 견고하며 권선형에 비해 대형전동기로 널리 사용된다.
④ 권선형회전자의 3선중 1선이 단선되면 동기속도의 50%에서 더 이상 가속되지 못하는 현상을 게르게스현상이라 한다.

14 특수 유도전동기

14.1 특수 농형 3상 유도전동기

(1) 2중 농형 유도전동기

2중 농형 유도전동기는 보통 유도기와 거의 같으며 [그림 4-63]과 같이 슬롯의 모양이 각양각색으로 이루어진 전동기를 나타내고 있다.

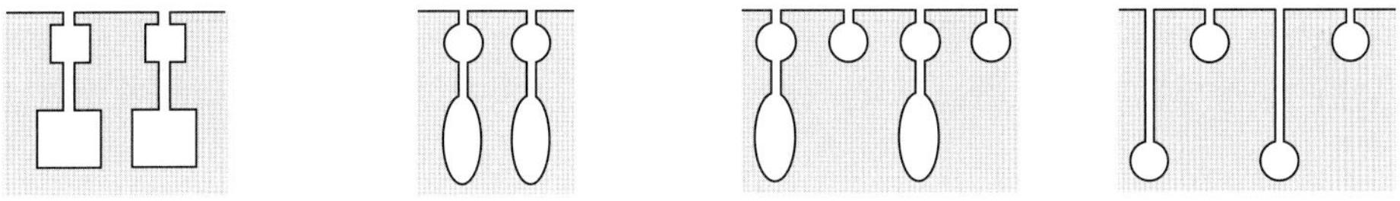

[그림 4-63] 2중 농형회전자의 슬롯

토크특성은 2중 농형회전자의 외측의 도체는 큰 이동 토크를 발생시키거나 가속함에 따라 전류가 감소함과 동시에 토크가 급속히 감소하기 때문에 내측의 도체는 일반적인 저저항 응용도체와 같은 특성을 가지고 있으므로 [그림 4-64]와 같이 나타나게 되며 이와 같은 특성을 2중 농형 유도전동기의 토크특성곡선이라 한다. 보통 전동기의 기동토크는 전부하토크의 100~250 [%]이고 일반 유도전동기의 기동특성을 개선은 하였으나 구조상 2차 누설리액턴스가 커져서 농형 유도전동기와 비교해 보면 전부하시 역률과 정동토크는 약간 감소하게 된다.

여기서 τ_a는 외측 도체의 토크곡선이고 τ_b는 내측 도체의 토크곡선이며, τ는 두 도체의 합성토크를 나타낸다.

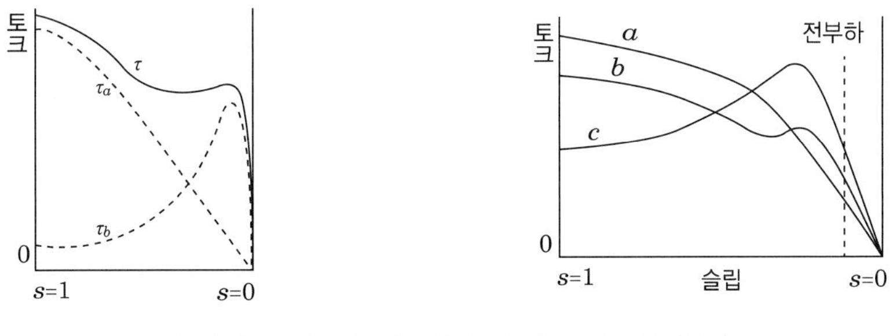

[그림 4-64] 2중 농형 유도전동기의 토크-속도특성곡선

(2) 심구형 농형전동기

심구형 농형전동기는 [그림 4-65]와 같이 슬롯 깊숙이 권선을 넣고 슬롯 밑부분에 가까울수록 누설자속이 많으며 안쪽으로 갈수록 인덕턴스가 커져서 최대토크가 작아지고 역률이 나빠지게 된다.

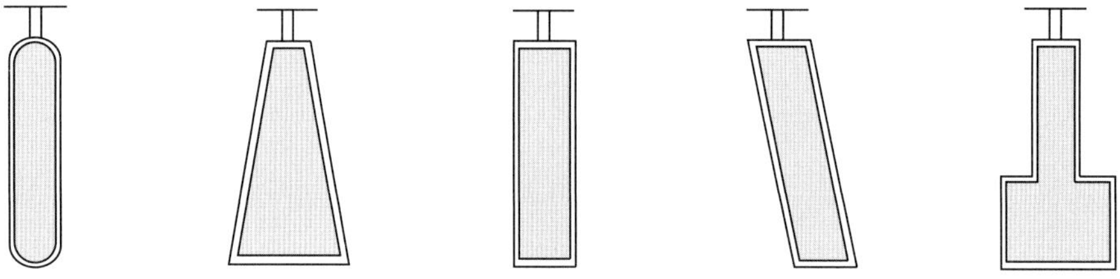

[그림 4-65] 심구형 농형전동기의 슬롯

심구형 농형유도기는 가늘고 긴 단면도체이므로 2차저항손에 의한 열량이 2중농형과 동일해도 냉각효과가 뛰어나므로 기동과 정지를 자주 반복하는 용도에 적합하게 이용되며 기동토크는 보통 전동기에서의 전부하토크의 100~150 [%] 정도이다. 따라서 가늘고 긴 도체는 기계적으로 약하기 때문에 심구형은 중형과 대형으로 비교적 저속도의 전동기로서 기동토크가 큰 것 보다는 기동전류가 작은 것을 원하는 경우 사용되며 2중농형에 비해 2차저항 및 리액턴스 크기를 자유롭게 선정할 수 없으므로 기동특성은 나쁘지만 운전특성은 우수한 편에 속한다.

(3) 유도발전기

유도전동기에 외부의 기계력이 가해지면 전동기와 같은 회전방향으로 동기속도보다 빠르게 회전되면 이 전동기는 어떠한 상태에서 유도발전기로 동작하게 된다.

① 유도발전기의 음(−)슬립

유도전동기는 슬립이 $0 < s < 1$의 범위에서 존재하며 언제나 양(+)의 값을 가지고 있는 상태로 알고 있지만 전동기의 고정자를 전원에 접속한 상태로 외부의 기계적인 회전력에 의해 회전자를 고정자가 만드는 회전자계의 방향과 같은 방향으로 동기속도 이상 회전시키게 되면 슬립 s는 음(−)의 값을 갖게 된다.

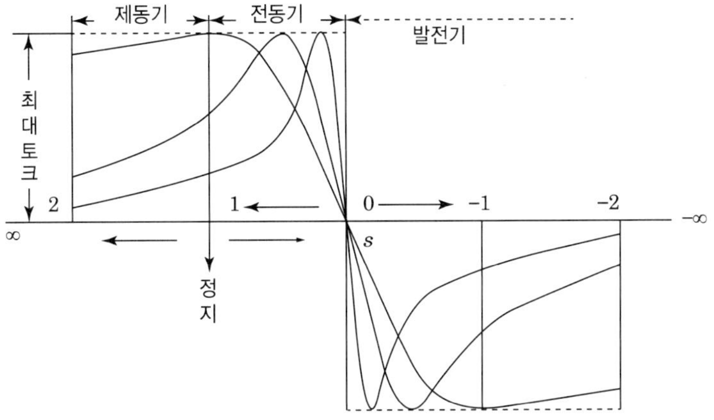

[그림 4-66] 유도전동기의 토크-슬립 곡선

슬립 s 가 음(−)가 되면 회전자권선은 전동기와 반대방향으로 회전자 자속을 자르게 되고 이 때 기전력과 전류방향은 회전자 자속과 반대방향이 된다. 그러므로 회전자 전류와 자속에 의한 토크방향은 회전자의 회전방향과 반대가 되고 고정자에 의한 부하전류의 방향도 전동기의 경우와 반대로 되기 때문에 외부에서 가해지는 기계적인 입력은 전기적인 출력이 되어 고정자에서 전원측으로 돌아오는 발전기 역할을 하게 된다. 이와 같은 경우를 유도발전기라 하고 비동기기의 종류 중 비동기발전기라고 한다.

② 유도발전기의 특성 및 용도

유도발전기는 단독으로 전력을 발생할 수 없으므로 동기발전기를 필요로 하며 전원에 접속하여 운전해야 하고 이 발전기 주파수는 전원 주파수로 정하고 회전속도에는 상관이 없고 출력은 회전자와 회전자 자속의 상대속도($N-N_s$)와 비례하여 출력되기 때문에 출력을 증가시키려면 일정속도까지도 계속 증가시켜야 한다. 이와 같은 유도발전기는 기동과 취급이 간단하고 난조와 같은 이상현상이 없으며 선로의 단락이 발생한 경우 여자가 상실되어도 단락전류는 동기기에 비해 매우 작고 지속시간도 짧아서 전반적으로 동기발전기와 달리 가격이 싸다. 반면에 병렬로 지속되는 동기기에서 여자전류를 계속 취해야 하며 유도전동기의 구조와 같기 때문에 공극의 치수가 작고 효율과 역률이 좋지 않은 단점을 갖고 있다. 이 발전기는 소출력 자동 수력발전소나 오늘날 태양광을 이용한 단위 전력발전을 위한 풍력발전을 복합한 시스템에도 간혹 이용되고 있으며 그 용도는 앞으로 많이 증가될 추세이다.

(4) 3상 유도전압조정기

3상 유도전압조정기는 권선형 3상 유도전동기의 1차권선과 2차권선으로 구성되어 있고 3상 성형 단권변압기와 같이 접속하고 회전자를 구속한 상태로 두고 사용한다. 보통 1차권선은 회전자로 사용되고 2차권선은 고정자로 사용되며 양권선은 2극 또는 4극으로 감겨져 있다.

(5) 유도제동기

유도전동기는 회전자계 방향으로 토크를 발생하므로 반대 방향으로 돌리면 외부에서 기계적인 힘을 공급해야 하므로 모선에서는 전력을 흡수하게 되고 흡수된 기계적, 전기적 에너지는 전부 열손실이 된다. 이와 같은 동작상태의 유도기를 유도제동기(induction breake)라고 한다.

(6) 유도 주파수변환기

권선형 유도전동기에서 회전자에 외력을 가하여 임의의 속도 N 으로 회전시키면 슬립링에 나타나는 2차주파수 f_2 는 다음과 같이 된다.

$$f_2 = s f_1 = \frac{N_s - N}{N_s} f_1$$

회전자계와 같은 방향으로 회전하는 경우 $s < 1$ 이므로 $f_2 < f_1$ 의 교류를 발생할 수 있고 반대인 경우로 회전하면 $s > 1$ 이므로 $f_2 > f_1$ 의 교류를 얻을 수 있어 주파수변환기와 같은 형태가 되나 1차전압이 일정하더라도 2차전압의 주파수가 변화하는 단점이 있다. 보통 100~200 [Hz] 정도의 주파수 변환을 얻는데 사용된다.

(7) 셀신장치(selsyn device)

이 장치는 기계적인 각도 변화를 전기적인 방법으로 원거리에 있는 어떤 장소에 전달해서 원격지시를 하거나 원격측정을 하는데 사용되는 장치이며 양장에 공통적으로 2차저항을 접속하여 운전하면 두 전동기가 구동토크를 발생하게 되는데 예를 들어서 대형 크레인의 양쪽 다리 구동을 할 때 사용될 수 있다. 이 장치를 다른 직류기에 연결하면 전동기부하에 관계없이 동기화력으로 동기운전할 수 있는 장점을 가지고 있다.

(8) 리니어 전동기(linear motor)

3상 유도전동기의 고정자, 회전자를 직선적으로 운전시키는 방식으로 보통 1차권선에 의해 생기는 회전자계는 이동자계가 되고 이 자계에 의해 2차 측은 수평운동을 하게 되는데 반대로 2차 측을 고정하면 1차 측이 자계이동과는 반대방향으로 수평운동을 하게 되는데 이것을 직선운동을 하는 유도전동기라 하고 일반적으로 리니어 유도전동기(linear induction motor : LIM)라 부른다. 보통 회전기의 회전자 접속방향에 발생하는 전자력을 직선적으로 직접 기계적인 에너지로 변환하는 주 발생장치이며 동기전동기, 직류전동기 등을 직선적으로 전개한 것을 각각 리니어 동기전동기(LSM), 리니어 직류전동기(LDM)라고 부르며, 이들 모두를 통칭하여 리니어 전동기(linear motor)라 한다. 리니어 전동기는 1차와 2차에 도체판이 한쪽에만 작용하느냐, 양쪽 모두 작용하느냐에 따라 편측식과 양측식으로 구분한다.

일반적으로 리니어 전동기는 구조가 간단하여 신뢰성이 높고 보수가 용이하며 기어, 벨트 등의 동력 전달기구가 필요없는 직선운동이 얻어지고 마찰을 하지 않는 추진력을 얻을 수 있다. 또 원심력에 의한 가속제한이 없으며 고속을 쉽게 얻을 수 있고 1차권선과 2차권선을 조합한 여러가지 형태를 얻을 수 있다. 반면에 회전형 전동기에 비해 역률과 효율이 낮고 저속을 얻기가 힘들며 1차 측과 2차 측 사이 공극을 일정하게 유지하는 세밀한 기술을 요구하며 부하의 관성 영향이 크고 1차 측이 대부분 고정상태이므로 코일의 이용률이 나쁜 단점을 가지고 있다. 리니어 전동기는 수송이 많은 장소나 오디오의 턴 테이블, 릴 등에 이용되고 하역을 하고 있는 부두, 공항터미널 등의 벨트 롤러 컨베이어에 의한 물건의 이동에 많이 사용되고 있다. 앞으로 리니어 전동기는 초전도체가 발명되는 상태에 따라 자기부상열차의 주 동력원으로 수송수단의 큰 역할을 담당할 것으로 보인다.

(9) 히스테리시스 전동기(hysterisis motor)

히스테리시스 전동기는 회전자가 원형인 영구 자속형 전동기의 특별한 형태로 원형 철심은 고투자율 철심으로 제작하며 자성체는 전동기축을 통과하는 자속밀도를 갖지만 철심을 비자성체로 제작하면 자속밀도는 원형으로 공극을 통과하는 형태를 갖는다. [그림 4-67](a), (b), (c)에 나타낸 것과 같이 히스테리시스 전동기에 사용되는 자성체는 철, 니켈, 코발트 및 다른 금속체를 합금시킨 것을 사용하며 전동기가 동기속도에 도달하면 토크는 동기전동기와 같이 [그림 4-68](a)에 나타낸 벡터선도에서 β_0에 의해 계산되며 속도와 토크특성곡선은 [그림 4-68](b)에 나타낸다.

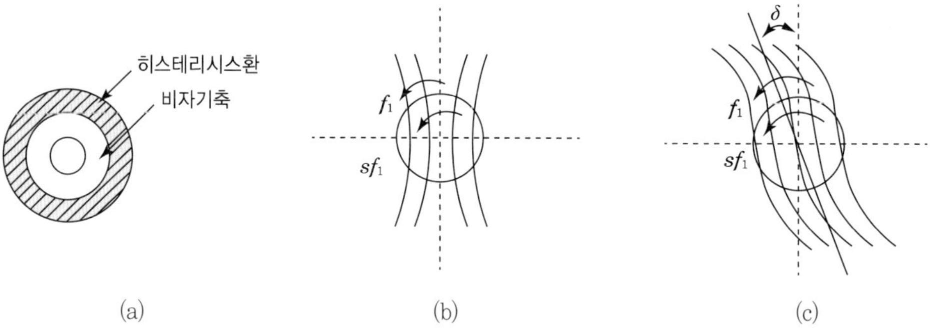

[그림 4-67] 히스테리시스 전동기의 구조 및 자속분포

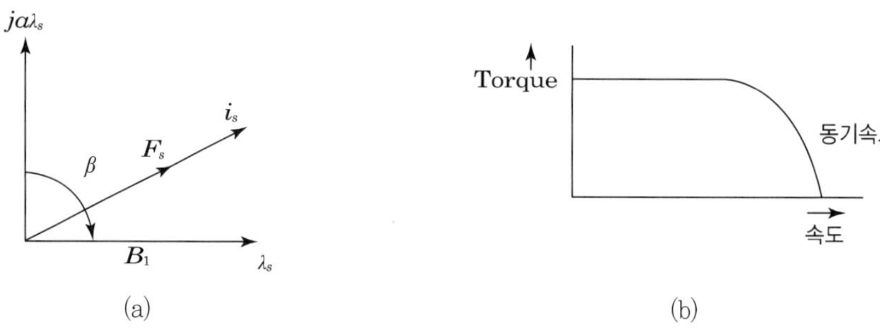

[그림 4-68] 벡터도 및 속도-토크특성곡선

히스테리시스 전동기는 테이프 구동장치나 오디오 구동용 전동기와 같이 원활하고 리플이 제거된 토크가 필요한 부하장치에 사용하며 고정자전류는 전체 속도 범위인 저속에서 동기속도까지 거의 일정한 값을 유지하나, 효율은 좋지 않으며 저전력용에 많이 사용된다.

(10) 리럭턴스 전동기 (reluctance motor)

전력용 변환장치와 결합하여 사용하는 리럭턴스 전동기는 구조가 간단하고 속도 범위가 넓으며 낮은 관성 특성을 갖고 있으며 일반적인 리럭턴스 전동기의 단면을 [그림 4-69]에 나타내었고 회전자는 4개의 돌극형 구조이며 회전자권선을 갖지는 않는다.

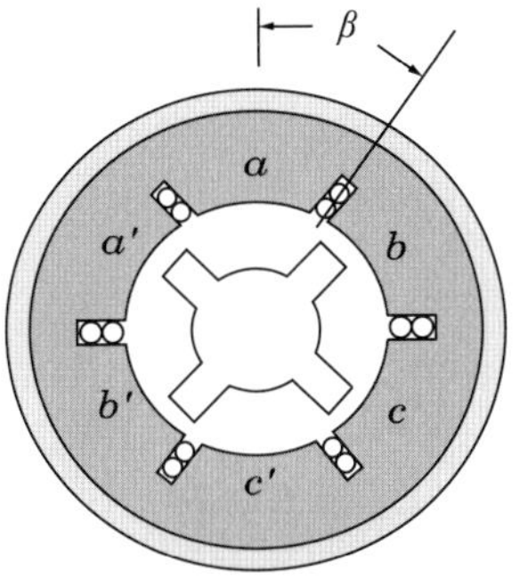

[그림 4-69] 리럭턴스 전동기 구조

[그림 4-70](a)와 같은 전동기에서 회전자가 각도 $\beta=-\frac{\pi}{6}$에서 $\beta=0$까지 변할 때 한 상 전류에 의한 자속쇄교의 변화를 [그림 4-70](b)와 같이 얻을 수 있고 또 다른 한 상이 여자되면 회전자는 정방향으로 $\beta=\frac{\pi}{6}$만큼 이동하게 된다. 그러므로 3상의 고정자 권선이 시퀀스적으로 여자된다면 회전자는 정방향으로 $\beta=-\frac{\pi}{6}$에서 $\beta=\frac{\pi}{3}$까지 1/4 회전하게 되며 회전방향이 반대로 되는 경우 시퀀스 순서를 바꾸어 주면 된다. 이와 같은 리럭턴스 전동기는 고정자회로에 단락사고가 발생하면 고정자전류가 빠르게 감소하나 영구자석형 전동기에서는 회전자가 회전을 계속하는 동안 단락전류가 지속적으로 흐르게 된다.

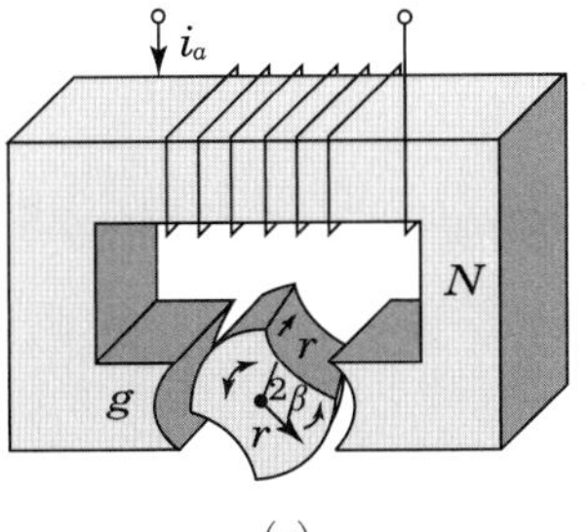

(a)

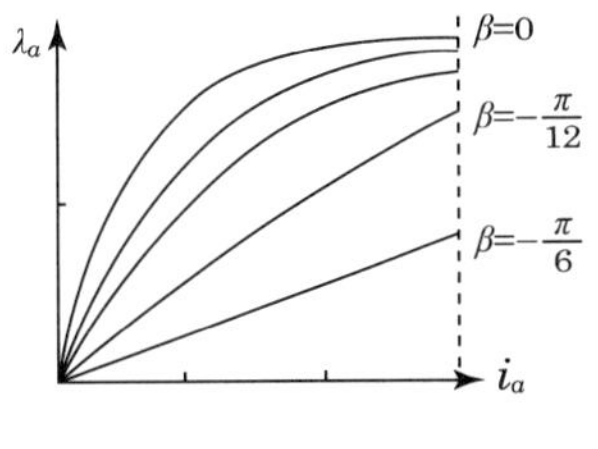

(b)

[그림 4-70] 전동기 구조 및 자속특성

(11) 스테핑 전동기(stepping motor)

스테핑 전동기는 전원장치로부터 공급되는 펄스 신호에 대해 특정한 각도 만큼 회전하도록 설계된 전동기이며 디스크 드라이브장치, 수치제어 공작기계, 프린터 및 타이프라이터와 같은 위치제어를 하는 분야에 주로 사용되며 기본적으로 리럭턴스 방식과 영구자속형 회전자방식이 있다. 상순에 따른 순차적인 전류펄스를 인가하면 회전자는 $\pi/12$ 또는 30°만큼 회전하며 회전자가 1° 이내로 회전하기 위해서는 그림 4-46과 같은 구조를 갖는 스테핑 전동기를 사용한다. 이 전동기는 32개의 회전자 슬롯을 갖고 6개의 고정자에 3개의 슬롯을 갖는 구조이다.

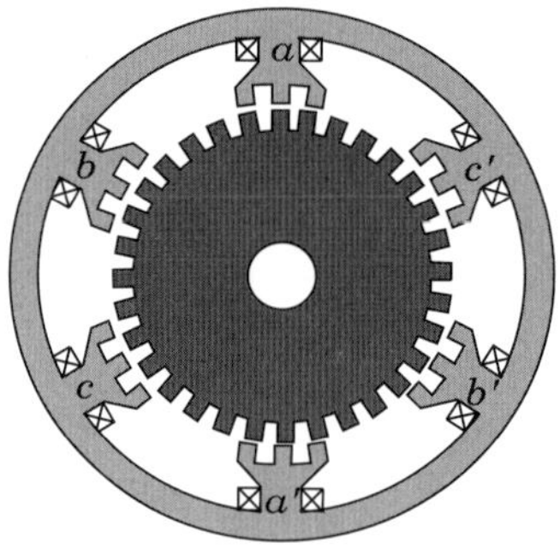

[그림 4-71] 리럭턴스 스테핑 전동기

또한, 영구 자속형 스테핑 전동기는 원통형 회전자 자속은 여자되는 고정자 상과 일치하며 리럭턴스 스테핑 전동기와는 다르게 영구자속형은 상전류 방향이 중요하다. 상순이 순차적으로 60° 단계로 여자 되면서 정회전하며, 리럭턴스 전동기는 최종 위치를 유지하기 위해 계속적인 상전류 공급이 필요하지만 영구자속형은 상전류를 제거해도 회전자를 최종 위치에서 유지시킨다. 스테핑 전동기는 디지털 제어 시스템용으로 적합하며 기계적인 부하장치의 위치제어 시스템은 펄스를 계수함으로써 쉽게 설계, 제작할 수 있다.

14.2 회전속도계

(1) 직류 회전속도계

직류 회전속도계(tachometers)는 각속도에 비례하는 전압출력을 발생하는 정밀도가 높은 소형 발전기이다. 회전속도계는 궤환 제어계통에 사용되어 폐루프 속도제어 시스템에 정확한 전압신호를 제공한다. 일반적으로 회전속도계는 정류자, 전기자코일 및 영구

자석 등으로 구성되어 있다. 전기자는 적정 속도영역 내에서 출력전압에 유발될 수 있는 리플이 무시될 수 있도록 설계되어야 한다. 회전속도계는 연속적인 동작이 가능해야 한다.

(2) 교류 회전속도계

축의 각속도를 측정하기 위하여 영구자석이 부착된 소형 2상발전기가 사용된다. 출력은 전압계에 의해 측정될 수 있는데 해당 속도에 상응하는 값이 되도록 조정해야 한다. 그러나, 불행하게도 이러한 장치의 출력전압이 속도에 따라 달라질 뿐 아니라 주파수도 속도에 따라 변한다. 서보시스템 등 여러 응용 분야에서 입·출력 변수의 주파수는 일정하고 전압만 변화한다. 따라서 교류 회전속도계의 출력이 AC 신호로써 직접 사용되기 위해서는 출력 주파수가 일정해야 한다. 주파수가 속도에 따라 달라지는 점을 극복하기 위해 드래그컵(drag-cup) 발전기가 자주 사용된다.

이 회전속도계용 발전기는 입력권선이 하나 있는데 여기는 AC 전원이 공급된다. 그러나 이 권선에 흐르는 전류에 의해서는 출력권선에 전압이 유기되지 않도록 권선을 배열한다. 동 또는 알루미늄 슬리브와 드래그컵 회전자는 공극 내에서 회전하고 축에 의해 지지된다. 변압기 작용에 의해 회전자에는 와류(맴돌이전류)가 유발되므로 기준권선에 의한 자속과 직각으로 전기자 반작용에 의한 자속이 발생한다.

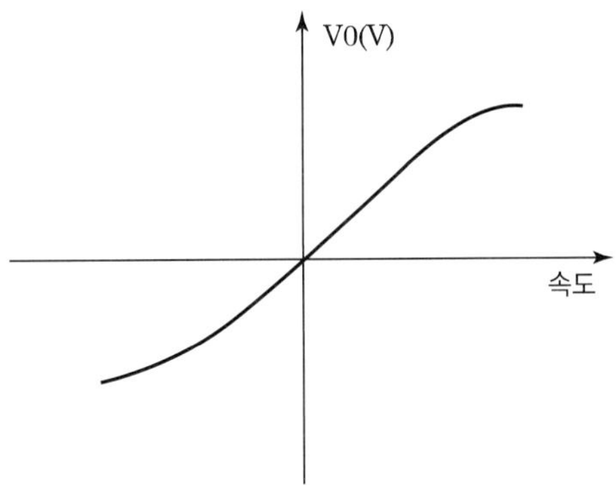

[그림 4-72] 드래그컵 회전속도계의 출력전압-속도특성

14.3 전자 클러치

전동기에 의해 구동되는 장치와 전동기를 신속히 연결시키거나 분리시켜야 하는 경우가 있는데 이 역할을 하는 것이 클러치이다. 클러치의 종류는 다양하지만 여기서는 가장 일반적으로 사용되는 두 종류만 언급한다.

(1) 마찰 클러치

마찰클러치(friction disk clutches)의 원리를 [그림 4-73]에 나타내었다. 입력축과 축에 고정된 한 쪽 클러치판은 전동기에 의해 회전하고 다른 쪽 판은 출력축에 고정되어 구동장치에 연결되어 있다. 그림에서 볼 수 있듯이 두 판은 분리되어 있고 따라서 출력축은 회전하지 않는다. 두 판이 서로 압착되면 두 판 단면의 마찰로 인해 출력축은 회전하게 된다. 클러치판을 연결하는 방법은 여러가지가 있는데 일반적으로 사용되는 것은 전자식(電磁式)이다. [그림 4-73]에서 볼 수 있듯이 두 판은 스프링에 의해 분리되어 있다. 코일에 전류를 인가하면 전류에 의해 발생한 자기력이 스프링 힘을 극복하고 한 쪽 클러치판을 다른 쪽 클러치판에 압착시킨다. 전류를 차단하면 스프링 힘에 의해 클러치판은 분리된다.

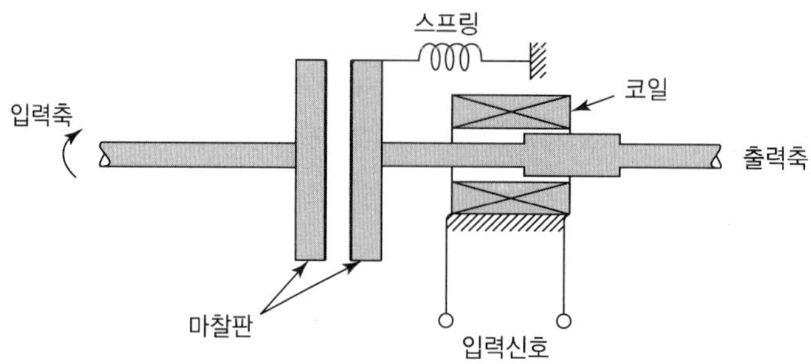

[그림 4-73] 여자시 연결되는 마찰클러치의 원리

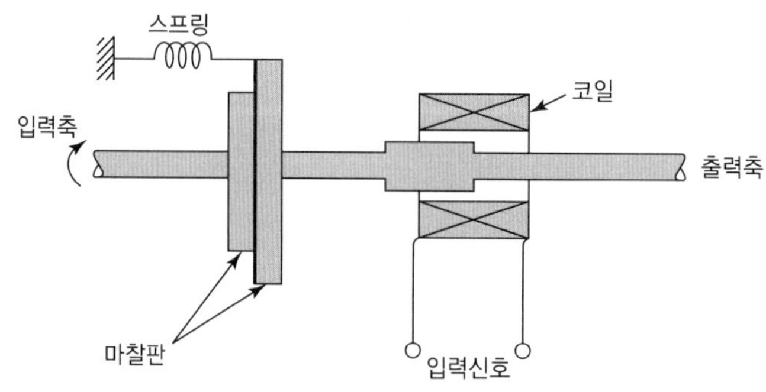

[그림 4-74] 여자시 분리되는 마찰클러치의 원리

(2) 와류 클러치

전자클러치(electromagnetic clutches)는 ON-OFF 장치에 의해 연결 또는 분리라는 두 종류의 안정된 상태를 취할 수 있다. 즉, 연결되면 출력축은 입력축과 동일한 속도로 회전한다. 그러나 산업응용분야에서 구동장치의 속도가 적절히 조정되어야 하는 경우가 많은데 이는 마찰클러치에 의해서는 불가능하다. 이러한 기능을 가진 클러치가 몇 가지 있는데 그 중에 와류 클러치(맴돌이 전류 ; eddy current)가 있다. 그 기본원리는 [그림 4-75]와 같다.

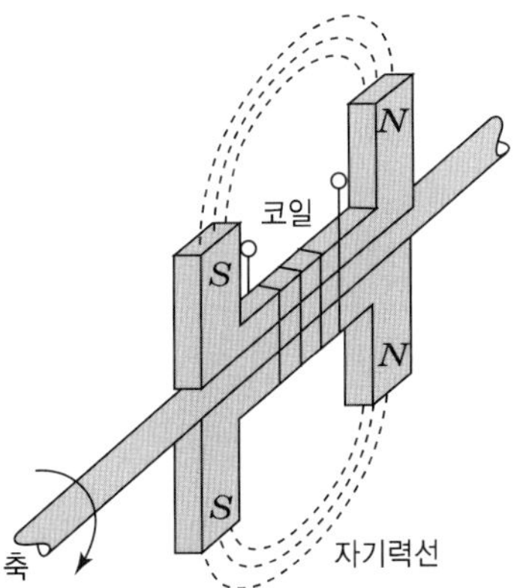

[그림 4-75] 와류 클러치

[그림 4-76]는 U자형 철봉(iron bars) 두 개가 축에 고정된 간단한 전자장치를 보여주고 있다. 코일에 슬립링을 통해 직류전류를 가하면 그림과 같이 자극이 형성되어 자속의 흐름이 발생한다. 이 장치는 연철 슬리브나 드럼 내에 삽입되어 미소공극을 유지한 채 회전한다.

자극이 움직여 회전자속이 드럼과 쇄교 함으로써 드럼에 와류가 유발된다. 이 와류는 2차 자기장을 형성하여 회전자기장과의 전자력에 의해 드럼이 자극의 회전방향으로 추종하려는 힘이 발생한다. 자극은 입력축과 드럼은 출력축과 연결되어 있고 입·출력축이 기계적으로는 연결되어 있지 않다.

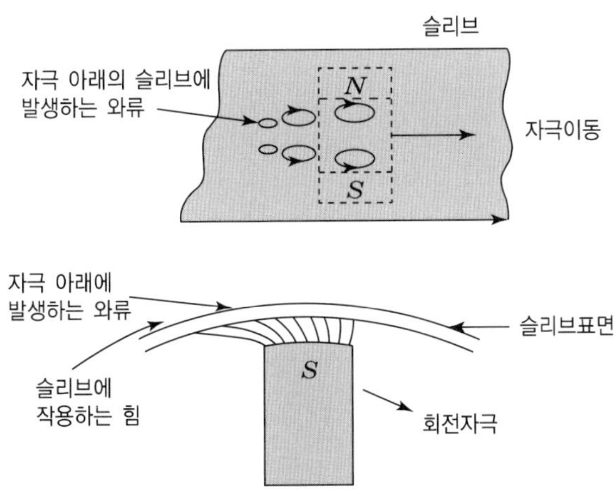

[그림 4-76] 와류 클러치의 작동원리

자극과 와류의 상호작용에 의해 발생되는 토크는 코일에 인가하는 직류전류를 가감함으로써 조정이 가능하고 결국 드럼의 속도를 조절할 수 있다. 자극과 드럼의 상대운동에 의해 와류가 발생하기 때문에 근본적으로 출력축 속도는 입력축 속도와 같아질 수는 없다. 즉, 와류 클러치는 슬립이 존재하는데 정격토크에서 5[%]를 초과하지 않는 것이 일반적이다. 와류 클러치의 토크-속도특성은 유도전동기와 아주 유사하다. 순간적으로 큰 부하가 인가되더라도 최대 발생토크가 높아 실속하지 않고 운전될 수 있으며 특성곡선은 드럼 재질에 따라 다르다. 권선형 유도전동기의 회전자에 저항을 삽입한 것과 비슷하다.

연 습 문 제

01 2중 농형 유도전동기는 일반 유도전동기에 비해서 어떤 차이가 있는지 설명하여라.

02 특수 유도기중에 유도발전기와 동기발전기를 비교 설명하여라.

03 유도전동기는 자기 부상열차에 리니어 전동기로 채용되는데 리니어 전동기의 원리와 특성에 대해 설명하여라.

04 심구형 농형 유도전동기에 대하여 설명하여라.

05 리니어 모터의 구조 방식을 분류하고 각각에 대하여 원리 및 특징을 설명하여라.

06 셀신장치의 구조와 원리에 대하여 설명하여라.

07 소형전동기가 회전속도 3050[rpm]에서 정격출력 10[W]를 내고 있다. 발생토크는 얼마인가?

08 영구자석 직류전동기의 전기자에 12[V]를 인가하였더니 전류는 1[A], 속도는 600[rpm]이었다. 전기자저항이 1[Ω]이라면 회전속도를 450[rpm]으로 감소시키기 위해서 전기자 회로에 직렬 연결해야 할 저항은 얼마인가? (단, 부하토크는 일정하다.)

09 로봇 팔의 길이 1.22[m]인 로봇이 111.15[N]의 무게를 가진 물체를 초당 60°의 속도로 들어 올리고 있다. 로봇 팔의 무게를 무시하고 이 서보모터의 정격을 구하여라.

10 싱글스택(single stack), 4상(고정자 극수 4)의 스텝모터의 스텝각이 18°가 되도록 하려면 회전자 극수는 얼마가 되어야 하는가?

15 소형 교류전동기

15.1 2 전동기 설

단상 유도전동기(single phase induction motor) 단상 유도전동기의 1차권선이 만드는 교번자속은 [그림 4-77]과 같이 그 크기가 처음 교번자속의 1/2과 같고 서로 반대 방향으로 동기속도 N_s 로 회전하는 두 개의 자계의 크기 H_1, H_2 로 나누어 생각할 수 있다. [그림 4-77] 에서 $H = H_m \cos\omega t$ 를 y축의 방향으로 교번하는 하나의 교번자계라 하고 H_1, H_2의 크기는 $H_m/2$와 같고 같은 각속도 ω 로 서로 반대방향으로 회전하는 두 개의 회전자계라 할 수 있다. H_1, H_2 의 합성자계 H에 대한 직각성분 H_x 는 다음 식으로 쓸 수 있다.

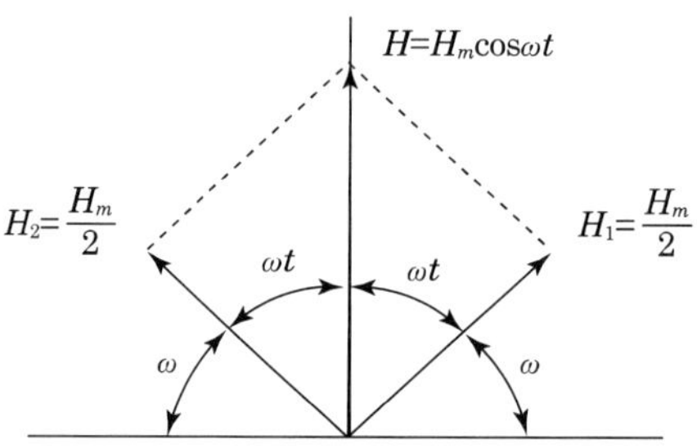

[그림 4-77] 교번자계를 2개의 회전자계로 치환

$$
\begin{aligned}
H_x &= H_1 \sin(-\omega t) + H_2 \sin\omega t \\
&= -\frac{H_m}{2} sin\omega t + \frac{H_m}{2} sin\omega t = 0
\end{aligned}
\qquad (4\text{-}101)
$$

또한, y축 방향 성분 H_y 는 다음 수식으로 나타낼 수 있다.

$$
\begin{aligned}
H_y &= H_1 \cos(-\omega t) + H_2 \cos\omega t \\
&= \frac{H_m}{2} cos\omega t + \frac{H_m}{2} cos\omega t \\
&= H_m \cos\omega t = H
\end{aligned}
\qquad (4\text{-}102)
$$

따라서, 합성자계는 다음 수식으로 나타낼 수 있다.

$$합성자계= \sqrt{H_x^2 + H_y^2} = H_y = H_m \tag{4-103}$$

하나의 교번자계는 최대값의 1/2의 크기를 가지고 같은 각속도 ω 로 서로 반대 방향으로 회전하는 2개의 회전자계로 나누어 생각할 수 있다. 이 회전자계 중 시계방향은 H_1, 반시계 방향으로 회전하는 자계는 H_2 라 하면 각각 2개의 토크가 작용하는 것이므로 회전자자계의 방향이 서로 상반되는 2개의 2상 유도전동기가 직결되어있는 것과 같이 고려할 수 있다. 단상 유도전동기의 기동토크는 0이고, 시계방향으로 외력을 가해서 슬립 s 가 1보다 작게 되면 시계방향의 토크 τ_1 에서 반시계방향의 토크 τ_2 를 뺀 나머지가 시계방향의 합성토크가 되어 이것이 부하토크보다 크면 점차 가속되어 간다. [그림 4-77]는 교번자계 $H = H_m \cos \omega t$ 를 그 방향으로부터 각각 $-\omega t$ 와 ωt 만큼 회전한 2개의 회전자계 $H_1 = 1/2 H_m$ 및 $H_2 = 1/2 H_m$ 으로 분해됨을 표시한 것이다. 회전전기기계의 공극자속 분포는 고조파성분을 포함하고 있지만 통상 정현파 분포로 되어 있다고 간주한다. 의 회전자는 농형 3상 유도전동기의 회전자와 같은 농형회전자이고 고정자는 단상권선으로 되어 있으며 고정자권선에 단상교류가 통해서 생기는 자계는 교번자계가 된다. 이 교번자계는 서로 반대방향으로 회전하고 있는 2개의 회전자계로 분해할 수 있는데 이 회전자계의 값은 불변이며 모두 교번자계 최대치의 1/2과 같다.

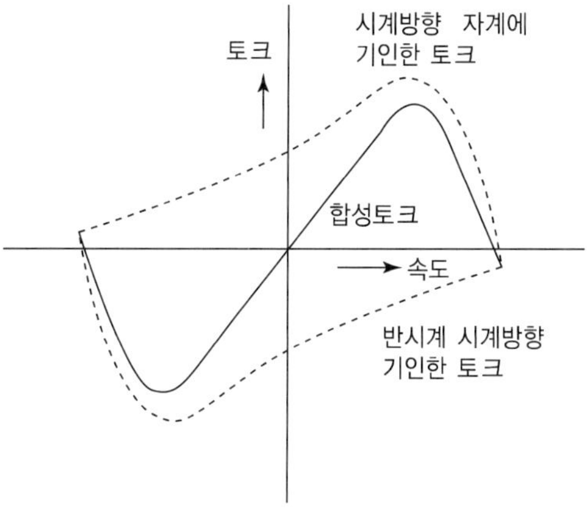

[그림 4-78] 단상 유도전동기 토크곡선

교번자계는 전술한 바와 같이 공간상에 정현파 분포로 되어 있으면서 서로 반대방향으로 회전하고 있는 2개의 회전자계로 생각할 수 있다. 즉, 단상 유도전동기는 동일회전자에 대해서 우회전하는 회전자계와 좌회전하는 회전자계가 동시에 작용한다고 볼 수 있다. 따라서 단상 유도전동기는 회전방향이 서로 반대인 2단의 2상전동기의 회전자 A, B를 직결한 것과 같다. 단상 유도전동기를 이와 같이 등가화 하는 것을 회전자계설(rotating field theory) 또는 2전동기설(two motor theory)이라고 한다.

15.2 2전동기설에 의한 단상 유도전동기의 고찰

[그림 4-79]와 같은 고정자 권선에 단상 여자전류가 통하면 $\phi = \phi_m \cos \omega t$로 표시되는 교번자계가 생기는데 이것을 2개의 회전자계 $\phi_r = 1/2\phi_m$, $\phi_l = 1/2\phi_m$으로 분해하고 ϕ_r은 시계방향으로, ϕ_l은 반시계방향으로 동일각속도 ω로 회전하고 있다. 지금 전동기가 동기속도 N_0에 대해서 속도 N, 슬립 s로 회전자계 ϕ_r와 같은 방향으로 회전하고 있다면 회전자계 ϕ_l에 대한 회전자속도는 $N_0 + N = N_0 + N_0(1-s) = N_0(2-s)$가 되므로 ϕ_l에 대한 슬립은 $(2-s)$가 된다.

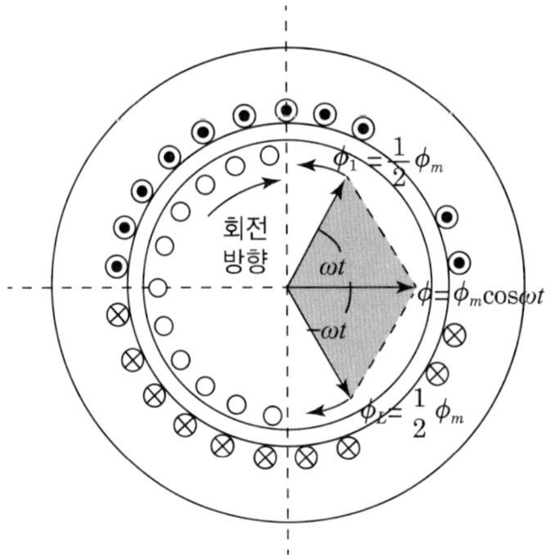

[그림 4-79] 슬립 s로 운전하고 있는 단상 유도전동기

회전자계 ϕ_r에 의한 시계방향의 토크곡선 및 회전자계 ϕ_l에 의한 반시계방향의 토크곡선은 각각 [그림 4-80](a)에 있어서 τ_r, τ_l곡선과 같이 된다. 그런데 τ_r, τ_l은 $s=1$에 있어서 그 방향이 반대로 되고 그 값이 같게 되기 때문에 합성토크는 영으로 되므로 기동토크는 영이 된다. 다음에 시계방향으로 외력을 가해서 전동기가 그 방향으로 회전하여 s가 1보다 작게 되면 시계방향의 토크 τ_r이 반시계방향의 토크 τ_l보다 크게 되므로 합성토크는 시계방향으로 작용하며 이것이 부하토크보다 클 때에는 점차 가속된다.

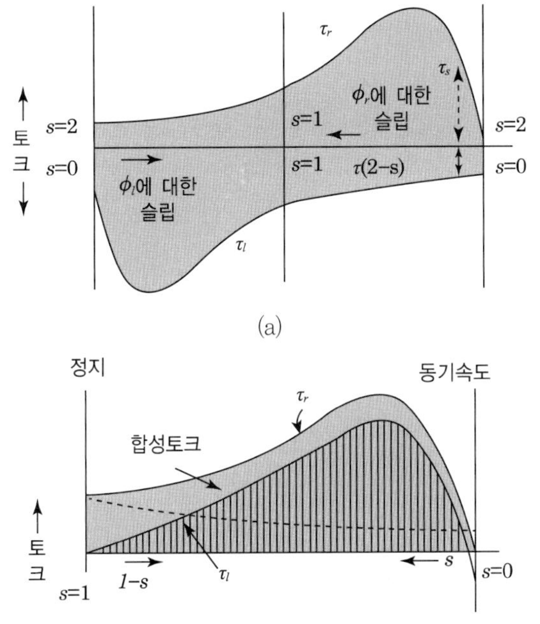

[그림 4-80] 단상 유도전동기의 토크특성곡선

[그림 4−80](b)에 있어서 사선을 그은 부분이 합성토크를 표시하며 이 합성토크는 $s=0$되기 직전, 즉 동기속도보다 약간 낮은 속도에서 영으로 된다는 것도 알 수 있다. 이상의 내용을 요약하면 다음과 같다.

① 정지상태, 즉 $s=1$일 때 토크는 영이다.

② 어느 방향으로 회전을 시작하여 슬립이 1보다 작게 되면 슬립이 작아짐에 따라서 그 방향의 토크가 증가한다.

③ s가 영으로 되기 직전, 즉 동기속도보다 약간 낮은 속도에서 발생토크는 영으로 된다. 따라서 전동기에 기계손이 전혀 없다고 해도 무부하속도는 동기속도보다 약간 낮다.

④ 다상전동기와 같이 10∼20[%]의 슬립에서 최대토크가 발생한다.

⑤ 회전자를 권선형으로 하고 2차저항을 투입하면 ϕ_r 및 ϕ_l에 의한 토크 τ_r , τ_l은 모두 비례추이 현상을 나타낸다.

따라서 [그림 4−81]과 같이 합성최대토크가 발생하는 점의 슬립은 커진다.

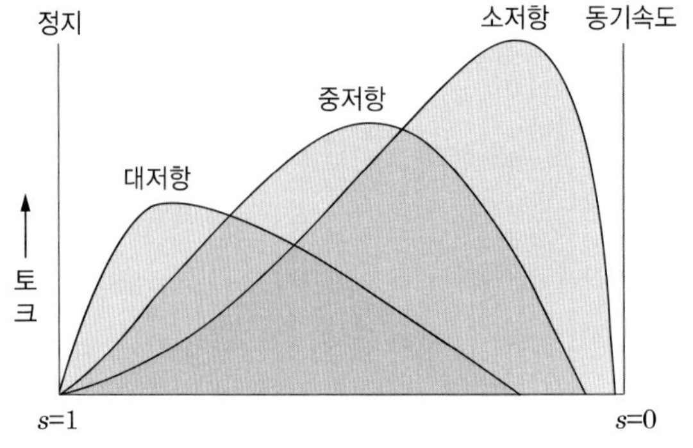

[그림 4-81] 2차저항의 변화와 토크특성곡선

그러나 그 최대토크의 값은 2차저항이 커질수록 감소하며 3상 유도전동기에 있어서의 비례추이와 같이 일정불변으로 되지는 않는다. 또한 $s = 1$에 있어서의 토크는 항상 영이 되므로 2차저항의 값을 어떻게 설정하여도 기동토크를 발생시킬 수는 없다. 단상 유도전동기는 최대토크를 발생하는 슬립 뿐만 아니라 최대토크의 크기도 변화하는 데 단상 유도전동기의 x_2/r_2의 값을 변화시켰을 때 x_2를 일정하게 하면 r_2를 크게 함에 따라 최대토크의 값은 감소하고 이 토크가 발생되는 슬립이 증가하게 되고 r_2를 어느 정도 이상 크게 하면 토크는 음(-)이 되어 전동기의 회전방향과 반대로 작용하는 토크가 발생된다. 이와 같은 토크는 3상 유도전동기에 있어서 단상제동과 같은 역 토크를 제동에 이용한 것과 같다.

15.3 단상 유도전동기의 등가회로

(1) 등가회로

단상 유도전동기는 회전자계 성분 H_1과 H_2의 2개의 성분으로 나뉘어져 있고, 반시계방향 회전자계와 시계방향 회전자계의 성분이 각각 같이 존재하고 있으므로 [그림 4-82](a)에 두 성분에 대한 등가를 나타낼 수 있으며, 정상상태로 운전되고 있을 때 등가회로를 [그림 4-82](b)에 나타내며 여자 임피던스를 무시한 경우 전원 측으로 임피던스를 옮겨 등가화 시킨 단상 유도전동기의 간이등가회로를 [그림 4-82](c)에 나타낼 수 있다.

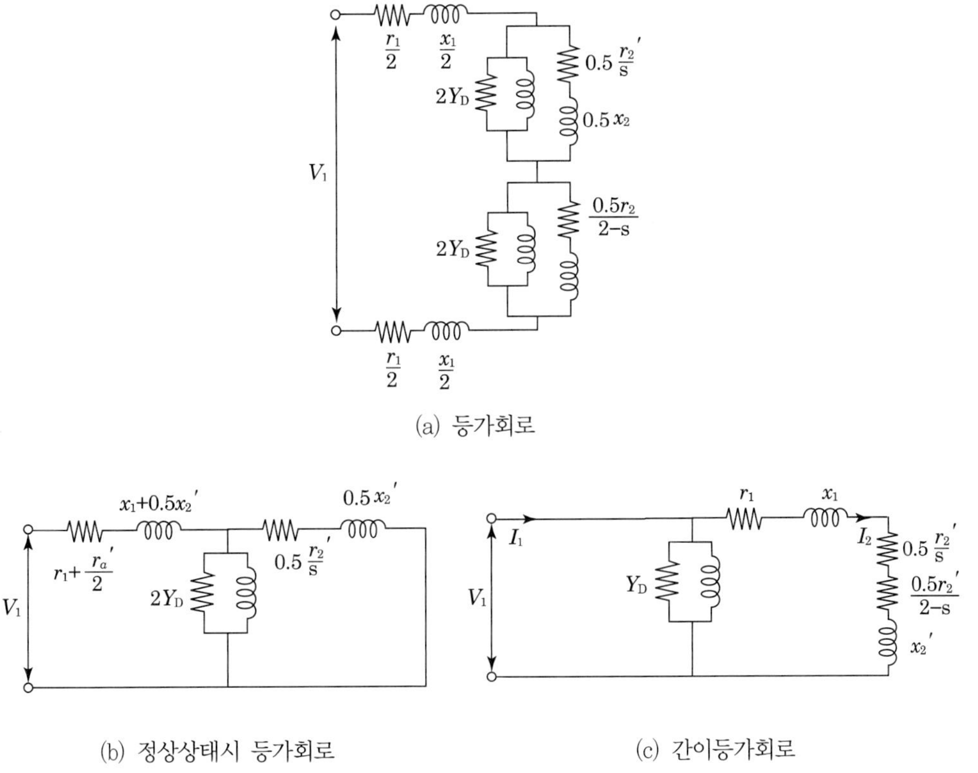

[그림 4-82] 단상 유도전동기 등가회로

등가회로로부터 2차 측 전류 I_2'를 구하면 다음 식과 같이 나타낼 수 있다.

$$I_2' = \frac{V_1}{\sqrt{\left(r_1 + \frac{0.5r_2'}{s} + \frac{0.5r_2'}{2-s}\right)^2 + (x_1 + x_2')^2}} \tag{4-104}$$

단상 유도전동기의 토크는 $s = 1$, $s = 2$에서 토크는 0이 된다.

$$P_o = \frac{2V_1^2 r_2' s(1-s)(2-s)}{[r_1 s(2-s) + r_2']^2 + (x_1 + x_2')^2 s^2 (2-s)^2} \text{ [W]} \tag{4-105}$$

단상 유도전동기의 최대출력 토크를 나타내기 위해 $\partial P / \partial s = 0$ 로부터 최대토크를 발생하는 슬립이 구해지고 또한, 최대토크도 계산할 수 있으며, 3상 유도전동기와 같이 단상 유도전동기는 비례추이 현상은 나타나지 않는다.

(2) 기계적인 출력

식 (4-104)로 부터 단상 유도전동기의 기계적인 출력을 다음 식과 같이 구할 수 있다.

$$P = (1-s)P_o$$
$$= \frac{2V_1^2 r_2' s(1-s)^2(2-s)}{[r_1 s(2-s)+r_2']^2+(x_1+x_2')^2 s^2(2-s)^2} \text{ [W]} \quad (4\text{-}106)$$

15.4 단상 유도전동기의 종류와 기동법 특징

단상 유도전동기는 회전자가 정지하고 있을 때 회전자계가 발생되지 않으므로 기동 장치를 설치하지 않으면 기동토크는 영이 되며, 단상 유도전동기는 회전자계를 만들기 위해서는 공간적으로 서로 위치를 둔 적어도 2개의 기자력을 가져야 하고 서로 다른 시간을 가지는 전류를 동반하며 단상 유도전동기에서는 고정자의 기동권선이 2차기자력의 발생원이며 1차기자력은 주 권선으로 부터 일어나게 된다. 따라서 자기동시키기 위한 기동장치가 필요하고 그 기동장치의 종류에 따라 여러가지 기동방법으로 분류 할 수 있다. 자기기동능력이 없으므로 어떠한 기동장치를 해주어야 하는데 이 기동장치의 종류에 따라서 다음과 같은 종류로 분류된다.

(1) 분상 기동형 단상 유도전동기

[그림 4-83]에 2극전동기의 분상법의 일례가 나타나 있다. 운전권선은 인덕턴스가 크고 직접 전원에 연결되어 주 극을 만들며 주 극 사이에는 고 저항을 직렬로 연결한 보조권선에 의해 만들어진 보조 극이 있다.

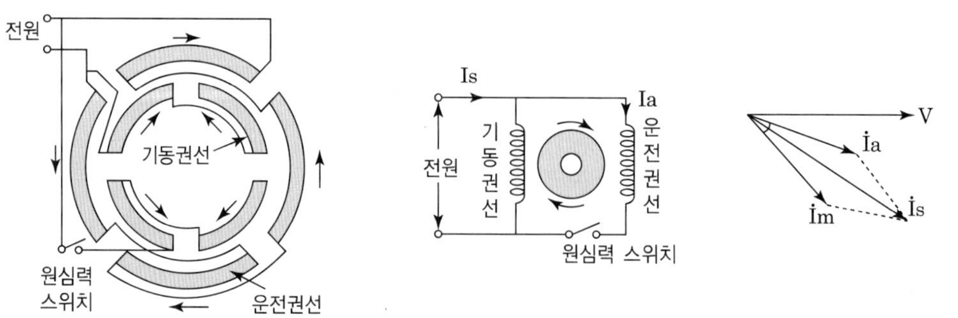

(a) 배치도 (b) 회로도 (c) 백터도

[그림 4-83] 분상 기동형 단상 유도전동기

보조권선에는 높은 저항이 직렬로 연결되어 있기 때문에 그 전류의 위상은 거의 선간전압과 일치하고 운전권선에 통하는 전류의 위상은 선간전압보다 위상이 상당히 뒤진다. 기동권선에 흐르는 전류 I_A와 운전권선에 흐르는 전류 I_M은 90°의 위상차를 실제의 전동기는 [그림 4-83]과 같이 철극으로 되어 있지 않고 고정자내측이 원통형으로 되어 공극이 균등하고 권선은 홈에 분포권으로 되어있는데 운전권선은 극간격의 약 2/3에 분포되어 있고 나머지 홈에 기동권선이 분포되어 있다. 이 기동기의 회전방향을 반대로 하려면 기동권선을 운전권선에 대해서 반대로 연결하면 된다.

이와 같은 분상기동전동기는 기동전류 500~600[%]에 대해서 기동토크는 125~200[%]로 작으나 구조가 간단하고 가격이 싸기 때문에 35~200[W]정도의 소 출력 전동기로서 송풍기, 세탁기, 원심분리기, 소형연마기 등에 사용되고 있는데 이것을 저항분상 기동전동기(resistance split-phase motor)라고 한다.

(2) 콘덴서 전동기

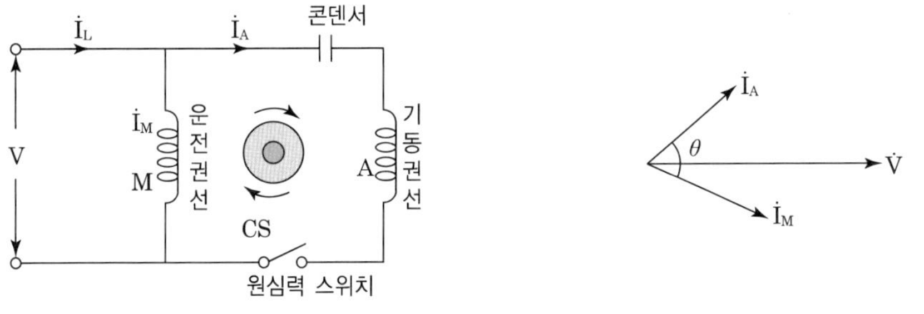

[그림 4-84] 콘덴서전동기

콘덴서기동형(condenser-start type)은 콘덴서와 원심력 스위치 CS를 직렬로 연결한 기동권선과 운전권선을 병렬로 접속하여 기동전류 I_A와 운전전류 I_M과의 위상차로 회전 자기장을 만들고, 기동토크를 발생시키는 단상 유도전동기이다.

주권선과 보조권선의 전류는 대략 90°의 위상차를 갖게 되므로 이 전동기는 실제적으로는 2상전동기이다. 이때 사용되는 기동용콘덴서는 단시간 사용인 전해콘덴서이며 그 정전용량은 80~250[μF] 정도이고 기동전류는 400~500[%]로 감소하며 기동토크는 250~350[%] 정도로 증가하고 약간 고가이다. 다른 단상 유도전동기는 역률이 45~75[%]인데 비해서 콘덴서전동기(condenser motor, capacitor motor)는 70~100[%]이고 효율도 양호하며 진동과 소음이 적어서 운전상태가 좋으므로 200~400[W] 정도의 압축기, 선풍기, 세탁기, 급수펌프 및 소형공작기기 등에 널리 사용되고 있다. 또한, 영구 콘덴서형 유도전동기는 기동할 때나 운전할 때나 항상 콘덴서를 기동권선과 직렬로 접속하여 사용하는 전동기로서 콘덴서기동형 유도전동기에서 원심력 스위치 CS를 제거한 것과 같은 구조의 단상 유도전동기이다.

(3) 세이딩코일형 전동기(shaded pole motor)

이 전동기는 [그림 4-85]과 같이 고정자에 몇 개의 철극 자극을 설치하여 이에 1차권선을 하고 각 자극의 일부에는 그림과 같이 동환 C(세이딩코일, shading coil)를 끼운 구조로 되어 있으며 회전자는 농형으로 되어 있다.

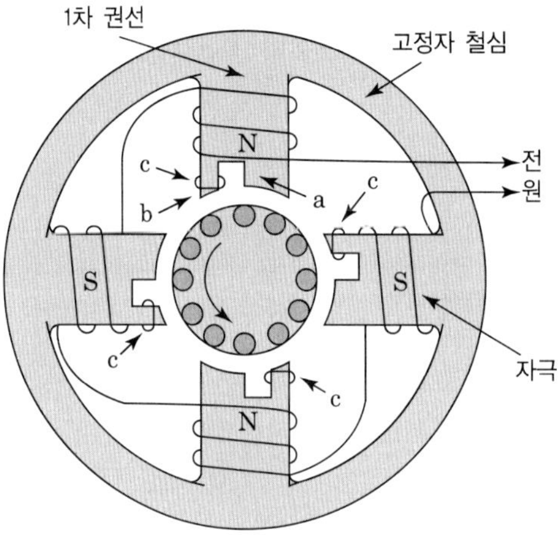

(a) 구조

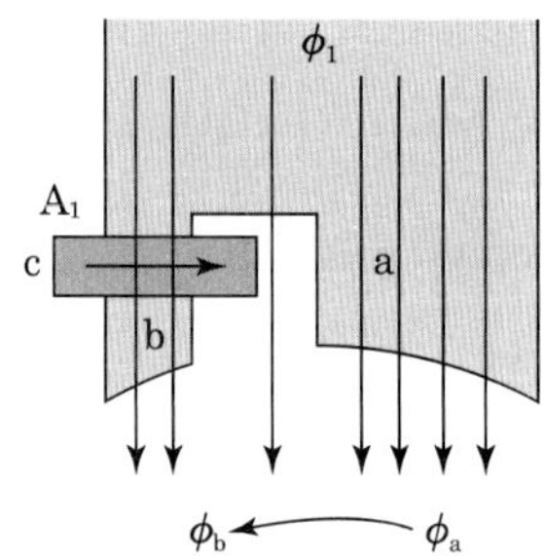

(b) 자극

[그림 4-85] 세이딩코일형 전동기

지금 1차권선에 단상전압을 가하면 세이딩 코일 C에는 단락전류 I_c가 통하며 이에 의해서 b부의 자속변화가 방해를 받기 때문에 ϕ_b는 ϕ_a의 변화보다 시간적으로 뒤져서 변화한다. 따라서 각 자극 밑에는 a부에서 b부로 향하는 이동자계(shifting field)가 생기므로 회전자도체는 자속을 절단하여 2차전류가 통하게 되고 기동토크가 발생하게 된다. 이 이동자계의 이동방향은 일정하므로 전동기는 그 방향으로만 회전하고 회전방향을 반대로 할 수는 없다.

이 형의 전동기는 구조가 간단하지만 운전 중에도 세이딩 코일에 전류가 통하기 때문에 동손이 생겨서 효율과 역률이 낮고 기동전류 200~400[%]에 대해서 기동토크는 30~80[%] 정도로 대단히 낮으므로 65[W] 이하의 소 출력 전동기가 많으며 소 출력의 천장선풍기, 냉온방용 팬, 전축 등에 사용되고 있다.

(4) 반발기동형 전동기

반발기동형 전동기(repulsion start motor)는 단상 직권정류자전동기의 한 종류인 반발전동기의 기동토크가 큰 특징을 이용하여 [그림 4-86](a)와 같이 반발전동기의 정류자의 측면에 단락장치를 붙여서 반발전동기로서 기동하고, 동기속도 가까이 가속되었을 때 원심개폐기로 정류자편을 단락시켜서 회전자를 농형과 같이 접속함으로써 운전시에는 단상 유도전동기로 동작시키는 것이다.

[그림 4-86](b)의 R과 I는 각각 반발전동기와 유도기의 토크특성곡선으로 동기속도의 약 3/4인 속도에서 곡선 R로부터 I로 특성이 옮겨지는 것을 나타내고 있다. 이 전동기의 결점으로는 기동시 정류자에 불꽃이 발생하며 단락장치에 고장이 발생하기 쉬운 점이 있다.

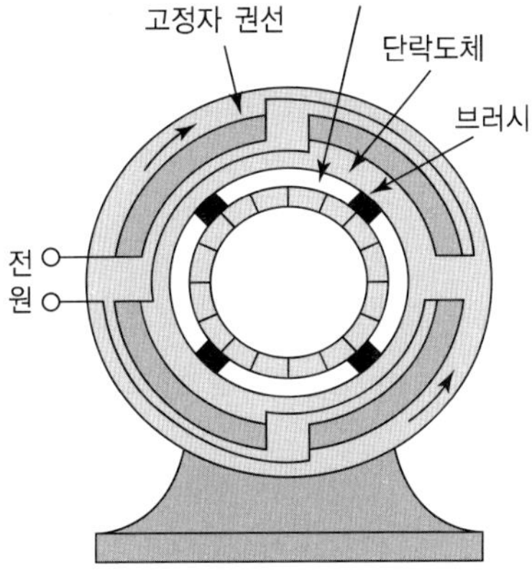

(a) 구조

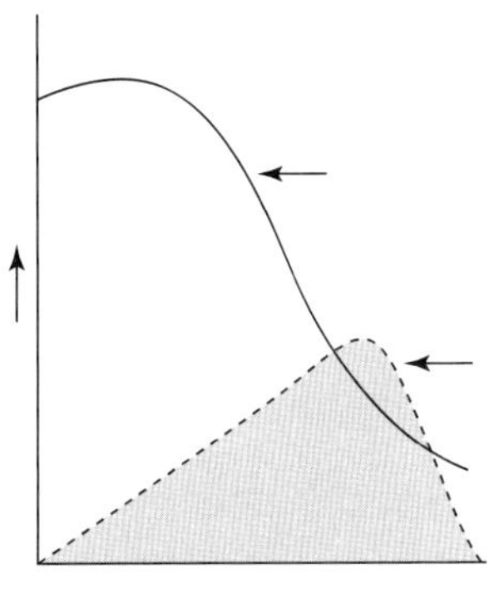

(b) 자극

[그림 4-86] [반발기동형 전동기]

예제 4-26

200±200 [V], 자기용량 3 [kVA]인 단상 유도전압조정기가 있다. 최대출력[kVA]은?

풀이

$$\frac{\text{자기용량}}{\text{부하용량}} = \frac{v_h - v_l}{v_h}$$

$$\text{부하용량} = \text{자기용량} \times \frac{v_h}{v_h - v_l}$$

$$= 3\ [\text{kVA}] \times \frac{400}{400 - 200} = 6\ [\text{kVA}]$$

16 유도전동기의 효율 및 손실

16.1 손실(loss)

유도기의 손실은 무부하 손실과 부하손실로 나눌 수 있다.

(1) 무부하손(no load loss)

철손은 히스테리시스손과 와류손으로 나타나고 기계손은 마찰손과 축과 베어링 브러시와 슬립링 회전부분에서 공기마찰에 의한 풍손이 있고, 철손은 상시(무부하, 부하를 막론) 존재하는 손실이다.

(2) 부하손

전동기가 무부하인 경우도 1차 측 권선에 의한 무부하저항손이 존재하지만 부하가 걸리면 2차 측 저항손이 $I_2^2 r$ 에 해당되는 손실이 발생하며 브러시나 슬립링에 접촉하는 접촉저항손이 이 손실로 나타나게 된다. 또한, 전동기 표면(계철부분)에서 측정이나 계산이 곤란한 표유부하손도 이 손실에 속하게 된다.

16.2 효율

(1) 효율

유도기의 출력 P 와 2차입력 P_2 와의 비를 효율이라 하고 η 로 표시하며, 무부하시는 여자전류가 매우 커 손실이 많이 발생되어 전동기는 보통 2차 측 효율을 많이 나타내게 되는데 일반적으로 η_2 로 표시한다.

$$\begin{aligned}\eta_2 &= \frac{2\text{차출력}}{2\text{차입력}} \times 100 = \frac{P}{P_2} \times 100 \\ &= \frac{P_2(1-s)}{P_2} \times 100 \qquad (4\text{-}107) \\ &= \frac{N}{N_s} \times 100 = (1-s) \times 100 \ [\%]\end{aligned}$$

예제 4-27

3상, 230V, 30hp, 50Hz, 6극의 유도전동기가 회전자에 21.3kW의 입력을 요구하는 부하상태에서 운전되고 있다. 회전자의 동손이 1.05kW이고, 마찰손, 풍손 및 표류부하손의 합이 300W이다.

풀이

a) 축속도

Pgap=Prce/s　　S=Prcl/Pgap

S=1.05/21.3=0.0493

$$ns=\frac{1208}{P}=\frac{120\times 50}{6}=1000\text{n/min}$$

$$nr=ns\cdot(1-s)=1000(1-0.0493)=950.7\text{n/min}$$

b) 유기되는 기계적동력

Pmech=Pgap−Prcl=21.3−1.05=2.25kW

c) 유기토크

$$T_D=\frac{Pmech\cdot 5252}{nr}=\frac{20250\times 5252}{950.7\times 746}=149.96[\text{Ib}-\text{ft}]$$

149.96×0.7376=110.61[N・M]

d) 축토크

$$P_{shaft}=P_{mech}-(P_{F-W}+P_{strecy})=20.250-300$$

$$=19.950[\text{W}]$$

$$T_{shaft}=\frac{P_{shaft}\cdot 5252}{n_r}=\frac{19950\times 5252}{950.7\times 746}$$

$$=147.7[\text{lb}-\text{ft}]$$

147.7[lb・ft]×0.7376=108.97[n−m]

e) 전동기가 공급해야하는 동력의 정격과력수에 대한 백분율

$$P_{shaft}=\frac{19950}{746}=26.74[\text{hp}]$$

$$\frac{26.74}{30[\text{hp}]}\times 100=89.14[\%]$$

17 유도전동기의 운전과 보수

17.1 기계적 검사

유도전동기가 설계제작 후에 운전을 실시하면서 다음과 같은 검사를 실시하여 고장이 발생하지 않도록 다음 항목들을 살펴볼 필요성이 있다.

(1) 공극 길이
(2) 브러시 관계
(3) 급유 및 베어링
(4) 회전자 움직임
(5) 슬립링과 브러시 관계

17.2 전기적시험

(1) 저항 및 2차전압측정
(2) 무부하시험, 부하시험
(3) 구속시험
(4) 온도시험
(5) 내압시험
(6) 슬립측정
(7) 동기상태 측정(Stroboscopic method, Tacho generator)

연 습 문 제

01 단상 유도전동기의 기동방법을 분류하고 간단히 설명하여라.

02 단상 유도전동기의 분상 기동형을 운전할 시 회전방향을 바꾸려면 어떻게 하면 되는가?

03 단상 유도전동기의 속도-토크특성곡선을 그리고 간단히 설명하여라.

04 단상 유도전동기 중 세이딩코일형의 회전방향을 바꾸려면 어떻게 해야하는가?

05 단상 유도전동기는 자기동을 할 수 없는데 그 이유를 설명하여라.

06 콘덴서기동형전동기와 콘덴서형전동기의 동작회로도를 그리고 원리를 간단히 비교 설명하여라.

07 단상 유도전동기의 2회전자계이론(교번자계 이론)이란 무엇이며 이동자계이론과 비교 설명하여라.

08 반발 유도형 단상 유도전동기와 반발 기동형 단상 유도전동기의 장·단점을 설명하여라.

09 단상 유도전동기의 등가회로를 유도하여 그려라.

10 단상 유도전동기의 기동시 기동이 되지 않을 때는 어떻게 해결해야 하는지 설명하여라.

11 스텝모터(Step Motor)의 원리와 특징에 대하여 설명하여라.

12 리럭턴스 전동기(Reluctance Motor) 의 원리와 특징에 대하여 설명하여라.

13 2상 서보전동기(two phase servo motor)의 원리 및 특징에 대하여 설명하여라. 또, 이 전동기를 전동기 제어방식에 이용할 경우 간단히 설명하여라.

14 유도전압조정기의 1차전압 110 [V], 2차전압 160 [V]일 때 2차전류는 50 [A]이다. 이 유도전압조정기의 정격용량[kVA]은?

15 1차 100 [V], 2차 최대 130 [V], 2차 정격 50 [A]인 단상 유도전압조정기의 정격[kVA]은?

16 선로용량 6600 [kVA]의 회로에 사용하는 6600±660 [V]의 3상 유도전압조정기의 정격용량[kVA]은 얼마인가?

17 4극, 10[KW], 200[V], 50[Hz]의 3상권선형 유도전동기에 정격전압을 가하여 전부하를 걸었을때의 속도는 1460[rpm]이었다. 2차 각 상의 유기전압이 4.95[V]라고 하면 그 권수는 얼마인가? 단, 1차 2차 모두 D결선, 1차 권수 104, 1차권선계수 0.76, 2차권선계수는 0.957 이다.

18 단상 유도전동기의 토크에 대한 2차저항을 어느 정도 이상으로 증가시킬 때 나타나는 현상은?

19 3상권선형 유도전동기의 전부하 슬림 5 %, 2차 1상의 저항 0.5Ω 이다. 이 전동기의 기동토크를 전부하토크와 같도록 하려면 외부에서 2차 삽입할 저항(Ω)은?

CHAPTER

5

교류정류자기

1 교류정류자기

직권 직류전동기에 단상교류를 흘리면 자계전류와 전기자전류가 동상으로 되기 때문에 전류의 방향이 반대로 되더라도 동일 방향으로 토크를 발생시키고 동일 방향으로 회전한다. 이 원리로 회전하는 전동기를 단상 정류자전동기라 한다.

1.1 교류 정류자전동기의 분류

(1) 상수에 의한 분류

① 단상 식 : 직권전동기, 보상 직권전동기, 반발전동기, 보상 반발전동기, 분권전동기, 반발 유도전동기

② 3상 식 : 직권전동기, 분권전동기, 보상 유도전동기

(2) 특성에 의한 분류

① 정류자형 저주파발전기

② 정류자형 주파수변환기

③ 자동 진상기

1.2 단상 직권정류자전동기

(1) 원리

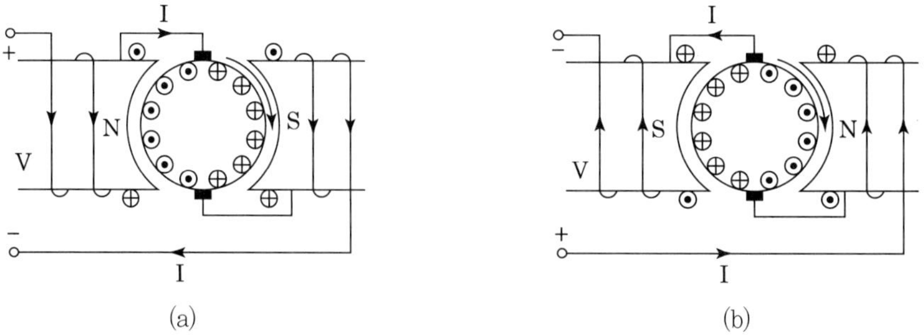

[그림 5-1] 단상 직권정류자전동기의 원리

(2) 특성

① 직류용전동기를 그대로 사용하면 자계철심에 큰 철손이 생기게 되어 열이 발생하므로 전기자뿐만 아니라 계자 부분도 성층철심한다. 전기자 및 계자권선의 리액턴스 강하로 역률에 따라 출력이 매우 저하된다. 그러므로 계자권선의 권수를 작게 하여 인덕턴스를 작게 한다.

② 계자극의 자속이 정현적으로 교번하므로 철손을 줄이기 위하여 전기자뿐만 아니라 계자 부분까지 성층철심으로 한다.

③ 전기자 및 계자권선의 리액턴스 강하 때문에 역률에 따라서 출력이 매우 저하한다. 그러므로 계자권선의 권수를 작게 하여 인덕턴스를 작게 한다.

④ 전기자권선수를 크게 하면 전기자 반작용이 커지기 때문에 정류가 곤란해지고 전기자 리액턴스 강하가 커져서 역률에 따라 출력이 저하한다. 대책으로 보상권선을 설치한다.

⑤ 전기자 코일과 정류자편 사이의 접속에 고저항의 도선을 사용하여 단락전류를 제한한다.

(3) 출력 및 보상권선

전기자권선수를 크게 하면 전기자 반작용이 커져서 정류가 곤란해지고 전기자 리액턴스 강하가 커져서 역률에 따라 출력이 저하된다. 대책으로 보상권선을 설치한다. 브러시의 위치를 적당히 하면 매우 큰 토크를 얻을 수 있다.

(4) 특징

① 직류·교류 병용, 만능전동기 – 단자전압으로 속도제어가 용이하다.

② 약계자 강 전기자 형(∵ 역률 및 정류개선)

- 회전속도 大 → 역률개선
- 보상권선 역할
  (i) 단락전류 小 (ii) 전기자반작용 小 (iii) 역률 증가

③ 전기자권선수를 계자권수보다 크게 한다
(∵ ① 주 자속 감소, 토크 증가 ② 속도기전력 大 ③ 역률저하방지)

④ 변압기 전압 : 부하전류에 비례

⑤ 리액턴스 전압 : 부하전류와 관계없음

⑥ 속도 기전력 : $E = \frac{Z}{a} p\phi \frac{N}{60} = \frac{1}{\sqrt{2}} \frac{Z}{a} p\phi_m \frac{N}{60}$

(5) 용도

전동 공구용 (전기드릴, 재봉틀, 소형공구, 영사기, 치과 의료용, 청소기, 헤어드라이기 등)

1.3 3상 직권정류자전동기

전기자권선과 계자권선이 직렬로 접속되어있는 전자석 계자형 정류자전동기이다. 외부의 고정된 계자코일(고정자)가 내부의 회전하는 전기자(회전자)와 직렬로 접속되어있는 직류전동기다. 주 회로의 저항을 바꾸는 것을 통해 회전속도를 자유롭게 바꿀 수 있어, 예전부터 전기철도에 사용되어 왔으며 지금도 사용되고 있다.

(1) 중간변압기를 사용하는 주요한 이유

① 전원전압의 크기에 관계없이 정류에 알맞게 회전자전압을 선택할 수 있다(정류자 전압조정).

② 중간변압기의 권수비를 바꾸어 전동기의 특성을 조정할 수 있다(실효 권수비 선정 조정).

③ 직권 특성이기 때문에 경 부하에서는 속도가 매우 상승하나 중간변압기를 사용 그 철심을 포화하도록 하면 그 속도 상승을 제한 할 수 있다(경부하시 속도의 이상 상승 방지).

(2) 특성

① 고정자와 회전자권선에 의한 기자력이 동위상과 영 위상일 때 토크는 발생하지 않는다.

② 저속에서는 역률이 좋지 않고, 동기속도 근처나 그 이상일 때 거의 100[%]이다

③ 저속에서는 효율이 나쁘고, 동기속도 근처에서 가장 좋다

④ 중간변압기는 고정자 및 회전자권선과 직렬로 연결한다.

(3) 장점

① 시동시에 가장 큰 토크를 내는데, 회전수의 상승에 따라 역기전력이 발생해 전류가 감소하기 때문에, 토크가 감소하면서 회전력이 늘어간다.
동일정격의 직류전동기 중에서는, 분권전동기나 복권전동기에 비해 시동토크가 크다.

② 무제어로 광범위한 속도 범위에 적응할 수 있는 넓은 특성 영역이 있기 때문에, 앞의 장점과 함께 전기철도에 적합하다.(단, 분권전동기를 제어하여 회생제동을 포함하여 심리스로 제어하는 방식도 있다.)

(4) 단점

① 정류에서 브러시나 정류자에 마모가 발생하기 때문에, 보수 수요가 있다.

② 높은 회전 영역에서는 원심력의 영향으로 정류자가 파괴될 위험이 있다.

③ 고부하 가속운전시 등의 경우는 정류자 사이의 섬락(플래시 오버)등의 중대한 고장을 일으키기 쉽다.

④ 무부하 운전시 과 회전에 의해 전동기가 파괴될 수도 있기 때문에 무부하 운전 가능성이 있는 용도로는 쓸 수 없으며, 속도 초과시에 통전을 차단하는 안전회로를 설치하는 등 주의가 필요하다.

⑤ 벨트를 사용하면 벨트가 끊어질 우려가 있다. (직권전동기의 이론적인 무부하 운전 속도는 무한대)

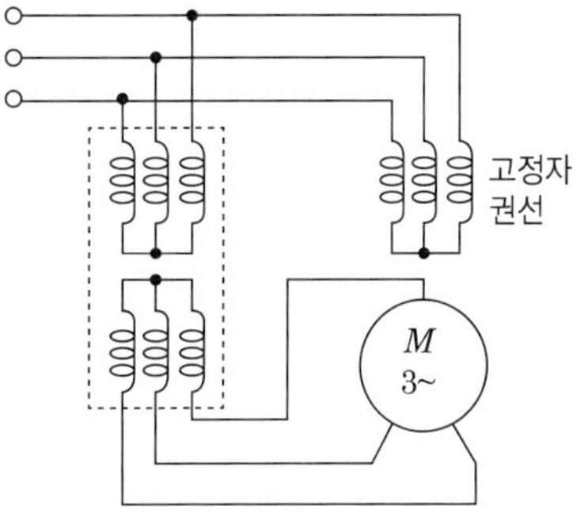

[그림 5-2] 3상 직권정류자전동기의 구조

1.4 3상 분권정류자전동기

교류 분권정류자전동기는 토크 변화에 대한 속도 변화가 매우 작은 특징을 가지고 있으며, 분권 특성의 정속도전동기와 교류 가변 속도전동기의 특성이 합쳐진 형태의 전동기로 사용된다.

(1) 슈라게전동기(Schrage motor)

회전자 쪽에 1차권선을 둔 3상 분권정류자전동기이다.

① 브러시 수가 많아서 이동으로 속도제어 및 역률개선이 가능하다.

② 미세한 속도 조정이 가능하고 역률이 좋은 전동기이다.

③ 직류 분권전동기 특성과 유사 하다.

④ 전동기 가격이 비싼 편이다.

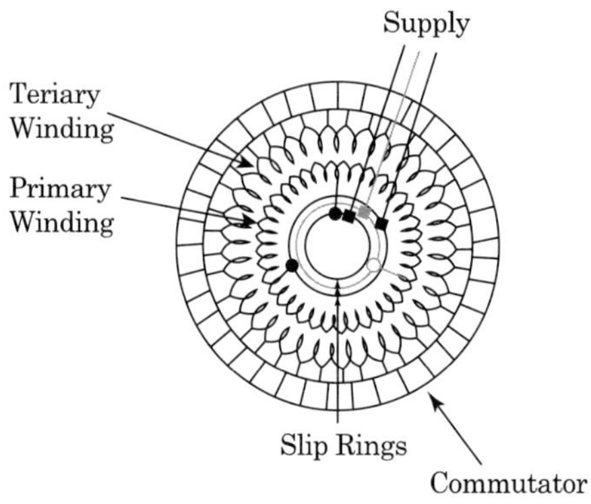

[그림 5-3] 슈라게전동기(Schrage motor)의 구조

1.5 정류자 주파수변환기

(1) 슈라게전동기

① 회전자에는 정류자와 슬립 링을 가지고 있으며, 고정자에는 보상권선 등을 갖는다.

② 대용량의 전동기에는 응용할 수가 없다

③ 용도

(i) 역률개선 (ii) 속도제어 (iii) 교류여자기

1.6 서보모터

(1) 서보모터와 스테퍼모터의 개요

서보모터(servo motor)는 모터와 제어구동보드(적당한 제어회로와 알고리즘)를 포함하는 것으로 모터자체만 가지고 서보모터라 하지 않는다. 즉 서보모터라는 개념이 모터의 구동시스템까지 포함하는 것이기에 모터 자체만 가지고 이게 서보모터냐 아니냐를 따지는 것은 아니다 서보(servo)라는 용어는 추종한다. 혹은 따른다는 의미로서 명령을 따르는 모터를 서보모터라고 한다. 공작기계, CCTV 카메라, 캠코더, DVD, 프린터 등에 사용되는 모터처럼 명령에 따라 정확한 위치와 속도를 맞출 수 있는 모터를 서보모터라고 한다. 어떠한 종류의 모터라 하더라도 적당한 알고리즘과 회로를 가지는 구동시스템을 갖다 붙여서 위치와 속도를 추종할 수 있도록 만들면, 서보시스템이 이루어지는 것으로 모터와 기계부와 제어구동S/W가 결합된 제어추종시스템을 말한다. DC모터, AC모터, BLDC모터, 리니어모터같이 단순히 하나의 모터만으로 구성되면 서보모터라

하지 않으며 이들 모터를 사용하여 적절한 구동시스템을 연계하고 위치, 속도를 명령으로 제어, 추종시킨 경우를 서보모터라 부르고 있다.

DC서보모터는 브러쉬 있는 DC모터로 서보시스템을 구축한 모터로 세탁기처럼 비교적 큰 힘이 필요한 곳에는 AC서보가 쓰이지만, 수명은 짧아도 좋으니 아주 고성능의 추종능력이 필요한 경우에는 DC서보가 쓰이기도 하는데 수명이 중요한 경우에는 당연히 AC서보가 쓰이고, 값싸게 구성할 필요가 있는 시스템에는 DC서보가 쓰인다. AC서보모터 : BLDC나 AC동기모터를 사용하여 서보시스템을 구축한 모터를 지칭한다. DC서보모터에 비해 구동시스템이 복잡하다는 단점이 있지만, 같은 크기의 DC모터에 비해 더 큰 힘을 낼 수 있고 방열특성이 좋으며 브러쉬와 정류자가 없어서 수명이 길다는 장점이 있다.

모터에는 여러 다양한 타입, 형태, 크기가 있다. 모션 컨트롤에 사용되는 모터의 대부분은 두 가지, 즉 서보모터와 스테퍼모터로 나누어진다. 서보모터와 스테퍼모터의 주요 차이점은 서보모터는 컨트롤루프를 사용하여 실행되며 일정 종류의 피드백이 필요하다는 것이다. 컨트롤루프는 모터로부터의 피드백을 사용하여 모터가 원하는 상태(포지션, 속도 등)를 얻을 수 있도록 한다. 컨트롤루프에는 여러 타입이 있으나 일반적으로 PID (Proportional, Integral, Derivative) 컨트롤루프가 서보모터에 사용된다. PID와 같은 컨트롤루프를 사용할 경우 서보모터를 튜닝 해야 한다. 튜닝은 모터가 원하는 방식으로 응답하도록 만드는 과정이다. 모터를 튜닝 하는 것은 매우 어렵고도 따분한 과정이지만, 사용자가 모터의 동작을 더욱 잘 컨트롤할 수 있다는 점에서 장점이 있다. 서보모터에는 컨트롤루프가 있어 모터의 상태를 확인하므로 일반적으로 스테퍼모터보다 더욱 안정적이다. 스테퍼모터가 어떠한 이유로 스텝을 놓칠 경우 만회할 컨트롤루프가 없다. 서보모터의 컨트롤루프는 모터가 올바른 경로에 있는지를 지속적으로 확인하며, 올바른 경로에 있지 않을 경우 필요한 조정을 수행하게 된다. 일반적으로 서보모터는 마이크로스테핑이 사용되었을 때를 제외하고는 스테퍼모터 보다 더욱 부드럽게 작동한다. 또한 속도가 증가함에 따라 서보의 토크는 일정수준을 유지하므로 고속에서(보통 1,000RPM 이상) 스테퍼보다 우수하다.

(2) 서보모터의 장점과 단점

[장점]

① 토크 크고, 회전자의 관성모우멘트가 작아야 한다.

② 회전자가 가늘고 긴 구조일 것이다.

③ 여자 속을 만들기 위해 영구자석 사용한다.

④ 토크 속도곡선이 수하특성이어야 한다.

⑤ 시동토크 : 직류서보모터 > 교류서보모터의 상태를 유지한다.

⑥ 속응성이 좋고, 시정수가 짧고, 기계적 응답이 좋다

[단점]

① 스테퍼모터에 비해 고가이다.

② 개루프를 작동할 수 없음 - 피드백 필요하다.

③ 컨트롤루프 파라미터의 튜닝 필요하다.

④ 브러쉬드(brushed) DC모터에서 브러쉬로 인한 추가 유지보수가 필요하다.

(3) 서보모터 제어방식

① 직류기 전압제어

② 유도기 전압제어

③ 동기기 주파수제어

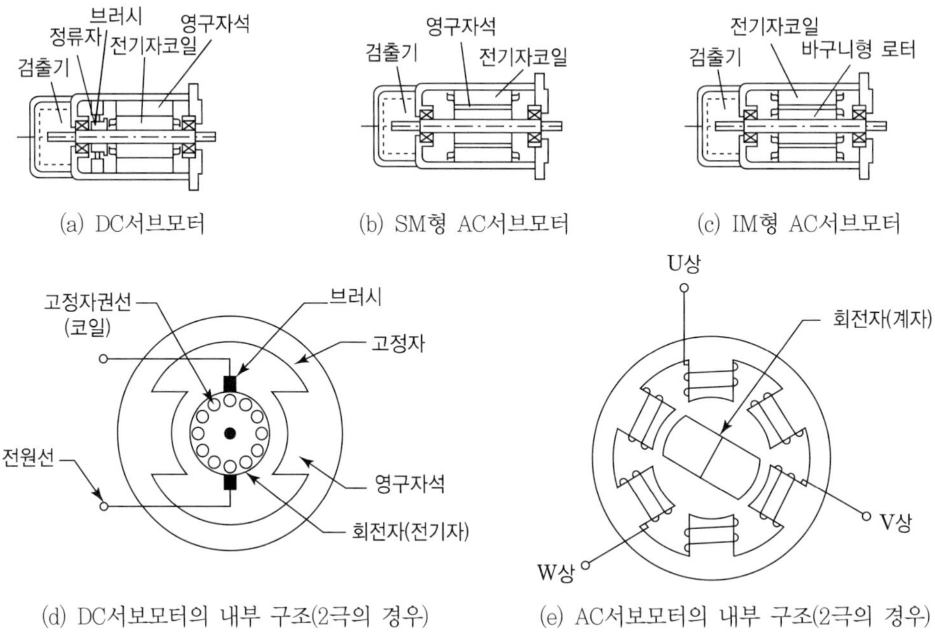

(a) DC서보모터 (b) SM형 AC서보모터 (c) IM형 AC서보모터

(d) DC서보모터의 내부 구조(2극의 경우) (e) AC서보모터의 내부 구조(2극의 경우)

[그림 5-4] 서보모터의 구조

1.7 스텝모터

(1) 스테퍼모터의 개요

스테퍼모터는 가격이 저렴하며, 동일한 크기의 서보모터에 비해 사용하기가 쉽다. 스테퍼모터라고 불리는 이유는 모터가 이산 (discrete) 스텝으로 움직이기 때문이다. 스테퍼모터를 컨트롤하기 위해서는 스테퍼 드라이브와 컨트롤러가 필요하다. 사용자는 스텝 및 방향 신호가 있는 드라이브를 제공함으로써 스테퍼모터를 컨트롤 하고, 그 후 드라이브는 신호를 해독하고 모터를 구동한다. 스테퍼모터는 개루프 구성(피드백 없음)에서 동작하며, 저가형 어플리케이션에 적합하다. 일반적으로, 스테퍼모터는 저속에서 높은 토크를 가지지만, 고속에서 낮은 토크를 가진다. 저속에서의 동작은 드라이브에 마이크로 스테핑 기능이 있지 않은 한 변동이 심하게 된다. 고속에서 스테퍼모터는 변동이 심하지는 않지만 토크를 많이 가지지 않는다. 작동하지 않는 상태에서, 스테퍼모터는 동일한 크기의 서보모터보다 높은 토크를 보유하게 된다. 그 이유는 전류가 스테퍼모터의 커브(windings)에서 지속적으로 나오기 때문이다.

(2) 스테퍼모터의 장점과 단점

[장점]

① 가속, 감속이 용이하며 정・역전 변속이 쉽다

② 정지하고 있을 때 그 위치를 유지해주는 토크가 크다

③ 위치제어를 할 때 각도오차가 적고 누적되지 않는다.

④ 브러시 및 슬립링 등이 없고 부품수가 적다

⑤ 슬루 영역은 불안정한 영역이다.

⑥ 회전각과 속도는 펄스 수에 비례한다.

⑦ 개루프에서 작동 가능 (피드백 필요 없음) 하다.

⑧ 최상의 토크 보유 (브레이크/클러치 제거)할 수 있다.

⑨ 저속에서 최상의 토크를 가진다.

⑪ 정밀 위치 컨트롤에 적합하다.

⑫ 튜닝이 필요 없다.

⑬ 매우 견고 - 모든 환경에도 적합하다.

⑭ 저가이고, 유지관리가 수월(브러쉬리스) 하다.

[단점]

① 마이크로스테핑을 사용하지 않는 한 저속에서 성능이 고르지 않다.

② 로드에 상관없이 전류 소모가 있다.

③ 제한된 크기만 사용가능 하다.

④ 소음이 있다.

⑤ 속도에 따라 토크가 줄어든다.(고속에서 높은 토크를 위해 큰 사이즈의 모터가 필요)

⑥ 컨트롤루프 없이 작동하면 스테퍼모터가 멈추거나 포지션을 잃을 수 있다.

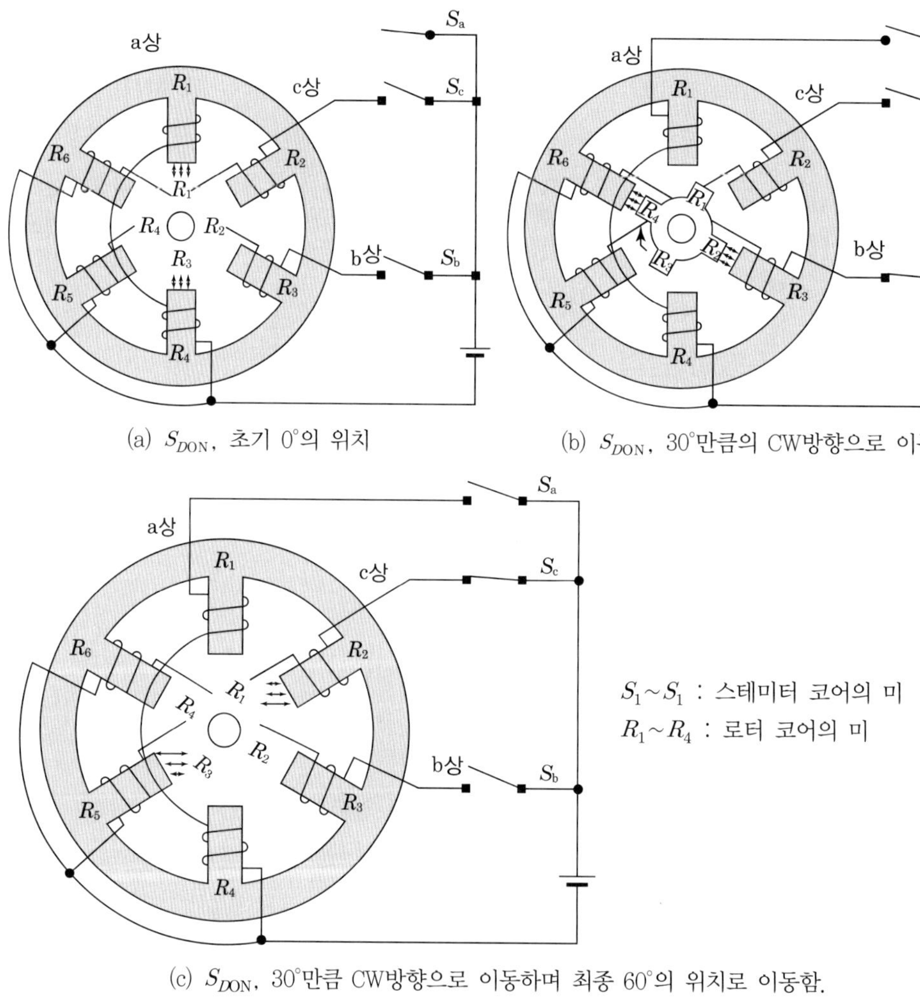

(a) S_{DON}, 초기 0°의 위치

(b) S_{DON}, 30°만큼의 CW방향으로 이동

(c) S_{DON}, 30°만큼 CW방향으로 이동하며 최종 60°의 위치로 이동함.

[그림 5-5] VR형 스텝모터의 동작 원리

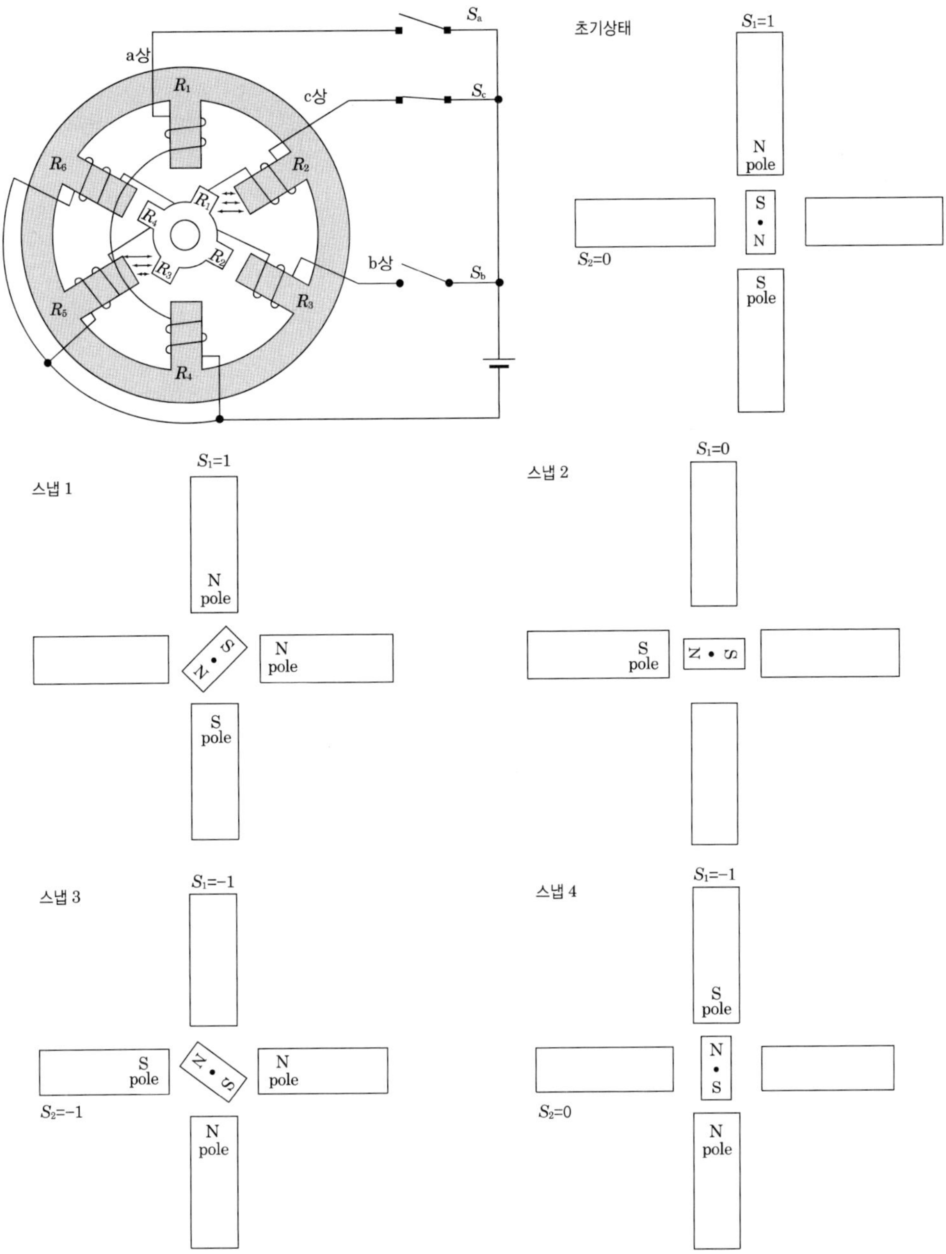

[그림 5-6] 2상 PM 스텝모터의 시계방향 회전의 스텝 순서

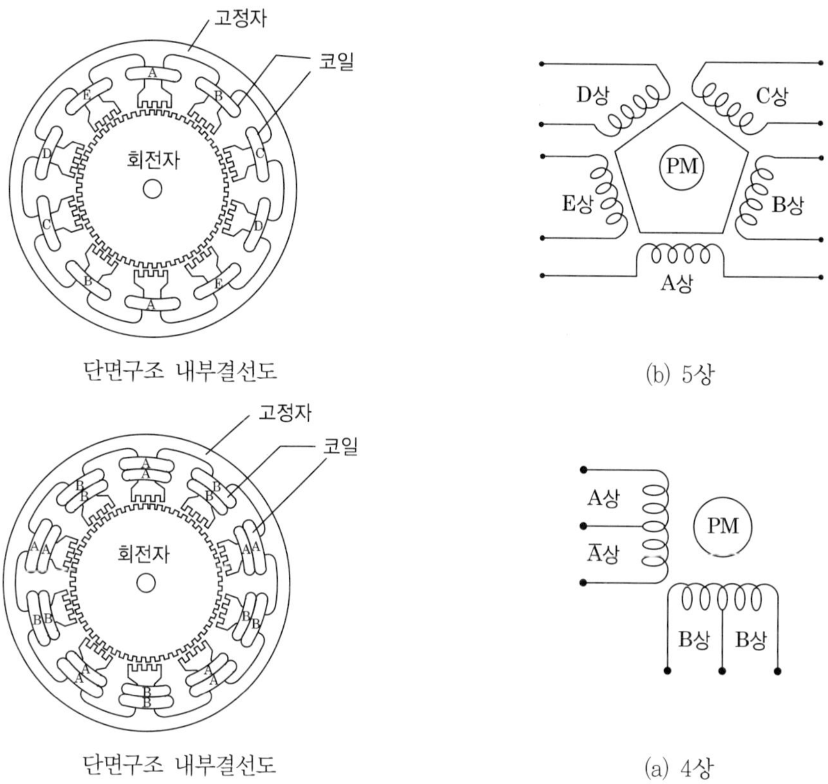

[그림 5-7] HB형 스텝모터의 단면 구조와 내부결선

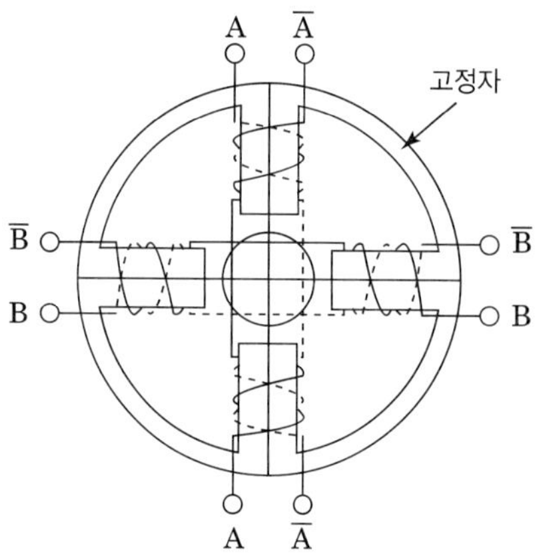

[그림 5-8] 스테핑모터의 권선 구조(PM형)

연 습 문 제

다음 문제 중 알맞은 것을 고르시오

01 다음은 직류 직권전동기를 단상 정류자전동기로 사용하기 위하여 교류를 가했을 때 발생하는 문제점을 열거한 것이다. 옳지 않은 것은?

(가) 효율이 나빠진다. (나) 역률이 떨어진다.
(다) 정류가 불량하다. (라) 계자권선이 필요 없다.

☞ 직류전동기는 교류전원을 사용할 수 있으나 자극이 철 덩어리로 되어있기 때문에 철손이 크고, 계자권선 및 전기자권선의 인덕턴스 때문에 역률이 나쁘다. 또한 브러시에 의해 단락된 전기자 코일 내에 자속의 교번 변화 때문에 큰 기전력이 유기되어 정류가 불량하다는 단점이 있다.

02 도체수가 Z, 내부 회로 대수가 a인 교류 정류자전동기의 1내부 회로의 유효 권수 w_a는? 단, 분포권 배수는 $2/\pi$라고 한다.

(가) $w_a = \dfrac{Z}{2a\pi}$ (나) $w_a = \dfrac{Z}{4a\pi}$
(다) $w_a = \dfrac{Z}{2a}$ (라) $w_a = \dfrac{aZ}{2}$

03 교류 정류자기의 전기자 기전력은 회전으로 발생하는 기전력으로서 전동기에서 속도 기전력이라고도 하는데 그 식은 다음 중 어느 것인가?

(가) $E = \dfrac{p}{p}Z\dfrac{N}{60}\phi$ (나) $E = \dfrac{1}{p}Z\dfrac{60}{N}\phi$
(다) $E = \dfrac{p}{a}Z\dfrac{N}{60}\phi$ (라) $E = \dfrac{p}{a}\times\dfrac{Z}{60N}\phi$

04 교류 정류자기에서 갭의 자속 분포가 정현파로 ϕ_m = 0.14[Wb], p = 2, a = 1, Z = 200, n = 20[rps]일 때 브러시 축이 자극 축과 30°일 때의 속도 기전력 $E_s\,[V]$는?

(가) 약 200 (나) 약 400
(다) 약 600 (라) 약 800

05 교류 단상직권전동기의 구조를 설명한 것 중 옳은 것은?

㈎ 역률개선을 위해 고정자와 회전자의 자로를 성층철심으로 한다.
㈏ 정류개선을 위해 강 계자, 약전기자형으로 한다.
㈐ 전기자 반작용을 줄이기 위해 약계자, 강 전기자형으로 한다.
㈑ 역률 및 정류개선을 위해 약계자, 강 전기자형으로 한다.

☞ 계자 및 전기자권선의 리액턴스에 의한 역률 저하를 방지하기 위해서 계자권선을 줄여 약계자로 하고 고정자 권선에 보상권선을 설치하여 전기자 반작용을 보상하는 동시에 전기자권선수를 증가해서 필요한 토크를 발생하게 하는 강전기자 형으로 한다.

06 단상 직권정류자전동기는 그 전기자권선의 권선수를 계자권수에 비해서 특히 많게 하고 있다. 다음은 그 이유를 설명한 것이다. 옳지 않은 것은?

㈎ 주자속을 작게 하기 위하여
㈏ 속도 기전력을 크게 하기 위하여
㈐ 변압기 기전력을 크게 하기 위하여
㈑ 역률 저하를 방지하기 위하여

07 단상 정류자전동기에서 전기자권선수를 계자권수에 비하여 특히 크게 하는 이유는?

㈎ 전기자 반작용을 작게 하기 위하여
㈏ 리액턴스 전압을 작게 하기 위하여
㈐ 토크를 크게 하기 위하여
㈑ 역률을 좋게 하기 위하여

08 단상 직권정류자전동기의 회전속도를 높이는 이유는?

㈎ 리액턴스 강하를 크게 한다.
㈏ 전기자에 유도되는 역기전력을 적게 한다.
㈐ 역률을 개선한다.
㈑ 토크를 증가시킨다.

☞ 단상 보상 직권형에서는 회전속도에 비례하는 기전력이 전류와 동상으로 유기되어 속도가 커질수록 역률을 개선한다.

09 다음은 단상 정류자전동기에서 보상권선과 저항도선의 작용을 설명한 것이다. 옳지 않은 것은?

㈎ 저항도선은 변압기 기전력에 의한 단락전류를 작게 한다.
㈏ 변압기 기전력을 크게 한다.
㈐ 역률을 좋게 한다.
㈑ 전기자 반작용을 제거해 준다.

☞ 보상권선은 전기자 반작용을 상쇄하여 역률을 좋게 할 수 있고 변압기 기전력을 작게 해서 정류 작용을 개선한다. 저항도선은 변압기 기전력에 의한 단락전류를 작게 하여 정류를 좋게 한다.

10 단상 직권정류자전동기에 있어서의 보상권선의 효과는 다음과 같다. 이 중 틀린 것은?

㈎ 전동기의 역률을 개선하기 위한 것이다.
㈏ 전기자 기자력을 상쇄시킨다.
㈐ 누설(leakage) 리액턴스가 적어진다.
㈑ 제동 효과가 있다.

☞ 단상 직권전동기는 약계자, 약전기자 형이기 때문에 전기자 반작용 자속이 커진다. 또한 이 자속은 브러시의 축방향으로 발생하여 토크의 발생에는 관계없지만 전기자권선의 리액턴스를 크게 하여 역률을 나쁘게 하는 원인이 된다. 그러므로 고정자에 보상권선을 설치하여 전기자전류를 통해서 이때 발생하는 기자력이 전기자의 기자력을 상쇄시키게 한다. 따라서 이와 같이 하면 두 권선의 자기 인덕턴스가 상쇄되어 약간의 누설 리액턴스만이 존재하게 되므로 전동기의 역률이 개선된다.

11 단상 정류자전동기에 보상권선을 사용하는 가장 큰 이유는?

㈎ 정류개선 ㈏ 기동토크 조절
㈐ 속도제어 ㈑ 역률개선

12 다음 중 만능전동기는?

㈎ 차동 복권전동기 ㈏ 발전동기(dynamotor)
㈐ 3상 유도전동기 ㈑ 단상 직권전동기

☞ 단상 직권정류자전동기(보통 약칭해서 단상 직권전동기라 한다)는 교류 및 직류 양용이므로 만능전동기(universal motor)라고도 한다. 보상권선을 갖지 않은 단상 직권전동기는 가정용 미싱, 영사기, 소형 공구 등의 75[W] 이하의 소용량 전동기로 사용되고 그 이상의 용량인 것은 보상권선을 소유한 단상 직권전동기가 사용된다.

13 다음 속도 변화에 편리한 교류 전동기는?

㈎ 농형전동기 ㈏ 2중 농형전동기
㈐ 동기전동기 ㈑ 시라게전동기

☞ 시라게 전동기는 브러시의 위치 이동으로 연속적으로 속도를 세밀하게 제어할 수 있다.

14 브러시를 이동하여 회전속도를 제어하는 전동기는?

㈎ 직류 직권전동기 ㈏ 단상 직권전동기
㈐ 반발전동기 ㈑ 반발기동형 단상 유도전동기

☞ 반발전동기는 브러시의 위치 이동으로 연속적으로 세밀하게 제어할 수 있다.

15 교류 분권정류자전동기는 다음 중 어느 때에 가장 적당한 특성을 가지고 있는가?

㈎ 속도의 연속 가감과 정속도 운전을 함께 요하는 경우
㈏ 속도를 여러 단으로 변화시킬 수 있고 각 단에서 정속도 운전을 요하는 경우
㈐ 부하토크에 관계없이 완전 일정 속도를 요하는 경우
㈑ 무부하와 전부하의 속도 변화가 적고 거의 일정 속도를 요하는 경우

☞ 교류 분권정류자전동기는 토크의 변화에 대한 속도의 변화가 매우 작아 분권 특성의 정속도전동기인 동시에 가감 속도전동기로서 널리 사용된다.

16 3상 직권정류자전동기의 중간변압기의 사용 목적은?

㈎ 실효 권수비의 조정　　㈏ 역회전을 위하여
㈐ 직권 특성을 얻기 위하여　　㈑ 역회전의 방지

☞ 3상 직권정류자전동기의 중간변압기(또는 직렬 변압기)는 고정자 권선과 회전자권선 사이에 직렬로 접속된다. 중간변압기의 사용 목적은 다음과 같다.
① 정류자 전압의 조정
② 회전자 상수 증가
③ 경부하시 속도 이상 상승의 방지
④ 실효 권수비의 조정

CHAPTER

6

전력전자

1 전력전자의 정의

1948년 미국의 J. Bardeen과 W. Brattain에 의해서 트랜지스터가 발명되어 전자회로 기술에 혁명적 영향을 주었다. 1956년에는 Bell 전화 연구소에서 pnpn접합트랜지스터 스위치의 원형이 제작되었고 1958년에 G.E사의 R. A. York, F. E. Gentry에 의해서 이 소자의 대전류화와 공업화에 성공하여 SCR(Silicon Controlled Rectifier)의 상품명을 발표하였다. 그후 다수의 pnpn접합소자를 총칭해서 다이리스터(Thyristor)로 부르는 것으로 ICE(국제 전기 표준회의)에서 결정하였다.

대전류를 제어할 수 있는 다이리스터의 출현은 전력의 개폐, 변환 및 제어기술 분야에 큰 기술혁신을 가져왔고 전력, 전자, 제어의 세 분야에 걸친 기술 영역으로써 새로운 기술분야를 발전하였다. 이 새로운 분야를 1960~1970년대에 이르러 W. E. Newell에 의해서 「전력전자」(power electronics)라고 부르는 것이 제안되어 그 명칭이 일반적으로 사용되게 되었다.

전력전자기술은 바이폴라·트랜지스터와 전력용 MOS-FET등의 출현에 의해서 더욱 비약전인 진보를 해왔다. 종래 전력제어는 회전기와 변압기 등의 전자기기가 주류를 점하고 있었으나 이들 반도체 전력변환 장치와 그의 응용기술의 진보에 의해서 반도체소자를 응용한 전력변환기기로 치환되어 있다.

예를 들면 전동기제어의 분야에서는 초기의 워드레너드 방식의 전압제어에 직류발전기가 많이 사용되었으나 최근에는 대부분 다이리스터 정류회로와 전력용 트랜지스터에 의한 제어로 정지화되어 있다. 이들 반도체소자를 응용한 초퍼회로와 인버터, 컨버터회로 기술의 진보에 의해 직류전압변환, 직류전압조정, 주파수변환이 용이하게 되었기 때문에 직류전동기의 제어는 물론 유도전동기의 주파수제어에 의한 속도제어가 용이하게 되었다. 이 때문에 고가의 직류전동기 대신 가격이 저렴한 유도전동기를 이용한 속도제어가 많이 사용되고 있다.

제어분야에서는 제어용의 전력증폭기로서 과거에는 앰플리다인과 같은 회전기와 대전력용 진공관이 이용되었으나, 이들 증폭기는 제 2차 세계대전 후 자기증폭기로 치환되었다가 다이리스터와 전력용 트랜지스터의 출현에 의해서 다시 이들 반도체소자로 치환되었다. 이와 같은 전력전자기술의 진보에 의해서 산업기술분야, 교통기술분야, 민생기술분야 등의 기기에 대한 정지기화, 무접점화, 교류화, 경량화가 용이하게 되었으며 마이크로컴퓨터 기술의 진보와 협조로 더욱 응용기술의 진전을 가져오고 있다.

1.1 pn접합소자

1개의 반도체 단결정 중에 반을 n형으로 나머지 반을 p형으로 도핑 시켰을 때 pn접합이 두 영역 사이에 형성된다. pn접합에 외부에서 전계를 가하면 가하는 방향에 따라서 전류의 크기가 극단적으로 다른 정류작용을 한다. 이와 같은 소자를 다이오드(diode)또는 정류소자(rectifying device)라고 한다.

이 소자의 정류작용은 [그림 6-1]과 같다. [그림 6-1](a)에 나타낸 바와 같이 p형과 n형이 접합되어 있지 않을 때에는 p형에는 다수의 정공(다수캐리어)과 매우 소수의 전자(소수캐리어) 즉, (−)로 이온화한 억셉터가 있으며 n형에서는 다수의 전자(다수캐리어)와 매우 소수의 정공(소수캐리어), 즉 (+)로 이온화된 도너이온이 있고 이 상태에서는 전기적으로 중성을 유지하고 있다.

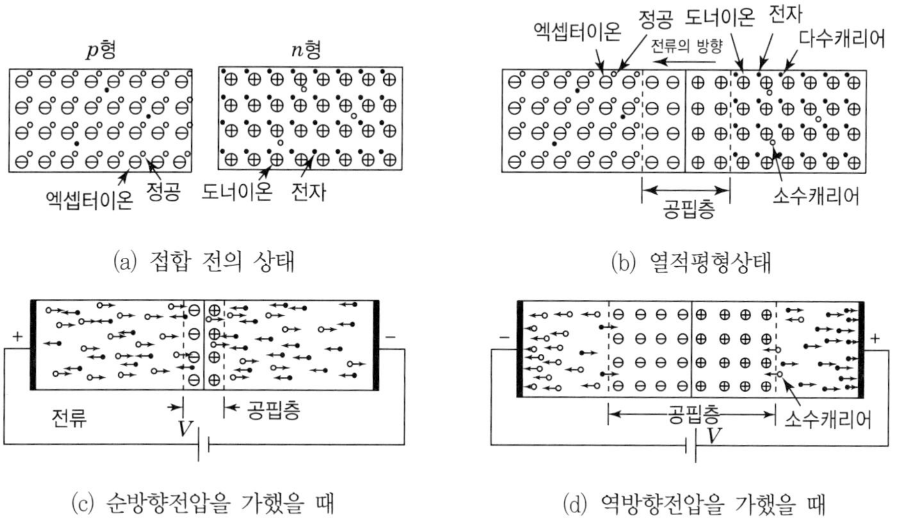

[그림 6-1] pn접합의 정류작용

이 상태의 경우에는 p형에서는 정공의 밀도가 n형보다는 크고 캐리어의 대부분을 점하며 반대로 n형에서는 전자의 밀도가 크고 캐리어의 대부분을 점하고 있다. 이와 같은 p형과 n형을 상온에서 [그림 6-1](b)와 같이 접합하면 각각의 캐리어는 접합면을 통해 밀도가 높은 쪽에서 낮은 쪽으로 확산한다. 즉, p형의 정공은 n형으로, n형의 전자는 p형으로 확산한다. 이와 같이 캐리어의 확산이 행해지면 접합면 부근의 p형 영역에서는 n형에서 확산한 전자와 p형의 정공이 재결합해서 정공이 없어지며 (−)전하로 대전되어 음이온이 된다. 이것과 반대로 n형 영역에서는 확산된 정공과 n형의 전자가 재결합하여 전자가 없어지고 (+)전하고 대전되어 양이온이 된다. 그 결과 이들 이온의 전하에 의해서 접합면 부근에서 전위차, 즉 전위장벽(potential barrier)이 생기면서 [그림 6-1](b)에 나타낸 방향으로 전계가 생긴다. 이것이 형성된 후 n형 영역의 전자가 p영역으로 이동하기 위하여 양이온의 인력과 음이온의 반발력을 극복해야 만 된다. 그러므로 이온층이 형성되었을 때 접합의 양쪽 영역에서는 어떠한 전도전자나 정공도 존재하지 않기 때문에 공핍층(Depletion Layer)이라 부른다. 또한 [그림 6-1](c)에 나타낸 방향으로 외부에서 전압을 가하면 이 전압에 의한 전계에 의해서 n형의 전자는 (+)측으로 이동하며 p형의 정공은 반대로 (-)측으로 이동한다. 양쪽 캐리어는 접합면을 넘어서 상대 영역으로 침입한다. 빠져나간 캐리어의 일부는 재결합해서 소멸하지만 대부분은 전극에 도달한다.

따라서 캐리어의 이동이 발생하므로 전류가 화살표 방향으로 흐른다. 이 때의 인가전압을 순방향전압, 흐르는 전류를 순방향전류라고 한다. 또한, 이와 같이 순방향으로 동작하고 있을 때에는 공핍층 안에 캐리어가 들어오기 때문에 공핍층의 폭이 좁게 된다. 이것에 대해 [그림 6-1](d)와 같이 인가전압의 방향을 반대로 하면 다수캐리어인 정공은 (-)극으로, 전자는 (+)극에 끌려간다.

그 결과 전위장벽은 높아지고 공핍층의 폭도 넓어진다. 따라서 캐리어의 이동이 되지 않으므로 절연상태로 되어 전류는 흐르지 않는다. 그러나 이 경우에도 p형, n형의 두 영역 안에 수소캐리어가 있기 때문에 이 소수캐리어에 대해서는 전계는 순방향전압으로 되기 때문에 매우 적은 전류가 흐른다. 이 전류를 역방향전류라고 한다.

역방향전류는 순방향전류에 비해서 극히 작기 때문에 이것을 무시하면 순방향전류만이 흐른다고 생각할 수 있으며 정류작용이 행해지는 것으로 된다. 만약 역방향전압을 크게 해서 어는 전압에 도달하면 급격히 큰 전류가 흐른다. 이 전압은 전류의 크기와는 무관한 거의 일정한 값이며 항복전압 또는 제너전압이라고 한다. 이 특성을 이용한 것으로 정전압 다이오드가 있다. 이들 소자는 [그림 6-2]과 같은 기호로 표현되며 순방향과 역방향전압·전류특성을 나타내면 [그림 6-3]과 같이 된다.

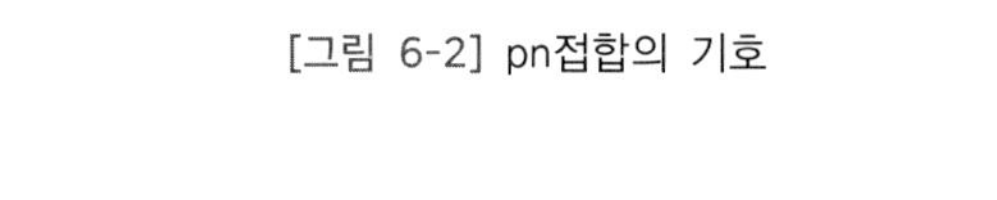

[그림 6-2] pn접합의 기호

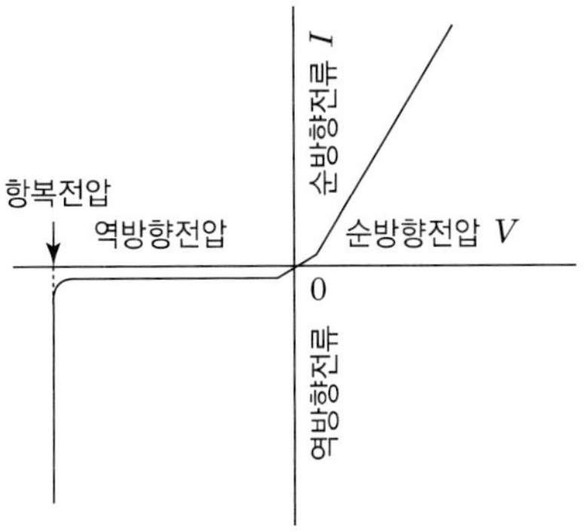

[그림 6-3] pn접합의 전압·전류특성

1.2 트랜지스터

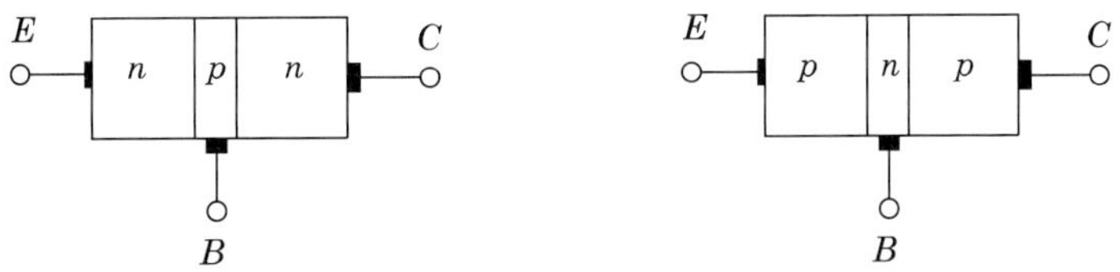

(a) npn접합트랜지스터 (b) pnp접합트랜지스터

[그림 6-4] 트랜지스터의 구조

(a) npn접합트랜지스터 (b) pnp접합트랜지스터

[그림 6-5] 트랜지스터의 기호

p형 또는 n형 반도체의 양측에 이들과 반대의 n형 또는 p형 반도체를 접합해서 npn접합 또는 pnp접합의 3층구조로 한 소자를 트랜지스터라고 한다. 트랜지스터는 증폭작용을 하는 소자이며 npn접합을 npn트랜지스터 pnp접합을 pnp트랜지스터라고 한다. 3층 접속한 각각의 영역에 [그림 6-4]에 나타낸 전극을 연결해 이들 전극을 [그림 6-5]에 나타낸 바와 같이 에미터(emitter), 베이스(base), 컬렉터(collector)라고 하며 E, B, C의 기호로 표현한다. 또한 이들의 트랜지스터는 [그림 6-5]에 나타낸 기호로 표현된다. 베이스 부분은 불순물 농도가 대단히 낮고 두께가 매우 엷으므로 다수캐리어인 정공의 수는 매우

적다. 이들 트랜지스터는 전자와 정공의 2종류의 캐리어가 트랜지스터의 동작에 관여하고 있기 때문에 바이폴라・트랜지스터(bipolar transistor)라고 한다. 여기서 npn트랜지스터의 동작에 대해 살펴본다.

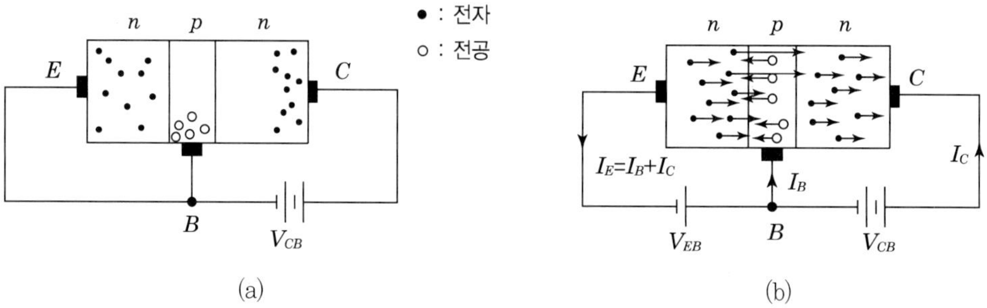

[그림 6-6] npn트랜지스터의 동작

[그림 6-6](a)와 같이 베이스를 공통으로 해서 베이스와 컬렉터의 pn접합에 역방향으로 접합 V_{CB}를 가하면 베이스영역의 정공과 컬렉터 영역의 전자가 전극에 끌려서 전류는 흐르지 않는다. 이 상태에서 [그림 6-6](b)와 같이 베이스와 에미터의 pn접합부에 순방향의 전압 V_{EB}를 가하면 전자가 에미터 영역에서 접합면을 넘어서 베이스영역에 들어온다. 들어온 전자는 베이스영역이 수 [μ m] 정도로 매우 얇은 층으로 되어 있기 때문에 베이스 전극에 들어온 전자의 대부분은 베이스와 컬렉터의 접합면을 넘어서 컬렉터전극에 끌리게 된다. 전자는 컬렉터전극을 통하여 외부회로의 (+)단자로 이동하므로 그림과 같이 컬렉터전류 I_C를 형성한다. 베이스전극에 도달한 전자는 베이스전류 I_B로 되며 에미터에는 $I_E = I_B + I_C$의 에미터 전류 I_E가 흐른다. 즉, 에미터전류 I_E의 대부분이 컬렉터전류 I_C로 된다. 여기에서 I_E를 입력전류로 하면 I_C가 출력전류로 되어서 증폭작용이 행해진다. 이 입・출력전류의 증폭율을 전류증폭률(current amplification factor) α 라고 하며 다음 식으로 표현된다. α는 0.99 전후의 1에 가까운 값으로 된다.

$$\alpha = \frac{I_C}{I_E} \tag{6-1}$$

1.3 전계효과 트랜지스터

전계효과 트랜지스터(field effect transistor: FET)는 구조에 따라서 접합형 FET(junction FET : J-FET)와 절연게이트 FET(insulation gate FET : IG-FET)가 있다. 절연형 FET의 절연막에 실리콘 산화막을 사용하는 것이 많으며 이와 같은 것을 MOS-FET(metal oxide semiconductor FET)라고 하고 절연게이트 FET의 대표적인 명칭으로 널리 사용된다. FET는 바이폴라 · 트랜지스터에 비해 입력저항이 높고 누설전류가 상당히 작으며 잡음특성이 우수하다. 또한 캐리어 축적효과에 의한 축적시간이 없고 턴-온 시간 t_{on}, 턴-오프 시간 t_{off}가 짧으며 고주파 스위칭특성이 우수하다.

(1) 접합형 FET

[그림 6-7]은 n채널형의 접합형 FET를 나타낸 것으로서 n형 반도체기판의 양단에 소스전극 S와 드레인 전극 D를 가지고 있으며, 중간의 위치에 n형 반도체 내에 게이트전극을 가진 p형 반도체를 형성하고 있다.

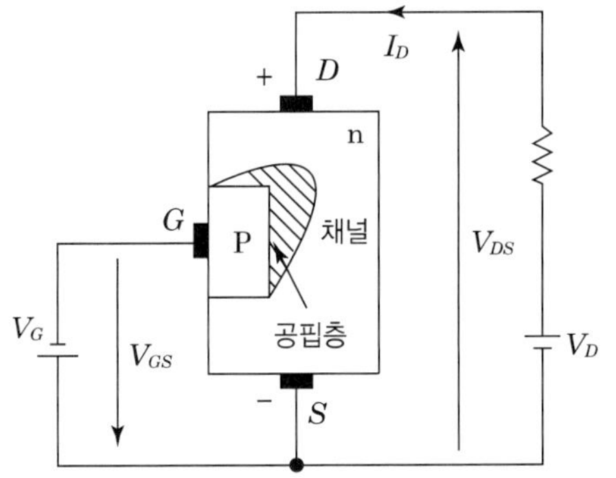

[그림 6-7] 접합형 FET

소스와 게이트 사이의 pn접합에 역바이어스 전압 V_{GS}를 점차 크게 하면 n형 채널 내의 캐리어(전자)는 V_{DS}의 크기에 비례하여 이동하기 때문에 드레인 전류 I_D는 V_{DS}에 비례해서 증가한다. 이때 pn접합 면에는 역전압이 가해지고 있기 때문에 접합면 부근에 공핍층이 생긴다. V_{DS}를 더욱 크게 하면 공핍층이 넓어지기 때문에 채널의 폭이 접게 되며 V_{DS}에 의한 캐리어의 이동이 억제된다.

또한 V_{DS}를 일정히 유지하고 V_{GS}를 변화시키면 V_{GS}에 의해서도 pn접합에 걸리는 역바이어스 전압이 변하기 때문에 공핍층의 폭이 변화해서 I_D가 제어된다. 이와 같이 V_{DS}, V_{GS}를 변화시키면 공핍층의 넓이가 변해서 채널의 폭이 제어되어 I_D가 제어된다.

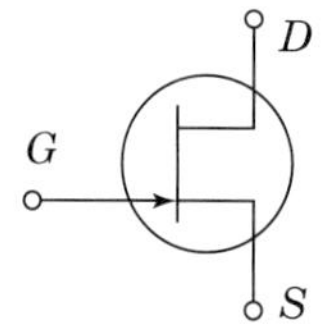

(a) n채널형 J-FET

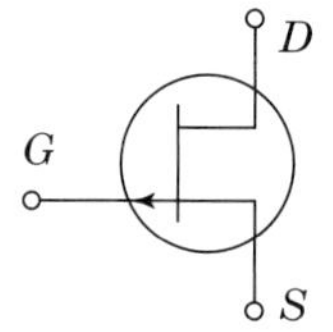

(b) p채널형 J-FET

[그림 6-8] 접합형 FET의 기호

p채널형은 반도체기판으로 p형 반도체를 이용하는 것으로 pn접합이 역으로 되며 V_{GS}, V_{DS}, I_D의 극성이 n채널형의 반대로 되나 동작원리와 특성은 같다.

접합형 FET의 n채널형과 p채널형은 각각 [그림 6-8]의 기호로 표현된다.

(2) MOSFET(Metal Oxide Semiconductor Field Effect Transistor)

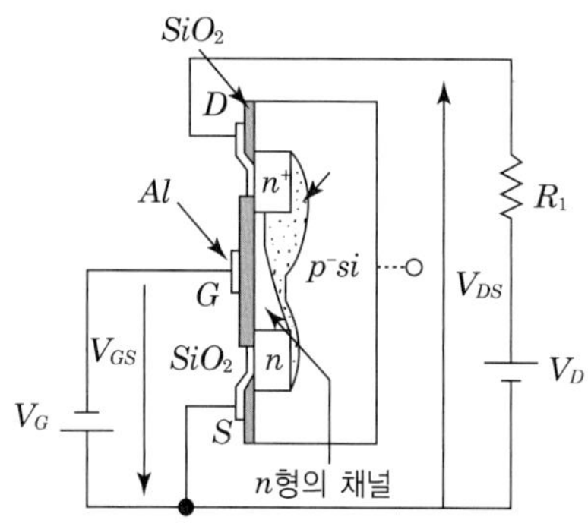

(a) 공핍형 MOSFET

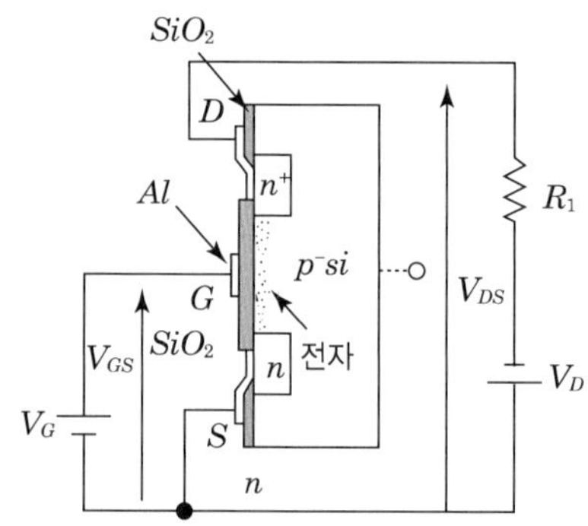

(b) 증가형 MOSFET

[그림 6-9] n채널형 MOSFET의 구조

[그림 6-9]는 n채널형의 MOSFET를 나타낸 것으로 p형 실리콘기판의 표면을 산화해서 SiO_2의 절연막을 형성시키고 n형의 도너-불순물을 고농도로 확산시켜 n형의 소스 전극 S와 드레인 전극 D를 만든다. 이 소자에 가하는 입력신호전압 V_{GS}를 일정하게 하고 V_{DS}를 점차 크게 하면 V_{DS}가 작은 경우에는 채널 내의 전자가 V_{DS}에 의하여 이동하기 때문에 드레인 전류 I_D는 거의 V_{DS}에 비례하여 증가한다. V_{DS}가 크게 되면 채널 내에 정공이 유도되어 공핍층을 만들어서 채널의 폭이 좁게 되면 더욱이 I_D에 의한 전압강하 때문에 드레인 전극 D에 가까운 쪽이 좁게 되어 V_{DS}를 증가시켜도 I_D는 V_{DS}에 비례해서 증가하지 않게 되며 점차 포화한다.

다음에 V_{DS}를 일정하게 유지하고 V_{GS}를 크게 하면 V_{GS}에 의한 역바이어스 전계에 의해서 채널 전체의 폭이 좁게 되어 I_D가 작게 된다. 즉 V_{DS}를 일정하게 유지해서 V_{GS}를 가변하는 것에 의해서 V_{DS}에 영향을 주는 일없이 채널폭을 제어하여 출력전류 I_D를 제어할 수 있다. 여기에서 설명한 [그림 6-9](a) MOS-FET는 게이트전압을 가하는 것에 의해서 미리 형성되어있는 채널 폭은 감소시켜서 드레인 전류 I_D를 제어하고, I_D를 감소시키는 특성을 갖고 있다. 이러한 특성의 FET를 공핍형(depletion type)이라고 한다. 이에 대해 [그림 6-9](b)와 같은 접속으로 해서 V_{GS}를 가하는 경우에 채널이 없고 (+)의 바이어스 전압 V_{GS}를 가하는 것에 의해서 채널을 만들며 V_{GS}를 크게 할수록 채널 폭이 크게 되어서 I_b가 증가하는 구조로 한 것은 증가한다는 의미에서 증가형(enhancement type)이라고 한다.

이상으로 n채널형의 MOS-FET의 구조, 동작원리에 대해 설명하였으나 p채널의 경우는 n형(전자)과 p형(정공)이 반대이고, 그것에 따라서 전압의 극성, 정류의 방향이 반대로 될 뿐 동작원리와 특성은 같다. 이들 소자는 [그림 6-10]과 같은 기호로 나타낸다. B단자는 기판접속의 인출극을 나타내며 내부에서 S에 접속되어있는 것이 많다.

	n채널형	p채널형
공핍층	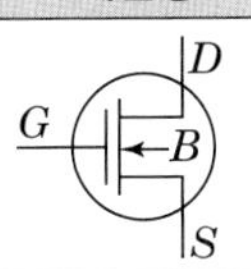	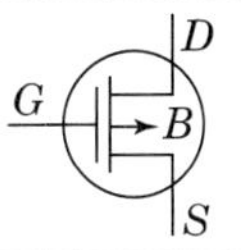
증가형	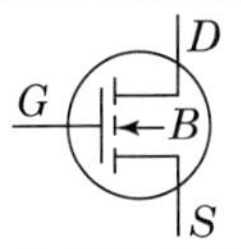	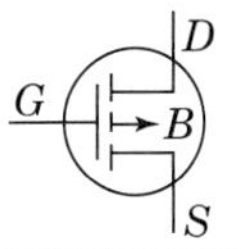

[그림 6-10] MOSFET의 기호

연습문제

01 PN접합 다이오드의 작용과 컷인(cut in) 전압에 대해 설명하여라.

02 전원전압을 안정하게 유지하기 위해서 사용되는 다이오드와 가변용량 다이오드의 종류를 들고 간단히 설명하여라.

03 PN접합 다이오드가 열평형 상태에 있을 때 공간전하 영역의 전자농도와 정공농도의 관계를 설명하고 PN접합의 파괴 원인에 대해 설명하여라.

04 PN접합 면에 역바이어스 전압을 증대하면 접합이 파괴되는 이유에 대해 설명하여라.

05 PNP 트랜지스터의 정상바이어스 전압을 가해 동작되는 원리를 설명하여라.

06 트랜지스터의 컬렉터 전류에 의해 컬렉터 손실로 트랜지스터가 파괴되는 이유에 대해 설명하여라.

07 메사(mesa)형 트랜지스터와 플레나(planar)형 트랜지스터를 비교 설명하여라.

08 트랜지스터의 증폭작용에서 동작점 Q의 변화에 영향을 줄 수 있는 요소에 대하여 설명하여라.

09 터널다이오드의 원리와 특성에 대하여 설명하여라.

10 반도체에 빛이 조사되면 전기장이 감소하는 현상은 무엇이며 이런 현상의 소자들을 예를 들어 설명하여라.

11 광 다이오드(LED)와 포토 다이오드에 관해 비교 설명하여라.

12 포토커플러(photo coupler)의 동작원리와 특성, 응용되는 회로에 대해 설명하여라.

13 광 다이오드(LED)와 광 트랜지스터는 어떤 효과에 의해 이용되고 있으며 광도전 셀(cell)의 암저항이란 무엇인가 설명하여라.

14 주입형 발광소자란 무엇인가 설명하여라.

15 MOS-FET와 바이폴라·트랜지스터를 비교 설명하여라. 또, FET의 전계효과에 의한 현상을 간단히 설명하여라.

16 P채널형 FET와 N채널형 FET를 비교 설명하여라.

17 npn트랜지스터와 PNP트랜지스터를 비교 설명하여라.

2 다이리스터(Thyristor)

다이리스터(thyristor)는 접합이 3개 이상이고 스위칭 기능을 갖는 반도체 정류소자를 말하며 그 대표적인 것이 SCR(Silicon Controlled Rectifier)이다. SCR은 1957년에 미국 G. E. 사에서 개발된 전력용 반도체 스위칭소자의 상품명으로 일반적으로 SCR을 다이리스터라고 부르고, 그 외의 다이리스터를 다음과 같이 각각의 명칭으로 부른다. 즉, pnpn스위치, GTO(Gate Turn Off thyristor), LASCR(Light Activated SCR), TRIAC(TRIode AC switch), SSS(Silicon Symmetrical Switch) 등이 있다. 이들 소자의 접합, 전압·전류특성, 스위칭동작, 기호들을 나타내면 [표 6-1]과 같다.

[표 6-1] 다이리스터의 종류

명 칭	pnpn위치	SCR	GTO	LASCR	TRIAC	SSS
접 합	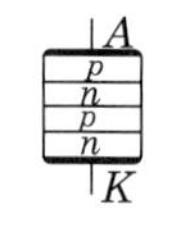	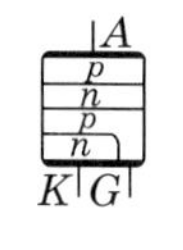	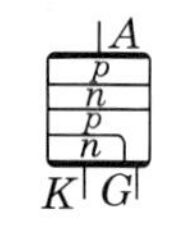	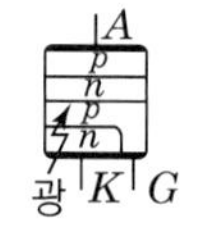	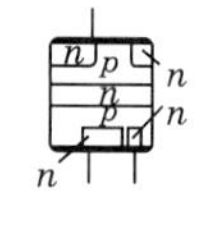	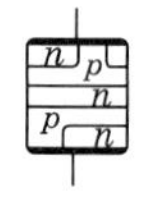
전압·전류특성	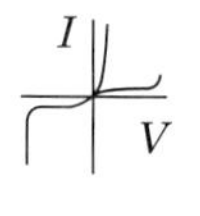	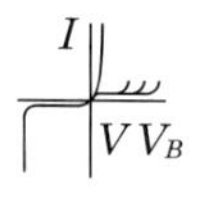	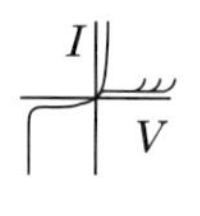	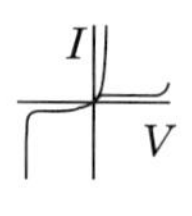	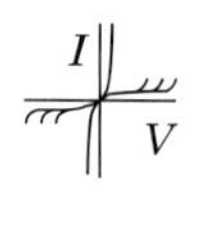	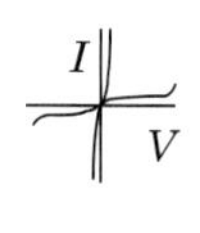
동 작	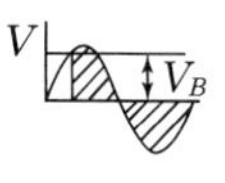	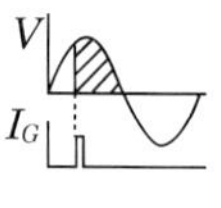	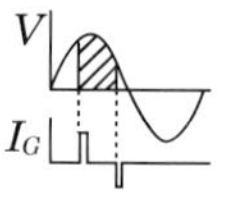		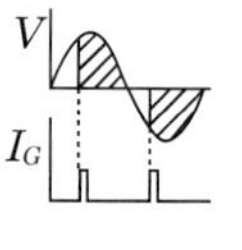	
기 호	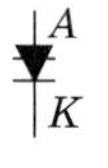	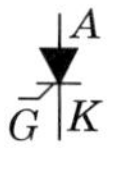		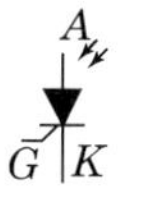		

2.1 SCR(Silicon Controlled Rectifier)

(1) 구조

SCR은 [그림 6-11](a)에 나타낸 바와 같이 pnpn의 4층구조로 되어 있고 J_1, J_2, J_3의 3개의 접합부를 갖는 소자이며 양단에 전극을 설치하여 p형 영역의 전극을 양극(에노드)A, n형 영역의 전극을 음극(캐소드)K로 한 것으로 중간의 p층에 게이트 전극 G를 설치한 구조로 되어 있다. 이 소자의 각 층을 [그림 6-11](b)와 같이 접속하여 게이트전류 I_G를 제어해서 주회로의 전류I를 스위칭제어가 가능하도록 되어 있다.

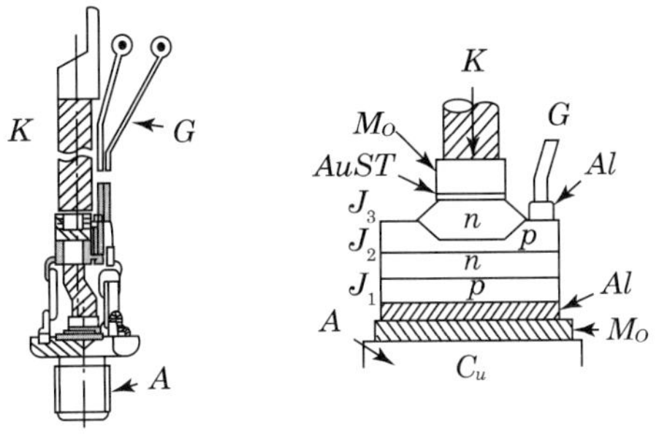

(a) SCR 의 구조

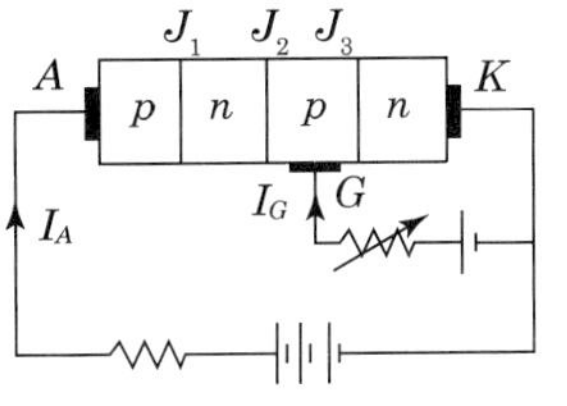

(b) SCR의 접합과 접속

[그림 6-11] SCR의 구조

(2) SCR의 동작원리

SCR은 스위칭 제어하기 위해 게이트 전극을 갖고 있는 pnpn접합 소자이지만 이 소자의 모든 전극을 개방하면 [그림 6-12](a)와 같이 각 pn접합면 J_1, J_2, J_3를 넘어서 캐리어가 서로 상대측의 영역으로 확산한다. pn접합소자의 경우와 마찬가지로 확산 캐리어의 이동에 의해서 각 접합면에 공핍층이 생기고 전위장벽을 만들며 캐리어의 이동이 끝나서 열적평형 상태로 된다. 이 소자에 [그림 6-12](b)방향으로 전계를 가하면 정공은 애노드 A측으로 끌리고 전자는 캐소우드 K측으로 끌려서 J_1, J_3접합면의 공핍층 폭이 크게되어 정공과 전자가 이동되지 않는 역방향전압 저지상태로 된다.

그러나 [그림 6-12](c)와 같이 애노드측에 (+), 캐소드측에 (−)전계, 즉 순방향으로 전계를 가하면 J_1, J_3 접합면에서 두 영역의 캐리어가 서로 상대측 영역으로 이동한다. 그러나 J_2접합면은 n_1영역에서는 J_2면에 정공이 모여 (+)번위로 바이어스 되며, 반대로 p_2측에서는 전자가 모여서 (−)전위로 바이어스 되어 캐리어의 이동이 멈춘다.

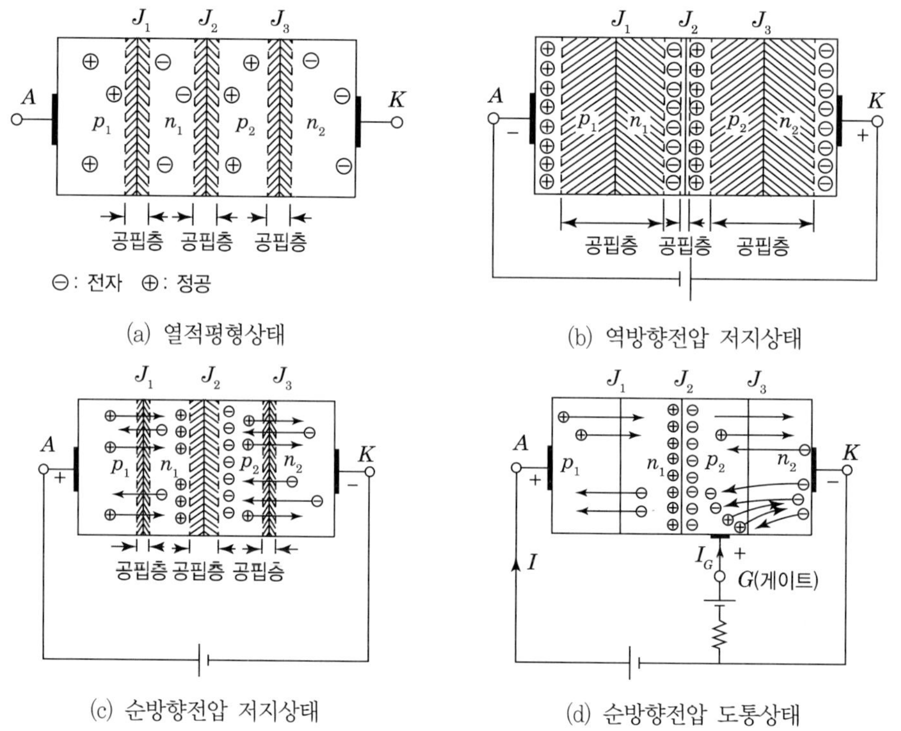

[그림 6-12] SCR의 동작원리

이 상태를 순방향전압시의 저지상태라고 한다. [그림 6-12](d)와 같이 p_2층에 게이트전극 G를 설치하여 게이트에 정전계를 가하면 p_2n_2접합 사이에 순방향전압이 가해지기 때문에 그림과 같이 전자와 정공의 이동이 생겨 I_G가 흐른다. 게이트전위로 이동한 전자는 게이트로 향해서 흐르며 이 전체에 의해서 가속된 전자의 일부는 게이트에 도달하지 않고 애노우드의 전계에 끌려 J_2면에 도달하여 J_2명에 전자가 축적된다. 이 때문에 J_2접합면의 p_2측이 (−)전위로 바이어스 되어 J_2명의 두 영역 사이의 전계가 강하게 되어, 마침내 J_2면의 절연이 파괴된다. 일단 J_2면의 절연이 파괴되면 눈상태 현상을 일으켜 도통상태로 되며, 게이트전류 I_G를 0으로 하여도 전류가 계속 흐른다. 일단 도통상태로 되면 게이트전류를 0으로 하여도 전류가 계속 흐르기 때문에 타이밍을 조정해서 펄스상의 I_G를 가하면 도통하는 시간을 제어할 수 있다.

게이트전류가 0인 상태에서 주회로의 전류가 0으로 되면 절연성을 회복하여 순방향전압 저지상태로 된다. 실제로는 주회로의 전류가 완전히 0으로 되기 전에 어느 정도의 작은 전류로 되면 절연성을 회복해서 저지상태로 된다. 이 때의 주회로의 전류를 유지전류(holding current)I_H라고 한다. 또한, 저지상태를 오프상태라고 하며 도통상태를 온상태라고 한다. 오프상태에서 온상태로 되는 것을 턴온(turn on)이라고 하고 턴온시키는 것을 점호(triggering)라고 한다. 반대로 온상태에서 오프상태로 되는 것을 턴오프(turn off)라고 하며 턴오프하는 것을 소호라고 한다. SCR은 [그림 6-13]과 같은 기호가 사용된다.

(a) p 게이트형　　(b) n 게이트형

[그림 6-13] SCR의 구조

2.2 GTO(Gate Turn Off)

도통상태(on 상태)에 있는 SCR을 포함한 일반 다이리스터 소자에서는 턴오프시키기 위해서는 주전류를 0또는 유지전류 이하로 하여야 한다. GTO는 역저지 3단자 다이리스터에 속하나 직접 역극성의 게이트신호를 가해서 턴오프시키는 구조로 만든 다이리스터 소자이다. 따라서 GTO는 게이트 (+)의 전류펄스를 가해서 턴온하고, (−)의 게이트 전류펄스를 가해서 턴오프시키는 소자이다. 그러나, 턴오프 기구는 턴온 동작에 비해 간단하지 않으며 충분히 턴오프시키기 위해서는 턴온시에 배해 상당히 큰 (−)의 게이트전류를 가하여야 한다. 이 주전류와 턴오프에 필요로하는 (−)의 게이트전류비 $G = I/I_G$를 게이트 턴오프이득(gate turn-off gain)이라고 하며 5~25정도이다.

GTO는 이와 이 턴오프시에 비교적 큰 게이트펄스전류를 필요로 하기 때문에 턴오프시의 손실이 크므로 사용할 때 열손실에 주의를 하여야 한다. 그러나 주파수특성이 좋고 일반적인 다이리스터에서 수 kHz가 한도인 것에 비해 100kHz 정도까지 고주파화 하는 것이 가능하다. 따라서 직류회로의 스위칭소자로서 사용하는 것이 유리하며 매력적인 소자이다.

[그림 6-14] GTO

2.3 TRIAC(TRIode for Alternating Current)

TRIAC은 [표 6-1]에 나타낸 바와 같이 2개의 주전극과 1개의 게이트 전극을 갖으며 두 방향으로 흐르는 주전류를 게이트 신호로 제어할 수 있는 쌍방향성의 교류스위치이다. 등가적으로는 [그림 6-15]와 같이 SCR을 역병렬로 접속한 것과 같으며 이것을 1개의 게이트 신호로 제어할 수 있도록 한 것이다. 따라서, 이 특성은 (+), (-)어느 쪽 방향에 대해서도 SCR의 순방향 특성과 같은 것으로 된다. 또한, 쌍방향성 소자이기 때문에 2개의 주전극에 어느 쪽을 취해도 좋으며 게이트 전류의 방향도 (+), (-) 어느 것으로 하여도 점호가 가능하다.

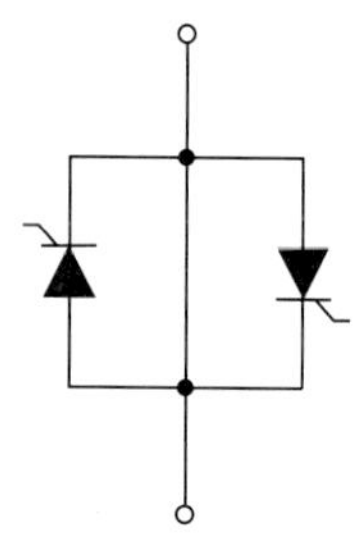

[그림 6-15] TRIAC의 등가회로

연 습 문 제

01 SCR에 대해 간단히 설명하여라.

02 SCR을 오프상태에서 온 상태가 되게하는 방법을 설명하여라.

03 SCR의 턴온 방법에 대해 간단히 설명하고 기계적인 스위치와 비교 설명하여라.

04 SCR을 사용할 경우 턴온 되기 위한 올바른 전원공급 방법을 설명하여라.

05 SCR은 두 개의 트랜지스터 등가회로로 나타낼 수 있다. 이 회로도를 그리고 자세한 동작에 대해 설명하여라.

06 도전상태에 있는 SCR을 차단상태로 하기위한 방법에 대해 간단히 설명하여라.

07 다이리스터(Thyristor)에서의 래칭전류(Latching Current)와 유지전류(Holding Current)를 비교 설명하여라.

08 실리콘 제어정류소자(SCR)의 V-I 특성곡선을 그리고 간단히 설명하여라.

09 다이리스터의 게이트 트리거 작용과 소자를 도통시키는 방법에 대하여 설명하여라.

10 실리콘 제어정류기(SCR)의 브레이크 오버 전압과 브레이크 다운 전압에 대해 비교 설명하여라.

11 다이리스터의 응용 예중 교류전력 제어에 대하여 설명하여라.

12 다이리스터(Thyristor)소자 중 트라이액(Triac)과 다이액(Diac)에 대해 비교 설명하여라.

13 트라이액에 대한 동작원리와 특성에 대하여 설명하여라.

14 GTO소자에 동작회로와 특성 및 원리에 대하여 설명하여라.

15 다이리스터소자 중 SSS, PUT, SCS소자들의 특성과 원리에 대해 간단히 설명하여라.

3 정류회로

전력의 발생 및 송배전에는 승·강압에 편리한 교류가 일반적으로 사용되고 있다. 그러나 전력을 이용하는 경우 전기화학, 전기철도, 전기제어회로 등과 같이 직류를 필요로 하는 경우가 많다. 이 때문에 교류를 직류로 변환하는 회로가 이용된다. 이 변환회로를 일반적으로 순변환회로 또는 정류회로라고 하며 교류를 직류로 변환하는 것은 순변환 또는 정류라고 한다.

정류회로는 교류측의 상수에 따라 단상, 3상, 6상 정류가 있으며 교류의 한 방향 전압 또는 전류만을 정류하는 반파정류회로, 양방향전압 또는 전류를 전파정류하는 브리지 정류회로, 혼합브리지정류회로 등이 있다.

3.1 단상 반파제어정류회로

[그림 6-16]과 같이 1개의 정류소자 또는 다이리스터를 전원과 부하에 직렬로 접속하여 교류의 한 방향전압 또는 전류만을 정류하는 회로를 반파정류회로라고 한다. 부하를 일반화하기 위해 [그림 6-16]에 나타낸 바와 같이 R-L의 유도성 부하를 접속해서 회로방정식을 구하면 식 (6-2)을 얻을 수 있다.

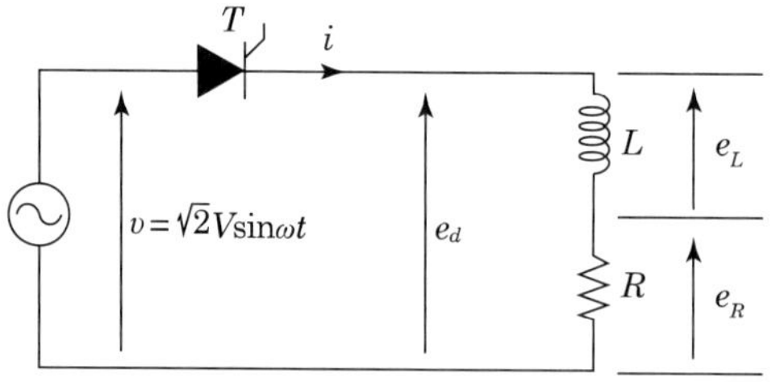

[그림 6-16] 단상 반파제어정류회로

$$L\frac{di}{dt} + Ri = \sqrt{2}\,V\sin\omega t \tag{6-2}$$

식 (6-2)을 제어각인 점호각(firing angle) $\omega t=\alpha$, 즉 $t=\alpha/\omega$인 경우에 $i=0$으로 되는 초기조건에 의해 풀면 다음 식을 얻는다.

$$i=\frac{\sqrt{2}V}{\sqrt{R^2+(\omega L)^2}}\left\{\sin(\omega t-\varphi)-\sin(\alpha-\varphi)e^{-\frac{R}{\omega L}(\omega t-\alpha)}\right\} \tag{3-2}$$

단, $\varphi=\tan^{-1}(\omega L/R)$

로 되며 [그림 6-17]와 같은 전압·전류파형으로 된다. 전류는 α에서 흐르기 시작해서 $\omega t=\beta$인 점에서 $i=0$으로 된다. β를 소호각(extinction angle)이라고 한다. β는다음 식이 영으로 되는 점을 [그림 6-18]에 나타낸 방식에 의해서 구해진다.

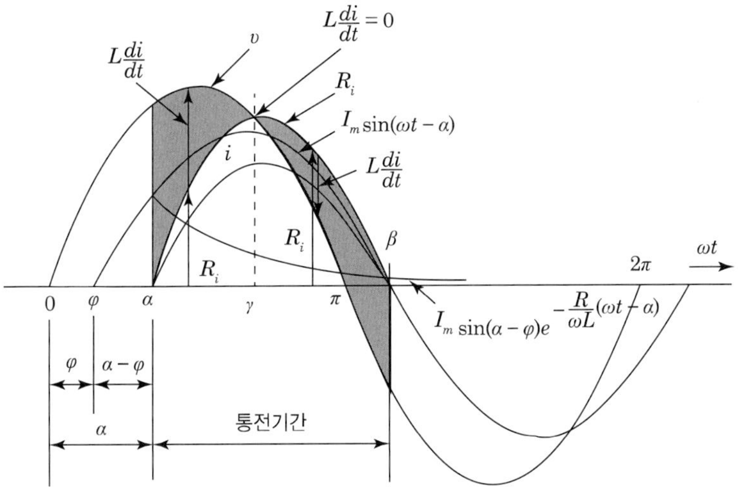

[그림 6-17] 단상 반파제어정류회로의 전압·전류파형(전류단속시)

$$\sin(\beta-\varphi)-\sin(\alpha-\varphi)e^{-\frac{R}{\omega L}(\beta-\alpha)}=0 \tag{6-4}$$

[그림 6-17]에서 알 수 있는 바와 같이 이 경우 $\beta>\pi$로 되며, $\pi\sim\beta$범위에서도 전류가 흐르나 이 범위에서는 전원전압이 부(-)극성이기 때문에 다이리스터 T에 역전압이 걸리고 이 범위의 전압이 전압파형으로 나타난다. 부하의 종류에 따라 이들 전압·전류파형에 다소 특징이 있으나 그 주된 것을 나타내면 [그림 6-18]과 같이 된다.

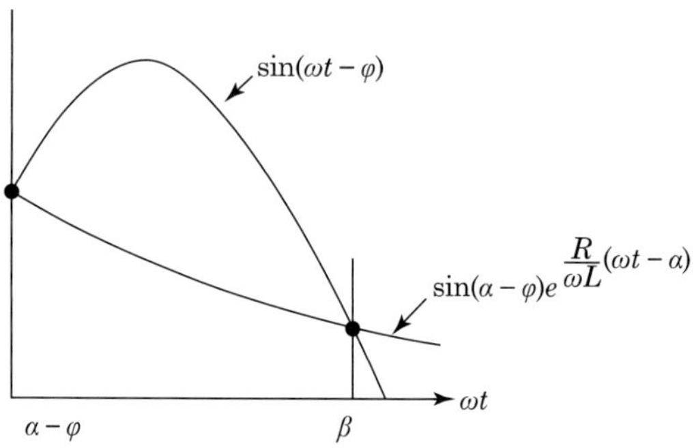

[그림 6-18] β를 구하는 방법

이 때의 직류평균전압 E_d는 다음 식으로 주어진다.

$$E_d = \frac{1}{2\pi}\int_{\alpha}^{\beta} \sqrt{2}\,V\sin\omega t d(\omega t) = \frac{V}{\sqrt{2}\,\pi}(\cos\alpha - \cos\beta) \tag{6-5}$$

또한, 직류평균전압 I_d는 다음과 같이 주어진다.

$$I_d = \frac{E_d}{R} = \frac{V}{\sqrt{2}\,\pi R}(\cos\alpha - \cos\beta) \tag{6-6}$$

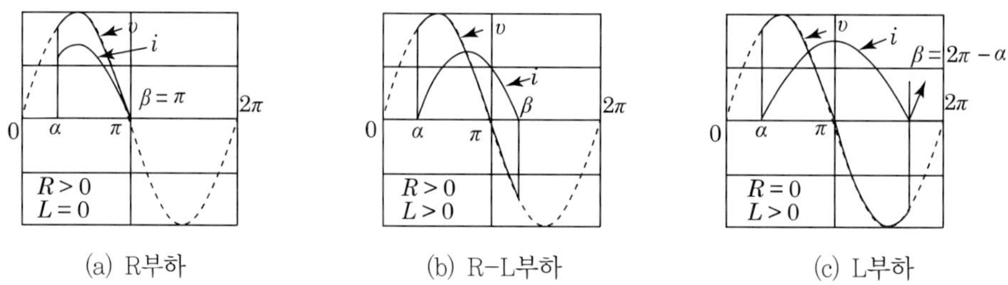

[그림 6-19] 부하의 종류와 전압 · 전류파형

이와 같이 제어각 α를 제어해서 평균전압과 평균전류를 제어하는 회로가 위상제어회로이다.

3.2 3상 반파제어정류회로

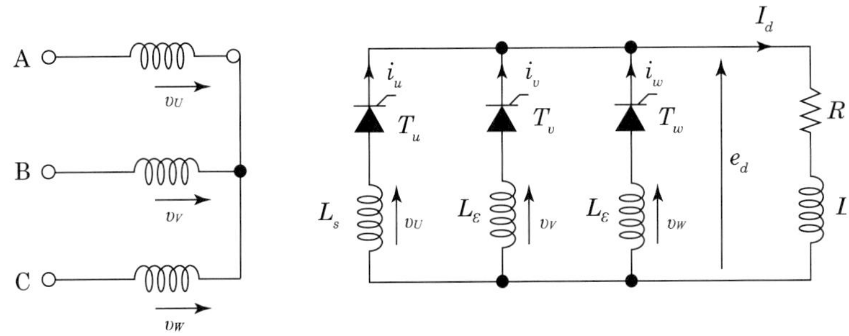

[그림 6-20] 반파전류회로

[그림 6-20]과 같이 3상 성형 접속한 회로에서 각 상전압의 교점에서 제어각(전기각) α로 T_U, T_V, T_W의 순으로 $2\pi/3$의 간격을 두어 점호하면 α점에서 전위가 높은 전압이 도통상태로 되어 반파정류가 행해진다. 이 때의 T_U, T_V, T_W 각각의 도통기간은 $2\pi/3$이다. 부하회로의 인덕턴스 L이 충분히 크면 부하회로의 전류가 완전히 평활되어 $i_d = I_d$(일정)로 도며 이 경우의 특성을 구하여 본다.

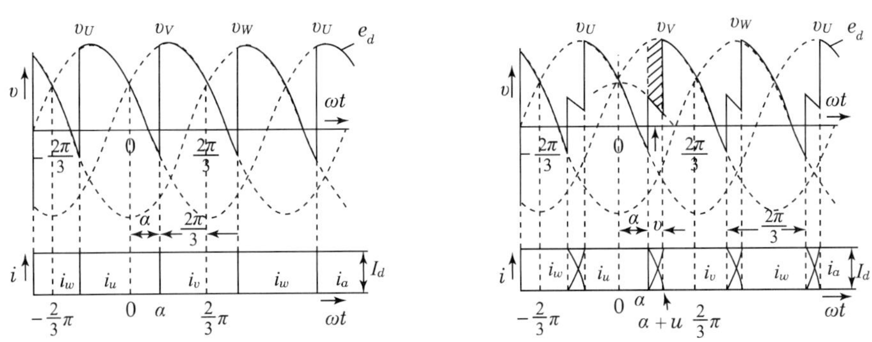

(a) 중복현상을 고려하지 않은 경우 (b) 중복현상을 고려한 경우

[그림 6-21] 3상 반파정류회로의 동작파형

(1) 중복현상의 영향을 고려하지 않은 경우

전기각 0인 위치를 [그림 6-21]과 같이 v_u와 v_v의 교점의 위치로 하면 u, v상의 상전압 v_u, v_v를 다음과 같이 표현할 수 있다.

$$v_u = \sqrt{2}\, V\cos\left(\omega t + \frac{\pi}{3}\right) \tag{6-7}$$

$$v_v = \sqrt{2}\, V\cos\left(\omega t - \frac{\pi}{3}\right) \tag{6-8}$$

전류(轉流) 중복현상을 무시하면 제어각 α에서 점호한 경우에 바로 다음 상으로 전류(轉流)하는 것으로 되기 때문에 [그림 6-21](a)와 같은 전압・전류파형으로 된다. 이때의 직류출력의 평균전압 E_d는 다음 식으로 주어진다.

$$\begin{aligned} E_d &= \frac{3}{2\pi}\int_{\alpha}^{2\frac{\pi}{3}+\alpha} v_v d\omega t = \frac{3}{2\pi}\int_{\alpha}^{2\frac{\pi}{3}+\alpha} \sqrt{2}\, V\cos\left(\omega t - \frac{\pi}{3}\right) d\omega t \\ &= \frac{3\sqrt{3}\, V}{\sqrt{2}\,\pi} cos\alpha \end{aligned} \tag{6-9}$$

여기에서 $\alpha = 0$, 즉 T_U, T_V, T_W에 다이오드를 이용한 경우의 평균전압 E_{d0}를 구하면

$$\begin{aligned} E_{d0} &= \frac{3}{2}\pi\int_{0}^{\frac{2\pi}{3}} v_v d\omega t = \frac{3}{2}\pi\int_{0}^{2\frac{\pi}{3}} \sqrt{2}\, V\cos\left(\omega t - \frac{\pi}{3}\right) d\omega t \\ &= \frac{3\sqrt{3}\, V}{\sqrt{2\pi}} \end{aligned} \tag{6-10}$$

로 되기 때문에 E_d는 E_{do}를 이용해서 다음과 같이 나타낼 수 있다.

$$E_d = E_{do}\cos\alpha \tag{6-11}$$

이 때의 부하전류 I_d는

$$I_d = \frac{E_d}{R} = \frac{E_{do}}{R} cos\alpha = \frac{3\sqrt{3}\, V}{\sqrt{2}\,\pi R} cos\alpha \tag{6-12}$$

로 된다. 또한 이때 1주기 중 다이리스터 또는 정류소자의 도통기간은 $2\pi/3$이므로 소자에 흐르는 전류의 평균전류는 $I_d/3$으로 되며, 변압기의 2차권선전류, 즉 직류 권선전류의 실효치 I_2는 다음과 같이 주어진다.

$$I_2 = \sqrt{\frac{1}{2\pi}\int_{\alpha}^{\frac{2\pi}{3}+\alpha} I_d^2 d\omega t} = \frac{I_d}{\sqrt{3}} \tag{6-13}$$

(2) 중복현상을 고려한 경우

실제로 정류회로의 전원측, 즉 변압기 직류권선의 인덕턴스 L_s의 영향을 받으며 이 경우의 전압・전류파형은 [그림 6-21](b)와 같이 된다. 이 때문에 직류권선의 리액턴스에 의한 리액턴스 전압강하 e_x가 생기며 전압강하분 만큼 평균전압이 감소한다.

제어각 α로 제어한 경우v_u에서 v_v로 전류하는 경우의 중복기간 중의 부하에 걸리는 전압 e_u및 각 상의 전류 i_u, i_v, 중복각 u, 평균리액턴스 전압강하 E_x는 각각 다음과 같다.

$$\begin{aligned} e_u &= \frac{1}{2}(v_u + v_v) = \frac{V}{\sqrt{2}}\left\{\cos\left(\omega t + \frac{\pi}{3}\right) + \cos\left(\omega t - \frac{\pi}{3}\right)\right\} \\ &= \frac{V}{\sqrt{2}} cos\omega t(\alpha < \omega t < \alpha + u) \end{aligned} \tag{6-14}$$

$$i_u = i_d - \frac{\sqrt{3}\,V}{\sqrt{2}\,\omega L_s}(\cos\alpha - \cos\omega t)(\alpha < \omega t < \alpha + u) \tag{6-15}$$

$$I_v = \frac{\sqrt{3}\,V}{\sqrt{2}\,\omega L_s}(\cos\alpha - \cos\omega t)(\alpha < \omega t < \alpha + u) \tag{6-15}$$

$$u = \cos^{-1}\left(\cos\alpha - \frac{\sqrt{2}\,\omega L_s I_d}{\sqrt{3}\,V}\right) - \alpha \tag{6-16}$$

$$E_x = \frac{3}{2}\pi\int_{\alpha}^{\alpha+u} e_x d\omega t = \frac{3\omega L_s I_d}{2\pi} \tag{6-17}$$

따라서, 실제의 직류출력의 평균전압 E_d'는 다음과 같이 된다.

$$E_d' = E_d - E_x = E_{do}\cos\alpha - \frac{3\alpha L_s I_d}{2\pi} \tag{6-18}$$

3.3 브리지제어정류회로

(1) 단상 순브리지제어정류회로

[그림 6-22]에 나타낸 바와 같이 4개의 다이리스터를 브리지형으로 접속하여 v_1이 (+)인 때 T_1과 T_4, (−)인 때 T_2와 T_3를 각각 제어각 α로 도통시켜 전파정류 출력을 얻는 회로를 단상 순브리지정류회로라고 한다.

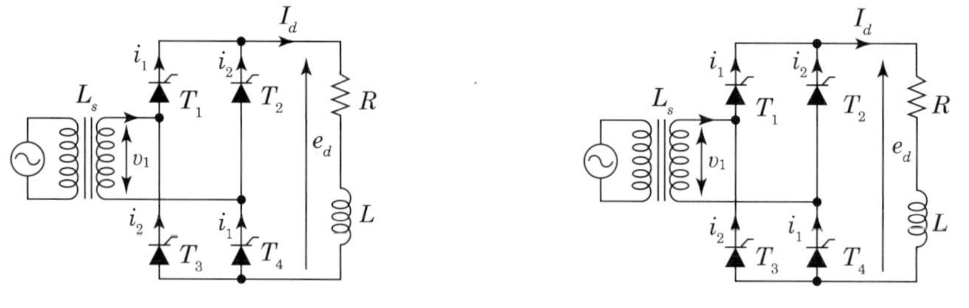

(a) $\alpha < \omega_t < \pi+\alpha$　　(b) $\pi+\alpha < \omega_t < 2\pi+\alpha$

[그림 6-22] 단상 순브리지정류회로

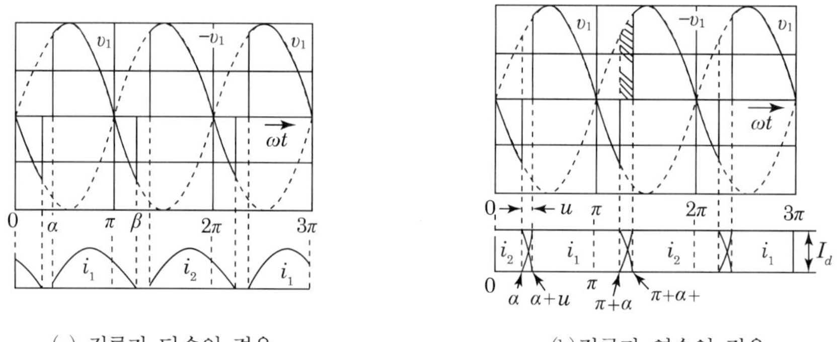

(a) 전류가 단속인 경우　　(b)전류가 연속인 경우

[그림 6-23] 단상 순브리지정류회로의 전압·전류파형

부하가 저항부하 또는 부하의 인덕턴스가 작은 경우에는 출력전류 I_d는 불연속으로 되나, 부하인덕턴스가 큰 경우에는 전압 v_1의 극성이 변화하여도 다음 점호가 행해지기까지 계속흐르며 다음 점호에 의해서 가해지는 전압에 의해서 소호하여 다음 회로로 전류(轉流)한다. 이 때문에 부하의 인덕턴스가 큰 경우에는 부하전류 i_d는 연속으로 된다. 전류가 단속되는 경우는 제어각 α인 경우 [그림 6-23](a)와 같은 전압·전류 파형으로 된다. 부하가 유도성이고 전류가 충분히 평활화되어있는 것으로 하면 전류가 연속으로 되고 v_1에서 $-v_1$으로 전류(轉流)할 때에 중복각 v가 생겨 [그림 6-23](b)와 같은 전압·전류파형으로 된다. 전류가 연속인 경우 중복현상을 무시하면 직류권선에 (+)방향으로 전류가 흐르는 구간

$\alpha < \omega t < \pi + \alpha$와 (−)방향으로 흐르는 구간 $\pi + \alpha < \omega t < 2\pi + \alpha$의 전류는 각각 [그림 6-22](a), (b)에 굵은 선으로 나타낸 통로를 흐른다. 이들 경우의 전압 · 전류의 값은 다음과 같이 된다.

① 전류가 단속인 경우

[그림 6-23](a)와 같이 각 반파에 대한 전압 · 전류파형은 반파정류의 경우와 같게 된다. 즉 각 반파마다 전류는 식 (6-3)과 같게 되고 평균전압 E_d와 평균전류 I_d는 반파전류인 경우의 2배로 되기 때문에 식 (6-5)와 식 (6-6)을 2배로 해서 각각 다음과 같이 주어진다.

$$E_d = \frac{\sqrt{2}\,V}{\pi}(\cos\alpha - \cos\beta) \tag{6-20}$$

$$I_d = \frac{\sqrt{2}\,V}{\pi R}(\cos\alpha - \cos\beta) \tag{6-21}$$

② 전류가 연속인 경우

이 경우의 전압 · 전류파형은 [그림 6-23](b)와 같이 되나 중복현상을 무시하면 평균전압 E_d는 다음 식으로 표현된다.

$$E_d = \frac{1}{\pi}\int_{\alpha}^{\pi+\alpha}\sqrt{2}\,V\sin\omega t\,d\omega t = \frac{2\sqrt{2}\,V}{\pi}cos\alpha = E_{d0}\cos\alpha \tag{6-22}$$

식 (6-22)는 $\alpha > \pi/2$의 범위에서 E_d가 −로 되며 전력의 역변환이 가능하다는 것을 나타낸다. 즉 직류측에 기전력을 갖고 있을 때 제어각을 $\pi/2$보다 크게 하면 전력의 역변환이 가능하다.

중복현상을 고려하기 위해 중복각 u를 구하면 다음 식으로 주어진다.

$$u = \cos^{-1}\left\{\cos\alpha - \frac{\sqrt{2}\,\omega L_s I_d}{V}\right\} - \alpha \tag{6-23}$$

따라서 중복현상에 의한 리액턴스 전압강하 E_{xs}는 다음과 같이 주어진다.

$$E_{xs} = \frac{1}{\pi}\int_{\alpha}^{\alpha+u}\sqrt{2}\,V\sin\omega t\,d\omega t = \frac{2\omega L_s I_d}{\pi} \tag{6-24}$$

③ 환류다이오드가 있는 경우

부하가 유도성 부하이고 전류가 연속인 경우 부하의 인덕턴스 L의 영향을 받아서 전류(轉流)시에 dv/dt가 크게 되어 다이리스터의 전류(轉流)가 방해되는 일이 있다. 이 영향을 피하기 위해 [그림 6-24](a)에 나타낸 바와 같이 전압이 (-)인 경우에 전류를 다이리스터를 통하지 않으면서 순환시켜서 전류(轉流)시 dv/dt를 감소시키기 위해 환류다이오드 D_F를 설치한다. 이 때의 각 부 전압・전류파형을 나타내면 [그림 6-24](b)와 같이 되며 출력전압의 맥동률이 감소하고, (-)전압으로 되는 때의 부하전류는 환류다이오드를 통해서 환류하기 때문에 전원측의 역률이 향상하고 효율도 향상한다.

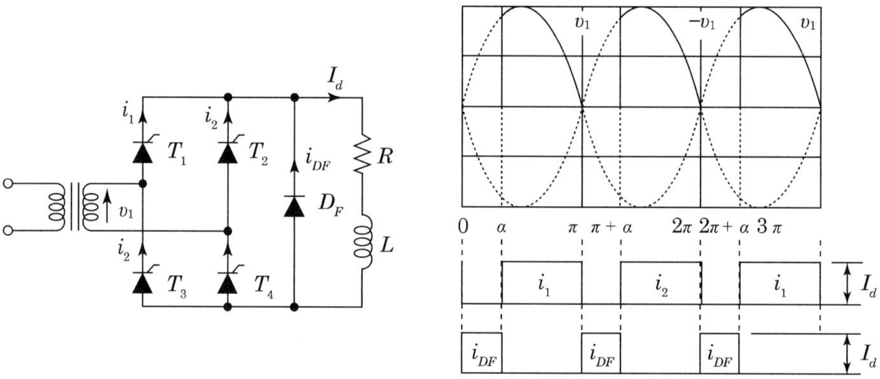

(a) 회로접속 (b) 전압・전류파형

[그림 6-24] 환류다이오드가 있는 단상 순브리지정류회로

이 경우의 출력평균전압 E_d는 [그림 6-24](b)에서 알 수 있는 바와 같이 다음 식으로 주어진다.

$$E_d = \frac{1}{\pi}\int_{\alpha}^{\pi} \sqrt{2}\, V \sin\omega t d\omega t = \frac{\sqrt{2}\, V}{\pi}(1+\cos\alpha) \tag{6-25}$$

식 (6-11)에서 알 수 있는 바와 같이 이 경우는 전력을 역변환 할 수가 없다.

(2) 단상 혼합브리지제어정류회로

2개의 다이리스터와 2개의 다이오드를 이용해서 [그림 6-25](a), (b)와 같이 구성한 정류회로를 단상 혼합브리지정류회로라고 한다. 이들 회로는 순 브리지정류회로와 같이 역변환할 수가 없다.

[그림 6-25](a)의 회로에서는 다이리스터와 다이오드의 도통기간이 같게 되므로 같은 용량의 소자가 필요하나, [그림 6-25](b)회로인 경우에는 다이리스터의 도통기간이 짧기 때문에 다이리스터의 용량을 작게 하는 것이 가능하다. 그 기간만큼 다이오드의 용량을 크게하여야 하나 다이리스터에 비해서 다이오드는 가격이 저렴하기 때문에 가격적으로 유리하다.

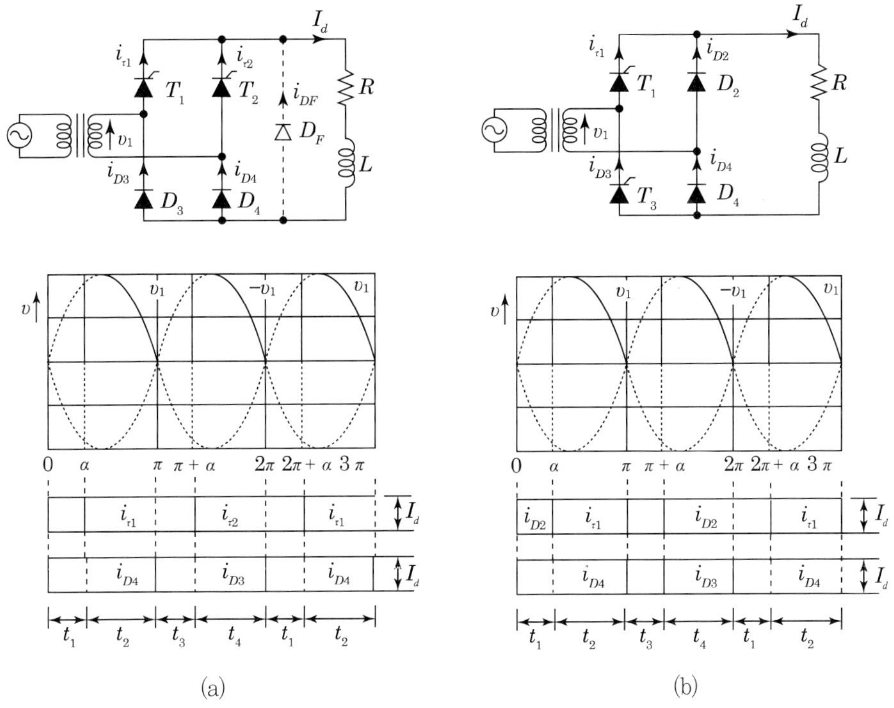

[그림 6-25] 단상 혼합브리지정류회로와 전압 · 전류파형

[그림 6-25](a)의 회로에서는 제어각 α가 180° 가까이 되면 역전압 기간이 부족해서 전류실패를 일으키는 일이 있기 때문에 이를 피하기 위해 점선으로 나타낸 바와 같이 환류다이오드를 부가하는 일이 있다. 이 정류회로의 평균출력전압 E_d는 전류(轉流)중 복각을 무시하면 그림에서 알 수 있는 바와 같이 다음 식으로 주어진다.

$$E_d = \frac{1}{\pi}\int_{\alpha}^{\pi} \sqrt{2}\, V \sin\omega t d\omega t = \frac{\sqrt{2}\, V}{\pi}(1+\cos\alpha) \qquad (6\text{–}26)$$

(3) 3상 브리지정류회로

3상 브리지정류회로는 단상의 경우와 마찬가지로 회로의 정류소자를 모두 다이리스터로 구성한 [그림 6-26](a)와 같은 순브리지정류회로와 [그림 6-26](b)와 같이 다이리스터와 다이오드로 구성한 혼합브리지정류회로가 있다.

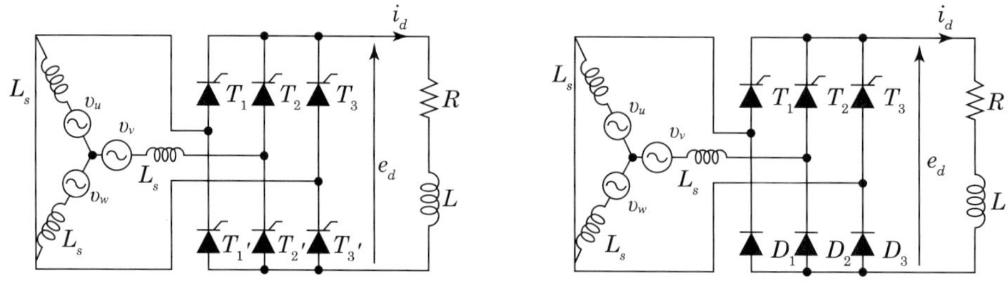

(a) 3상 순브리지정류회로 (b) 3상 혼합브리지정류회로

[그림 6-26] 3상 브리지정류회로

① 3상 순브리지제어정류회로

[그림 6-27]에서는 $\alpha = 30^\circ$ 인 구간과 $\alpha = 150^\circ$ 의 구간에 중복현상을 고려한 경우의 출력파형을 일부 나타내었다. $\alpha < 90^\circ$ 의 범위에서는 순변환 동작을 하나 $\alpha > 90^\circ$ 의 범위에서는 평균출력전압 E_d가 부(−)로 되고 역변환이 가능한 것을 나타내고 있다. 즉 전동기운전 등의 경우에 회생제동이 가능하다. 역변환 영역에서는 $\alpha = 150^\circ$ 의 범위에 나타낸 바와 같이 제어각으로서 α 대신에 γ를 이용한다. γ를 제어진각(Controlled lead angle)이라고 한다. 이 경우 $\gamma' = \gamma - u$를 전류여유각이라고 하며 양호한 전류(轉流)를 하기 위해서는 γ'를 다이리스터의 턴・오프 시간보다 길게 할 필요가 있다.

또한, 선간전압(실효치)을 V_l이라 하면 평균출력전압 E_d는 반파정류회로인 경우의 2배로 되며 다음 식으로 표현된다.

$$
\begin{aligned}
E_d &= 2 \times \frac{3}{2\pi} \int_{\alpha}^{\frac{2\pi}{3}+\alpha} \sqrt{2}\, V \cos\left(\omega t - \frac{\pi}{3}\right) d\omega t \\
&= \frac{3\sqrt{6}\, V}{\pi} cos\alpha = \frac{3\sqrt{2}\, V_l}{\pi} cos\alpha
\end{aligned}
\tag{6-27}
$$

중복각 u는 3상 반파정류인 경우와 같게 되며 전원 각 상의 인덕턴스를 L_s라 하면 다음 식으로 표현된다.

$$u = \cos^{-1}\left(\cos\alpha - \frac{\sqrt{2}\,\omega L_s I_d}{\sqrt{3}\ V}\right) - \alpha$$
$$= \cos^{-1}\left(\cos\alpha - \frac{\sqrt{2}\,\omega L_s I_d}{V_l}\right) - \alpha \tag{6-28}$$

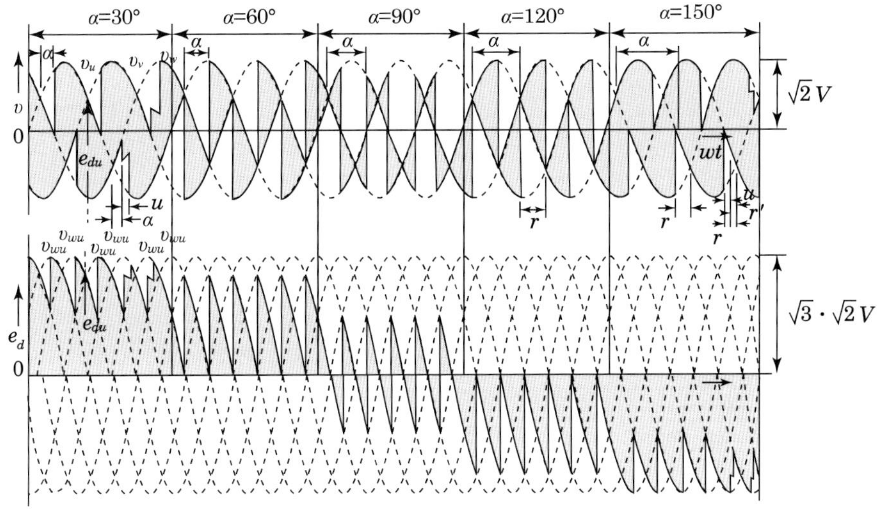

[그림 6-27] 3상 순브리지정류회로의 출력전압파형

중복현상에 의해 평균 리액턴스 전압강하 E_{xs}는 3상 반파정류인 경우의 2배로 되며 다음 식으로 주어진다.

$$E_{xs} = \frac{3\omega L_s I_d}{\pi} \tag{6-29}$$

② 3상 혼합브리지제어정류회로

3상 혼합브리지정류회로인 경우의 출력전압파형을 나타내면 순브리지정류회로에서는 제어각 α에 도달한 경우에 다이리스터가 도통상태로 되나 다이오드는 순방향전압에 대해서 항상 도통상태로 되기 때문에 제어각 α에 관해서 [그림 6-28]과 같은 출력전압파형으로 된다. 이 출력전압파형에서 알 수 있는 바와 같이 출력전압을 부(−)로 되는 일은 없다. 이 때문에 이 정류회로에서는 역변환하는 것이 불가능하며 전동기 운전에 사용할 때 회생제동을 할 수 없다.

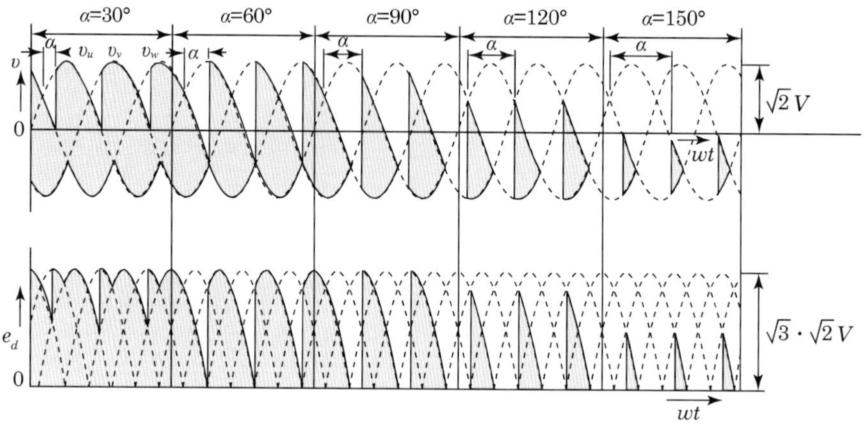

[그림 6-28] 3상 혼합브리지정류회로의 출력전압파형

그림에서 알 수 있는 바와 같이 이 정류회로에서는 제어각 α를 크게 하면 맥동이 크게 되는 결점이 있다. 이 때의 평균출력전압 E_d는 다음 식으로 표현된다.

$$E_d = \frac{3\sqrt{6}\,V}{2\pi}(1+\cos\alpha) = \frac{3\sqrt{2}\,V_l}{2\pi}(1+\cos\alpha) \tag{6-30}$$

(4) 부분 전압제어 정류회로

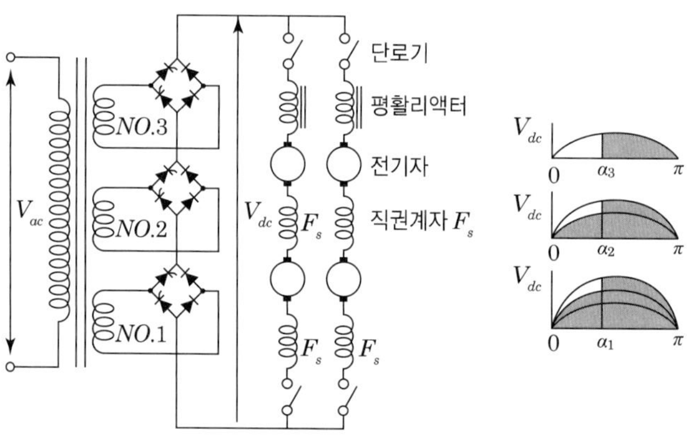

[그림 6-29] 다중 위상제어 정류회로

단상브리지정류회로를 1조만 이용해서 직류전압제어를 하면 고조파를 많이 포함 할 뿐만 아니라 다이리스터가 도통한 시점에서 전류가 흐르기 시작하기 때문에 교류측의 역률이 나쁘게 된다. 또한 맥동이 작은 직류를 얻기 위해 큰 평활리액터를 필요로 한다. 이들 역률을 개선하고 리액턴스를 경량화하기 위해 [그림 6-29]와 같이 단상브리지정류회로를 수조 직렬로 접속해서 No.1에서 No.2, No.3 순으로 위상제어하는 방법을 이

용한다. 이와 같은 회로를 다중 위상제어 정류회로라고 하며 이 방법에 의해서 역률, 맥동률도 큰 폭으로 개선시킬 수 있다. 이 방법은 현재 전기차의 운전용 전동기의 제어에 응용되고 있다.

4 직류 초퍼회로

직류의 변압은 교류와 같이 변압기를 이용할 수 없기 때문에 특별한 방법을 이용하여야 한다. 그래서 다이리스터와 전력용 트랜지스터 등의 반도체 소자를 이용해서 고속의 연속적인 스위칭을 하며, 온기간 T_{on}과 오프기간 T_{off}의 시간비 $T_{on}/(T_{on}+T_{off})$를 제어해서 부하에 걸리는 평균전압 또는 평균전력을 제어하는 방법을 이용한다. 이와 같이 반도체 소자를 이용해서 고속 스위칭을 하여 직류전력의 변환을 하는 회로를 직류 초퍼회로라고 한다. 직류 초퍼회로는 크게 나누어 강압 초퍼회로와 승압 초퍼회로가 있다. 강압 초퍼회로는 T_{on}과 T_{off}의 시간비, 즉 통류율(通流率)을 제어해서 영에서 전원전압 E_d와 같은 전압까지 평균전압을 변화시키는 것이다. 승압초퍼는 인덕턴스와 병용하여 인덕턴스에 축적된 에너지를 온・오프의 연속 스위칭에 의해 축적과 방출을 반복하여 승압에 이용하도록 한 것이다.

4.1 강압 초퍼회로

(1) 저항부하의 경우

[그림 6-30]에 저항부하의 경우 다이리스터 직류 초퍼회로의 원리를 나타내었다.

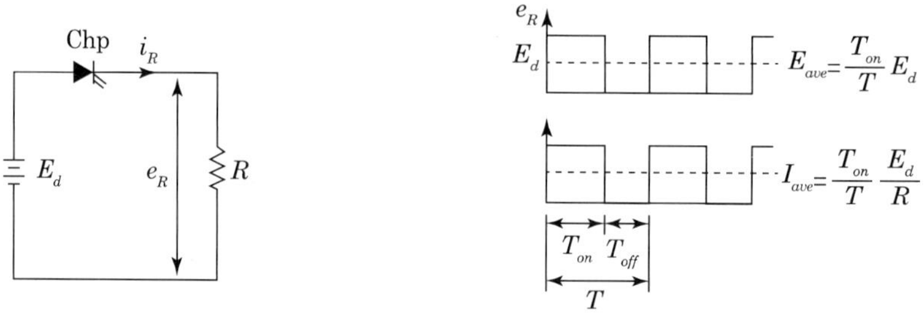

(a) 강압 초퍼회로　　(b) 저항부하의 전압・전류 파형

[그림 6-30] 저항부하시 강압 초퍼회로와 전압・전류 파형

[그림 6-30](a)의 회로에서 Chp가 다이리스터 초퍼이며 고속으로 온・오프를 반복하는 스위칭 동작을 한다. 이 반복주기를 T, 온기간을 T_{on}, 오프기간을 T_{off}라 하면 전압・전류파형은 [그림 6-30](b)와 같이 되며 T_{on} 기간에는 부하의 양단에 전원전압 E_d

와 같은 전압이 걸리며 T_{off} 기간에는 0으로 된다. 그 결과 부하에 걸리는 평균전압 E_{ave}는 점선으로 나타낸 것과 같이 되며 다음 식으로 표현된다.

$$E_{ave} = \frac{T_{on}}{T_{on} = T_{off}} E_d = \frac{T_{on}}{T} E_d \tag{6-31}$$

저항부하의 경우에는 T_{on}기간에서는 $i_R = E_d / R$, T_{off}의 기간에서는 $i_R = 0$으로 되기 때문에 평균전류 I_{ave}는 전압과 마찬가지로 다음 식으로 주어진다.

$$I_{ave} = \frac{T_{on}}{T_{on} + T_{off}} \cdot \frac{E_d}{R} = \frac{T_{on}}{T} \cdot \frac{E_d}{R} \tag{6-32}$$

이 경우의 소비전력 P_R은 T_{on} 기간만 전력소비를 하기 때문에 다음과 같이 주어진다.

$$P_R = \frac{1}{T}\int_0^{T_{on}} R {i_R}^2 \, dt = \frac{1}{T}\int_0^{T_{on}} R\left(\frac{E_d}{R}\right)^2 dt = \frac{T_{on}}{T}\frac{E_{dR}^2}{} \tag{6-33}$$

이와 같이 T에 대한 T_{on}의 시간비, 즉 통류율 T_{on}/T를 제어하는 것이 의해서 전압·전류 및 전력을 제어할 수 있다. 이 방법을 통류율 제어 또는 시간비제어(Time Ratio Control, TRC)라고 한다.

(2) 유도성 부하(직류전동기부하)의 경우

[그림 6-31]에 유도성 부하의 경우로써 직류전동기를 부하로 한 경우의 초퍼회로를 나타내었다. 그림에서 R은 전기자저항, L은 전기자 및 평활 인덕턴스를 나타낸다. E_a는 직류전동기의 역기전력이다. 이 회로는 Chp가 온, 즉 T_{on}의 기간에는 전원에서 부하를 통해서 전류 i_a가 흐르며 Chp가 오프, 즉 T_{off}의 기간에는 부하회로에 축적된 에너지가 프리휠링 다이오드D_F를 통해서 방출되기 때문에 i_{DF}가 환류전류로서 흐른다. 이 때문에 $\tau = L/R$이 작은 경우나 E_a가 클 때에는 [그림 6-31](b)에 나타낸 바와 같이 부하전류가 불연속으로 되고 반대로 $\tau = L/R$이 크거나 E_a가 작은 경우에는 [그림 6-31](c)와 같이 연속전류로 된다.

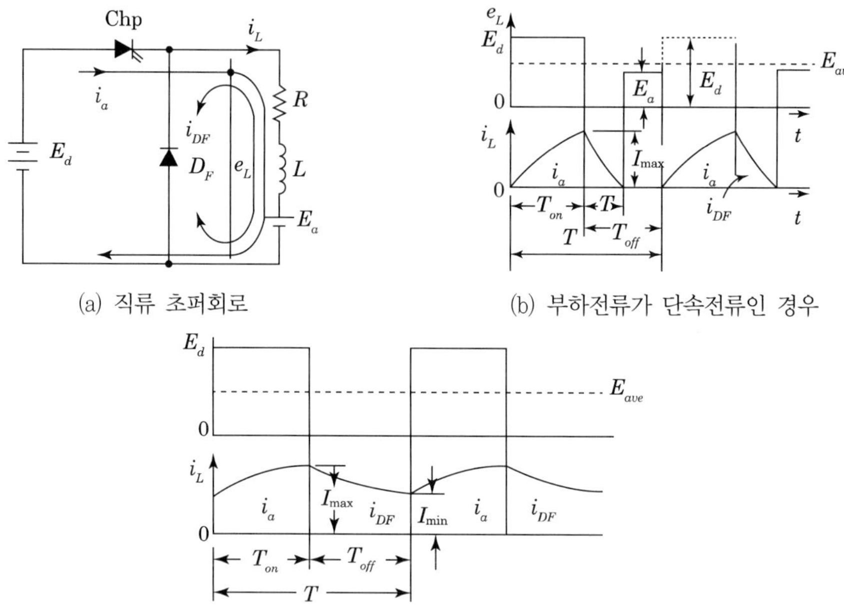

(a) 직류 초퍼회로

(b) 부하전류가 단속전류인 경우

(c) 부하전류가 연속전류인 경우

[그림 6-31] 유도성 부하를 갖는 직류 초퍼회로

4.2 승압 초퍼회로

(1) 승압 초퍼회로의 원리

[그림 6-32]에 승압 초퍼회로의 원리를 나타내었다. 그림의 회로에서 L이 충분히 커서 L에 흐르는 전류는 [그림 6-32](b)에 나타낸 바와 같이 일정하고, C도 충분히 커서 E_R이 일정하다고 생각한다. 초퍼 Chp가 온, 즉 T_{on}기간에 i_1이 흘러서 L에 에너지가 축적된다. Chp가 오프기간, 즉 T_{off} 기간에 이 에너지가 방출된다. 이때 전류는 감쇠전류로 되기 때문에 전원전압과 같은 극성의 유도기전력이 유도되며 전원전압이 가해져 i_2가 흘러서 C를 충전하기 때문에 C의 전압이 높게 되어 E_R이 상승한다.

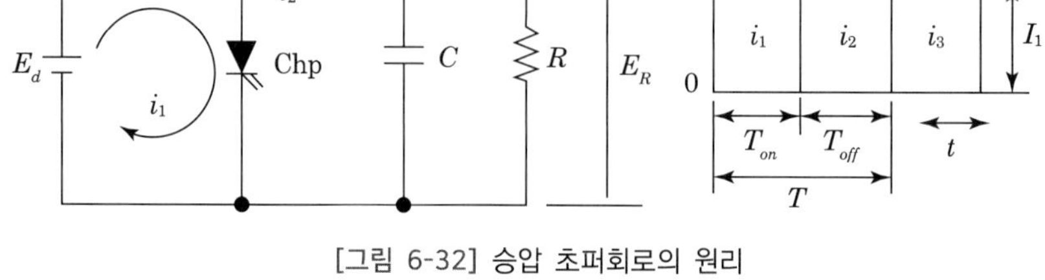

[그림 6-32] 승압 초퍼회로의 원리

이 때 L이 충분히 크면 $i_1,\ i_2$는 일정한 값 I_1으로 된다. 이것으로부터 T_{on}기간에 L에 축적된 에너지는 $E_d I_1 T_{on}$으로 되며 T_{off} 기간에 부하에 방출되는 에너지는 $(E_R - E_d) I_1 T_{off}$로 된다. 정상상태에서는 양자가 같아야 하기 때문에

$$E_d I_1 T_{on} = (E_R - E_d) I_1 T_{off} \tag{6-34}$$

로 된다. 이 식을 변형해서 다음식의 E_R과 E_d의 관계를 얻는다.

$$E_R = \frac{T_{on} + T_{off}}{T_{off}} E_d = \frac{T}{T_{off}} E_d \tag{6-35}$$

즉, 식 (6-35)에서 이 쵸퍼회로에서는 T/T_{off} 배로 승압시키는 것이 가능함을 알 수 있다. 이때의 부하전류i_2의 평균치 I_2는 I_1이 T_{off} 기간만 부하회로에 흐르기 때문에 다음 식으로 주어진다.

$$I_2 = \frac{T_{off}}{T} I_1 \tag{6-36}$$

따라서, 이때의 입력과 출력의 관계는 다음 식과 같이 주어진다.

$$E_d I_1 = E_R I_2 \tag{6-37}$$

$$\frac{E_R}{E_d} = \frac{I_1}{I_2} = \frac{T}{T_{off}} \tag{6-38}$$

즉, 초퍼 온・오프의 시간비를 가변시켜 조절되는 승압용의 직류변압기로서 동작한다.

(2) 직류전동기의 회생제동에 응용한 승압쵸퍼회로

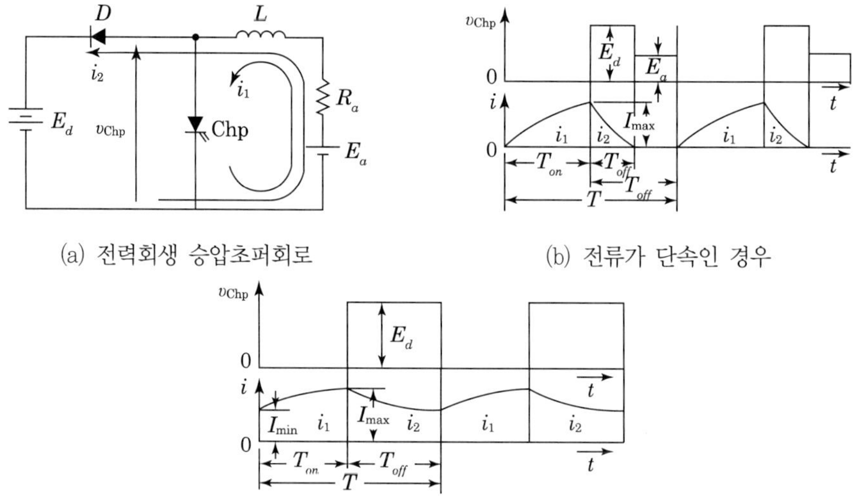

(c) 전류가 연속인 경우

[그림 6-33] 직류전동기의 회생제동에 응용한 승압초퍼회로

직류전동기를 초퍼제어 운전하는 경우 회생제동을 하는 일이 있다. 이 때 전기자의 유도기전력 E_a는 반드시 전원전압 E_d보다 높아야 하며, 속도가 감소하면 전기자 유도기전력은 그것에 따라서 감소하고 E_d 보다 낮게 된다.

이와 같은 경우에도 전기자전압을 상승시켜 회생시키기 위해서 승압초퍼회로를 이용한다. 이 경우의 등가회로는 [그림 6-33](a)와 같이 된다. 이 회로에서 R_a는 전기자저항, L이 평활리액턴스의 인덕턴스이다. 이 경우도 강압초퍼의 경우와 마찬가지로 전기자전류가 [그림 6-33](b)와 같이 불연속인 경우와 [그림 6-33](c)와 같이 연속인 경우가 있다.

5 인버터

직류전력을 교류전력으로 변환하는 회로를 역변환회로 또는 인버터라고 한다. 인버터에는 타여식과 인버터 본체에 전류(轉流)회로를 갖는 자여식이 있다. 자여식에는 디바이스 전류(轉流)방식과 임펄스 전류(轉流)방식이 있다. 디바이스 전류(轉流)방식은 GTO, 바이폴라・트랜지스터와 전력용 MOS-FET등의 자기소호기능이 있는 반도체 소자를 스위치로 이용한 인버터로 베이스 또는 게이트 신호를 주어 온・오프제어를 용이하게 할 수가 있다. 이에 대해서 SCR과 같이 자기소호기능을 갖지 않는 스위칭소자로 인버터를 구성하는 경우, 온 은 용이하게 되나 오프시키기 위해서는 전류(轉流)회로가 필요하다. 인버터의 출력파형의 제어면에서 보면 직류전원에 정전압원을 이용해서 출력전압파형을 제어하는 전압형인버터와 정전류원을 이용해서 전류파형을 제어하는 전류형인버터가 있다. 또한 출력전압・전류의 조정과 출력의 고조파성분을 제어하는 방법으로서 PWM방식과 PAM방식이 있다.

5.1 전압형인버터와 전류형인버터

인버터는 출력파형의 특징으로부터 전압형인버터와 전류형인버터로 분류된다. 인버터는 부하에 교류전력을 공급하는 변환회로이며 출력단자에서 인버터의 전원을 보았을 때 전원이 정전압원으로 되는 것을 전압형인버터, 정전류원으로 되는 것을 전류형인버터라고 한다. 통상 교류를 정류해서 평활한 것을 인버터의 전원으로 이용하기 때무에 이들의 인버터에는 각각 회로 구성상 다음과 같은 특징이 있다.

(1) 전압형인버터(voltage source inverter)

바이폴라・트랜지스터로 구성한 전압형 단상 인버터회로를 [그림 6-34]에 나타내었다. 이 회로의 특징은 [그림 6-34](a)에 나타내 바와 같이 직류전원을 정전압원으로 하기 위해 인버터의 직류측에 대용량의 평활콘덴서 C를 갖고 있고, 인버터회로의 스위칭소자, 즉 트랜지스터와 역병렬로 유도성부하인 경우의 늦은 전류를 귀환하는 귀환다이오드를 갖고 있다. 이 때문에 전압전류파형은 [그림 6-34](b)와 같이 되며 출력전압은 항상 방형파로 된다.

전류는 T_1의 기간에는 D_4-부하-D_1을 통하는 귀환전류로 되며, T_2기간에는 Tr_1-부하-Tr_4를 통하는 전류로 된다. 그리고 전압이 0인 T_3의 기간은 부하-Tr_4-D_4를 통해 환류전류가 흐른다. 이때 귀환다이오드는 환류다이오드로 작용한다.

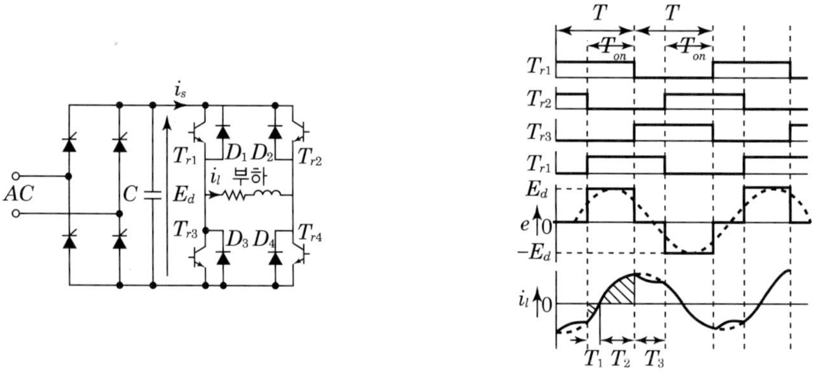

(a) 전압형인버터회로　　(b) 전압형인버터의 전압전류파형

[그림 6-34] 전압형인버터

(2) 전류형인버터(current source inverter)

단상 브리지정류회로를 통해서 직류전원을 얻는 경우의 유도성 부하를 갖는 전류형 단상 인버터회로를 [그림 6-35]에 나타내었다.

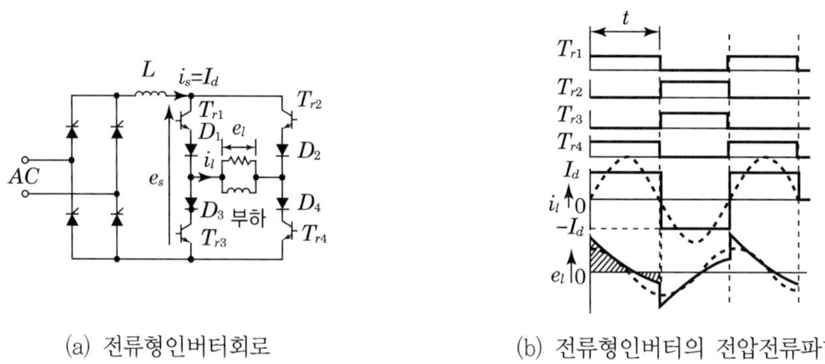

(a) 전류형인버터회로　　(b) 전류형인버터의 전압전류파형

[그림 6-35] 전류형인버터

이 회로의 특징은 직류전원을 정전류원으로 하기 위해 [그림 6-35](a)에 나타낸 바와 같이 직류측에 큰 직류리액터 L을 갖고 있으며 인버터회로에 귀환다이오드가 없다. 그러나 이 경우에는 직류전압이 부(-)로 되는 일이 있기 때문에 스위칭소자, 즉 트랜지스터와 직렬로 역저지용의 직렬다이오드를 갖고 있다. 이 경우의 전압전류파형을 나타내

면 [그림 6-35](b)와 같이 된다. 전류파형이 정전류의 방형파로 되며 전압은 정현파에 가까운 파형으로 된다. e_l과i_l의 기본파 성분은 점선으로 나타낸 것과 같이 되고, e_l의 위상이 부하전류 i_l보다 앞선 위상으로 되며 유도성 부하인 경우의 위상관계를 만족하고 있다.

5.2 다중인버터

방형파출력 인버터를 수대 조합시켜 계단상의 출력파형을 얻는 것에 의해서 고조파 성분을 제거하고 파형을 개선하는 방법이 취해진다. 이와 같이 수대의 인버터를 조합시킨 것을 다중인버터라고 한다. 다중인버터는 전압형인버터 출력을 변압기를 통해 직렬로 접속해서 전압파형의 개선을 하는 직렬형 다중인버터와 전류형인버터를 병렬로 접속해서 전류파형을 개선하는 병렬형 다중인버터가 있다.

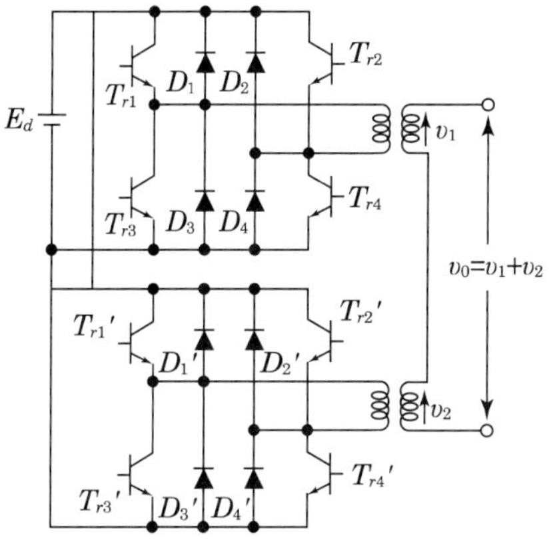

(a) 직렬형 단상 2중인버터

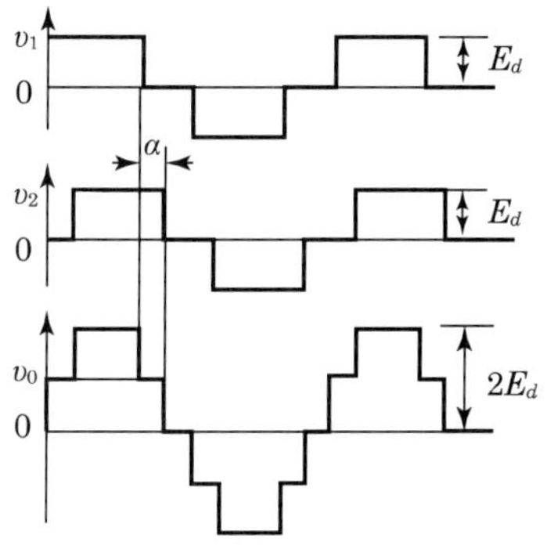

(b) 입출력전압파형

[그림 6-36] 직렬 단상 2중인버터

[그림 6-36]에 직렬 단상 2중인버터의 예를 나타낸다. 그림에 나타낸 v_1과v_2의 위상차 α를 변화시키면 합성파형의 출력전압 v_0의 파형이 변한다.

이 방법에서 v_1과 v_3의 방형파 출력전압의 펄스폭을 180° 로 취해 α를 변화시키면 출력전압 v_0는α의 크기에 따라서 펄스폭이 결정되는 방형파 출력전압으로 되며 출력의 평균전압조정에 응용할 수 있다.

5.3 PWM인버터

자여식인버터의 출력파형 개선과 출력전압의 제어법으로 펄스폭 변조(PWM : Pulse Width Modulation)방식인 PWM 제어방식(또는 PWM인버터)이 많이 사용되고 있다. PWM 제어법은 전압형인버터에 일반적으로 사용된다. 이 원리를 그림 5.34의 회로를 이용해서 단상 PWM인버터로 한 경우에 대해 설명한다. $Tr_1 \sim Tr_4$의 각 스위칭 트랜지스터를 기본파의 반주기 안에서 수회 온・오프하면 복수 펄스로 구성된 반파파형이 된다. 이 복수 펄스폭을 정현파의 정현값에 비례한 펄스폭으로 하면 고조파 성분이 작은 파형을 얻는 것이 가능하며 유도성의 부하를 접속하면 전류파형은 다소의 리플을 포함한 정현파에 가까운 전류로 된다.

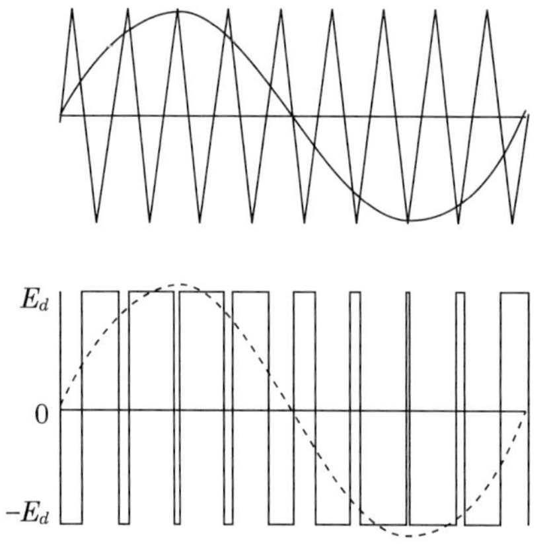

(a) 2레벨 PWM출력파형

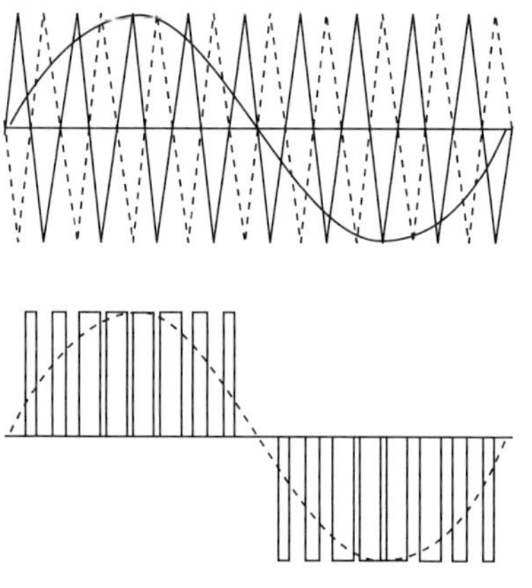

(b) 3레벨 PWM출력파형

[그림 6-37] PWM 제어파형

이와 같은 펄스파형을 얻는 방법에는 여러가지 방법이 있다. 그 중 대표적인 방법으로서 [그림 6-37]에 나타낸 바와 같이 정현파와 삼각파를 비교해서 PWM신호펄스를 얻어 인버터를 얻어 인버터를 동작시키는 방법이 있다. 또한 출력파형으로서 [그림 6-37](a)에 나타낸 $\pm E_d$의 2레벨 출력파형을 얻는 방법과 [그림 6-37](b)와 같이 $+E_d$, 0, $-E_d$의 출력파형을 얻는 3레벨 출력파형을 얻는 방법은 정현파의 파고치를 변화시키면 비교기 출력의 펄스폭이 변화하기 때문에 이 방법을 이용해서 PWM인버터의 출력전압파형 펄스폭을 변화시켜 평균전압을 조정하는 것이 가능하다.

5.4 PAM방식

PAM(Pulse Amplitude Modulation) 제어방식은 전류형인버터의 전류제어에 일반적으로 이용되는 방법이며 전압형인버터의 전압조정에도 이용된다. 이 방법은 직류전원의 평균전압을 제어함으로써 각각의 인버터 출력의 파고치를 조정하여 평균출력전압 또는 평균 전류치를 조정하는 방법이다. 이 때문에 직류측을 쵸퍼제어해서 전압조정하는 방법과 위상제어 정류회로를 이용해서 전압조정하는 방법이 사용된다.

PWM방식을 이용하면 방형파출력의 펄스폭 120°로 고정시켜 제 3고조파를 0으로 하여 고조파성분이 작은 파형으로 한 채 펄스의 파고치를 변화시켜 출력을 조정하는 것을 PAM 변조파형을 [그림 6-38]에 나타내었다.

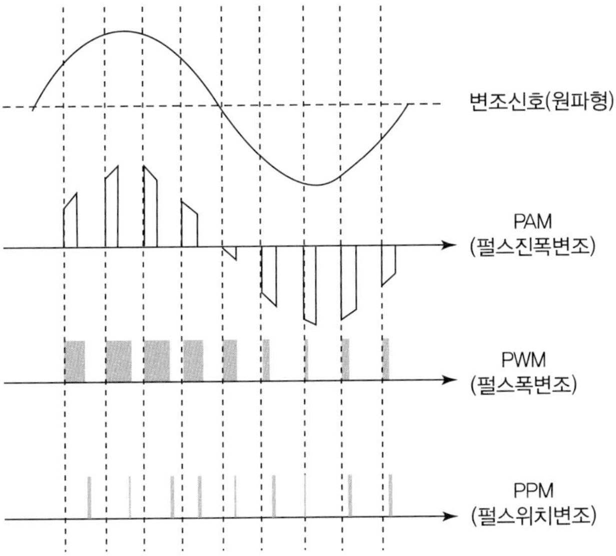

[그림 6-38] 3상 사이클로컨버터 회로

6 사이클로컨버터 변환

위상제어각을 적당히 제어하는 것에 의해서 교류입력으로부터 입력주파수보다 낮은 주파수의 교류출력을 얻는 장치를 사이클로컨버터라고 한다. 사이클로컨버터는 단상 사이클로컨버터와 3상 사이클로컨버터가 있다. 단상 사이클로컨버터는 [그림 6-39]과 같이 두 조의 전파정류회로를 극성을 반대로 해서 병렬 접속한 것으로 T_{p1}과 T_{p2}를 점호하면 정방향의 정류파형 출력을 얻으며 T_{n1}과 T_{n2}를 점호하면 부방향의 정류출력을 얻는다. 점호펄스를 가하는 시기를 조절해서 각 반파의 도통기간을 적당히 조절하면 정현파형에 가까운 출력파형을 얻는 것이 가능하다. 정방향 그룹과 부방향 그룹의 정류회로를 서로 동작시키면 [그림 6-40]에 나타낸 입・출력 파형을 얻을 수 있다.

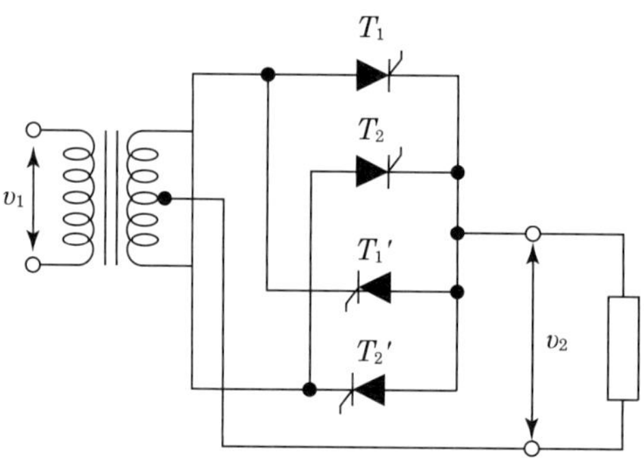

[그림 6-39] 단상사이클로컨버터

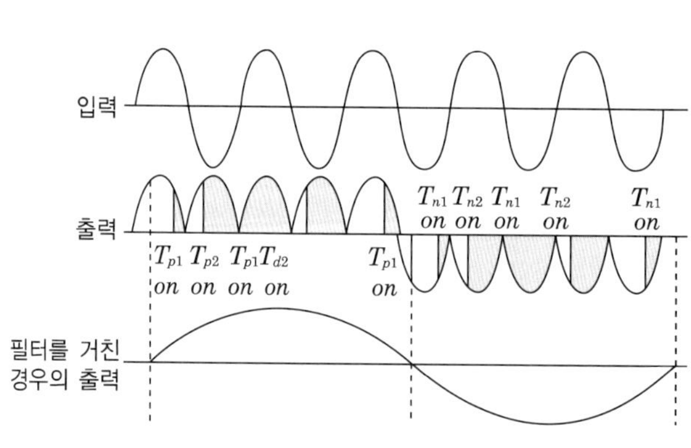

[그림 6-40] 단상사이클로컨버터의 입・출력파형

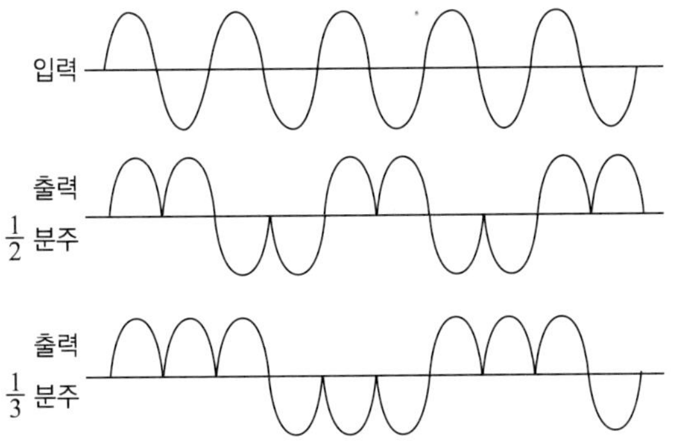

[그림 6-41] 분주 사이크로 컨버어의 입·출력파형

또한, 각 반파를 제어각 0에서 점호하여 각 반주기의 반파 파형출력의 갯수를 변화시키는 [그림 6-41]과 같은 방법도 있다. 이와 같은 출력파형을 얻는 방식을 분주형사이클로컨버터라고 한다.

6.1 3상 사이클로컨버터

3상 사이클로컨버터는 3상·단상 사이클로컨버터를 3조 이용해서 3상의 주파수 변환을 하는 것으로 [그림 6-42]와 같은 회로구성으로 되어 있다.

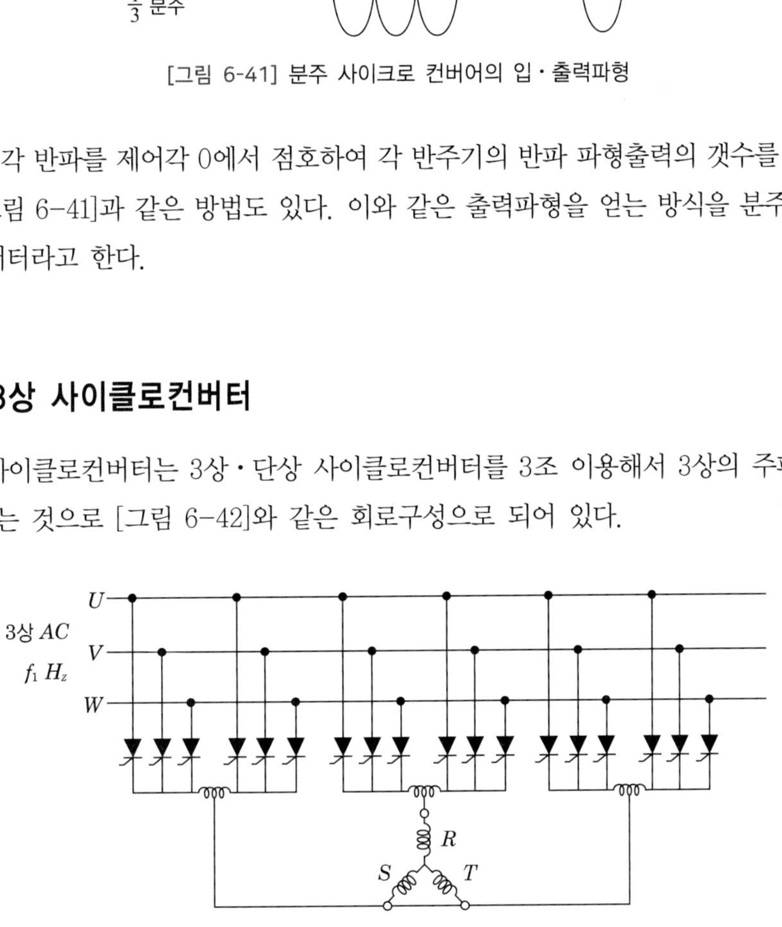

[그림 6-42] 3상 사이클로컨버터 회로

즉, 각상에 정방향과 역방향의 다이리스터군을 접속하여 한쪽이 순변환동작을 하고 있는 경우에 다른 쪽이 역변환동작을 하도록 점호와 전류(轉流)를 진행하도록 되어 있다.

[그림 6-43]에 출력파형을 나타내었으며 그림은 정・부그룹 한 쪽의 파형을 나타낸 것으로써 어느 쪽도 같은 파형으로 되고 그 출력・전압파형은 점선으로 나타낸 것과 같이 된다. 출력주파수는 순변환동작과 역변환동작의 반복 주파수에 의해서 결정된다. 여기에서는 3상・3상 변환의 경우에 대해서 나타냈으나 3상을 6상으로 변환해서 6상・3상 변환을 하는 방법도 있으며 그렇게 하는 것이 파형의 왜형이 작게 되어 파형이 개선된다.

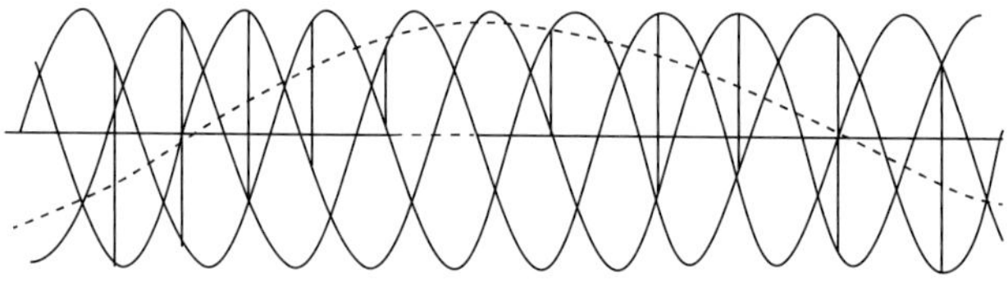

[그림 6-43] 출력파형

사이클로컨버터에 의해서 주파수를 변환하는 경우 전원 주파수보다 낮은 주파수로 변환하지만 주파수가 높으면 파형이 왜형이 크게 되어 좋지 않으므로 3상에서 변환하는 경우는 전원주파수의 1/3 이하의 출력주파수로 하는 것이 바람직하며 6상에서 변환하는 경우에도 1/2 이하로 하는 것이 바람직하다. 주파수의 변환방법으로서는 변환주파수비를 일정으로 한 정비 사이클로컨버터와 연속적으로 주파수를 변환시키는 것이 가능한 연속식 사이클로컨버터가 있다.

연습문제

01 입력 100[V] 단상교류를 전파브리지 정류하려 할 때에 한 개의 SCR의 최대역전압을 구하여라.

02 권수비가 1:3인 전원변압기를 통하여 100[V]의 교류입력이 전파정류 되었을 때 출력전압의 평균값은 몇 [V]인가?

03 위상제어를 하지 않은 단상 반파정류회로에서 소자의 전압강하를 무시할 때 직류 평균전압을 구하여라.(단, 상전압은 실효값이다)

04 반파정류회로에서 직류전압 200[V]를 얻는데 필요한 변압기 2차상전압은 몇 [V]인가? (단, 부하는 순저항이며 변압기 전압강하는 무시하고 정류기의 전압강하는 25[V]로 한다)

05 단상 반파정류로 직류전압 150[V]를 얻으려 한다. 정류회로 및 변압기의 전압강하를 무시할 때 최대역전압은 몇 [V]이상의 다이오드를 사용해야 하는가?

06 그림과 같은 단상 전파정류회로에서 첨두 역전압[V]은? (단, 변압기 2차 측 a, b간 전압은 200[V]이고 정류기의 전압강하는 20[V]이다.)

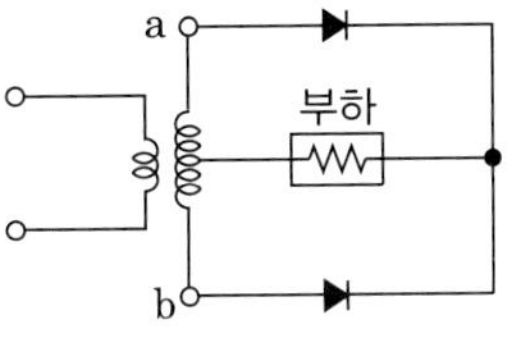

07 그림과 같은 반파정류회로에서 $R_f = 20[\Omega]$, $R_L = 1[\Omega]$, $v_i = 110$[V] (rms)일 때 정류효율[%]은?(여기서, R_f는 다이오드의 순방향 저항이다)

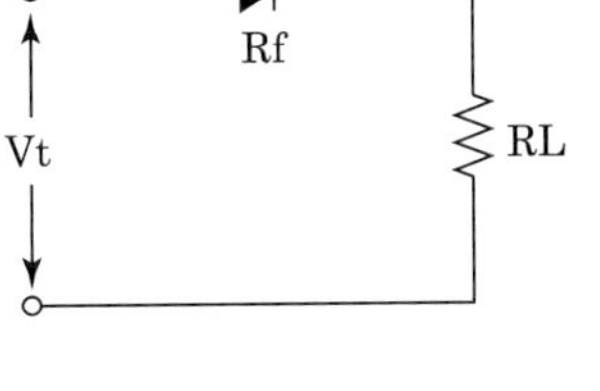

08 그림에서 교류전압 v이라고 할 때 단상 전파정류에서 얻을 수 있는 직류전압 e_d의 평균값은?

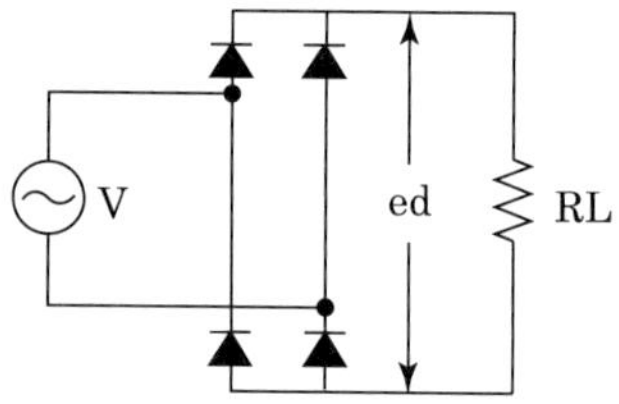

09 SCR을 이용한 단상 반파정류회로에서 점호각 $\alpha = 45°$에서 교류전압의 실효값 $V = 100$[V], 주파수 60[Hz], 인덕턴스 $L = 2.653$[mH], $R = 1[\Omega]$일 때 직류 평균전압과 평균전류를 구하여라.

10 단상 혼합브리지정류회로에 두 종류의 회로가 있는데 각각의 회로에 대해 설명하여라.

11 선간전압 200[V], 3상교류브리지 결선에 의해서 전파정류하는 경우 $\alpha = 60°$, 부하저항 $R = 5[\Omega]$, $L = 90$[mH]일 때 평균 출력전압은 몇 [V]인가? 또, 이 전압은 3상 반파정류인 경우의 몇 배인가?(단, 전압은 실효값으로 한다)

12 강압초퍼회로에서 전기자저항 2[Ω]인 직류 타여자전동기를 운전할 때 전원전압 $E_d = 100$[V], 초퍼주기 20[ms], 시비율 0.5, 전동기의 역기전력 $E_a = 40$[V]이다. 평균전압과 평균전류를 구하여라.

13 그림의 R-L부하를 갖는 전파정류회로에서 전원전압의 최대값 $V_m = 100$[V], 주파수는 60[Hz], $R = 10[\Omega]$, $L = 10$[mH]이다. 평균 출력전압과 평균 부하전류는 각각 몇 [V], [A]인가?

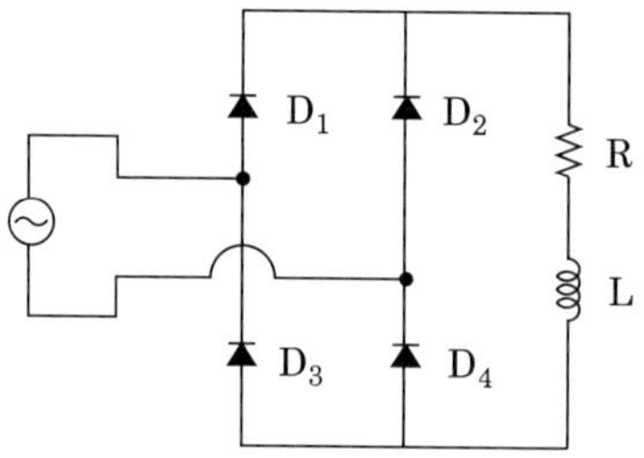

14 그림의 단상 반파제어정류회로에서 전원전압이 200[V], 인덕턴스 L은 매우 크고 저항 $R=5[\Omega]$, 점호각 $\alpha=60^\circ$ 이면 출력전압의 평균값 E_{da}와 부하전류의 평균값 I_d는 몇 [V], [A]인가?

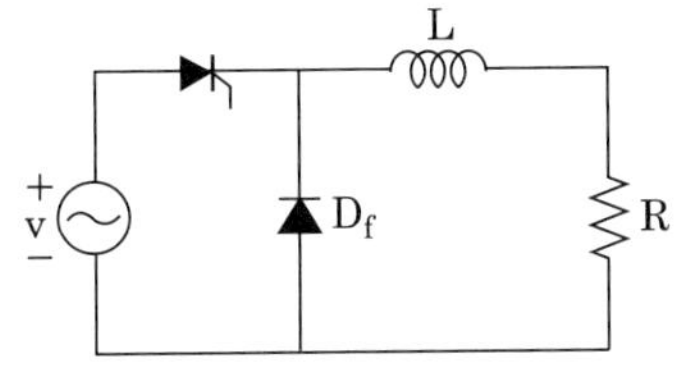

15 옆의 회로도는 사이클로컨버터에 대한 회로도이다. 이 회로도의 동작원리를 간단히 설명하여라.

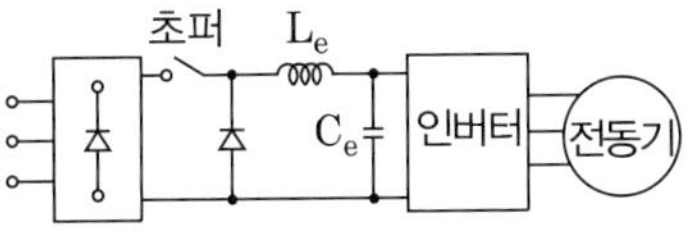

16 3상 반파제어정류회로와 3상 전파제어정류회로의 동작원리를 비교하고 전류 중복에 대하여 설명하여라.

17 인버터 제어방식 중 PAM과 PWM을 비교 설명하여라.

18 전류형인버터는 주 소자가 SCR 또는 GTO를 사용하는 반면 전압형인버터는 파워트랜지스터(PT)를 사용하는데 그 이유를 설명하여라.

19 단상 사이클로컨버터와 3상 사이클로컨버터의 제어방식 종류를 들고 이들을 각각 간단히 설명하여라.

20 인버터를 유도전동기에 적용하여 사용하는 경우 CVCF방식과 VVVF방식에 대하여 비교 설명하여라.

21 옆의 회로는 UJT를 사용한 사이리스터 종류들을 턴온하기 위한 기본적으로 이상적인 발진회로이다. 이 회로에 대한 동작을 설명하여라.

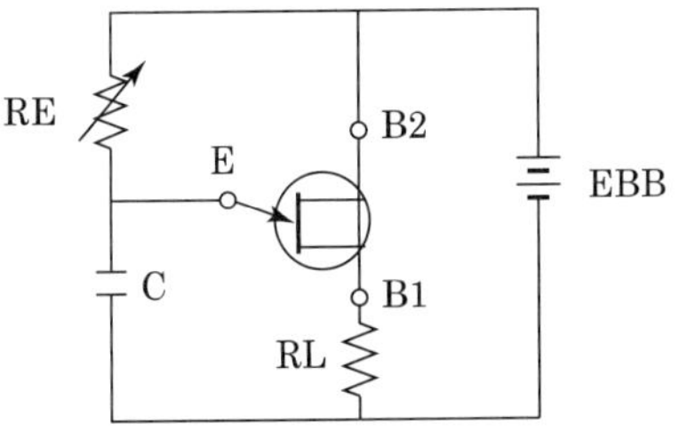

22 인버터를 동작시키기 위한 제어회로를 간략히 그리고 설명하여라.(아날로그 소자를 이용한다)

23 마이크로 컴퓨터에 의한 PWM 또는 PAM 제어신호를 발생하는 회로도를 구성하고 그 응용예를 설명하여라.

24 전압형인버터 양단에 연결되어있는 직류 콘덴서가 하는 역할과 전류형인버터에 연결되어있는 인덕터는 어떤 역할을 하는가에 대해서 설명하여라.

25 전압형인버터와 전류형인버터의 장단점을 비교 설명하여라.

다음 중 알맞은 답을 고르시오.

01 PN접합형 diode는 어떤작용을 하는가?

㉮ 발진작용 ㉯ 증폭작용
㉰ 정류작용 ㉱ 교류작용

02 전원전압을 안정하게 유지하기 위해서 사용되는 다이오드는?

㉮ 제너다이오드 ㉯ 터널다이오드
㉰ 보드형 다이오드 ㉱ 버랙터 다이오드

03 SCR을 off상태에서 on상태가 되게 하는 방법으로 적당하는 것은?

㉮ 게이트에 (+)의 펄스전압을 인가한다.
㉯ 게이트에 (−)의 펄스전압을 인가한다.
㉰ 양극에 인가하는 전압상승률을 크게 한다.
㉱ 양극과 음극 사이에 브레이크 오버 전압까지 인가한다.

04 SCR에서 다음 중 맞는 말은?

㉮ 래칭 전류(latching current)는 항상 유지 전류보다 적다
㉯ 유지 전류(holding current)이상이 되면 순방향 저지 상태가 된다.
㉰ 브레이크 오버 전압(break over voltage)이 되면 애노스 전류가 갑자기 커진다.
㉱ 브레이크 다운 전압(break down voltage)이상이 되면 역방향으로 턴 온하게 된다.

05 SCR을 사용할 경우 올바른 전압 공급 방법은?

㉮ 애노드 ⊖전압, 캐소드 ⊕전압, 게이트 ⊕전압
㉯ 애노드 ⊖전압, 캐소드 ⊕전압, 게이트 ⊖전압
㉰ 애노드 ⊕전압, 캐소드 ⊕전압, 게이트 ⊕전압
㉱ 애노드 ⊕전압, 캐소드 ⊖전압, 게이트 ⊕전압

06 SCR에 관한 설명으로 적당하지 않은 것은?

㉮ PNPN소자이다.
㉯ 스위칭 소자이다.
㉰ 쌍방향성 다이리스터이다.
㉱ 직류, 교류, 전력 제어용으로 사용된다.

07 다음은 SCR에 대한 설명이다. 적당한 것은?

㉮ 제어기능을 갖는 쌍방향성의 3단자 소자
㉯ 정류기능을 갖는 단일방향성의 3단자 소자
㉰ 증폭기능을 갖는 단일방향성의 3단자 소자
㉱ 스위칭 기능을 갖는 쌍방향성의 3단자 소자

08 SCR(실리콘 정류소자)의 특징이 아닌 것은?

㉮ 과전압이 약하다.
㉯ 아크가 생기지 않으므로 열의 발생이 적다.
㉰ 전류가 흐르고 있을 때의 양극 전압강하가 크다.
㉱ 게이트에 신호를 인가할 때부터 도통될 때까지의 시간이 짧다.

09 도전상태(ON상태)에 있는 SCR을 차단상태(turn off)로 하기 위한 적당한 방법은?

㉮ 양극전압을 음으로 한다
㉯ 게이트 전류를 차단시킨다.
㉰ 양극전압을 더 높게 가한다.
㉱ 게이트에 역방향 바이어스를 인가시킨다.

10 다음은 다이리스터 소자를 도통(turn on)시키는 방법이다. 이 중 실제의 회로에 이용되지 않는 방법은?

㉮ 전압(E) ㉯ 에너지 복사(W)
㉰ 게이트 전류(I_g) ㉱ 전압 변화율($\frac{dE}{dt}$)

11 SCR의 설명으로 적당하지 않은 것은?

㉮ 대전류 제어 정류용으로 이용된다.
㉯ 게이트 전류(I_G)로 통전 전압을 가변 시킨다.
㉰ 주전류를 차단하려면 게이트 전압을 (0) 또는 (−)로 해야 한다.
㉱ 게이트 전류의 위상각으로 통전 전류의 평균값을 제어시킬 수 있다.

12 SSS(Silicon Symmetrical Switch)의 특징으로 틀린 것은?

㉮ 실리콘 양방향성 소자이다.
㉯ 제어 게이트 전극을 갖는다.
㉰ 전극은 2단자 NPNPN의 5층으로 되어 있다.
㉱ SCR을 역병렬로 2개 접속한 것과 같은 특성을 갖는다.

13 TRIAC에 대한 설명으로 틀린 것은 어느 것인가?

㉮ DIAC과 비슷한 특성을 갖는다.
㉯ 쌍방향성을 가진 다이리스터이다.
㉰ Gate가 공통인 두 개의 SCR를 역병렬로 접속한 구조이다.
㉱ 두 개의 SCR을 동일한 방향 병렬로 접속한 특성과 비슷하다.

14 위상제어를 하지 않은 단상 반파정류회로에서 소자의 전압강하를 무시할 때 직류 평균값E_d는? (단, E : 직류 권선의 상전압(실효값)이다.)

㉮ 0.45E　　㉯ 0.90E
㉰ 1.17E　　㉱ 1.46E

15 단상 전파정류에 있어서 직류전압 100[V]를 얻는데 필요한 변압기 2차상전압[V]은? (단, 부하는 순저항으로 하고 변압기 내의 전압강하는 무시하고 정류기의 전압강하는 20[V]로 한다.)

㉮ 약 115　　㉯ 약 120
㉰ 약 128　　㉱ 약 133

16 단상 반파정류로 직류전압 150[V]를 얻으려고 한다. 최대역전압 몇 [V] 이상의 다이오드를 사용하여야 하는가? (단, 정류회로 및 변압기의 전압강하는 무시한다.)

㉮ 약 150　　㉯ 약 166
㉰ 약 333　　㉱ 약 470

17 그림과 같은 단상 전파정류회로에서 첨두 역전압[V]은? (단, 변압기 2차 측 a, b간 전압은 200[V]이고 정류기의 전압강하는 20[V]이다.)

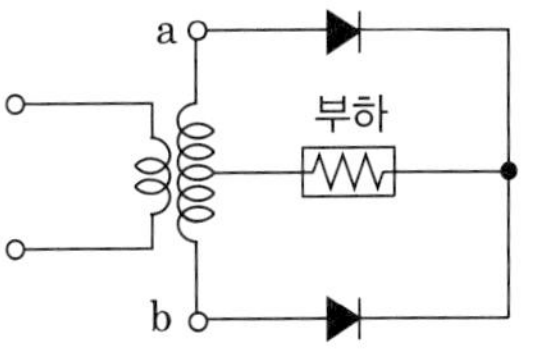

㉮ 20
㉯ 200
㉰ 262
㉱ 282

18 다이오드를 정류회로에서 여러 개의 다이오드를 직렬로 연결하였을 때 가장 알맞는 것은 어느 것인가?

㉮ 다이오드를 과전류로부터 보호할 수 있다.
㉯ 부하 출력의 맥동률을 감소 시킬 수 있다.
㉰ 다이오드를 과전압으로부터 보호할 수 있다.
㉱ 교류전원으로부터 많은 전력을 공급 받을 수 있다.

19 PNP트랜지스터의 설명으로 옳은 것은?

㉮ 전자의 흐름은 트랜지스터의 에미터와 베이스 안으로 향한다.
㉯ 전자의 흐름은 트랜지스터의 에미터와 베이스 밖으로 향한다.
㉰ 전자의 흐름은 트랜지스터의 컬렉터와 베이스 안으로 향한다.
㉱ 전자의 흐름은 트랜지스터의 컬렉터와 베이스 밖으로 향한다.

20 정류회로에 환류다이오드(free wheeling diode)를 사용하였을 때에 대한 설명 중 틀린 것은?

㉮ 유도성 부하에 잘 사용된다.
㉯ 부하전류의 평활화를 꾀할 수 있다.
㉰ 저항 R 중에 소비되는 전력이 약간 증가 된다.
㉱ 다이오드의 역바이어스 전압이 부하에 따라 변난다.

21 pn접합 다이오드에서 공핍층이 생기는 이유는?

㉮ 전압만 인가할 때 생긴다.
㉯ 전압을 가하지 않을 때 생긴다.
㉰ 전자와 정공의 확산에 의해 생긴다.
㉱ 다수 반송파가 많이 모여 있는 순간에 생긴다.

22 다음은 반도체에 관한 설명이다. 잘못된 것은?

㉮ Si의 원자가는 4이다.
㉯ Ge는 불순물 반도체이다.
㉰ 반도체의 도전율은 도체와 절연체의 중간이다
㉱ 반도체의 도전율은 불순물의 첨가에 따라 달라진다.

23 pn접합에서 전류가 0일 때의 설명이다. 가장 적합한 것은?

㉮ 접합면을 지나는 소수 반송자가 없다.
㉯ 접합면을 지나는 다수 반송자가 없다.
㉰ 접합면을 지나는 반송자의 농도가 적다.
㉱ 접합면을 지나는 다수 반송자와 소수 반송자가 같다.

24 반도체의 반송자(carrier)에 관한 설명이다. 틀린 것은?

㉮ pn접합 다이오드의 반송자는 자유 전자와 정공이다.
㉯ pn접합 다이오드의 다수 반송자는 자유 전자 뿐이다.
㉰ p형 반도체에서 다수 반송자는 정공이고 소수 반송자는 자유 전자이다.
㉱ n형 반도체에서 다수 반송자는 자유 전자이고, 소수 반송자는 정공이다.

25 순방향 바이어스에 대한 설명한 것이다. 적합한 것은?

㉮ 전위장벽이 낮아진다.
㉯ 전위장벽이 높아진다.
㉰ 소수 캐리어에 의한 전류가 0이 된다.
㉱ 다수 캐리어에 의한 전류가 0이 된다.

26 다음 중 SCR의 특징이 아닌 것은?

㉮ 대전류, 고전압의 제어가 용이하다.
㉯ 소형, 경량이고 기기나 장치에 부착하기 쉽다.
㉰ 게이트(gate) 신호가 소멸하면 온(on) 상태를 쉽게 유지할 수 없다.
㉱ 제어 이득이 높고 수명이 반영구적이며, 서지(surge) 전압에도 강하다.

27 다음은 사이리스터에 관한 설명이다. 옳지 않은 것은?

㉮ 유지(holding) 전류의 값은 항상 일정하다.
㉯ 래칭(latching) 전류는 유지 전류보다 크다.
㉰ 도통 중인 사이리스터에 유지(holding) 전류 이하가 흐르면 사이리스터는 턴오프된다.
㉱ 사이리스터를 턴온시키기 위해 필요한 최소의 순방향전류를 래칭(latching:동작)전류라 한다.

28 SCR에 관한 설명에서 잘못된 것은?

㉮ SCR은 pnpn의 4층 구조이다.
㉯ 온상태에서 저항은 매우 낮다.
㉰ 오프상태에서 저항은 매우 낮다.
㉱ SCR은 순방향으로 부성(負性)저항을 갖는다.

29 SCR의 소호(턴오프)에 관한 설명이다. 가장 적합한 것은?

㉮ SCR이 순방향 도전 상태에서 순방향 저지 상태로 되는 것
㉯ SCR이 순방향 도전 상태에서 역방향 저지 상태로 되는 것
㉰ SCR이 순방향 저지 상태에서 역방향 도전 상태로 되는 것
㉱ SCR이 순방향 저지 상태에서 순방향 도전 상태로 되는 것

30 다음에서 SCR의 pn접합 구조를 바르게 나타낸 것은?

㉮ 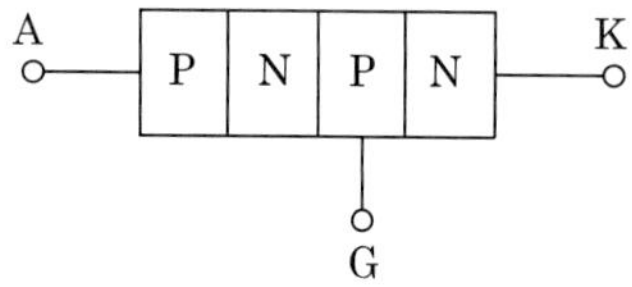

㉯ 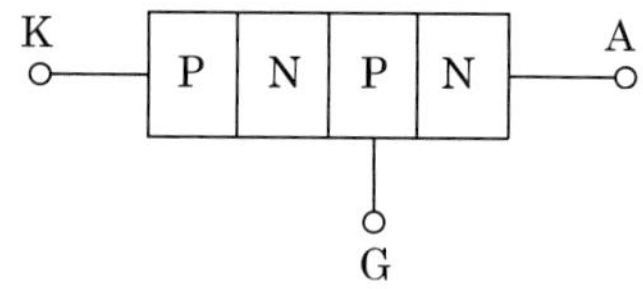

㉰ 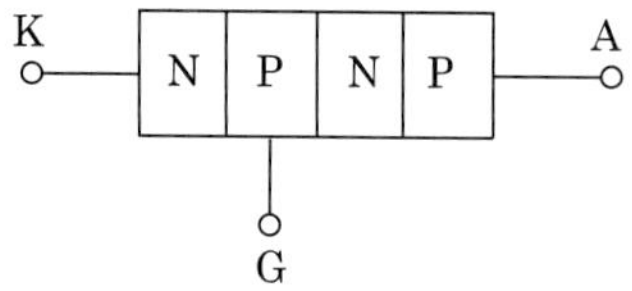

㉱ 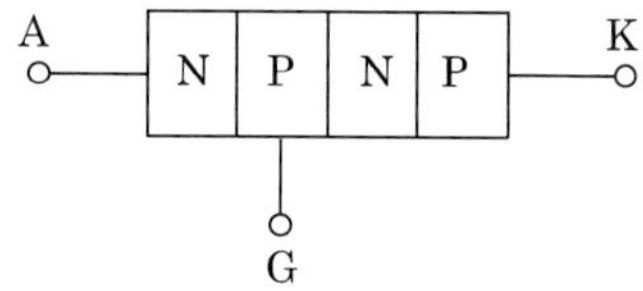

31 그림은 SCR의 V-I특성을 나타낸 것이다. 틀리게 설명된 것은?

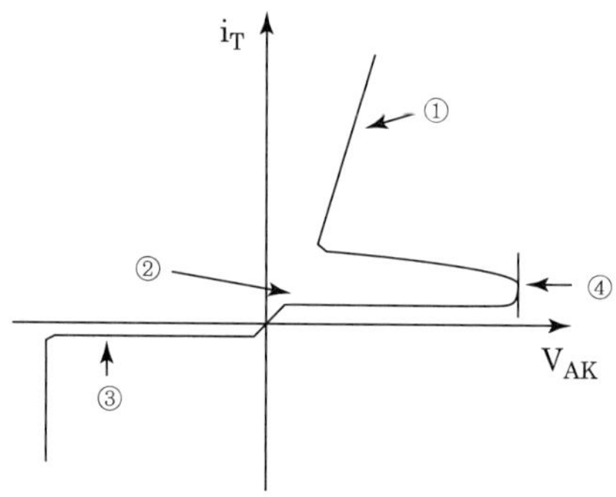

㉮ ①은 통전 상태
㉯ ②는 유지 전류
㉰ ③은 순방향 저지 상태
㉱ ④는 순방향 항복 전압

32 다음에서 GTO의 동작 원리를 바르게 설명한 것은?

㉮ 빛에 의해 턴온, 턴오프된다.
㉯ 게이트 입력은 오직 삼각파이어야 한다.
㉰ 한번 턴온되면 게이트 입력에 관계없이 계속 도통된다.
㉱ 게이트에 +전류 인가로 턴온, −전류 인가로 턴오프된다.

33 순저항부하를 갖는 단상 전파정류회로의 정류효율은 약 몇 [%]인가?

㉮ 41
㉯ 61
㉰ 81
㉱ 97

34 다음 그림은 어떤 회로인가?

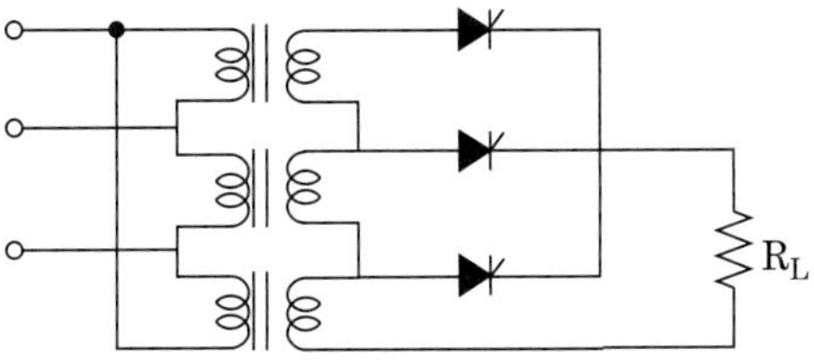

㉮ 3상 반파정류회로　　㉯ 3상 전파정류회로
㉰ 단상 3배압 정류회로　　㉱ 단상 브리지정류회로

35 다음은 그림의 단상 반파정류회로에 사용된 다이오드 D_2 에 관한 설명이다. 적합하지 못한 것은?

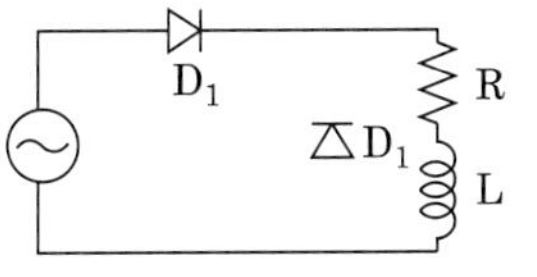

㉮ 순저항부하에서도 사용된다.
㉯ 부하전류의 평활화에 사용된다.
㉰ D_2에 의해 회로의 역률이 향상된다.
㉱ D_2에 인가되는 역바이어스 전압은 일정하다.

36 부하가 저항부하일 때, 단상 전파정류회로의 출력 전류의 실효값은 반파정류회로의 출력 전류의 실효값의 몇 배인가?

㉮ 2　　㉯ $\sqrt{2}$
㉰ 1　　㉱ $\frac{1}{\sqrt{2}}$

37 그림의 R-L부하를 갖는 전파정류회로에서 전원전압의 최대값 $V_m = 100$[V], 주파수는 60[Hz], $R = 10[\Omega]$, L=10[mH]이다. 평균 출력전압과 평균 부하전류는 각각 몇 [V], 몇 [A]인가?

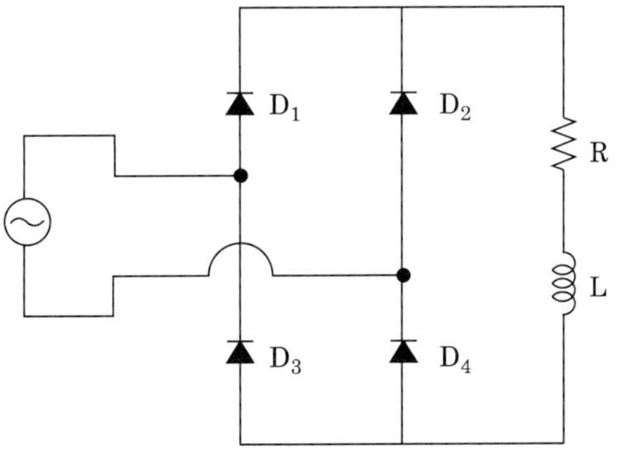

㉮ 30.1, 30.1　　㉯ 41.1, 4.01
㉰ 63.7, 63.7　　㉱ 83.7, 83.1

38 그림의 중성점 이용 전파정류회로에서 전원전압은 100[V], 60[Hz]이고, $R = 10[\Omega]$이다. 1소자에 걸리는 PIV(peak inverse voltage)는 몇 [V]인가?

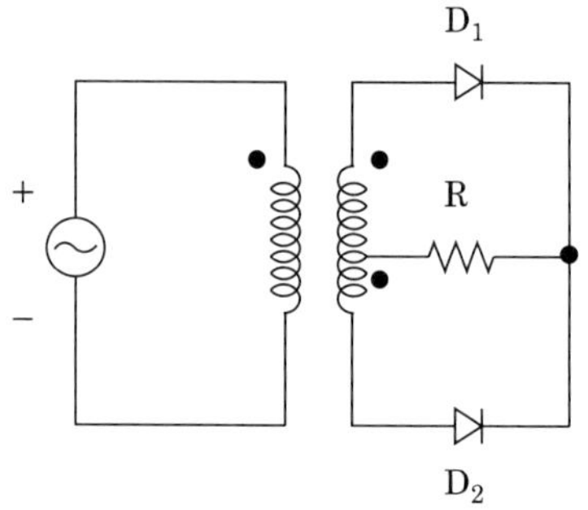

㉮ 100　　㉯ 141
㉰ 200　　㉱ 282

39 정류회로에 관한 설명이다. 틀린 것은?

㉮ 단상 전파정류회로의 맥동률은 2.42이다.
㉯ 단상 반파정류회로의 맥동률은 1.21이다.
㉰ 단상 반파정류회로의 정류효율은 40.6[%]이다.
㉱ 단상 전파정류회로의 정류효율은 81.2[%]이다.

40 그림의 회로에서 A점이 +전위가 되었을 때 출력 전류의 흐름을 바르게 나타낸 것은?

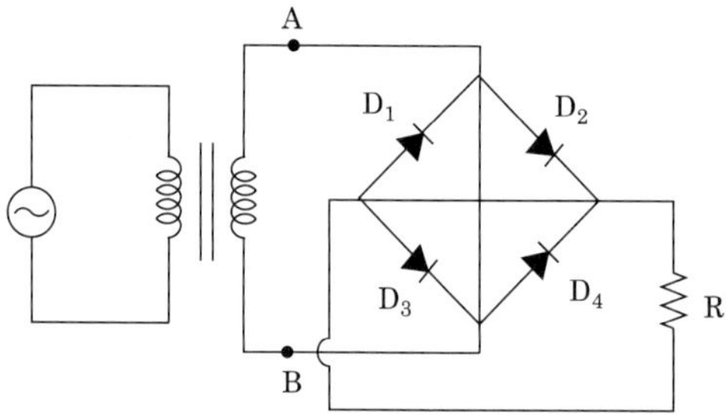

㉮ $A \to D_1 \to R \to D_4 \to B$　　㉯ $A \to D_2 \to R \to D_3 \to B$
㉰ $B \to D_3 \to R \to D_2 \to A$　　㉱ $B \to D_4 \to R \to D_1 \to A$

41 사이리스터를 턴온하기 위한 게이트 전류의 펄스폭은?

㉮ 지연 시간 이상
㉯ 상승 시간 이상
㉰ 턴온 시간 이상
㉱ 턴온 시간에서 상승 시간을 뺀 시간 이상

42 인버터용 사이리스터는 턴오프 시간이 짧아야 한다. 턴오프 시간은 접합부 캐리어가 자연 소멸할 때까지의 시간이므로, 여러 사항의 영향을 받는다. 다음에서 턴오프 시간에 영향을 미치는 것은?

㉮ 순전압 ㉯ 접합부 온도
㉰ 온(on)전류 감소율 ㉱ 게이트 바이어스 조건

43 반도체 정류소자를 이용한 정류회로에서 전류(전류) 중복이 발생했을 때의 설명이다. 잘못된 것은?

㉮ 이때의 출력전압은 0이 된다.
㉯ 모든 정류소자가 온(on) 된다.
㉰ 출력전압의 평균값이 증가한다.
㉱ 이것은 전원측 인덕턴스 때문에 발생하는 것이다.

44 SCR을 병렬 접속할 경우 부하전류를 균등하게 부담시켜야 한다. 그 방법이 아닌 것은?

㉮ 전류 평형용 밸런서를 사용한다.
㉯ 순방향 특성이 동일한 소자를 사용한다.
㉰ 소자와 병렬로 저저항을 접속하고, 각각을 병렬로 접속한다.
㉱ 소자와 직렬로 리액터를 접속하고, 각각을 병렬로 접속한다.

45 SCR을 사용한 보호회로가 아닌 것은?

㉮ 직류 차단기 ㉯ 교류 점멸회로
㉰ 고속 스위치회로 ㉱ 회생전압에 대한 보호회로

46 PWM제어 방식에서 주 사이리스터의 온(on) 시간을 T_1, 오프(off) 시간을 T_2라 하면, 다음의 식에서 옳은 것은?

㉮ $T_1 - T_2 =$ 일정 ㉯ $T_1 + T_2 =$ 일정
㉰ $T_2 - T_1 =$ 일정 ㉱ $T_1 \times T_2 =$ 일정

47 단상 전파제어 정류회로에서 순저항부하일 때의 평균 출력전압은? 단, V_m은 인가전압의 최대값이고 점호각은 α이다.

㉮ $\frac{V_m}{\pi}(1+\cos\alpha)$ ㉯ $\frac{V_m}{\pi}(1+\sin\alpha)$
㉰ $\frac{2V_m}{\pi}(1+\cos\alpha)$ ㉱ $\frac{2V_m}{\pi}(1+\sin\alpha)$

48 그림의 단상 반파제어정류회로에서 전원전압이 200[V], 인덕턴스 L은 매우 크고 저항 $R=5[\Omega]$, 점호각 $\alpha=60^\circ$ 이면 출력전압의 평균값 E_{da}와 부하전류의 평균값 I_d는 몇 [V], 몇 [A]인가?

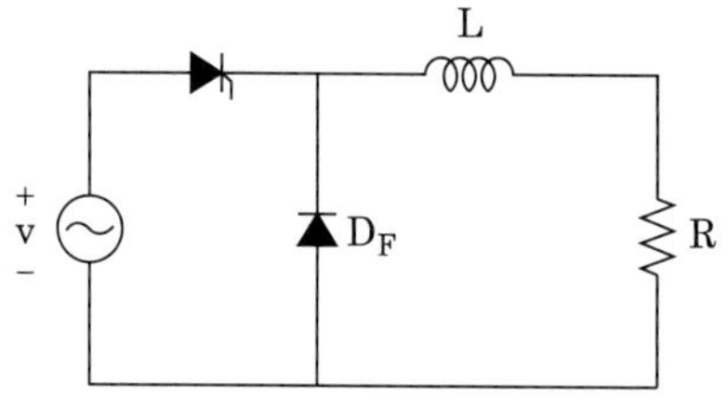

㉮ 34, 6.8
㉯ 68, 13.6
㉰ 34, 13.6
㉱ 68, 6.8

49 그의 회로에서 전원전압 V=220[V]이면 사이리스터에 인가되는 역전압은 몇 [V]인가?

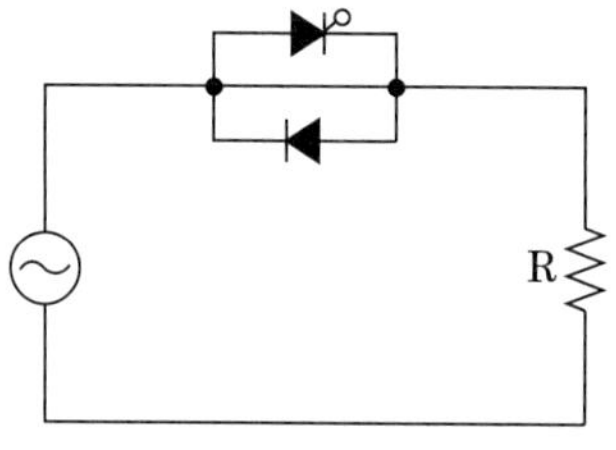

㉮ 0
㉯ 110
㉰ 220
㉱ 311

50 위상제어회로에서 점호각과 교류전원측 역률과의 관계는?

㉮ 점호각과 역률은 관계가 없다.
㉯ 점호각이 커질수록 역률은 높아진다.
㉰ 점호각이 커질수록 열률은 낮아진다.
㉱ 점호각이 작아질수록 역률은 낮아진다.

51 순저항부하를 갖는 3상 반파정류회로에서 출력전압이 0이 되는 점호각 α의 범위는?

㉮ $\alpha \leqq 30^\circ$
㉯ $\alpha \leqq 45^\circ$
㉰ $\alpha \leqq 60^\circ$
㉱ $60^\circ \leqq \alpha \leqq 90^\circ$

52 직류 직권전동기의 속도제어에 사용되는 기기는?

㉮ 초퍼
㉯ 인버터
㉰ 듀얼 컨버터
㉱ 사이클로 컨버터

53 전원용컨버터의 주요 용도는?

㉮ 직류전원전압의 변화
㉯ 교류전원전압의 변화
㉰ 교류전원전압의 주파수 변화
㉱ 교류전원전압을 직류전원전압으로 변화

54 온·오프 제어에서 시비율(duty cycle)은? 단, T_{on}은 스위치 온(on) 시간, T_{off}는 스위치 오프(off) 시간이다.

㉮ $\dfrac{T_{off}}{T_{on}}$ ㉯ $\dfrac{T_{on}}{T_{off}}$
㉰ $\dfrac{T_{off}}{T_{on}+T_{off}}$ ㉱ $\dfrac{T_{on}}{T_{on}+T_{off}}$

55 초퍼회로에서 스위치 구동 펄스의 시비율(D)은? 단, T는 스위칭 주기, T_{on}은 초퍼의 도통 시간이다.

㉮ $\dfrac{T}{T_{on}}$ ㉯ $\dfrac{T_{on}}{T}$
㉰ $1-\dfrac{T_{on}}{T}$ ㉱ $1-\dfrac{T}{T_{on}}$

56 초퍼회로에서 스위칭 주파수를 일정하게 유지하고, 도통 시간만 변화시키는 출력전압 제어 방식은?

㉮ PWM ㉯ PAM
㉰ PCM ㉱ PFM

57 스위치 모드 전원장치(SMPS)의 제어회로의 구성 요소가 아닌 것은?

㉮ 비교기 ㉯ 구동회로
㉰ 검파 회로 ㉱ 오차 증폭기

58 다음의 설명에서 옳은 것은?

㉮ 전류형인버터의 출력 전류는 구형파이다.
㉯ 전압형인버터의 교류전압은 부하에 따라 변한다.
㉰ 전류형인버터의 직류 회로에는 평활 콘덴서가 필요하다.
㉱ 전압형인버터의 직류 회로에는 다이오드가 직렬로 접속된다.

59 다음에서 인버터의 출력전압파형의 제어에 주로 사용되는 방식은?

㉮ 펄스폭 변조(PWM) 방식
㉯ 펄스 진폭 변조(PAM) 방식
㉰ 펄스 주파수 변조(PFM) 방식
㉱ 혼합 변조 방식(PWM+PAM)

60 다음은 인버터에 관한 설명이다. 옳지 않은 것은?

㉮ 전압원인버터의 전압파형은 구형파이다.
㉯ 전압원인버터에는 직류 리액터가 필요하다.
㉰ 전류원 인버터는 비교적 큰 부하에 사용한다.
㉱ 전류원 인버터는 부하의 변동에 따라 전압이 변동된다.

61 다음은 전압원인버터에 관한 설명이다. 틀린 것은?

㉮ 소형・경량이다.
㉯ 취급이 간단하다.
㉰ 인버터의 다중화가 가능하다.
㉱ 전동기의 병렬운전이 가능하다.

62 전류원 인버터(CSI)와 비교할 때 전압원인버터(VSI)의 장점이 아닌 것은 어느 것인가?

㉮ 대용량에도 적합한 방식이다.
㉯ 용량성 부하에도 사용할 수 있다.
㉰ 제어회로 및 이론이 비교적 간단하다.
㉱ 유도전동기 구동시 속도제어 범위가 더 넓다.

63 전류원 인버터(CSI)로 유도전동기를 구동할 때의 설명이다. 잘못된 것은?

㉮ 반드시 귀한 제어 루프가 필요하다.
㉯ 출력전압이 구형파이며 스파이크(spike)가 발생한다.
㉰ 인버터 자체에서 출력 전류의 크기를 제어할 수 없다.
㉱ 저속 SCR을 사용할 수 있으며, 전류(commutation)가 용이하다.

64 다음에서 전력회로가 제어 정류회로와 동일한 인버터는?

㉮ 병렬 인버터
㉯ 직렬 인버터
㉰ 전류원 인버터
㉱ 타여식 인버터

65 다음에서 인버터의 응용 분야로 적합하지 않는 것은?

㉮ 유도 가열장치
㉯ 유도전동기의 구동
㉰ 동기전동기의 구동
㉱ 직류전동기의 구동

66 인버터의 스위칭 소자와 역병렬 접속된 다이오드에 관한 설명이다. 가장 적합한 것은?

㉮ 스위칭 소자에 내장된 다이오드이다.
㉯ 부하에서 전원으로 에너지가 회생될 때 경로가 된다.
㉰ 스위칭 소자에 걸리는 전압 스트레스를 줄이기 위한 것이다.
㉱ 스위칭 소자의 역방향 누설 전류를 흐르게 하기 위한 경로이다.

67 60[HZ]의 상용 전원을 정류하여 직류전압을 얻는 전압원인버터의 입·출력단자에 사용하는 필터의 설치 목적이 아닌 것은?

㉮ 출력전압의 정현파화
㉯ 직류 링크 전압의 평활화
㉰ 출력 전류의 고조파 성분 저감
㉱ 사용 전원측으로의 고조파 성분 침입 방지

68 다음은 사이클로컨버터에 관한 설명이다. 잘못된 것은?

㉮ 일반적으로 출력 파형이 좋다.
㉯ 전원전압에 의해 전류(轉流)된다.
㉰ 일반적으로 다상 정류결선이고 각상의 이용률이 나쁘다.
㉱ 직류를 이용하지 않으므로 일반적으로 종합 효율이 높다.

69 다음은 사이클로컨버터에 관한 설명이다. 잘못된 것은?

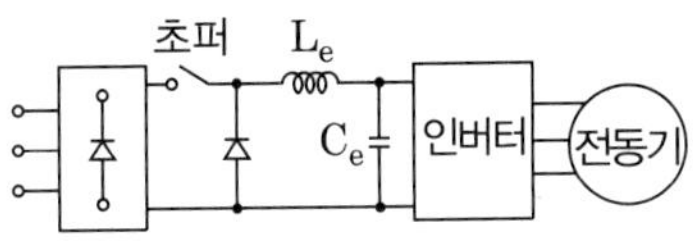

㉮ 전압을 가변한다.
㉯ 주파수를 가변한다.
㉰ 전압과 주파수를 가변한다.
㉱ 전압을 직류에서 교류로 변환한다.

70 유도전동기의 정격전압이 480[V], 60[Hz}이다. 이 전동기를 50[Hz]에서 사용한다면 정격전압은 몇 [V]가 되는가?

㉮ 400 ㉯ 440
㉰ 480 ㉱ 576

71 부하 전환형인버터에 의한 동기전동기 구동시스템(자기제어 동기전동기 구동이라고도 함)의 구성 요소에 포함되지 않는 것은?

㉮ 다이오드 변환기 ㉯ 회전자 위치 센서
㉰ 사이리스터 변환기 ㉱전류 평활용 인덕터

72 입력전원에 따른 직류전동기의 구동방식에 해당되지 않는 것은?

㉮ 초퍼 구동 ㉯ 인버터에 의한 구동
㉰ 세미컨버터에 의한 구동 ㉱ 제어 정류기에 의한 구동

73 더미스터는 온도가 증가할 때 저항은?

㉮ 감소한다. ㉯ 증가한다.
㉰ 임의로 변화한다. ㉱ 변화가 없다.

74 더미스터의 설명으로 잘못 된 것은 어느 것인가?

㉮ 부(−)의 온도계수를 갖고 있다.
㉯ 정(+)의 온도계수를 갖는다.
㉰ 다른 전자장치의 온도보상을 위하여 사용한다.
㉱ 열의 의존도가 큰 반도체를 더미스터의 재료로 사용된다.

75 다음 소자 중 온도보상용으로 쓰일 수 있는 것은?

㉮ 더미스터 ㉯ 바리스터
㉰ 버랙터 다이오드 ㉱ 제너다이오드

76 전자회로에서 온도보상용으로 많이 사용되고 있는 소자는?

㉮ 저항 ㉯ 코일
㉰ 콘덴서 ㉱ 더미스터

77 일반적으로 더미스터의 재료로 Si 나 Ge을 사용하지 않는 이유에 관한 설명 으로 적합한 것은?

㉮ 더 광범위한 온도계수를 갖는 재료가 있기 때문이다.
㉯ 기계적 강도가 약하기 때문이다.
㉰ 정성의 온도 계수를 갖기 때문이다.
㉱ 부성의 온도 계수를 갖기 때문이다.

78 더미스터와 바리스터의 차이점은 어느 것인가?

㉮ 회로의 보호형으로 사용된다. ㉯ 반도체의 저저항을 이용한 것이다.
㉰ 다이오드의 정류성을 이용한 것이다. ㉱ 2단자 소자이다.

79 소형이면서 대 전력용 정류기로 사용되는 것은?

㉮ 게르마늄 정류기 ㉯ SCR
㉰ 수은 정류기 ㉱ 셀렌 정류기

80 전력용 정류 장치로 우수한 것은?

㉮ 아산화동 정류기 ㉯ 셀렌 정류기
㉰ Ge 정류기 ㉱ Si 정류기

81 고전압 대전력 정류기로서 가장 적당한 것은?

㉮ 회전변류기 ㉯ 수은 정류기
㉰ 전동 발전기 ㉱ 베르토로

82 다음 반도체 정류기 중 동작 최고 온도가 가장 큰 것은?

㉮ 셀렌 ㉯ 게르마늄
㉰ 아산화동 ㉱ 실리콘

83 다음 정류기 중 수명이 가장 긴 것은?

㉮ 글라스제 수은 정류기 ㉯ 셀렌 정류기
㉰ 실리콘 정류 ㉱ 철제 수은 정류기

84 다음 중 교류를 직류로 변환하는 전기기기가 아닌 것은?

㉮ 전동 발전기 ㉯ 회전변류기
㉰ 단극발전기 ㉱ 수은 정류기

85 다음 중 틀린 것은?

㉮ Se, CsS는 광전효과 소자이다. ㉯ Se, CsS는 광전지 소자이다.
㉰ Sic는 더미스터 재료이다. ㉱ Ge, GaAs는 Photo TR재료이다.

86 아래에서 광도전 효과를 이용한 소자는 어느 것인가?

㉮ 광트랜지스터 ㉯ 광다이오드
㉰ 태양전지 ㉱ 광도전 셀

87 반도체 X방향에 전류를 흘리는 직각인 Y방향에 자속밀도 B인 자계를 작용시키면 Z방향시료 양 끝에 전위차 V_H가 나타나는 효과는?

㉮ Hall 효과 ㉯ Hole 효과
㉰ 압전기 효과 ㉱ 자기 저항 효과

88 두 도체 또는 반도체의 폐회로에서 두 접합점의 온도의 차로서 전류가 생기는 현상은?

㉮ 홀(Hall) 효과 ㉯ 광전 효과
㉰ 제벡(Seebeck) 효과 ㉱ 펠티에(Peltier)효과

89 반도체에 광이 조사되면 저항이 감소되는 현상은?

㉮ 열전능 ㉯ 광전 효과
㉰ 제백 효과 ㉱ 홀 효과

90 핀치오프(pinch off) 전압을 설명한 것 중 옳은 것은?

㉮ 드레인(drain) 전류가 0[A]일 때 게이트(gate)와 드레인 사이의전압
㉯ 드레인 전류가 0[A]일 때 드레인과 소스(source) 사이의 전압
㉰ 드레인 전류가 0[A]일 때 게이트와 소스 사이의 전압
㉱ 드레인 전류가 흐르고 있을 때 드레인과 소스 사이의 전압

91 다음 각 항은 반도체의 각 성질을 응용한 것을 나타내었다. 옳게 짝지어지지 않은 것은 어느 것인가?

㉮ 열전대-열전 효과 중 제벡 효과
㉯ 전자 냉각-열전 효과 중 펠티에 효과
㉰ 광전도 셀-광전 효과 주의 외부 광전 효과
㉱ 홀 발진기-자기 효과

92 같은 크기의 교류전압을 실리콘정류기로 정류하여 직류전압을 얻는 경우 가장 높은 직류전압을 얻을 수 있는 정류방식은?

㉮ 단상반파 ㉯ 3 상반파
㉰ 단상전파 ㉱ 3 상전파

93 다음 정류방식 중 맥동률(ripple factor)이 가장 작은 것은?

㉮ 단상 반파방식 ㉯ 단상 전파방식
㉰ 3상 반파방식 ㉱ 3상 전파방식

94 권선비가 1:3인 전원변압기를 통하여 100[V]의 교류압력이 전파정류되었을 때 출력전압의 평균값[V]은?

㉮ 약 300 ㉯ 약 637
㉰ 약 270 ㉱ 약 423

95 위상제어를 하지 않은 단상 반파정류회로에서 소자의 전압강하를 무시할 때 직류 평균값E_d는? (단, E:직류 권선의 상전압(실효값)이다.)

㉮ 0.45E ㉯ 0.90E
㉰ 1.17E ㉱ 1.46E

96 교류 200[V], 정류기 전압강하 10[V]인 단상 반파정류회로의 저항부하직류전압[V]은?

㉮ 80 ㉯ 155
㉰ 200 ㉱ 210

97 6상식 수은정류기의 부하 시에 있어서의 직류측 전압[V]은? (단, 교류측 전압은E[V], 격자 제어위상각 및 아크 전압강하를 무시한다.)

㉮ $3\sqrt{6}\dfrac{E}{\pi}$ ㉯ $\sqrt{2}\dfrac{\pi E}{3}$
㉰ $6(\sqrt{3}-1)\dfrac{E}{\pi}$ ㉱ $3\sqrt{2}\dfrac{E}{\pi}$

98 반파정류회로에서 직류전압 100[V]를 얻는 데 필요한 변압기 2차상전압 의 실효값[V]을 구하여라. (단, 부하는 순 저항이며 변압기 내의 전압강하는 무시하고 정류기 내의 전압강하는 10[V]로 한다.)

㉮ 282 ㉯ 256
㉰ 244 ㉱ 155

99 반파정류회로에서 직류전압 200[V]를 얻는 데 필요한 변압기 2차 상전압을 구하여라. (단, 부하는 순 저항이며, 변압기 내의 전압강하는 무시하고 정류기 내의 전압강하는 25[V]로 한다.)

㉮ 120 ㉯ 200
㉰ 225 ㉱ 500

100 단상 전파정류에 있어서 직류전압 100[V]를 얻는데 필요한 변압기 2차상전압[V]은? (단, 부하는 순 저항으로 하고 변압기 내의 전압강하는 무시하고 정류기의 전압강하는 20[V]로 한다.)

㉮ 약 115 ㉯ 약 120
㉰ 약 128 ㉱ 약 133

101 교류 200[V], 정류기 전압강하 10[V]인 단상 반파정류회로의 저항부하의 직류전압[V]은?

㉮ 80 ㉯ 155
㉰ 200 ㉱ 210

102 반파정류회로에서 직류전압 100[V]를 얻는데 필요한 변압기의 역전압 첨두값[V]은? (단. 부하는 순 저항으로 하고 변압기 내의 전압강하는 무시하며 정류기 내의 전압강하를 15[V]로 한다.)

㉮ 약 181 ㉯ 약 361
㉰ 약 512 ㉱ 약 722

103 단상 반파정류로 직류전압 150[V]를 얻으려고 한다. 최대역전압 몇 [V] 이상의 다이오드를 사용하여야 하는가? (단, 정류회로 및 변압기의 전압강하는 무시한다.)

㉮ 약 150 ㉯ 약 166
㉰ 약 333 ㉱ 약 470

104 2개의 SCR로 단상전파정류를 하여 $\sqrt{2}\times 100$[V]의 직류전압을 얻는데 필 요한 1차 측 교류전압[V]은?

㉮ 111 ㉯ 141
㉰ 157 ㉱ 314

105 입력 100[V]의 단상교류를 SCR 4개를 사용하여 브리지제어 정류하려 한다. 이때 사용할 1개 SCR의 최대역전압(내압)은 약 몇 [V] 이상이어야 하 는가?

㉮ 25 ㉯ 100
㉰ 142 ㉱ 200

106 그림과 같은 단상 전파정류회로에서 첨두 역전압[V]은? (단, 변압기 2차 측 a, b간 전압은 200[V]이고 정류기의 전압강하는 20[V]이다.)

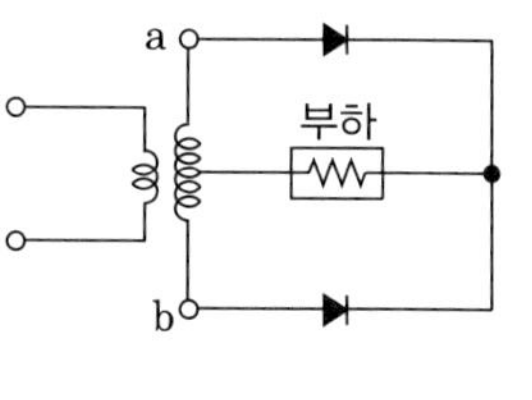

㉮ 20
㉯ 200
㉰ 262
㉱ 282

107 반파정류회로인 경우 정류효율[%]은?

㉮ 12.6
㉯ 40.6
㉰ 50
㉱ 81.2

108 접합형 트랜지스터에서 α(베이스 접지 전력 증폭 정수)와 β(에미터 접지전류 증폭 정수) 사이에는 어떤 관계식이 성립하는가?

㉮ $\alpha = \beta$
㉯ $\beta = \dfrac{1+\alpha}{\alpha}$
㉰ $\beta = \dfrac{1-\alpha}{\alpha}$
㉱ $\beta = \dfrac{\alpha}{1+\alpha}$

109 그림과 같은 단상 전파정류회로에서 순 저항부하에 적류전압 100[V]를 얻고자 할 때 변압기 2차 1상의 전압[V]을 구하라.

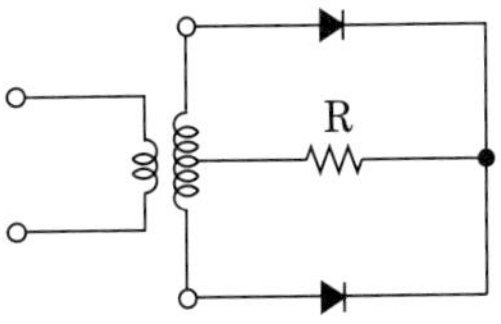

㉮ 약 220
㉯ 약 111
㉰ 약 105
㉱ 약 100

110 그림과 같은 반파정류회로에서 $R_f = 20[\Omega]$, $R_L = 1[\text{k}\Omega]$, $\nu_i = 110[\text{V}]$ (rms)일 때 정류효율[%]은? 여기서 R_f는 다이오드의 순방향 저항이다.

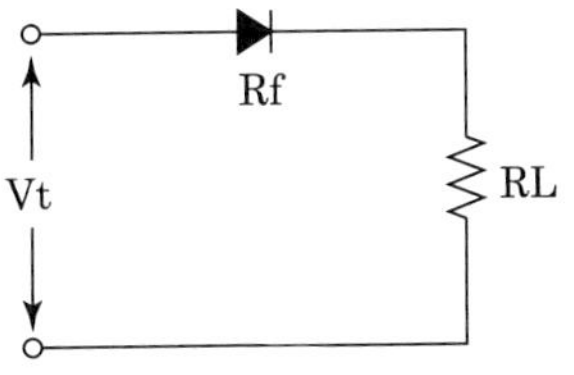

㉮ 20.3
㉯ 40.6
㉰ 60.3
㉱ 81.2

111 다음 그림은 일반적인 반파정류회로이다. 변압기 2차전압의 실효값 E[V]라 할 때 직류전류 평균값은? (단, 정류기의 전압강하는 무시한다.)

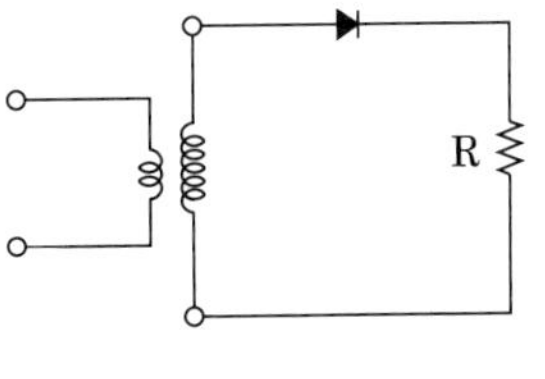

㉮ $\dfrac{E}{R}$
㉯ $\dfrac{1}{2}E/R$
㉰ $\dfrac{2\sqrt{2}}{\pi}$
㉱ $\dfrac{\sqrt{2}}{\pi}E/R$

112 그림에서 교류전압 ν이라고 할 때 단상 전파정류에서 얻을 수 있는 직류전압 ed의 평균값은?

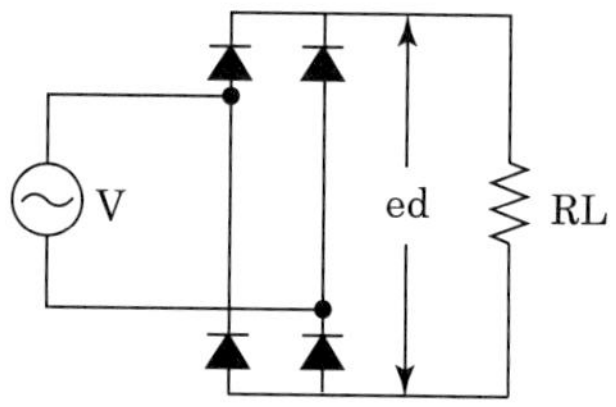

㉮ 2V
㉯ 1.5V
㉰ 1V
㉱ 0.9V

113 그림과 같은 정류회로에서 다이오드의 저항 γ, 부성 저항R_L, 부하전류를i_L의 평균값 및 실효값을 각각 I_d 및 I라 하면 정류능률은 어떻게 되는가?

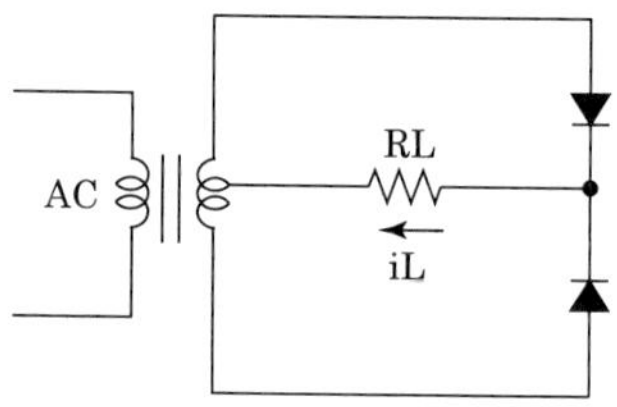

㉮ $I^2(R_L+\gamma)-I^2_{R_L d}$　　㉯ $I^2R_L-I^2\gamma$

㉰ $\dfrac{I^2(R_L+\gamma)}{I^2_{R_L d}}$　　㉱ $I^2_{R_L I^2(R_L+\gamma)}$

114 다음 제너다이오드(zener diode) 회로에서 $\nu_1=20\sin\omega t$, $\nu_2=5\,V, R_L \ll R_S$일 ν_2의 파형은?

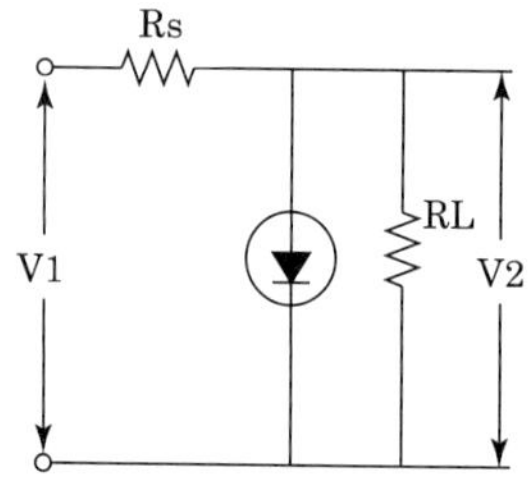

㉮
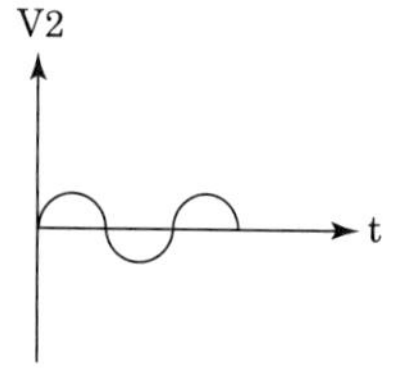

㉯
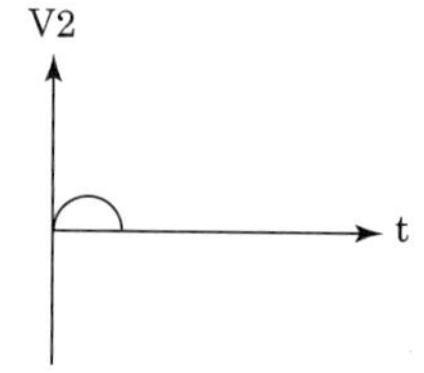

㉰
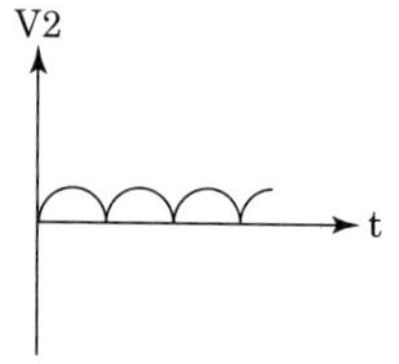

㉱
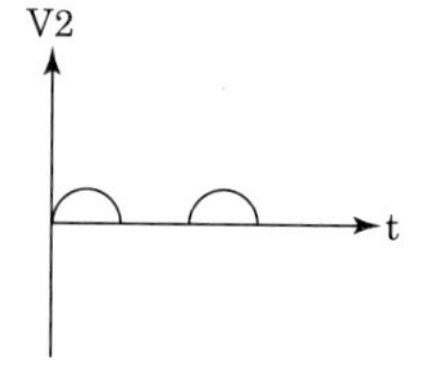

115 그림과 같은 PUT를 사용한 이상 발진회로가 있다. 이 회로에서 진성 스탠드오프비 (stand off ratio)를결정 하는 소자는?

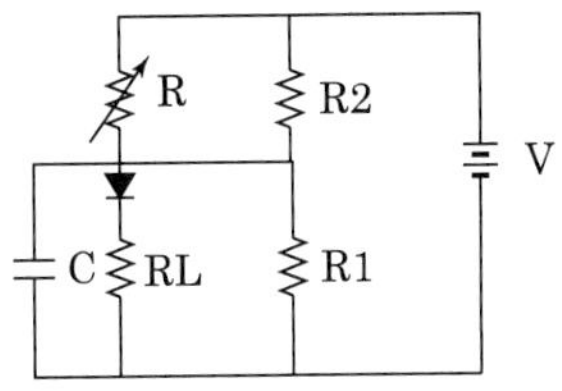

㉮ C　　㉯ R_L
㉰ R_1, R_2　　㉱ R

116 그림과 같은 브리지 정류기는 어느 점에 교류입력을 연결하여야 하는가?

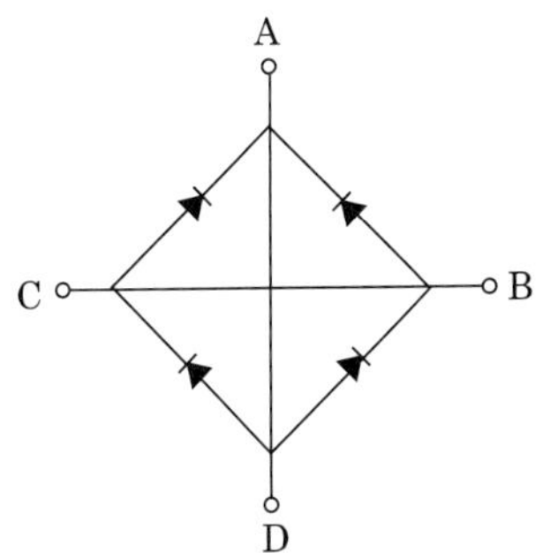

㉮ A−B점
㉯ A−C점
㉰ B−C점
㉱ B−D점

117 다음은 직류 부하제어를 위한 사이리스터(SCR) 결선회로이다. 이 회로의 형식은? (단, 그림에서 점선의 다이오드는 유도부하의 경우에 생기는 역 전압을 환류 시키는 목적으로 삽입한 것이다.)

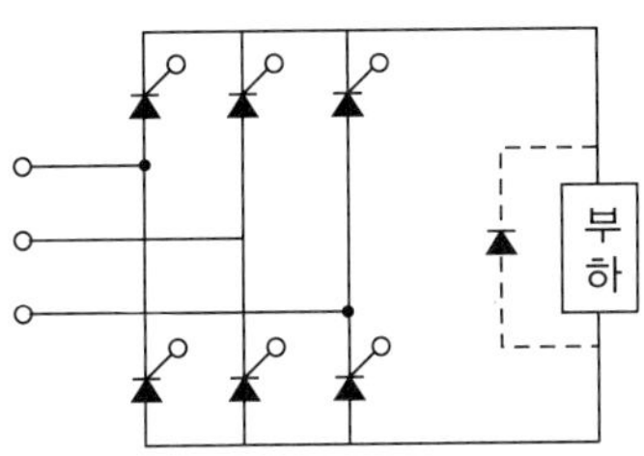

㉮ 단상 혼합브리지　　㉯ 3상 반파
㉰ 3상 순브리지　　㉱ 2상 반파

118 다음은 무슨 회로인가?

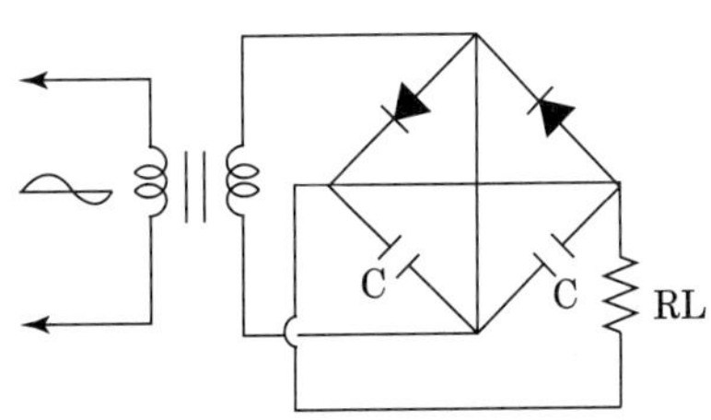

㉮ 배전압 정류회로
㉯ 다이오드 특성 측정회로
㉰ 전파정류회로
㉱ 반파 저류회로

119 다이오드를 사용한 정류회로에서 여러 다이오드를 직렬로 연결하였을 때는?

㉮ 다이오드를 과전류로부터 보호할 수 있다.
㉯ 다이오드를 과전압으로부터 보호할 수 있다.
㉰ 부하 출력의 맥동률을 감소 시킬 수 있다.
㉱ 교류전원으로부터 많은 전력을 공급 받을 수 있다.

120 다이오드를 사용한 정류회로에서 과대한 부하전류에 의해 다이오드가 파손될 우려가 있을 때의 조치로 가장 적당한 것은?

㉮ 다이오드를 병렬로 추가 한다.
㉯ 다이오드를 직렬로 추가 한다.
㉰ 다이오드 양단에 적당한 값의 저항을 추가 한다.
㉱ 다이오드 양단에 적당한 값의 콘덴서를 추가 한다.

121 P형 반도체에서 전류의 흐름은 무엇에 기인하는가?

㉮ 대부분 자유전자의 이동에 의한 것이다.
㉯ 단지 소수 캐리어에 의한 것이다.
㉰ 단지 다수 캐리어에 의한 것이다.
㉱ 대부분 정공의 이동에 의한 것이다.

122 PN접합의 파괴 원인으로 옳지 않은 것은?

㉮ 제너 파괴
㉯ 애벌란시 파괴
㉰ 충격 파괴
㉱ 주울 열 파괴

123 PN접합 다이오드가 열평형 상태에 있을 때 공간 전하 영역의 전자 농도와 정공 농도의 관계는?

㉮ 정공 농도가 더 크다.
㉯ 전자 농도가 더 크다.
㉰ 동일하다.
㉱ 0이다.

124 Ge의 PN접합에서 N영역의 다수 캐리어와 소수 캐리어의 농도를 각각 n_{n0}, n_{p0}라고 할 때, 접촉 전위차는?

㉮ $V_0 = \frac{kT}{e}\log\frac{n_{n0}}{n_{p0}}$
㉯ $V_0 = \frac{kT}{e}\log\frac{n_{p0}}{n_{n0}}$
㉰ $V_0 = \frac{kT}{e}\log n_{p0}n_{n0}$
㉱ $V_0 = \frac{kT}{e}$

125 계단형 pn접합 다이오드의 역바이어스 전압을 2배로 하면 그 다이오드의 천이 용량은 몇 배가 되는가? 단, 역바이어스 전압은 접합부의 접촉 전위차 보다 훨씬 크다고 한다.

㉮ 2
㉯ 1.4
㉰ 1
㉱ 0.7

126 PN접합면에 역 바이어스 전압을 증대하면 마침내 접합이 파괴 되는데 그 이유로서 맞는 것은?

㉮ 제너 파괴
㉯ 주울열 파손
㉰ 애벌란시 파괴
㉱ 펀치 드로우

127 제너다이오드에 관한 설명으로 틀린 것은?

㉮ 정전압 소자이다.
㉯ 정, 부의 온도계수를 가진다.
㉰ 과전류 보호용으로 사용된다.
㉱ 순방향 특성을 이용한다.

128 터널다이오드에서 터널 링은 어느 경우에 일어나는가?

㉮ 단지 역방향에서만 일어난다.
㉯ 단지 정전압이 높을 때만 일어난다.
㉰ 바이어스가 (0)일 때만 일어난다.
㉱ 아주 낮은 전압에 있는 정방향에서 만 일어난다.

129 PNP트랜지스터의 설명으로 옳은 것은?

㉮ 전자의 흐름은 트랜지스터의 에미터와 베이스 안으로 향한다.
㉯ 전자의 흐름은 트랜지스터의 에미터와 베이스 밖으로 향한다.
㉰ 전자의 흐름은 트랜지스터의 컬렉터와 베이스 안으로 향한다.
㉱ 전자의 흐름은 트랜지스터의 컬렉터와 베이스 밖으로 향한다.

130 PNP트랜지스터에 정상의 바이어스를 가하면?

㉮ 정공만이 컬렉터 접합을 흐른다.
㉯ 다수 캐리어만이 컬렉터 접합을 흐른다.
㉰ 컬렉터 접합의 저항은 낮다.
㉱ 에미터 접합은 순방향 바이어스이고 컬렉터 접합은 역 바이어스이다.

131 컬렉터 전류에 의하여 컬렉터 손실로 트랜지스터가 파괴 되는 현상은?

㉮ 항복 현상
㉯ 도전율 변조
㉰ 열 폭주
㉱ punch 드로우(through)

132 메사(mesa)형 트랜지스터가 플래너(planar)트랜지스터보다 우수한 점은?

㉮ 차단 주파수가 높다.
㉯ 잡음이 적다.
㉰ 전류 증폭률이 크다.
㉱ 신뢰성이 우수하다.

133 다음 중 트랜지스터의 최대 정격으로 표시하지 않는 것은?

㉮ 보존 온도
㉯ 최고 사용 주파수
㉰ 최대 컬렉터 전압
㉱ 최대 컬렉터 전류

134 상온 300[。K]에서 에미터 전류가 2[mA]인 트랜지스터의 저항은? 단, 볼쯔만의 정수 $k=1.38\times10^{-23}$[J/° K], 전자의 전하는 $e=1.6\times10^{-19}$[C]이다.

㉮ 13[Ω]
㉯ 26[Ω]
㉰ 2[Ω]
㉱ 1[Ω]

135 트랜지스터의 증폭기에서 동작점 Q의 변화에 영향을 가장 적게 주는 것은 다음 중 어느 것인가?

㉮ 동작 주파수
㉯ 트랜지스터 품질의 불균일
㉰ 컬렉터 차단전류
㉱ 에미터–베이스간의 전압 변조

136 FET에 관한 설명 중 맞는 것은?

㉮ 입력 임피던스가 낮다.
㉯ 다수 케리어 흐름을 이용한다.
㉰ 베이스 두께가 매우 얇아야 한다.
㉱ 에미터 접합 면적이 커야 한다.

137 FET에 관한 특징 중 맞는 것은?

㉮ 전압제어 소자이다.
㉯ IC화 할 때 작은 면적으로 가능하다.
㉰ 이득 대역폭적이 크다.
㉱ 다수 케리어 흐름으로 동작한다.

138 바이폴라 · 트랜지스터와 비교한 FET의 특장 중 옳지 않은 것은?

㉮ 다수 캐리어에 의해서 전류가 형성 된다.
㉯ 외부로부터 복사 영향을 덜 받는다.
㉰ 열적으로 안정 하다.
㉱ 이득 대역폭적이 크다.

139 MOS트랜지스터 입력 임피던스에 관한 설명 중 옳은 것은?

㉮ 1[MΩ] 이하 이다.
㉯ 약10^{12}[Ω]정도 이다.
㉰ PN접합의 역방향전압에 의존한다.
㉱ 드레인 전류에 좌우 된다.

140 N채널 전계효과 트랜지스터에 흐르는 전류는 주로 어느현상에 의한 것인가?

㉮ 전자의 확산 현상
㉯ 정공의 확산 현상
㉰ 전자의 드리프트 현상
㉱ 정공의 드리프트 현상

141 JFET에 관한 설명 중 틀린 것은?

㉮ 소스 캐리어의 공급원이 된다.
㉯ 게이트와 소스 사이의 역방향전압으로 채널이 좁아진다.
㉰ 소스와 드레인 사이의 역방향전압으로 채널이 좁아진다.
㉱ 게이트는 캐리어의 주입 통로가 된다.

142 다음 FET 기호에서 화살표는 무엇을 의미하는가?

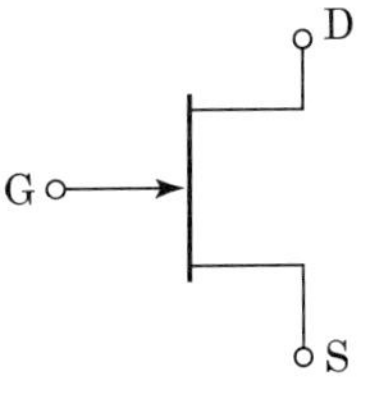

㉮ 게이트가 P형이라는 의미
㉯ 채널이 P형으로 형성되어 있다는 의미
㉰ 게이트 전류의 방향
㉱ 드레인과 소스 사이의 전류 방

143 다이리스터를 사용하지 않는 것은?

㉮ 온도 제어회로
㉯ 타이머 회로
㉰ 링 카운터
㉱ A-D 변환기

144 다음 중 틀린 것은?

㉮ Se, CdS는 광전 효과 소자이다.
㉯ Si, Ga는 광전지 소자이다.
㉰ Ge, GaAs는 photo TR 재료이다.
㉱ SiC는 더어미스터 재료이다.

145 정류회로에 환류다이오드(free wheeling diode)를 사용하였을 때에 대한 설명 중 틀린 것은?

㉮ 유도성 부하에 잘 사용된다.
㉯ 부하전류의 평활화를 꾀할 수 있다.
㉰ 다이오드의 역 바이어스 전압이 부하에 따라 변한다.
㉱ 저항 R 중에 소비되는 전력이 약간 증가 된다.

146 전원용 컨버터(converter)의 주된 용도의 하나는?

㉮ 직류전원전압의 변화
㉯ 교류전원전압의 변화
㉰ 교류전원전압의 주파수 변화
㉱ 교류전원전압의 직류전압으로의 변화

147 다음 중 다이리스터 소자가 아닌 것은?

㉮ SCR　㉯ 다이오드
㉰ TRIAC　㉱ SUS

148 정격전류 이하로 전류를 제어해 주면 과전압에 의해 파괴되지 않는 소자는?

㉮ 다이오드　㉯ TRIAC
㉰ SCR　㉱ SUS

149 다음 반도체 소자 중 부성 저항 영역을 갖지 않는 것은?

㉮ 정류 다이오드　㉯ TRIAC
㉰ SCR　㉱ UJT

150 TRIAC을 사용하여 소용량 저항부하의 AC전력제어를 하려 한다. 게이트용 소자로 가장 간단히 사용할 수 있는 것은?

㉮ UJT　㉯ PUT
㉰ DIAC　㉱ SUS

151 PUT가 UJT에 비하여 좋은 점을 설명한 것이다. 적당하지 않는 것은?

㉮ 외부저항에 의해 η 값을 조정할 수 있다.
㉯ 베이스 간 저항 r_{BB} 를 조절할 수 있다.
㉰ 누설 전류가 적다.
㉱ 발진 주파수 변화폭이 크다.

152 PUT의 설명으로 적당하지 않는 것은?

㉮ UJT에 비해 η, r_{BB}, I_P등을 변화시킬 수 있다.
㉯ N Gate 형 다이리스터 소자이다.
㉰ 다이리스터의 게이트 트리거용 발진 소자로 사용된다.
㉱ 대용량의 전력 제어용 다이리스터 소자이다.

153 유도전동기의 1차전압 변화에 의한 속도제어시 SCR을 사용하여 변화시키는 것은?

㉮ 주파수　㉯ 토크
㉰ 전류　㉱ 위상각

154 아래의 소자 중에서 양방향성이면서 가장 높은 트리거 펄스에 의해서 만이 점호가 가능한 소자는 어느 것인가?

㉮ SSS　㉯ SCR
㉰ LACR　㉱ TRIAC

155 광전자 결합기의 구성은?

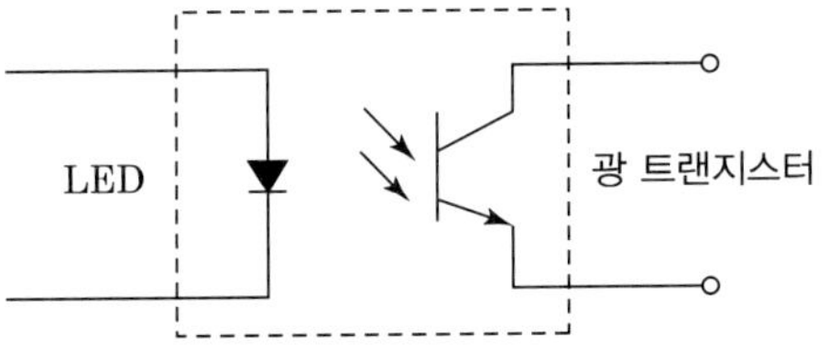

㉮ LED와 광 다이오드를 조합한 것이다.
㉯ LED와 광 트랜지스터를 조합한 것이다.
㉰ 광 트랜지스터와 광 다이오드를 조합한 것이다.
㉱ 광 다이오드와 PN접합 다이오드의 조합이다.

156 어떤 정류회로에서 부하 양단의 평균 전압이 2000[V]이고 맥동율은 2[%]라 한다. 출력에 포함된 교류분 전압[V]은?

㉮ 60　㉯ 40
㉰ 50　㉱ 30

157 단상 브리지정류회로에서 직류 출력전압이 10[V]이고 부하저항이 5[Ω]일 때 각 다이오드에 걸리는 최대 역 전압은?

㉮ π [V]　㉯ 3π [V]
㉰ 5π [V]　㉱ 10π [V]

158 트랜지스터 증폭기의 입력 및 출력전류가 각각 20[μA], 200[μA]라면 [dB]로 표시된 전류이득은?

㉮ 2 ㉯ 20
㉰ 40 ㉱ 30

159 그림과 같은 RC회로의 목적으로 적당하지 않은 것은?

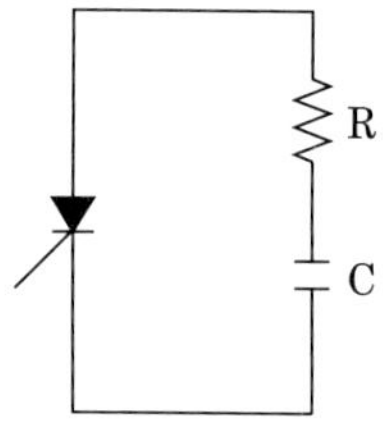

㉮ 전류 시 진동 전압 억제
㉯ $\frac{d\nu}{dt}$ 및 $\frac{di}{dt}$ 억제
㉰ 오동작 방지
㉱ turn off 방지

160 그림의 회로는 UJT를 사용한 기본 이장발진 회로이다. R_E의 역할을 설 명한 것 중 알맞은 것은?

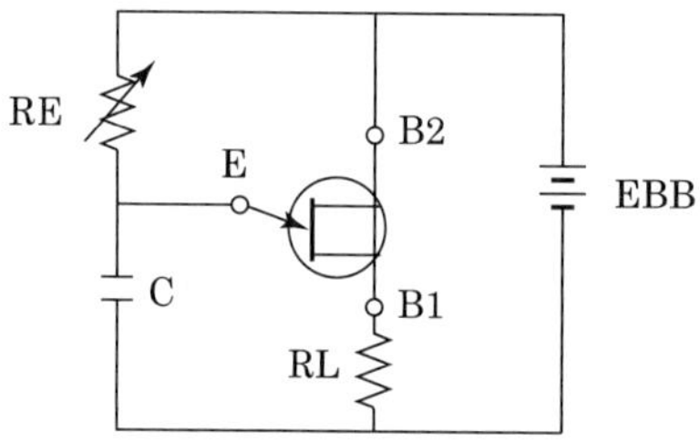

㉮ 콘덴서 C의 방전시간을 결정 한다.
㉯ 콘덴서 C의 충전전류를 제어하여 출력펄스의 주기를 결정한다.
㉰ 콘덴서에 흐르는 과전류를 방지한다.
㉱ UJT의 B_1과 B_2에 걸리는 전압을 결정한다.

161 UJT발진 회로의 주기 T는 $T = RC\ln(\frac{1}{1-\eta})$ 로 된다. 이 식에서 R이란 회로의 어느 저항을 말하는가?

㉮ R_L ㉯ R_E
㉰ UJT의 내부저항 ㉱ 다이리스터의 게이트 저항

연습문제 정답

Chapter 01 직류기

P 9

01. (1) $e=Blv$ = 0.8 × 1 × 20 = 16[V]
    (2) P = e × I = e × f/B l = 16×(10/0.8×1 =200[W]
    (3) P = e × I, ∴ I=P/e=200/16=12.5[A]
02. 교과서 참조
03. 교과서 참조
04. 교과서 참조
05. 0≤t≤0.5 : e=L(di/dt)=3×5×(1/0.5)=30[V]
    0.5<t≤0.8 : e=L(di/dt)= 0[V]
    0.8<t≤1 : e=L(di/dt)=3×5×(1/0.2)=75[V]

P 42

01. 교과서 참조　02. 교과서 참조　03. 교과서 참조　04. 교과서 참조
05. 교과서 참조　06. 교과서 참조　07. 교과서 참조
08. K = 총 도체수/2 = (전 슬롯수×한슬롯 내 코일변수)/2 = (40×4)/2=80
09. $E=\frac{Z}{a}e=\frac{Z}{a}p\phi n=\frac{Z}{a}p\phi\frac{N}{60}=k\phi n=$ (152/4)×4×0.035×(1200/60)
    =106.4[V]
10. $E=\frac{Z}{a}e=\frac{Z}{a}p\phi n=\frac{Z}{a}p\phi\frac{N}{60}=k\phi n=$ (500/2)×10×0.01×(600/60)
    =250[V] (파권 이므로 a=2)

P 61

01. ㈏　02. ㈏　03. ㈏　04. ㈑　05. ㈏
06. ㈐　07. ㈑　08. ㈑　09. ㈑　10. ㈏
11. ㈏　12. ㈎　13. ㈏　14. ㈐　15. ㈑
16. ㈎　17. ㈑　18. ㈐　19. ㈏　20. ㈑
21. ㈏　22. ㈎　23. ㈎　24. ㈏　25. ㈐
26. ㈐　27. ㈑　28. ㈎　29. ㈎　30. ㈎
31. ㈏　32. ㈏　33. ㈐　34. ㈐　35. ㈏
36. ㈑　37. ㈏　38. ㈑　39. ㈎　40. ㈐
41. ㈐　42. ㈏　43. ㈏　44. ㈏　45. ㈐
46. ㈐　47. ㈐　48. ㈎　49. ㈎　50. ㈐
51. ㈏　52. ㈑　53. ㈏　54. ㈎　55. ㈑
56. ㈑　57. ㈏　58. ㈐　59. ㈎　60. ㈐
61. ㈏　62. ㈏　63. ㈐　64. ㈐　65. ㈐
66. ㈑　67. ㈏　68. ㈑　69. ㈑　70. ㈑
71. ㈏　72. ㈐　73. ㈑　74. ㈎　75. ㈏

76. (가) 77. (다) 78. (가) 79. (라) 80. (나)

P 79

01. 교과서 참조
02. 105[V]
03. 100[V]
04. 280[V]
05. 0.02[Ω]
06. 203[V]
07. 101.5[V]

P 110

01. (나) 02. (라) 03. (나) 04. (다) 05. (라)
06. (나) 07. (라) 08. (라) 09. (다) 10. (가)
11. (나) 12. (라) 13. (나) 14. (다) 15. (가)
16. (다) 17. (라) 18. (가) 19. (다) 20. (라)
21. (가) 22. (다) 23. (나) 24. (나) 25. (나)
26. (다) 27. (나) 28. (가) 29. (가) 30. (라)
31. (가) 32. (가) 33. (라) 34. (가) 35. (가)
36. (라) 37. (가) 38. (다) 39. (나) 40. (라)
41. (나) 42. (나) 43. (다) 44. (가) 45. (가)
46. (다) 47. (라) 48. (라) 49. (다) 50. (나)
51. (다) 52. (라) 53. (라) 54. (다)

P 121

01. 과서 참조 02. 교과서 참조 03. 교과서 참조 04. 교과서 참조
05. 교과서 참조
06. V=570[V]
07. $N=K[V-Ia(Ra+Rs)/Ia$=24.8[rps]×60 =1488[rpm]
08. T=3.5×0.5=1.75[kg·m]

P=(1/975)×1500×3.5×0.5=2.693[kW]≒2.7[kW]

09. 215[V]
10. T= 12[N·m]

$$T=\frac{FI_a}{w}=\frac{P_m}{w}[N.m],\ w=2\pi n=2\pi\frac{N}{60}$$

$$T=\frac{1}{9.8}K\Phi I_a\ [kg.m]\ \ (\because 1[kg.m]=9.8[N.m])$$

11. T= 500[N·m]

$$\tau=\frac{pZ}{2\pi a}\phi I_a=\frac{4\times 100}{2\times 3.14\times 2}\times 3.14\times 5=500[\mathrm{N\cdot m}]$$

12. T=13.3[kg・m]

$E= V- IaRa$=215−100×0.1=205[V]

Pout=ω・T=E・I =(205×100)/(2×3.14×1500/60) ×9.8

13. I=200[A]
14. T=4.3[kg・m]
15. N=301.3[rpm]

전압 500[V], 전류 30[A]일 때의 역기전력은

E'=500−(0.8+0.8)X30=452[V] 그러므로, 그 때의 속도 N'은

$$\therefore N' = 200 \times \frac{452}{300} = 301.3[\text{rpm}]$$

16. N=1333[rpm]

$$T \propto I_a^2 \propto \frac{1}{N^z}$$

$$T_a \propto \frac{1}{N}$$

$$\therefore N = 1,000 \times \frac{4}{3} = 1,333[\text{rpm}]$$

17. N=1125[rpm]
18. P=4.62[kW]
19. Rs=4.8[Ω]

기동 전류는 정격의 1.2배이므로

$$50 \times 1.2 = 60[A] \quad R_a + R_s = \frac{300}{60} = 5$$

$$\therefore R_s = 5 - R_a = 5 - 0.2 = 4.8[\Omega]$$

20. $N= Ec/E$=(205/215)×1200=1144[rpm]

$E= V+ IaRa$=210+(100×0.05)=215[V]

$Ec= V- IaRa$=210−(100×0.05)=205[V]

21. η=84.2%
22. η=0.8
23. 0.64 (최대 효율 조건은 부하손=무부하손)
24. 3.125[mWb]
25. 157.6[A]
26. 197.3[V], 202.2[V]
27. 3.67[Ω]
28. 1) 2083[W] 2) 1843[W] 3) 14.7[Nm] 4) 78.8[%]
29. 580[rpm]

Chapter 02 동기기

P 131

01. 교과서 참조
02. 36[극]
    f=60[Hz], Ns=200[rpm]의 경우
    P=120f/Ns=(120×60)/200=36[극]
    f=50[Hz], Ns=167[rpm]의 경우
    P=120f/Ns=(120×50)/167≒36[극]
03. f=40 [Hz]
    P=120f/Ns에서 $f = P\ Ns/120$[Hz] 이므로
    f=(4×1200)/120=40[Hz]
04. Ns=1500[rpm]
    P=120f/Ns에서 Ns=120f/P 이므로
    Ns=120×50/4=1500[rpm]

P 143

01. 교과서 참조 02. 교과서 참조 03. 교과서 참조 04. 교과서 참조 05. 교과서 참조

P 168

01. 교과서 참조 02. 교과서 참조 03. 교과서 참조 04. 교과서 참조 05. 교과서 참조
06. $Ns = 120f/P$=(120×60)/4=1800[rpm]
    회전자 주변속도 ν =π D×(Ns/60)에서
    D=(60×200)/(3.14×1800)=2.12[m]
07. V=13182[V]
    $f = P\ Ns/120$[Hz]에서 f=(1200×6)/120=60[Hz]
    ∴ V= $\sqrt{3}$ ×4.44×60×0.16×186×0.96=13182.15[V]
08. φ =0.0662[Wb]
    φ =(E/ $\sqrt{3}$)/4.44×권선계수×f×ω =3810.6/(4.44×0.9×60×240)=0.0662[Wb]
    ω =(180×4)/3=240, E=6600/ $\sqrt{3}$ =3810.6[V], f=(360×20)/120=60[Hz]
09. ν =120[m/s]
    회전자 주변속도 ν =π D×(Ns/60)에서
    v=π ×D×120f/60p=(12X120X60)/(60X12)=120[m/s]

P 173

01. 교과서 참조 02. 교과서 참조 03. 교과서 참조 04. 교과서 참조

P 210

01. 교과서 참조 02. 교과서 참조 03. 교과서 참조 04. 교과서 참조

05. 교과서 참조 06. 교과서 참조

07. %Z =0.83

%Z=1/Ks×100[%]=(1/1.2)×100[%]=0.8333

08. Zs=20[Ω]

Zs=Es/Is=600/30=20[Ω]

09. Zs=3[Ω]

$$Z_s' = \frac{1}{K_s} = \frac{1}{1.2}\ ,\ I_n = \frac{10{,}000\times10^3}{\sqrt{3}\times6{,}000}[A]$$

10. Ks=1.2,

$$\therefore Z_s = \frac{Z_s' E_n}{I_s} = \frac{\frac{1}{1.2}\times\frac{6{,}000}{\sqrt{3}}}{\frac{10{,}000\times10^3}{\sqrt{3}\times6{,}000}} = 3[\Omega]$$

11. Ks=1.25

In=P/$\sqrt{3}$V=(5000×103)/($\sqrt{3}$×6000)=481.23[A]

I_f''=200×(481.23/600)=160.41[A], $Ks=I_f'/I_f''$=200/160.41=1.25

12. Ks=1.25, Zs'=80.1[%]

Ks=1/%Z×100[%]=100/Zs'=100/80=1.25

Zs'=(Zs×En)/I_n×100=(481.1×5.77)×100/(3463.2)=80.1[%]

13. P=18,888[MW]

Pm=E/%x s×P=(1.7/0.9)×10,000=18,888[Kw]

14. ε =0.61=61[%]

$$E=\sqrt{\cos^2\theta+(\sin\theta+\%x_s\,[p-u])^2}=\sqrt{0.8^2+(0.6+0.8)^2}=1.61[V]$$

ε =(E−1)×100=(1.61−1)×100=61[%]

단위법으로 1상의 벡터도를 그리면 그림과 같다.

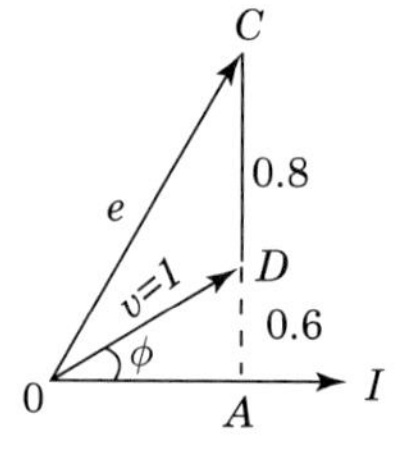

OA=1 X cosΦ=0.8

AD=1 X sinΦ=$\sqrt{1-\cos^2\Phi}=0.6$

AC=AD+CD=0.6+0.8=1.4

OC=$\sqrt{0.8^2+1.4^2}=1.61$

$$\therefore \epsilon = \frac{1.61-1}{1} = 0.61 = 61[\%]$$

P 224

01. 교과서 참조 02. 교과서 참조 03. 교과서 참조 04. 교과서 참조 05. 교과서 참조

06. I_s=20[A]

I_s=(EA−EB)/2Zs=200/(2×5)=20[A]

07. 유효 순환전류=10[A]

유효 순환전류 = (2×E×sinr/2)/2*Zs*　(2×2000×1/2)/200 = 10[A]

$$I_c = \frac{2Esin\frac{\delta}{2}}{2Z_s} = \frac{2\times 2{,}000\sin\frac{60}{2}}{2\times 100} = 10[A]$$

08. IB =405[A]

부하 전류의 유효분 $I' = Icos\theta = 1{,}000\times 0.8 = 800[A]$

$$I_A, I_B \text{ 의 유효분 } I_{A'} = I_{B'} = \frac{I'}{2} = \frac{800}{2} = 400[A]$$

$$A\text{기의 역률 } \cos\theta_1 = \frac{I_{A'}}{I_A} = \frac{400}{667} \fallingdotseq 0.6$$

I_B 의 무효분

$$\begin{aligned} I_B\sin\theta_2 &= Isin\theta - I_A\sin\theta_1 \\ &= 1{,}000\times\sqrt{1-0.8^2} - 667\times\sqrt{1-0.6^2} \\ &= 600-534 = 66[A] \end{aligned}$$

따라서

$$\therefore I_B = \sqrt{(I_B\sin\theta_2)+(I_B')^2} = \sqrt{66^2+400^2} \fallingdotseq 405$$

09. I=252[A], 역률=0.55

역률=800/ $\sqrt{800^2 \ +1{,}200^2} = 0.55$ 두 발전기가 유효전력은 800[Kw], 무효전력은 600[KVar]이므로, 역률이 1이 되었으므로 나머지는 무효전력이 상승되어 발전기 1대는 유효전력 800[Kw], 무효전력이 2배가 되어 1200[KVar]이 된다. (역률은 유효전력/무효전력이므로).

P 225

01. ㈐	02. ㈏	03. ㈎	04. ㈏	05. ㈐
06. ㈎	07. ㈑	08. ㈏	09. ㈑	10. ㈏
11. ㈏	12. ㈐	13. ㈏	14. ㈑	15. ㈐
16. ㈑	17. ㈐	18. ㈎	19. ㈐	20. ㈎
21. ㈎	22. ㈑	23. ㈐	24. ㈑	25. ㈏
26. ㈑	27. ㈐	28. ㈑	29. ㈑	30. ㈎
31. ㈏	32. ㈏	33. ㈐	34. ㈑	35. ㈎
36. ㈐	37. ㈐	38. ㈎	39. ㈑	40. ㈏
41. ㈐	42. ㈐	43. ㈐	44. ㈐	45. ㈑
46. ㈏	47. ㈏	48. ㈎	49. ㈑	50. ㈐
51. ㈏	52. ㈏	53. ㈎	54. ㈑	55. ㈐
56. ㈑	57. ㈎	58. ㈏	59. ㈎	60. ㈑
61. ㈎	62. ㈐	63. ㈐	64. ㈏	65. ㈑
66. ㈑	67. ㈑	68. ㈎	69. ㈐	70. ㈑
71. ㈑	72. ㈑	73. ㈎	74. ㈑	75. ㈏

P 253

01. 교과서 참조	02. 교과서 참조	03. 교과서 참조	04. 교과서 참조	05. 교과서 참조
06. 교과서 참조	07. 교과서 참조	08. 교과서 참조	09. 교과서 참조	

10. $\sin^{-1}(\frac{1}{4}) = \sin^{-1}0.25$

$= 14.4775^\circ$

11. P_r = 55.49[kVar]

12. Q = 2743.56[KVA]

$Q = P(\tan\theta_1 - \tan\theta_2)$ [kVA]

$= \sqrt{3} \times 3{,}300 \times 800 \times 0.8\{\tan(\cos^{-0.8}\ \ ) - \tan(\cos^{-1}\ \ )\} \times 10^{-3}$
$= 2743.56[KVA]$

13. V=7540[KV]

14. 6000개

P 260

01. 교과서 참조 02. 교과서 참조 03. 교과서 참조 04. 교과서 참조 05. 교과서 참조
06. 교과서 참조 07. 교과서 참조 08. 교과서 참조 09. 교과서 참조 10. 교과서 참조
11. 교과서 참조 12. 교과서 참조

13. $K_d = \dfrac{1}{6\sin\frac{\pi}{18}}$

분포권 계수 K_d는

$K_d = \dfrac{\sin\frac{n\pi}{2m}}{q\sin\frac{n\pi}{2mq}}$ 에서 $n = 1, m = 3$

매극, 매상의 슬롯수 $q = 3$이므로

$\therefore K_d = \dfrac{\sin\frac{\pi}{6}}{3\sin\frac{\pi}{2\times3\times3}} = \dfrac{\frac{1}{2}}{3\sin\frac{\pi}{18}} = \dfrac{1}{6\sin\frac{\pi}{18}}$

14. E=2387[V]

E=4.44fφ NKw=4.44×60×0.032×280×1=2386.944[V]

15. Kd=1, Kp=sin 11π /30

q=슬롯수/(매극×매상), β =코일간격/극간격=코일변 슬롯간격/(슬롯수/극수)

16. E=1228[V]

E=4.44fφ NKw=4.44×60×0.016×288×1=1227.57[V]

17. *Zs*=20[Ω]

Zs=Es/Is=600/30=20[Ω]

18. 93.4[%]

19. 57.7[%]

20. 1) 60극 2) 108[MW] 3) 4518[A] 4) 111340[kW] 5) 8860[kNm]

P 262

01. (가) 02. (나) 03. (다) 04. (가) 05. (라)
06. (다) 07. (라) 08. (가) 09. (가) 10. (나)

11. ㈎ 12. ㈑ 13. ㈐ 14. ㈎ 15. ㈑
16. ㈏ 17. ㈐

Chapter 03 변압기

P 291

01. Bm=1.126×10^{-3}[Wb] / [m^2] =1.126×10^{-3} [T]
    자속밀도 Bm=Fm/A=1.126×10^{-3} [Wb] / [m^2] =1.126×10^{-3} [T]
02. P=4.4(KW)
03. $I_W = \sqrt{0.1^2 - 0.05^2} = 0.087[A]$
    철손 전류 $I_W = \frac{P_i}{V_1} = \frac{150}{3,000} = 0.05[A]$ 따라서, 자화자 전류 I_W는 $I_W = \sqrt{I_0^2 - I_W^2}$
    $\therefore I_W = \sqrt{0.1^2 - 0.05^2} = 0.087$
04. Z_2=1[Ω]
    권수비=3000/20=15, $Z_2 = Z_{1/a}$=225/152=11[Ω]
05. ω =30
    $\omega = \sqrt{Z_1} / Z_2 = \sqrt{(18 \times 10^3\ )}$/20=30
06. V=106.1[V]
07. 저항값=60000/(250×250)=0.96[Ω]
    변압기 정격용량 Po =5000 KVA = 1차 정격전압 ×1차 정격전류
    = 2차 정격전압 ×2차 정격전류5000 K = 20000 × I1n (I1n=1차 정격전류)
    ∴ I_{1n}=5000000/20000=250 A
    60KW = $(I1n)^2$ × (저압 측에서 본 저항값)
    ∴ 저항값=60000/(250 ×250) = 0.96[Ω]
08. V_2=3150[V], I_2=30A}
    2차 측의 전압이 105 이므로 1차측 전압=105×30 = 3150V,
    a=900:30=30:1, I2=aI1=30×1=30[A]
09. 1차 저항=0.2571[Ω] 0.242/42=0.051+0.242
    2차 저항=0.0807[Ω] 0.076/42=0.0047+0.076
    2차 환산한 등가저항 시는 1/(전압비)2 이므로 전압비=180/45=4
10. 6회
    a= $\sqrt{R_2} / R_1 = \sqrt{400}$ /16=25, $N_2 = N_1$/a=150/25=6회
11. 자속밀도=0.014[wb], 2차 유도전압=1193.47[V]
    기전력 E=4.44×주파수×권수×자속=4.44×주파수×권수×자속밀도 ×면적
    자속밀도=E/(4.44×주파수×권수×면적)
12. P=3[%]
    $$P = \frac{I_{1n} r}{V_n} \times 100 = \frac{I_{1n}^2 r}{V_n I_n} \times 100 = \frac{P_c}{kVA} \times 100 = \frac{150}{5,000} \times 100 = 3$$

13. % 임피던스=2.3375[%]

P 309

01. I_s=2886.78[A]

Z=3[%], I_s=100%×In/Z=(100/3)×(30×10^3/($\sqrt{3}$×200)=2886.78[A]

02. %임피던스강하=2.34[%]

03. %임피던스전압=825.5[V]

04. 임피던스 강하=5[%]

I=10000/200=50[A], V=(50/100)×600=300[V], %Z=(300/600)×100%=5[%]

05. Vs=99[V]

$P=2.4[\%], q=1.6[\%]$이므로 %임피던스를 z라 하면

$z=\sqrt{P^2+q^2}=\sqrt{2.4^2+1.8^2}=3[\%]$

$z=\dfrac{V_s}{V_{1n}}\times 100[\%]$에서

$\therefore V_s=\dfrac{zV_{1n}}{100}=\dfrac{3\times 3,300}{100}=99[V]$

06. V_1=12.36[KV]

07. ε =3[%]

$\epsilon = p\cos\theta + q\sin\theta$

08. ε =1.5[%]

09. ε =0.93 또는 ε =93[%]

10. ε =2.6[%]

11. ε max=2.7[%], cosθ =67[%]

12. ε max=3.07[%], cosθ =65[%]

$\epsilon = p\cos\theta + q\sin\theta$

역율 100[%]에서 P=2[%], 역율 80[%]에서 q=2.33[%],

ε max= $\sqrt{P^2}$ +q^2=$\sqrt{}$$2^2$+$2.33^2$=3.07[%], cos$\theta$ =p/ $\sqrt{P^2}$ +q^2=(2/ $\sqrt{2^2}$ +2.33^2)×100=65[%]

13. $P_i : P_c$ =1:2

$P_i=(1/m)2P_c=0.7^2P_c=(1/2)P_c$

14. η_m=96.3[%]

η_m=0.64/{0.64+(0.012×2)}×100=96.3[%]

P_i+P_c=(1/η)−1=(1/0.96)−1=0.042, P_c=ε =3/100=0.03, P_i=0.042−0.03=0.012

P_i=$(1/m)^2$$P_c$에서 1/m= $\sqrt{P_i/P_c}$ =0.64

15. η_m=97.4[%], $P_{1/m}$=75[KVA], 1/m= $\sqrt{P_i/P_c}$ 이므로 대입하여 풀면 된다.

16. η=97[%]

$\eta_{80}=\dfrac{80}{80+\eta}=0.98 \quad \therefore \eta=\dfrac{80}{0.98}-80=1.63$

손실은 역률에 관계없으므로

$\therefore \eta_{50}=\dfrac{50}{50+1.63}=0.97=97[\%]$

17. η =95.23[%]

η =(50×0.8)/{(50×0.8)+1.2+0.8}×100−95.23[%]

18. $\eta_{0.5}$=92[%]

$\eta_{0.8}$=(100×0.8)/{(100×0.8)+P_l = 0.95, P_l=4.21[KW]

$\eta_{0.5}$=(100×0.5)/{(100×0.8)+4.21}×100=92[%]

19. P_l=66.3[W] P_c= 267[W]

8[KW]에 대한 0.96=8/(8+P)에서 P=1/3

2[KW]에 대한 0.96/2+(1/16P)=0.08333.. 여기서 $P=P_i+P_c$이다.

20. η =95.907[%]

{($\sqrt{3}$ ×10×10^3×/2)/($\sqrt{3}$ ×10×10^3× $\sqrt{3}$ /2)+(2×120)+(2×200)}×100=95.907 %

P 347

01. 1차, 2차간에 30°의 위상변위가 있다.

02. 교과서 참조 03. 교과서 참조 04. 교과서 참조 05. 교과서 참조

06. 교과서 참조 07. 교과서 참조

08. ∴ 단상으로 접속할 수 있는 최대 전부하는 100+(100×0.5)=150[KVA]

△로 접속된 변압기에 단상부하를 접속할 때 한 상에는 그 부하의 2/3, 다른 2선은 직결로 되어 1/3의 부하전류가 흐른다. 2/3 부하전류는 변압기의 정격용량 100KVA까지는 통할 수 있고, 남은 2상은 100KVA의 50%까지 부담할 수 있다

09. 22.5[KW]

10. 4.16[KVA]

원래 3상 공급 총용량은 2KVA×3=6[KVA]이며,2대로 V결선을 하게 되면, 용량 이 원래 3상 용량에서 1/ $\sqrt{3}$ 이므로 6/ $\sqrt{3}$ =6×0.577=3.464[KVA]

여기서 과부하 내량이 20[%]이므로 3.464×1.2=4.16[KVA]가 됨.

11. I_{var}=173.21[A]

cosθ =0.8이므로 sinθ =0.6되어

I_{var}={(100×103)/($\sqrt{3}$ ×200)}×0.6=173.21[A]

12. I=6.99[A]≑7[A]

P= $\sqrt{3}$ VI 에서 $I=P/$ $\sqrt{3}$ V=(40×103)/($\sqrt{3}$ ×3300)=6.99[A]

13. P/($\sqrt{3}$ ×0.8×0.82)

14. I_{1P}=2.5[A]

30/3=10[KVA]의 부하가 걸리므로, 2차 상전류 I1P=I2P/α =50/20=2.5[A]

15. 2차 상전류: I_{2P}=(25×10^3)/200=125[A]

1차 상전류: I_{1P}=I_{2P}/α=125/10=12.5[A](변압비가 10이므로)

1차 상전압: V_{1P}=αV_{2P}=10×200=2000[V]

1차 선간전압: V_1= $\sqrt{3}$ V_{1P}= $\sqrt{3}$ ×2000=3463[V]

16. 1,108.8[kVA]

$P_A = P_B = 500[kVA]$, $P_a = P_A = 500[kVA]$

$P_b = \frac{\%Z_a}{\%Z_b}$, $P_B = \frac{8,414}{6.91} \times 500 = 608.8$

∴ 출력 $= 500 + 608.8 = 1,108.8[kVA]$

17. $P_a + P_b$=1000+888=1888[KVA]

$P_a = P_b$=1000[KVA], P_b=(%Za/%Zb)=(8/9)×1000=888[KVA]

P 368

01. 교과서 참조 02. 교과서 참조

03. 자기용량≒9.09[KVA]

자기용량 $= 100 \times \frac{3,300 - 3,000}{3,300} \fallingdotseq 9.09$

04. 자기용량=25[KVA]

자기용량 = 부하용량 $\times \frac{V_h - V_l}{V_h} = 50 \times \frac{200-100}{200} = 25[kVA]$

05. 출력=75.95[KVA]

V_2=3000(1+210/3300)=3190[V], I_2=5000/210=23.8[A]

출력=3190×23.8=75952.3[VA]

06. 자기용량=15.72[KVA]

07. 부하용량=93[KVA]

08. 자기용량=2.73[KVA

자기용량=30×(220−200)/220=2.727[KVA]

09. 57.73[%]

$\sqrt{P}$/3P=57.73[%], 출력비=0.5773 이용률=0.8660

P 369

01. ㈎	02. ㈎	03. ㈎	04. ㈑	05. ㈑
06. ㈐	07. ㈏	08. ㈏	09. ㈐	10. ㈏
11. ㈏	12. ㈑	13. ㈐	14. ㈏	15. ㈏
16. ㈐	17. ㈑	18. ㈎	19. ㈏	20. ㈎
21. ㈐	22. ㈏	23. ㈐	24. ㈎	25. ㈐
26. ㈏	27. ㈐	28. ㈎	29. ㈏	30. ㈎
31. ㈎	32. ㈏	33. ㈏	34. ㈐	35. ㈏
36. ㈐	37. ㈏	38. ㈏	39. ㈎	40. ㈐
41. ㈎	42. ㈑	43. ㈏	44. ㈐	45. ㈏
46. ㈑	47. ㈑	48. ㈑	49. ㈑	50. ㈏
51. ㈐	52. ㈐	53. ㈎	54. ㈎	55. ㈐
56. ㈐	57. ㈏	58. ㈑	59. ㈐	60. ㈐
61. ㈑	62. ㈏	63. ㈐	64. ㈎	65. ㈏
66. ㈎	67. ㈑	68. ㈏	69. ㈐	70. ㈐

71. ㈎	72. ㈎	73. ㈐	74. ㈎	75. ㈑
76. ㈎	77. ㈎	78. ㈎	79. ㈐	80. ㈐
81. ㈐	82. ㈏	83. ㈑	84. ㈑	85. ㈐
86. ㈎	87. ㈑	88. ㈐	89. ㈑	90. ㈑
91. ㈏	92. ㈐	93. ㈏	94. ㈏	95. ㈏
96. ㈏, ㈑	97. ㈎	98. ㈏	99. ㈐	100. ㈑
101. ㈎	102. ㈎	103. ㈏	104. ㈏	105. ㈑

P 405

01. 교과서 참조	02. 교과서 참조	03. 교과서 참조	04. 오른쪽 방향	05. 교과서 참조
06. 교과서 참조	07. 교과서 참조	08. 교과서 참조	09. 교과서 참조	10. 교과서 참조

P 448

01. 교과서 참조　02. 교과서 참조　03. 교과서 참조

04. P=6

$$N_s = \frac{N}{1-s} = \frac{1,164}{1-0.03} = 1,200[rpm]$$

$$\therefore P = \frac{120f}{N_s} = \frac{120 \times 60}{1,200} = 6$$

05. $\frac{1}{3}$배

06. S=0.03

$$E_{2s} = sE_2 \quad \therefore s = \frac{E_{2s}}{E_2} = \frac{6}{200} = 0.03$$

07. E_p=6[V]

$E_p = SE_2$=0.04×150[V]=6[V]

08. V_2=49.995[V]≒50[V]

09. N_0=960[rpm]

10. 회전자 전류의 주파수=12[Hz]

회전자 전류의 주파수=960×(6/2)/60=48Hz]

회전자 전류의 주파수=고정자 주파수−회전자 회전 주파수=60−48=12Hz]

11. S=0.05 또는 S=5[%]

$$\frac{s'}{s} = (\frac{V1}{V1'})^2$$

$$s' = s(\frac{V1}{V1'})^2 = 0.074 \times (\frac{V1}{V1' \times 0.9})^2$$

$$= 0.04 \times (\frac{220}{220 \times 0.9})^2 = 0.05$$

$$= 5[\%]$$

12. ε =19[%]

=(1−0.92)×100=19[%]

$T \propto V_1^2$

$$감소율\ \epsilon = \frac{T-T'}{T} \times 100$$
$$= (1-0.9^2) \times 100 = 19[\%]$$

13. 회전자 출력=570[W]

14. S=3.85[%]

S={0.3/(7.5+0.3)}×100[%]=3.8461[%]

15. 2차 동손=417[W]

16. 기계적 출력=57.23[KW]

회전자 동손 1.77[kw]=0.59[kW/상]

$$P_{c2} = sP_2 = s(P_1 - 1차손실) = s(P_1 - 철손) = 0.03 \times (60-1)$$
$$= 1.77[kW] = 0.59[kW/상]$$

$$P_h = P_2 - P_{c_2} = P_2 - sP_2 = (1-s)P_2 = (1-s) \cdot \frac{P_{c2}}{s}$$
$$= (1-0.03) \times \frac{1.77}{0.03} = 57.23[kW]$$

회전자 동손=1.77[KW]=0.59[kW/상]

17. 2차 동손=625[W]

18. $N_s = \frac{120f}{\eta} = \frac{120 \times 50}{8} = 750$

$$s = \frac{N_s - N}{N_s} = \frac{750-720}{750} = 0.04, \quad P_2 = \frac{15}{1-0.04} = 15.625$$

$P_{c2} = sP_2$ 이므로

$$P_{c2} = 0.04 \times 15.625 \times 10^3 = 625[W]$$

19. S=0.04=4[%]

2차 출력 : $P_k = 7{,}500 + 130 = 7630[W]$

2차동손 : $P_{c2} = P_2 - P_k = 7{,}950 - 7{,}630 = 320[W]$

$$\therefore 슬립\ s = \frac{P_{c2}}{P_2} = \frac{320}{7{,}950} = 0.04 = 4[\%]$$

20. η_2=96.8[%]

η_2=(P_0/P_2)×100=(15/15.5)×100=96.8[%]

21. P_{c2}=589[W], η_2=(N/Ns)×100=95[%]

22. 동기 Watt=199.9632≒200[W]

동기 Watt=1.026×N×T=1.026×(1200/60)×(95.5/9.8)=199.9632[W]

23. T'=48.75[Kg·m]

$$N_s = \frac{120f}{\eta} = \frac{120 \times 60}{4} = 1{,}800[rpm]$$

$$T = \frac{1}{9.8} \cdot \frac{P}{\omega} = \frac{1}{9.8} \cdot \frac{60}{2\pi} \cdot \frac{P}{N} = 0.975 \times \frac{100 \times 10^3}{1{,}800} = 54.166[kg \cdot m]$$

$\eta = 0.9$일 때의 토크를 T'라 하면

$$\therefore T' = \eta T = 0.9 \times 54.166 = 48.75[kg \cdot m]$$

24. T=10[N·m]= 1.024[Kg·m]

25. T=10.8[Kg・m]

N_s=120f/P=900[rpm], $S=f_{2s}/f$=(3/60)=0.05, $P_2=P_{c2}/S$=500/0.05=10,000

T=0.975×(P_2/N_s)=0.975×(11,400/342)=10.8[Kg・m]

26. 약 122[Kg]

0.975×P=T×N에서 F×축 반지름이므로 (0.975×20)=(F×0.14 ×1140)

∴ F={(0.975×20)×1,000}/(0.14 ×1140)=122.1[Kg]

27. R_s=1.3[Ω]

28. 외부저항 $R=2r_2$

1차 저항은 무시 하므로

$$R_s' = \sqrt{r_1^2+(x_1+x_2')^2}-r_2' = \sqrt{(x_1+x_2')^2}-r_z'$$

$x_1'+x_2 = 1.6,\ r_2 = 0.3$이므로

$$\therefore R_1 = \sqrt{(x_1'+x_2)^2}-r_z = \sqrt{(1.6)^2}-0.3 = 1.3[ohm]$$

$$s_1 = \frac{N_s-N_1}{N_s} = \frac{1{,}800-1{,}600}{1{,}800} = 0.11,\ s_2 = \frac{1{,}800-1{,}200}{1{,}800} = 0.33$$

따라서 비례추이에 의해서 $\frac{r_2}{s_1} = \frac{r_2+R_s}{s_2}$ • $\frac{r_2}{0.11} = \frac{r_2+R_s}{0.33}$

$$\therefore R_s = \frac{(0.33-0.11)r_2}{0.11} = 2r_2$$

29. 외부저항 R=0.1575[Ω]

r_2=0.03[Ω], N_s=120f/P=1,200[rpm], S=0.04=4[%], S'=0.25

$R=(S'/S)-1r_2$=0.1575[Ω]

30. 외부저항 R=0[Ω]

S=0.05=5[%], r_2=1/2=0.5[Ω] 이므로

$R=(1/S)-1r_2$={(1/1)−1}×0.5=0[Ω],

∴ $R=(1/S)-1r_2$={(1/1)−1}×0.5=0[Ω],

31. 외부저항 R=0.0475[Ω]

N_s=120f/P=1,200[rpm], S=0.05=5[%], r_2=0.0025[Ω](0.005[Ω]이 두 단자사이의 저항 값이므로 1상은 2로 나누어 준 값)

∴ $R=(1/S)-1r_2$={(1/0.05)−1}×0.0025=0.0475[Ω]

P 457

01. 교과서 참조 02. 교과서 참조 03. 교과서 참조

04. 회전자 전류의 주파수=3[Hz]

05. N=1176[rpm]

S=(회전자 f./고정자 f.)=2/60=0.03333.. $N=(1-S)N_s$=1176[rpm]

06. 한상 전압=8[V]

$$N_s = \frac{120\times 60}{6} = 1{,}200[rpm],\ s = \frac{1{,}200-1{,}152}{1{,}200} = 0.04$$

$$\therefore E_{2s} = sE_2 = 0.04\times 200 = 8[V]$$

07. 교과서 참조 08. 교과서 참조 09. 교과서 참조 10. 교과서 참조 11. 교과서 참조
12. 교과서 참조 13. 교과서 참조 14. 오른쪽 방향 15. 교과서 참조 16. 교과서 참조
17. 교과서 참조 18. 교과서 참조

P 481

01. I_2=29[A]

$$\therefore \ I_2 = \frac{P}{\sqrt{3}\,V_2} = \frac{10 \times 10^3}{\sqrt{3} \times 200} = 28.6 \fallingdotseq 29[A]$$

02. 교과서 참조 03. 교과서 참조 04. 교과서 참조 05. 교과서 참조

P 485

01. 교과서 참조 02. 교과서 참조 03. 교과서 참조 04. 오른쪽 방향 05. 교과서 참조
06. 교과서 참조 07. 교과서 참조 08. 교과서 참조 09. 교과서 참조 10. 교과서 참조
11. 교과서 참조 12. 교과서 참조 13. 교과서 참조 14. 오른쪽 방향 15. 교과서 참조
16. 교과서 참조 17. 교과서 참조 18. 교과서 참조 19. 교과서 참조 20. 교과서 참조

P 487

01. ㈏ 02. ㈐ 03. ㈐ 04. ㈎ 05. ㈏
06. ㈐ 07. ㈎ 08. ㈐ 09. ㈑ 10. ㈎
11. ㈐ 12. ㈐

P 501

01. 교과서 참조 02. 교과서 참조 03. 교과서 참조 04. 교과서 참조 05. 교과서 참조
06. 교과서 참조
07. 0.313[Nm]
08. 2.75[Ω]
09. 417[rpm]
10. 5극

P 515

01. 교과서 참조 02. 교과서 참조 03. 교과서 참조 04. 오른쪽 방향 05. 교과서 참조
06. 교과서 참조 07. 교과서 참조 08. 교과서 참조 09. 교과서 참조 10. 교과서 참조
11. 교과서 참조 12. 교과서 참조 13. 교과서 참조
14. 자기용량=130*50×{(130−100/130)}=30×50 =1500[VA]=1.5[kVA]
15. P=130×50×10^{-3}=6.5[kVA]

단상 유도전압 조정기의 용량 = 부하용량 X (승압전압/고압측 전압)

16. P=600[KVA]

3상 유도 전압조정기의 정격 용량

$P=\sqrt{3}E_2I_2\times10^{-3}$ [kVA]이므로

$P=\sqrt{3}\times660\times\frac{6{,}600\times10^3}{\sqrt{3}(6{,}600+660)}\times10^{-3}$

$=6{,}600\times\frac{660}{6{,}600+660}=600[kVA]$

17. $N_2=2$

$E_1/E_2=N_1/N_2$에서 200/4.95=(104×0.76)/N2

∴ N_2=(4.95×104×0.76)/(200×0.957) =2.044

18. 최대토크는 2차 저항에 무관하며 최대토크를 발생하는 슬립만 2차 저항에 비례한다.

19. R=9.5[Ω]

P 529

01. ㈑	02. ㈎	03. ㈐	04. ㈏	05. ㈑
06. ㈐	07. ㈑	08. ㈐	09. ㈏	10. ㈑
11. ㈑	12. ㈑	13. ㈑	14. ㈐	15. ㈎
16. ㈎				

P 542

01. 교과서 참조	02. 교과서 참조	03. 교과서 참조	04. 오른쪽 방향	05. 교과서 참조
06. 교과서 참조	07. 교과서 참조	08. 교과서 참조	09. 교과서 참조	10. 교과서 참조
11. 교과서 참조	12. 교과서 참조	13. 교과서 참조	14. 교과서 참조	15. 교과서 참조
16. 교과서 참조	17. 교과서 참조			

P 549

01. 교과서 참조	02. 교과서 참조	03. 교과서 참조	04. 오른쪽 방향	05. 교과서 참조
06. 교과서 참조	07. 교과서 참조	08. 교과서 참조	09. 교과서 참조	10. 교과서 참조
11. 교과서 참조	12. 교과서 참조	13. 교과서 참조	14. 교과서 참조	15. 교과서 참조

P 577

01. 141.4[V]

02. 270[V]

03. $E_d=\sqrt{2}V/\pi$ [V]

04. 500[V]

05. 471.4[V]

06. $400\sqrt{2}$ [V]

07. 40.6[%]

08. $E_d=2\sqrt{2}V/\pi$ [V]

09. E_d=38.44[V], I_d=38.44[A]

10. 교과서 참조

11. 평균출력 전압: V_o=135.1[V], 3상반파의 0.866 또는 $\sqrt{3}$/2배

12. 평균전압 V_a=50[V], 평균전류 I_a=5[A]

13. E_d=63.7[V], I_d=6.37[A]

14. E_d=68[V], I_d=13.6[A]

15. 교과서 참조 16. 교과서 참조 17. 교과서 참조 18. 교과서 참조 19. 교과서 참조
20. 교과서 참조 21. 교과서 참조 22. 교과서 참조 23. 교과서 참조 24. 교과서 참조
25. 교과서 참조

P 581

01. (다) 02. (가) 03. (다) 04. (다) 05. (라)
06. (다) 07. (나) 08. (다) 09. (가) 10. (라)
11. (다) 12. (다) 13. (라) 14. (가) 15. (라)
16. (라) 17. (다) 18. (다) 19. (라) 20. (다)
21. (다) 22. (나) 23. (라) 24. (나) 25. (가)
26. (다) 27. (가) 28. (다) 29. (나) 30. (가)
31. (다) 32. (라) 33. (가) 34. (가) 35. (가)
36. (라) 37. (다) 38. (라) 39. (가) 40. (나)
41. (다) 42. (나) 43. (나) 44. (다) 45. (나)
46. (나) 47. (가) 48. (나) 49. (가) 50. (다)
51. (가) 52. (라) 53. (라) 54. (라) 55. (나)
56. (가) 57. (다) 58. (다) 59. (가) 60. (나)
61. (다) 62. (가) 63. (나) 64. (라) 65. (라)
66. (나) 67. (라) 68. (가) 69. (나) 70. (가)
71. (가) 72. (나) 73. (가) 74. (나) 75. (가)
76. (라) 77. (나) 78. (가) 79. (나) 80. (나)
81. (나) 82. (라) 83. (다) 84. (가) 85. (다)
86. (라) 87. (가) 88. (다) 89. (나) 90. (다)
91. (나) 92. (라) 93. (라) 94. (다) 95. (가)
96. (가) 97. (라) 98. (다) 99. (라) 100. (라)
101. (가) 102. (나) 103. (라) 104. (다) 105. (다)
106. (다) 107. (나) 108. (가) 109. (나) 110. (나)
111. (라) 112. (라) 113. (다) 114. (라) 115. (다)
116. (다) 117. (다) 118. (가) 119. (나) 120. (가)
121. (라) 122. (다) 123. (다) 124. (가) 125. (나)
126. (다) 127. (다) 128. (라) 129. (다) 130. (나)
131. (다) 132. (다) 133. (가) 134. (라) 135. (나)
136. (나) 137. (나) 138. (다) 139. (나) 140. (다)
141. (가) 142. (라) 143. (다) 144. (다) 145. (다)
146. (라) 147. (나) 148. (나) 149. (가) 150. (다)

151. ㈐	152. ㈑	153. ㈎	154. ㈑	155. ㈏
156. ㈏	157. ㈐	158. ㈏	159. ㈐	160. ㈏
161. ㈎				

저자 소개

황락훈
세명대학교 전기공학과

조문택
대원대학교 전기전자과

박인덕
대덕대학교 전기과

전기기기

발 행 일 • 2020년 3월 20일
수정발행 • 2021년 2월 22일
저 자 • 황락훈 · 조문택 · 박인덕
발 행 자 • 최 봉 조
발 행 처 • 진샘미디어
주 소 • 서울시 은평구 연서로 5길 28 부호아파트 102동 상가5호
전 화 • 02)353-4421 / FAX 02)353-4431
홈 페 이 지 • www.jinsaem.co.kr

신고번호 • 제311-2005-000025호
I S B N • 979-11-88791-36-1 93560

정가 29,000원